生 物 化 学

（第二版）

主　编　李　峰　朱德艳

副主编　耿丽晶　俞开潮　程水明

　　　　贲松彬　王海潮　朱　陶

参　编　李　荣　陈金峰　黄　莹

　　　　郭冬琴　夏　虎　李　晨

华中科技大学出版社

中国·武汉

内容提要

生物化学是高等学校生物类、农学类、食品类、药学类等专业开设的一门重要的专业基础课程。本书共十四章，主要介绍了生物化学的基本理论及主要研究技术的基本原理，包括生命有机体内蛋白质、核酸、酶、维生素与辅酶、脂类等生物大分子的结构、性质和功能；生物能量(ATP)的生成方式、生物大分子前体的代谢途径与调控；遗传信息的储存、传递与表达。同时简要地介绍了当代生物化学科学研究中发展起来的新理论、新成果。

本书是在全国十几所应用型本科院校的共同努力下编写而成的，内容简明，文字精练，篇幅适当，可供本科院校生物类、农学类、林学类、食品类、化学类、药学类、医学类等专业的师生，科研院所科研人员和企事业单位的工程技术人员等使用，也可供其他相关专业的师生参考。

图书在版编目(CIP)数据

生物化学/李峰，朱德艳主编. —2版. —武汉：华中科技大学出版社，2022.6(2023.8重印)
ISBN 978-7-5680-8366-9

Ⅰ. ①生… Ⅱ. ①李… ②朱… Ⅲ. ①生物化学 Ⅳ. ①Q5

中国版本图书馆CIP数据核字(2022)第089566号

生物化学(第二版) 李 峰 朱德艳 主编
Shengwu Huaxue(Di-er Ban)

策划编辑：王新华
责任编辑：孙基寿
封面设计：原色设计
责任校对：刘 竣
责任监印：周治超
出版发行：华中科技大学出版社(中国·武汉) 电话：(027)81321913
武汉市东湖新技术开发区华工科技园 邮编：430223
录 排：华中科技大学惠友文印中心
印 刷：武汉市首壹印务有限公司
开 本：787mm×1092mm 1/16
印 张：26.75
字 数：700千字
版 次：2023年8月第2版第2次印刷
定 价：68.00元

普通高等学校"十四五"规划生命科学类创新型特色教材

编　委　会

普通高等学校"十四五"规划生命科学类创新型特色教材

作者所在院校

（排名不分先后）

北京理工大学
广西大学
广州大学
哈尔滨工业大学
华东师范大学
重庆邮电大学
滨州学院
河南师范大学
嘉兴学院
武汉轻工大学
长春工业大学
长治学院
常熟理工学院
大连大学
大连工业大学
大连海洋大学
大连民族大学
大庆师范学院
佛山科学技术学院
阜阳师范大学
广东第二师范学院
广东石油化工学院
广西师范大学
贵州师范大学
哈尔滨师范大学
合肥学院
河北大学
河北经贸大学
河北科技大学
河南科技大学
河南科技学院
河南农业大学
石河子大学
菏泽学院
贺州学院
黑龙江八一农垦大学
华中科技大学
南京工业大学
暨南大学
首都师范大学
湖北大学
湖北工业大学
湖北第二师范学院
湖北工程学院
湖北科技学院
湖北师范大学
汉江师范学院
湖南农业大学
湖南文理学院
华侨大学
武昌首义学院
淮北师范大学
淮阴工学院
黄冈师范学院
惠州学院
吉林农业科技学院
集美大学
济南大学
佳木斯大学
江汉大学
江苏大学
江西科技师范大学
荆楚理工学院
南京晓庄学院
辽东学院
锦州医科大学
聊城大学
聊城大学东昌学院
牡丹江师范学院
内蒙古民族大学
仲恺农业工程学院
宿州学院
云南大学
西北农林科技大学
中央民族大学
郑州大学
新疆大学
青岛科技大学
青岛农业大学
青岛农业大学海都学院
山西农业大学
陕西科技大学
陕西理工大学
上海海洋大学
塔里木大学
唐山师范学院
天津师范大学
天津医科大学
西北民族大学
北方民族大学
西南交通大学
新乡医学院
信阳师范学院
延安大学
盐城工学院
云南农业大学
肇庆学院
福建农林大学
浙江农林大学
浙江师范大学
浙江树人学院
浙江中医药学院
郑州轻工业大学
中国海洋大学
中南民族大学
重庆工商大学
重庆三峡学院
重庆文理学院
辽宁大学
燕山大学
临沂大学
山西医科大学
宁夏大学
重庆第二师范学院
齐鲁理工学院
六盘水师范学院
河西学院
广西贵港工业学院

第二版前言

生物化学是用化学理论和方法研究生命过程的化学变化和能量代谢的科学。在美国生物化学与生物学学会会刊 *Journal of Biological Chemistry* 的创刊词中有这样一句话:"生物学的未来取决于那些用化学观点来解决生物学问题的人。"现代生物化学起源于 1897 年爱德华·布赫纳(Eduard Buchner)的偶然发现,即不存在完整细胞时,酵母抽提液能够发酵葡萄糖,产生乙醇和二氧化碳。他将这种可溶性的物质命名为酶,从而终止了人们长期信守的"活力论"观念(即发酵需要完整的细胞作用)。经过近一个世纪的发展和延伸,目前已形成了一系列研究领域,其中包括酶化学、分子生物学、结构生物学、基因组学、蛋白质组学、生物信息学、代谢组学和糖组学等。

生物化学旨在研究构成生命的化学物质,以及这些物质变化的过程。生物化学是生物科学中最活跃的核心学科之一,是现代生物学和生物工程技术的重要基础。工业、农业、医药、食品、能源、环境科学等越来越多的研究领域都以生物化学理论为依据,并以其实验技术为手段。近几年来,生物化学发展迅速,成为生命科学中发展较快的领域之一。为了将新理论、新成就和新方法等前沿知识融入目前的生物化学课程教学中,进一步提高教学质量,在全国十几所应用型本科院校和华中科技大学出版社的大力支持和帮助下,我们组织编写了这本《生物化学》。

本书共十四章,每章包括学习目标、正文、阅读性材料和习题四部分。本书的基本特点是内容简明、结构合理、文字精练,有条理,通俗易懂,概括性强。在编写过程中,注重介绍生物化学的基础理论、基础知识和基本技能,同时还适当介绍了当代生物化学科学研究中发展起来的新理论、新成果,以适应学生对生物化学知识的需求并为进一步深造奠定基础。

参加本次教材编写的有湖南文理学院的李峰、李荣、夏虎,荆楚理工学院的朱德艳,锦州医科大学耿丽晶,广西贵港工业学院俞开潮,广东石油化工学院程水明,辽宁大学贲松彬,宿州学院王海潮,菏泽学院朱陶,重庆第二师范学院陈金峰,福建农林大学黄莹,重庆三峡学院郭冬琴,聊城大学东昌学院李晨。另外,浙江农林大学王允祥、周存山,沈阳农业大学马镝,武汉理工大学华夏学院汪大魏,吉林大学珠海学院夏婷,华中科技大学武昌分校张小菊,河南科技学院黄建华、李淑梅,江苏大学林琳,聊城大学东昌学院王金亭,东北农业大学成栋学院任静,长春工业大学人文信息学院陈晓光,信阳农林学院王欣、夏新奎、张耀州参与了第一版的编写工作,在此表示衷心的感谢。

本书可供生物类、农学类、林学类、食品类、化学类、药学类、医学类等专业的本科院校师生,科研院所科研人员和企事业单位的工程技术人员等使用,也可供其他相关专业的学生选修或自学参考。

第二版教材虽然经编者认真勘校,但书中难免存在某些缺点、错漏和不妥之处,敬请同行及广大读者批评指正。

编　者

2022 年 3 月

目　　录

第1章　绪　　论

学 习 目 标

(1) 了解生物化学的研究内容、发展进程以及在其他行业领域的实践应用。

(2) 了解生物化学与其他学科间的相互关系。

(3) 掌握生物化学的学习方法。

21 世纪是生命科学与技术高速发展的时代,它的发展使人类活动和生活方式发生了深刻变化,同时给农业、轻工业、医药行业等带来了重大的革新,而这些变化都离不开生物化学学科的发展。现代生物化学主要是在分子水平上研究生物体内各种物质的化学本质及其在生命活动过程中的化学变化规律。人类要了解各种生物的生长、生殖、生理、遗传、衰老、抗性、疾病、生命起源和演化等现象都需要应用生物化学的基本原理和方法。

生物化学是生命科学的基础,特别是生理学、微生物学、遗传学、细胞生物学等学科,在分子生物学、基因-蛋白质组学、生物信息学等新兴学科中也占有特别重要的位置。“生物化学”课程是我国高等农业院校生物学类和大多数非生物学类专业学生的学科基础,是后继一系列重要课程的基础,具有举足轻重的地位。

生物化学是运用化学的理论和方法研究生物体(包括人类、动物、植物和微生物等)内基本物质的化学组成、化学变化(物质代谢)及其与生理功能之间关系的科学。地球上的生物尽管十分复杂,但构成生物体的化学元素却基本相同,包括 C、H、O、N、P、S 和少数其他元素。生命现象也遵循和符合化学规律。因此,我们可以运用化学的基本原理和方法,来探索生命现象的本质。由于生物化学是在分子水平上探讨生命现象的本质,所以它又称生命的化学。

1.1　生物化学的研究范围与内容

1.1.1　生物体的化学组成、结构与功能

本部分内容主要研究生物体的化学物质组成以及它们的结构、性质和功能,通常称为静态生物化学、描述生物化学或有机生物化学。

生物体的化学组成非常复杂,从无机物到有机物,从小分子到各种大分子应有尽有。除了各种无机物和水之外,大多数生物的化学组成包括下列 30 种小分子前体物质。

(1) 20 种编码氨基酸:氨基酸是蛋白质的基本结构单元,参与许多其他结构物质和活性物质的组成。

(2) 5 种芳香族碱基:2 种嘌呤和 3 种嘧啶。

(3) 2 种单糖:葡萄糖和核糖。

(4) 脂肪酸、甘油和胆碱。

由上述前体物质组成的多糖、蛋白质、核酸和脂类是生物体四大类基本物质。除此之外,生物体还含有可溶性糖、有机酸、维生素、激素、生物碱及无机离子等物质。生物体内化学物质种类繁多、结构复杂、功能各异,是各种生命活动最基本的物质基础。

1.1.2 物质代谢及调控

本部分内容主要研究组成生物体的化学物质在生物体内进行的分解与合成、相互转化与制约,以及物质转化过程中伴随的能量转换等问题,通常称为动态生物化学,或生理生物化学。

生物体最显著的基本特征是能够进行繁殖和新陈代谢(metabolism)。生物体要从周围环境摄取营养物质和能量,通过体内一系列化学变化合成自身的组成物质,这个过程称为同化作用(assimilation);生物体内原有的物质又经过一系列的化学变化最终分解为不能利用的废物和热量排出体外,进入周围环境中的过程称为异化作用(dissimilation)。通过这种分解与合成过程,使生物体的组成物质得到不断的更新,这就是生物体的新陈代谢。新陈代谢是生命活动的物质基础和推动力,生物体的所有生命现象,包括生长、发育、遗传、变异等都建立在生物从不停止的新陈代谢基础之上,在这些变化中,生物体内特殊的生物催化剂——酶起着决定性的作用。在生物体内各类物质都有其各自的分解和合成途径,而且各种途径的速率总是能恰到好处地满足机体的需要,并且各种途径之间互不干扰,互相配合,彼此协调,互相转化,这说明生物体内有高度精密的自动调节控制系统。

新陈代谢过程中,在生物体进行物质转化的同时伴随着能量转化。生物体内的最初能量来源是太阳的辐射能。以绿色植物为主的光合生物通过光合作用捕获太阳能,并将太阳能转变为化学能储存在以糖类物质为主的有机物中。但生命活动所需的能量并非直接来自光合色素所吸收的太阳能,而是通过生物氧化分解有机物而获得。糖类是细胞的结构物质和储藏物质,既是合成其他生物分子的碳源,又是生物界进行代谢活动的主要能源;脂类是生物膜的重要结构成分,可防止热量散发并且提供生物体需要的能量。

1.1.3 遗传信息的传递与表达

除了物质代谢和能量代谢之外,信息代谢也是生物化学研究的核心内容,即机能生物化学,亦称为分子生物化学或综合生物化学。生命现象得以延续不断地进行就在于生物体能够自我复制,一方面生物体可以进行繁殖以产生相同的后代,另一方面多细胞生物在细胞分裂过程中也维持了相似的基本组成。生物体可以在细胞间和世代间保证准确的信息复制和信息传递。核酸是遗传信息的载体,生物体内遗传信息传递的主要通路是由 DNA 的复制和 RNA 的转录以及蛋白质的生物合成构成的。

1.2 生物化学发展简史

生物化学从产生到现在只有 200 多年,是一门较年轻的学科。1903 年,卡尔·纽伯格(Carl Neuberg)提出了“生物化学”一词。从此,生物化学成为一门独立的学科。但在我国,其发展可追溯到远古。我国古代劳动人民在饮食、营养、医药等方面都有不少创造和发明。我国古代人们早已具有一定的生物化学实践和知识,对生物化学的发展做出了重大贡献。

公元前 22 世纪《战国策》有酿酒的记载。公元前 12 世纪《周礼》有造酱的记载。公元前 597 年《左传》有麦曲(酵母)治疗腹疾的对话。公元 4 世纪东晋医学家葛洪用海藻酒防治甲状腺肿大。公元7世纪唐朝孙思邈(581—682年)著有《千金要方》和《千金翼方》两部医书，书中记载了用中药治疗脚气病(缺乏维生素 B_1)和用猪肝(含有丰富的维生素A)治疗雀目(夜盲症)。

现代生物化学的发展大体上可以分为三个阶段。

第一阶段：18世纪70年代以后，随着近代化学和生理学的发展，生物化学学科开始形成。

1770—1774年，英国人约瑟夫·普里斯特利(Joseph Priestley)发现了氧气，并指出动物消耗氧而植物产生氧。

1770—1786年，瑞典人卡尔·舍勒(Carl W. Scheele)分离了甘油、柠檬酸、苹果酸、乳酸、尿酸等。

1779—1796年，荷兰人简·英格豪茨(Jan Ingenhousz)证明在光照条件下绿色植物吸收 CO_2 并放出 O_2。

1828年，弗里得里希·维勒(Friedrich Wohler)首次使用无机物合成了有机物即尿素。

1877年，霍佩-塞勒(Hoppe-Seyler)首先使用"Biochemistry"一词，生物化学作为一门新兴学科诞生。

1897年，爱德华·布赫纳(Eduard Buchner)证实不含细胞的酵母提取液也能使糖发酵。

这个阶段，生物化学的主要研究工作是分离和鉴定了各种氨基酸、羧酸、糖类，发现了核酸，并开始进行酶学研究。

第二阶段：从20世纪初到20世纪40年代，随着分析鉴定技术的进步，尤其是放射性同位素技术的应用，生物化学进入动态生物化学的时期。

1926年，美国化学家詹姆斯·萨姆纳(James B. Sumner)首次得到脲酶结晶。

20世纪30年代，约翰·诺思罗普(John H. Northrop)和温德尔·斯坦利(Wendell M. Stanley)通过对胃蛋白酶(pepsin)、胰蛋白酶(trypsin)和胰凝乳蛋白酶(chymotrypsin)等消化性蛋白酶的研究，最终确认酶是蛋白质。以后陆续发现的2000余种酶均证明酶的化学本质是蛋白质。同一时代，英国生化学家汉斯·克雷布斯(Hans A. Krebs)提出了尿素循环(urea cycle)和三羧酸循环。尿素循环也称鸟氨酸循环，是哺乳类动物体内发生的一种生物化学过程，它是将含氮的代谢产物，主要是氨，转变为尿素后，通过肾随尿液排出体外。三羧酸循环是三大营养物质——糖类、脂类、氨基酸的最终代谢通路，也是糖类、脂类、氨基酸之间代谢联系的枢纽。

20世纪40年代，糖酵解途径、光合碳代谢途径得到证明，发现了维生素、激素、血红素和叶绿素等。此外，能量代谢的提出为生物能学的发展奠定了基础。

这个阶段，生物化学基本上阐明了酶的化学本质以及与能量代谢有关的物质代谢途径。

第三阶段：1950年以来，借助各种理化技术，对蛋白质、酶、核酸等生物大分子进行化学组成、序列、空间结构及其生物学功能的研究，并进行了人工合成，创立了基因工程。

1950年，莱纳斯·鲍林(Linus Pauling)提出蛋白质 α-螺旋二级结构。他指出：一个螺旋是依靠氢键连接而保持其形状的，也就是长的肽键螺旋缠绕是因为在氨基酸长链中某些氢原子形成氢键，这一发现为蛋白质空间构象研究奠定了理论基础。

1953年，詹姆斯·沃森(James D. Watson)和弗朗西斯·克里克(Francis H. C. Crick)提出了DNA的双螺旋模型。DNA双螺旋模型的提出是20世纪生物学领域极为重要的发现，是公认的人类科学发展史上的里程碑。回顾20世纪生命科学发展的主要路线和过程，可以充分感受到这一伟大科学发现的力量，清楚地认识到它在其中所处的承上启下的关键位置和所起到的核心作用。同年,弗雷德里克·桑格(Frederick Sanger)完成了胰岛素中A和B两条肽链的氨基酸序列分析。两年后,他进一步确定了这两条肽链间所形成的二硫键的位置。1956年,他又报道了整个胰岛素分子的氨基酸序列。

1958年,克里克提出了两个学说,奠定了分子遗传学的理论基础。第一个是序列假说,他认为一段核酸的特殊性完全由它的碱基序列所决定,碱基序列编码一个特定蛋白质的氨基酸序列,蛋白质的氨基酸序列决定了蛋白质的三维结构。第二个是中心法则,他认为遗传信息只能从核酸传递给核酸,或从核酸传递给蛋白质,而不能从蛋白质传递给蛋白质,或从蛋白质传回核酸。

1961年,方斯华·贾克柏(François Jacob)和贾克·莫诺(Jacques L. Monod)提出了操纵子学说。

1965年,罗伯特·霍利(Robert W. Holley)确定了酵母丙氨酸转运核糖核酸的一级结构,提出了tRNA的三叶草二级结构模型。同年,由大卫·菲利浦(David Phillips)所领导的研究组通过X射线晶体学对溶菌酶的三维结构进行了解析,这一成果的发表标志着结构生物学研究的开始,高分辨率的酶三维结构使人们在分子水平上认识酶的工作机制成为可能。

1966年,马歇尔·尼伦伯格(Marshall W. Nirenberg)和哈尔·科兰纳(Har G. Khorana)破译了遗传密码。

1975年,埃德温·萨瑟恩(Edwin M. Southern)发明了凝胶电泳分离DNA片段的印迹法。

1979年,沃特·波曼爵士(Sir Walter Bodmer)和艾伦·所罗门(Ellen Solomon)最先提出至少200个限制性片段长度多态性(restriction fragment length polymorphism,RFLP)可作为连接人类整个基因组图谱的基础。

1981年,托马斯·切赫(Thomas Cech)和他的同事在研究四膜虫的26S rRNA前体加工切除基因内含子时获得一个令人惊奇的发现:内含子的切除反应发生在仅含有核苷酸和纯化的26S rRNA前体而不含有任何蛋白质催化剂的溶液中。可能的解释只能是内含子切除是由26S rRNA前体自身催化的,而不是蛋白质。为了证明这一发现,他们将编码26S rRNA前体的DNA克隆到细菌中并且在无细胞系统中转录成26S rRNA前体分子。结果发现这种人工制备的26S rRNA前体分子在没有任何蛋白质催化剂存在的情况下,切除了前体分子中的内含子。这种现象称为自我剪接(self-splicing),这是人类第一次发现RNA具有催化化学反应的活性,如今,我们将具有这种催化活性的RNA称为“核酶”。1983年,悉尼·奥尔特曼(Sidney Altman)等人确认大肠杆菌核糖核酸酶P(ribonuclease P,RNase P)蛋白质部分(称为C5蛋白)除去后,在体外高浓度Mg^{2+}存在下,留下的RNA部分(称为M1-RNA)具有类似全酶的催化活性。此后不久,在酵母和真菌的线粒体mRNA和tRNA、叶绿体tRNA和rRNA及某些细菌病毒mRNA的前体加工中都发现了自我剪接现象。核酶的发现在生命科学中具有重要意义,使我们有理由推测在进化上早期的遗传信息和遗传信息功能体现者是一体的,只是在进化的某一进程中蛋白质和核酸分别执行不同的功能。

1985年,凯利·穆利斯(Kary B. Mullis)等人发明了聚合酶链式反应(polymerase chain reaction,PCR);迈克尔·史密斯(Michael Smith)等报道了DNA测序中应用荧光标记取代同位素标记的方法。

1985年5月,美国加州大学圣克鲁斯分校(University of California, Santa Cruz,简称UCSC)校长罗伯特·辛西默(Robert Sinsheimer)提出人类基因组研究计划,1986年8月,美国科学院生命科学委员会确定由布鲁斯·艾伯茨(Bruce Alberts)负责的15人小组起草确定这个提议的报告,美国联邦政府于1987年正式启动这一计划。

1994年,日本科学家在《Nature Genetics》上发表了水稻基因组遗传图谱,爱德华·威尔森(Edward O. Wilson)等用3年时间完成了线虫(*Caenorhabditis elegans*)3号染色体上连续的2.2 Mb的碱基序列测定,预示着百万碱基规模的DNA序列测定时代的到来。

1997年,伊恩·威尔穆特(Ian Wilmut)等首次不经过受精,用成年母羊体细胞的遗传物质,成功地获得克隆羊——多莉(Dolly),见图1-1。

1998年,让·保罗·勒纳尔(Jean-Paul Renard)等用体细胞操作获得克隆牛——玛格丽特,再次证明由体细胞可克隆出在遗传上完全相同的哺乳动物;美国国家生物技术信息中心(National Center for Biotechnology Information, NCBI)建立的DNA序列数据库GenBank公布的最新人"基因图谱98",代表了30181条基因定位的信息;克雷格·文特尔(J. Craig Venter)对人类基因组计划提出新的战略——全基因组随机测序,推动了毛细血管电泳测序技术的发展。

图1-1　克隆羊多莉

1999年,甘特·布洛贝尔(Günter Blobel)发现了蛋白质在细胞中的运输和定位信号,并具体展示了这种信号在发送过程中的分子状态。

2001年,利兰·哈特韦尔(Leland H. Hartwell)发现和研究了细胞周期分裂基因;保罗·纳斯(Paul Nurse)和蒂姆·亨特(Tim Hunt)分别发现了调节细胞周期的关键分子,即周期蛋白依赖性激酶(cyclin-dependent kinases,CDKs)及调节CDKs功能的因子。

2003年,彼得·阿格雷(Peter Agre)和罗德里克·麦金农(Roderck Mackinnon)发现了细胞膜水通道蛋白并描述其特征,阐述了钾离子通道结构及功能机制。

2004年,以色列科学家阿龙·切哈诺沃(Aaron Ciechanover)、阿夫拉姆·赫什科(Avram Hershko)和美国科学家欧文·罗斯(Irwin Rose)发现了泛素调节的蛋白质降解。他们突破性地发现了人类细胞如何控制某种蛋白质的过程,即蛋白质"死亡"的一种重要机理,具体地说,就是人类细胞对无用蛋白质进行"废物处理"的过程。

2006年,美国科学家安德鲁·法厄(Andrew Z. Fire)和克雷格·梅洛(Craig C. Mello)发现了核糖核酸(RNA)干扰机制,这一机制已被广泛用作研究基因功能的一种手段,并有望在未来帮助科学家开发出治疗疾病的新方法。同年,美国科学家罗杰·科恩伯格(Roger D. Kornberg)在真核转录的分子基础研究领域做出了重要的贡献。

2007年,美国科学家马里奥·卡佩奇(Mario Capecchi)、奥利弗·史密斯(Oliver Smithies)和英国科学家马丁·埃文斯(Martin J. Evans)三人的一系列突破性的发现为基因靶向技术的发展奠定了基础,使深入研究单个基因在动物体内的功能并提供相关药物试验的动物模型成为可能。

2008年,美籍华裔科学家钱永健、美国科学家马丁·查尔菲(Martin Chalfie)和日本科学家下村修(Osamu Shimomura)三人在绿色荧光蛋白(green fluorescent protein,GFP)的研究和应用方面做出了突出贡献。

2009年,三位美国科学家伊丽莎白·布莱克本(Elizabeth H. Blackburn)、卡罗尔·格雷德(Carol Greider)和杰克·绍斯塔克(Jack Szostak)在线性染色体的末端结构——端粒和端粒酶的功能研究与合成方面做出了杰出贡献,他们的工作解决了一个重要的生物学问题,即线性染色体的末端是如何实现完整复制，以及如何避免核酸酶的降解以维持染色体稳定性的。同年，文卡特拉曼·拉马克里希南(Venkatraman Ramakrishnan)、托马斯·施泰茨(Thomas A. Steitz)和以色列科学家阿达·尤纳斯(Ada E. Yonath)三位科学家利用X射线结晶学技术构建了核糖体的三维模型，标出了每个原子所在的位置，在原子水平上揭示了核糖体的形态和功能。这些模型如今被科学家们所应用以开发新的抗生素，直接有助于挽救生命及减轻人类的痛苦。

从以上所述的生物化学发展中可以看出，20世纪50年代以来是以核酸的研究为核心，推动着分子生物学向纵深发展，如20世纪50年代的双螺旋结构、20世纪60年代的操纵子学说、20世纪70年代的DNA重组、20世纪80年代的PCR技术、20世纪90年代的人类基因组计划等都具有里程碑的意义，将生命科学带向一个由宏观到微观再到宏观、由分析到综合的时代。现代生物化学正在进一步发展，其基本理论和实验方法均已渗透到各个科学领域。

1.3　生物化学的应用与发展前景

生物化学的产生和发展源于人们的生产实践，它的迅速进步随即又有力地推动着生产实践的发展。生物化学的理论知识、实验技术以及生化产品广泛应用于农业、工业、医药、食品加工生产等重要经济领域，已经或正在为社会经济发展和人们生活水平的提高做出重要贡献。

1.3.1　生物化学的应用

1. 在农业生产中的应用

在农业生产上，作物栽培、品种鉴定、遗传育种、土壤农业化学、豆科作物的共生固氮、植物的抗逆性、植物病虫害防治等科学都越来越多地应用生物化学作为理论基础。

在农业科学中，栽培学是研究经济植物栽培的理论和技术的，运用生物化学的知识，可以阐明这些植物在不同生物环境中的新陈代谢规律，了解人们关心的产物成分积累的途径和控制方式，以便设计合理的栽培措施并创造适宜的条件，使人们获取优质、高产的经济作物。

作物品种鉴定是农业生产中一个很重要的课题。过去鉴定作物品种要将种子在田间分别播种，长成植株后从形态上比较它们的性状来进行鉴定。这种传统的方法需要时间长，消耗人力和土地较多，而现在可以运用电泳的方法将不同品种中的储藏蛋白分离，染色后显现出蛋白质的区带，因不同作物品种具有不同的区带，因此，可以将这些区带编号，再根据某一品种的蛋白质区带即可查出它属于什么品种。同时，还可利用现代分子生物学中的限制性片段长度多态性(restriction fragment length polymorphism，RFLP)分析技术，直接提取同一作物不同品种的种子DNA，进行限制性内切酶消化并进行电泳分析，根据不同品种具有其独特的电泳谱带来鉴别种子的真伪。

遗传育种是应用生物化学的理论和技术有目的地控制作物品种的优良性状在世代间传递，同时，一些性状可以作为确定品种亲缘关系和品种选育的指标。例如，同工酶的应用将有助于确定品种之间的亲缘关系；利用植物基因克隆和转化技术，可以不受亲缘关系的限制进行品种改良，甚至创造出新品种。这就是整个生物技术的核心内容——基因工程。

土壤农业化学的深入研究依赖生物化学的基础知识。土壤微生物学、土壤酶学和土壤营养元素的研究可以揭示土壤中有机成分的分解转化过程，有助于提高土壤肥力和植物对养分的吸收利用。土壤中的微生物可分泌出多种胞外酶，这些酶与土壤中有机成分的转化及营养物质的释放有密切关系，影响着土壤中营养的有效性。这些问题的研究都要应用生物化学的原理和方法，属于生物化学的研究内容。

豆科植物的共生固氮作用是生物化学的一个重要课题，近年来对豆科植物与根瘤菌的共生固氮作用已经了解得更加清楚，如果进一步了解固氮机理，则有可能扩大优良根瘤菌种的共生寄主范围，促进寄主植物结瘤，从而增加共生植物的固氮作用并提高产量。

作物的抗寒性、抗旱性、抗盐性以及抗病性的研究离不开生物化学。以抗寒性为例，抗寒性是作物的重要遗传性状，过去育种要在田间鉴定作物的抗寒性，而现在已经知道抗寒性与作物的生物膜有密切关系，生物膜上的膜脂流动性越大，作物的抗寒性越强，反之抗寒性弱。抗寒品种膜脂中不饱和脂肪酸含量高，非抗寒品种不饱和脂肪酸含量低。另外，抗寒性还与膜上的许多种酶有密切关系，如 ATP 酶、过氧化物歧化酶(superoxide dismutase,SOD)等。所以现在可利用生物化学方法鉴定作物的抗寒性。

生物化学的理论可以作为病虫害防治和植物保护的理论基础，用于研究植物被病原微生物侵染以后的代谢变化，了解植物抗病性的机理，病菌及害虫的生物化学特征，化学药剂如杀菌剂、杀虫剂和除草剂的毒性机理，以提高植物对环境的适应能力，增强植物生产力，使植物资源更好地为人类服务。

此外，畜牧、桑蚕养殖等农业生产领域，以及农产品、畜产品、水产品储藏、保鲜等都要应用相关的生物化学知识。

2. 在工业生产中的应用

某些轻工业生产中，如食品工业、发酵工业、制药工业、生物制品工业、皮革工业等都需要应用生物化学的基本理论及技术。尤其是在发酵工业中，人们可以根据微生物合成某种产物的代谢规律，特别是它的代谢调节规律，通过控制反应条件，或者利用基因工程来改造微生物，构建新的工程菌种以突破其限制步骤的调控，大量生产所需要的生物产品。此外，发酵产物的分离提纯也必须依据和利用生物化学的基本理论和技术手段。目前利用发酵法已经成功地实现工业化生产维生素 C、多种氨基酸和酶制剂等生化产品，其中，生产出的酶制剂又有相当一部分应用于工农业产品的加工、工艺流程的改造以及医药行业，如应用淀粉酶和葡萄糖异构酶生产高果糖糖浆；应用果胶酶处理破碎果实，可将果汁、蔬菜汁中的果胶水解，降低其黏度，提高出汁率，缩短提取时间；应用纤维素酶作添加剂可以提高饲料的有效利用率；某些蛋白酶制剂被用作促消化和溶解血栓的药物，被用来分解肌肉结缔组织的胶原蛋白以促进肉类嫩化，还被用于皮革脱毛和洗涤剂的添加剂等。

3. 在医学领域的应用

在医学领域，生物化学的应用非常广泛。人的病理状态往往是由于细胞的化学成分发生了改变，从而引起代谢及身体机能的紊乱。根据疾病的发病原因以及病原体与人体在代谢上和调控上的差异，设计或筛选出各种高效低毒的药物来防治疾病等，这些问题的研究都需要应用生物化学的理论和技术。而生化药物是从生物细胞中提取的有治疗作用的生化物质，如一些激素、维生素、核苷酸类物质和某些酶等。

1) 生物化学的发展促进对人或动物致病机理的认识

从医学方面讲，人或动物的病理状态常常是由于细胞中化学成分的变化，从而引起身体机能的紊乱。血红蛋白一级结构的改变可以造成溶血，如人被毒蛇咬伤后丧命，是由于蛇毒液中含有磷酸二酯酶，使血细胞发生溶血所致等。许多疾病的临床诊断越来越多地依赖于生化指标的测定。

2）生物化学理论和方法促进生化药物研究与开发

生化药物是指从生物体分离、纯化得到的，或用化学合成或现代生物技术制得的用于预防、治疗和诊断疾病的物质。生化药物在制药业中占有重要地位，这些药物的主要特点是来自生物体，基本成分为氨基酸、蛋白质、多肽、酶、多糖、脂类、核酸、生物胺等。上述物质的理化性质确定、生物活性检定、效价测定以及安全性检查等，都与生物化学理论与技术密不可分。

4. 在环境保护领域的应用

高新技术产品不断涌现的同时，也给人类居住的环境带来巨大的污染，严重危害人类的生存。“三废”的处理、水质的净化等，如筛选良好的微生物菌株进行转化，或微生物发酵产物对“三废”进行处理等，这些都与生化理论与技术的应用具有较大的关联。此外，航空航天事业、海洋资源的开发利用等都离不开生物化学，以及由它发展起来的生物化学工程技术。

1.3.2　生物化学发展前景

20 世纪 70 年代，生物化学的迅速发展促进了一门独立的新学科——分子生物学的形成。分子生物学被看成是生命科学以崭新的面目进入 21 世纪的带头学科，是从生物大分子和生物膜的结构、性质和功能的关系来阐明生物体繁殖、遗传等生命过程中的一些基本生化机理问题，如生物进化，遗传变异，细胞增殖、分化、转化，个体发育，衰老等。

在分子生物学基础上又发展起来一门新兴的技术学科——生物工程，包括基因工程、酶工程、细胞工程、发酵工程、生化工程、蛋白质工程、海洋生物工程、生物计算机及生物传感器等主要八大工程。其中的基因工程是生物工程的核心。人们试图像设计机器或建筑物一样，定向设计并构建具有特定优良性状的新物种、新品系，结合发酵和生化工程的原理和技术，生产出新的生物产品。尽管仍处于起步阶段，但目前用生物工程技术手段已经大规模生产出动植物体内含量少但为人类所需的蛋白质，如干扰素、生长素、胰岛素、肝炎疫苗等珍贵药物，展示出其广阔的应用前景，对人类的生产和生活将产生巨大而深远的影响，是 21 世纪新兴技术产业之一。

世人瞩目的人类基因组计划(human genome project，HGP)是由美国科学家于 1985 年率先提出，于 1990 年正式启动的。来自美国、英国、法国、德国、日本、中国等六国的科学家组成了一个多国合作小组，共同参与了这一预算达 30 亿美元的研究项目，希望 2005 年前能够获得人类 DNA 序列的图谱，揭开组成人体 4 万个基因的 30 亿个碱基对的秘密。在人类基因组计划启动八年后的 1998 年 5 月，美国私营的塞莱拉基因公司(Celera Genomics Group)宣称，要在 3 年内以所谓的“人类全基因组霰弹法测序策略”完成人类的基因组测序，要在无政府投资条件下早于多国合作小组完成人类基因组计划。由于塞莱拉基因公司的竞争，多国合作小组不得不改进其策略，加速工作进程，人类基因组计划得以提前完成。2000 年 6 月 26 日，多国合作的人类基因组计划的官方机构和塞莱拉基因公司共同宣布人类基因组工作草图基本绘制完成，已测定出人类 90%以上的 DNA 碱基序列；2001 年初，完成了 99%的人类基因组草图；2001 年 2 月 12 日，联合宣布人类基因组测序工作完成。在人类基因组计划中，还包括对模式生物基因组的研究：酵母、大肠杆菌、果蝇、线虫、小鼠、拟南芥、水稻、玉米等的基因组计划也都相继完成或正在进行。

人类基因组计划的目的不只是读出全部的 DNA 序列，更重要的是读懂每个基因的功能及每个基因与某种疾病的相互关系，对生命进行真正系统的科学解码，以期从根本上了解生命的起源、了解生物体生长发育的规律、认识物种之间和个体之间存在差异的起因、认识疾病产生的机制以及长寿与衰老等生命现象。伴随着人类基因组计划的进行，许多崭新的生物技术应运而生并得到了实际应用，如在mRNA水平上，通过DNA芯片(DNA chips)和微阵列分析法(microarray analysis)以及基因表达连续分析法(serial analysis of gene expression，SAGE)等技术检测到了成千上万基因的表达。同时，一些新兴学科也相继诞生，如生物信息学(bioinformatics)、功能基因组学(functional genomics)、蛋白质组学(proteomics)等。

因此，作为新世纪的科技工作者，学习并掌握生物化学的基础理论、基础知识和基本技能，对于了解现代生物科学技术发展的前沿知识和发展动态，是十分必要的。

1.4 生物化学与其他学科的关系

生物化学是由化学和生物学互相渗透、互相影响而形成的一门学科，所以它与化学及有关的生物学有着密切的联系。

1.4.1 生物化学与化学的关系

生物化学与化学特别是有机化学和物理化学有着不可分割的联系。近代生物化学的起源依赖于有机化学对各种有机物结构的研究。在进行生物体新陈代谢的研究工作时，必须具备生物体内有机化合物结构和性质的相关知识，首先要运用化学知识将生物分子分离纯化出来，之后才能进一步研究其结构和性质。而物理化学中热力学知识则是分析生物体内物质和能量复杂变化规律的理论基础。

1.4.2 生物化学与生物学的关系

生物化学的研究对象是生物体，属于生物学的一个分支，和生物学的其他分支均有着密切的关系。

1. 生理学

生物化学与生理学关系密切，研究植物生命活动原理的植物生理学，必然涉及植物体内有机物代谢这一重要内容，而有机物代谢的途径和机理正是生物化学的核心内容之一。

2. 遗传学

遗传学研究生命过程中遗传信息的传递与变异。核酸是遗传信息的载体，遗传信息的表达是通过将核酸所携带的遗传信息翻译为蛋白质来实现的。所以，核酸和蛋白质的结构、性质、代谢与功能是遗传学和生物化学的重要内容。将生物化学与遗传学相结合的边缘学科也被称为分子遗传学或狭义的分子生物学，主要研究核酸的复制、转录、表达、调控及其与其他生命活动的关系。

3. 微生物学

生物化学与微生物学的联系也十分密切，目前积累的许多生物化学知识有相当一部分是用微生物为研究材料获得的，如大肠杆菌是被广泛应用的试验材料。而生物化学的理论又是研究微生物形态、分类和生命活动过程的理论基础。在研究微生物的代谢和生命活动、病毒的本质以及免疫的化学过程、抗体的产生机制等方面都会应用到生物化学的理论和技术。

4. 细胞生物学

细胞生物学研究生物细胞的形态、结构和功能，探索组成细胞的各种化学物质的性质及其变化规律，这些都要应用生物化学的知识和理论。

5. 生物分类学

目前的研究发现,不同生物体内某些蛋白质具有一定的保守性,因此可以作为判断物种遗传和亲缘关系的可靠指标。蛋白质及其他特殊生化成分可以作为生物分类的依据以补充形态分类的不足,解决分类学中的难题。

1.5 生物化学的学习方法与建议

生物化学是在分子水平上研究生物体的组成与结构、代谢及其调控的一门学科,它以众多相关学科为基础,是一门具有先进性、科学性和系统性的学科。其内容十分丰富,发展非常迅速,在生命科学中的地位极其重要,是生物学、农学、医学、畜牧兽医、食品科学和环境科学等专业必修的基础课。由于其重要性,以及新知识、新进展不断涌现,内容逐渐增多,有大量需要记忆和掌握的内容,因此学好本课程不是一件容易的事情。

学习生物化学时,要有明确的学习目的,同时还要有勤奋的学习态度和科学的学习方法。

1.5.1 正确选择和利用参考书

根据教学对象不同,生物化学教材编写的侧重面也会不同,但其中的重点、难点却是相同的。因此要在熟练掌握本专业教材内容的基础上,兼阅其他参考书,但要避免三心二意,嚼而不烂。

我国综合性大学和农林大学的生物化学教材现有版本主要包括北京大学《生物化学》、复旦大学《生物化学教程》、南京大学《普通生物化学》、北京师范大学《简明生物化学教程》、西北农林科技大学《基础生物化学》及各层次的教材,这些教材通过近 10 年的试用,充实了许多内容,并在近些年重新修订出版,更具有代表性、权威性。

北京大学《生物化学》一书内容广泛,涵盖了近代生物化学的一些重要基础知识,基础理论写得比较深,特别是分子生物学部分内容新颖。

复旦大学《生物化学教程》把生物化学理论深入浅出地反映出来,对一些基本概念写得比较谨慎,对一些学术问题比较客观,特别是新陈代谢部分写得比较完备。

南京大学《普通生物化学》抓住学生应掌握的生物化学知识展开论述,全面阐述了生物化学与其他生命学科有关的内容,教材内容提纲挈领。

北京师范大学《简明生物化学教程》是为师范院校服务的教材,突出了师范院校教学中应抓住的重点问题,内容简明扼要,反映了近代生物化学发展的概貌。

西北农林科技大学《基础生物化学》是目前使用频率较高的生物化学教材,是教育部"高等教育面向 21 世纪教学内容和课程体系改革计划"的研究成果之一,反映了生物化学教材的发展水平。

1.5.2 抓住主线,前后呼应

根据学科内容,生物化学可分为以下几部分。①重要生物分子的结构和功能:着重介绍蛋白质、核酸、酶、维生素、激素和抗生素等的组成、结构与功能。重点掌握生物分子具有哪些基本的结构,哪些重要的理化性质,以及结构与功能之间有什么关系等问题,同时要随时将它们进行比较。这样既便于理解,也有利于记忆。②物质代谢及其调节:主要介绍糖代谢、脂类代谢、能量代谢、氨基酸代谢、核苷酸代谢以及各种物质代谢的联系和调节规律。此部分内容是传统生物化学的核心内容。学习这部分内容时，应注重学习各种物质代谢的基本途径，特别是糖代谢途径（糖酵解途径、三羧酸循环途径、糖异生途径等）；脂肪酸的分解与合成和酮体代谢途径；氨基酸的脱氨基及氨的代谢；能量生成方式等；各代谢途径的关键酶及其生理意义；各代谢途径的主要调控环节及相互联系等问题。③分子生物学基础：重点介绍了DNA的复制，RNA的转录和翻译。学习这部分内容时，应重点学习复制、转录和翻译的基本过程，并从必要条件、所需酶及特点等方面对三个过程进行比较。在理顺本课程的基本框架后，应全面、系统、准确地掌握教材的基本内容，找出共性，掌握规律，学会抓住线条、围绕主线向外扩展和上下联系的方法。

1.5.3　深刻理解，加强记忆

学习生物化学时，首先要分清楚哪些需要记忆，哪些根本就不需要记忆。如氨基酸的三字母和单字母符号、一些关键词的缩写、氨基酸和碱基的结构等是需要记的，而有些分子的结构式如维生素 B_{12} 等并不需要记。其次要明白“理解是记忆之母”，记忆应该建立在理解的基础之上，也只有在理解的基础上记忆才能记得牢、记得准。因此要对各章所讲述的有关原理深刻理解，前后关联，不要脱节，然后去记忆。

1.5.4　理论实践，注重联系

应将所学的基础理论知识应用到实际中，做到理论联系实际。要重视实验的研究方法，通过实验课和练习题，培养和提高分析问题和解决问题的能力。在学习基础理论知识的同时，应该注意理解科学、技术与社会间的相互关系，理解所学生物化学知识的社会价值，并运用所学知识去解释一些现象，解决一些问题，指导生产实践。如：应用酶促反应动力学和维生素等章节的基础理论知识解释磺胺类药物的作用机制；应用糖代谢等章节的基础理论知识解释糖尿病的发病机制和临床上的“三多一少”症状；应用维生素和核酸代谢等章节的基础理论知识解释为什么缺乏叶酸和维生素 B_{12} 会导致巨幼细胞性贫血；应用酶学等章节的基础理论知识解释酶原激活和同工酶的生理意义。

阅读性材料

绿色荧光蛋白（green fluorescent protein，GFP）的故事

Osamu Shimomura

Martin Chalfie

钱永健

2008年度诺贝尔化学奖由日本科学家下村修（Osamu Shimomura）、美国科学家马丁·查

尔菲(Martin Chalfie)和美籍华裔科学家钱永健(Roger Y. Tsien)共同获得,以表彰他们发现和发展了绿色荧光蛋白质技术。

在大自然中,具有发光能力的生物不少,如萤火虫、部分水母、珊瑚和深海鱼类等。事实上,大多数的发光机制是由两种物质——荧光素和荧光素酶合作产生的结果,而不同发光生物的荧光素和荧光素酶结构是不一样的。因此,这些生物的发光本领,只能是它们自己的"专利"。

20 世纪 60 年代,一位日本科学家到美国普林斯顿大学弗兰克·约翰森(Frank Johnson)实验室做博士后,着手研究一种在受到外界惊扰时可以发出绿色荧光的发光水母,这位科学家希望能找到这种水母的荧光素酶。然而,经过长期的重复努力,仍然毫无收获,于是他大胆地假设,这种学名叫 *Aequorea victoria* 的水母发光机制也许并不是常规的荧光素/荧光素酶原理,可能存在能产生荧光的蛋白质。为此他进行了更多的实验,终于在 1962 年与约翰森一起成功分离纯化出水母中的发光蛋白水母素,搞清楚了这种水母的特殊发光原理。原来,水母素在与钙离子结合时会发出蓝光,而这道蓝光立即被一种蛋白质吸收,改发绿色的荧光,这种捕获蓝光并发出绿光的蛋白质就是绿色荧光蛋白(GFP)。而这位日本科学家就是下村修。

GFP 的发光机制比荧光素/荧光素酶要简单得多,一种荧光素酶只能与相对应的荧光素作用发光,而 GFP 并不需要其他物质的参与,只需要用蓝光照射,就能自己发光。可惜的是,下村修在从事 GFP 研究时并未意识到这类生物荧光分子的应用前景,其杰出的发现也一度被人忽视,直至 20 多年后才有人将 GFP 应用在生物样品标记上。

1987 年,马萨诸塞州伍兹霍尔海洋研究所的道格拉斯·普瑞舍(Douglas Prasher)克隆出了 GFP 的基因序列,并将其研究成果与马丁·查尔菲和钱永健以及每个曾与他沟通的科学家共享。1993 年,在普瑞舍的基础上,查尔菲成功地通过基因重组的方法使得水母以外的生物(如大肠杆菌等)也能产生 GFP,这不仅证实了 GFP 与活体生物的相容性,还建立了利用 GFP 研究基因表达的基本方法,而许多现代重大疾病都与基因表达的异常有关。至此,生物医学研究的一场"绿色革命"揭开了序幕。

钱永健及其同事进一步阐明了荧光蛋白的发光原理,开发出各种颜色的发光强度更高的荧光蛋白,拓展了 GFP 的应用领域。如今,钱永健等人改造的荧光蛋白在全世界得到了广泛应用,帮助科学家在活的细胞或组织中进行相关科学研究。

GFP 是近年来应用非常广泛的标记性蛋白质之一。例如,它可以用来标记抗原,从而开发便捷、快速的免疫诊断新技术,用于筛选药物及研究癌细胞的增殖过程等。可以想象,随着对 GFP 研究的进一步深化,它将在理论研究和实际应用中产生更多价值。

核糖体结构和功能研究进展

三位科学家文卡特拉曼·拉马克里希南(Venkatraman Ramakrishnan)、托马斯·施泰茨(Thomas A. Steitz),以及阿达·尤纳斯(Ada E. Yonath)因对核糖体结构和功能的研究而获得 2009 年诺贝尔化学奖。

拉马克里希南 1952 年出生于印度金奈,美国公民。1976 年从美国俄亥俄大学获得物理学博士学位,现为英国剑桥大学 MRC 分子生物学实验室结构研究部资深科学家和团队领导人。

施泰茨 1940 年出生于美国威斯康星州,1966 年在哈佛大学获分子生物学和生物化学博士学位,1967 年至 1970 年在英国剑桥大学 MRC 分子生物学实验室做博士后,现为耶鲁大学

Venkatraman Ramakrishnan

Thomas A.Steitz

Ada E.Yonath

分子生物物理学和生物化学教授及霍华德·休斯医学研究所研究人员。

尤纳斯 1939 年出生于以色列耶路撒冷，以色列公民。1968 年在以色列魏茨曼科学研究所获得 X 射线结晶学博士学位，1970 年她组建了以色列第一个蛋白质晶体学实验室，曾因细菌抗药性方面的研究于 2008 年获欧莱雅和联合国教科文组织联合设立的“世界杰出女科学家成就奖”，现为魏茨曼科学研究所结构生物学教授及生物分子结构与装配研究中心主任。

核糖体是进行蛋白质合成的重要细胞器，是生物细胞内的蛋白质生产者，了解核糖体的工作机制对了解生物体生命活动具有重要意义。这三位科学家在各自的漫长旅途上寻获“金钥匙”，成功破解了蛋白质合成之谜的“最后一块碎片”。他们利用 X 射线蛋白质晶体学的技术，标识出了构成核糖体的成千上万个原子，不仅让我们知晓了核糖体的“外貌”，而且在原子层面上揭示了核糖体的形态和功能及其最基本的工作方式。同时，这三位科学家构建了三维模型，揭示了不同的抗生素是如何绑定到核糖体的，以及是如何阻滞细菌核糖体的功能而治愈多种疾病的。如今，这些模型已被科学家们用于研究开发新的抗生素，拯救更多生命。

习 题

1. 名词解释
   (1) 生物化学
   (2) 生理学
   (3) 遗传学
   (4) 微生物学
   (5) 细胞生物学
2. 简答题
   (1) 什么是生物化学？它主要研究哪些内容？
   (2) 生物化学经历了哪几个发展阶段？各个时期研究的主要内容是什么？试举例说明各个时期的重大成就。
   (3) 生物化学与其他学科有什么联系？
   (4) 生物化学研究的范围是什么？各部分有什么联系？
   (5) 生物化学的具体应用领域有哪些？

第2章　糖类物质

引　　言

糖类(saccharide)曾称为碳水化合物(carbohydrate),是自然界存在的最为丰富的有机化合物,广泛分布于动物、植物、微生物中。糖类在植物中的含量可高达植物体干物质量的80%以上;糖类占微生物菌体干物质量的10%~30%;人和动物体中糖类含量较低,约占干物质量的2%。

糖类是多羟基醛或多羟基酮及其缩聚物和某些衍生物的总称。根据其聚合度,糖可分为单糖、寡糖和多糖。聚合度是指每摩尔糖类化合物完全水解后生成的单糖的摩尔数。

单糖(monosaccharide)是结构最简单的糖类,不能被水解成更小的糖单位。根据分子中碳原子数目,单糖分为丙糖(triose)、丁糖(tetrose)、戊糖(pentose)和己糖(hexose)等。根据分子构型,单糖分为酮糖(ketose)和醛糖(aldose)。葡萄糖(glucose)和果糖(fructose)分别是最常见的醛糖和酮糖的代表。

寡糖(oligosaccharide)又称为低聚糖,是指聚合度在2~10的糖类化合物,蔗糖(sucrose)、麦芽糖(maltose)和乳糖(lactose)是其重要代表。

多糖(polysaccharide)是指聚合度在10以上的糖类化合物,如淀粉(starch)、糖原(glycogen)、纤维素(cellulose)等。

根据多糖中的单糖是否为同一种,多糖可分为均多糖(homopolysaccharide)和杂多糖(heteropolysaccharide)。均多糖是指仅由一种单糖构成的多糖,而杂多糖是指由两种或两种以上种类的单糖构成的多糖。

根据多糖分子中是否含有非糖成分,可将多糖分为纯粹多糖(pure polysaccharide)与复合多糖(complex saccharide)。不含非糖成分的多糖称为纯粹多糖,如淀粉、果胶等;含非糖成分的多糖称为复合多糖,如糖蛋白、糖脂等。

糖类物质的生物学作用主要有以下几点:①作为生物能源;②作为其他物质(如蛋白质、核酸、脂类等)生物合成的重要原料;③作为生物体的结构物质,如纤维素是植物茎秆等支撑组织的结构成分,几丁质是虾、蟹等动物硬壳组织的结构成分;④糖蛋白、糖脂等具有细胞识别、免疫活性、抗肿瘤、抗病毒、抗感染、抗氧化和抗诱变等多种生理活性和功能。近年来,由于糖的特殊生理功能,对糖类物质结构与功能的研究越来越受到重视。

学习目标

(1)掌握糖类的定义、单糖的理化性质、几种寡糖的结构及性质、几种多糖的结构及性质。

(2)熟悉糖的分类及生物学作用。

(3)了解重要的几种己糖。

2.1 单　　糖

2.1.1 单糖的分子结构

单糖是多羟基醛或多羟基酮，分别称为醛糖(aldose)和酮糖(ketose)，它们的分子结构通式如图 2-1 所示。

```
 H   O                      H
  \ //                      |
   C                    H—C—OH
   |                        |
H—C—OH                     C=O
   |                        |
HO—C—H                  HO—C—H
   |                        |
H—C—OH                  H—C—OH
   |                        |
H—C—OH                  H—C—OH
   |                        |
  CH2OH                    CH2OH
  醛糖                      酮糖
```

图 2-1　链状醛糖和酮糖的通式

单糖的分子结构有链状结构和环状结构两种。链状结构即单糖的开链结构，其分子构型呈线性，而环状结构是指糖类 C_1 上的醛基与分子中其他碳原子(主要为 C_5)上连接的羟基(—OH)之间形成半缩醛基，从而在分子内形成一个环状结构。单糖分子的链状结构和环状结构实际上是同分异构体。

1. 单糖的链状结构

1)单糖的链状结构

以常见单糖分子为例，它们的链状结构分别如图 2-2 所示。

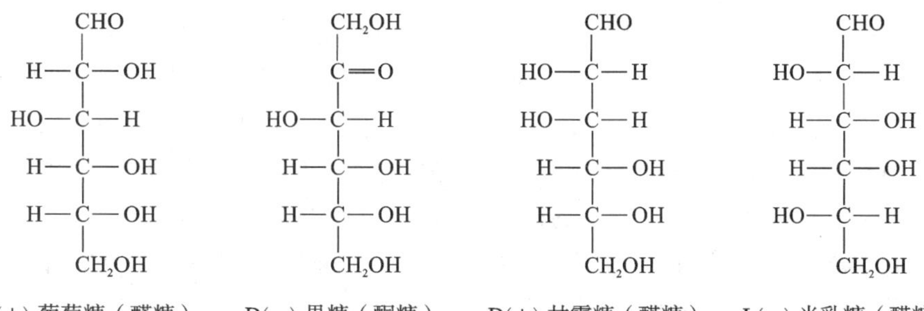

图 2-2　常见单糖分子的链状结构

[(+)表示右旋，(−)表示左旋]

上式可以简化，以下述符号表示碳链及不对称碳原子上羟基的位置：以△表示醛基，即—CHO；以—表示羟基，即—OH；以○表示第一醇基，即—CH_2OH。D-葡萄糖和 D-果糖分子结构的简化式如图 2-3 所示。

2)单糖的差向异构体

含有相同碳原子的同构型(醛糖或酮糖)的单糖的分子构象，如己醛糖中的葡萄糖与甘露糖、葡萄糖与半乳糖，除了一个不对称碳原子的构型不同(主要是—OH 的位置)外，其余结构

D(+)-葡萄糖　　D(−)-果糖

图 2-3　葡萄糖与果糖分子的简化式

完全相同(图 2-4)。把这种仅有一个不对称碳原子构型不同的两个非镜像对映异构体称为差向异构体(epimer)。

C₂处差向异构 D(+)-甘露糖	D(+)-葡萄糖	C₄处差向异构 D(+)-半乳糖
1 CHO	1 CHO	1 CHO
HO—2C—H	H—2C—OH	H—2C—OH
HO—3C—H	HO—3C—H	HO—3C—H
H—4C—OH	H—4C—OH	HO—4C—H
H—5C—OH	H—5C—OH	H—5C—OH
6 CH_2OH	6 CH_2OH	6 CH_2OH

C_2处差向异构 D(+)-甘露糖　　D(+)-葡萄糖　　C_4处差向异构 D(+)-半乳糖

图 2-4　葡萄糖的差向异构体

3)单糖的镜像对映体

构型(configuration)是指一个分子由于其中各原子特有的固定的空间排列,而使该分子所具有的特定的立体化学形式。当某物质由一种构型转变为另一种构型时,要求有共价键的断裂和重新形成。

单糖有两种构型,对应 D 型和 L 型两种异构体。不对称碳原子上的—H 和—OH 有两种可能的排列方法,因而形成两种对映体(antipode)。判断单糖是 D 型还是 L 型的方法是将单糖分子中离羰基最远的不对称碳原子上—OH 的空间排布与甘油醛进行比较,当—OH 在不对称碳原子右边,与 D-甘油醛相同时为 D 型;—OH 在不对称碳原子左边,与 L-甘油醛相同时为 L 型。甘油醛是含有一个不对称碳原子的最简单的单糖。其中,甘油醛的 D 型或 L 型是人为规定的:—OH 在甘油醛的不对称碳原子右边的(在与—CH_2OH 邻近的不对称碳原子(有 * 号的)右边),被规定为 D 型;在左边的被规定为 L 型(图 2-5)。

若将甘油醛分子做成立体模型,则 D-甘油醛及 L-甘油醛两个对映体的结构如图 2-6 所示,它们不能重叠,而是互为镜像,因此称为镜像对映体。

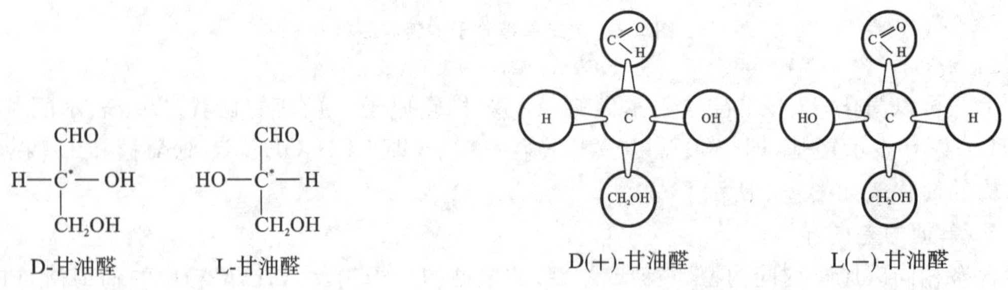

图 2-5　D-甘油醛与 L-甘油醛的结构

图 2-6　甘油醛的镜像对映体

根据这种方法，从 D-甘油醛可能衍生出 2 个 D-丁糖，4 个 D-戊糖，8 个 D-己糖；从 L-甘油醛也可衍生出同样数目的 L 型单糖。D 型单糖与 L 型单糖互为对映体。故一种具有 n 个不对称碳原子的单糖，其镜像对映体的数目为 2^n，图 2-7 和图 2-8 分别给出了 D 系醛糖与酮糖的立体结构。

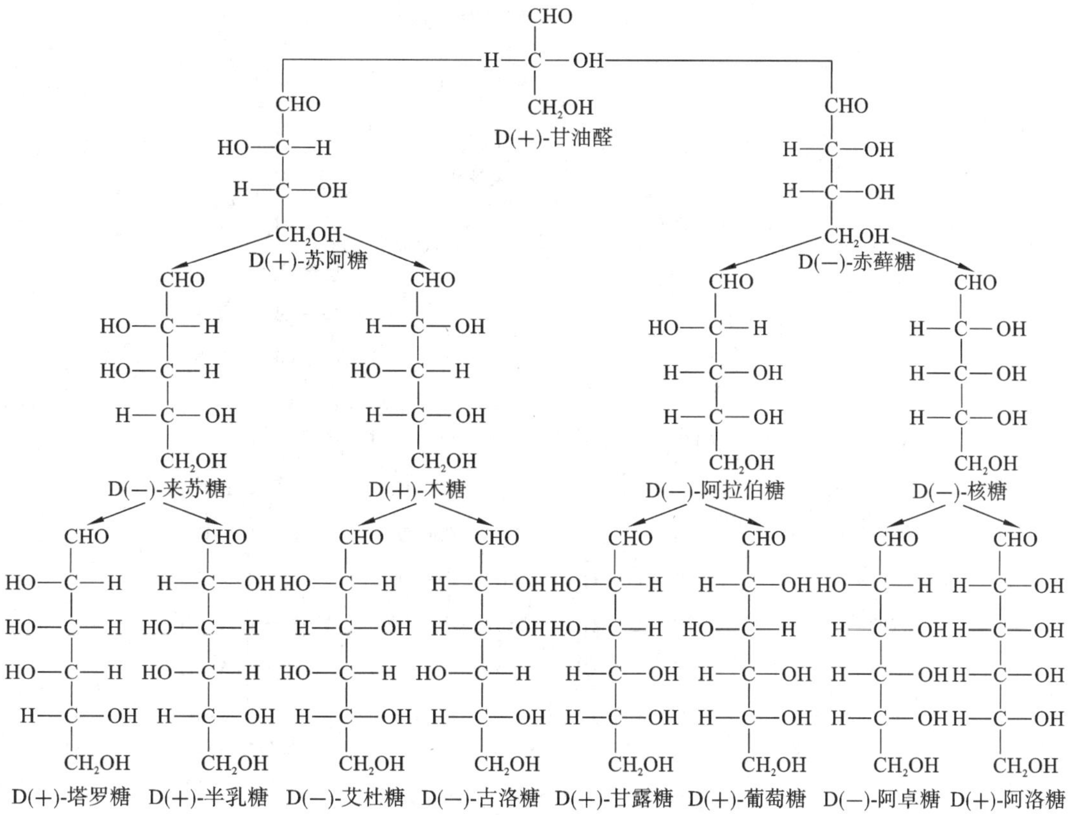

D(+)-甘油醛

D(+)-苏阿糖　D(−)-赤藓糖

D(−)-来苏糖　D(+)-木糖　D(−)-阿拉伯糖　D(−)-核糖

D(+)-塔罗糖　D(+)-半乳糖　D(−)-艾杜糖　D(−)-古洛糖　D(+)-甘露糖　D(+)-葡萄糖　D(−)-阿卓糖　D(+)-阿洛糖

图 2-7　D 系醛糖衍生的单糖

2．单糖的环状结构

葡萄糖的醛基只能与一分子醇反应生成半缩醛（图 2-9），不同于普通的醛，并且它不能与亚硫酸氢钠反应形成加成物，在红外光谱中没有羰基的伸缩振动，在核磁共振氢谱中也没有醛基质子的吸收峰。实验表明，由于葡萄糖的醛基与分子内的一个羟基形成了环状半缩醛结构，所以它只能与一分子醇形成缩醛，又称为糖苷。

1883 年 Tollens 根据单糖没有普通醛酮的一些典型特征反应（如不与亚硫酸氢盐加成，也不能使 Schiff 试剂变红等）的实验事实，设想单糖的醛基因与自身 4-位或 6-位羟基形成半缩醛而失去活性，但并未引起当时化学界的注意。1846 年 Dubrunfont 发现葡萄糖溶液具有变旋现象。1893 年，Emil Fischer 提出糖苷的环状结构，认为葡萄糖甲苷有两种端基异构体；但他认为这仍不能证明单糖就具有 Tollens 所说的环状结构，因此环状糖苷在“糖化学之父”Fischer 手中也没能成为打开单糖环状结构大门的钥匙。1895 年，Tanret 发现天然葡萄糖有三种“变体”，每种变体刚溶于水时旋光度各不相同，但都会逐渐变化，最终得到相同的旋光度。1903 年，Fischer 的学生 Armstrong 首次将糖苷环状结构与变旋现象联系起来，用实验去寻找两种 D-葡萄糖与两种 D-葡萄糖甲苷之间的关系，提出葡萄糖的 1，4-氧环式（五元环）半缩醛环状结构，成功解释了成苷反应、变旋现象等问题。由此我们可以体会到这些科学家们敢于探索的科学精神。

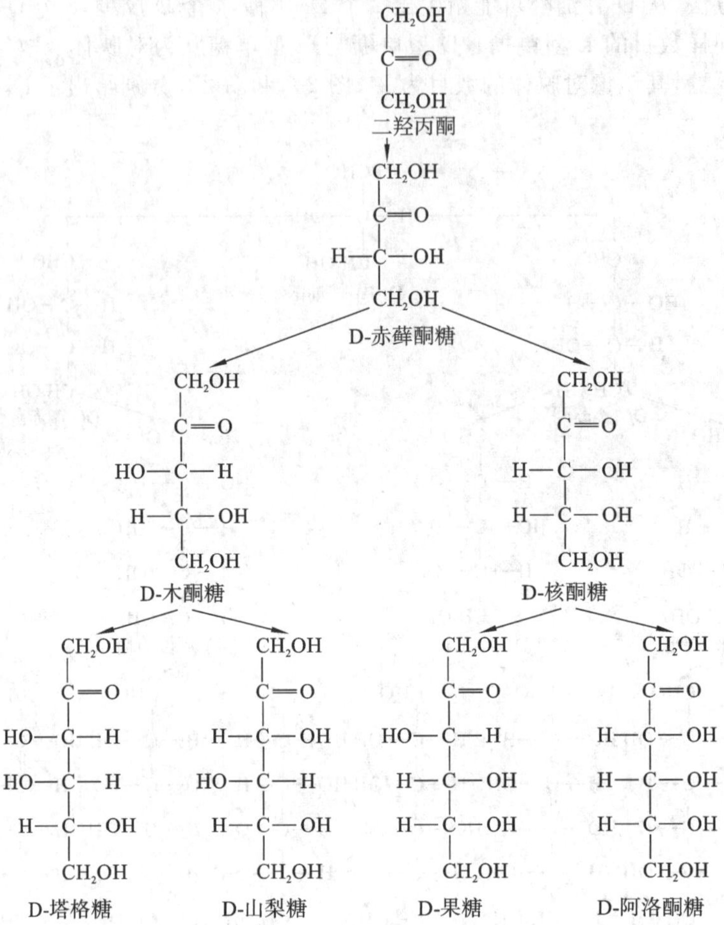

CH_2OH
$C{=}O$
CH_2OH
二羟丙酮

CH_2OH
$C{=}O$
$H—C—OH$
CH_2OH
D-赤藓酮糖

CH_2OH
$C{=}O$
$HO—C—H$
$H—C—OH$
CH_2OH
D-木酮糖

CH_2OH
$C{=}O$
$H—C—OH$
$H—C—OH$
CH_2OH
D-核酮糖

CH_2OH
$C{=}O$
$HO—C—H$
$HO—C—H$
$H—C—OH$
CH_2OH
D-塔格糖

CH_2OH
$C{=}O$
$H—C—OH$
$HO—C—H$
$H—C—OH$
CH_2OH
D-山梨糖

CH_2OH
$C{=}O$
$HO—C—H$
$H—C—OH$
$H—C—OH$
CH_2OH
D-果糖

CH_2OH
$C{=}O$
$H—C—OH$
$H—C—OH$
$H—C—OH$
CH_2OH
D-阿洛酮糖

图 2-8　D 系酮糖衍生的单糖

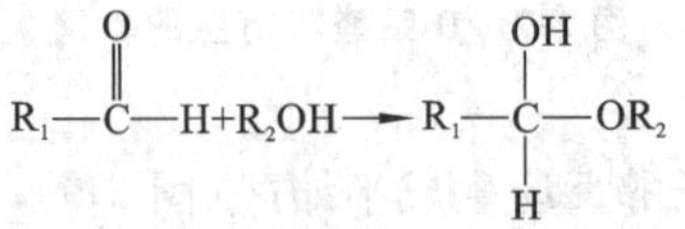

$$R_1—\overset{O}{\overset{\|}{C}}—H + R_2OH \longrightarrow R_1—\underset{H}{\overset{OH}{C}}—OR_2$$

图 2-9　半缩醛的形成过程

至今,我们知道在溶液中,含有 5 个或更多碳原子的醛糖和酮糖的羰基都可以与分子内的一个羟基反应形成环状半缩醛(图 2-10)。环状半缩醛可以是五元环或六元环结构,环状结构中的氧来自形成半缩醛的羟基,所以环状半缩醛是杂环结构。单糖的链状结构和环状结构,实际上是同分异构体,环状结构更重要。

1)单糖的 α 型和 β 型

由于环状结构第 1 碳原子是不对称的,与其相连的—H 和—OH 的位置就有两种可能的排列方式,因而就有了 α 和 β 两种构型的可能。决定 α 型和 β 型的依据与决定 D 型和 L 型的依据相同,都是以与分子末端—CH_2OH 邻近的不对称碳原子的—OH 的位置为依据。凡糖分子的半缩醛羟基(即 C_1 上的—OH)和分子末端的—CH_2OH 邻近的不对称碳原子的—OH 在碳链同侧的称为 α 型,在异侧的称为 β 型。C_1 称为异头碳原子(头部碳原子),α 型和 β 型两种异构体称为异头物(anomer)。环式醛糖和酮糖都有 α 型和 β 型两种构型。水溶液中,单糖的 α 型和 β 型异构体可通过直链互变而达到平衡。这就是葡萄糖溶液的变旋现象

(mutamerism)。α 型和 β 型异构体不是对映体。

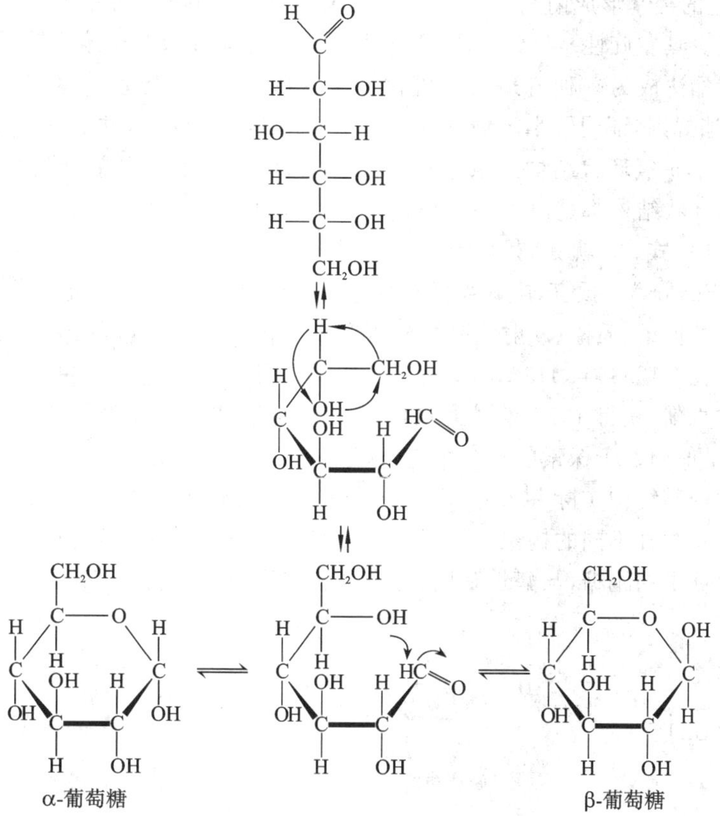

α-葡萄糖　　β-葡萄糖

图 2-10 葡萄糖链状结构与环状结构互变

2)吡喃糖与呋喃糖

葡萄糖在无水甲醇溶液内受氯化氢催化,能产生两种各含一个甲基的甲基葡萄糖苷:α 型甲基葡萄糖苷或者 β 型甲基葡萄糖苷。表明 C_1 有两种不对称形式,即葡萄糖分子环状结构有两种可能的形式。实验证明,C_1 上的醛基在形成半缩醛基时有两种成环形式:一种是半缩醛基的氧桥由 C_1 和 C_5 连接,形成六元环(五个碳原子),称为吡喃型;另一种是半缩醛基的氧桥由 C_1 和 C_4 连接,形成五元环(四个碳原子),称为呋喃型。从这个角度看,单糖又可分为吡喃糖(pyranose)与呋喃糖(furanose)(图 2-11)。葡萄糖的五元环结构(即呋喃糖)不太稳定,天然葡萄糖多以六元环(即吡喃糖)的形式存在。

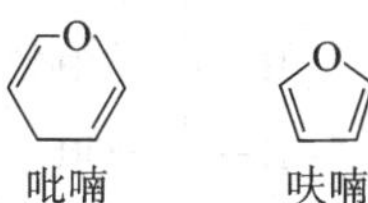

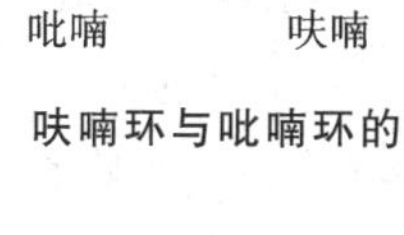

图 2-11 呋喃环与吡喃环的结构式

3)单糖环状结构 Haworth 式

Fischer 环状式虽能表示各个不对称碳原子构型的差异,较圆满地解释了单糖的性质,但不能很准确地反映糖分子的立体构型。例如过长的氧桥就不符合实际情况。1926 年,Haworth 提出了以透视式表达糖的环状结构,即 Haworth 的透视式。将吡喃糖写成六元环,将呋喃糖写成五元环,葡萄糖的两种环状结构的透视式如图 2-12 所示,这就弥补了 Fischer 环状式的不足。

1910 年,Hudson 从大量糖酸内酯的旋光度数据中总结出糖酸内酯规律,即糖酸羧基与 Fischer 式中右边的羟基形成内酯时,将比原来的糖酸更具右旋性;与左边的羟基形成内酯时,将比原来的糖酸更具左旋性。Haworth 研究糖化学是从糖的 O-甲基化开始的,他于 1915 年改进的硫酸二甲酯法成为一种普适的甲醚化方法。1925 年,他巧妙地运用 O-甲基化反应和 Hudson 糖酸内酯规则,证明了半乳糖苷的环状结构是 1,5-氧环式,并通过裂解氧化法进一步确认了半乳糖的 1,5-氧环状结构。采用相同的方法,他测定了许多单糖的环状结构,发现戊醛糖和己醛糖的环状结构都是以 1,5-氧环式(六元环)为主,因此他在 1926 年建议单糖的结构采用正多边形透视式,也就是今天的 Haworth 式。1929 年,Haworth 在他的专著《The Constitution of Sugars》中预言,吡喃糖的构象应是与环己烷构象一致的椅式构象。二十世纪六七十年代核磁共振谱、质谱、X 射线晶体分析等现代仪器分析手段的出现,证实了吡喃糖主要以椅式构象存在。1934 年,Haworth 人工合成第一种维生素——维生素 C,并因在糖类和维生素合成中的贡献,获得 1937 年诺贝尔化学奖。尽管 Haworth 等科学家已经离开我们半个多世纪了,但是他们敢于探索的科学精神,永远活在后辈心中。

天然存在的糖环结构实际并不像 Haworth 表示的透视平面图那样,吡喃糖有如图 2-13 所示的椅式和船式两种不同的构象。椅式构象相当刚性且热力学上较稳定,很多己糖都以这种构象存在。单糖中的酮糖,与醛糖相同,也有环状结构,不过其五元环即呋喃糖更常见。

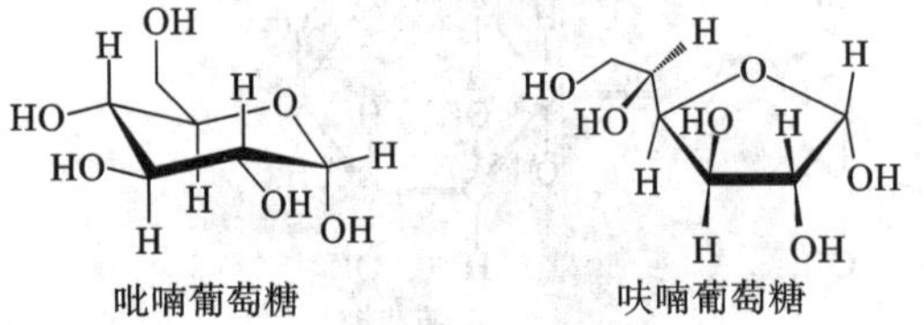

吡喃葡萄糖　　呋喃葡萄糖

图 2-12　葡萄糖的 Haworth 透视式

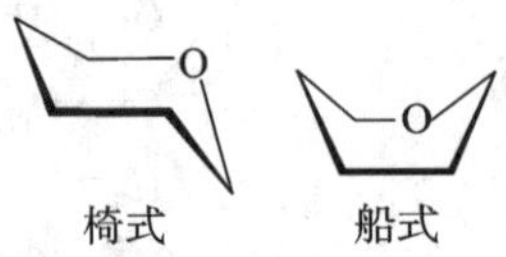

椅式　　船式

图 2-13　己糖的椅式与船式构象

对于一种构型的糖(如 D-葡萄糖),有开链形式,也有环状形式;环状形式又分为 α 型和 β 型,成环的方式不同,又有呋喃式和吡喃式之分。因此一种糖在溶液状态时至少有 5 种形式的糖分子存在,它们处于平衡之中(图 2-14)。其中 α 型与 β 型互变是通过醛式或水化醛式来完成的。

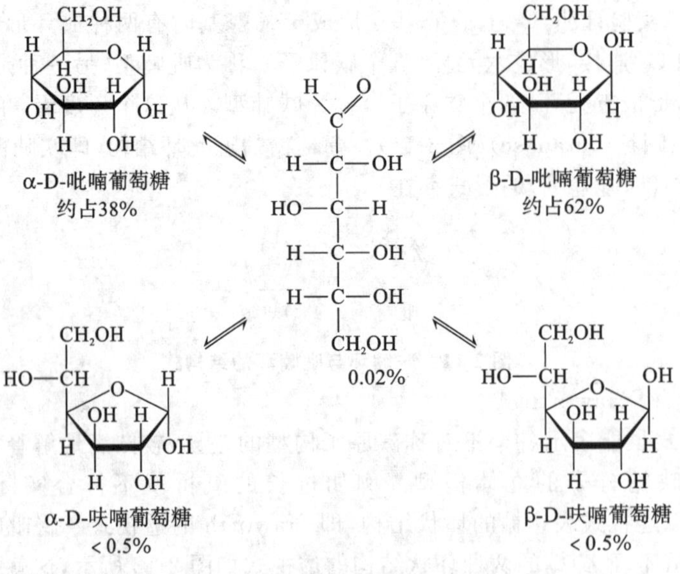

α-D-吡喃葡萄糖 约占38%　　β-D-吡喃葡萄糖 约占62%　　0.02%

α-D-呋喃葡萄糖 < 0.5%　　β-D-呋喃葡萄糖 < 0.5%

图 2-14　α-葡萄糖与 β-葡萄糖的互变

2.1.2 单糖的物理性质和化学性质

1. 单糖的物理性质

1)单糖的旋光性

旋光性(rotation)是指一种物质使偏振光的振动平面发生向左或向右旋转的特性。具有不对称碳原子(又称为手性碳原子)的化合物都具有旋光性。除丙酮糖外,其余单糖分子中都具有手性碳原子,故都具有旋光性,这也可作为鉴定糖的一个重要指标。值得注意的是,凡在理论上可由 D-甘油醛(即 D-甘油醛糖)衍生出来的单糖皆为 D 型糖,由 L-甘油醛衍生出来的单糖皆为 L 型糖。但 D 及 L 符号仅表示单糖在构型上与 D-甘油醛或 L-甘油醛的关系,与旋光性无关。要表示旋光性,则在 D 或 L 后加(+)号,表示右旋;加(-)号表示左旋。构型与旋光方向是两个概念。

糖的比旋光度是指 1 mL 含有 1 g 糖的溶液,当其透光层为 1 dm 时使偏振光旋转的角度,表示为$[\alpha]_{\lambda}^{t}$,t 为测定时的温度;λ 为测定时光的波长,一般采用钠光,符号为 D。表 2-1 为一些单糖的比旋光度。

表 2-1 各种单糖在 20 ℃ (钠光)时的比旋光度

单　　糖	比旋光度$[\alpha]_{D}^{20}$	单　　糖	比旋光度$[\alpha]_{D}^{20}$
D-葡萄糖	+52.6°	D-甘露糖	+14.2°
D-果糖	-92.2°	D-阿拉伯糖	-105.0°
D-半乳糖	+80.2°	D-伯糖	+18.8°
L-阿拉伯糖	+104.5°		

糖在刚溶于水时,其比旋光度处于动态变化中,一定时间后才趋于稳定,这种由糖发生构象转变而引起的现象称为变旋现象。因此在测定变旋光性糖的比旋光度时,必须使糖溶液静置一段时间(24 小时)后再测定。

2)单糖的甜度

甜味的高低称为甜度,甜度是甜味剂的重要指标。目前甜度的测定主要通过人的味觉来品评。通常以蔗糖作为测量甜味剂的基准物质,规定以 10%或 15%的蔗糖溶液在 20 ℃时的甜度为 1.0,用相同浓度的其他糖溶液或甜味剂来比较甜度的高低。由于这种甜度是相对的,所以又称为比甜度。表 2-2 列举了一些单糖的比甜度。

表 2-2 常见单糖的比甜度

单　　糖	比甜度	单　　糖	比甜度
蔗糖	1.00	麦芽糖	0.5
α-D-葡萄糖	0.70	乳糖	0.4
β-D-呋喃果糖	1.50	麦芽糖醇	0.9
α-D-半乳糖	0.27	山梨醇	0.5
α-D-甘露糖	0.59	木糖醇	1.0
α-D-木糖	0.5		

3)单糖的溶解度

单糖分子中有多个羟基,易溶于水,不溶于乙醚、丙酮等有机溶剂。

2. 单糖的化学性质

单糖是多羟基醛或多羟基酮,因此它们既具有羟基的化学性质(如氧化、酯化、缩醛反应),也具有羰基和醛基的化学性质,以及由于它们相互影响而产生的一些特殊化学性质。

1)单糖的氧化作用

单糖分子中的游离羰基,在稀碱溶液中能转化为醛基,因此单糖具有醛的通性,既可以被氧化成酸,也可以被还原成醇。

弱氧化剂(如多伦试剂或费林试剂)可将单糖氧化成糖酸,通常能被这些弱氧化剂氧化的糖,都称为还原糖。具体反应如图 2-15 所示。

除此之外,单糖因氧化条件不同,产物也不一样(图 2-16)。较强氧化剂(如硝酸)除了可氧化单糖分子中的醛基外,也可氧化单糖分子中的伯醇基,生成葡萄糖二酸。在氧化酶的作用下,葡萄糖形成具有重要生理意义的葡萄糖醛酸。该物质在生物体内主要起到解毒的作用。溴水也能将醛糖氧化而生成糖酸,进而发生分子内脱水,生成葡萄糖内酯。但酮糖与溴水不起作用,因此可根据是否可被溴水氧化来区分食品中的酮糖和醛糖。

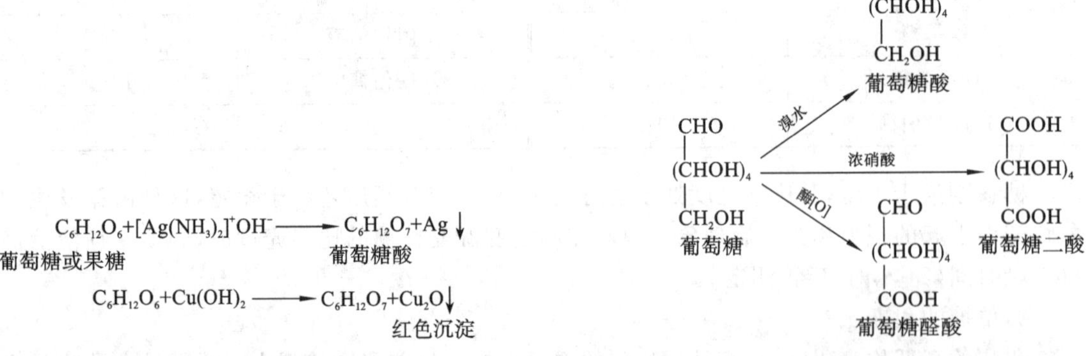

图 2-15　糖的氧化反应

图 2-16　糖的氧化反应及其产物

2)单糖的还原作用

单糖分子中含有自由醛基和半缩醛基的糖都具有还原性,因此单糖又被称为还原糖。游离的羰基在一定压力及催化剂镍的催化下,加氢还原成羟基,从而生成多羟基醇。如 D-葡萄糖可被还原为 D-葡萄糖醇(又称为山梨醇),果糖还原后可得到葡萄糖醇和甘露醇的混合物,木糖经加氢还原可生成木糖醇(图 2-17)。

3)酸对单糖的作用

酸的种类、浓度和温度不同,对不同种类的糖作用不同。单糖在稀溶液中是稳定的,在强的无机酸的作用下,戊糖和己糖都可被脱水。戊糖与强酸共热,产生糠醛;己糖与强酸共热,得到 5-羟甲基糠醛(图 2-18)。

糠醛和 5-羟甲基糠醛能与某些酚类物质作用生成有色的缩合物。利用这一性质可鉴定糖,例如,α-萘酚与糠醛或 5-羟甲基糠醛反应生成紫色物质,这一反应称为莫利希试验(Molisch's test),利用该反应可以鉴定糖的存在。间苯二酚与盐酸遇酮糖呈红色,遇醛糖呈很浅的颜色,根据这一特性可鉴别醛糖和酮糖,该反应称为西利万诺夫试验(Seliwanff's test)。

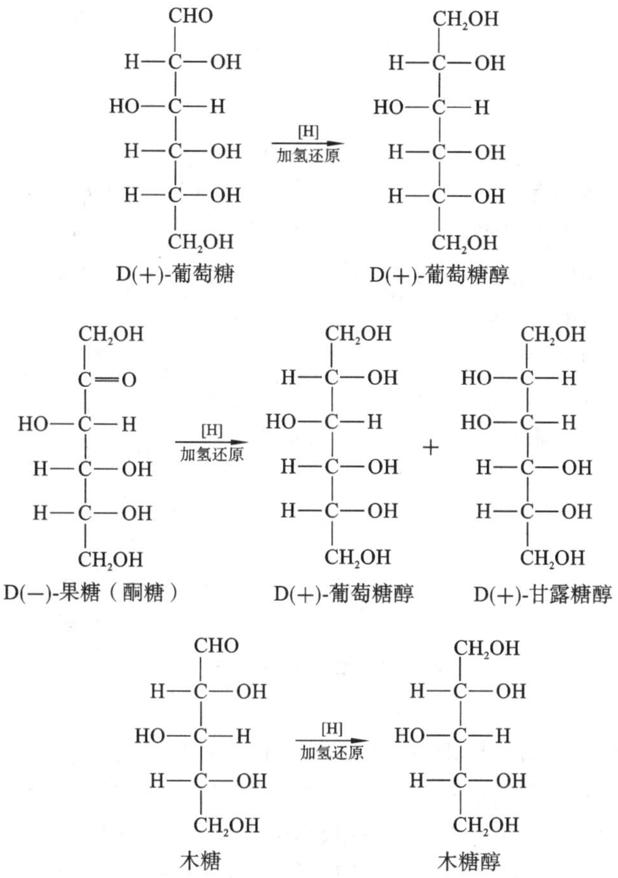

CHO / H—C—OH / HO—C—H / H—C—OH / H—C—OH / CH_2OH $\xrightarrow[\text{加氢还原}]{[H]}$ CH_2OH / H—C—OH / HO—C—H / H—C—OH / H—C—OH / CH_2OH

D(+)-葡萄糖　　D(+)-葡萄糖醇

CH_2OH / C=O / HO—C—H / H—C—OH / H—C—OH / CH_2OH $\xrightarrow[\text{加氢还原}]{[H]}$ CH_2OH / H—C—OH / HO—C—H / H—C—OH / H—C—OH / CH_2OH + CH_2OH / HO—C—H / HO—C—H / H—C—OH / H—C—OH / CH_2OH

D(−)-果糖（酮糖）　　D(+)-葡萄糖醇　　D(+)-甘露糖醇

CHO / H—C—OH / HO—C—H / H—C—OH / CH_2OH $\xrightarrow[\text{加氢还原}]{[H]}$ CH_2OH / H—C—OH / HO—C—H / H—C—OH / CH_2OH

木糖　　木糖醇

图 2-17　葡萄糖、果糖与木糖的还原

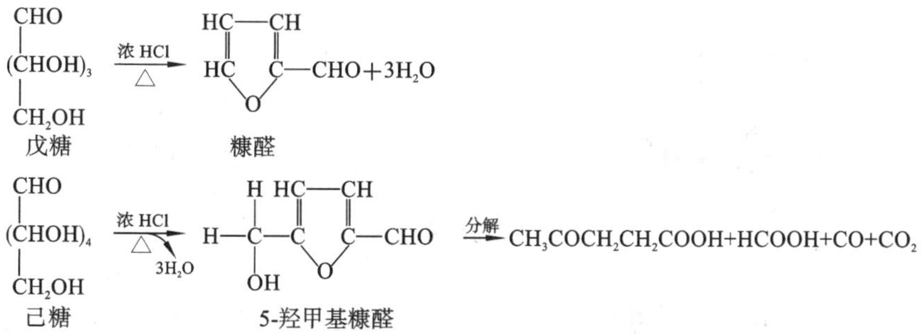

CHO / $(CHOH)_3$ / CH_2OH $\xrightarrow[\triangle]{\text{浓 HCl}}$ HC—CH / HC C—CHO (O) $+3H_2O$

戊糖　　糠醛

CHO / $(CHOH)_4$ / CH_2OH $\xrightarrow[\triangle,\ 3H_2O]{\text{浓 HCl}}$ H—C(H)(OH)—C(HC—CH)C—CHO (O) $\xrightarrow{\text{分解}}$ $CH_3COCH_2CH_2COOH+HCOOH+CO+CO_2$

己糖　　5-羟甲基糠醛

图 2-18　单糖在浓酸作用下的脱水与分解反应

4）碱对单糖的作用

单糖用稀碱液处理时能发生分子重排，醛糖和酮糖能相互转化（包括同分异构体和差向异构体）。例如 D-葡萄糖醛基的 α 碳原子上的氢原子被碱夺去，通过形成烯醇式中间体转化得到 D-葡萄糖、D-甘露糖和 D-果糖三种差向异构体的混合物，如图 2-19 所示。果葡糖浆生产过程中在酶解之前就是利用此反应处理葡萄糖溶液的。

糖在浓碱作用下很不稳定，分解为乳酸、甲酸、甲醇、乙醇酸、3-羟基-2-丁酮和各种呋喃衍生物（包括糠醛，即羟甲基呋喃）。

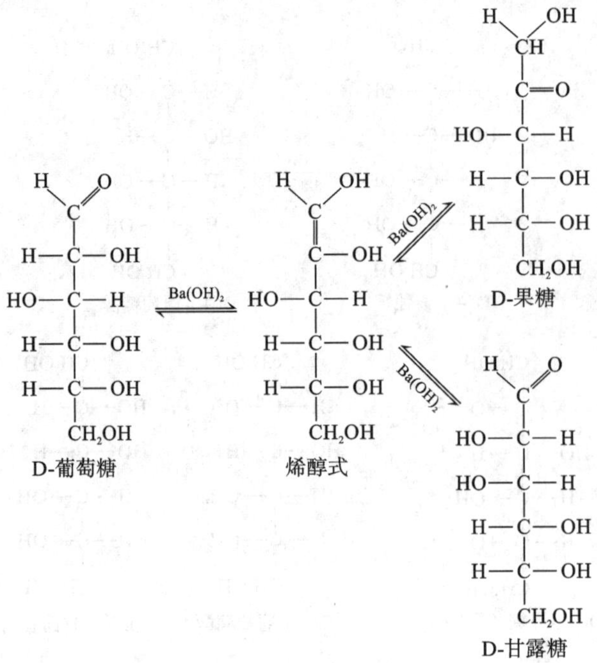

D-葡萄糖　　烯醇式　　D-果糖　　D-甘露糖

Ba(OH)$_2$

图 2-19　单糖异构化示意图

5)单糖的酯化作用

糖中的羟基可以与有机酸或无机酸作用生成酯。天然多糖中存在醋酸酯和其他羧酸酯，例如马铃薯淀粉中含有少量的磷酸酯基，卡拉胶中含有硫酸酯基。人工合成的蔗糖脂肪酸酯是一种常用的食品乳化剂。如 6-磷酸葡萄糖、1,6-二磷酸果糖则是一些生物体中糖代谢的中间产物(图 2-20)。单糖的酯化作用也可应用于多糖，如有研究通过浓硫酸法对五味子叶多糖进行修饰，以提高其硫酸化程度，从而增加五味子叶多糖的溶解性和生物活性。

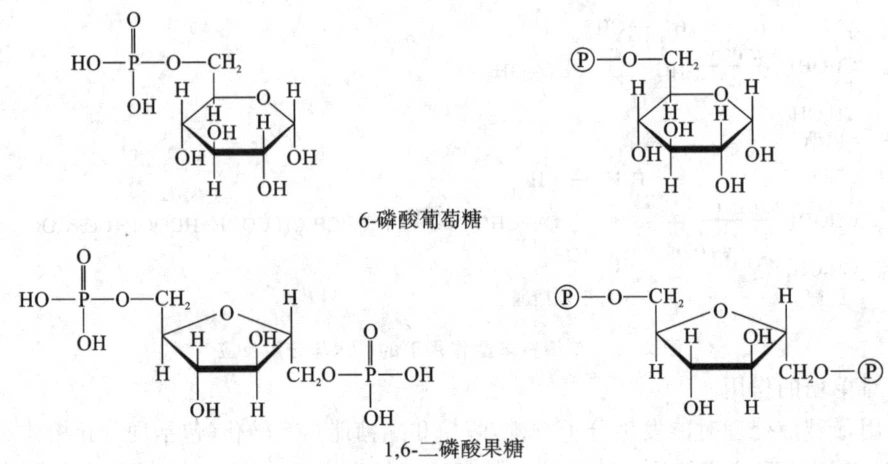

图 2-20　6-磷酸葡萄糖与 1,6-二磷酸果糖的结构

6)单糖的成苷作用

单糖的半缩醛羟基很容易与另一分子的羟基、氨基或巯基反应，失水形成缩醛(或缩酮)式衍生物，统称为糖苷(glycoside)。其中非糖部分称为配糖体或配基。如果配糖体是糖分子，则缩合生成聚糖。糖与配基之间的连接键称为糖苷键(glycosidic bond)。糖苷键可以通过氧、氮、硫、碳原子连接，分别形成 O 型糖苷、N 型糖苷、S 型糖苷、C 型糖苷。自然界中较常见的是 O 型糖苷和 N 型糖苷。O 型糖苷常见于多糖或寡糖的一级结构中，而 N 型糖苷常见于核苷。单糖有 α 型与 β 型之分，生成的糖苷也有 α 型与 β 型两种形式，如简单的 α-甲基葡萄糖苷和 β-甲基葡萄糖苷（图 2-21）。

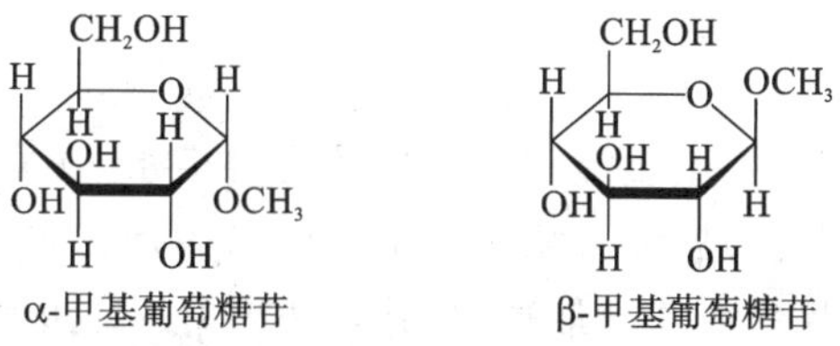

图 2-21　葡萄糖苷的结构

7）单糖的成脎作用

单糖具有自由羰基，能与 3 分子苯肼（$H_2NNHC_6H_5$）作用生成糖脎。无论是醛糖还是酮糖都能成脎。糖脎为黄色结晶，不溶于水，且性质稳定。各种糖生成的糖脎形状与熔点都不相同，因此常用糖脎的生成来鉴定各种不同的糖。苯肼通常也称为糖的定性试剂。葡萄糖成脎反应步骤如图 2-22 所示。

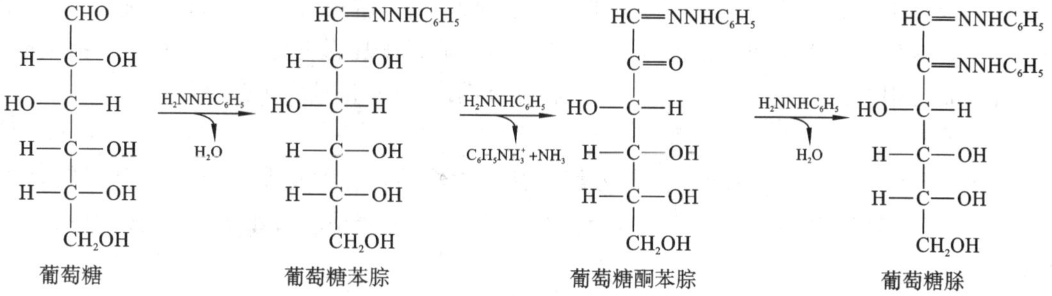

葡萄糖 —($H_2NNHC_6H_5$，$-H_2O$)→ 葡萄糖苯腙 —($H_2NNHC_6H_5$，$-C_6H_5NH_3^+ + NH_3$)→ 葡萄糖酮苯腙 —($H_2NNHC_6H_5$，$-H_2O$)→ 葡萄糖脎

图 2-22　葡萄糖的成脎过程

2.1.3　重要的单糖

1. 丙糖

含有 3 个碳原子的糖称为丙糖。比较重要的丙糖有 D-甘油醛和二羟丙酮，它们的磷酸酯是糖代谢重要的中间产物。

2. 丁糖

丁糖分子共含有 4 个碳原子，自然界常见的丁糖有 D-赤藓糖及 D-赤藓酮糖，它们的磷酸酯是糖代谢的中间产物。

3. 戊糖

自然界存在的戊糖主要有 D-核糖、D-2-脱氧核糖、D-木糖和 D-阿拉伯糖，它们大多以多聚戊糖或糖苷的形式存在。戊酮糖中的 D-核酮糖和 D-木酮糖均是代谢的中间产物。

4. 己糖

重要的己醛糖有 D-葡萄糖、D-半乳糖和 D-甘露糖，重要的己酮糖有 D-果糖和 D-山梨糖。下面主要介绍葡萄糖和果糖。

1）葡萄糖

在室温下，从水溶液中结晶析出的葡萄糖，是含有 1 分子结晶水的单斜晶系晶体，构型为

α-D-葡萄糖,在 50 ℃以上失水变为无水葡萄糖。在 98 ℃以上的热水溶液或乙醇溶液中析出的葡萄糖,是无水的斜方晶体,构型为 β-D-葡萄糖。葡萄糖的甜度为蔗糖甜度的 56%～75%,其甜味有凉爽之感,适宜食用。葡萄糖加热后逐渐变为褐色,温度在 170 ℃以上则生成焦糖。葡萄糖能被多种微生物发酵,是发酵工业的重要原料。工业上是用淀粉作原料,经酸法或酶法水解来生产葡萄糖的。

2)果糖

果糖通常与葡萄糖共存于果实及蜂蜜中。果糖易溶于水,在常温下难溶于乙醇。果糖吸湿性强,因而从水溶液中结晶困难,但果糖从酒精中析出的是无水结晶,熔点为 102～104 ℃。果糖为左旋糖。在糖类中,果糖的甜度最高,尤其是 β-果糖的甜度最高,其甜度随温度而变,热的时候为蔗糖的 1.03 倍,冷的时候为蔗糖的 1.73 倍。果糖易于消化,适于幼儿和糖尿病患者食用,它不需要胰岛素的作用。在常温常压下用异构化酶可使葡萄糖转化为果糖。

2.1.4　单糖的重要衍生物

1.糖醇

糖醇可溶于水及乙醇中,较稳定,有甜味,不能与费林试剂发生还原反应。常见的糖醇有甘露糖醇及山梨醇。甘露糖醇广泛分布于各种植物组织中,熔点为 106 ℃,比旋光度为－21°。海带中的甘露醇含量为干物质量的 5.2%～20.5%,是制作甘露糖醇的良好原料。山梨醇在植物界分布也很广泛,熔点为 97.5 ℃,氧化后可形成葡萄糖、果糖和山梨糖。

2.氨基糖

糖中的—OH 为—NH_2 所代替,即为氨基糖。自然界存在的氨基糖都是氨基已糖,常见的是 D-氨基葡萄糖,存在于几丁质、唾液酸中。氨基半乳糖是软骨组成成分软骨酸的水解产物。

3.糖醛酸

糖醛酸由单糖的伯醇基氧化而得,其中常见的是葡萄糖醛酸,它是肝脏内的一种解毒剂。半乳糖醛酸也存在于果胶中。

4.糖苷

糖苷主要存在于植物的种子、叶片及树皮内。天然糖苷中的糖苷配基有醇类、醛类、酚类、固醇类、嘌呤等。糖苷大多极毒,但微量糖苷可作为药物。重要的糖苷有能引起溶血的皂角苷、具有强心剂作用的毛地黄苷以及能引起葡萄糖随尿排出的根皮苷。苦杏仁苷是一种毒性物质。

2.2　寡　　糖

寡糖,又称为低聚糖,是少数单糖(2～10 个)缩合的聚合物,可通过多糖水解得到。自然界重要的寡糖有二糖(双糖)和三糖等。研究寡糖结构涉及三个共性的问题:单糖的种类、糖苷键的类型和糖苷键的连接位置。表 2-3 给出了常见寡糖的结构及来源。

表 2-3　常见寡糖的结构和来源

名　称	结　构	来　源
麦芽糖	α-葡萄糖(1→4)葡萄糖	麦芽糖酶水解淀粉产物

续表

名 称	结 构	来 源
异麦芽糖	α-葡萄糖(1→6)葡萄糖	淀粉酶水解淀粉产物
槐二糖	β-葡萄糖(1→2)葡萄糖	槐树
纤维二糖	β-葡萄糖(1→4)葡萄糖	纤维素酶水解纤维素产物
昆布二糖	β-葡萄糖(1→3)葡萄糖	昆布
龙胆二糖	β-葡萄糖(1→6)葡萄糖	龙胆根
海藻二糖	α-葡萄糖(1↔1)α-葡萄糖	海藻、真菌
蔗糖	α-葡萄糖(1↔2)β-果糖	甘蔗、水果
菊(粉)二糖	β-果糖(2→1)果糖	菊粉组分
乳糖	β-半乳糖(1→4)葡萄糖	哺乳动物乳汁
别乳糖	β-半乳糖(1→6)葡萄糖	乳糖经酵母异构化
蜜二糖	α-半乳糖(1→6)葡萄糖	棉子糖组分
芦丁糖	β-鼠李糖(1→6)葡萄糖	芦丁糖苷
樱草糖	β-木糖(1→6)葡萄糖	白珠树
异海藻糖	β-葡萄糖(1↔1)β-葡萄糖	酵母、真菌孢子
新海藻糖	α-葡萄糖醛酸(1↔1)β-葡萄糖	藻类、蕨类等
软骨素二糖	β-葡萄糖醛酸(1←3)半乳糖胺	软骨素组分
透明质二糖	β-葡萄糖醛酸(1←3)葡萄糖胺	透明质酸组分
龙胆糖	β-葡萄糖(1→6)α-葡萄糖(1↔2)β-葡萄糖	龙胆根
松三糖	α-葡萄糖(1↔2)β-葡萄糖(3→1)α-葡萄糖	松属植物等
棉子糖	α-半乳糖(1→6)α-葡萄糖(1↔2)β-果糖	甜菜
木苏糖	α-半乳糖(1→6)α-半乳糖(1←6)α-葡萄糖(1↔2)β-果糖	水苏属宝塔菜

2.2.1 双糖

双糖又称为二糖，是最简单的低聚糖，被水解可生成2分子单糖。二糖分为两种，一种以一个单糖的半缩醛羟基与另一个单糖的非半缩醛羟基形成糖苷键，这种二糖仍有一个游离的半缩醛羟基，因而具有还原性，为还原糖；另一种二糖的糖苷键由两个半缩醛羟基连接而成，因没有游离的半缩醛羟基，为非还原糖。自然界中存在的重要的二糖有蔗糖、麦芽糖、乳糖等。

1. 蔗糖

蔗糖为日常食用糖，在甘蔗、甜菜、胡萝卜和有甜味的果实(如香蕉、菠萝等)中存在较多。蔗糖是由1分子葡萄糖和1分子果糖缩合、失水而成的(图2-23)。分子中无半缩醛羟基，无还原性，为非还原糖。蔗糖很甜，易结晶，易溶于水，但难溶于乙醇。蔗糖为右旋糖，比旋光度为+66.5°。蔗糖水解生成D-葡萄糖和D-果糖，果糖的比旋光度为−92.2°，葡萄糖的比旋光度为+52.6°，所以蔗糖水解液呈左旋性。其水解后的葡萄糖和果糖的混合物称为转化糖(invert sugar)。

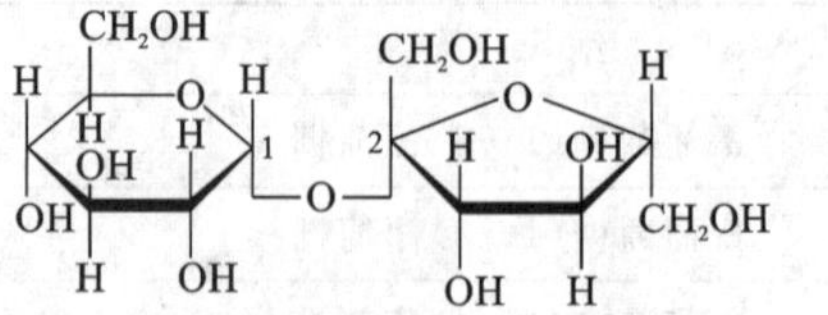

蔗糖[α-D-吡喃葡萄糖基(1→2)-β-D-果糖]

图 2-23 蔗糖的分子结构

2. 麦芽糖

麦芽糖大量存在于发芽的谷粒中,特别是麦芽中。淀粉水解时也可产生少量的麦芽糖。它是由一个葡萄糖分子的非半缩醛羟基和另外一个葡萄糖分子的半缩醛羟基脱水形成的α-葡萄糖苷(图 2-24)。分子内含有一个游离的半缩醛羟基,因此具有还原性,为还原糖。麦芽糖在水溶液中有变旋现象,比旋光度为+136°,且能成脎,极易被酵母发酵。

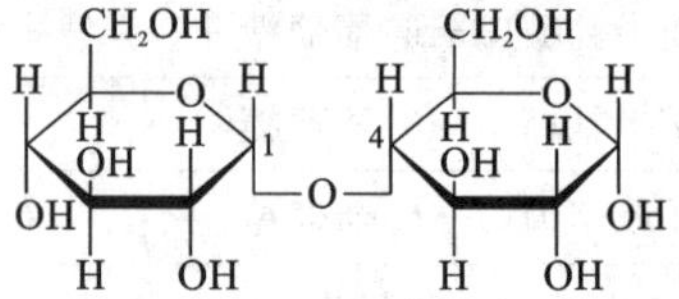

麦芽糖[α-D-吡喃葡萄糖基(1→4)-α-D-葡萄糖]

图 2-24 麦芽糖的分子结构

3. 乳糖

乳糖主要存在于哺乳动物的乳汁中,其中,牛乳含乳糖 4%,人乳含乳糖 5%~7%,这也是乳汁中唯一的糖。乳糖是由 1 分子半乳糖和 1 分子葡萄糖缩合、失水而成的(图 2-25)。乳糖不易溶解,味道也不是很甜,具有还原性,能成脎,不能被酵母发酵,能被水解生成不同含量的葡萄糖、半乳糖和乳糖的浓缩物糖浆。这类糖浆可用作冰淇淋中蔗糖的合适代用品,亦可作为水果罐头中转化糖的补充,或在啤酒和葡萄糖酒生产中用作发酵糖浆。乳糖能减缓食品关键组分的晶化作用,改善食品的持水性,还能保持食品对温度的良好稳定性。所以乳糖在食品工业中有扩大应用的趋势。

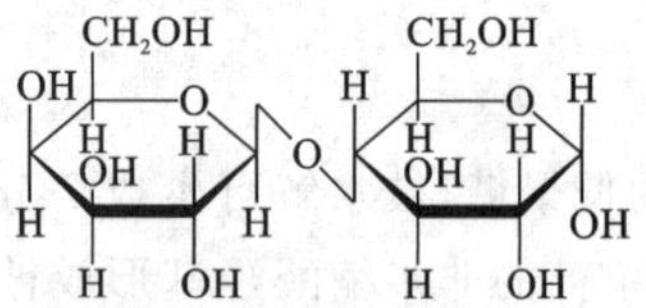

乳糖[β-D-吡喃半乳糖基(1→4)-α-D-葡萄糖]

图 2-25 乳糖的分子结构

4. 纤维二糖

纤维二糖是纤维素的基本构成单位。水解纤维素可得到纤维二糖。纤维二糖由两个β-D-葡萄糖通过 1,4 糖苷键相连,它与麦芽糖的区别是纤维二糖为β-葡萄糖苷(图 2-26)。

5. 海藻二糖

海藻二糖在动物、植物、微生物中广泛分布,如低等植物、真菌、细菌、酵母等,是由 2 分子葡萄糖通过它们的半缩醛羟基结合而成的非还原糖(图 2-27)。

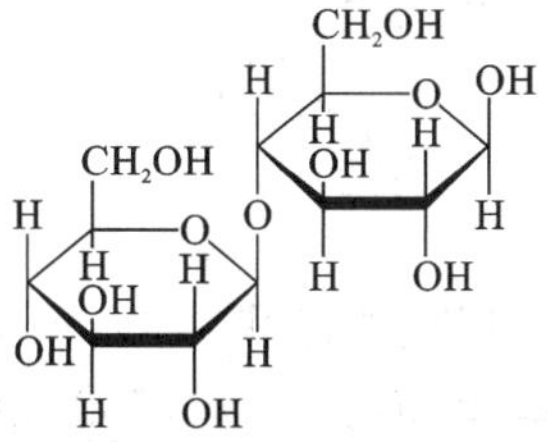

纤维二糖[β-D-吡喃葡萄糖基(1→4)-D-葡萄糖]

图 2-26 纤维二糖的分子结构

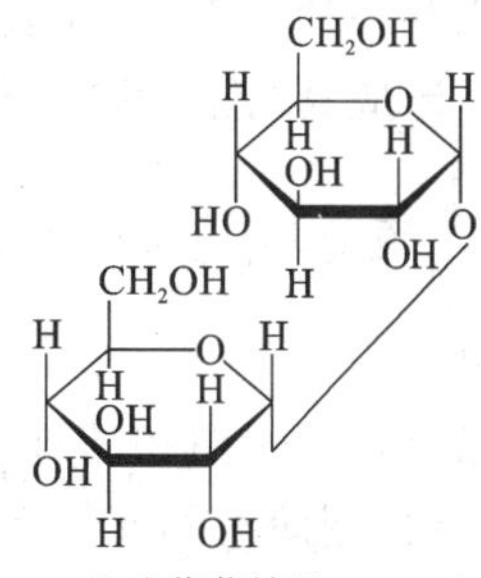

海藻二糖[α-D-吡喃葡萄糖基(1→1)-α-D-葡萄糖]

图 2-27 海藻二糖的分子结构

2.2.2 三糖

三糖也分为还原糖和非还原糖。常见的三糖有棉子糖、龙胆三糖和松三糖等。棉子糖与人类关系最为密切,常见于很多植物中,甜菜中也有棉子糖。棉子糖又称为蜜三糖,是由葡萄糖、果糖和半乳糖各1分子组成的,它是在蔗糖的葡萄糖侧以α-1,6糖苷键结合一个半乳糖而成。棉子糖为非还原糖。用甜菜制糖时,蜜糖中含有大量棉子糖。

棉子糖可被蔗糖酶和α-半乳糖苷酶水解。棉子糖在蔗糖酶的作用下,分解为果糖和蜜二糖;在α-半乳糖苷酶作用下,分解为半乳糖和蔗糖。人体本身不具有合成α-半乳糖苷酶的能力,所以人体不能直接分解吸收利用这种低聚糖,但是肠道细菌中含有这种酶,因此棉子糖可通过肠道作用分解,并能引起双歧杆菌等增殖。

2.2.3 环糊精

环糊精是直链淀粉在由芽孢杆菌产生的环糊精葡萄糖基转移酶作用下生成的一系列环状低聚糖的总称。它是由6～12个D-吡喃葡萄糖残基以α-1,4糖苷键连接而成,其中研究较多的是含有6个、7个和8个葡萄糖残基的分子,分别称为α环糊精、β环糊精和γ环糊精。

环糊精中无游离的半缩醛羟基,是一种非还原糖。α环糊精结构特点是C_6上的羟基均在大环的一侧,而C_2、C_3上的羟基在另一侧。当多个环状分子彼此叠加成圆筒形多聚体时,圆筒形外壁排列着葡萄糖残基的羟甲基,而羟甲基是亲水性的;圆筒内壁由疏水的—CH和氧环组成。因此筒外壁呈亲水性,筒内壁呈疏水性。

由于环糊精具有疏水空腔的结构,在水溶液里形状和大小适合的疏水性物质可被包裹在环糊精形成的空穴里。环糊精常作为稳定剂、乳化剂、增溶剂、抗氧化剂、抗光解剂等,广泛应用于食品、医药、轻工业、农业、化工等方面。例如在医药工业上,环糊精可作为药物载体,将药物分子包裹于其中,类似微型胶囊,可增加药物的溶解性和稳定性,降低药物的刺激性、副作用,还可掩盖苦味等。

2.3 多 糖

多糖是由多个单糖分子缩合、失水而成。它是自然界分子结构庞大且复杂的糖类物质。

多糖按组成可分为均多糖(由同一种单糖分子组成)和杂多糖(由多于一种单糖分子组成)。按功能性,多糖可分为结构多糖和储存多糖。结构多糖通常为一些不溶性多糖,如植物的纤维素和动物的甲壳多糖,分别是构成植物和动物骨架的原料。储存多糖是指在生物体内以储存形式存在的多糖,在需要时可以通过生物体内酶系统的作用分解、释放出单糖。多糖在水溶液中不形成真溶液,只能形成胶体。多糖具有旋光性,但无变旋现象。

2.3.1　均多糖

1.淀粉

淀粉主要存在于植物的种子和果实中。淀粉是由葡萄糖单位组成的链状结构。天然淀粉有两种结构:直链淀粉和支链淀粉。当用热水处理时,直链淀粉溶解,而支链淀粉不溶解。

1)直链淀粉

直链淀粉是由300～400个α-D-葡萄糖分子缩合而成的,分子量在60000左右。用碘液处理直链淀粉会产生蓝色,每个直链淀粉都有1个还原性端基和1个非还原性端基,是一条长而不分支的链(图2-28)。直链淀粉不是完全伸直的,它的分子通常卷曲成螺旋形,每转一圈有6个葡萄糖分子,如图2-29所示。

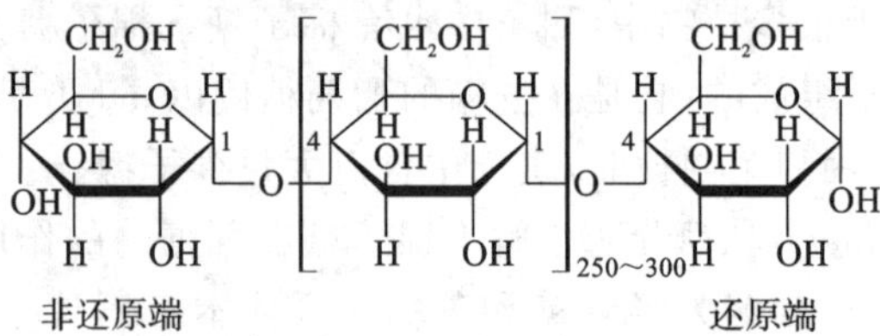

图2-28　直链淀粉的分子结构

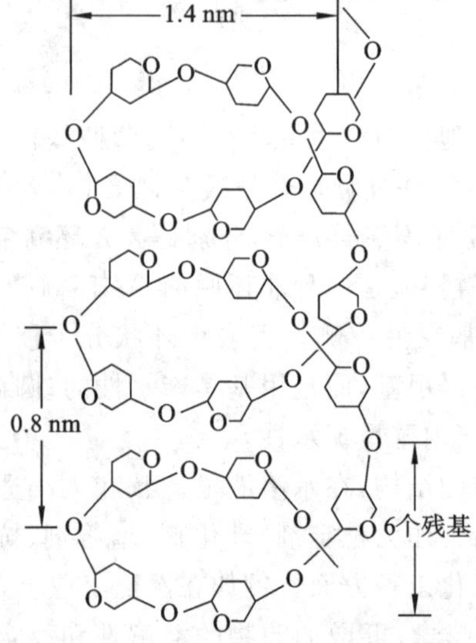

图2-29　直链淀粉螺旋结构示意图

2)支链淀粉

支链淀粉由两部分构成,一是由α-1,4糖苷键构成的直链,二是由α-1,6糖苷键构成的分支结构。支链淀粉分子量大,为50000～100000。每24～30个葡萄糖单位含有1个端基,支链淀粉至少含有300个α-1,6糖苷键连接在一起的支链,与碘反应成紫色或红紫色。其结构如图2-30所示。

不同来源的食物淀粉中直链淀粉与支链淀粉的比例各不相同。常见作物淀粉中直链淀粉的含量低于支链淀粉的含量(表2-4)。

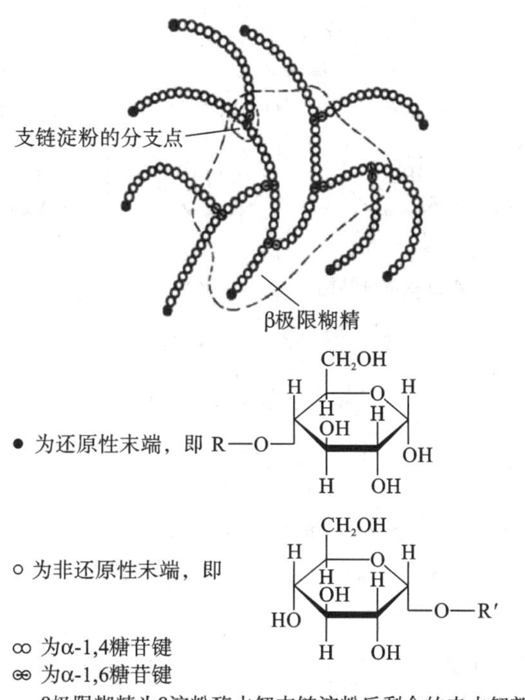

图 2-30 支链淀粉结构示意图

表 2-4 常见食物淀粉中直链淀粉与支链淀粉的比例

淀粉来源	直链淀粉/(%)	支链淀粉/(%)
玉米	26	74
小麦	25	75
大米	17	83
马铃薯	21	79
木薯	17	83
糯玉米	1～3	97～99
高直链淀粉玉米	70	30

2. 糖原

糖原为动物体内储存的重要多糖，相当于植物体内储存的淀粉，所以糖原又称为动物淀粉。它在动物组织内分布广泛，肝脏和肌肉中储存量较多。糖原分子中 α-D-葡萄糖残基通过 α-1,4 糖苷键相互连接，糖原的结构与支链淀粉相似，但糖原的分支更多，支链比较短，每个支链平均长度为 12～18 个葡萄糖分子，在主链中平均每 3 个葡萄糖残基就有 1 个支链。糖原的支链分支点也是 α-1,6 糖苷键，如图 2-31 所示。

糖原与碘作用通常呈棕红色。它不溶于冷水，易溶于热的碱溶液，并在加入乙醇后会析出。糖原在细胞的胞质中以颗粒状存在，直径为 10～40 nm，较植物中的淀粉颗粒小得多。糖原是人体内储存糖类化合物的主要形式，在维持人体能量平衡方面起十分重要的作用。

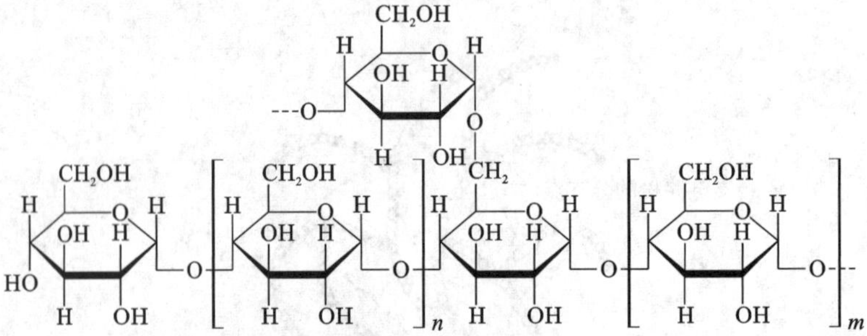

糖原的部分结构式

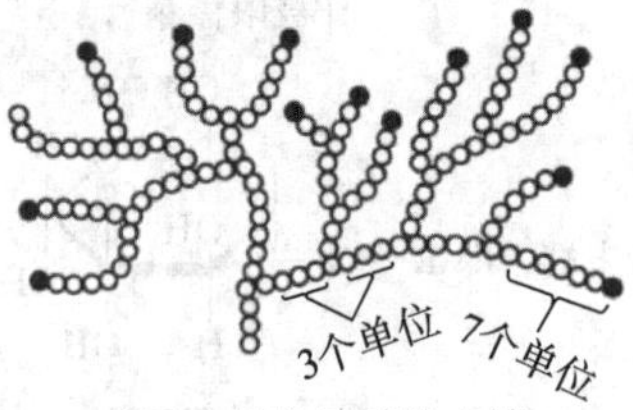

3个单位　7个单位

● 表示支链的还原性末端

图 2-31　糖原分子的部分结构示意图

3. 甲壳素

甲壳素（chitin）是自然界中大量存在的唯一的氨基多糖（图 2-32（a））。壳聚糖（chitosan）是甲壳素的脱乙酰基产物，也叫脱乙酰甲壳素（图 2-32（b））。

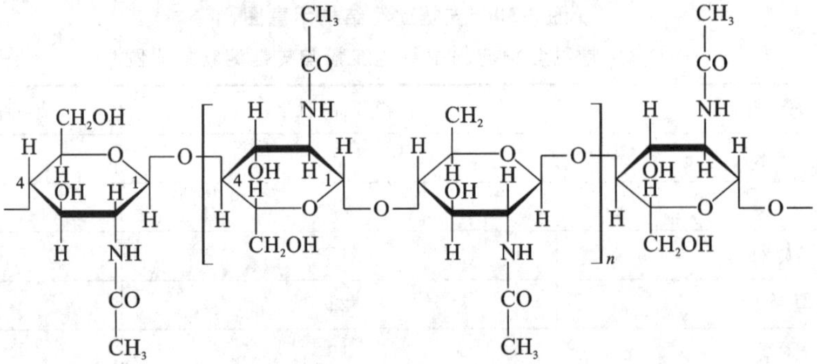

(a) 甲壳素的分子结构

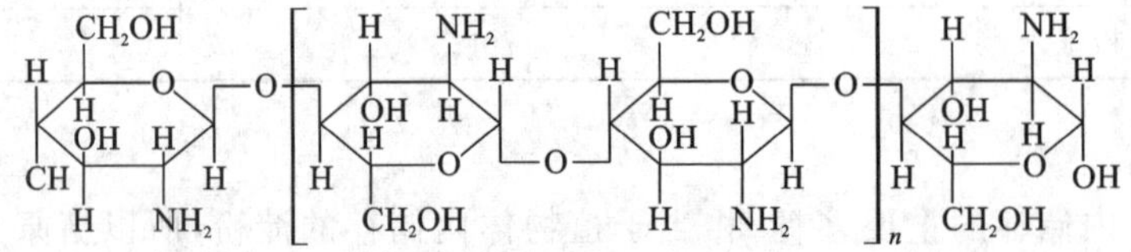

(b) 壳聚糖的分子结构

图 2-32　甲壳素和壳聚糖的分子结构

甲壳素又称为甲壳质、几丁质，是许多低等动物，特别是节肢动物外壳的重要成分，但也存在于低等植物（如真菌素、藻类）的细胞壁中，分布十分广泛，是一种 N-乙酰葡萄糖胺通过 β-1，4 糖苷键连接起来的直链多糖。甲壳素不溶于水、稀酸、稀碱和一般有机溶剂中，可溶于浓无机酸，但同时发生直链降解。甲壳素脱去分子中的乙酰基后，转变为壳聚糖，溶解性大大增加。壳聚糖可溶于稀酸，不同黏度的产品有不同的用途。

4. 纤维素

纤维素是自然界分布最广、含量最多的一种多糖。纤维素是天然植物纤维的主要成分，如棉花纤维中含纤维素 97%～99%，木材纤维中含纤维素 41%～43%。同时，纤维素也是植物细胞壁的主要结构组分。纤维素是由 β-D-葡萄糖以 β-1,4 糖苷键连接而成的直链状分子（图 2-33），不形成螺旋构象，没有分支结构，易形成晶体。纤维素分子间是由氢键和非共价键连接构成的许多微纤丝，这些微纤丝的排列平行有序，有一定的规律性。纤维素为无色、无味的白色丝状物，不溶于水、稀酸、稀碱和有机溶剂。

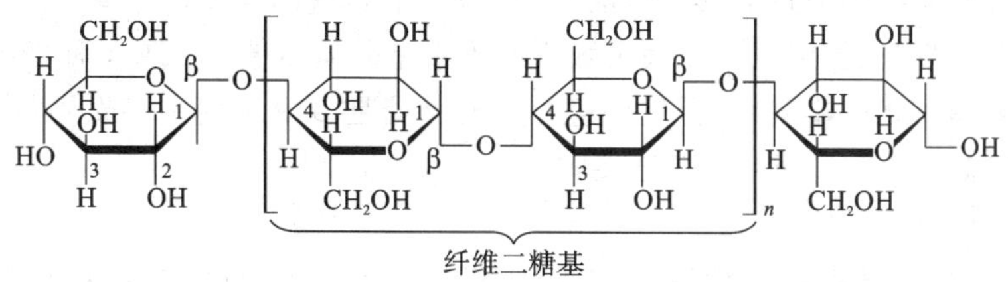

图 2-33　纤维素的分子结构

人体消化道内不分泌分解纤维素所需要的酶，所以纤维素在人体内不能直接被消化吸收，也不能提供能量，但它们是非常重要的膳食成分，能促进肠道蠕动。食物中含一定的纤维素，还可减少胆固醇的吸收，有降低血清胆固醇的作用。反刍动物的消化道中含有水解 β-1,4 糖苷键的酶，它们可以消化纤维素，某些微生物和昆虫也能分解纤维素。

2.3.2　杂多糖

杂多糖水解后的产物不只是一种单糖，而是几种单糖或单糖的衍生物。

1. 果胶物质

果胶物质一般存在于初生细胞壁中，在苹果、橘皮、柚皮及胡萝卜中含量较多。果胶（pectin）是 D-吡喃半乳糖醛酸以 α-1,4 糖苷键结合的长链，通常以不同程度甲酯化的状态存在。天然果胶甲酯化程度变化很大，分子中的仲醇基也可能有一部分乙酯化。

果胶物质可以分为三类：原果胶、果胶酸和果胶酯酸。果胶物质除含半乳糖醛酸外，还含有少量糖类，如 L-阿拉伯糖、D-半乳糖、L-鼠李糖、D-葡萄糖等。不同物质能够影响果胶黏度，例如温度、柠檬酸和氯化钠能够增大芦荟果胶黏度，而蔗糖却减小芦荟果胶黏度。

1）原果胶

原果胶不溶于水，主要存在于新生细胞中，特别是薄壁细胞及分生细胞的胞壁中。苹果和橘皮中富含原果胶，其中在橘皮中的含量可高达干物质量的 40%。目前对原果胶的分子结构还没有确切的了解，原果胶可能是由果胶分子和细胞壁的阿拉伯聚糖结合而成的。在水果成熟时，原果胶和果胶酸盐在酶的作用下分解，因此使水果由较硬的状态变得柔软。

2）果胶酸

果胶酸的主要成分为多聚半乳糖醛酸，水解后产生半乳糖醛酸。植物细胞中胶层中有果胶酸的钙盐和镁盐的混合物，它是细胞与细胞之间的黏合物。某些微生物（如白菜软腐病菌）能分泌分解果胶酸盐的酶，使细胞与细胞松开。植物器官的脱落也是由于中胶层中果胶酸的分解引起的。

3)果胶酯酸

果胶酯酸常呈不同程度的甲酯化,酯化范围为 0～35%,一般将酯化程度很低(低于 5%)的称为果胶酸,酯化程度高(高于 5%)的统称为果胶酯酸。果胶酯酸是水溶性的溶胶。酯化程度在 45%以下的果胶酯酸在饱和糖溶液(含糖 65%～70%)中或在酸性条件(pH 3.1～3.5)下形成凝胶(胶冻),为制糖果、果酱等的重要物质,称为果胶。

2. 半纤维素

半纤维素是一些与纤维素共存于植物细胞壁中,不溶于水而溶于稀碱液的多糖的总称。它与木质素、纤维素一起,通过非共价键的作用,增大细胞壁的强度。半纤维素并不是纤维素的衍生物,它们是多聚己糖或戊糖。大多数半纤维素是异质多糖,由 2～4 种糖组成,多聚己糖主要有多聚甘露糖和多聚半乳糖,比较普遍的多聚戊糖是多聚木糖和多聚阿拉伯糖。多聚己糖及多聚戊糖都是以 β-1,4 糖苷键相连接的。

3. 琼脂

琼脂也称为琼胶,是一种多糖混合物,来源于海藻,不溶于冷水,溶于热水,其胶凝性很好,1%～2%的水溶液在 35～50 ℃就可以形成凝胶。琼脂糖是由 D-半乳糖基和 3,6-脱水-L-半乳糖基组成(图 2-34),分子间靠 α-1,4 糖苷键或 β-1,3 糖苷键连接,含有少量的硫酸酯。琼脂实际上是琼脂糖和琼脂胶的混合物。琼脂胶是琼脂糖的衍生物,其单糖被硫酸基、甲氧基、丙酮酸等不同程度地取代。

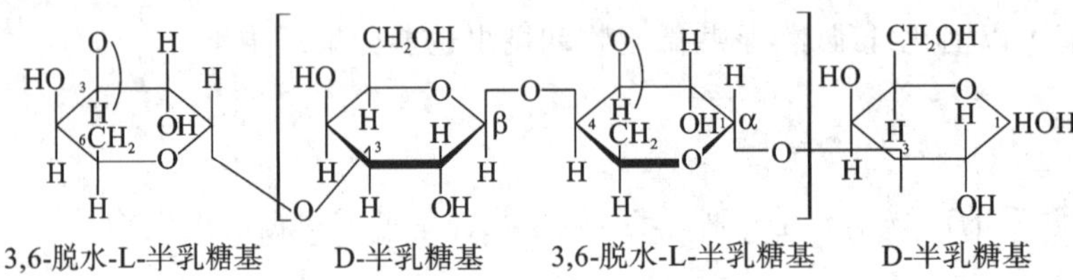

图 2-34 琼脂糖的分子结构

一般微生物不产琼脂水解酶类,因而琼脂被广泛用作微生物培养基的固体支持物。

琼脂还可用作生物固体技术的包埋材料。分离除去琼脂胶的纯琼脂是生物化学分离分析中常用的凝胶材料。琼脂在食品工业中应用很广,琼脂中的微量元素达 30 多种。琼脂是被公认为无毒低热的食品,它不能被哺乳动物的消化酶水解,因此可作为一种有用的食用纤维添加剂。

4. 糖胺聚糖

糖胺聚糖都是多聚阴离子化合物,具有黏稠性,过去被称为黏多糖,是一类含己糖胺和己糖醛的杂多糖。它存在于软骨、肌腱等结缔组织中,构成组织间质。各种腺体分泌出来的起润滑作用的黏液多富含黏多糖,在组织成长和再生过程中、受精过程中以及肌体与许多传染病原体(细菌、病毒)的相互作用过程中都起着重要作用。其代表性物质有透明质酸、硫酸软骨素、肝素等。

1)透明质酸

透明质酸广泛存在于高等动物的关节液、软骨、结缔组织、皮肤、脐带、眼球玻璃体、鸡冠等组织和某些微生物的细胞壁中,主要起润滑、黏合、保护等作用,并能防止病原微生物侵入组织。透明质酸是由 D-葡萄糖醛酸通过 β-1,3 糖苷键与 D-2-N-乙酰葡萄糖胺缩合成双糖单位(图 2-35),再通过 β-1,4 糖苷键将多个双糖单位连接成长的无分支直链,在体内常与蛋白质结合,构成一种蛋白多糖。

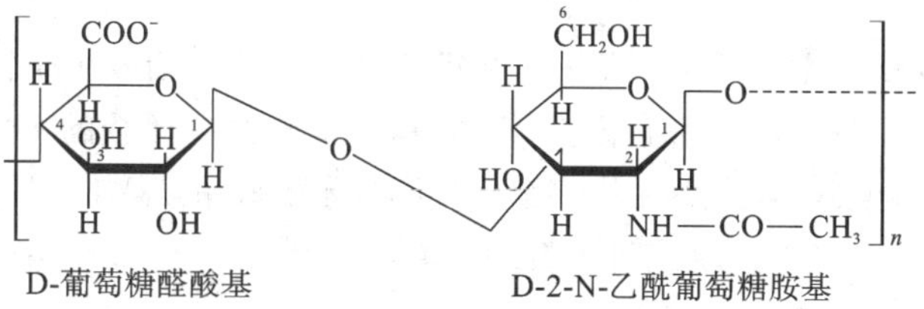

图 2-35　透明质酸的分子结构

透明质酸酶能引起透明质酸的分解，使其黏度降低，有利于病原体等侵入和传播。具有强烈侵染性的细菌、迅速生长的恶性肿瘤以及蜂毒和蛇毒中含有透明质酸酶，能引起透明质酸的分解。

2）硫酸软骨素

硫酸软骨素也是广泛存在于软骨及结缔组织内的一种高分子聚合物，其基本结构与透明质酸的结构相似，只是其重复糖单位中 D-2-N-乙酰葡萄糖胺被 D-2-N-乙酰半乳糖胺取代（图 2-36）。硫酸软骨素的 D-2-N-乙酰半乳糖胺基的 C_4 或 C_6 羟基被硫酸基取代，根据硫酸酯的位置不同可分为 4-硫酸软骨素（硫酸软骨素 A）和 6-硫酸软骨素（硫酸软骨素 G）两类。

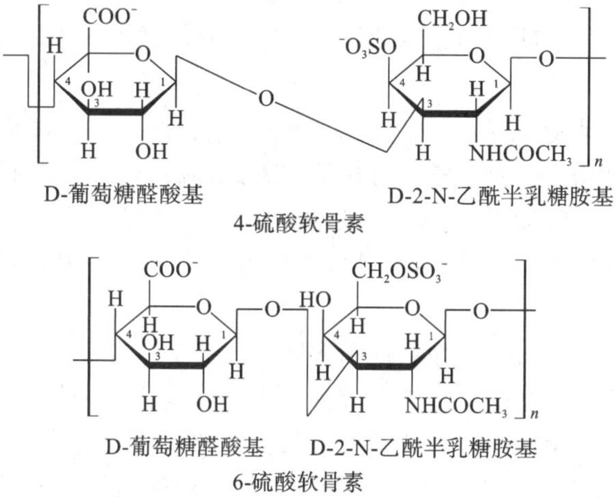

图 2-36　硫酸软骨素的分子结构

硫酸软骨素在临床上能较好地降低高血压患者的血清胆固醇、三脂酰甘油水平，可降低冠心病患者的发病率和死亡率。

3）肝素

肝素（图 2-37）在动物体内分布很广，组成较为简单。分子中也含有硫酸基团，但与硫酸软骨素不同，其硫酸部分不仅以硫酸酯的形式存在，而且也可和氨基葡萄糖的氨基结合。肝素具有阻止血液凝固的特性，临床上被广泛用作输血时的血液抗凝剂，也可防止血栓的形成。

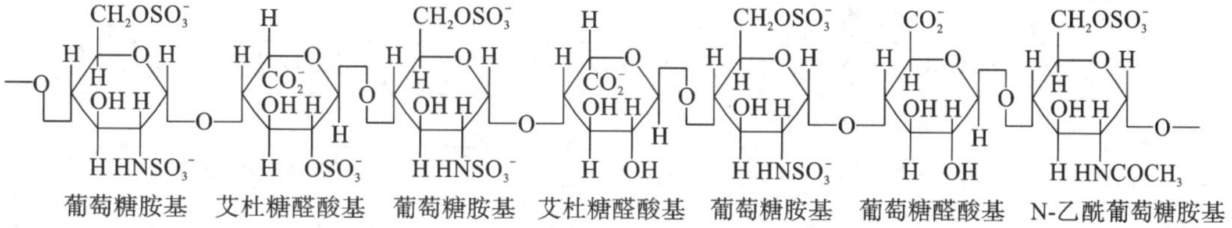

图 2-37　肝素的分子结构

4)硫酸角质素

硫酸角质素是由D-半乳糖和N-乙酰葡萄糖胺以β-1,4糖苷键构成的二糖重复单位(图2-38),重复单位之间以β-1,3糖苷键相连。硫酸基团位于葡萄糖胺的C_6位,在某些半乳糖基上也含有硫酸基团。硫酸角质素不受许多酶(如透明质酸酶)的影响。婴儿体内几乎不存在硫酸角质素,以后随着年龄的增大硫酸角质素的含量逐渐增加,20～30岁时,人体肋骨软骨中的硫酸角质素占其黏多糖总量的50%左右。

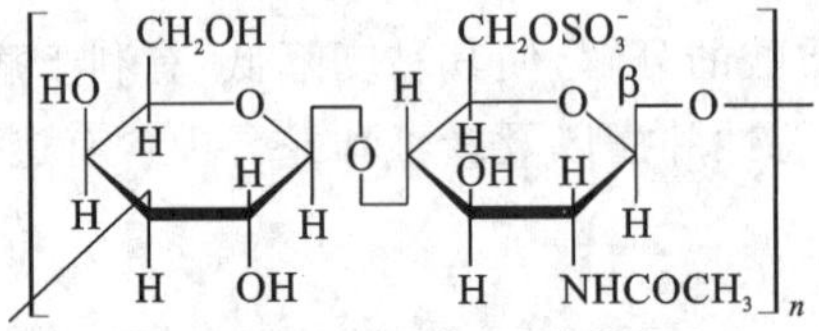

CH_2OH　$CH_2OSO_3^-$　HO　O　H　O　β　O　H　H　O　OH　H　H　H　H　H　OH　H　NHCOCH$_3$　n

D-半乳糖基　N-乙酰葡萄糖胺基

图2-38　硫酸角质素的分子结构

2.3.3　糖复合物

糖复合物是指糖与非糖物质的结合糖,也称为结合糖,常见的非糖物质有蛋白质及脂质,分别形成糖蛋白、蛋白聚糖、糖脂和脂多糖等。现简要介绍糖蛋白和脂多糖。

1.糖蛋白

糖蛋白广泛存在于动物、植物及某些微生物中。生物体内大多数蛋白质是糖蛋白。人体内许多重要的生物活性物质(如免疫球蛋白、某些激素、酶、干扰素、补体、凝血因子、凝集素、毒素、膜表面的某些抗原、细胞标志、受体和转运蛋白等),其化学本质大多是糖蛋白。糖蛋白在生物体内具有广泛和重要的生物功能,糖链也担负着一些重要作用,如细胞黏着、生长、分化、识别等。

糖蛋白有三大组成部分:糖链、糖肽键和多肽。糖链是由数目较少的单糖或其衍生物组成的,糖基数一般为1～15个,糖链有直链和分支链。不同糖蛋白的糖链数目不等,多肽链上糖链的分布也不均。组成糖蛋白中糖基的单糖及其衍生物主要有葡萄糖、半乳糖、甘露糖、N-乙酰葡萄糖胺、N-乙酰半乳糖胺、阿拉伯糖、木糖等。糖蛋白的糖链中一般不含糖醛酸。糖肽键是糖链和多肽链的连接键。糖蛋白中糖链和蛋白质以共价键结合,糖链和多肽链的连接方式主要分为两类:一类是β构型的N-乙酰葡萄糖胺(Glc-NAc)与天冬酰胺的酰胺基形成的糖苷键,称为N糖苷键;另外一类是α构型的N-乙酰半乳糖胺(Gal-NAc)与丝氨酸或苏氨酸的羟基形成的糖苷键,称为O糖苷键。由N糖苷键连接的糖肽称为天冬酰胺连接的糖肽,以O糖苷键方式形成的糖肽称为黏蛋白型糖肽。糖蛋白中常见的糖肽连接见表2-5。

表2-5　糖蛋白中常见糖肽的连接

糖肽连接	分布
N糖苷键	
β-N-乙酰葡萄糖胺基-天冬酰胺(Glc-NAc-Asn)	动物、植物和微生物
O糖苷键	
α-N-乙酰半乳糖胺基-丝氨酸/苏氨酸(Gal-NAc-Ser/Thr)	动物来源的糖蛋白
β-木糖基-丝氨酸(Xyl-Ser)	蛋白聚糖、人甲状腺球蛋白

续表

糖肽连接	分　　布
半乳糖基-羟赖氨酸(Gal-Hyl)	胶原
α-L-阿拉伯糖基-羟脯氨酸(Ara-HyP)	植物和海藻糖蛋白

糖的种类及连接方式的多样性,使糖链可能蕴含大量的信息。糖蛋白的糖基在决定糖蛋白的理化性质中起重要作用,如黏液蛋白的黏稠性,可能与其分子所含的唾液酸有关。糖基可通过改变蛋白质的疏水性、电荷、溶解度等改变蛋白质的理化性质。糖基还显示出明显的生物功能,如人的血型物质具有糖结构的决定簇;肿瘤细胞特有的抗原决定簇主要也是糖,糖链可以作为识别信号。细胞的不同分化阶段,细胞表面糖链的表达也不同,高等动物血液循环中糖蛋白的存活时间与其表面的糖链密切相关,糖链参与细胞的黏附,可成为细菌、病毒等病原体的受体,或成为激素等信息分子的受体。

2. 脂多糖

革兰阴性细菌细胞壁中含有十分复杂的脂多糖,脂多糖种类很多,其分子结构一般由O-多糖、核心寡糖和脂质A三部分组成。细菌脂多糖分子中的外层低聚糖链是使人致病的部分,带电荷的磷酸基团与其他离子结合,对维持细菌细胞壁的必需离子环境有一定的作用。

阅读性材料

单糖分子结构发现的故事

1883年Tollens根据单糖没有普通醛酮的一些典型特征反应(如不与亚硫酸氢盐加成,也不能使Schiff试剂变红等),设想单糖的醛基因与自身4-位或6-位羟基形成半缩醛而失去活性,但并未引起当时化学界的注意。1846年Dubrunfont发现葡萄糖溶液具有变旋现象。1893年,Emil Fischer提出糖苷的环状结构,认为葡萄糖甲苷有两种端基异构体;但他认为这仍不能证明单糖就具有Tollens所说的环状结构,因此环状糖苷在"糖化学之父"Fischer手中也没能成为打开单糖环状结构大门的钥匙。1895年,Tanret发现天然葡萄糖有三种"变体",每种变体刚溶于水时旋光度各不相同,但都会逐渐变化,最终得到相同的旋光度。1903年,Fischer的学生Armstrong首次将糖苷环状结构与变旋现象联系起来,用实验去寻找两种D-葡萄糖与两种D-葡萄糖甲苷之间的关系,提出葡萄糖的1,4-氧环式(五元环)半缩醛环状结构,成功解释了成苷反应、变旋现象等问题。由此我们可以体会到这些科学家们敢于探索的科学精神。

1910年,Hudson从大量糖酸内酯的旋光度数据中总结出糖酸内酯规律,即糖酸羧基与Fischer式中右边的羟基形成内酯时,将比原来的糖酸更具右旋性;与左边的羟基形成内酯时,将比原来的糖酸更具左旋性。Haworth研究糖化学是从糖的O-甲基化开始的,他于1915年改进的硫酸二甲酯法成为一种普遍适用的甲醚化方法。1925年,他巧妙地运用O-甲基化反应和Hudson糖酸内酯规则,证明了半乳糖苷的环状结构是1,5-氧环式,并通过裂解氧化法进一步确认了半乳糖的1,5-氧环状结构。采用相同的方法,他测定了许多单糖的环状结构,发现戊醛糖和己醛糖的环状结构都是以1,5-氧环式(六元环)为主,因此在1926年建议单糖的结构采用正多边形透视式,也就是今天的Haworth式。1929年,Haworth在他的专著*The Constitution of Sugars*中预言,吡喃糖的构象可能是与环己烷构象一致的椅式构象。二十世纪六七十年代核磁共振谱、质谱、X射线晶体分析等现代仪器分析手段的出现,证实了吡喃糖主要以椅式构象存在。1934年,Haworth人工合成第一种维生素——维生素C,并因在糖类和维生素合成中的贡献,获得1937年诺贝尔化学奖。尽管Haworth等科学家已经离开我们半个多世纪了,但是他们敢于探索的科学精神,永远活在后辈心中。

习　题

1. 名词解释

(1)旋光性

(2)变旋性

(3)还原糖

(4)糖苷键

(5)配糖体

(6)寡糖

(7)糖蛋白

2. 简述淀粉、几丁质、纤维素和糖原在分子结构和性质上的异同点。

3. 麦芽糖水溶液在20 ℃时的比旋光度为+138°,在10 cm旋光管中观测到比旋光度为+23°,求测试样品的麦芽糖浓度。

4. 写出下列糖及其衍生物的Haworth结构式。

半乳糖 甘露糖 果糖 核糖 6-磷酸葡萄糖 葡萄糖醛酸 1-甲基-D-葡萄糖苷 乳糖

5. 简述麦芽糖、蔗糖、乳糖的化学组成和结构特点,并说明如何进行定性鉴定。

6. 从动物肝脏提取糖原样品25 mg,用2 mL 1 mol/L的H_2SO_4水解,水解液中和后,再稀释到10 mL,最终溶液的葡萄糖含量为2.35 mg/mL。问:分离出的糖原纯度是多少?

7. 举例说明几种糖胺聚糖的化学组成及生物功能。

8. 环糊精的结构有何特点?在生产实际中有哪些应用?

第3章　脂类物质

引　　言

脂类是脂肪及类脂的总称，尽管种类繁多，但它们都具有一个共同的特征：都含有非极性基团，这种含非极性基团的分子结构，使脂类具有易溶于有机溶剂而不溶于水的特性。脂肪是指三分子脂肪酸与甘油生成的脂，称三脂酰甘油或中性脂，类脂包括蜡、糖脂、磷脂、硫脂、萜类、甾醇类等。脂类根据组成成分可分为单纯脂、复合脂和衍生脂几类。

脂类在生物体内具有多种生物学功能。磷脂、糖脂和胆固醇是生物膜的重要结构成分。脂肪是生物体内重要的供能和储能物质。脂肪在体内完全氧化分解产生的能量，是等量糖或蛋白质的2.3倍，所占体积仅是等量糖或蛋白质的1/4左右，因此脂肪是生物体内最为有效的储能形式。脂肪对动物具保护和保温作用。动物皮下和脏器周围的脂肪具有防止机械损伤和固定内脏的保护作用；脂肪不易导热，具有防止热量散失、维持体温的作用。脂肪还是一种良好的溶剂，有助于脂溶性物质（脂溶性维生素及维生素原等）的吸收。某些具有特殊生理活性的物质（如维生素A、维生素D、维生素E、维生素K、激素、胆汁酸等）都是脂类物质。很多细胞间和细胞内的信号传递都与脂类分子有关。

1. 单纯脂

单纯脂（simple lipid）是由脂肪酸（fatty acid）和醇形成的酯，包括脂酰甘油（acyl glyceride）和蜡（wax）。食物原料中的脂肪几乎都是三脂酰甘油。三脂酰甘油即通常所说的脂肪，常温下呈固态的称为脂（fat），而呈液态的则常称为油（oil），二者统称为油脂。

蜡是高级脂肪酸和高级一元醇化合生成的酯。其中脂肪酸和醇的碳原子数大都在16个以上，且都含有偶数碳原子。

2. 复合脂

复合脂（complex lipid）是指除了脂肪酸与醇组成的酯外，分子内还含有其他成分，如磷酸、糖和硫化物，分别称为磷脂、糖脂和硫脂等。

磷脂（phospholipid）中最重要的是磷酸甘油酯，其中卵磷脂和磷脂酰乙醇胺是细胞中含量较丰富的磷脂，广泛存在于生物膜中，是生物膜骨架成分。生物体内常见的磷脂还有磷脂酸、磷脂酰肌醇等。

硫脂（sulfatide）主要由糖脂衍生而来，硫酸连在糖基上形成硫酸酯。硫脂主要存在于叶绿体膜上，马铃薯块茎和苹果果实中也发现微量硫脂。

3. 衍生脂

衍生脂不含脂肪酸，不能进行皂化。衍生脂主要包括萜类和类固醇。

萜类（terpenoid）是一大类化合物的统称，由若干个异戊二烯（isoprene）结构单位构成，故可看成是异戊二烯的衍生物。

类固醇（steroid）又称为甾类，是环戊烷多氢菲的羟基衍生物。在生物体内它们可以游离的醇形式存在，也可与脂肪酸结合成酯，包括麦固醇、麦角固醇等。胆固醇是动物组织中固醇类的典型代表，它可转化成性激素、肾上腺皮质激素等具有重要功能的代谢产物。

学 习 目 标

(1)掌握脂类的定义、糖脂的定义、脂类的分类、脂类的生物学功能、三酰甘油的理化性质、糖脂的生物学作用、血浆脂蛋白分类及产生部位和生物学作用。

(2)熟悉甘油酯的组成、甘油醇磷脂的分类。

(3)了解高级动植物脂肪酸的共同点。

3.1 单 纯 脂

3.1.1 脂酰甘油

1. 三脂酰甘油的结构

脂肪酸的羧基与甘油的醇羟基脱水形成的化合物称为脂酰甘油。根据脂肪酸分子数目不同，脂酰甘油又分为单脂酰甘油、二脂酰甘油及三脂酰甘油(常分别简称为单酰甘油、二酰甘油和三酰甘油)。生物体内存在的脂酰甘油大部分是三脂酰甘油(triacylglycerol 或 triglyceride)，俗称油脂，是脂类中含量最丰富的一大类。单脂酰甘油及二脂酰甘油主要作为脂代谢的中间产物存在，量少。三脂酰甘油的结构通式如图 3-1 所示。

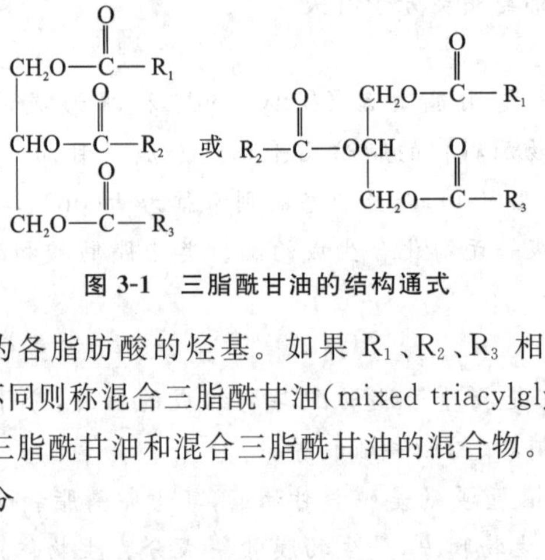

```
        O
        ‖
CH₂O—C—R₁                              O
 |      O                              ‖
 |      ‖                 O   CH₂O—C—R₁
CHO—C—R₂       或  R₂—C—OCH     O
 |      O                 ‖    |      ‖
 |      ‖                      CH₂O—C—R₃
CH₂O—C—R₃
```

图 3-1　三脂酰甘油的结构通式

图 3-1 中，R_1、R_2、R_3 为各脂肪酸的烃基。如果 R_1、R_2、R_3 相同，称为简单三脂酰甘油(simple triacylglycerol)；不同则称混合三脂酰甘油(mixed triacylglycerol)。

多数天然油脂是简单三脂酰甘油和混合三脂酰甘油的混合物。

2. 脂酰甘油的组成成分

1)脂肪酸

在组织和细胞中，绝大部分脂肪酸(fatty acid，FA)以结合形式存在，游离形式存在的极少。从动物、植物和微生物中分离出来的脂肪酸已逾百种。所有的脂肪酸都有一条长的碳氢链，其一端有一个羧基。碳氢链以线性的为主，分支或环状的为数甚少。

碳氢链不含有碳碳双键的脂肪酸称为饱和脂肪酸(saturated fatty acid)，如软脂酸(palmitic acid)、硬脂酸(stearic acid)等；有的碳氢链含有一个或几个碳碳双键，为不饱和脂肪酸(unsaturated fatty acid)，如油酸(oleic acid)、亚油酸(linoleic acid)、亚麻酸(linolenic acid)等。不同脂肪酸之间的区别主要在于碳氢链的长度、饱和与否以及双键的数目和位置。

脂肪酸常用简写法表示，原则上是先写出碳原子数目，再写出双键数目，两者之间用比号隔开，双键位置用 Δ 右上标加数字表示，数字间以逗号隔开。例如软脂酸以 16:0表示，显示软脂酸含 16 个碳原子，无双键；油酸以 $18:1^{\Delta 9}$ 表示，显示油酸有 18 个碳原子，在第 9 位与第 10 位碳原子间有一个不饱和双键；二十碳五烯酸（EPA）以 $20:5^{\Delta 5,8,11,14,17}$ 表示，显示它含有 20 个碳原子，在第 5 位与第 6 位碳原子间、第 8 位与第 9 位碳原子间、第 11 位与第 12 位碳原子间、第 14 位与第 15 位碳原子间和第 17 位与第 18 位碳原子间各有一个不饱和双键；而二十二碳六烯酸（DHA）用 $22:6^{\Delta 4,7,10,13,16,19}$ 表示，显示它有 22 个碳原子，在第 4 位与第 5 位碳原子间、第 7 位与第 8 位碳原子间、第 10 位与第 11 位碳原子间、第 13 位与第 14 位碳原子间、第 16 位与第 17 位碳原子间和第 19 位与第 20 位碳原子间各有一个不饱和双键。

高等动物和植物的脂肪酸具有以下特点。

（1）大多数脂肪酸的碳原子数为 10～20，且均为偶数。较常见的是 16 个或 18 个碳原子的脂肪酸。

（2）饱和脂肪酸中常见的是软脂酸和硬脂酸，不饱和脂肪酸中最常见的是油酸。

（3）饱和脂肪酸的熔点高于同等链长的不饱和脂肪酸。

（4）高等动物和植物的单不饱和脂肪酸的双键位置一般在第 9 位与第 10 位碳原子之间。有些多不饱和脂肪酸中的一个双键也位于第 9 位与第 10 位碳原子之间，另外的双键较第一个双键更远离羧基。两双键之间往往隔着一个亚甲基（$—CH_2—$），如亚油酸、花生四烯酸等；但也有少数植物的不饱和脂肪酸中含有共轭双键（$—CH═CH—CH═CH—$）。

（5）高等动物和植物的不饱和脂肪酸多为顺式（cis）异构体，只有极少的不饱和脂肪酸属于反式（trans）。反式脂肪酸碳原子和双键位置的简写法是在表示双键位置的符号右边加上 trans，如反油酸写作 $18:1^{\Delta 9,\text{trans}}$。

（6）高等动物和植物所含的脂肪酸种类比细菌的多得多。自然界存在的脂肪酸有 40 多种。其中有些脂肪酸人体不能自行合成，必须由食物供给，故称为必需脂肪酸（essential fatty acid）。亚油酸和亚麻酸是人体必需脂肪酸，这两种脂肪酸在植物中含量非常丰富。花生四烯酸虽然也是人体所必需的脂肪酸，但它可利用亚油酸由人体自行合成。

2）ω-3 脂肪酸和 ω-6 脂肪酸

脂肪酸中的第一个不饱和双键处于碳链中第 3 位（从甲基端开始）和第 4 位碳原子之间，称为 ω-3 脂肪酸。脂肪酸中的第一个不饱和双键处于碳链中第 6 位（从甲基端开始）和第 7 位碳原子之间，则称为 ω-6 脂肪酸。ω-3 脂肪酸包括 α 亚麻酸（α-linolenic acid）、二十碳五烯酸（eicosapentaenoic acid，EPA）和二十二碳六烯酸（docosahexenoic acid，DHA）。ω-6 脂肪酸包括亚油酸（linoleic acid）、花生四烯酸（arachidonic acid）和 γ 亚麻酸（γ-linolenic acid）。

ω-3 脂肪酸中的 α 亚麻酸常见于绿色蔬菜、亚麻籽油、苏子油、核桃油、花椒油中，大豆油中也含有少量 α 亚麻酸，动物体内不含 α 亚麻酸。ω-3 脂肪酸中的二十碳五烯酸和二十二碳六烯酸常见于海藻类、深海鱼类（非人工养殖）、海兽类和贝类中。ω-6 脂肪酸常见于植物油、禾谷类种子等中。它们分别简称为 ω-3 油类和 ω-6 油类。

ω-3 脂肪酸对人体有保健作用。目前认为 ω-3 脂肪酸对降低血压、降低心血管疾病风险、促进抗炎药物的疗效有效果，对于疼痛、糖尿病、肾脏损伤、肥胖、皮肤病、肿瘤及红斑狼疮的治疗也有一定作用。

目前人类普遍存在 ω-3 脂肪酸摄入严重不足，而 ω-6 脂肪酸摄入严重超标的状况。

在 20 世纪 60 年代曾进行的一项涉及希腊、意大利、荷兰、日本、美国等不同国家 12000 人的调查中，希腊克里特岛上的居民因膳食富含 ω-3 脂肪酸，身体状况优势明显。例如他们的癌症死亡率只有美国的 1/20，各种疾病的死亡率只有日本的一半。医学研究认为，食物中 ω-3

脂肪酸与 ω-6 脂肪酸最适宜的比例为 1∶4。旧石器时代人的食物结构中两者近似于 1∶4的比例,而母乳中也恰好是 1∶4。

食品加工过程对不饱和脂肪酸性质影响较大,例如渤海紫菜中主要含有二十碳五烯酸(EPA)、肉豆蔻酸(C14∶0)、花生四烯酸(ARA)、亚麻酸(LNA)、乳酸(LA)、油酸(OA)、二十二碳六烯酸(DHA)和芥酸(C22∶1)等,通过比较微波炉、电磁炉、电炉子等烹调条件对渤海紫菜油的影响,建议渤海紫菜油烹饪时间在 3 分钟以内最好,微波 P-H1 条件下烹饪效果比直接加热和电磁炉烹饪效果都好。

3)甘油

甘油(glycerol)味甜,化学名称为丙三醇,为无色、透明、无臭的黏稠状液体,熔点为 18.17 ℃,密度为 1.26 g/cm^3(20 ℃),与水或乙醇可以互溶,不溶于乙醚、氯仿及苯。甘油可被过氧化氢氧化,形成二羟丙酮和甘油醛的混合物。甘油在脱水剂(如硫酸氢钾、五氧化二磷)存在下加热,即生成丙烯醛,成为有刺激性臭味的气体,此反应可用于鉴定甘油。

根据 1967 年国际纯粹和应用化学联合会及国际生物化学联合会(IUPAC-IUB)的生物化学名词委员会的规定,甘油的命名原则:甘油分子中 3 个碳原子指定为 1、2、3 碳位,第 2 碳位羟基写在左边,上面为第 1 碳位,下面为第 3 碳位,1、3 两数字的位置不能交换。也可用 α、β 和 α′代表甘油碳位,β 代表中间碳位。这就是立体专一序数(stereospecific numbering),用 Sn 表示,并写在甘油衍生物名称的前面,如 3-磷酸甘油即写为 Sn-3-磷酸-甘油。

甘油是食品加工业中通常使用的甜味剂和保湿剂,大多用在运动食品和代乳品中。每克甘油完全氧化可产生 16736 J 热量,经人体吸收后不会改变血糖和胰岛素水平。

甘油可制成生物精化甘油,是食用级甘油中最优质的一种。生物精化甘油含有丙三醇、酯类、葡萄糖等,属于多元醇类甘油,除具保湿、保润作用外,还具有高活性抗氧化等特殊功效。甘油可用于制造硝化甘油、醇酸树脂和环氧树脂,可作为烟草添加剂的吸湿剂和溶剂,也可作为纺织和印染工业中的润滑剂、吸湿剂、织物防皱缩处理剂及油田的防冻剂等。

3. 三脂酰甘油的性质

1)三脂酰甘油的物理性质

天然三脂酰甘油一般为无色、无臭、无味、酸碱性呈中性的液体或固体,密度皆小于 1 g/cm^3,其中常温下的固体三脂酰甘油密度约为 0.8 g/cm^3,液体三脂酰甘油密度为 0.915～0.94 g/cm^3。天然的脂肪(特别是植物油)因溶有维生素及色素而有颜色和气味。脂肪难溶于水,易溶于乙醚、石油醚、苯、氯仿、热乙醇等有机溶剂。

人和动物体消化道内胆汁可分泌到肠道,胆汁内的胆汁酸盐使肠内脂肪乳化形成乳糜微粒,从而促进肠道内脂肪的消化吸收。脂肪能溶解脂溶性维生素(维生素 A、维生素 D、维生素 E、维生素 K)和某些有机物质(如香精、固醇类、某些激素等),这有利于它们在人体内的运输和吸收。

动物中的三脂酰甘油饱和脂肪酸含量高,熔点也高;植物中的三脂酰甘油不饱和脂肪酸含量高,熔点就低。

2)三脂酰甘油的化学性质

(1)水解和皂化。

油脂在酸、碱、脂酶或加热的条件下都会发生水解,生成甘油、游离脂肪酸或脂肪酸盐。这个反应在酸水解条件下是可逆的,已经水解的甘油与游离脂肪酸可再次结合生成单脂酰甘油、二脂酰甘油。在碱性条件下,水解反应不可逆,水解出的游离脂肪酸与碱结合生成脂肪酸盐,即肥皂。碱水解脂肪的反应也称为皂化反应(图 3-2)。

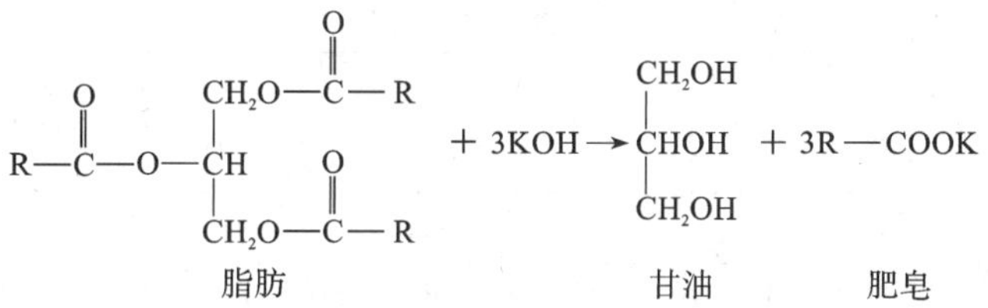

$$\begin{array}{l} \text{R}-\overset{\displaystyle O}{\overset{\|}{C}}-O-\begin{array}{l}CH_2O-\overset{\displaystyle O}{\overset{\|}{C}}-R \\ CH \\ CH_2O-\overset{\displaystyle O}{\overset{\|}{C}}-R\end{array} + 3KOH \rightarrow \begin{array}{l}CH_2OH \\ CHOH \\ CH_2OH\end{array} + 3R-COOK \end{array}$$

脂肪　　　　　　甘油　　　　肥皂

图 3-2 脂肪的皂化反应

肥皂可溶于水,并有乳化性,可以除去油污,但在加工高脂肪含量的食品时,如混入强碱,则会使产品带有肥皂味,影响食品的风味。皂化所需的碱量称为皂化值(saponification number)。皂化值为皂化 1 g 脂肪所需的氢氧化钾的量(mg),可用下式表示。

$$皂化值=\frac{VN\times 56}{m}$$

式中:V 表示皂化值测定时用来滴定的盐酸样品所消耗的体积(mL);N 为盐酸的浓度(mol/L);56 为 KOH 的摩尔质量(g/mol),m 为测定的脂肪质量(g)。通常根据皂化值可推算混合脂肪酸或混合脂肪的平均分子量,其计算公式为

$$平均分子量=\frac{3\times 56\times 1000}{皂化值}$$

式中:56 是 KOH 的摩尔质量(g/mol);3 是指中和 1 mol 三脂酰甘油的脂肪酸需要 3 mol 的 KOH。皂化值与脂肪(或脂肪酸)的分子量成反比,皂化值高表示含低分子量的脂肪酸较多。

(2)氢化和卤化。

对于含不饱和双键的三脂酰甘油而言,其不饱和双键可与 H_2 和卤素等起加成反应,称为三脂酰甘油的氢化和卤化作用。氢化作用由金属镍(Ni)催化,有防止油脂酸败的作用。油脂分析中常用碘值表示油脂的不饱和度。碘值(iodine number)是指 100 g 油脂吸收碘的量(g),用于测定油脂的不饱和程度。不饱和程度越高,碘值越高。常见油脂的皂化值和碘值见表 3-1。

表 3-1 各种油脂的皂化值和碘值

名　称	皂化值	碘　值
菜籽油	170～180	92～109
蓖麻油	176～187	81～90
花生油	185～195	83～98
牛油	190～200	31～47
羊油	192～195	32～50
猪油	193～200	46～66
奶油	216～235	25～45
芝麻油	187～195	103～112
棉籽油	191～196	103～115
豆油	189～194	124～136
亚麻油	189～198	170～204

续表

名　称	皂 化 值	碘　值
桐油	190～197	160～180
椰子油	246～265	8～10
橄榄油	190～195	74～95
盐蒿油	191	144.8
茶籽油	190～195	80～87

植物油的稳定性较差,油脂工业常利用其与 H_2 的加成反应对其进行改性。氢化后可得到稳定性更高的氢化油或硬化油,除了用来生产人造奶油、起酥油外,还可用来生产稳定性高的煎炸用油。

(3)氧化与酸败作用。

①氧化:不饱和脂肪酸与分子氧作用后,可产生脂肪酸过氧化物。后者在空气中可以形成胶状复杂化合物。油类含较多的不饱和脂肪酸,暴露在空气中,也发生这种氧化。工业上的油漆利用了这种性质,如桐油暴露在空气中,可得到一层坚硬而有弹性的固体薄膜,用于防雨防腐,这种现象称为脂类的干化。

②酸败:油脂在储存过程中,暴露在空气中经相当时间后败坏而产生臭味,这种现象称为酸败。表现为油脂颜色加深、味变苦涩并产生特殊的气味,俗称油脂"哈喇"了。酸败程度的大小用酸价来表示。酸价是中和 1 g 油脂的游离脂肪酸所需的 KOH 的量(mg)。

油脂酸败的原因:油脂因长期经光和热或微生物作用而被水解,放出游离脂肪酸,低分子脂肪酸有臭味;空气中的氧将不饱和脂肪酸氧化,产生的醛和酮亦有臭味。

(4)乙酰化。

乙酰化是脂类所含羟基脂肪产生的反应,如羟基化甘油酯和醋酸酐作用即成乙酰化酯(图3-3)。

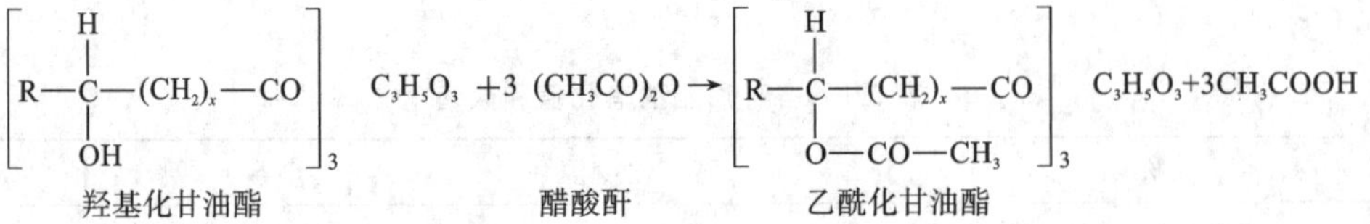

$$\left[\begin{array}{c} \text{H} \\ | \\ \text{R—C—(CH}_2)_x\text{—CO} \\ | \\ \text{OH} \end{array}\right]_3 C_3H_5O_3 + 3\ (CH_3CO)_2O \rightarrow \left[\begin{array}{c} \text{H} \\ | \\ \text{R—C—(CH}_2)_x\text{—CO} \\ | \\ \text{O—CO—CH}_3 \end{array}\right]_3 C_3H_5O_3 + 3CH_3COOH$$

羟基化甘油酯　　醋酸酐　　乙酰化甘油酯

图 3-3　含羟基脂肪的乙酰化反应

脂肪的羟基化程度用乙酰值表示。乙酰值是指皂化 1 g 乙酰化的油脂释放出的乙酸用 KOH 中和所需的 KOH 的量(mg)。根据乙酰值的大小可推知样品中所含羟基的多少。

3.1.2　蜡

蜡广泛存在于自然界。蜡中的脂肪酸一般为含 16 个或以上碳的饱和脂肪酸。天然的蜡中往往含有一些游离脂肪酸和脂肪醇。蜡的熔点为 60～80 ℃,较三脂酰甘油的熔点高。蜡在常温时是固体,能溶于醚、苯、三氯甲烷等有机溶剂。蜡既不被脂肪酶水解,也不易皂化。蜡和它的脂肪醇在水中都不溶解。人体内没有分解蜡的酯酶,故蜡不能被人体消化利用。

依来源的不同,天然蜡可分为动物蜡和植物蜡两大类。动物蜡主要有蜂蜡、虫蜡(白蜡)、鲸蜡、羊毛蜡等。植物蜡主要为巴西棕榈蜡,存在于巴西棕榈叶中。很多植物的叶、茎、果实的表皮都覆盖着一层很薄的蜡质，起着保护植物内层组织、防止细菌侵入和调节植物水分平衡的作用。很多动物的表皮和甲壳也常有蜡层保护。鱼油和某些植物油（如棉籽油、豆油、玉米胚芽油）中含有少量的蜡，低温时，蜡凝成云雾状悬浮于油脂中，影响外观，精炼时可被除去。

3.2　复　合　脂

除含醇类和脂肪酸外，还含有其他物质的脂称为复合脂，如磷脂、糖脂、脂蛋白等。

3.2.1　磷脂

磷脂（phospholipid）为含磷酸的复合脂，是构成生物膜的重要成分。根据分子中所含醇的不同，分为甘油磷脂及鞘氨醇磷脂两类，它们的醇物质分别是甘油和鞘氨醇。

1. 甘油磷脂

甘油磷脂（glycerolphospholipid）又称为磷酸甘油酯，是生物膜的主要成分。甘油磷脂分子中甘油的两个醇羟基与脂肪酸形成酯，第三个醇羟基与磷酸形成酯，即为磷脂酸。磷脂酸的磷酸再与其他含羟基的物质（如胆碱、乙醇胺、丝氨酸等醇类衍生物）结合成其他磷脂。在图 3-4 中，R_1 和 R_2 表示脂酰基的碳氢基，X 表示胆碱或其他基团，如肌醇。

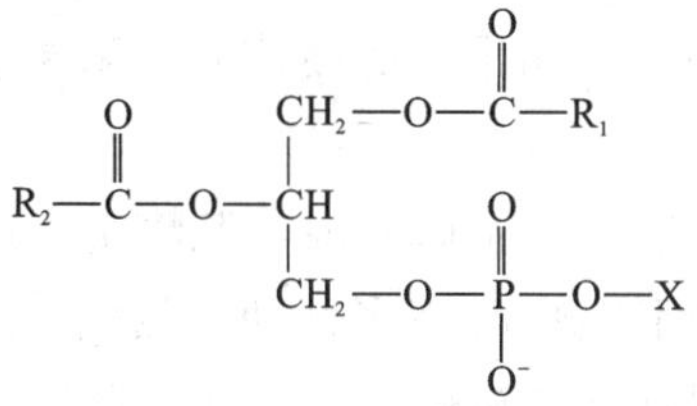

```
                              O
                              ‖
       O          CH2—O—C—R1
       ‖            |
R2—C—O—CH          O
                    |          ‖
                  CH2—O—P—O—X
                              |
                              O⁻
```

图 3-4　甘油磷脂的结构通式

1）磷脂酰胆碱

磷脂酰胆碱（phosphatidyl choline，PC）又称为卵磷脂（lecithin）。

磷脂酰胆碱含甘油、脂肪酸、磷酸和胆碱，是动植物中分布最广泛的磷脂，主要存在于动物的卵、植物的种子（如大豆）及动物的神经组织中。因它在蛋黄中含量最多，故得名卵磷脂。结构和三酯酰甘油相似，不同的是 1 个脂酰基被磷酰胆碱基所代替。自然界存在的多为 L-α-磷脂酰胆碱，它易解离形成两性离子形式，其结构见图 3-5。

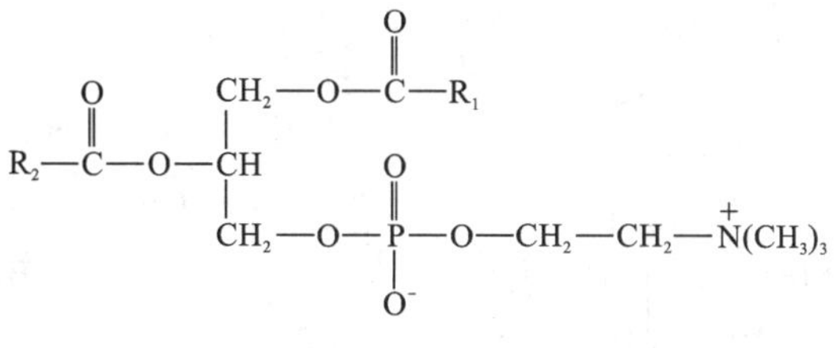

```
                              O
                              ‖
       O          CH2—O—C—R1
       ‖            |
R2—C—O—CH          O
                    |          ‖                        +
                  CH2—O—P—O—CH2—CH2—N(CH3)3
                              |
                              O⁻
```

图 3-5　L-α-磷脂酰胆碱的两性离子型

磷脂酰胆碱分子中的脂肪酸常有软脂酸、硬脂酸、油酸、亚油酸、亚麻酸、花生四烯酸等。磷脂酰胆碱为白色蜡状物，在低温下也可结晶，易吸水变成棕黑色胶状物。磷脂酰胆碱不溶于丙酮，溶于乙醚及乙醇。磷脂酰胆碱中含有不饱和脂肪酸，稳定性差，遇空气易氧化。

2)磷脂酰乙醇胺

磷脂酰乙醇胺(phosphatidyl ethanolamine,PE)俗称脑磷脂(cephalin),含甘油、脂肪酸、磷酸和乙醇胺,其结构见图 3-6。

磷脂酰乙醇胺分子中的脂肪酸常有软脂酸、硬脂酸、油酸及少量花生四烯酸。磷脂酰乙醇胺的性质与磷脂酰胆碱相似,不稳定,易吸水氧化成棕黑色物质,不溶于丙酮及乙醇,溶于乙醚。磷脂酰乙醇胺在脑组织和神经组织中含量较多,心脏、肝脏等组织中亦有它的存在。

3)磷脂酰丝氨酸

磷脂酰丝氨酸(phosphatidyl serine,PS)含甘油、脂肪酸、磷酸和丝氨酸,其结构见图 3-7。

```
                       O
                       ‖
      O       CH2—O—C—R1
      ‖        |
R2—C—O—CH        O
               |         ‖                       +
              CH2—O—P—O—CH2—CH2—NH3
                         |
                         O-
```

图 3-6　磷脂酰乙醇胺(脑磷脂)

```
                       O
                       ‖
      O       CH2—O—C—R1
      ‖        |
R2—C—O—CH        O            NH2
               |         ‖              |
              CH2—O—P—O—CH2—CH—COOH
                         |
                         O-
```

图 3-7　磷脂酰丝氨酸

磷脂酰丝氨酸与磷脂酰胆碱相似,只是以丝氨酸代替胆碱。磷脂酰丝氨酸的脂肪酸通常有四种:软脂酸、硬脂酸、油酸及少量二十碳四烯酸。磷脂酰丝氨酸称为血小板第三因子,血小板受损组织中磷脂酰丝氨酸能与其他因子一起促使凝血酶原活化。

4)磷脂酰肌醇

磷脂酰肌醇(phosphatidyl inositol)由磷脂酸与肌醇结合形成,结构上与磷脂酰胆碱相似,不同处仅是由肌醇代替胆碱。磷脂酰肌醇在多种动物、植物组织中存在。磷脂酰肌醇有磷脂酰肌醇、磷脂酰肌醇磷酸、磷脂酰肌醇二磷酸等。磷脂酰肌醇的结构如图 3-8 所示。

磷脂酰肌醇的生理作用还在进一步研究中,实验表明磷脂酰肌醇三磷酸为胞内信使,通过钙调蛋白(calmodulin)可促进细胞内 Ca^{2+} 的释放,参与激素信号放大。

5)缩醛磷脂

缩醛磷脂经酸处理后产生 1 个长链脂性醛基。这个链代替了典型的磷脂结构式中的 1 个脂酰基,乙醇胺缩醛磷脂(图 3-9)是最常见的一种。

```
                       O
                       ‖
      O       CH2—O—C—R1
      ‖        |
R2—C—O—CH        O
               |         ‖
              CH2—O—P—O—O        OH
                         |
                         O-    H         OH
                                H     H
                                 OH  H
                             HO        H
                                H      OH
```

图 3-8　磷脂酰肌醇

```
      O       CH2OCH═CHR1
      ‖        |
R2—C—O—CH         O
               |          ‖
              CH2—O—P—OCH2CH2—NH2
                          |
                          OH
```

图 3-9　乙醇胺缩醛磷脂

缩醛磷脂可水解,随不同程度的水解而产生不同的产物。缩醛磷脂溶于热乙醇、KOH 溶液,不溶于水,微溶于丙酮或石油醚。缩醛磷脂存在于细胞膜,尤其以肌肉和神经细胞膜中含量丰富,在脑组织及动脉血管中的缩醛磷脂可能有保护血管的功用。

6）心磷脂

心磷脂（cardiolipin）是由 2 分子磷脂酸与 1 分子甘油共价结合而成的（图 3-10），故又称为双磷脂酰甘油或多甘油磷脂。

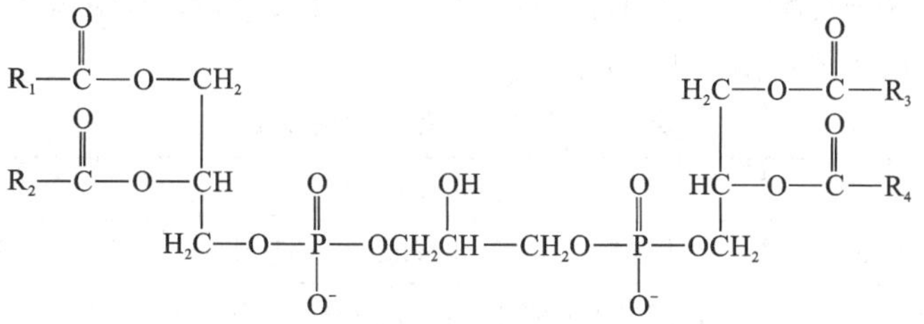

图 3-10　心磷脂

心磷脂广泛存在于高等动物、植物和微生物中，在动物细胞中主要存在于线粒体的内膜，特别是在心肌中可达总磷脂的 15%。在牛心肌的心磷脂中脂肪酸残基的 80%～90%是亚油酸。心磷脂有助于线粒体膜的结构蛋白质同细胞色素 c 的连接，是脂质中唯一具有抗原性的脂类。

2. 鞘氨醇磷脂

鞘氨醇磷脂（phosphosphingolipid）是由鞘氨醇（sphingosine，又称为神经鞘氨醇）、脂肪酸、磷脂酰胆碱组成的（图 3-11）。鞘氨醇磷脂与甘油磷脂的差异主要是醇，以鞘氨醇代替甘油，鞘氨醇的氨基以酰胺键与长链（含 18～20 个碳）脂肪酸的羧基相连形成神经酰胺（ceramide），它是鞘氨醇磷脂的母体。

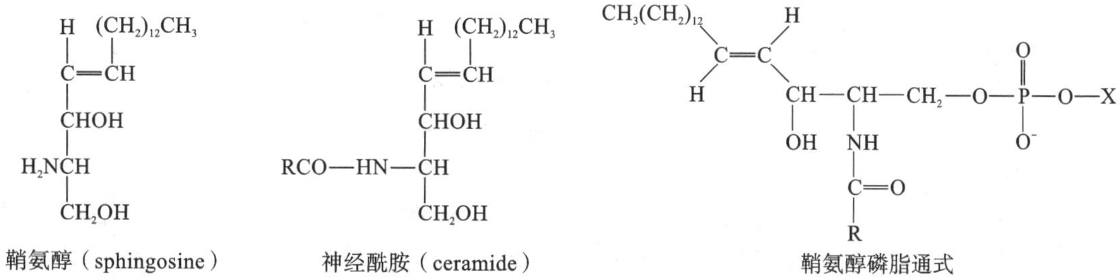

鞘氨醇（sphingosine）　　神经酰胺（ceramide）　　鞘氨醇磷脂通式

图 3-11　鞘氨醇磷脂的结构

鞘氨醇磷脂的种类不如甘油磷脂多，除分布于细胞膜的鞘磷脂（sphingomyelin）外，生物体中可能还存在其他鞘氨醇磷脂，例如含不同脂肪酸的鞘氨醇磷脂。

鞘氨醇磷脂为白色晶体，对光及空气皆稳定，可经久不变；鞘氨醇磷脂溶于热乙醇，而不溶于丙酮、乙醚，在水中成乳状液，有两性解离性质。鞘氨醇磷脂不仅大量存在于神经组织中，而且还存在于脾、肺及血液中。它对神经的激动和传导性有重要作用。

3.2.2　糖脂

糖脂（glycolipid）是指糖通过其半缩醛羟基以糖苷键形式与脂类连接的复合脂。它分为鞘糖脂（glycosphingolipid）和甘油糖脂（glycerolglycolipid）两大类。

1. 鞘糖脂

鞘糖脂是以神经酰胺（ceramide）为母体构成的，这类糖脂最初从脑组织中分离，主要包括脑苷脂（cerebroside）和神经节苷脂（ganglioside）。鞘糖脂是生物膜的结构成分，与血型抗原、受体等性质有关，在细胞识别与黏着、血液凝固及神经冲动的传导中起重要作用。

1)脑苷脂

脑苷脂由鞘氨醇、脂肪酸和 D-半乳糖组成，是哺乳动物组织中存在的最简单的鞘氨醇糖脂。它占脑干物质量的 13%，少量存在于肝、胸腺、肾、肾上腺、肺和卵黄中。天然存在的脑苷脂有角苷脂、α-羟脑苷脂、烯脑苷脂和羟烯脑苷脂（表 3-2），它们的结构基本相同，所不同的仅为脂肪酸部分。结构通式如图 3-12 所示。

表 3-2　4 种天然存在的脑苷脂

脑　苷　脂	脂肪酸残基	分 子 量	熔点/℃
角苷脂(kerasin 或 cerasin)	二十四碳烷酸(24∶0)(lignoceric acid)	812	180
α-羟脑苷脂(phrenosin)	α-羟二十四碳烷酸(cerebronic acid)	828	212
烯脑苷脂(nervon)	二十四碳烯酸(24∶1)(即神经酸，nervonic acid)	810	180
羟烯脑苷脂(oxynervon)	2-羟二十四碳烯酸（即 2-羟神经酸，2-hydroxynervonic acid)	—	—

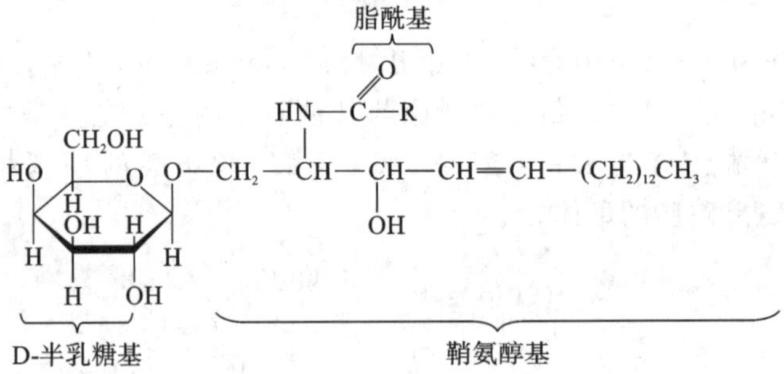

图 3-12　脑苷脂的结构通式

2)神经节苷脂

神经节苷脂由鞘氨醇、脂肪酸、半乳糖、葡萄糖和唾液酸组成。在神经末梢中含量丰富，广泛存于大脑灰质、神经节、红细胞、脾、肝、肾及其他软组织中。

根据分子中所含唾液酸的数目不同，神经节苷脂又可分为单唾液酸神经节苷脂、二唾液酸神经节苷脂、三唾液酸神经节苷脂等。单唾液酸神经节苷脂的结构式如图 3-13 所示。神经节苷脂也可能存在于乙酰胆碱和其他神经介质的受体部位。细胞表面的神经节苷脂与血型专一性、组织器官专一性、组织免疫、细胞识别等都有关系。

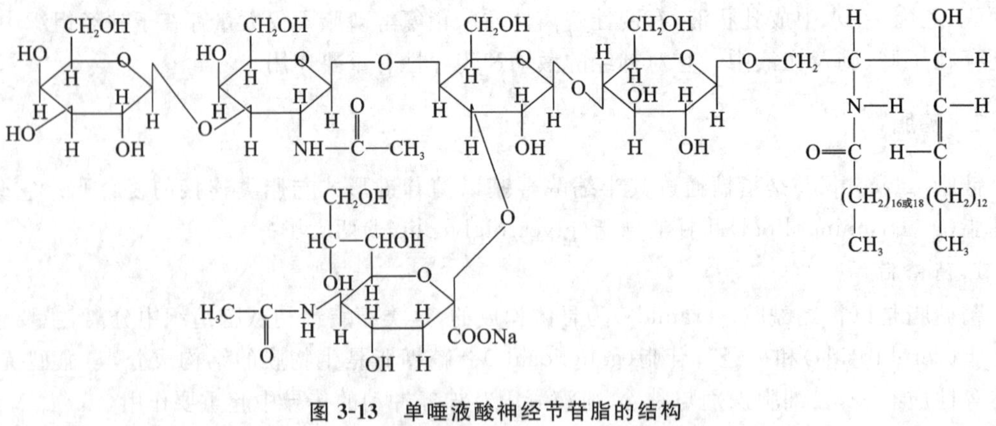

图 3-13　单唾液酸神经节苷脂的结构

2. 甘油糖脂

甘油糖脂存在于植物、微生物和哺乳动物中，其结构与甘油磷脂相似。它是由二脂酰甘油与己糖通过糖苷键结合生成的，己糖主要为半乳糖、甘露糖、脱氧葡萄糖。甘油糖脂分子中可含1分子、2分子己糖，有些糖基带有—SO_3（硫酯）。常见的甘油糖脂有单半乳糖基二脂酰甘油和二半乳糖基二脂酰甘油，其结构如图3-14所示。

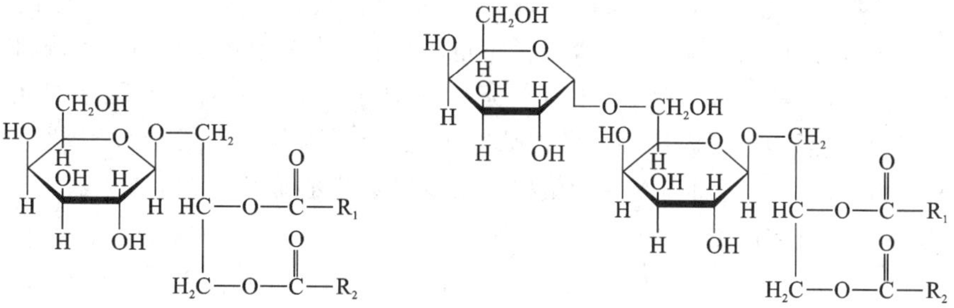

单半乳糖基二脂酰甘油　　二半乳糖基二脂酰甘油

图 3-14　单半乳糖基二脂酰甘油和二半乳糖基二脂酰甘油的结构

3.2.3　脂蛋白

脂蛋白(lipoprotein)是由脂类和蛋白质以非共价键形式结合而成的复合物。广泛存在于血浆和生物膜中，其大多以松散的非共价键结合，如疏水作用、范德华力等，分别称为血浆脂蛋白和细胞脂蛋白(细胞膜系统中脂溶性脂蛋白)。

血浆中除游离脂肪酸与清蛋白结合成复合物运输以外，其他的脂类都形成复杂的脂蛋白形式被运输。

血浆脂蛋白是由三脂酰甘油、胆固醇酯组成的疏水核心，以及由磷脂、胆固醇和载脂蛋白(apoprotein)组成的极性外壳所构成的球形颗粒(图3-15)。

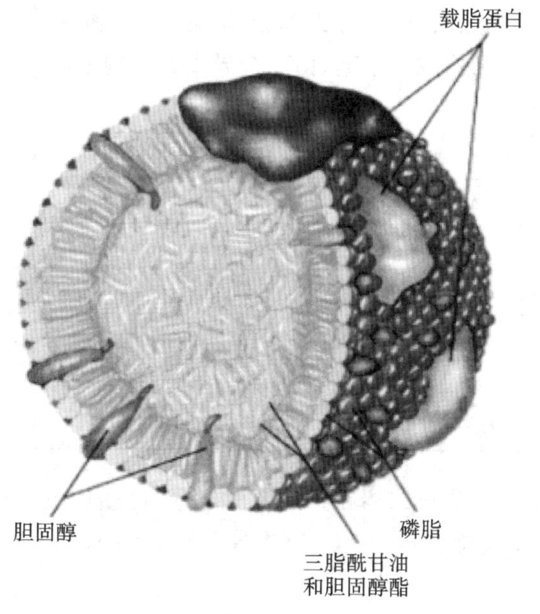

图 3-15　血浆脂蛋白的结构

通常用密度梯度超速离心方法分离血浆脂蛋白，根据脂蛋白密度上的差别将其分为五类，密度由低到高依次为乳糜微粒（chylomicron）、极低密度脂蛋白（very low density lipoprotein，VLDL）、低密度脂蛋白（low density lipoprotein，LDL）、高密度脂蛋白（high density lipoprotein，HDL）和极高密度脂蛋白（very high density lipoprotein，VHDL）。

乳糜微粒由小肠上皮细胞合成，主要成分来自食物脂肪，还有少量蛋白质，其功能为转运外源性脂肪。极低密度脂蛋白由肝细胞合成，主要成分也是脂肪，其功能为转运内源性脂肪。低密度脂蛋白来自肝脏，富含胆固醇，磷脂含量也不少，其功能为转运胆固醇和磷脂。高密度脂蛋白也来自肝脏，其颗粒最小，其功能为转运胆固醇和磷脂。极高密度脂蛋白属清蛋白-游离脂肪酸性质，其功能为转运游离脂肪酸。研究表明，脂蛋白代谢异常会导致动脉粥样硬化，血浆中低密度脂蛋白水平高而高密度脂蛋白水平低者易患心血管疾病，所以我们应该杜绝不良的生活方式，树立科学的健康观念。

3.3 衍 生 脂

衍生脂主要包括萜类和类固醇，它们共同的特点是不含脂肪酸。它们在组织和细胞内含量虽少，却包括许多具有重要生物功能的物质。

3.3.1 萜类

萜类（terpenoid）不含脂肪酸，是非皂化性物质，与类固醇（胆固醇酯除外）同属异戊二烯（isoprene）（图 3-16）衍生物。

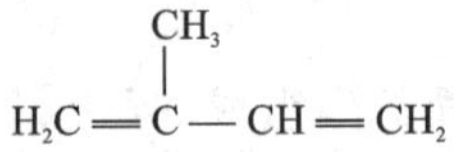

$$H_2C=C(CH_3)-CH=CH_2$$

图 3-16 异戊二烯的分子结构

根据所含的异戊二烯的数目，萜可分为单萜、双萜、三萜和多萜等。由 2 个异戊二烯构成的萜称单萜，由 3 个异戊二烯构成倍半萜，由 4 个异戊二烯构成双萜，依此类推（表 3-3）。

表 3-3 萜类化合物

碳原子数	异戊二烯数目	类 名	重要代表
10	2	单萜（monoterpene）	柠檬苦素（limonin）
15	3	倍半萜（sesquiterpene）	法尼醇（farnesol）
20	4	二萜（diterpene）	叶绿醇（phytol）
30	6	三萜（triterpene）	鲨烯（squalene）
40	8	四萜（tetraterpene）	胡萝卜素（carotene）
	数千	多萜（polyterpene）	天然橡胶

萜类分子呈线状或环状，异戊二烯在构成萜时，有头尾相连及尾尾相连的方式（图 3-17）。多数线状萜类的双键呈反式排布，但在 11-顺视黄醛（11-cis-retinal）第 11 位上的双键为顺式（图 3-18）。

植物中的萜类多数有特殊气味，是各类植物特有油类的主要成分。例如从植物薄荷的茎叶中提取所得的精油即薄荷油，它是萜的衍生物，其主要成分是薄荷醇，并含少量薄荷酮。

异戊二烯
头尾连接

异戊二烯
尾尾连接

图 3-17　萜类中异戊二烯连接的方式

11-顺视黄醛

图 3-18　11-顺视黄醛

而柠檬苦素和樟脑(camphor)分别是柠檬油和樟脑油的主要成分。维生素 A、维生素 E、维生素 K 和天然橡胶属于多聚萜类。多聚萜醇常以磷酸酯的形式存在,这类物质在糖基从细胞质到细胞表面的转移中起类似辅酶的作用。

3.3.2　类固醇

类固醇(steroid)又称为甾类,都含有环戊烷多氢菲结构,是衍生脂。类固醇具有多种生物学功能:作为激素,起某种代谢调节作用;作为乳化剂,有助于脂类的消化与吸收,还有抗炎症作用。类固醇按羟基数量及位置不同分为固醇类及固醇衍生物,其中固醇类是在核的 C_3 位有 1 个羟基,在 C_{17} 位有 1 个分支烃链(图 3-19)。

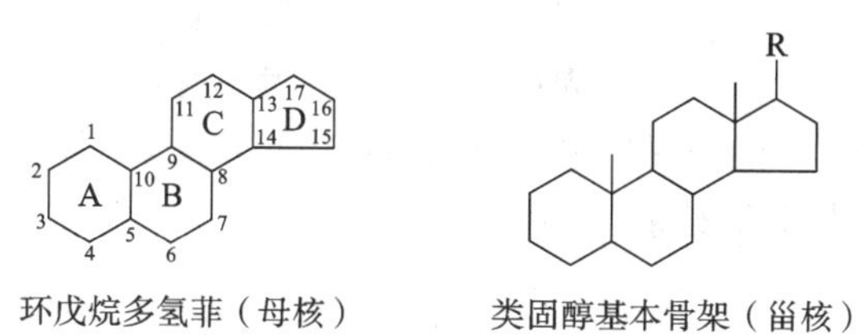

环戊烷多氢菲(母核)
类固醇基本骨架(甾核)

图 3-19　类固醇的基本结构

1. 固醇类

固醇类(sterol)是由 A、B、C 和 D 共 4 个环结构组成的高分子一元醇,为环戊烷多氢菲的衍生物。各种固醇类物质的母核相同,差别只是 B 环中双键的数目和位置以及 C_1 位上的侧链结构。固醇类在生物体中以游离态或以与脂肪酸结合成酯的形式存在,可分为动物固醇、植物固醇和酵母固醇。

1)动物固醇

动物固醇(zoosterol)多以酯的形式存在,包括胆固醇、胆固醇酯、7-脱氢胆固醇等。

(1)胆固醇(cholesterol)　高等动物生物膜的重要成分,占质膜脂类的 20%以上,占细胞器膜的 5%。人体内发现的胆结石,几乎全由胆固醇构成。肝、肾和表皮组织中含量也相当多,它的结构如图 3-20 所示。

胆固醇是合成多种激素的前体物,如类固醇激素、维生素 D_3、胆汁酸等。动物能吸收利用食物胆固醇,也能自行合成。其生理功能与生物膜的通透性、神经髓鞘的绝缘物质以及动物细胞对某种毒素的保护作用有关。

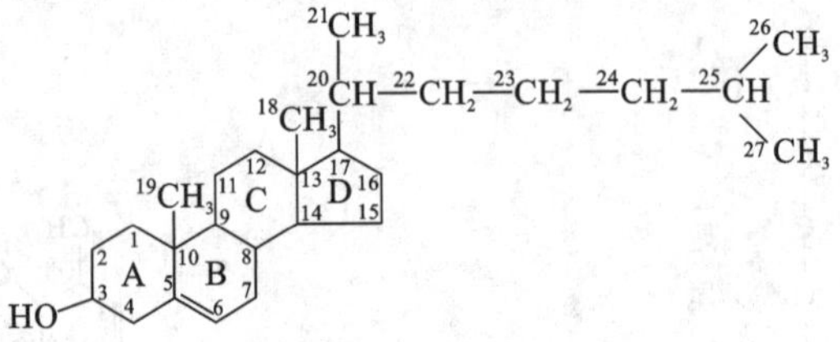

图 3-20　胆固醇的结构

胆固醇易溶于乙醚、氯仿、苯及热乙醇,不能皂化。胆固醇上的羟基易与高级脂肪酸形成胆固醇酯。胆固醇易与毛地黄苷结合而沉淀,利用这一特性可以测定溶液中胆固醇含量。

胆汁是肝细胞生成的,在非消化期进入胆囊储存,如我们不吃早餐会导致胆汁没有机会排出,使胆汁中胆固醇大量析出、沉积形成胆结石,所以吃早餐很重要,这样我们的身体才会将更加健康。

(2)7-脱氢胆固醇　存在于动物皮下,可能是由胆固醇转化而来的。它在紫外线作用下可生成维生素 D_3(图 3-21)。

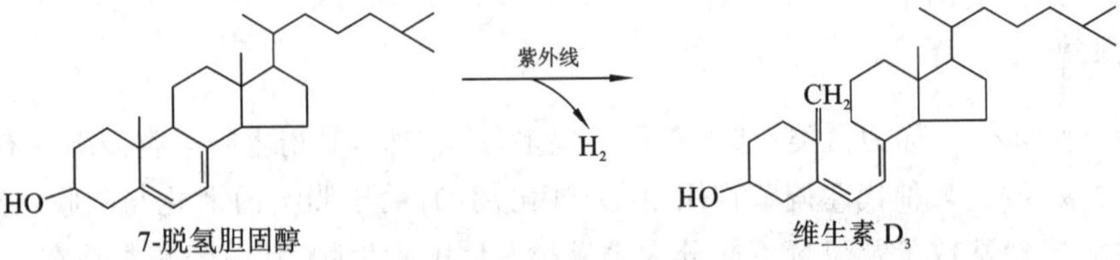

图 3-21　7-脱氢胆固醇转化成维生素 D_3

2)植物固醇

植物很少含有胆固醇,但含有其他固醇,称为植物固醇(phytosterol),是植物细胞的重要组分,不能为动物吸收利用。植物固醇中以豆固醇(stigmasterol)和麦固醇(sitosterol)含量较多(图 3-22),分别存在于大豆和麦芽中。

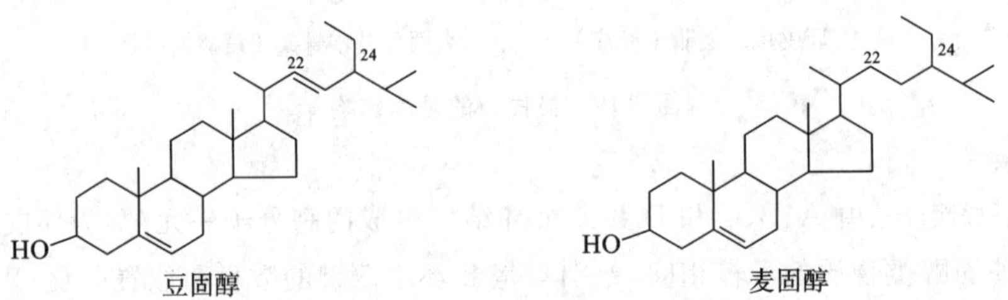

图 3-22　两种植物固醇

3)酵母固醇

酵母固醇以麦角固醇(ergosterol)最多,广泛存在于酵母菌及霉菌中,因最初从麦角中分离而得名,属于霉菌固醇类。麦角固醇经紫外线照射可转化为维生素 D_2,所以麦角固醇又称为维生素 D_2原(图 3-23)。

2. 固醇衍生物

固醇衍生物包括胆汁酸、类固醇激素及部分植物固醇衍生物。

1) 胆汁酸

胆汁酸(bile acid)在肝中合成,可由胆汁分离得到。人的胆汁含有三种不同的胆汁酸:胆酸(cholic acid)、脱氧胆酸(deoxycholic acid)及鹅脱氧胆酸(chenodeoxycholic acid)(图 3-24)。

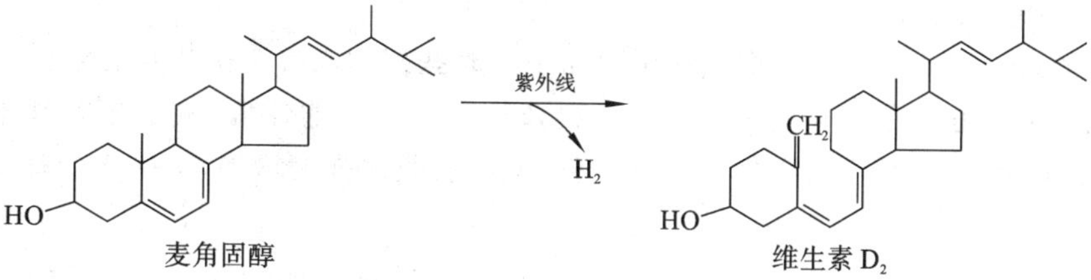

图 3-23　麦角固醇转化为维生素 D_2

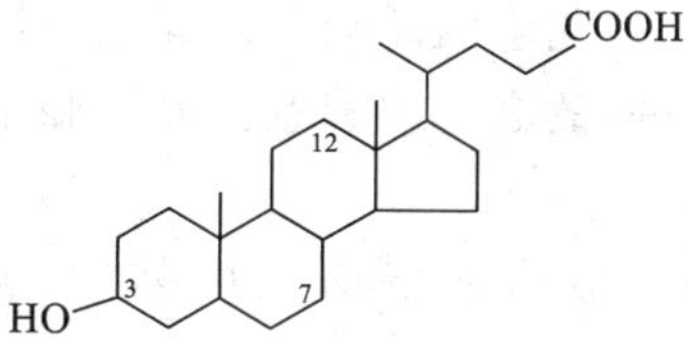

	羟基位置	分子量	熔化温度/℃	$[\alpha]_D^{20}$（乙醇）
胆酸	3,7,12	408.56	196～198	+37°
脱氧胆酸	3,12	392.56	176～177	+55°
鹅脱氧胆酸	3,7	392.56	119	+11°

图 3-24　胆汁酸的分子结构

胆酸可认为是固醇衍生的一类固醇酸，在生物体内与甘氨酸或牛磺酸结合，生成甘氨胆酸或牛磺胆酸，它们是胆苦的主要原因。胆汁酸在碱性胆汁中以钠盐或钾盐形式存在，称为胆汁酸盐。胆汁酸可作为乳化剂，能促进脂肪消化吸收。

2）类固醇激素

类固醇激素（steroid hormone）又称为甾类激素，是动物体内起代谢调节作用的一类固醇衍生物。根据类固醇激素发挥的生理作用可将其进行如下分类。

（1）糖皮质激素（glucocorticoid）　有皮质醇（cortisol），参与调节糖、蛋白质和脂的代谢，并影响很多其他重要机能，包括炎症和应激反应。

（2）醛固酮（aldosterone）和其他盐皮质激素（mineralocorticoid）　调节肾脏盐和水的排泄。

（3）雄激素（androgen）与雌激素（estrogen）　影响性的发育和功能。睾丸激素（testosterone）是典型的雄激素。

一些典型的类固醇激素结构如图 3-25 所示。

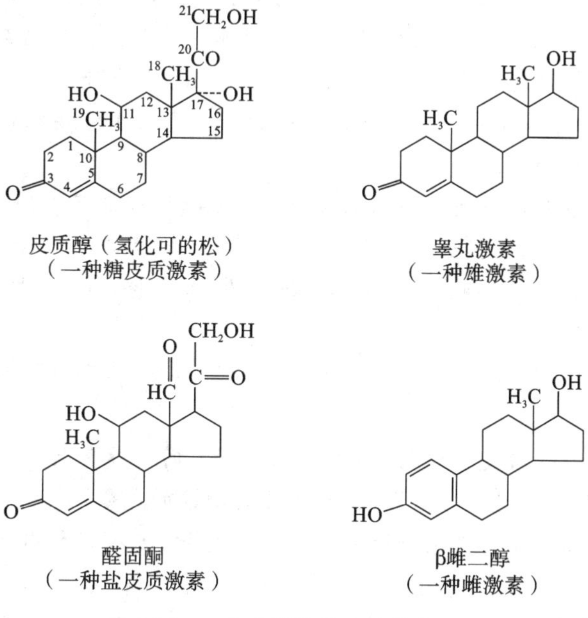

图 3-25　一些典型的类固醇激素结构

3）植物固醇衍生物

植物固醇(phytosterol)衍生物存在于植物中。有些植物固醇衍生物具有较强的生理活性及药理作用。如强心苷是来自玄参科及百合科植物中一类由葡萄糖、鼠李糖等寡糖与固醇构成的糖苷,水解后产生糖和苷,它促使心率降低,使心肌收缩强度增加,可用于治疗心律失常等疾病。

3.3.3 前列腺素

前列腺素(prostaglandin,PG)是一类脂肪酸的衍生物,是花生四烯酸以及其他不饱和脂肪酸的衍生物。前列腺素是在前列腺的分泌物中检测出来的,故名前列腺素。前列腺素存在于大多数哺乳动物组织和细胞中,但含量甚微。

前列腺素是具有五元环和 20 个碳原子的脂肪酸。其基本结构是前列腺(烷)酸(prostanoic acid)(图 3-26)。

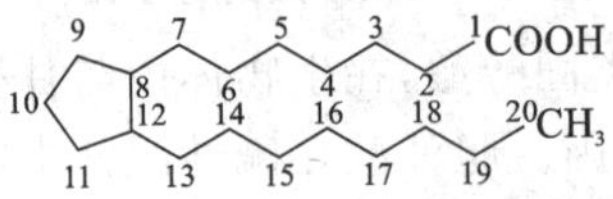

图 3-26 前列腺(烷)酸的结构

前列腺素调节控制的生理过程有平滑肌收缩、血液供应(血压)、神经传递、炎症反应的发生、水潴留、电解质钠的排出、血液凝结等。

阅读性材料

脂代谢与人类健康

乳糜微粒由小肠上皮细胞合成,主要成分来自食物脂肪,还有少量蛋白质;其功能为转运外源性脂肪。极低密度脂蛋白由肝细胞合成,主要成分也是脂肪;其功能为转运内源性脂肪。低密度脂蛋白来自肝脏,富含胆固醇,磷脂含量也不少;其功能为转运胆固醇和磷脂。高密度脂蛋白也来自肝脏,其颗粒最小;其功能为转运胆固醇和磷脂。极高密度脂蛋白属清蛋白-游离脂肪酸性质;其功能为转运游离脂肪酸。研究表明,脂蛋白代谢异常会导致动脉粥样硬化,血浆中低密度脂蛋白水平高而高密度脂蛋白水平低者易患心血管疾病,所以我们应该杜绝不良的生活方式,树立科学的健康观念。

胆汁来源于肝脏,它是由肝脏细胞分泌的液体,一般暂时储存在胆囊内(图 3-27)。在身体进行消化时,胆汁由胆囊释放,进入消化系统。

肝脏为脊椎动物体内的一种器官,以代谢功能为主,并扮演着除去毒素、储存糖原(肝糖原)等重要角色。

胆汁其实是由肝脏中的肝细胞产生的,主要成分除水之外,还有胆盐、胆固醇、胆色素、肝磷脂和各种无机盐。

首先,肝细胞的一端会接受身体的血供,吸收血液中的营养物质和一些代谢产物。然后,在肝细胞内对这些吸收物质进行分解合成,形成各种胆汁的成分,并通过肝细胞的另一端排出到胆道内。最终,这些胆汁由各个毛细胆管汇合至肝总管,进入胆囊内储存浓缩,在有需要的时候由胆囊排出。

胆汁最终会流向哪里?

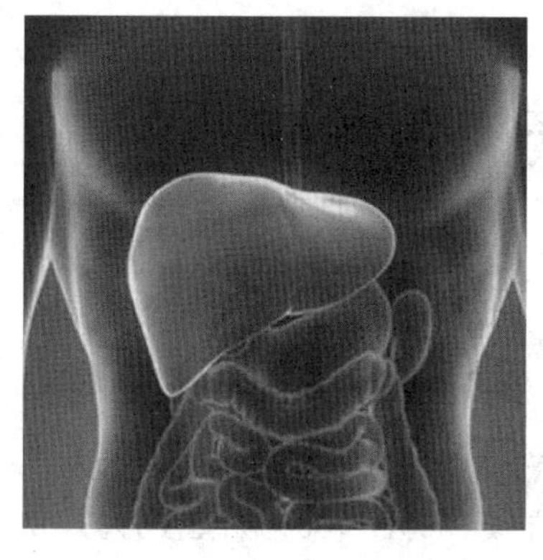

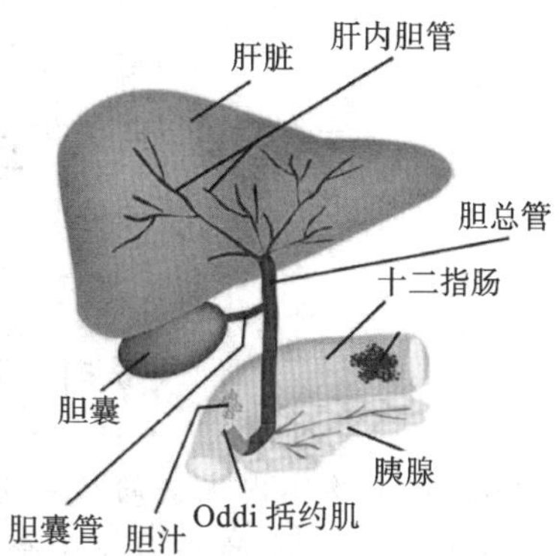

图 3-27　肝脏与胆囊的结构关系

正常人胆汁的释放是和饮食节律密切配合的。当人们进食后不久，高脂肪和高蛋白的食物会刺激胃壁产生反应，促使身体释放一种激素——胆囊收缩素，胆囊收缩素会引起胆囊收缩并将其储存的胆汁经胆囊管排入胆总管内。此时胆管下段的壶腹括约肌会同时舒张，胆汁便经过十二指肠乳头进入十二指肠内，与肠道内的食物一起产生消化作用。

胆汁对人体有多重要？

很多做了胆囊切除手术之后的患者会稍微有点消化不良的表现，这是因为胆汁的释放失去了胆囊的控制，从而失去了以往的三餐节律，使消化功能受到影响。

胆汁首先排入十二指肠，可以中和一部分胃酸，减少胃酸对肠道的刺激作用。进一步依靠胆盐起主要的消化作用，胆盐分子一端亲水，另一端亲脂，可以把大块的脂肪分散成许多小型的脂肪微粒，以利于脂肪消化吸收，这叫乳化作用。同时，胆盐还可以激活胰脂肪酶，也可以和脂肪酸、脂溶性维生素结合成水溶性复合物，以促进这些物质的吸收。

胆汁是肝细胞生成的，在非消化期进入胆囊储存，如我们不吃早餐会导致胆汁没有机会排出，使胆汁中胆固醇大量析出、沉积形成胆结石，所以吃早餐很重要，这样我们的身体才会将更加健康。

习　　题

1. 何谓脂酰甘油？它有哪些物理化学性质？
2. 脂类的生物学功能有哪些？
3. ω-3 脂肪酸和 ω-6 脂肪酸各是什么？ω-3 脂肪酸对人体健康有什么作用？
4. 磷脂的结构有何特点？
5. 250 mg 纯橄榄油样品，完全皂化需 47.5 mg KOH。计算橄榄油中三脂酰甘油的平均分子量。
6. 检验油脂的质量通常要测定它的碘价、皂化价和酸价，为什么？这三种油脂常数的大小各说明什么问题？
7. 血浆脂蛋白有哪几种？各有何功能？
8. 甘油磷脂和鞘氨醇磷脂各有哪些重要代表？它们在结构上各有何特点？
9. 什么是固醇？它的结构有何特点？

第4章　蛋　白　质

引　　言

蛋白质(protein)是生物体内主要的生物分子，广泛存在于生物体中，从高等动植物到低等微生物，都含有蛋白质。所有的蛋白质都含有碳(50%～60%)、氢(6%～8%)、氧(19%～24%)、氮(13%～19%)，大多数蛋白质含有硫(4%以下)，有些蛋白质含有磷，少数蛋白质含有金属元素(如铁、铜、锌、锰等)，个别蛋白质含有碘。各种蛋白质的含氮量都很接近，都在16%左右，因此可通过测定生物样品中的含氮量计算出样品中蛋白质的含量，1 g氮相当于6.25 g蛋白质。

蛋白质具有重要的生物学功能，各种生命现象往往是通过蛋白质来体现的。生物体的主要机能都与蛋白质有关，例如生物催化作用(酶)、代谢调控作用(激素)、免疫防御作用(抗体)、运输储存作用、运动作用(躯体、心肌收缩、肠蠕动等)、生物膜功能及受体作用等。

学习目标

(1) 了解蛋白质对生物体的重要意义。

(2) 了解蛋白质的分类，掌握蛋白质中元素组成的特点。

(3) 掌握蛋白质的基本构成单体——氨基酸的结构特点，从氨基酸的结构特点上理解其分类。

(4) 掌握氨基酸的理化性质，重点掌握两性电离与等电点的含义。

(5) 掌握蛋白质一级结构的概念；了解蛋白质一级结构的测定方法与思路，学会分析简单多肽的氨基酸顺序。

(6) 重点掌握蛋白质二级结构的概念，二级结构的基本类型：α-螺旋及β-折叠的结构特点；了解几种常见纤维状蛋白质的结构特性；了解超二级结构及结构域的概念。

(7) 了解蛋白质三级结构、四级结构的概念及其稳定因素。

(8) 理解蛋白质结构与功能的关系；从核糖核酸酶的变性与复性实验理解蛋白质一级结构与空间结构的关系；以细胞色素C等为例充分理解蛋白质一级结构与生物学功能的关系；从血红蛋白与肌红蛋白的结构特性理解蛋白质空间结构与生物学功能的关系。

(9) 掌握蛋白质的理化性质：胶体性质、两性电离与等电点、沉淀作用、变性作用以及这些性质的生理意义及实践意义。

4.1　氨　基　酸

4.1.1　蛋白质氨基酸的一般结构及其分类

蛋白质是生物大分子，分子量大且结构复杂。蛋白质可被酸、碱、酶水解成低分子量的肽，如果彻底水解则可得到各种氨基酸(amino acid,AA)。因氨基酸不能再水解成更小的单位，所以氨基酸是组成蛋白质的基本结构单元。

目前已发现的氨基酸种类很多，但组成蛋白质分子的氨基酸仅有 20 种。由于遗传密码只能翻译出 20 种氨基酸，因此这 20 种氨基酸也称为编码氨基酸，所有生物都利用这 20 种氨基酸作为构件组成各种蛋白质分子。天然氨基酸的结构有其共同特点：每个氨基酸分子(脯氨酸、甘氨酸除外)的 α-碳原子上都结合一个氨基(amino group)、一个羧基(carboxyl group)、一个氢原子和一个各不相同的侧链 R 基团，故又称为 α-氨基酸。各种氨基酸的差别就在于其侧链基团 R 的结构不同。

$$
\begin{array}{c}
\mathrm{H} \\
| \\
\mathrm{R{-}C_{\alpha}{-}COOH} \\
| \\
\mathrm{NH_2}
\end{array}
$$

α-氨基酸都是白色晶体，每种氨基酸都有其特殊的晶型，利用晶型可以鉴别各种氨基酸。除胱氨酸(2 分子半胱氨酸可形成 1 分子胱氨酸)和酪氨酸外，其他氨基酸都能溶于水，脯氨酸和羟脯氨酸还能溶于乙醇或乙醚中。

氨基酸分类的方法有多种，目前常以氨基酸的 R 基团的结构和性质作为氨基酸分类的基础。

根据 R 基团的结构可将 20 种氨基酸分为 7 类：①R 为脂肪族基团的氨基酸；②R 为芳香族基团的氨基酸；③R 为含硫基团的氨基酸；④R 为含羟基基团的氨基酸；⑤R 为碱性基团的氨基酸；⑥R 为酸性基团的氨基酸；⑦R 为含酰胺基团的氨基酸。

根据 R 基团的极性可将氨基酸分为四类：①非极性 R 基团氨基酸；②极性不带电荷 R 基团氨基酸；③R 基团带负电荷的氨基酸；④R 基团带正电荷的氨基酸。这种分类方法更有利于说明不同氨基酸在蛋白质结构和功能上的作用。

氨基酸的名称常用三字母符号表示，有时也用单字母符号表示。

1. 非极性 R 基团氨基酸

这一类包括 8 种氨基酸(表 4-1)，其中 4 种是带有脂肪烃侧链的氨基酸(丙氨酸、缬氨酸、亮氨酸、异亮氨酸)。丙氨酸的侧链是一个简单的甲基；缬氨酸的侧链是一个有分支的三碳基团；亮氨酸和异亮氨酸都含有带支链的四碳侧链。这 4 种氨基酸的侧链高度疏水，因此它们倾向于聚集以避开水，这在建立和维持蛋白质的三维结构中起着重要的作用。脯氨酸明显地不同于其他 19 种氨基酸，它有一个环形的饱和烃侧链结合在 α-碳和 α-氨基的氮上，所以严格地讲，脯氨酸是一个亚氨基酸而不是氨基酸，因为它不含有氨基而含有亚氨基。脯氨酸的环形侧链结构限制蛋白质的空间结构，有时会在多肽链中引进一个转折的变化。苯丙氨酸是一个含有苯基的氨基酸。色氨酸的侧链带有一个双环的吲哚基，因此色氨酸又称为吲哚丙氨酸。甲硫氨酸含有硫元素，又称蛋氨酸，是疏水氨基酸，它的侧链上带有一个非极性的甲基硫醚基。

表 4-1　非极性 R 基团氨基酸

氨基酸名称	结　构　式	三字母符号	单字母符号
丙氨酸(alanine)	$\begin{array}{c} \mathrm{H} \\ \mid \\ \mathrm{CH_3{-}C{-}COO^-} \\ \mid \\ \overset{+}{\mathrm{N}}\mathrm{H_3} \end{array}$	Ala	A

续表

氨基酸名称	结构式	三字母符号	单字母符号
缬氨酸(valine)	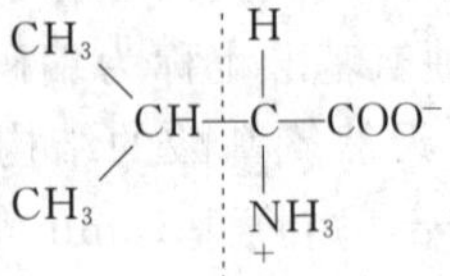 $(CH_3)_2CH—CH(NH_3^+)—COO^-$	Val	V
亮氨酸(leucine)	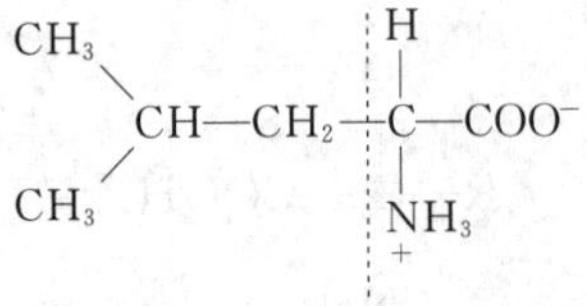 $(CH_3)_2CH—CH_2—CH(NH_3^+)—COO^-$	Leu	L
异亮氨酸(isoleucine)	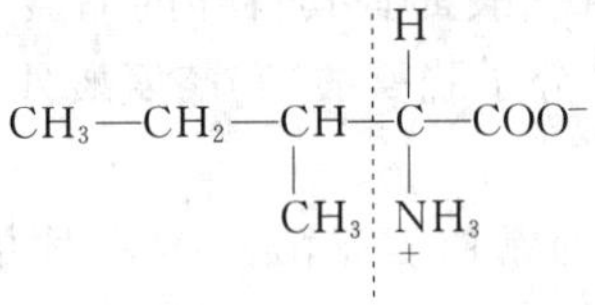 $CH_3—CH_2—CH(CH_3)—CH(NH_3^+)—COO^-$	Ile	I
脯氨酸(proline)	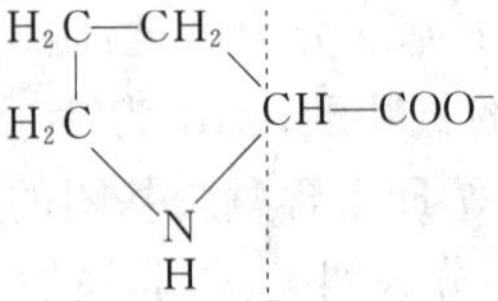 $H_2C—CH_2$, H_2C, $CH—COO^-$, N H (环状)	Pro	P
苯丙氨酸(phenylalanine)	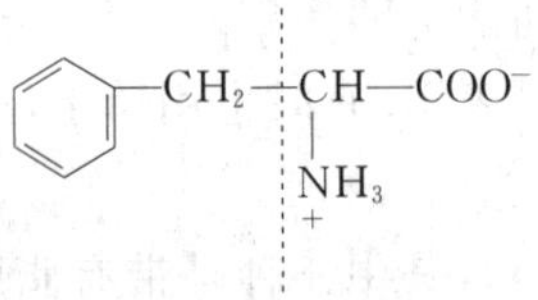 $C_6H_5—CH_2—CH(NH_3)—COO^-$	Phe	F
色氨酸(tryptophan)	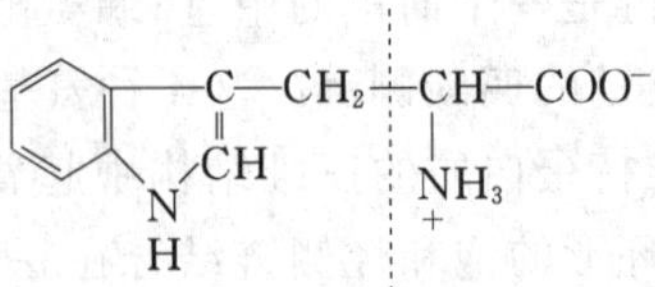 吲哚基 $C=CH—NH$ 环 $—CH_2—CH(NH_3^+)—COO^-$	Trp	W
甲硫氨酸(methionine)	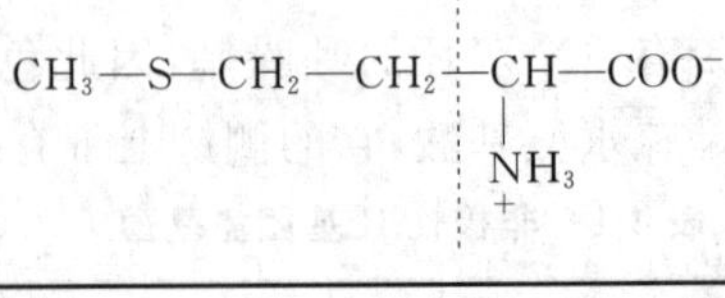 $CH_3—S—CH_2—CH_2—CH(NH_3^+)—COO^-$	Met	M

2. 极性不带电荷R基团氨基酸

这一类包括7种氨基酸(表4-2),它们的侧链含有极性基团,可与水形成氢键。甘氨酸是20种氨基酸中结构最简单的,它的侧链是个氢原子。由于甘氨酸的侧链很小,所以在许多蛋白质的构象中起着独特的作用。丝氨酸和苏氨酸都是侧链含有β-羟基的不带电荷的氨基酸,所以是极性氨基酸。丝氨酸的羟甲基($—CH_2OH$)可参与很多酶反应。

表 4-2　极性不带电荷 R 基团氨基酸

氨基酸名称	结　构　式	三字母符号	单字母符号
甘氨酸(glycine)	$H—C(H)(\overset{+}{N}H_3)—COO^-$	Gly	G
丝氨酸(serine)	$HO—CH_2—C(H)(\overset{+}{N}H_3)—COO^-$	Ser	S
苏氨酸(threonine)	$CH_3—CH(OH)—C(H)(\overset{+}{N}H_3)—COO^-$	Thr	T
半胱氨酸(cysteine)	$HS—CH_2—C(H)(\overset{+}{N}H_3)—COO^-$	Cys	C
酪氨酸(tyrosine)	$HO—C_6H_4—CH_2—C(H)(\overset{+}{N}H_3)—COO^-$	Tyr	Y
天冬酰胺(asparagine)	$H_2N—C(=O)—CH_2—C(H)(\overset{+}{N}H_3)—COO^-$	Asn	N
谷氨酰胺(glutamine)	$H_2N—C(=O)—CH_2—CH_2—C(H)(\overset{+}{N}H_3)—COO^-$	Gln	Q

半胱氨酸是一种含硫氨基酸,其侧链上含有一个巯基(—SH),所以又称为巯基丙氨酸。虽然半胱氨酸的侧链具有疏水性,但—SH 是一个高反应性的基团,它可以失去氢质子,所以是一种极性氨基酸。两个半胱氨酸分子通过二硫键连接形成胱氨酸。二硫键(disulfide bonds)由两个半胱氨酸的巯基氧化形成,又称为二硫桥,可以在不同肽链之间或在一条肽链内部形成,在稳定某些蛋白质的三维结构中起着重要作用。

酪氨酸的侧链也含有芳香族基团,结构类似于苯丙氨酸。由于酪氨酸的侧链带有极性基团(—OH),所以具有极性。

天冬酰胺和谷氨酰胺分别是天冬氨酸和谷氨酸的酰胺化产物。虽然这两种氨基酸的侧链是不带电荷的,但它们的极性很强,可以和水相互作用,经常出现在蛋白质分子的表面。这两种氨基酸的酰胺基可以和其他极性氨基酸形成氢键。

3. R基团带负电荷的氨基酸

这一类包括2种酸性氨基酸(表4-3)。天冬氨酸和谷氨酸都是二羧基氨基酸,除了含有α-羧基外,天冬氨酸还含有β-羧基,谷氨酸还含有γ-羧基。由于这两种氨基酸的侧链在pH7时都离子化了,所以在蛋白质中是带负电荷的。这两种氨基酸经常出现在蛋白质分子的表面。

表4-3 R基团带负电荷的氨基酸

氨基酸名称	结构式	三字母符号	单字母符号
天冬氨酸(aspartic acid)	$^{-}O(O{=})C-CH_2-C(H)(NH_3^+)-COO^-$	Asp	D
谷氨酸(glutamic acid)	$^{-}O-C({=}O)-CH_2-CH_2-C(H)(NH_3^+)-COO^-$	Glu	E

4. R基团带正电荷的氨基酸

这一类包括3种氨基酸(表4-4)。组氨酸、精氨酸和赖氨酸的侧链都带有亲水性的含氮碱基基团,在pH7时它们的侧链基团带有正电荷。组氨酸的侧链有一个咪唑环,所以又称为咪唑丙氨酸。咪唑基是可以离子化的。赖氨酸是一个双氨基酸,含有α-氨基和ε-氨基。在中性pH时,ε-氨基是以碱性氨离子($-CH_2-NH_3^+$)形式存在的,在蛋白质中通常带正电荷。精氨酸的侧链带有一个胍基,是20种氨基酸中碱性最强的。

表4-4 R基团带正电荷的氨基酸

氨基酸名称	结构式	三字母符号	单字母符号
赖氨酸(lysine)	$H_3\overset{+}{N}-CH_2-CH_2-CH_2-CH_2-C(H)(NH_3^+)-COO^-$	Lys	K
精氨酸(arginine)	$H_2N-C({=}NH_2^+)-NH-CH_2-CH_2-CH_2-C(H)(NH_3^+)-COO^-$	Arg	R
组氨酸(histidine)(pH6.0时)	$HC{=}C(-CH_2-C(H)(NH_3^+)-COO^-)$,咪唑环:$HC-\overset{+}{HN}{=}CH-NH-C$	His	H

可以看出,由于R侧链的结构不同,各种氨基酸的体积、形状、酸碱性以及化学性质也不同。

4.1.2 非蛋白质氨基酸

除了参与蛋白质组成的20种氨基酸和少数稀有氨基酸外,在各种组织和细胞中发现很多其他氨基酸。它们不存在于蛋白质中,而是以游离或结合状态存在于生物体内,所以称为非蛋白质氨基酸。这些氨基酸大多数是蛋白质中存在的 L-α-氨基酸的衍生物,如鸟氨酸(ornithine)、瓜氨酸(citrulline)、高丝氨酸(homoserine)、高半胱氨酸(homocysteine)等,但也有一些是 β-氨基酸、γ-氨基酸或 δ-氨基酸,如 β-丙氨酸(β-alanine)、γ-氨基丁酸(γ-aminobutyric acid)。这些氨基酸虽然不参与蛋白质组成,但在生物体中往往具有一定的生理功能,如鸟氨酸和瓜氨酸是合成精氨酸的前体,β-丙氨酸是维生素泛酸的组成成分,γ-氨基丁酸是神经传导的化学物质。植物中含有很多非蛋白质氨基酸,其中有些具有特殊的生物学功能,但大多数非蛋白质氨基酸的功能还不清楚。

4.1.3　氨基酸的理化性质

氨基酸的性质是由自身结构决定的。不同氨基酸之间的结构差异只是在侧链上,因此氨基酸具有许多共同的性质。个别氨基酸由于其侧链的特殊结构而具有一些其他的性质。

1. 氨基酸的光吸收性质

组成蛋白质的 20 种氨基酸都不吸收可见光,但酪氨酸、苯丙氨酸和色氨酸在紫外光区具有明显的光吸收能力,这是因为它们的 R 基团含有苯环共轭双键系统。酪氨酸的最大吸收波长在 275 nm 处,苯丙氨酸的最大吸收波长在 257 nm 处,色氨酸的最大吸收波长在 280 nm 处。由于大多数蛋白质都含有酪氨酸,有些蛋白质还含有色氨酸或苯丙氨酸,所以可以利用紫外分光光度法测定蛋白质的含量。

2. 氨基酸的构型与旋光性

从氨基酸的结构可以看出,除甘氨酸的 R 侧链为氢原子外,其他氨基酸的 α-碳原子都是不对称碳原子。在此碳原子上连着四个互不相同的基团或原子(即—R、$—NH_2$、—COOH 和 H)。这四个基团在空间排列的位置可以有两种形式,互为镜像,不能重叠,成为两个相对应的异构体,它们的分子式和结构式均相同,只是构型不同。氨基酸的构型可参照甘油醛的构型而确定,与 D-甘油醛构型相同的氨基酸为 D-氨基酸,与 L-甘油醛构型相同的氨基酸为 L-氨基酸,书写时,$—NH_2$ 在左边为 L 型,$—NH_2$ 在右边为 D 型,如图 4-1 所示。蛋白质中的氨基酸除甘氨酸外都具有不对称的碳原子,所以都有 L 和 D 两种构型,但天然蛋白质中存在的氨基酸都是 L-氨基酸。

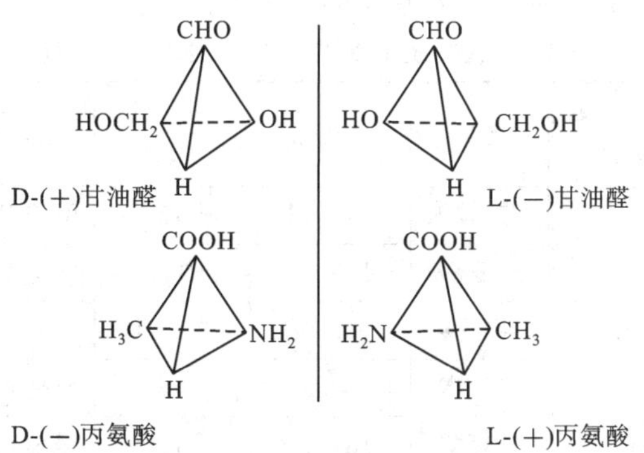

图 4-1　甘油醛和丙氨酸的立体异构示意图

(+)代表右旋,(−)代表左旋

由于氨基酸分子中含有不对称碳原子,所以具有旋光性,两种立体异构体也可称为旋光异构体。甘氨酸只有一种构型,无旋光性。苏氨酸(图 4-2)和异亮氨酸有四种光学异构体,其余

17 种氨基酸有两种光学异构体:L 型、D 型。

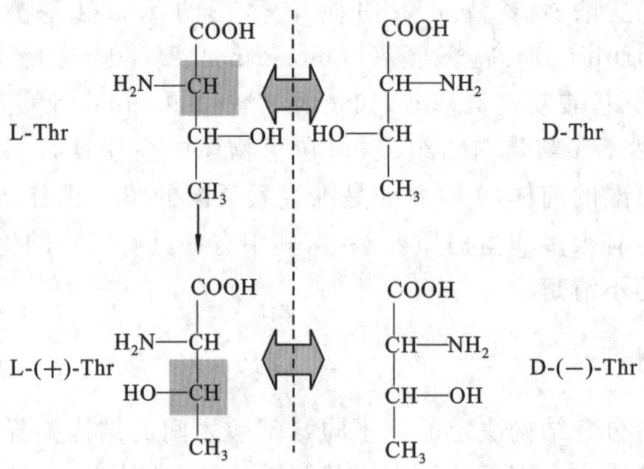

图 4-2 苏氨酸的四种光学异构体

胱氨酸是一种特殊情况,它有两个不对称中心。两个不对称中心的构型可以是相同的,由此产生 D 型和 L 型两个异构体;也可以是不同的,一个不对称中心的构型将是另一个不对称中心的构型的镜像。这样,分子内部由于对映体互相抵消而无旋光性。这种胱氨酸异构体称为内消旋胱氨酸。

$$\begin{array}{c}\text{COOH}\quad\quad\text{COOH}\\ |\quad\quad\quad\quad |\\ H_2N—C—H\quad H_2N—C—H\\ |\quad\quad\quad\quad |\\ CH_2—S—S—CH_2\end{array}\qquad\begin{array}{c}\text{COOH}\quad\quad\text{COOH}\\ |\quad\quad\quad\quad |\\ H—C—NH_2\quad H—C—NH_2\\ |\quad\quad\quad\quad |\\ CH_2—S—S—CH_2\end{array}\qquad\begin{array}{c}\text{COOH}\quad\quad\text{COOH}\\ |\quad\quad\quad\quad |\\ H_2N—C—H\quad H—C—NH_2\\ |\quad\quad\quad\quad |\\ CH_2—S—S—CH_2\end{array}$$

L-胱氨酸　　　　D-胱氨酸　　　　内消旋胱氨酸

外消旋体是由等量的对映体组成的混合物,无旋光性,如等物质的量的 L-苏氨酸和 D-苏氨酸混合组成外消旋体。

旋光异构体在旋光仪中旋光角度相同,但方向相反,左旋(levorotatory)用"−"表示,右旋(dextrorotatory)用"+"表示。氨基酸的旋光符号和大小取决于它的 R 基团性质,并且与测定时的溶液 pH 有关,这是因为在不同的 pH 条件下氨基和羧基的解离状态不同。比旋光度是 α-氨基酸的物理常数之一,也是鉴别各种氨基酸的一种根据。常见 L-氨基酸的比旋光度见表 4-5。

表 4-5 蛋白质中常见 L-氨基酸的比旋光度

名称	分子量	比旋光度(H_2O)	名称	分子量	比旋光度(H_2O)	名称	分子量	比旋光度(H_2O)
甘氨酸	75.05	—	赖氨酸	146.13	+13.5	甲硫氨酸	149.15	−10.0
丙氨酸	89.06	+1.8	组氨酸	155.09	−38.5	谷氨酰胺	146.08	+6.3
缬氨酸	117.09	+5.6	谷氨酸	147.08	+12.0	半胱氨酸	121.12	−16.5
酪氨酸	181.09	—	胱氨酸	240.33	—	异亮氨酸	131.11	+12.4
色氨酸	204.11	−33.7	亮氨酸	131.11	−11.0	羟脯氨酸	131.08	−76.0
丝氨酸	105.06	−7.5	脯氨酸	115.08	−86.2	苯丙氨酸	165.09	−34.5
苏氨酸	119.18	−28.5	天冬氨酸	133.6	+5.0			
精氨酸	174.4	+12.5	天冬酰胺	132.6	−5.3			

除甘氨酸的R侧链为氢原子外，氨基酸的α-碳原子都是手性碳原子。氨基酸的手性碳原子上连着四个互不相同的基团或原子(即—R、—NH_2、—COOH、和H)。这些手性碳原子可以用R和S构型法标记(绝对构型)。但与糖类似，在早期研究中这些氨基酸都有了相应的俗名，人们更习惯于用D或者L构型法去标记(即相对构型)。与糖的Fischer投影式写法相似，通常将氨基酸的羧基(—COOH)置于竖线的上方，—R基写在竖线的下方，氨基(—NH_2)和氢原子(H)分列横线的两侧。

氨基酸的构型可参照甘油醛的构型而确定。若氨基的位置与D-甘油醛中羟基的位置一致，就定义为D-氨基酸；若氨基的位置与L-甘油醛中羟基的位置一致，就定义为L-氨基酸。天然氨基酸多为L型，L型氨基酸中手性α-碳原子的绝对构型均为S构型。以α-丙氨酸($R=CH_3$)为例，其Fischer投影式，如图4-3所示。

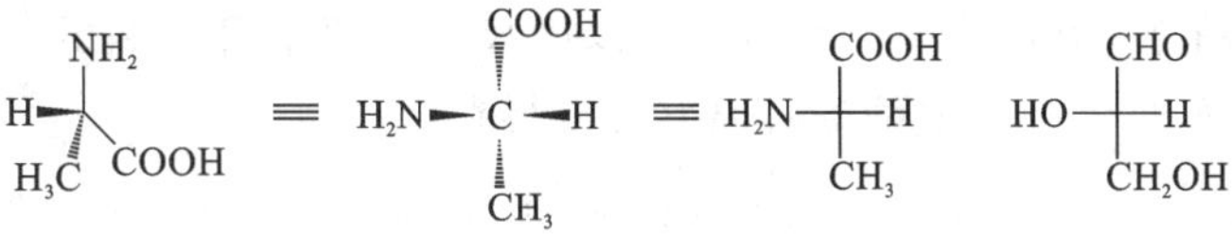

图4-3 α-丙氨酸的Fischer投影式

3. 两性解离及等电点

根据布朗斯特-劳里理论(Brönsted-Lowry theory)，酸是质子的供体，碱是质子的受体。氨基酸分子中既含有氨基，又含有羧基，在水溶液中它既可以释放质子作为酸，又可以接受质子作为碱，故它是两性电解质(ampholyte)，在水溶液中或固体状态时以两性离子形式存在。两性离子是指在同一个氨基酸分子中带有等量的正、负两种电荷，由于正、负电荷相互中和而呈电中性，又称为兼性离子(zwitterion)或偶极离子(dipolarion)。

$$\underset{\text{中性分子形式}}{H-\underset{R}{\overset{NH_2}{C}}-COOH} \qquad \underset{\text{两性离子形式}}{H-\underset{R}{\overset{NH_3^+}{C}}-COO^-}$$

因为氨基酸是两性电解质，所以它在溶液中的带电荷情况随溶液pH的变化而变化，即氨基酸上氨基和羧基的解离取决于溶液的pH。例如，甘氨酸完全质子化时可以看作是一个二元弱酸，其解离情况如下：

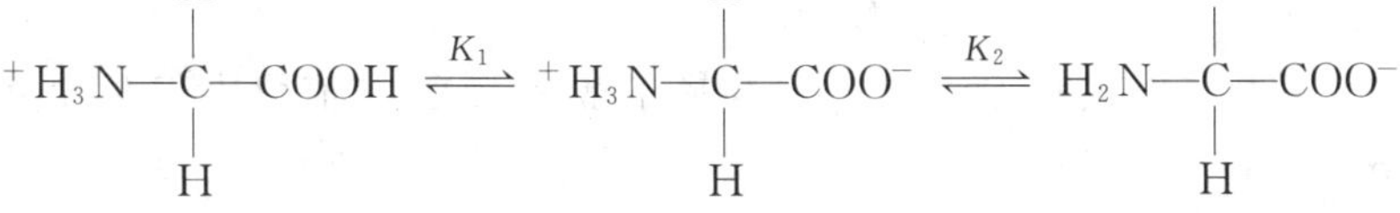

$$\underset{(1)}{{}^+H_3N-\underset{H}{\overset{H}{C}}-COOH} \underset{}{\overset{K_1}{\rightleftharpoons}} \underset{(2)}{{}^+H_3N-\underset{H}{\overset{H}{C}}-COO^-} \overset{K_2}{\rightleftharpoons} \underset{(3)}{H_2N-\underset{H}{\overset{H}{C}}-COO^-}$$

在一定的pH条件下，氨基酸分子中所带的正电荷和负电荷数相同，即净电荷为零，此时溶液的pH称为该种氨基酸的等电点(isoelectric point)，用符号pI表示。当溶液的pH等于等电点，即pH=pI时，溶液中的氨基酸净电荷为零，在电场中既不向正极移动，也不向负极移动，主要以两性离子存在，但也有少量的而且数量相等的正、负离子，还有极少量的中性分子。由于静电作用，此时氨基酸的溶解度最小。当溶液的pH小于等电点，即pH<pI时，氨基酸

带正电荷,在电场中向负极移动。当溶液的 pH 大于等电点,即 pH>pI 时,氨基酸带负电荷,在电场中向正极移动。

在同一 pH 条件下,不同氨基酸的带电情况不同。根据这一性质,可以通过电泳法或离子交换法将氨基酸进行分离制备。氨基酸的羧基、氨基以及侧链上的可解离基团都有一个特定的 pK(即解离常数的负对数)。pK 就是指某种解离基团有一半解离时的 pH,pK 的大小可以表示解离基团酸性的强弱,pK 越小则酸性越强。pK 的编号通常是从酸性最强的基团的解离开始,分别用 pK_1、pK_2 等表示。各种氨基酸分子上所含氨基、羧基等基团的数目不同,以及各种基团的 pK 的不同,使得每种氨基酸都有各自特定的 pI。碱性氨基酸的 pI 较高,如精氨酸为 10.76;酸性氨基酸的 pI 较低,如谷氨酸为 3.22。

氨基酸的等电点可由实验测定,也可根据氨基酸分子中所带的可解离基团的 pK 来计算,如根据甘氨酸的解离方程,可推导出计算等电点的公式。当甘氨酸在酸性溶液中,它是以带净的正电荷的形式存在的,可以看作是一个二元弱酸,具有两个可解离的 H^+,即—COOH 和—$NH_3{}^+$ 上的 H^+。根据上述甘氨酸的解离方程可得到:

$$K_1=\frac{[H^+][H_3\overset{+}{N}CH_2COO^-]}{[H_3\overset{+}{N}CH_2COOH]}$$

$$[H_3\overset{+}{N}CH_2COOH]=\frac{[H^+][H_3\overset{+}{N}CH_2COO^-]}{K_1}$$

$$K_2=\frac{[H^+][H_2NCH_2COO^-]}{[H_3\overset{+}{N}CH_2COO^-]}$$

$$[H_2NCH_2COO^-]=\frac{[H_3\overset{+}{N}CH_2COO^-]K_2}{[H^+]}$$

K_1、K_2 为解离常数,当达到等电点时:

$$[H_3\overset{+}{N}CH_2COOH]=[H_2NCH_2COO^-]$$

即

$$\frac{[H^+][H_3\overset{+}{N}CH_2COO^-]}{K_1}=\frac{[H_3\overset{+}{N}CH_2COO^-]K_2}{[H^+]}$$

则

$$K_1K_2=[H^+]^2$$

方程两边取负对数:

$$-\lg[H^+]^2=-\lg K_1-\lg K_2$$

则

$$2pH=pK_1+pK_2$$

由此可推导出等电点计算公式:

$$pH=pI=\frac{pK_1+pK_2}{2}$$

从上述结论可知,等电点时,溶液的 pH 与离子浓度无关,其值取决于两性离子两侧的可解离基团的 pK。

通过氨基酸的滴定曲线可以确定氨基酸的各个解离基团的 pK。图 4-4 为甘氨酸的滴定曲线。甘氨酸有两个可解离基团,α-COOH 和 α-NH_3^+,它们的 pK 分别是 2.34 和 9.60。当进行甘氨酸滴定时,以外加的碱量为横坐标,以 pH 为纵坐标可得 S 形曲线。从曲线可知,在 pH 2.34 处有一转折,这时相当于 50% 的羧基解离,释放出的 H^+ 被 OH^- 中和,溶液中 $[H_3\overset{+}{N}CH_2COOH]=[H_3\overset{+}{N}CH_2COO^-]$,此时 pH=p$K_1$。当继续加入碱时,在 pH9.6 处又有一转折,此时相当于有 50%的—NH_3^+ 作为质子供体而解离,释放出的 H^+ 被 OH^- 中和,溶液中$[H_3\overset{+}{N}CH_2COO^-]=[H_2NCH_2COO^-]$，此时的 $pH=pK_2$。在滴定曲线中间 $pH=5.97$ 处有一转折点，此时甘氨酸分子上的净电荷为零，绝大多数的甘氨酸分子以两性离子形式存在，此时的 pH 就是甘氨酸的 pI。一氨基一羧基氨基酸的 pI 都可以根据公式 $pI=\frac{pK_1+pK_2}{2}$ 求得，所以甘氨酸的 pI 为

$$pI=\frac{2.34+9.60}{2}=5.97$$

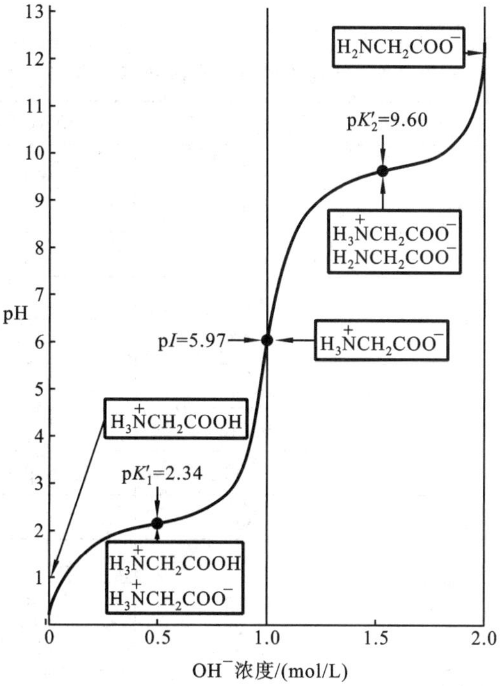

图 4-4　甘氨酸的滴定曲线

对于含有三个可解离基团的氨基酸来说，只要依次写出它从酸性经过中性至碱性溶液解离过程的各种离子形式，然后取两性离子两侧的 pK 的平均值，即可求出其 pI。例如天冬氨酸的解离，天冬氨酸有三个解离基团可以释放出氢质子，所以相当于是一个三元弱酸。当所处环境的 pH 从酸性逐渐增加至碱性时，三个解离基团依次解离，所以有三个 pK，在不同 pH 条件下可以有四种离子形式：

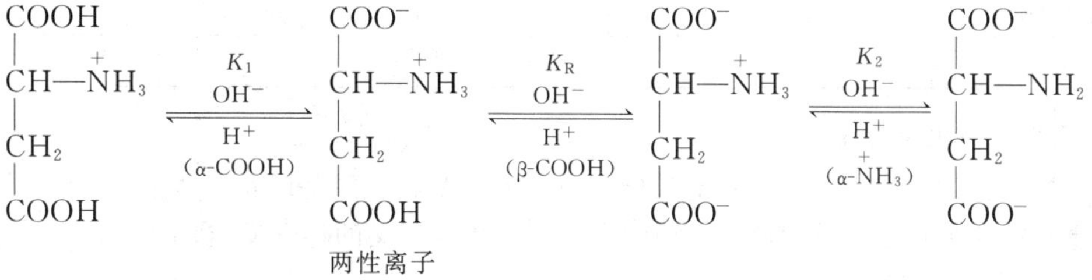

$$\begin{array}{c}COOH\\|\\CH-\overset{+}{N}H_3\\|\\CH_2\\|\\COOH\end{array}\underset{H^+\ (\alpha\text{-}COOH)}{\overset{K_1\ OH^-}{\rightleftharpoons}}\begin{array}{c}COO^-\\|\\CH-\overset{+}{N}H_3\\|\\CH_2\\|\\COOH\end{array}\underset{H^+\ (\beta\text{-}COOH)}{\overset{K_R\ OH^-}{\rightleftharpoons}}\begin{array}{c}COO^-\\|\\CH-\overset{+}{N}H_3\\|\\CH_2\\|\\COO^-\end{array}\underset{H^+\ (\alpha\text{-}\overset{+}{N}H_3)}{\overset{K_2\ OH^-}{\rightleftharpoons}}\begin{array}{c}COO^-\\|\\CH-NH_2\\|\\CH_2\\|\\COO^-\end{array}$$

两性离子

在等电点时两性离子形式为 $HOOCCH_2\underset{}{\overset{\overset{+}{N}H_3\\|}{C}}HCOO^-$，因此天冬氨酸的 $pI=\frac{2.09+3.86}{2}=2.98$。

由此可见,氨基酸的等电点相当于该氨基酸的两性离子状态两侧的基团 pK 之和的一半,根据此原则可求出任何一种氨基酸的等电点。

即中性氨基酸的等电点: $pI=\frac{pK_1+pK_2}{2}$

酸性氨基酸的等电点: $pI=\frac{pK_1+pK_R}{2}$

碱性氨基酸的等电点: $pI=\frac{pK_2+pK_R}{2}$

20 种氨基酸的解离常数和等电点见表 4-6。

表 4-6 氨基酸的解离常数和等电点

氨基酸	pK_1(—COOH)	pK_2($—NH_3^+$)	pK_R(R 基)	pI
甘氨酸	2.34	9.60	—	5.97
丙氨酸	2.34	9.69	—	6.02
缬氨酸	2.32	9.62	—	5.97
亮氨酸	2.36	9.60	—	5.98
异亮氨酸	2.36	9.68	—	6.02
丝氨酸	2.21	9.15	—	5.68
苏氨酸	2.63	10.43	—	6.53
天冬氨酸	2.09	9.82	3.86(β-羧基)	2.97
天冬酰胺	2.02	8.8	—	5.41
谷氨酸	2.19	9.67	4.25(γ-羧基)	3.22
谷氨酰胺	2.17	9.13	—	5.65
精氨酸	2.17	9.04	12.48(胍基)	10.76
赖氨酸	2.18	8.95	10.53(ε-氨基)	9.74
组氨酸	1.82	9.17	6.00(咪唑基)	7.59
半胱氨酸	1.71	8.33	10.78(—SH)	5.02
甲硫氨酸	2.28	9.21	—	5.75
苯丙氨酸	1.83	9.13	—	5.48
酪氨酸	2.20	9.11	10.07(—OH)	5.66
色氨酸	2.38	9.39	—	5.89
脯氨酸	1.99	10.60	—	6.30

4. 氨基酸的化学性质

氨基酸的化学反应主要是指氨基酸分子中的 α-氨基和 α-羧基以及 R 基团所参与的反应。下面着重介绍几种在蛋白质化学及结构测定中具有重要意义的化学反应。

1) 茚三酮反应(Ninhydrin reaction)

茚三酮反应是氨基酸的 α-NH_2所引起的反应,α-氨基酸与水合茚三酮在弱酸条件下共热时,发生反应生成蓝紫色物质。首先是氨基酸被氧化分解生成醛,同时释放出氨和二氧化碳,而水合茚三酮则被还原,其还原物可与氨基酸加热分解产生的氨结合,再与另一分子茚三酮缩合成为蓝紫色物质。反应过程如图 4-5。

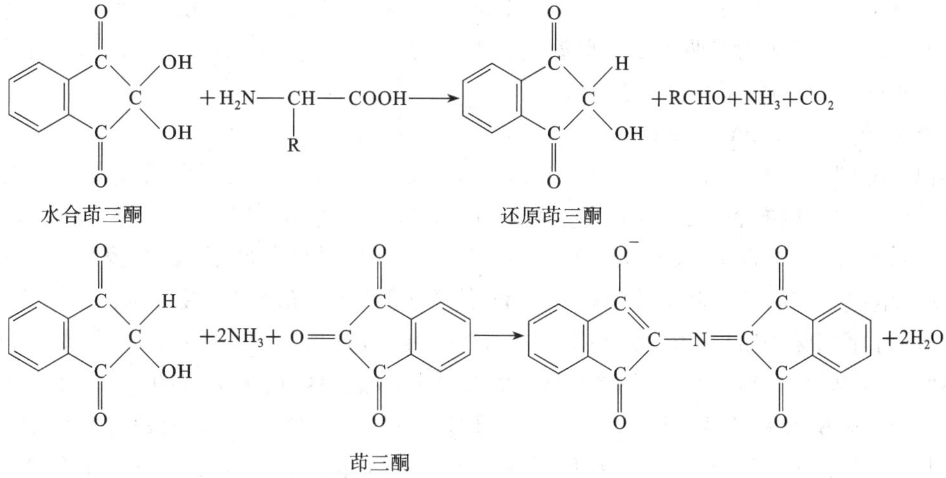

水合茚三酮　　还原茚三酮

茚三酮

图 4-5 茚三酮反应

所有具有游离 α-氨基的氨基酸及肽与茚三酮反应都呈蓝紫色，脯氨酸和羟脯氨酸因其 α-氨基被取代而产生黄色油状物质。此反应十分灵敏，根据反应所生成的蓝紫色的深浅，在 570 nm 波长下比色可测定样品中氨基酸的含量，也可在分离氨基酸时作为显色剂，或对氨基酸进行定性分析。

2）桑格反应(Sanger reaction)

桑格反应由弗雷德里克·桑格(Frederick Sanger)首先发现，是氨基酸与 2,4-二硝基氟苯的反应。在弱碱性(pH 8～9)、暗处、室温或 40 ℃条件下，氨基酸的 α-氨基很容易与 2,4-二硝基氟苯(2,4-dinitrofluorobenzene，FDNB)反应，生成黄色的 2,4-二硝基苯氨酸(dinitrophenyl amino acid，DNP-氨基酸)，反应过程如图 4-6 所示。

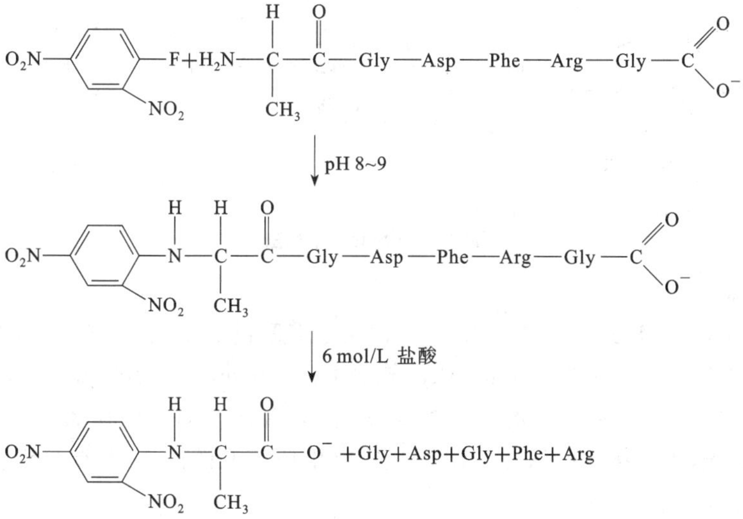

图 4-6 桑格反应

多肽或蛋白质的 N-末端氨基酸的 α-氨基也能与 FDNB 反应，生成一种二硝基苯肽(DNP-肽)。由于硝基苯与氨基结合牢固，不易被水解，当 DNP-多肽被酸水解时，所有肽键均被水解，只有 N-末端氨基酸仍连在 DNP 上，生成黄色的 DNP-氨基酸和其他氨基酸的混合液。混合液中只有 DNP-氨基酸溶于乙酸乙酯，可以用乙酸乙酯抽提并将抽提液进行色谱分析，再以标准的 DNP-氨基酸作为对照鉴定出此氨基酸的种类。因此 2,4-二硝基氟苯法可用于鉴定多肽或蛋白质的 N-末端氨基酸。

3) 埃德曼反应(Edman reaction)

埃德曼降解法是瑞典科学家埃德曼(P. Edman)创立的连续测定蛋白质或肽链 N-末端氨基酸残基序列的经典方法，又称埃德曼降解(Edman degradation)或 PITC 反应，是氨基酸与苯异硫氰酸苯酯(phenyl isothiocyanate，PITC)的反应。在弱碱性条件下，氨基酸的 α-氨基可与 PITC 反应生成相应的苯氨基硫代甲酰氨基酸(简称 PTC-氨基酸)。在酸性条件下，PTC-氨基酸环化形成在酸中稳定的苯乙内酰硫脲氨基酸(简称 PTH-氨基酸)。蛋白质多肽链 N-末端氨基酸的 α-氨基也可有此反应，生成 PTC-肽，在酸性溶液中释放出末端的 PTH-氨基酸和比原来少一个氨基酸残基的多肽链，见图 4-7。PTH-氨基酸在酸性条件下极稳定并可溶于乙酸乙酯，用乙酸乙酯抽提后，经高压液相层析鉴定就可以确定肽链 N-末端氨基酸的种类。该法的优点是可连续分析出 N-末端的十几个氨基酸。氨基酸自动分析仪就是根据该反应原理而设计的。

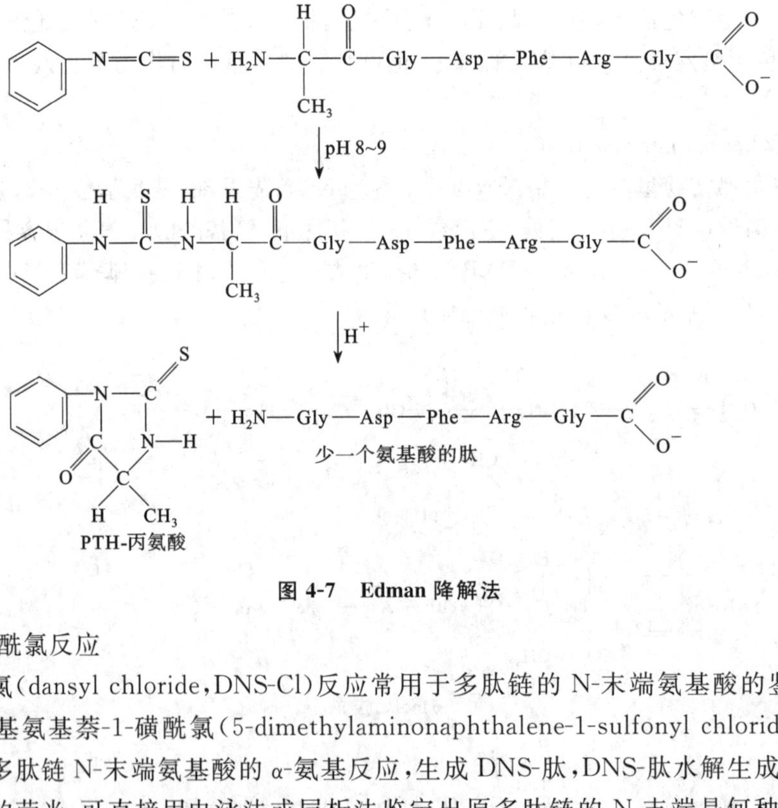

Ph—N=C=S + H_2N—CH(CH_3)—CO—Gly—Asp—Phe—Arg—Gly—COO^-

↓ pH 8~9

Ph—NH—C(=S)—NH—CH(CH_3)—CO—Gly—Asp—Phe—Arg—Gly—COO^-

↓ H^+

PTH-丙氨酸 + H_2N—Gly—Asp—Phe—Arg—Gly—COO^-（少一个氨基酸的肽）

图 4-7 Edman 降解法

4) 丹磺酰氯反应

丹磺酰氯(dansyl chloride，DNS-Cl)反应常用于多肽链的 N-末端氨基酸的鉴定。丹磺酰氯是 5-二甲基氨基萘-1-磺酰氯(5-dimethylaminonaphthalene-1-sulfonyl chloride)的简称，它能专一地与多肽链 N-末端氨基酸的 α-氨基反应，生成 DNS-肽，DNS-肽水解生成的 DNS-氨基酸具有很强的荧光，可直接用电泳法或层析法鉴定出原多肽链的 N-末端是何种氨基酸，反应过程如图 4-8 所示。

4. 氨基酸的溶解性质

氨基酸多为无色的晶型固体。在有机化合物中，氨基酸属于熔点高的化合物，其熔点为 200～300 ℃。氨基酸不溶于石油醚、苯等非极性溶剂，有一定的水溶性。不同的氨基酸在水中的溶解度相差较大，常见氨基酸的溶解度见表 4-7。

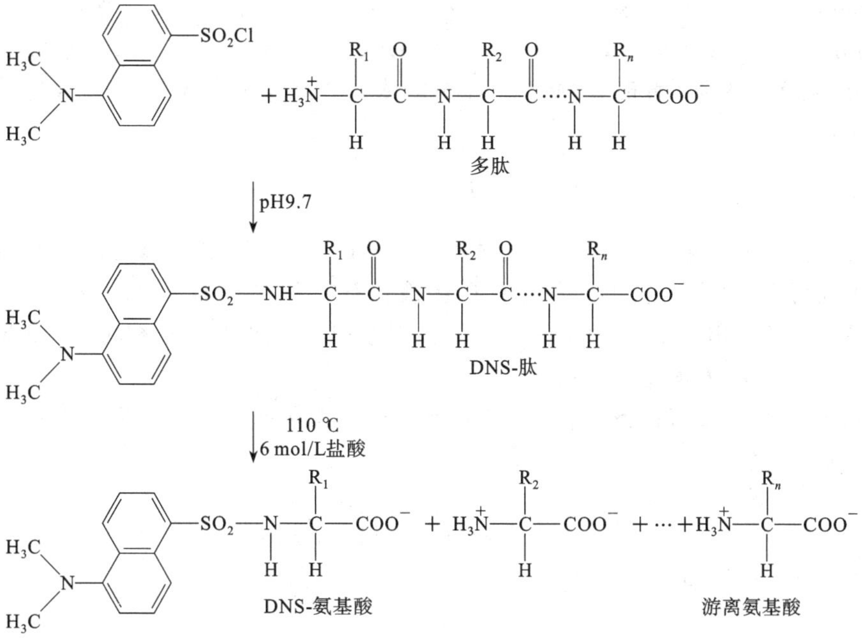

SO_2Cl
多肽
pH9.7
DNS-肽
110 ℃
6 mol/L盐酸
DNS-氨基酸
游离氨基酸

图 4-8　丹磺酰氯反应

表 4-7　常见氨基酸的溶解度/(g/(100 mL))

氨基酸	水中溶解度(25 ℃)	乙醇中溶解度	氨基酸	水中溶解度(25 ℃)	乙醇中溶解度
甘氨酸	25.0	0.0029(25 ℃)	L-谷氨酸	0.864	0.00027(25 ℃)
L-丙氨酸	16.65	0.16(20 ℃)	L-精氨酸	15.0	不溶
L-缬氨酸	8.85	微量溶解	L-赖氨酸	易溶	微量溶解
L-亮氨酸	2.19	0.017(25 ℃)	L-苯丙氨酸	2.96	不溶
L-异亮氨酸	2.23	略溶于热乙醇	L-酪氨酸	0.045	0.01(17 ℃)
L-丝氨酸	25.0	—	L-组氨酸	4.16	微量溶解
L-苏氨酸	可溶	不溶	L-色氨酸	0.25	微量溶解
L-甲硫氨酸	可溶	不溶	L-脯氨酸	162.3	1.18(19 ℃)
L-半胱氨酸	极易溶	可溶	L-天冬酰胺	2.989	0.0003(25 ℃)
L-胱氨酸	0.011	—	L-谷氨酰胺	4.25	0.00046(25 ℃)
L-天冬氨酸	可溶	不溶			

4.1.4　氨基酸的分离分析和鉴定

为了测定蛋白质中氨基酸的含量、组成，或从蛋白质水解液中提取氨基酸，都需要对氨基酸混合物进行分析和分离工作。其方法较多，而目前使用较多的是层析法。

1. 分配层析的一般原理

所有的层析系统都由两个相组成，一个为固定相或静相(stationary phase)，一个为流动相或动相(mobile phase)。混合物在两相中的分离取决于混合物的组分在这两相中的分配情况,一般用分配系数(distribution coefficient)来描述。当一种溶质分布在两种互不相溶的溶剂中,在一定温度下达到平衡时,溶质在两相中的浓度之比是一个常数,称为分配系数(K_d)。用下式表示:

$$K_d = \frac{c_A}{c_B}$$

这里 c_A、c_B 分别代表某一物质在互不相溶的两相即 A 相(动相)和 B 相(静相)中的浓度。物质分配不仅可以在互不相溶的两种溶剂即液-液相系统中进行,也可在固-液相或气-液相间发生。其系统中的静相可以是固相、液相或固-液混合相(半液体相);动相可以是液相或气相,它充满静相的空隙中,并能流过静相。

在实际层析时,其层析行为一般并不直接取决于它的分配系数,而是取决于有效分配系数(effective distribution coefficient,K_{eff}):

$$K_{eff} = \frac{\text{某一物质在 A 相中的总量}}{\text{某一物质在 B 相中的总量}}$$

对液-液层析系统来说:

$$K_{eff} = \frac{c_A V_A}{c_B V_B} = K_d R_V$$

这里,c_A和 c_B的意义同前;V_A和 V_B分别为 A 相和 B 相的体积;R_V为 A、B 两相的体积比。由此可见,K_{eff}是 R_V的函数,溶质的有效分配系数可以通过调整两相的体积比而加以改变。

利用层析法分离混合的氨基酸,其先决条件是各种氨基酸成分的分配系数要有差异,差异越大,越易分离。

2. 分配柱层析

层析柱中的填充剂或支持剂都是一些具有亲水性的不溶性物质,如纤维素、淀粉、硅胶等。支持剂表面附着一层不会流动的结合水作为固定相,沿固定相流过且与它互不相溶的溶剂(如苯酚、正丁醇等)是流动相。由填充剂构成的柱床可以设想为由无数的连续的板层组成,每一板层起着微观的"分溶管"作用。当用洗脱剂洗脱时,在柱上端的氨基酸混合物在两相之间按不同的分配系数不断地进行分配移动。分别收集层析柱下端的洗脱液,然后分别用茚三酮显色定量,以氨基酸量对洗脱液体积作图得洗脱曲线,曲线中的每个峰对应某种氨基酸。

3. 滤纸层析

滤纸层析也是分配层析的一种。滤纸纤维素吸附水作为固定相,展层用的溶剂作为流动相。层析时,将样品点在滤纸的一个角上,称为原点,然后将其放入一个密闭的容器中,用一种溶剂系统进行展层。混合的氨基酸在这两相中不断分配,最后分布在滤纸的不同位置上。层析后烘干滤纸,将其旋转 90°再采用另一种溶剂系统进行第二相展层。由于各种氨基酸在两个不同的溶剂系统中具有不同的迁移率(R_f),因此会彼此分开,当用茚三酮显色时,就会在滤纸上面出现各种氨基酸的斑点。若氨基酸种类较少或第一相就能分开,进行一相层析即可。

4. 薄层层析(thin-layer chromatography)

薄层层析,或称薄层色谱,是把支持物涂布在玻璃板上使其成为一个均匀的薄层作为固定相,把要分析的样品滴加在薄层的一端,然后用合适的溶剂作为流动相在密闭的容器中进行展开,使混合样品得到分离、鉴定和定量的一种层析法。该层析法分辨率高,需样量极少,层析速度快,可使用的支持物种类多,如纤维素粉、硅胶、氧化铝等。

5. 离子交换层析(ion-exchange chromatography)

这是一种用离子交换树脂作支持剂的层析法。离子交换树脂是具有酸性或碱性基团的人工合成的聚苯乙烯-苯二乙烯等不溶性的高分子化合物。聚苯乙烯-苯二乙烯是由苯乙烯(单体)和苯二乙烯(交联剂)进行聚合和交联反应生成的具有网状结构的高聚物,是离子交换树脂的基质。树脂一般都制成球形颗粒,其带电基团是通过后来的反应引入的。

常用的离子交换树脂分阳离子交换树脂和阴离子交换树脂两种。阳离子交换树脂含有的酸性基团,如—SO_3H(强酸型)或—COOH(弱酸型),可解离出 H^+,当溶液中含有其他阳离子时,例如酸性环境中的氨基酸阳离子,就可以和 H^+ 发生交换而结合在树脂上。阴离子交换树脂含有的碱性基团,如—$N(CH_3)_3OH$(强碱型)或—NH_3OH(弱碱型),可解离出 OH^-,能和溶液中的阴离子,如碱性环境中的氨基酸阴离子,发生交换而结合在树脂上。

氨基酸在树脂上结合的牢固程度,即氨基酸与树脂的亲和力,主要取决于它们之间的静电引力及氨基酸侧链与树脂基质聚苯乙烯之间的疏水作用。在 pH 为 3 左右的氨基酸与阳离子交换树脂之间的静电引力的大小次序是碱性氨基酸大于中性氨基酸,后者又大于酸性氨基酸。因此,氨基酸的洗脱顺序大体上是从酸性氨基酸、中性氨基酸到碱性氨基酸。但有时并不是这样,这是因为某些氨基酸和树脂之间还存在着疏水作用。

要将氨基酸从树脂上洗脱下来就需要降低它们之间的亲和力,有效的方法是逐步提高洗脱剂的 pH 和盐浓度(离子强度),这样各种氨基酸将以不同的速度被洗脱下来。

6. 气相色谱(gas chromatography,GC)

当层析系统的流动相为气体,固定相为涂渍在固体颗粒表面的液体时,此层析技术称为气-液色谱(gas-liquid chromatography)或简称为气相色谱。它是利用样品中的不同组分在流动的气相和固定在颗粒表面的液相中的分配系数不同而达到分离组分的目的。气相色谱需要用气相色谱仪进行测定,它具有微量快速的优点。

7. 高效液相色谱(high performance liquid chromatography,HPLC)

这是近年来发展起来的一种快速、灵敏、高效的分离技术。HPLC 的特点是:使用的固定相支持剂颗粒很细,因此接触到的表面积很大;溶剂系统采用高压装置,因此洗脱速度增大。因此多种类型的柱层析都可用 HPLC 来代替,例如分配层析、离子交换层析、吸附层析以及凝胶过滤等。

8. 氨基酸自动分析仪

氨基酸自动分析仪是目前分析氨基酸常用的仪器设备,主要利用了色谱分离技术。蛋白质经过酸水解释放出各种氨基酸,水解液随流动相流经色谱柱时,由于不同氨基酸化学性质(极性)的不同,与固定相结合作用的强弱不同,通过特定缓冲溶液冲洗色谱柱,使混合的氨基酸在不同的时间从固定相上洗脱下来,从而使各种氨基酸组分按一定顺序从色谱柱中分离出来,应用紫外检测仪(或荧光检测仪)检测各种氨基酸的吸光度,再与标准氨基酸吸光度比较,计算出含量。

4.2 肽

自然界中存在的蛋白质数量极为庞大,虽然它们的结构各异,但都是由氨基酸按照不同的排列顺序通过肽键连接起来的生物大分子。什么叫肽键?氨基酸之间是如何连接起来的?

4.2.1　肽和肽链

肽键(peptide bond)是蛋白质分子中氨基酸之间的主要连接方式,它是由一个氨基酸的 α-羧基与另一个氨基酸的 α-氨基缩合脱水形成的。肽键又称酰胺键,如图 4-9 所示。

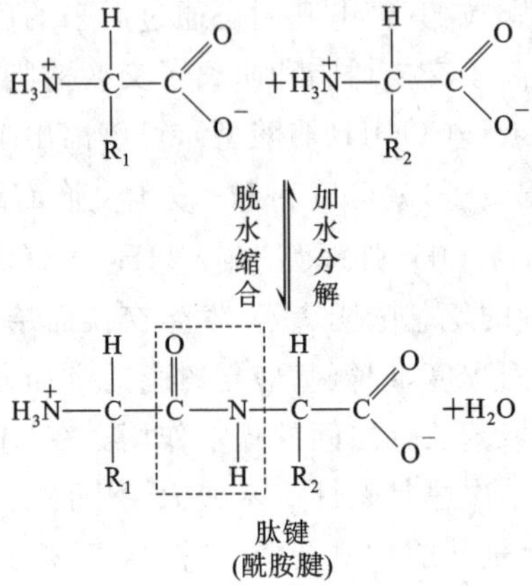

$$H_3\overset{+}{N}-\underset{R_1}{\overset{H}{C}}-COO^- + H_3\overset{+}{N}-\underset{R_2}{\overset{H}{C}}-COO^-$$

脱水缩合 ⇅ 加水分解

$$H_3\overset{+}{N}-\underset{R_1}{\overset{H}{C}}-\overset{O}{\overset{\|}{C}}-\underset{H}{N}-\underset{R_2}{\overset{H}{C}}-COO^- + H_2O$$

肽键
(酰胺腱)

图 4-9　肽与肽键

氨基酸残基是通过肽键连接形成的线性多肽链结构,一条多肽链的骨架由肽键连接的无数个 N—C_α—C 组成,酰胺氢和羰基氧结合在骨架上,而不同氨基酸残基的侧链连接在 α-碳上。参与肽键形成的 2 个原子(羰基氧原子、酰胺氢原子)以及另外 4 个取代成员构成一个肽单位(peptide group)。肽键的部分双键特性妨碍了 C—N 键的旋转,其结果是肽单位是一个平面。但蛋白质中的每一个 N—C_α 键和每一个 C_α—N 键都可以自由旋转。

4.2.2　天然存在的活性肽

除蛋白质的部分水解得到各种简单多肽外,生物体中还广泛存在着许多长短不同的游离肽,其中有些肽具有特殊的生理功能。例如,谷胱甘肽(glutathione,GSH)是一种存在于动、植物和微生物细胞中的重要的三肽,由谷氨酸、半胱氨酸和甘氨酸组成,其结构如下:

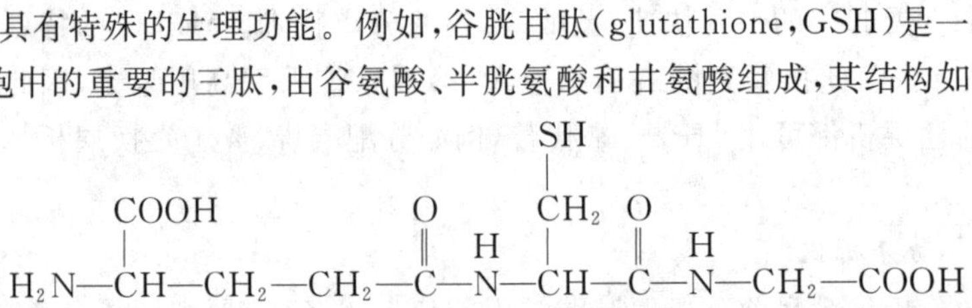

$$H_2N-\overset{COOH}{\overset{|}{C}H}-CH_2-CH_2-\overset{O}{\overset{\|}{C}}-\overset{H}{N}-\overset{\overset{SH}{|}}{\overset{CH_2}{\overset{|}{C}H}}-\overset{O}{\overset{\|}{C}}-\overset{H}{N}-CH_2-COOH$$

谷胱甘肽(GSH)分子中有一个特殊的 γ-肽键,是由谷氨酸的 γ-羧基与半胱氨酸的 α-氨基缩合而成的,这与蛋白质分子中的一般肽键不同。由于谷胱甘肽中含有一个活泼的巯基,很容易氧化,所以两分子谷胱甘肽脱氢以二硫键相连形成氧化型谷胱甘肽(glutathione oxidized, GSSG)。

$$2GSH \underset{+2H}{\overset{-2H}{\rightleftharpoons}} GSSG$$

谷胱甘肽是一种抗氧化剂,参与细胞内的氧化还原作用,对酶具有保护功能。生物体中还有许多具有重要生理意义的多肽,如牛加压素、牛催产素、舒缓激肽都是具有激素作用的多肽,见图 4-10。还有一些肽链形成环状结构,即没有自由的羧基端和自由的氨基端。环状肽常见于微生物中,如具有抗生素作用的短杆菌肽 S 和短杆菌酪肽 A。又如毒蘑菇中存在的 α-鹅膏蕈碱是一个环状八肽,它能抑制真核生物中 RNA 聚合酶的活性,从而抑制 RNA 的合成,导致机体死亡。

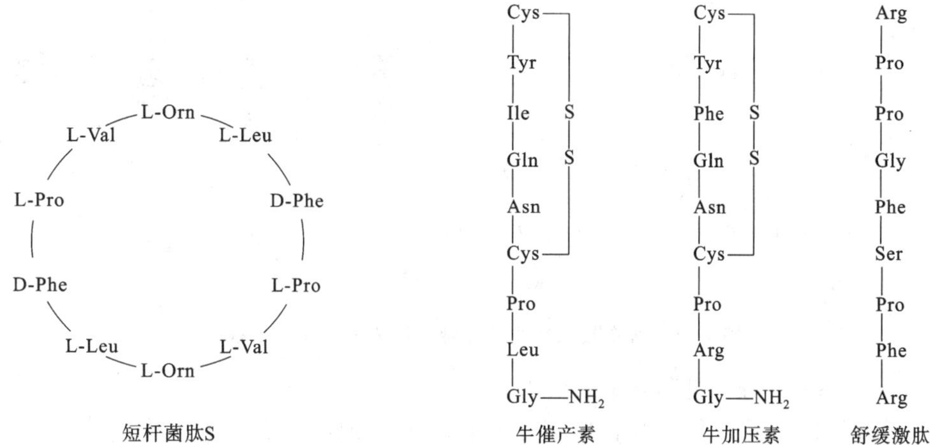

图 4-10 生物体中部分的活性肽

4.3 蛋白质的结构

蛋白质的结构可以分为四个层次来研究，即一级结构、二级结构、三级结构和四级结构。其中一级结构又称蛋白质的化学结构(chemical structure)、共价结构或初级结构。二级结构、三级结构和四级结构又称为蛋白质的空间结构或三维结构(three dimensional structure)。

4.3.1 蛋白质的一级结构

1. 蛋白质的一级结构

蛋白质的一级结构是指蛋白质多肽链中氨基酸的排列顺序以及二硫键的位置。蛋白质一级结构研究的内容包括蛋白质中氨基酸的组成、数量、在肽链中的排列顺序和二硫键的位置以及肽链数目等。

一级结构是蛋白质分子结构的基础，它包含了决定蛋白质分子所有结构层次构象的全部信息。不同蛋白质中氨基酸种类、数量和排列顺序的差异是蛋白质生物学功能多样性的基础。在生物化学及其相关领域的研究中，蛋白质的一级结构信息很重要。有些蛋白质不是简单的一条肽链，而是由 2 条或 2 条以上肽链所组成的，肽链之间通过二硫键连接起来，也可以在一条肽链内部形成二硫键，如图 4-11 所示。

二硫键在蛋白质分子中起着稳定空间结构的作用，一般二硫键越多，蛋白质的结构越稳定。蛋白质的氨基酸排列顺序对蛋白质的空间结构以及生物功能起着决定性作用，有的蛋白质分子只要改变一个氨基酸就可能改变整个蛋白质分子的空间结构和功能，所以蛋白质的一级结构是决定空间结构的基础。

2. 蛋白质一级结构的测定

蛋白质一级结构的测定就是测定蛋白质多肽链中氨基酸的排列顺序。蛋白质一级结构的测定主要包括以下基本步骤。

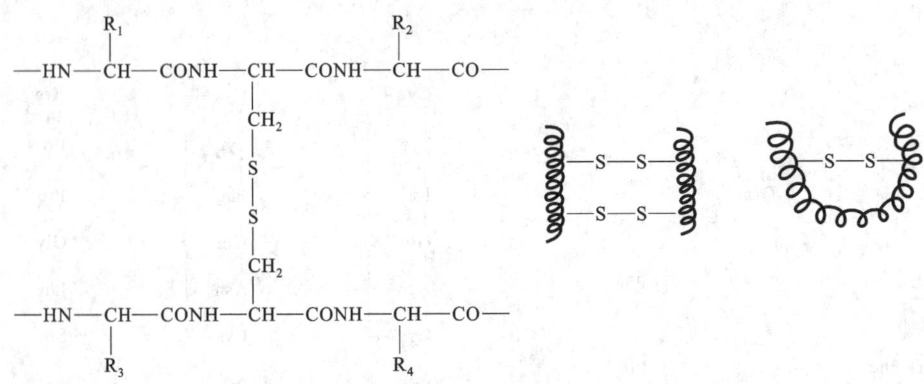

图 4-11　蛋白质肽链内二硫键和肽链间二硫键示意图

1）测定蛋白质的分子量和氨基酸组成

获取经过纯化的蛋白质样品，测定其分子量。将部分样品完全水解，确定其氨基酸种类、数目和每种氨基酸的含量。

2）进行末端分析，确定蛋白质的肽链数目及 N-末端和 C-末端氨基酸的种类

测定 N-末端氨基酸的方法有多种，常用的有 Sanger 法和 Edman 法，其中 Edman 法应用广泛，并已根据其原理设计制造出氨基酸自动分析仪。此外，还可以用丹磺酰氯(DNS-Cl)法测定 N-末端氨基酸，其原理见图 4-7。

测定 C-末端氨基酸常用的方法有肼解法和还原法等。肼解法的原理为：多肽链和过量的无水肼在 100 ℃反应 5～10 h，所有肽键被水解，除 C-末端氨基酸自由存在外，其他氨基酸都转变为氨基酸酰肼；向反应体系中加入苯甲醛，氨基酸酰肼转变为不溶于水的二苯基衍生物，离心分离后 C-末端氨基酸在水相中；向水相中加入 2,4-二硝基氟苯，使其与 C-末端氨基酸反应，经色谱分析可确定氨基酸种类(图 4-12)。

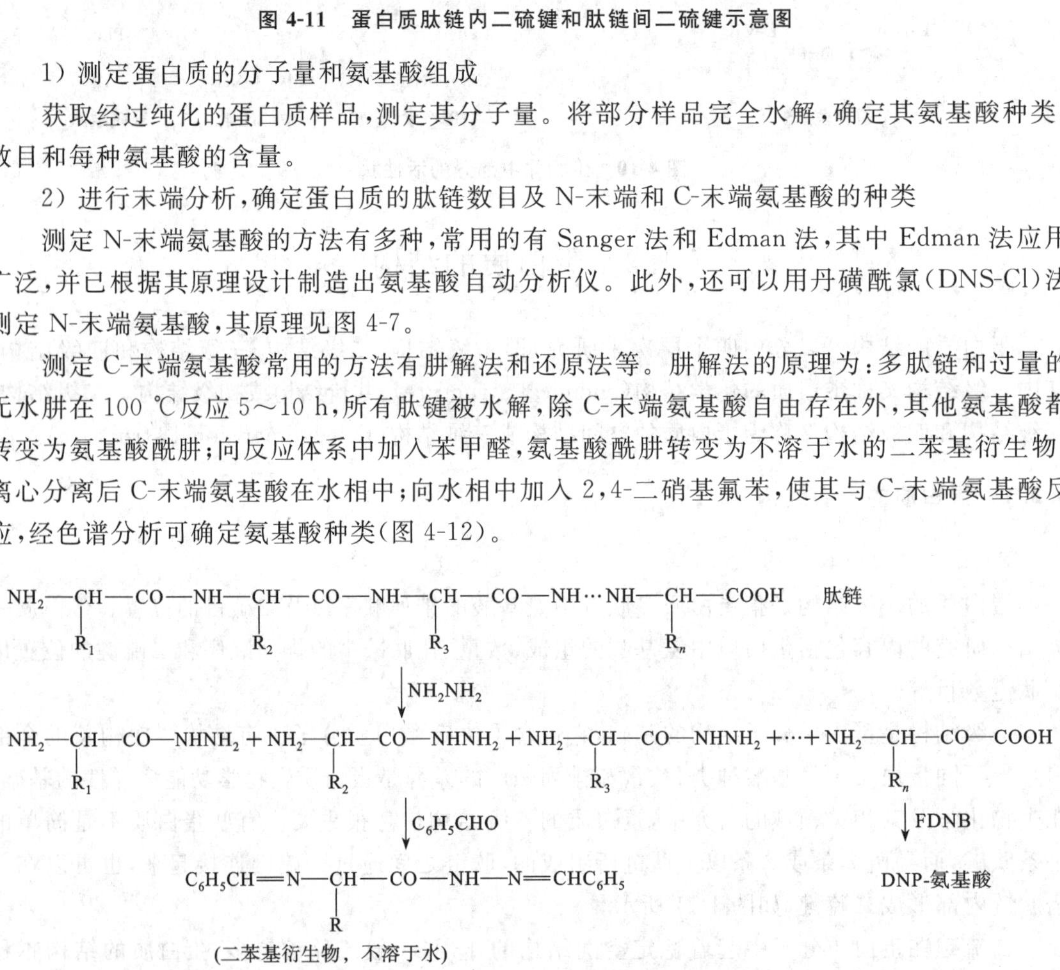

NH_2—CH(R_1)—CO—NH—CH(R_2)—CO—NH—CH(R_3)—CO—NH···NH—CH(R_n)—COOH　肽链

↓ NH_2NH_2

NH_2—CH(R_1)—CO—$NHNH_2$ + NH_2—CH(R_2)—CO—$NHNH_2$ + NH_2—CH(R_3)—CO—$NHNH_2$ +···+ NH_2—CH(R_n)—CO—COOH

↓ C_6H_5CHO　　　　↓ FDNB

C_6H_5CH═N—CH(R)—CO—NH—N═CHC_6H_5　　　　DNP-氨基酸

(二苯基衍生物，不溶于水)

图 4-12　用肼解法进行 C-末端氨基酸分析

还原法原理为：肽链 C-末端氨基酸可被氢硼化锂还原成相应的 α-氨基醇，肽链完全水解后，此 α-氨基醇可用层析法鉴定，从而确定 C-末端氨基酸的种类。

3）拆开二硫键并分离出每条多肽链

如果蛋白质分子是由几条不同的多肽链构成的，则必须把这些多肽链拆开并单独分离，以便测定每条多肽链的氨基酸顺序。拆开二硫键最常用的方法是用过甲酸(即过氧化氢＋甲酸)

将二硫键氧化，或用过量的β-巯基乙醇处理，将二硫键还原。还原法应注意用碘乙酸（烷基化试剂）保护还原生成的半胱氨酸中的巯基，以防止二硫键的重新生成。例如，胰岛素经巯基乙醇还原后分子中3对二硫键被拆开，两条肽链分开，再用碘乙酸保护，得到A链和B链的羧甲基衍生物，并且不会重新氧化生成二硫键，如图4-13所示。拆开二硫键以后形成的肽链可用层析、电泳等方法进行分离。

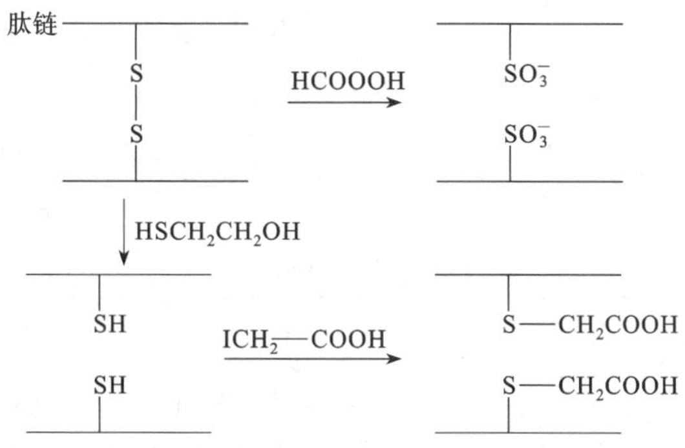

图4-13 多肽链中二硫键的拆分与保护

4）分析每条多肽链的N-末端和C-末端残基

取每条多肽链的部分样品进行N-末端和C-末端氨基酸的鉴定，以便建立两个重要的氨基酸顺序参考点。

5）用两种不同方法将肽链专一性地水解成两套肽段并进行分离

将每条多肽链用两种不同方法进行部分水解，这是一级结构测定中的关键步骤。目前用于顺序分析的方法一次能测定的顺序都不太长，然而天然的蛋白质分子大多含100个氨基酸以上，因此必须设法将多肽断裂成较小的肽段，以便测定每个肽段的氨基酸顺序。水解肽链的方法可采用酶法或化学法，通常是选择专一性很强的蛋白酶来水解。如胰蛋白酶专一性地水解由碱性氨基酸（赖氨酸或精氨酸）的羧基参与形成的肽键，胰凝乳蛋白酶专一性地水解芳香族氨基酸（苯丙氨酸、色氨酸、酪氨酸）的羧基参与形成的肽键。

除了酶法之外，还可以用化学方法部分水解肽链，例如用溴化氰处理时，只有甲硫氨酸的羧基参与形成的肽键发生断裂。根据肽链中甲硫氨酸残基的数目就可以估计多肽链水解后可能产生的肽段的数目。

多肽链经部分水解后产生的长短不一的肽段可以用层析或电泳的方法加以分离、提纯。由于不同方法水解肽链的专一性不同，所以用两种方法水解肽链时，可以得到两套不同的肽段，便于拼凑出完整肽链的氨基酸顺序。

6）测定各个肽段的氨基酸排列顺序并拼凑出完整肽链的氨基酸排列顺序

多肽链部分水解后分离得到的各个肽段需进行氨基酸排列顺序的测定，序列测定可用氨基酸自动分析仪。然后用重叠顺序法将两种水解方法得到的两套肽段的氨基酸顺序进行比较分析，根据交叉重叠部分的顺序推导出完整肽链的氨基酸顺序。比如有一蛋白质肽链的一个片段为十肽，用两种方法水解，水解法A得到四个小肽，分别为（A_1）Ala-Phe、（A_2）Gly-Lys-Asn-Tyr、（A_3）Arg-Tyr、（A_4）His-Val。水解法B得到三个小肽，分别为（B_1）Ala-Phe-Gly-Lys、（B_2）Asn-Tyr-Arg、（B_3）Tyr-His-Val。将两套肽段进行比较分析得出如表4-8所示结果。

表 4-8 两套肽段的区别

肽	氨基酸顺序
A_1	Ala-Phe
B_1	Ala-Phe-Gly-Lys
A_2	Gly-Lys-Asn-Tyr
B_2	Asn-Tyr-Arg
A_3	Arg-Tyr
B_3	Tyr-His-Val
A_4	His-Val
十肽顺序	Ala-Phe-Gly-Lys-Asn-Tyr-Arg-Tyr-His-Val

7）二硫键位置的确定

蛋白质分子中二硫键位置的确定也是以氨基酸的测序技术为基础的。这一步骤往往在确定了蛋白质的氨基酸顺序后再进行。其基本步骤是：根据已知氨基酸顺序选择合适的专一性蛋白水解酶，在不打开二硫键的情况下部分水解蛋白质，将水解得到的肽段进行分离；对含有二硫键的肽段进行氧化或还原，切断二硫键；分离切断二硫键以后生成的两个肽段，并确定这两个肽段的氨基酸顺序；将这两个肽段的氨基酸顺序与多肽链的氨基酸顺序比较，即可推断出二硫键的位置。

1953 年，桑格等人应用这种方法首次完成了牛胰岛素一级结构的测定。牛胰岛素分子由 51 个氨基酸残基组成，分子量为 5734，由 A、B 两条肽链组成，A 链含 21 个氨基酸残基，B 链含 30 个氨基酸残基。A 链和 B 链通过两个二硫键连接在一起，在 A 链内部还有一个二硫键，图 4-14 为牛胰岛素的氨基酸序列。我国生化工作者根据牛胰岛素的氨基酸序列于 1965 年用人工方法成功地合成了具有生物活性的结晶牛胰岛素，第一次完成了蛋白质的人工合成。

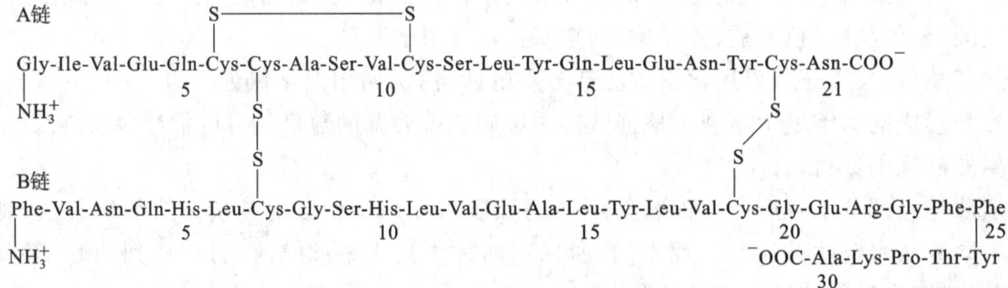

图 4-14 牛胰岛素的氨基酸顺序

20 世纪 50 年代末，美国学者斯坦福 · 穆尔(Stanford Moore)等人完成牛胰核糖核酸酶(bovine pancreatic ribonuclease)的全序列分析。该酶由一条含 124 个氨基酸残基的多肽链组成，分子内含有 4 个链内二硫键，分子量为 12600，是水解核糖核酸分子中磷酸二酯键的一种酶。图 4-15 为牛胰核糖核酸酶的氨基酸序列。

另外，由于蛋白质的一级结构是由基因翻译得到的，所以蛋白质的氨基酸排列顺序也可以通过相应的 DNA 的序列间接推导出来，例如具有重要功能的人胰岛素受体蛋白(含 1370 个氨基酸残基)的一级结构就是这样间接测定出来的。

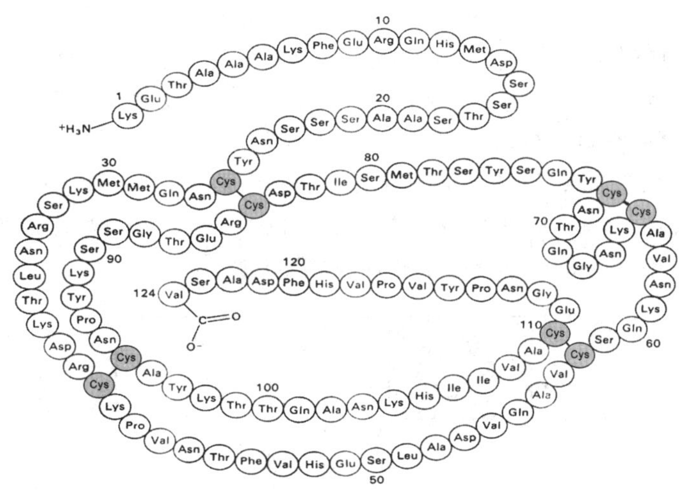

图 4-15　牛胰核糖核酸酶的氨基酸顺序

4.3.2　蛋白质的空间结构

1. 蛋白质的构象

1)构造、构型和构象

构造(constitution)是指分子中原子的连接次序与方式(即键合性质)。如丙氨酸的构造式为 $CH_3CH(NH_2)$ COOH。

构型(configuration)是指分子在其构造确定后,内部原子或基团在空间的排列关系,分为顺反异构和对映(旋光)异构等几种类型。如丙氨酸因其 α-碳为手性碳原子,故丙氨酸有 L-丙氨酸(S)和 D-丙氨酸(R)两种构型。无论改变构造还是构型,都要涉及共价键的破与立,其结果都是变为新的分子。

构象(conformation)是由有机分子中单键(通常为 C—C 键)绕 σ 键旋转而产生的异构现象,所形成的异构体称为构象异构体。因这些构象异构体互变时不涉及化学键的破立,故它们仍然是同一化合物。因旋转而产生的异构体称为旋转异构体或构象异构体。

就天然蛋白质而言,如果不考虑构成多肽链的氨基酸残基的构型,其一级结构总体上仍属于构造层次。而氨基酸的高级结构,则都是构象异构所致。虽然理论上不排除任何可能的构象,但蛋白质也和其他有机分子(包括生物大分子)一样,常常取其能量较低、结构稳定的构象为主。

2) 多肽主链折叠的空间限制

多肽链的共价主链上所有的 α-碳原子都参与形成单键,因此从理论上讲一个多肽主链能有无限种构象。然而,目前已知一个蛋白质的多肽链在生物体内只有一种或很少几种构象,且相当稳定,这种构象称为天然构象,此时蛋白质具有生物活性。这一事实说明,天然蛋白质主链上的单键并不能自由旋转。

(1)肽链的二面角。

环绕 N—C_α 键旋转的角度为 Φ;环绕 C_α—C 键旋转的角度为 Ψ。多肽链的所有可能构象都能用 Φ 和 Ψ 这两个构象角来描述,称为二面角。

当 Φ 的旋转键,即 N—C_α 两侧的 C—N 和 C_α—C 呈顺式时,规定 $\Phi=0^\circ$。

当 Ψ 的旋转键，即 C_α—C 两侧的 N—C_α 和 C—N 呈顺式时，规定 $\Psi=0°$。

从 C_α 向 N 看，顺时针旋转 N—C_α 键形成的 Φ 角为正值，反之为负值。

从 C_α 向 C 看，顺时针旋转 C_α—C 键形成的 Ψ 角为正值，反之为负值。

(2)多肽链折叠的空间限制。

根据蛋白质中非键合原子间的最小接触距离，确定哪些成对二面角(Φ、Ψ)所规定的两个相邻肽单位的构象是允许的，哪些是不允许的，并在以 Φ 为横坐标、Ψ 为纵坐标的坐标图上标出，此图称为拉氏构象图(Ramachandran plot)，见图 4-16。

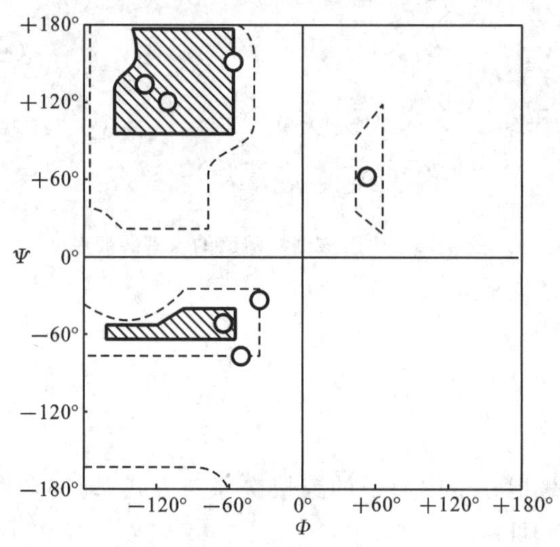

图 4-16　拉氏构象图

拉氏构象图中的实线封闭区域是一般允许区，非键合原子间的距离大于一般允许距离，此区域内任何二面角确定的构象都是允许的，且构象稳定。

拉氏构象图中的虚线封闭区域是最大允许区，非键合原子间的距离介于最小允许距离和一般允许距离之间，立体化学允许，但构象不够稳定。

拉氏构象图中的虚线外区域是不允许区，该区域内任何二面角确定的肽链构象都是不允许的，此构象中非键合原子间距离小于最小允许距离，斥力大，构象极不稳定。

甘氨酸的 Φ、Ψ 允许范围很大。

总之，由于原子和基因之间不利的空间相互作用，肽链构象的范围是很有限的，对非甘氨酸残基的一般允许区占全平面的 7.7%，最大允许区占全平面的 20.3%。

2. 维持构象的作用力

蛋白质的构象包括从二级结构到四级结构的所有高级结构，其稳定性主要依赖于大量的非共价键，又称次级键，其中包括氢键、离子键、疏水键和范德华力。此外，二硫键也在维持蛋白质空间构象的稳定中起重要作用。主要的次级键有以下几种。

1) 氢键

氢键(hydrogen bond)是由一个极性很强的 X—H 基上的氢原子与另一个电负性强的原子 Y(如 O、N、F 等)相互作用形成的一种吸引力，本质上仍属于弱的静电吸引作用。氢键是保持肽链折叠结构的主要因素，它在维持蛋白质空间构象中起着重要作用。氢键可以在带电荷的分子间形成，也可以在不带电荷的两个分子间形成。氢键的实质是一个氢原子被两个其他原子“瓜分”。例如：

—O—H···N—　　　　—N—H···O═C

氢供体　氢受体　　　　氢供体　氢受体

其中，与氢原子连接较紧密的原子称为氢供体，而另一个连接得不紧密的原子称为氢受体。氢受体带有一部分负电荷，可以吸引氢原子，所以实际上可以把氢键看作是把质子从酸向碱转移的介质。在生物系统中，一个氢键的供体是氧原子或氮原子，它们可以共价地与氢原子结合，而氢受体是氧或氮。氢键的键能比共价键弱得多，但由于蛋白质分子中有许多氢键，所以在维持蛋白质空间结构的稳定性中有重要作用。

2）离子键

所谓离子键（ionic bond）是带相反电荷的基团之间的静电引力，也称为静电键或盐键。蛋白质的多肽链由各种氨基酸组成，有些氨基酸残基带正电，如赖氨酸和精氨酸，有些氨基酸残基带负电，如谷氨酸和天冬氨酸。另外，游离的N-末端氨基酸残基的氨基和C-末端氨基酸残基的羧基也分别带正电荷和负电荷，这些带相反电荷的基团如羧基和氨基、胍基、咪唑基等基团之间都可以形成离子键。

$$—CH_2—\overset{\overset{\large O}{\|}}{C}—O^-$$

带负电荷的基团

$$H_3\overset{+}{N}—CH_2—$$

带正电荷的基团

3）疏水键

蛋白质分子含有许多非极性侧链和一些极性很小的基团，这些非极性基团避开水相互相聚集在一起而形成的作用力称为疏水键（hydrophobic bond），也称疏水作用力。例如缬氨酸、亮氨酸、异亮氨酸、苯丙氨酸、色氨酸等的侧链基团具有疏水性，在水溶液中它们会聚集在一起，在空间关系上紧密接触，从而在分子内部形成疏水区。这种疏水的相互作用在维持蛋白质三级结构的稳定性上也起着重要作用。

4）范德华力

范德华力是一种非特异性引力，任何两个相距0.3～0.4 nm的原子之间都存在范德华力。范德华力比离子键弱，但在生物体系中却是非常重要的。

这些次级键的键能都较弱，但由于它们在蛋白质分子中广泛存在，所以在维持蛋白质的二级结构、三级结构和四级结构的构象上起着非常重要的作用。如果外界因素影响或破坏了这些次级键，就会引起蛋白质空间结构的变化。图4-17所示为维持蛋白质构象的作用力。

3. 蛋白质的二级结构

蛋白质的二级结构指多肽链本身通过氢键沿一定方向盘绕、折叠而形成的构象，包括α-螺旋、β-折叠、β-转角、无规则卷曲。

1）α-螺旋（α-helix）结构

α-螺旋是一种最常见的二级结构，最先由莱纳斯·鲍林（Linus Pauling）和罗伯特·柯瑞（Robert Corey）于1951年提出，具有以下主要特征。

（1）α-螺旋结构是一个类似棒状的结构，从外观看，紧密卷曲的多肽链主链构成了螺旋棒的中心部分，所有氨基酸残基的R侧链伸向螺旋的外侧，这样可以减少空间位阻。肽链围绕其长轴盘绕成螺旋体（图4-18(a)）。

（2）α-螺旋每圈包含3.6个氨基酸残基，螺距为0.54 nm，即螺旋每上升一圈相当于向上平移0.54 nm。相邻两个氨基酸残基之间的轴心距为0.15 nm，每个残基绕轴旋转100°（图4-18(b)）。

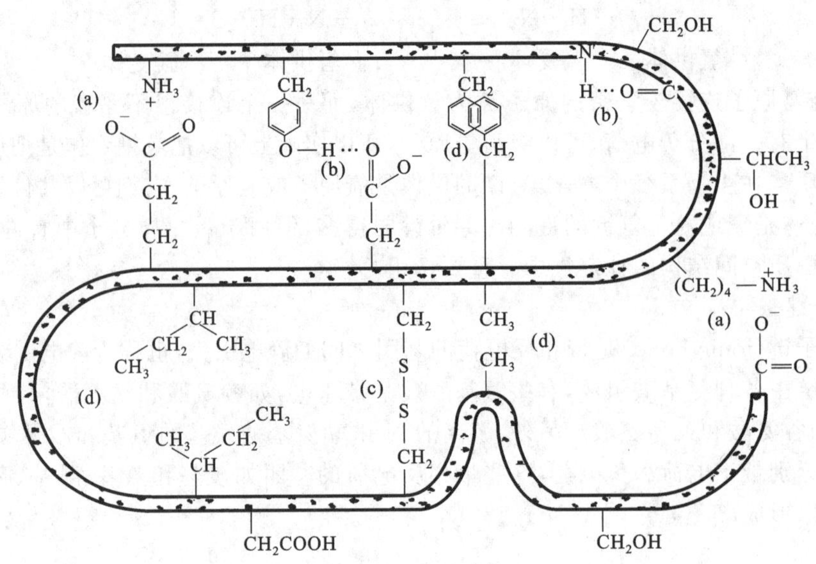

图 4-17　维持蛋白质构象的作用力

(a) 离子键;(b) 氢键;(c) 二硫键;(d) 疏水作用力

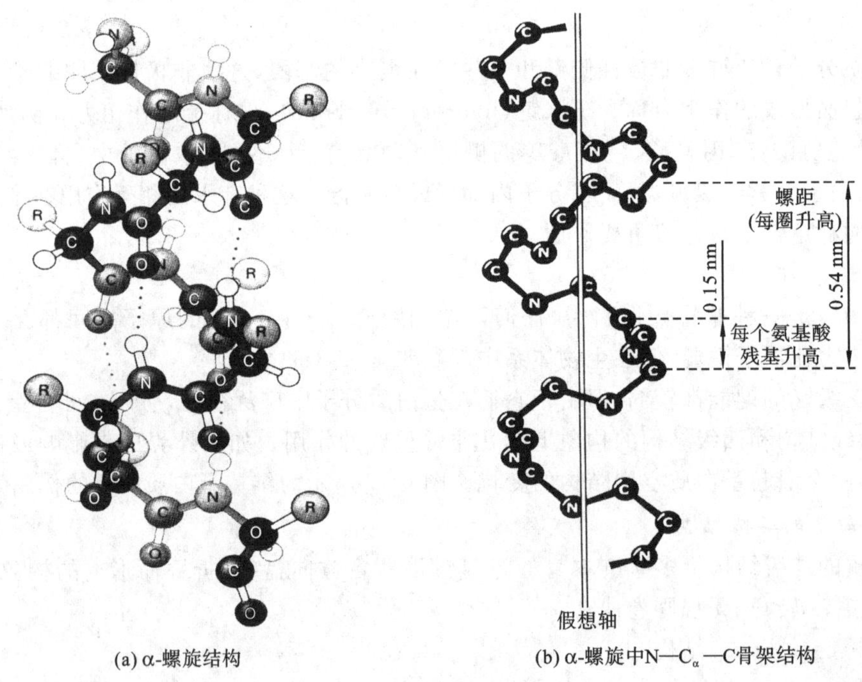

图 4-18　右手 α-螺旋

(3) α-螺旋结构的稳定主要靠链内的氢键维持。螺旋中每个氨基酸残基的羰基氧与它后面第 4 个氨基酸残基的 α-氨基氮上的氢之间形成氢键,所有氢键与长轴几乎平行。螺旋内的一个氢键对结构的稳定性的作用并不大,但 α-螺旋内的许多氢键的总体效应却能稳定螺旋的构象。实际上,α-螺旋结构是最稳定的二级结构。

(4) α-螺旋有左手螺旋和右手螺旋,但所有研究过的天然蛋白质的 α-螺旋都是右手螺旋。

蛋白质多肽链是否能形成 α-螺旋体以及螺旋体的稳定程度如何,与它的氨基酸组成种类和排列顺序有很大关系，氨基酸R基的电荷性质，R基的大小都会影响螺旋的形成。有些氨基酸经常存在于α-螺旋结构中，例如丙氨酸带有小的、不带电荷的侧链，很适合填充在α-螺旋构象中，而有些氨基酸则不会出现在α-螺旋中，如当多肽链中有脯氨酸时α-螺旋就被中断，这是因为脯氨酸的α-亚氨基上氢原子参与肽键形成后就再没有多余的氢原子形成氢键，所以脯氨酸不能存在于α-螺旋结构内部。又如多聚异亮氨酸的R侧链体积大，造成空间阻碍，所以不能形成α-螺旋体。另外，多聚精氨酸由于带正电荷，所以互相排斥，也不能形成α-螺旋体。同样，谷氨酸和天冬氨酸的侧链有游离的羧基，带负电荷，由于负电荷之间的斥力，使这个区域的α-螺旋不稳定，而只在酸性溶液中羧基的解离度减小时才能形成稳定的α-螺旋结构。

由于各种蛋白质的一级结构不同，所以蛋白质分子中α-螺旋结构的比例也很不相同。肌红蛋白和血红蛋白主要由α-螺旋结构组成，γ-球蛋白和肌动蛋白几乎不含α-螺旋结构。有些蛋白，如毛发、皮肤、指甲中的α-角蛋白几乎全是α-螺旋结构组成的纤维蛋白，而且α-螺旋还以三股或七股并列拧成螺旋束，彼此间靠二硫键交联在一起，形成了强度大的长纤维状蛋白质。

胶原蛋白(collagen)中的螺旋结构不同于一般的α-螺旋，而且胶原蛋白中的多肽链是通过共价键结合在一起的，所以胶原蛋白很稳定。胶原蛋白是脊椎动物结缔组织中主要的蛋白质成分，占脊椎动物体蛋白质总量的25%～35%。

天然的胶原蛋白是一个由3条具有左手螺旋的链相互缠绕形成右手超螺旋的分子，见图4-19。胶原蛋白的超螺旋结构是靠链间氢键以及螺旋和超螺旋的反向盘绕维持稳定性的。一个典型的胶原蛋白分子长300 nm，直径为1.5 nm。在每一条左手螺旋的胶原蛋白链内，每一圈螺旋包含3个氨基酸残基，螺距为0.94 nm，即每一个氨基酸残基轴向距离为0.31 nm。胶原蛋白中含有在其他蛋白质中很少出现的羟脯氨酸(hydroxyproline，Hyp)，序列-Gly-Pro-Hyp-常出现在胶原蛋白分子中。

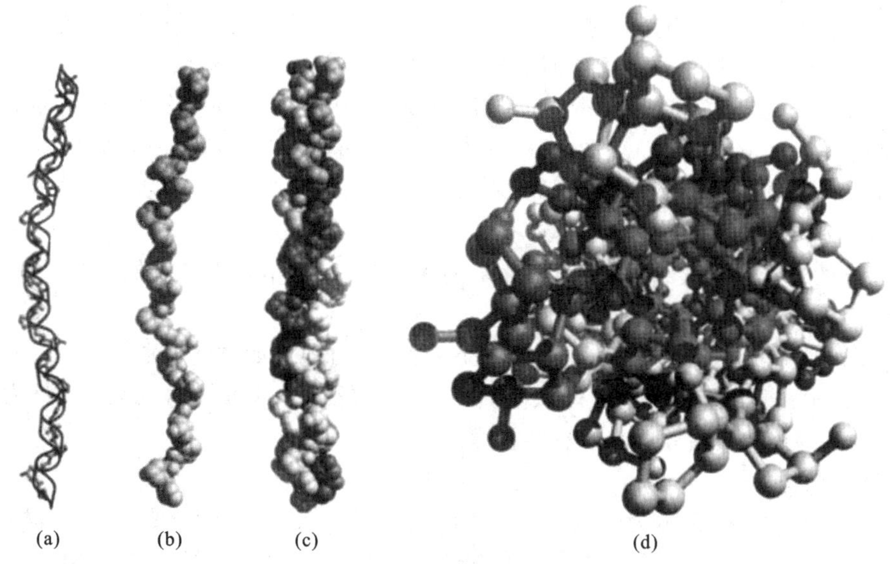

图4-19 胶原蛋白的结构

2) β-折叠结构

β-折叠结构(β-sheet)又称为β-折叠片层(β-plated sheet)结构。这是Pauling和Corey继发现α-螺旋结构后在同年发现的另一种蛋白质二级结构。β-折叠结构是由两段以上的折叠成锯齿状的肽链通过链间氢键相连而成的平行片层状的结构，多肽链呈扇面状折叠，见图4-20。

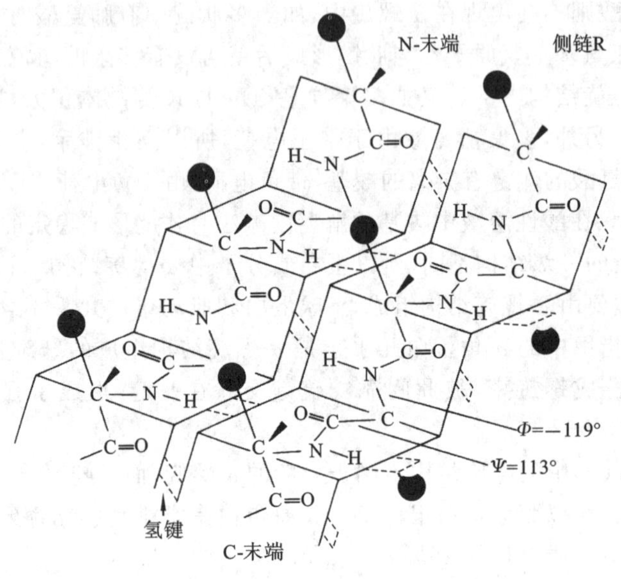

图 4-20　β-折叠结构

β-折叠结构的形成一般需要两条或两条以上的肽段共同参与，即两条或多条几乎完全伸展的多肽链侧向聚集在一起，相邻肽链主链上的氨基和羰基之间形成有规则的氢键，以维持结构稳定。β-折叠结构的特点如下。

(1) 在β-折叠结构中，多肽链几乎完全伸展。侧链R交替地分布在片层的上方和下方，以避免相邻侧链R之间的空间阻碍。

(2) 在β-折叠结构中，相邻肽链主链上的C=O与N—H之间形成氢键，氢键与肽链的长轴近于垂直。所有的肽键都参与了链间氢键的形成，因此维持了结构稳定。

(3) 相邻肽链的走向可以是平行和反平行两种。在平行的β-折叠结构中，相邻肽链的走向相同，氢键不平行(图4-21(a))。在反平行的β-折叠结构中，相邻肽链的走向相反，但氢键近于平行(图4-21(b))。即前者两条链从N-末端到C-末端是同方向的，后者是反方向的。从能量角度考虑，反平行式更为稳定。

(4) 平行的β-折叠片层结构中，两个残基的间距为0.65 nm；反平行的β-折叠片层结构，则间距为0.7 nm。

β-折叠结构也是蛋白质构象中经常出现的一种结构方式。如蚕丝丝心蛋白几乎全部由堆积起来的反平行β-折叠结构组成。球状蛋白质中也广泛存在这种结构，如溶菌酶、核糖核酸酶、木瓜蛋白酶等球状蛋白质中都含有β-折叠结构。

3) β-转角结构

β-转角结构(β-turn)又称为β-弯曲(β-bend)、β-回折(β-reverse turn)、发夹结构(hairpin structure)或U形转折等。蛋白质分子多肽链在形成空间构象的时候，经常会出现180°的回折(转折)，回折处的结构就称为β-转角结构，一般由四个连续的氨基酸组成。在构成这种结构的四个氨基酸中，第一个氨基酸的羧基和第四个氨基酸的氨基之间形成氢键，见图4-22。甘氨酸和脯氨酸容易出现在这种结构中。在某些蛋白质中也有三个连续氨基酸形成的β-转角结构，是由第一个氨基酸的羰基氧和第三个氨基酸的亚氨基氢之间的氢键形成的。

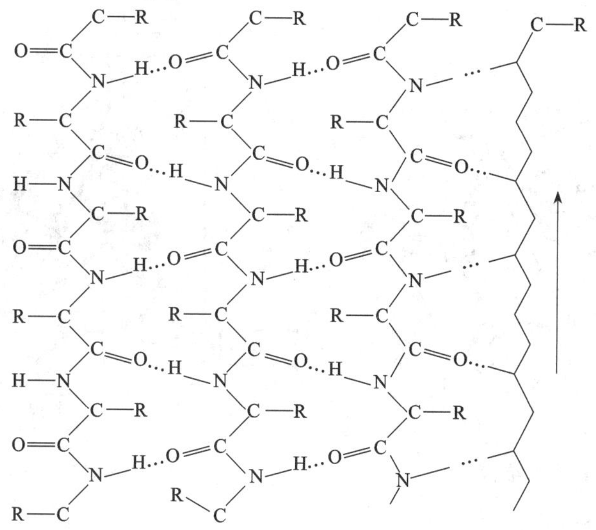

(a) 平行的β-折叠片层

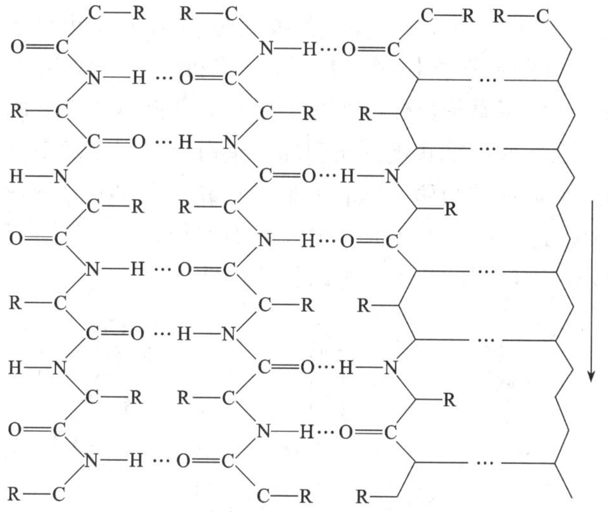

(b) 反平行的β-折叠片层

图 4-21 β-折叠结构的类型

对 580 多种蛋白质的 X 射线晶体衍射分析发现，有些蛋白质几乎全是由 α-螺旋结构组成的，有些蛋白质几乎全是由 β-折叠结构组成的，而有些蛋白质分子中 α-螺旋和 β-折叠结构都存在，在它们之间是靠 β-转角进行连接的。

4）无规则卷曲

无规则卷曲或称卷曲(coil)，泛指那些不能被归入明确的二级结构如 β-折叠或 α-螺旋的多肽区段，见图 4-23。实际上这些区段虽然也存在少数柔性的无序片段，但大多数既不是卷曲，也不是完全无规则的。它们也像其他二级结构那样是明确而稳定的结构，否则蛋白质就不可能形成三维空间上每维都具周期性结构的晶体。无规则卷曲受侧链相互作用的影响很大，经常构成酶活性部位和其他蛋白质特异的功能部位，如许多钙结合蛋白中结合钙离子的 EF 手结构(E-F hand structure)的中央环。

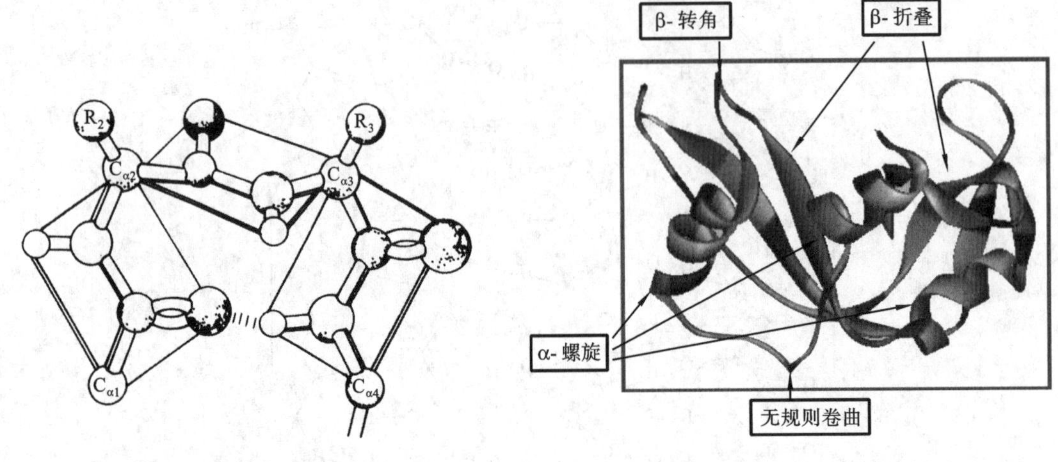

图 4-22　β-转角结构　　　　图 4-23　无规则卷曲

4. 超二级结构和结构域

1) 超二级结构

超二级结构(super-secondary structure)的概念是 1973 年由迈克尔·罗斯曼(Michael G. Rossmann)提出来的。蛋白质分子中的多肽链在三维折叠中形成有规则的二级结构聚集体，如 α-螺旋聚集体(αα 型)、β-折叠聚集体(βββ 型)以及 α-螺旋和 β-折叠的聚集体,常见的是 βαβ 型聚集体,见图 4-24。在一些纤维状蛋白质和球状蛋白质中都已发现有 α-螺旋聚集体(αα 型)的存在,在球状蛋白质中常见的是两个 βαβ 聚集体连在一起形成 βαβαβ 结构,称为 Rossmann 折叠(Rossmann fold)。这种由二级结构间组合得到的结构层次称为超二级结构。超二级结构一般以一个整体参与三维折叠,作为三级结构的构件。

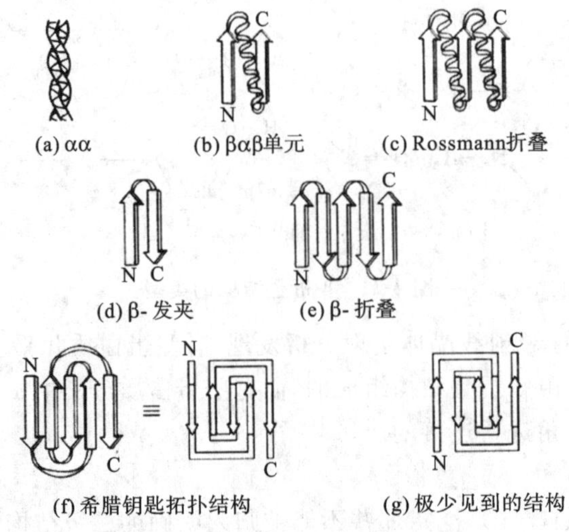

图 4-24　几种超二级结构的类型

2) 结构域(structural domain)

1973 年,韦特劳弗尔(Donald B. Wetlaufer)根据对蛋白质结构及折叠机制的研究结果提出了结构域的概念。结构域是介于二级结构和三级结构之间的另一种结构层次,是指蛋白质亚基结构中在空间上可明显区分的、相对独立的区域性结构,又称为辖区。多肽链首先形成有规则的二级结构，然后相邻的二级结构片段组装在一起形成超二级结构，在此基础上多肽链折叠成近似于球状的结构域。较大的蛋白质分子或亚基往往有两个或多个结构域；对于较小的蛋白质分子或亚基来说，结构域和它的三级结构往往是一个意思，也就是说这些蛋白质或亚基是单结构域。结构域自身是紧密装配的，但结构域与结构域之间关系松懈，常常由一段长短不等的肽链相连，形成铰链区。不同蛋白质分子中结构域的数目不同，同一蛋白质分子中的几个结构域彼此相似或很不相同。常见结构域的氨基酸残基数在100～400个之间，最小的结构域只有40～50个氨基酸残基，大的结构域可超过400个氨基酸残基。图4-25为免疫球蛋白G(IgG)轻链的两个结构域的结构。

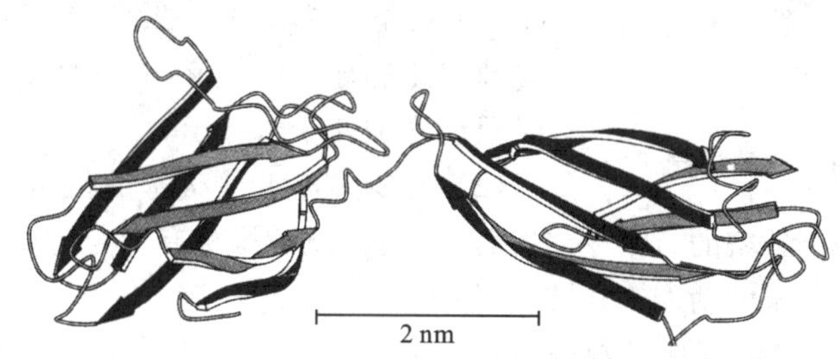

图4-25 免疫球蛋白G轻链的两个结构域

5. 蛋白质的三级结构

蛋白质的多肽链在各种二级结构的基础上进一步盘曲或折叠，形成具有一定规律的三维空间结构，称为蛋白质的三级结构(tertiary structure)。蛋白质三级结构的稳定性主要依靠次级键，包括氢键、疏水键、离子键(盐键)以及范德华力(Van der Waal's interactions)等。这些次级键可存在于一级结构序号相隔很远的氨基酸残基的R基团之间，因此蛋白质的三级结构主要指氨基酸残基的侧链间的结合。次级键都是非共价键，易受环境中pH、温度、离子强度等的影响，有变动的可能性。二硫键不属于次级键，但在某些肽链中能使远隔的两个肽段联系在一起，这对于蛋白质三级结构的稳定起着重要作用。

现也有认为蛋白质的三级结构是指蛋白质分子主链折叠、盘曲形成构象的基础上，分子中的各个侧链形成一定的构象。侧链构象主要是形成微区(或称结构域)，如对球状蛋白质来说，形成疏水区和亲水区。球状蛋白的疏水基多聚集在分子的内部，而亲水基则多分布在分子表面，因而球状蛋白质是亲水的，更重要的是，多肽链经过如此盘曲后，可形成某些发挥生物学功能的特定区域，例如酶的活性中心等。

具备三级结构的蛋白质从其外形上看，有的细长(长轴比短轴长10倍以上)，属于纤维状蛋白质(fibrous protein)，如丝心蛋白；有的长短轴相差不多，基本上呈球形，属于球状蛋白质(globular protein)，如血浆清蛋白、球蛋白、肌红蛋白。

1958年，英国著名科学家约翰·肯德鲁(John C. Kendrew)等人用X射线结构分析法首次阐明了抹香鲸肌红蛋白的三级结构。在该蛋白质中，多肽链不是简单地沿着某一个中心轴有规律地重复排列，而是沿多个方向卷曲、折叠，形成一个紧密的近似球形的结构，见图4-26。

肌红蛋白是哺乳动物肌肉中运输氧的蛋白质。它由一条多肽链构成，有153个氨基酸残基和一个血红素(heme)辅基。肽链中约有75%的氨基酸残基以α-螺旋结构存在，形成8段α-螺旋体，分别用A、B、C、D、E、F、G、H表示，每个螺旋一般由7～8个氨基酸残基组成，最长的由大约23个氨基酸残基组成，在拐弯处都有一段含1～8个氨基酸残基的松散肽链，使α-螺旋体中断。脯氨酸、异亮氨酸及多聚精氨酸等难以形成α-螺旋体的氨基酸一般都存在于拐弯

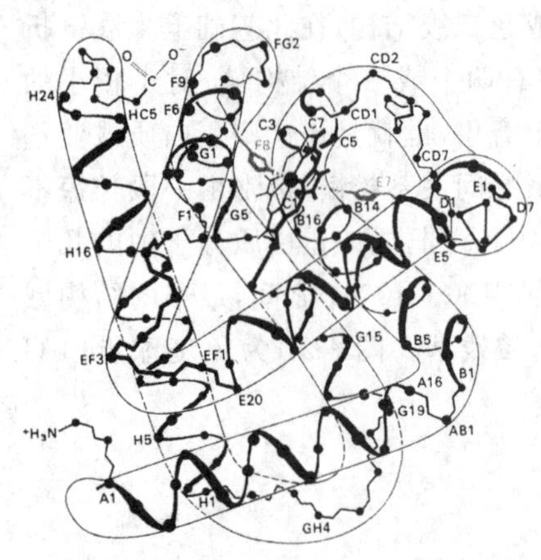
图 4-26 抹香鲸肌红蛋白的构象

处。由于侧链的相互作用,肽链盘绕成一个外圆中空的紧密结构,疏水性残基包埋在球状分子的内部,亲水性残基分布在分子的表面,使肌红蛋白具有水溶性。血红素辅基垂直地伸出分子表面,并通过肽链上的第 93 位组氨酸残基和第 64 位组氨酸残基与肌红蛋白分子内部相连。

虽然各种蛋白质都有自己特殊的折叠方式,但根据大量研究的结果发现,蛋白质的三级结构有以下共同特点。

(1) 具备三级结构的蛋白质一般都是球蛋白,都有近似球状或椭球状的外形,而且整个分子排列紧密,内部有时只能容纳几个水分子。

(2) 大多数疏水性氨基酸侧链都埋藏在分子内部,它们相互作用形成一个致密的疏水核,这对稳定蛋白质的构象有十分重要的作用,而且这些疏水区域常常是蛋白质分子的功能部位或活性中心。

(3) 大多数亲水性氨基酸侧链都分布在分子的表面,它们与水接触并强烈水化,形成亲水的分子外壳,从而使球蛋白分子可溶于水。

6. 蛋白质的四级结构

有些蛋白质分子含有多条肽链,每一条肽链都具有各自的三级结构。这些三级结构之间通过其表面的次级键连接而形成的聚合体结构就是蛋白质的四级结构(quaternary structure)。在具有四级结构的蛋白质中,每一个具有独立的三级结构的多肽链称为该蛋白质的亚单位或亚基(subunit),亚基之间连接在一起形成完整的寡聚蛋白质分子。亚基一般只由一条肽链组成,单独存在时没有活性。具有四级结构的蛋白质当缺少某一个亚基时也不具有生物活性。因此,四级结构实际上是指亚基的立体排布、相互作用及接触部位的布局。亚基之间不含共价键,亚基间次级键的结合比二、三级结构疏松,因此在一定的条件下,四级结构的蛋白质可分离为其组成的亚基,而亚基本身构象仍可不变。

有些蛋白质的四级结构是均一(homogeneous)的,即由相同的亚基组成,而有些则是不均一的,即由不同的亚基组成。亚基一般以 α、β、γ 等命名。亚基的数目一般为偶数,个别为奇数。亚基在蛋白质中的排布一般是对称的,对称性是具有四级结构的蛋白质的重要性质之一。一种蛋白质中,亚基结构可以相同,也可不同。如烟草斑纹病毒的外壳蛋白是由 2200 个相同的亚基形成的多聚体;正常人血红蛋白 A 是两个 α 亚基与两个 β 亚基形成的四聚体;天冬氨酸氨甲酰基转移酶由 6 个调节亚基与 6 个催化亚基组成。有人将具有全套不同亚基的最小单位称为原聚体(protomer),如一个催化亚基与一个调节亚基结合成天冬氨酸氨甲酰基转移酶的原聚体。

蛋白质聚合体可按其中所含单体的数量不同分为二聚体、三聚体、寡聚体(oligomer)和多聚体(polymer)。由两个亚基组成的蛋白质一般称为二聚体蛋白质,由四个亚基组成的蛋白质一般称为四聚体,由多个亚基组成的蛋白质一般称为寡聚体蛋白质或多聚体蛋白质,如胰岛素(insulin)在体内可形成二聚体及六聚体。并不是所有的蛋白质都具有四级结构,有些蛋白质只有一条多肽链,如肌红蛋白,这种蛋白质称为单体蛋白。蛋白质维持四级结构的作用力与维持三级结构的力的类型相同。

血红蛋白(hemoglobin)就是由 4 条肽链组成的具有四级结构的蛋白质分子。血红蛋白的功能是在血液中运输 O_2 和 CO_2，分子量为 65000，由 2 条 α 链（含 141 个氨基酸残基）和 2 条 β 链（含 146 个氨基酸残基）组成，见图 4-27。

在血红蛋白的四聚体中，每个亚基含有一个血红素辅基。α 链和 β 链在一级结构上的差别较大，但它们的三级结构却都与肌红蛋白相似，形成近似于球状的亚基，每条肽链都含有约 70% 的 α-螺旋结构部分，并且每个亚基中都含有 8 个肽段的 α-螺旋体，都有长短不一的非螺旋松散链，肽链拐弯的角度和方向也与肌红蛋白相似。血红蛋白每个亚基都与一个血红素辅基结合。血红素是一个取代的卟啉，在其中央有一个铁原子，铁原子可以处在亚铁（Fe^{2+}）或高铁（Fe^{3+}）状态中，只有亚铁形式才能结合 O_2。血红蛋白的亚基和肌红蛋白在结构上相似，这与它们在功能上的相似性是一致的。

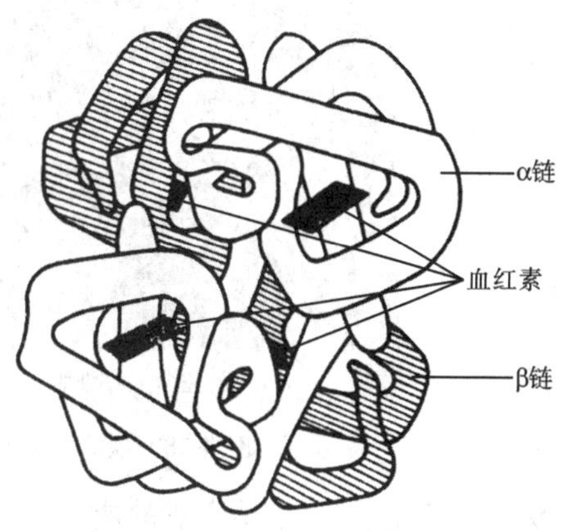

图 4-27 血红蛋白四级结构示意图

四级结构对于生物功能是非常重要的。对于具有四级结构的寡聚蛋白质来说，当某些变性因素（如酸、热或高浓度的尿素、胍）作用时，其构象就发生变化。首先是亚基彼此解离，即四级结构遭到破坏，随后分开的各个亚基伸展成松散的肽链。如果条件温和，处理得非常小心时，寡聚蛋白质的几个亚基彼此解离开来，而不会破坏其正常的三级结构，恢复原来的条件，分开的亚基又可以重新结合并恢复活性，但如果处理条件剧烈，则分开后的亚基完全伸展成松散的多肽链，这种情况下要恢复原来的结构和活性就比只具三级结构的蛋白质要困难得多。

4.4 蛋白质结构与功能的关系

蛋白质的种类很多，不同的蛋白质都有不同的生物学功能，而实现其生物学功能的基础就是蛋白质分子所具有的结构，包括一级结构和空间结构，主要取决于一级结构。因此，从分子水平研究蛋白质结构与功能的关系可以阐明生命现象的本质。

4.4.1 蛋白质一级结构与功能的关系

蛋白质的一级结构与其生物学功能的密切关系可从以下几方面进行说明。

1. 分子病与结构的关系

蛋白质的一级结构与功能的关系可以用分子病来说明。分子病（molecular disease）是指蛋白质一级结构的氨基酸排列顺序与正常顺序有所不同的遗传病，例如镰刀型贫血病。1904 年，芝加哥的詹姆士·赫里克（James B. Herrick）发现在一个贫血病患者的正常细胞中存在着许多异常的镰刀形细胞，见图 4-28，赫里克将这种血液病称为镰刀型贫血病。镰刀形细胞不能像正常细胞那样通过毛细血管，因此血液循环被破坏，还可能发生严重的组织损伤，再者，镰刀形细胞易破裂，导致红细胞减少。

镰刀型贫血病是血红蛋白内氨基酸替换的结果，病人的血红蛋白分子与正常人的血红蛋白分子相比，在 574 个氨基酸中有 2 个不同。正常人血红蛋白的 β 链 N-末端第 6 位氨基酸为谷氨酸，而病人血红蛋白的 β 链 N-末端第 6 位氨基酸为缬氨酸。这一变化导致血红蛋白分子表面的负电荷减少，亲水基团成为疏水基团，血红蛋白分子不正常聚合，溶解度降低，在细胞内

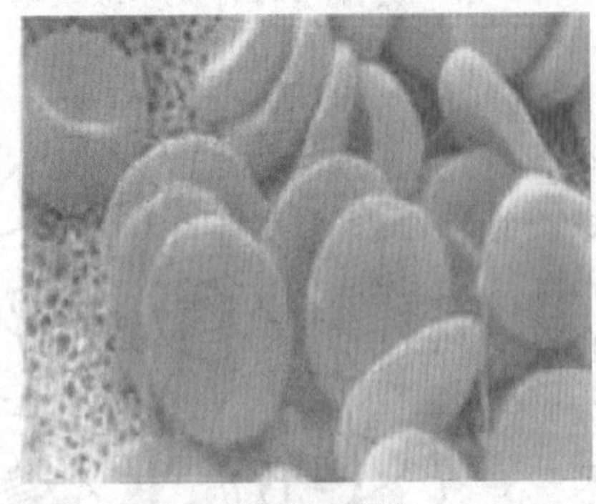

(a) 正常人红细胞

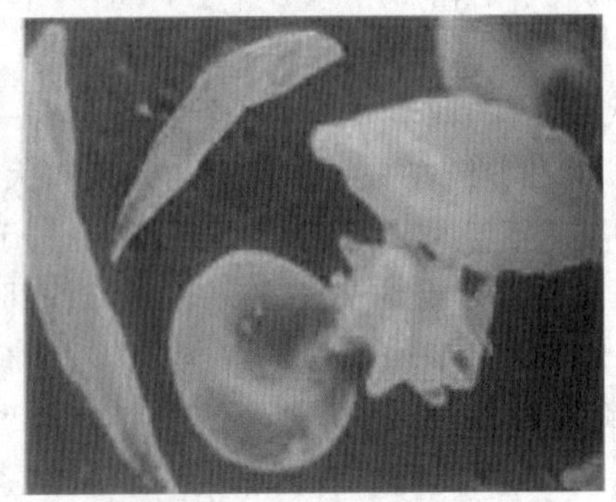
(b) 镰刀型贫血病人红细胞

图 4-28　病人的血红蛋白分子与正常人的血红蛋白分子比较

易聚集沉淀,丧失了结合氧的能力,红细胞收缩成镰刀状,细胞脆弱而发生溶血。这个例子说明,蛋白质的一级结构是蛋白质行使功能的基础,甚至只要有一个氨基酸发生变化就能引起蛋白质功能的改变或丧失。

2. 同功能蛋白质中氨基酸顺序的种属差异

不同生物体中的同一种蛋白质在一级结构上有些变化,这就是所谓的种属差异。有些蛋白质存在于不同的生物体中,但具有相同的生物学功能,这些蛋白质被称为同功能蛋白质或同源蛋白质。将不同生物体中的同源蛋白质的一级结构进行比较,发现它们在结构上有相似性,例如细胞色素 c 就是一例。

细胞色素 c 广泛存在于需氧生物细胞的线粒体中,是一种与血红素辅基共价结合的单链蛋白质,它在生物氧化反应中起重要作用。对各种生物中细胞色素 c 的一级结构分析结果表明,虽然各种生物在亲缘关系上差别很大,但与功能密切相关的氨基酸顺序却有共同之处。例如 104 个氨基酸中有 35 个氨基酸是各种生物所共有的,是不变的,其中第 14 和第 17 位是半胱氨酸,第 18 位是组氨酸,第 80 位是甲硫氨酸,第 48 位是酪氨酸,第 59 位是色氨酸,这些氨基酸的位置都没有变化。研究证明,这几个氨基酸都是保证细胞色素 c 行使正常功能的关键部位,如肽链上第 14 和第 17 位上的两个半胱氨酸是与血红素共价连接的位置。另外,研究结果还表明,亲缘关系越近,结构越相似。例如人和黑猩猩的细胞色素 c 的氨基酸残基种类、排列顺序和三级结构大体上都相同,而人与马相比有 12 处不同,与鸡相比有 13 处不同,与昆虫相比有 27 处不同,与酵母相差最大,相比有 44 处不同。因此,可以根据细胞色素 c 一级结构上的差异程度断定物种在亲缘关系上的远近,从而为生物进化的研究提供有价值的根据,绘制出进化树,见图 4-29。表 4-9 为不同生物与人的细胞色素 c 相比较的氨基酸残基差异数目。

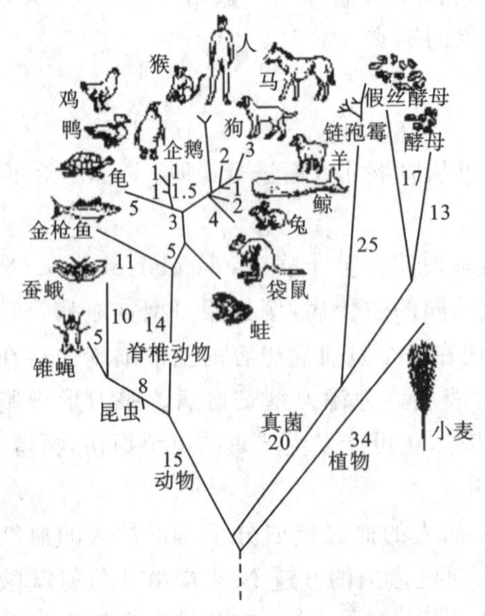

图 4-29　基于细胞色素 c 一级结构构建的进化树

表 4-9　不同生物与人的细胞色素 c 所差的氨基酸残基数目

生物名称	氨基酸相差数目	生物名称	氨基酸相差数目
黑猩猩	0	响尾蛇	14
恒河猴	1	乌龟	15
兔	9	金枪鱼	21
袋鼠	10	狗鱼	23
牛、羊、猪	10	果蝇	25
狗	11	蚕蛾	31
骡	11	小麦	35
马	12	粗糙链孢霉	43
鸡、火鸡	13	酵母菌	44

3. *一级结构的局部断裂与蛋白质的激活*

生物体中的很多酶、激素、凝血因子等蛋白质都具有重要的功能，但它们在体内往往以无活性的前体(precursor)形式储存着。酶的无活性的前体称为酶原(zymogen)，酶原在体内被切去一个或几个氨基酸后才能被激活成有催化活性的酶，例如胰岛素的加工过程。胰岛素含有 51 个氨基酸残基，由 A、B 两条链组成。但胰岛 β 细胞最初合成的是一个比胰岛素分子大一倍多的单链多肽，称为前胰岛素原，它是胰岛素原的前体，而胰岛素原是有活性的胰岛素的前体。前胰岛素原比胰岛素原在 N-末端上多一段肽链，称为信号肽，含有 20 个左右氨基酸残基，其中很多是疏水性氨基酸残基。信号肽的主要作用是引导新生的多肽链进入内质网腔，进入内质网腔后信号肽立即被信号肽酶切去形成胰岛素原。胰岛素原被运输到高尔基体内，并在那里被特异的酶切除一段 C 肽，不同的生物被切除 C 肽的氨基酸数目和顺序不同，之后胰岛素原转变为由两条肽链形成的有活性的胰岛素，见图 4-30。

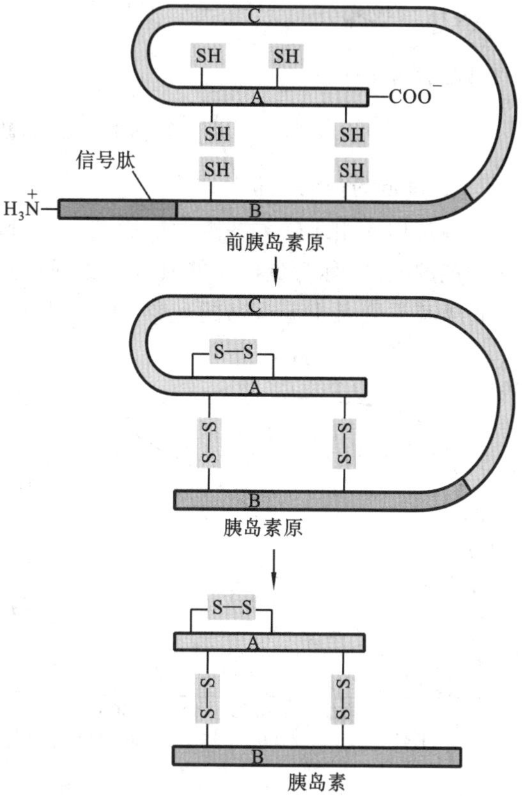

图 4-30　由前胰岛素原形成活性胰岛素的示意图

以上例子说明，每种蛋白质分子都具有特定的结构，并且以之行使其特定的功能。当一级结构改变时则丧失其功能，说明蛋白质的一级结构与其生物学功能之间有高度的统一性和相适应性。

4.4.2　蛋白质空间结构与功能的关系

各种蛋白质都有特定的构象，而这种构象是与它们各自的功能相适应的。蛋白质的空间结构对于表现其生物功能也是十分重要的,当蛋白质空间结构遭到破坏时,它的生物学功能也随之丧失。以下几例可充分说明蛋白质的空间结构对其功能的重要性。

1. 核糖核酸酶的变性与复性

核糖核酸酶(ribonuclease,RNase)的功能是水解 RNA,其分子中含有 124 个氨基酸残基,一条肽链经不规则折叠形成一个近似于球形的分子。维持核糖核酸酶构象稳定的因素除了次级键外还有 4 对二硫键。如果向天然的核糖核酸酶溶液中加入 8 mol/L 的尿素并用巯基乙醇处理,则分子中的 4 对二硫键被破坏,球状分子变成一条松散的多肽链,酶活性完全丧失。用透析法除去脲(变性剂)和巯基乙醇后,此酶经氧化又可自发地折叠成原来的天然构象,因为二硫键又重新形成,酶活性恢复,见图 4-31。此实验说明蛋白质的变性是可逆的,同时也说明,蛋白质分子多肽链的氨基酸排列顺序包含了自动形成正确的空间构象所需要的全部信息,蛋白质的特定的空间结构是其特有的生物功能的基础。

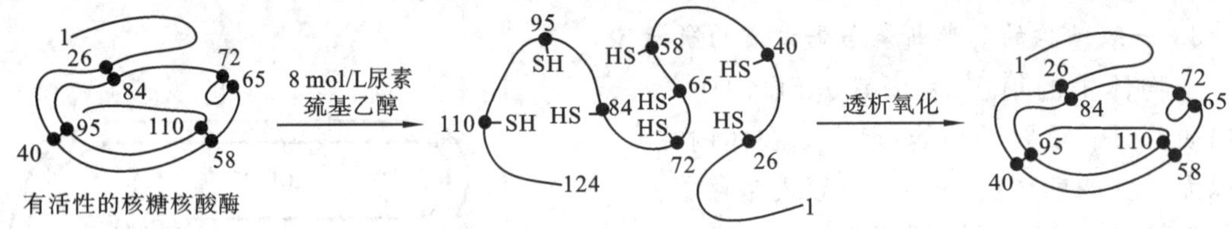

图 4-31 核糖核酸酶的变性与复性

2. 蛋白质的别构现象

一些蛋白质由于受某些因素的影响,其一级结构不变,但空间结构发生了变化,导致其生物学功能的改变,称为蛋白质的别构现象或变构现象。别构现象是蛋白质表现其生物学功能的一种极其重要且十分普遍的现象,也是调节蛋白质生物学功能极为有效的方式。

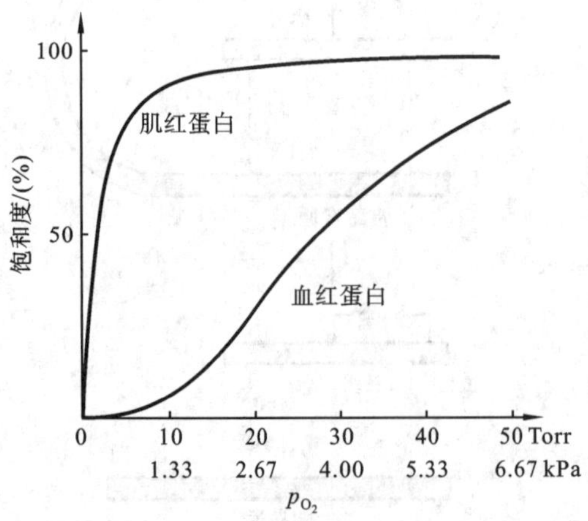

图 4-32 血红蛋白和肌红蛋白的氧合曲线

血红蛋白的主要功能是在体内运输氧。血红蛋白未与氧结合时处于紧密型,是一个稳定的四聚体($\alpha_2\beta_2$),这时与氧的亲和力很低,但一旦 O_2 与血红蛋白分子中的一个亚基结合,就会引起该亚基构象发生变化,并且会引起其余三个亚基构象相继发生连锁变化,结果导致整个血红蛋白分子构象发生改变,致使所有亚基的血红素铁原子的位置都变得适于与 O_2 结合,使得血红蛋白与氧结合的速度大大加快。血红蛋白的 α 链和 β 链与肌红蛋白的构象十分相似,使它们都具有基本的氧合功能。但由于血红蛋白是一个四聚体,其分子结构要比肌红蛋白复杂得多,因此除了运输氧以外还有肌红蛋白所没有的功能,如运输质子和二氧化碳。血红蛋白与氧的结合还表现出协同性,这一点可以从血红蛋白的氧合曲线看出。在溶液中,血红蛋白分子上已结合氧的位置数与可能结合氧的位置数之比称为饱和度。以饱和度为纵坐标,氧分压(1 Torr=133.322 Pa)为横坐标作图可得到氧合曲线。血红蛋白的氧合曲线为 S 形,而肌红蛋白的氧合曲线则为双曲线,见图 4-32。S 形曲线说明血红蛋白与氧的结合具有协同性,而肌红蛋白则没有。如果将血红蛋白中的 α-亚基和 β-亚基分离,得到单独的 α-亚基或 β-亚基,则它们的氧合曲线也和肌红蛋白的一样，都是双曲线，没有别构性质。可见，血红蛋白的别构性质来自它的亚基之间的相互作用。这些都说明蛋白质的空间结构与其功能具有相互适应性和高度的统一性，结构是功能的基础。

4.5　蛋白质的理化性质

4.5.1　蛋白质的两性性质和等电点

蛋白质是由氨基酸组成的，在其分子表面带有很多可解离的基团，如羧基、氨基、酚羟基、咪唑基、胍基等。此外，在肽链两端还有游离的 α-氨基和 α-羧基，因此蛋白质是两性电解质，可以与酸或碱相互作用。溶液中蛋白质的带电状况与其所处环境的 pH 有关。当溶液在某一特定的 pH 条件下，蛋白质分子所带的正电荷数与负电荷数相等，即净电荷为零，蛋白质分子在电场中不移动，这时溶液的 pH 称为该蛋白质的等电点，蛋白质的溶解度最小。由于不同蛋白质的氨基酸组成不同，所以等电点也各不相同，在同一 pH 条件下所带净电荷不同。如果蛋白质中碱性氨基酸较多，则等电点偏碱；如果酸性氨基酸较多，则等电点偏酸。酸碱氨基酸比例相近的蛋白质其等电点大多为中性偏酸，在 5.0 左右。

带电质点在电场中向带相反电荷的电极移动，这种现象称为电泳(electrophoresis)。由于蛋白质在溶液中解离成带电的颗粒，所以可以在电场中移动，移动的方向和速度取决于所带净电荷的正负性和所带电荷的多少以及分子颗粒的大小和形状。由于各种蛋白质的等电点不同，所以在同一 pH 溶液中带电荷不同，在电场中移动的方向和速度也各不相同，根据此原理可利用电泳的方法分离混合的蛋白质。

4.5.2　蛋白质的胶体性质

蛋白质是生物大分子，分子量介于 10000～1000000 之间。蛋白质溶液是稳定的胶体溶液，具有胶体溶液的特征，其中电泳现象和不能通过半透膜的性质是分离纯化蛋白质的重要理论依据。蛋白质能以稳定的胶体存在的主要原因如下。

(1) 蛋白质分子大小已达到胶体质点范围(颗粒直径在 1～100 nm 之间)，具有较大表面积。

(2) 蛋白质分子表面有许多极性基团，这些基团与水有高度亲和性，很容易吸附水分子。实验证明，每 1 g 蛋白质可结合 0.3～0.5 g 的水，从而使蛋白质颗粒外面形成一层水膜，由于这层水膜的存在，使得蛋白质颗粒彼此不能靠近，增加了蛋白质溶液的稳定性，阻碍了蛋白质分子在溶液中的聚集和沉淀。

(3) 蛋白质分子在非等电点状态时带有同性电荷，即在酸性溶液中带有正电荷，在碱性溶液中带有负电荷，由于同性电荷互相排斥，所以蛋白质颗粒互相排斥不容易聚集沉淀。

蛋白质的胶体性质具有重要的生理意义。在生物体中，蛋白质与大量水结合形成各种流动性不同的胶体系统，如细胞的原生质就是一个复杂的胶体系统，生命活动的许多代谢反应在此系统中进行。

4.5.3　蛋白质的沉淀反应

如果蛋白质胶体的稳定因素被破坏，其性质就会被破坏，从而产生沉淀。蛋白质的沉淀作用是指外界条件的改变破坏了蛋白质的水化膜或中和了其分子表面的电荷，从而使蛋白质胶体溶液变得不稳定从溶液中析出,该性质可有效地用于蛋白质的分离。

1. 盐析

在蛋白质溶液中加入一定量的中性盐(如硫酸铵、硫酸钠、氯化钠等),使蛋白质溶解度降低并沉淀析出的现象称为盐析(salting out)。盐析现象是由于盐类离子与水的亲和性大,又是强电解质,可与蛋白质争夺水分子,破坏蛋白质颗粒表面的水化膜,此外,还可大量中和蛋白质颗粒上的电荷,使蛋白质成为既不含有水化膜又不带电荷的颗粒而聚集沉淀。盐析时所需的盐浓度称为盐析浓度,用饱和度(%)表示。由于不同蛋白质的分子大小及带电状况不相同,所需盐析浓度也不同,因此可以通过调节盐浓度使混合液中几种不同蛋白质分别沉淀析出,从而达到分离的目的,这种方法称为分段盐析。硫酸铵是最常用来盐析的中性盐。

另外,当在蛋白质溶液中加入的中性盐浓度较低时,蛋白质溶解度会增加,这种现象称为盐溶(salting in)。这是由于蛋白质颗粒上吸附某种无机盐离子后,使蛋白质颗粒带同种电荷而相互排斥,并且与水分子的作用加强,从而使溶解度增加。中性盐并不破坏蛋白质的分子结构和性质,因此,盐析后的蛋白质若除去或降低盐的浓度就会重新溶解。

2. 等电点沉淀

当蛋白质溶液处于等电点时,蛋白质分子主要以两性离子形式存在,净电荷为零,此时蛋白质分子失去同种电荷的排斥作用,极易聚集而发生沉淀。

3. 有机溶剂沉淀

有些与水互溶的有机溶剂如甲醇、乙醇、丙酮等可使蛋白质产生沉淀,这是由于这些有机溶剂与水的亲和力大,能夺取蛋白质表面的水化膜,从而使蛋白质的溶解度降低并产生沉淀。用有机溶剂来沉淀分离蛋白质时需在低温下进行,在较高温度下进行会破坏蛋白质的天然构象。

用以上方法分离制备得到的蛋白质一般仍保持蛋白质的天然结构,将其重新溶解于水仍然能成为稳定的胶体溶液。

4. 重金属盐

当蛋白质溶液的 pH 大于其等电点时,蛋白质带负电荷,可与重金属离子(如 Cu^{2+}、Hg^{2+}、Pb^{2+}、Ag^{+} 等)结合形成不溶性蛋白盐沉淀。

5. 生物碱试剂

生物碱(alkaloid)是植物中具有显著生理作用的一类含氮的碱性物质,能够沉淀生物碱的试剂称为生物碱试剂,如单宁酸、苦味酸(三氯乙酸)等。生物碱试剂一般都为酸性物质,而蛋白质在酸性溶液中带正电荷,因此能和生物碱试剂的酸根离子结合形成溶解度较小的盐类而析出。

4.5.4 蛋白质的变性与复性

蛋白质因受某些物理或化学因素的影响,分子的空间构象被破坏,从而导致其理化性质发生改变并失去原有的生物学活性的现象称为蛋白质的变性作用(denaturation)。变性作用并不引起蛋白质一级结构的破坏,而是造成二级结构以上的高级结构的破坏。变性后的蛋白质称为变性蛋白质。

引起蛋白质变性的因素很多,物理因素有高温、紫外线、X 射线、超声波、高压、剧烈的搅拌、振荡等。化学因素有强酸、强碱、尿素、胍盐、去污剂、重金属盐(如 Hg^{2+}、Ag^{+}、Pb^{2+} 等)、三氯乙酸、浓乙醇等。不同蛋白质对各因素的敏感程度不同。

蛋白质变性后许多性质都发生了改变，主要有以下几个方面。

1. 生物活性丧失

蛋白质的生物活性是指蛋白质所具有的酶、激素、毒素、抗原与抗体、血红蛋白的载氧能力等生物学功能。生物活性丧失是蛋白质变性的主要特征，有时蛋白质的空间结构仅发生轻微变化即可引起生物活性的丧失。

2. 某些理化性质的改变

蛋白质变性后理化性质发生改变，如溶解度降低而产生沉淀是因为有些原来在分子内部的疏水基团由于结构松散而暴露出来，分子的不对称性增加，因此黏度增加，扩散系数降低。

3. 生物化学性质的改变

蛋白质变性后，分子结构松散，不能形成结晶，易被蛋白酶水解。蛋白质的变性作用主要是由于蛋白质分子内部的结构被破坏。天然蛋白质的空间结构是通过氢键等次级键维持的，而变性后次级键被破坏，蛋白质分子就从原来有序卷曲的紧密结构变为无序松散的伸展结构（但一级结构并未改变），因此，原来处于分子内部的疏水基团大量暴露在分子表面，而亲水基团在表面的分布则相对减少，致使蛋白质颗粒不能与水相溶而失去水化膜，极易引起分子间相互碰撞而聚集沉淀。

如果变性条件剧烈持久，会造成蛋白质的变性不可逆。如果变性条件不剧烈，蛋白质分子内部结构的变化不大，变性作用可逆，此时若除去变性因素，在适当条件下变性蛋白质可恢复其天然构象和生物活性，这种现象称为蛋白质的复性（renaturation）。例如胃蛋白酶被加热至80～90 ℃时失去溶解性，也无消化蛋白质的能力，之后将温度降低到37 ℃，其溶解性和消化蛋白质的能力即得到恢复。

综合蛋白质的沉淀作用与变性作用，可以将蛋白质的沉淀反应分为两类。

(1) 可逆的沉淀反应。

此时蛋白质分子的结构尚未发生显著变化，除去引起沉淀的因素后，蛋白质的沉淀仍能溶解于原来的溶剂中，并保持其天然性质而不变性。提纯蛋白质时，常利用此类反应，如大多数蛋白质的盐析作用或在低温下用乙醇（或丙酮）短时间作用于蛋白质。

(2) 不可逆的沉淀反应。

此时蛋白质分子内部结构发生重大改变，蛋白质常变性而沉淀，不再溶于原来的溶剂中。加热引起蛋白质的沉淀与凝固，蛋白质与重金属离子或某些有机酸的反应都属于此类。

蛋白质变性后，有时由于维持胶体溶液稳定的条件仍然存在（如电荷），并不析出，因此变性蛋白质并不一定都表现为沉淀，而沉淀的蛋白质也未必都已变性。

4.5.5 蛋白质的渗透压与透析

由于蛋白质的分子量很大，蛋白质溶液的物质的量浓度一般很小，所以蛋白质溶液的渗透压很低。将混有无机盐、氨基酸、单糖、短肽、表面活性剂等小分子化合物的蛋白质溶液盛入半透膜内放入透析液（常为蒸馏水或缓冲液）中，蛋白质分子因其体积大不能透过半透膜，而其他小分子化合物则能通过半透膜进入透析液中，从而使蛋白质与小分子化合物分离开来，这一过程叫做透析（dialysis）。常用的半透膜有玻璃纸和高分子合成材料。透析是蛋白质分离纯化中常用的简便方法（图4-33）。

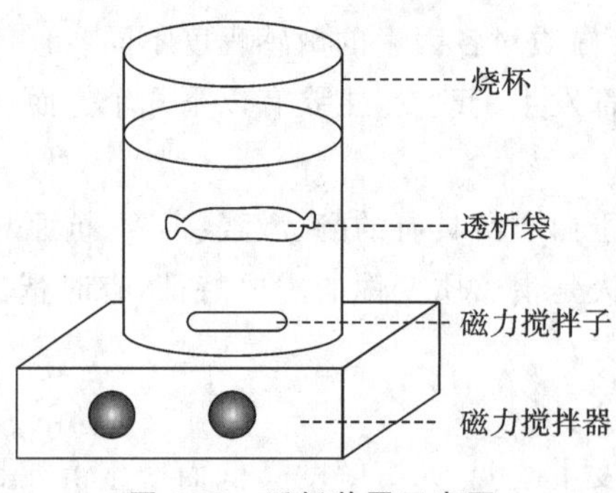

图 4-33　透析装置示意图

4.5.6　蛋白质的呈色反应

蛋白质分子中的肽键、苯环、酚以及部分氨基酸可与某些试剂产生颜色反应,可用于蛋白质的定性和定量。

1. 双缩脲反应

双缩脲是由两分子尿素缩合而成的化合物。将尿素加热到 180 ℃,2 分子尿素缩合成 1 分子双缩脲并放出 1 分子氨:

$$\begin{matrix} NH_2-\underset{\|}{C}(=O)-NH_2 \\ NH_2-C(=O)-NH_2 \end{matrix} \xrightarrow{180\ ℃} NH_2-C(=O)-NH-C(=O)-NH_2$$

尿素　　　　双缩脲

双缩脲在碱性溶液中能与硫酸铜反应产生红紫色配合物,此反应称双缩脲反应(biuret reaction)。蛋白质分子中的肽键结构与双缩脲相似,也能发生双缩脲反应,所以可用此反应来定性定量地测定蛋白质。凡含有两个或两个以上肽键结构的化合物都可发生双缩脲反应。

2. 蛋白质黄色反应

蛋白质溶液遇硝酸后先产生白色沉淀,加热后白色沉淀变成黄色,再加碱,则颜色加深呈橙黄色。这是因为硝酸将蛋白质分子中的苯环硝化,产生了黄色硝基苯衍生物,所以凡含有苯丙氨酸、酪氨酸、色氨酸的蛋白质均有此反应。

3. 米隆反应

米隆试剂为硝酸汞、亚硝酸汞、硝酸和亚硝酸的混合物。将此试剂加入蛋白质溶液后即产生白色沉淀,加热后沉淀变成红色。反应原理是由于存在酚结构,而酪氨酸含有酚基,所以酪氨酸及含有酪氨酸的蛋白质都有此反应。

4. 茚三酮反应

蛋白质与茚三酮共热,产生蓝紫色缩合物。此反应为蛋白质及 α-氨基酸所共有。其他含有 α-氨基的物质亦能发生此反应。

5. 乙醛酸反应

在蛋白质溶液中加入乙醛酸,后沿管壁慢慢注入浓硫酸,两液层之间会出现紫色环。凡含有吲哚基的化合物都能发生这一反应，因此色氨酸及含有色氨酸的蛋白质有此反应，不含色氨酸的明胶就无此反应。

6. 坂口反应

精氨酸分子中含有胍基，能与次氯酸钠(或次溴酸钠)及α-萘酚在氢氧化钠溶液中反应产生红色产物。此反应可以用来鉴定含有精氨酸的蛋白质，也可用来定量测定精氨酸含量。

4.6　蛋白质的分离纯化

大多数蛋白质在组织细胞中都和核酸等生物分子结合在一起，而且不同类型的细胞都含有成千上万种不同的蛋白质，许多蛋白质在结构、性质上有许多相似之处，所以蛋白质的分离纯化是一项复杂的工作。到目前为止，还没有一套现成的方法能把任何一种蛋白质从复杂的混合物中提取出来。但是对于某种蛋白质都有可能选择一种较合适的分离纯化程序以获得高纯度的制品。且分离的关键步骤、基本手段还是共同的。

4.6.1　蛋白质分离纯化的一般原则

蛋白质纯化要求在提高产品纯度的同时又要保持和提高产品的生物活性。因此，要分离纯化某一种蛋白质，首先应选择一种含目的蛋白质较丰富的材料，其次，应避免蛋白质变性，以制备有活性的蛋白质，同时也应避免过酸、过碱的条件以及剧烈的搅拌和振荡，另外，还要除去变性的蛋白质和其他杂蛋白。

4.6.2　分离纯化蛋白质的一般程序

分离纯化蛋白质的一般程序可分为以下几个步骤。

1. 材料的预处理及细胞破碎

分离提纯某一种蛋白质时，首先要把蛋白质从组织或细胞中释放出来，且要保持蛋白质的天然状态和活性，所以要采用适当的方法将组织和细胞破碎。常用的破碎组织细胞的方法如下。

1）机械破碎法

这种方法是利用机械力的剪切作用，使细胞破碎。常用设备有高速组织捣碎机、匀浆器、研钵等。

2）渗透破碎法

这种方法是在低渗条件下使细胞溶胀而破碎。

3）反复冻融法

生物组织经冻结后，细胞内液结冰膨胀而使细胞胀破。这种方法简单方便，但对温度变化敏感的蛋白质不宜采用此法。

4）超声波法

使用超声波振荡器使细胞膜上所受张力不均而使细胞破碎。

5）酶法

如用溶菌酶破坏微生物细胞等。

2. 蛋白质的抽提

通常选择适当的缓冲溶液把蛋白质提取出来。抽提所用缓冲溶液的pH、离子强度、组成成分等条件的选择应根据欲制备的蛋白质的性质而定，如膜蛋白的抽提，抽提缓冲溶液中一般要加入表面活性剂(如十二烷基磺酸钠、Triton X-100 等),使膜结构破坏,利于蛋白质与膜分离,在抽提过程中,应注意保持适宜温度和避免剧烈搅拌等,以防止蛋白质变性。

3. 蛋白质粗制品的获得

将目的蛋白质与其他杂蛋白分离开来,比较方便和有效的方法是根据蛋白质溶解度的差异进行分离。常用的有下列几种方法。

1) 等电点沉淀法

不同蛋白质的等电点不同,可用等电点沉淀法使它们相互分离。

2) 盐析法

不同蛋白质盐析所需要的盐饱和度不同,所以可通过调节盐浓度使目的蛋白质沉淀析出。被盐析沉淀下来的蛋白质仍保持其天然性质,并能再度溶解不变性。

3) 有机溶剂沉淀法

中性有机溶剂如乙醇、丙酮,它们的介电常数比水低,能使大多数球状蛋白质在水溶液中的溶解度降低,进而从溶液中沉淀出来,因此可用来沉淀蛋白质,此外,有机溶剂会破坏蛋白质表面的水化膜,促使蛋白质分子变得不稳定而析出。由于有机溶剂会使蛋白质变性,使用该法时,要注意在低温下操作,且选择合适的有机溶剂浓度。

4. 样品的进一步分离纯化

用等电点沉淀法、盐析法所得到的蛋白质一般含有其他蛋白质杂质,须进一步分离提纯才能得到有一定纯度的样品。常用的纯化方法有:凝胶过滤层析、离子交换纤维素层析、亲和层析等等。有时还需要这几种方法联合使用才能得到较高纯度的蛋白质样品。

1) 凝胶过滤层析

凝胶过滤层析(gel-filtration chromatography)又称为分子排阻层析或分子筛层析。它是将葡聚糖凝胶装入一个柱子中,制成凝胶柱。这种凝胶颗粒具有网状结构,不同类型凝胶的网孔大小不同。当把蛋白质混合样品加到凝胶柱中时,比凝胶网孔小的蛋白质可进入网孔内,大于网孔的分子则不能进入而被排阻在凝胶颗粒之外。当用洗脱液洗脱时,被排阻的分子量大的蛋白质直接通过凝胶之间的缝隙先被洗脱下来,而比网孔小的蛋白质可不断地进入网孔内。这样的小分子不但流经的路程长,而且受到来自凝胶内部的阻力也很大,所以蛋白质分子越小,从柱子上洗脱下来所需时间越长。由于不同蛋白质的分子大小不同,进入网孔的程度不同,因此流出的速度不同,洗脱所用体积及时间也就不同,从而达到分离的目的,见图4-34。

2) 离子交换纤维素层析

该法是利用蛋白质的酸碱性质作为分离的基础。离子交换纤维素(cellulose ion exchanger)是人工合成的纤维素衍生物,它具有松散的亲水性网状结构,有较大的表面积,使蛋白质大分子可以自由通过,因此常用于蛋白质的分离。

(1) 羧甲基纤维素(CM-纤维素)。CM-纤维素在纤维素颗粒上带有羧甲基基团。在中性 pH 条件下,羧甲基上的质子可解离下来(图 4-35),而溶液中带正电荷的蛋白质分子可与纤维素颗粒上带负电荷的羧甲基结合。由于可交换的基团带正电,因此 CM-纤维素是一种阳离子交换剂。蛋白质与离子交换纤维素之间结合能力的大小取决于彼此带相反电荷基团之间的静电吸引力。

(2) 二乙氨基乙基纤维素(DEAE-纤维素)。在中性 pH 条件下,它含有带正电荷的基团,可与溶液中的带负电荷的蛋白质结合,可交换的基团带负电荷,因此是一种阴离子交换剂。当某一蛋白质混合溶液通过装有 DEAE-纤维素的层析柱时,带正电荷的蛋白质不能结合而随着

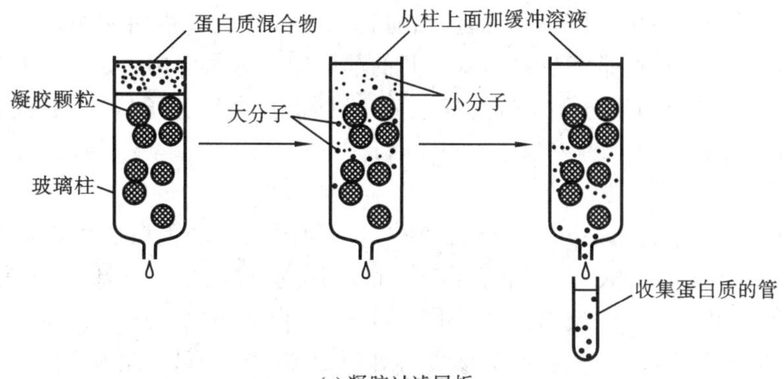

(a) 凝胶过滤层析

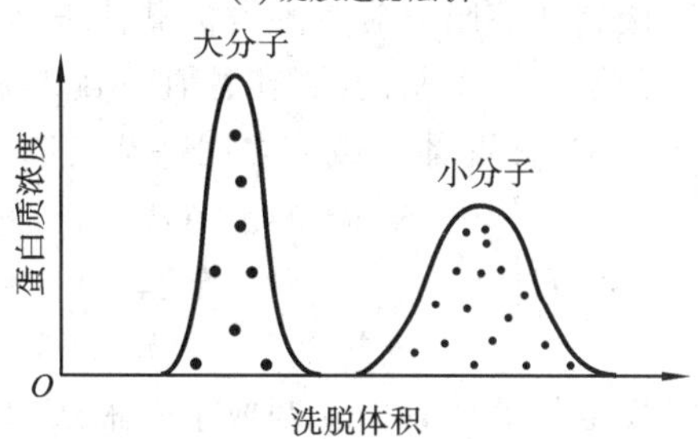

(b) 凝胶过滤层析分离图谱

图 4-34　凝胶过滤层析示意图

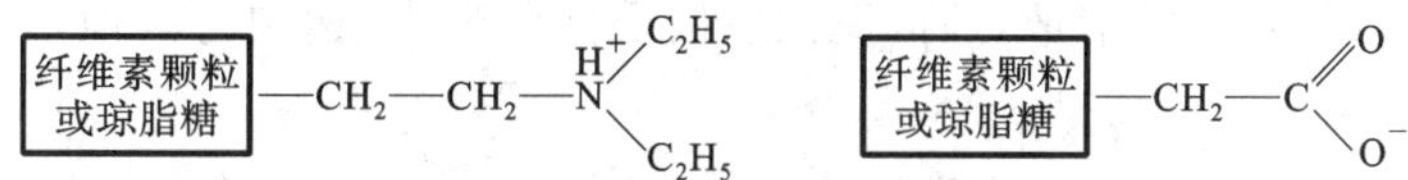

二乙氨基乙基纤维素(DEAE-纤维素)　　羧甲基纤维素(CM-纤维素)

(a) DEAE-纤维素和CM-纤维素的结构

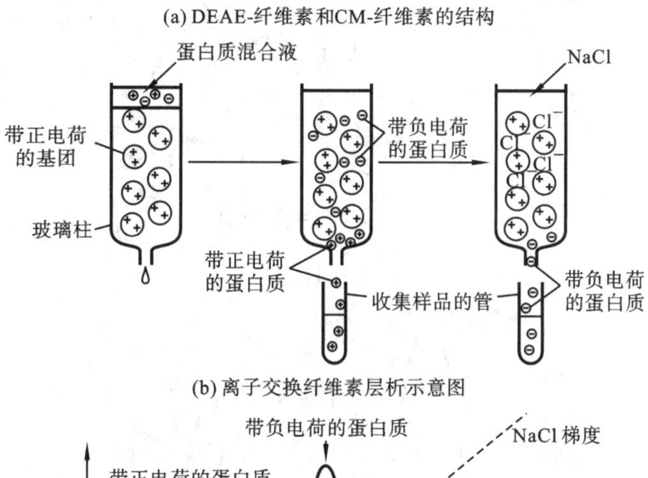

(b) 离子交换纤维素层析示意图

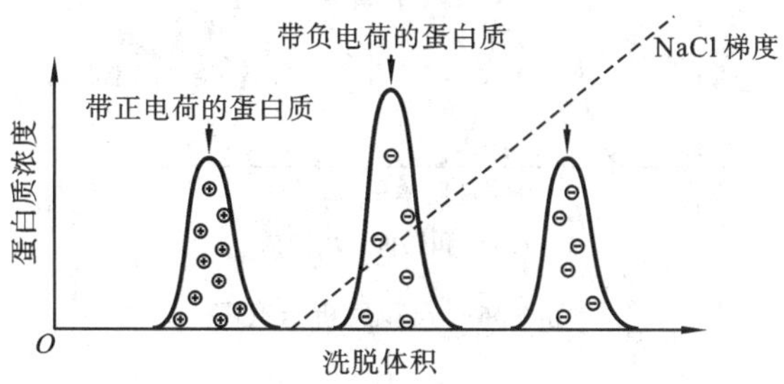

(c) 离子交换纤维素层析分离图谱

图 4-35　离子交换纤维素层析示意图

洗脱液的流动先被洗脱下来,带负电荷的蛋白质将结合到柱上。蛋白质与离子交换纤维素之间的结合力大小取决于彼此带相反电荷基团间的静电吸引力。选用一定 pH 和离子强度的缓冲溶液进行洗脱,改变蛋白质分子所带的静电荷,不同的蛋白质分子依次从层析柱流出,达到使其相互分离的目的。

3）亲和层析

亲和层析(affinity chromatography)分离技术的原理是许多蛋白质可以与特定的化学基团专一性结合。能被生物大分子如蛋白质所识别并与之结合的基团称为配基或配体(ligand)。亲和层析是一种极有效的分离纯化蛋白质的方法。以伴刀豆球蛋白 A(concanavalin A)的分离纯化为例,由于该蛋白对葡萄糖有专一性亲和吸附,因此通过适当的化学反应可把葡萄糖共价地连接到如琼脂糖凝胶一类的载体表面上。为了防止载体表面的空间位阻影响待分离的蛋白质大分子与其配基的结合,往往在配基和载体之间插入一段所谓的连接臂(或称为间隔臂,spacer arm),使配体与载体之间保持足够的距离。如下所示：

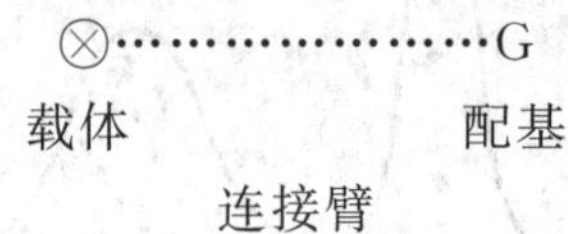

将这种多糖颗粒装入一定规格的玻璃管中就制成了一根亲和层析柱。当含有伴刀豆球蛋白的提取液加到层析柱的上部,并沿柱向下流过时,待纯化的蛋白质与其特异性配基结合而吸附到柱上,其他蛋白质因不能与葡萄糖配基结合将通过柱子而流出(图 4-36(a))。之后采用一定的洗脱条件,如浓的葡萄糖溶液,即可把该蛋白质洗脱下来,达到与其他蛋白质分离的目的(图 4-36(b))。

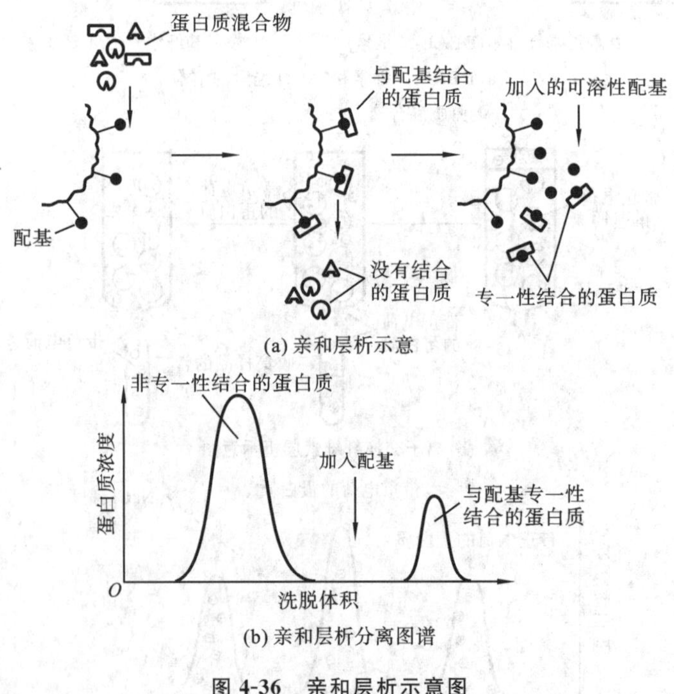

图 4-36　亲和层析示意图

4.6.3　蛋白质分子量的测定

蛋白质分子量测定的方法很多,目前常用的方法有以下几种。

1. 凝胶过滤法

凝胶过滤法测定蛋白质分子量的原理如“分离纯化方法”中所述。凝胶颗粒上具有一定大小的孔隙，只允许较小的分子进入胶粒，大于孔隙的分子由于不能进入胶粒而被排阻在胶粒外面。用洗脱液洗脱时，被排阻的分子量大的蛋白质先被洗脱下来，随后进入凝胶颗粒孔隙的蛋白质也按分子量的大小顺序先后被洗脱下来，分子量越小的越晚被洗脱下来。由于不同的葡聚糖凝胶排阻的蛋白质的分子量范围不同，在某个范围内，分子量的对数和洗脱体积之间呈线性关系。因此，用几种已知分子量的蛋白质为标准进行层析分析，以每种蛋白质的洗脱体积对它们的分子量的对数作图，绘制出标准洗脱曲线。未知蛋白质在同样的条件下进行层析分析，根据洗脱体积，从标准洗脱曲线上即可求出此蛋白质的分子量，见图 4-37。

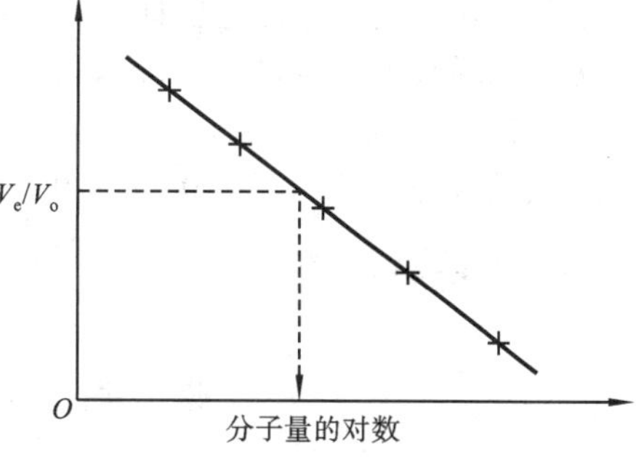

图 4-37　蛋白质的分子量与洗脱体积之间的关系

V_o—外水体积；V_e—洗脱体积

2. SDS-聚丙烯酰胺凝胶电泳法

蛋白质在普通聚丙烯酰胺凝胶中的电泳速度取决于蛋白质分子的大小、所带电荷的量以及分子形状。而 SDS-聚丙烯酰胺凝胶电泳与此不同的是在样品及电泳缓冲溶液中加入了十二烷基硫酸钠(sodium dodecyl sulfate，SDS)。SDS 是一种阴离子去污剂，可使蛋白质变性并解离成亚基。当蛋白质样品中加入 SDS(一般加入量为 0.1%)时，SDS 与蛋白质分子结合，使蛋白质分子带上大量的负电荷，这些电荷量远远超过蛋白质分子原来所带的电荷量，因此掩盖了不同蛋白质之间的电荷差异。蛋白质-SDS 复合物的形状近似于长的椭圆棒，它们的短轴是恒定的，而长轴与蛋白质分子量的大小成正比。这样，在消除了蛋白质之间原有的电荷和形状的差异后，电泳的速度只取决于蛋白质分子量。

进行凝胶电泳时，常常用一种染料作前沿物质，蛋白质分子在电泳中的移动距离和前沿物质移动的距离之比称为相对迁移率，相对迁移率和分子量的对数成直线关系。以标准蛋白质分子量的对数和其相对迁移率作图，得到标准曲线。将未知蛋白质在同样条件下电泳，根据测得的样品相对迁移率，从标准曲线上便可查出其分子量，见图 4-38。

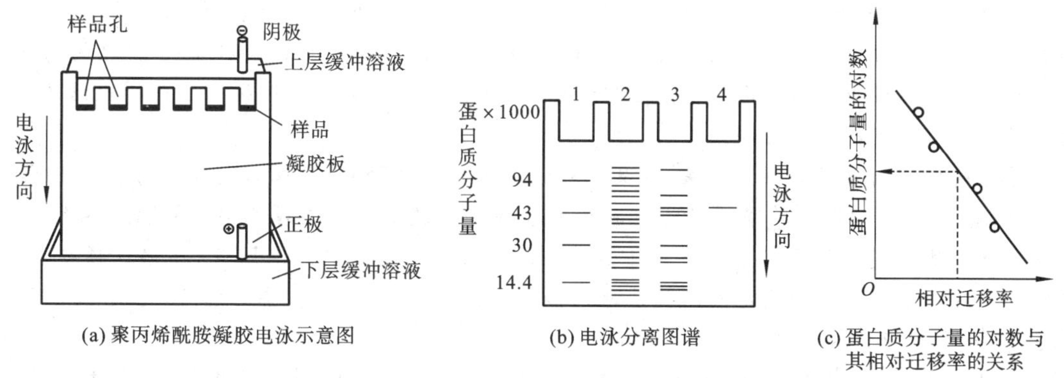

图 4-38　聚丙烯酰胺凝胶电泳法测定蛋白质分子量

3. 沉降法

沉降法又称超速离心法。蛋白质溶液在受到强大的离心力作用时，蛋白质分子趋于下沉，沉降速度与蛋白质分子的大小、密度和分子形状有关，也与溶剂的密度和黏度有关。蛋白质颗粒在离心场中的沉降速度用单位时间内颗粒下沉的距离来表示。

在离心场中,当蛋白质分子所受到的净离心力(离心力减去浮力)与溶剂的摩擦力平衡时,单位离心场强度的沉降速度称为沉降系数(sedimentation coefficient)。国际上采用 Svedberg 作为沉降系数的单位,用 S 表示,以纪念超速离心法的创始人,瑞典著名的蛋白质化学家西奥多·斯维德伯格(Theodor Svedberg)。一个 Svedberg 单位(或直接称一个 S)为 1×10^{-13} s。蛋白质的沉降系数在 $1\times10^{-13}\sim200\times10^{-13}$ s 范围内,即 1～200 S。

阅读性材料

弗雷德里克·桑格(Frederick Sanger)

弗雷德里克·桑格是英国生物化学家,曾经在 1958 年及 1980 年两度获得诺贝尔化学奖,是第四位两度获得诺贝尔奖,以及唯一获得两次化学奖的人。

Frederick Sanger

桑格于 1918 年 8 月 13 日出生于英国格洛斯特(Gloucester)郡,父亲是一位医生。从布莱恩斯滕高中(Bryanston School)毕业后,桑格进入了剑桥大学圣约翰学院(St John's College,Cambridge),并于 1939 年获自然科学硕士学位,1940—1943 年在剑桥大学学习生物化学,以研究赖氨酸的代谢的论文获博士学位,1944—1951 年任剑桥大学拜脱纪念基金会研究员,从事化学和医药学研究,1951 年起在剑桥的医学研究委员会任职,1954 年被选为英国皇家学会会员,并在剑桥大学任教,1962 年转入新成立的剑桥分子生物学实验室工作,直到退休。

20 世纪初,人们就认识到蛋白质在生命活动中的重要作用,随后了解到蛋白质是由许多氨基酸通过氨基和羧基连接起来的复杂生物大分子。在前人研究的基础上,1945 年桑格开始研究胰岛素各氨基酸的排列顺序,并于 1955 年将其序列完整地测定出来,同时证明蛋白质具有明确构造。他利用自己新发现的桑格试剂(Sanger's reagent),即 2,4-二硝基氟苯(2,4-dinitrofluorobenzene),将胰岛素降解成小片段,并与胰蛋白酶混合在一起,随后将部分水解混合物放在滤纸上,并利用色层分析方法来做进一步的实验。首先他将一种溶剂从单一方向通过滤纸,同时又让电流以相反方向通过,由于不同的蛋白质片段有不同的溶解度与电荷,因此电泳后,这些片段会停留在不同的位置,产生特定的图案,桑格将此图案称为"指纹"(fingerprints)。不同的蛋白质拥有不同的电泳图案,成为可供辨识且可重现的特征。之后桑格将小片段重新组合成氨基酸长链,进而推导出完整的胰岛素结构。因此得出结论,认为胰岛素具有特定的氨基酸序列。

桑格所发明的氨基酸测序方法,以及他对胰岛素结构的研究,为人工合成胰岛素开辟了道路。1965 年 9 月,中国科学家钮经义等成功地合成了牛胰岛素结晶蛋白质,这是世界上第一个用化学方法合成的与天然蛋白质具有相同生物活性的结晶蛋白质。因此,桑格这项研究成果对研究蛋白质结构和功能之间的关系,以及人工合成蛋白质有着重要的意义,也使他单独获得了 1958 年的诺贝尔化学奖。

20 世纪 50 年代后期,桑格将他的注意力转移到核酸结构的研究上,并于 1975 年发展出一种称为链终止法(chain termination method)的技术来测定 DNA 序列,这种方法也称"双脱氧终止法"(Dideoxy termination method)或"桑格法"。比起当时其他方法,该方法使用了相对不具毒性的材料和一些较为独特的手段,主要是先进行聚合酶链式反应(polymerase chain reaction,PCR),利用 DNA 引物和 DNA 聚合酶使 DNA 链展开复制,再利用双脱氧核苷酸

(dideoxynucleotide)来终止 DNA 链的合成,如此会使不同序列的 DNA 具有不同长度,然后由电泳来做分析。两年之后,他利用此技术成功定序出 Φ-X174 噬菌体(Phage Φ-X174)的基因组序列,这也是首次完整的基因组定序工作。这项研究后来成为人类基因组计划等研究得以展开的关键技术之一,并使桑格于 1980 年再度获得诺贝尔化学奖,与其合作的研究者沃特·吉尔伯特(Walter Gilbert),以及另一团队的保罗·伯格(Paul Berg)也一同获奖。再次获奖使他成为继玛丽·居里(Marie Sklodowska Curie)、莱纳斯·鲍林(Linus Pauling),以及约翰·巴丁(John Bardeen)之后的第四位两度诺贝尔获奖者。

1982 年桑格退休,1993 年英国的维康信托基金会(Wellcome Trust)和医学研究理事会(Medical Research Council)在英国剑桥成立了桑格研究院(Sanger Institute),该院是世界上最重要的生物技术研发中心之一,同时也是将基因研究转化为商业用途的重要基地。2007 年,维康信托基金会提供给英国生物化学学会(British Biochemical Society)一项补助,以用来对桑格从 1989 年以后的实验研究进行记录建档及保存。

习　题

1. 名词解释

(1) 两性离子

(2) 必需氨基酸

(3) 氨基酸的等电点

(4) 稀有氨基酸

(5) 非蛋白质氨基酸

(6) 构型

(7) 蛋白质的一级结构

(8) 构象

(9) 蛋白质的二级结构

(10) 结构域

2. 简答题

(1) 什么是蛋白质的空间结构？和一级结构有何关系？

(2) 蛋白质二级结构有哪些表现形式？各有什么特点？

(3) 以 nm 为单位计算 α-角蛋白卷曲螺旋的长度,假定肽链是由 100 个氨基酸残基组成的。

(4) 胰岛素由 A、B 两条链组成,通过二硫键连接,在变性条件下二硫键还原,失去生物学活性。当巯基被重新氧化时,胰岛素恢复的活性不到其天然活性的 10%,请解释该现象。

(5) 回答下面问题:

① Trp、Gln 这两种氨基酸中哪个更有可能出现在蛋白质分子表面？

② Ser、Val 这两种氨基酸中哪个更有可能出现在蛋白质分子内部？

③ Leu、Ile 这两种氨基酸中哪个更少可能出现在 α-螺旋的中间？

④ Cys、Ser 这两种氨基酸中哪个更有可能出现在 β-折叠中？

(6) 蛋白质一、二、三、四级结构的含义是什么？维系每级结构的作用力是什么？用什么可以破坏它们？

(7) 蛋白质的溶解度和光吸收与其结构有什么关系？

(8) 某氨基酸溶于 pH 为 7 的水中,所得氨基酸溶液的 pH 为 6,问此氨基酸的 pI 是大于 6、等于 6 还是小于 6？

(9) 指出下列蛋白质通过凝胶过滤层析柱(蛋白质分离范围为 5000～400000)时的洗脱顺序。肌红蛋白:16900;过氧化氢酶:247500;细胞色素 c:13370;肌球蛋白:524800;胰凝乳蛋白酶原:23240。

第5章 核 酸

引 言

核酸是由核苷酸通过磷酸二酯键连接而成的多聚生物大分子，为生命大分子的最基本物质之一。根据化学组成不同，核酸可分为脱氧核糖核酸(deoxyribonucleic acid，DNA)和核糖核酸(ribonucleic acid，RNA)。组成 DNA 的核苷酸为脱氧核糖核苷酸，其中碱基组成为 A、G、C 和 T 四种，戊糖为 β-D-2-脱氧核糖；组成 RNA 的核苷酸为核糖核苷酸，其中碱基组成为 A、G、C 和 U 四种，戊糖为 β-D-核糖。碱基与戊糖通过糖苷键连接形成核苷酸。

DNA 的一级结构是指 DNA 分子中核苷酸的排列序列。DNA 对遗传信息的储存正是由核苷酸排列方式变化而实现的。DNA 的二级结构是反向平行的互补双链。两条 DNA 链依靠彼此碱基之间形成的氢键而结合在一起。根据碱基结构特征，只能形成嘌呤与嘧啶的配对，即 A 与 T(U)相配对形成 2 个氢键；G 与 C 相配对形成 3 个氢键。DNA 三级结构是指 DNA 链进一步扭曲盘旋形成超螺旋结构，并在蛋白质的参与下构成核小体。DNA 的基本功能是作为生物遗传信息复制和转录的模板。

RNA 包括 mRNA、tRNA、rRNA、hnRNA、scRNA 和 snRNA。mRNA 是合成蛋白质的模板。成熟的 mRNA 含有 5′-末端的帽子结构和 3′-末端的 polyA 尾巴。tRNA 在蛋白质生物合成中作为各种氨基酸的转运载体。mRNA 和 tRNA 通过密码子-反密码子的碱基互补关系相互识别。rRNA 与核糖体蛋白构成核糖体，核糖体是蛋白质生物合成的场所。核糖体为 mRNA、tRNA 和肽链合成所需要的多种蛋白因子提供结合位点和相互所需要的空间环境。细胞内的 snmRNA 表现出了种类、结构和功能的多样性，是基因表达调控中必不可少的因子。

核酸具有多种重要的理化性质。核酸的紫外吸收特性被广泛用来对核酸、核苷酸、核苷和碱基进行定性定量分析。核酸的沉降特性被用于超速离心法纯化核酸。

DNA 的变性和复性是核酸最重要的理化性质之一。DNA 变性的本质是双链的解链。随着 DNA 的变性，双链从开始解链到完全解链，紫外吸收值也随之增加。DNA 分子的 50%双链结构被打开时的温度称为 DNA 的解链温度(T_m)。热变性的 DNA 在适当条件下，两条互补链可重新配对而复性。在分子杂交过程中，只要核酸单链之间存在着碱基配对关系，就可以形成 DNA-DNA、RNA-RNA 以及 RNA-DNA 的杂化双链。分子杂交是核酸研究中一项非常重要的技术。

核酸酶是可以降解核酸的酶，根据作用底物的不同可以分为脱氧核糖核酸酶和核糖核酸酶两类；根据作用位置的不同可分为核酸内切酶和核酸外切酶。具有序列特异性的核酸酶称为限制性核酸内切酶。

核酸在实践应用方面有极重要的作用，现已发现近 2000 种遗传性疾病都和 DNA 结构有关。20 世纪 70 年代以来兴起的遗传工程，使人们可用人工方法改组 DNA，从而有可能创造出新型的生物品种。如应用遗传工程方法已能使大肠杆菌产生胰岛素、干扰素等珍贵的生化药物。

学习目标

(1) 熟悉核酸的种类、结构单位和功能，掌握5种最常见碱基的化学结构。

(2) 掌握核苷酸和脱氧核苷酸的化学结构，掌握DNA和RNA在结构上和功能上的异同。

(3) 了解核酸一级结构、二级结构、三级结构的定义。

(4) 掌握DNA双螺旋结构的主要内容及生物学意义，熟悉DNA的三级结构。

(5) 熟悉几种重要RNA的一级结构以及高级结构。

(6) 掌握核酸的理化性质：DNA的变性、复性及分子杂交，掌握T_m、增色效应、减色效应的定义。

(7) 了解从核小体到染色体各层次结构的主要特征及病毒的结构特征。

(8) 了解几种常见的分离和纯化核酸的方法。

5.1　核酸通论

5.1.1　核酸的发现和研究简史

瑞士的外科医生米歇尔(F. Miescher)于1869年从外科绷带上的脓细胞中分离得到一种富含磷元素的物质，该物质有很强的酸性，因存在于细胞核中而将它命名为“核素”(nuclein)。这种核素由碱性部分和酸性部分组成，碱性部分为蛋白质，酸性部分被称为核酸。

1944年，奥斯瓦尔德·埃弗里(Oswald T. Avery)等为了寻找导致细菌转化的原因，发现将从S型肺炎球菌中提取的DNA与R型肺炎球菌混合后，能使某些R型菌转化为S型菌，且转化率与DNA纯度呈正相关，但如果将DNA预先用酶降解，转化就不发生。实验结果表明S型菌的DNA将其遗传特性传给了R型菌，证明了DNA就是遗传物质。此后人们便把对遗传物质的注意力从蛋白质移到了核酸上。

1953年詹姆斯·沃森(James Watson)与弗朗西斯·克里克(Francis Crick)提出DNA双螺旋结构模型，不仅阐明了DNA分子的结构特征，而且提出了DNA作为执行生物遗传功能的分子，在从亲代到子代的复制(replication)过程中遗传信息的传递方式及高度保真性。DNA双螺旋结构模型的确立为遗传学进入分子水平奠定了基础，是现代分子生物学的里程碑，从此，核酸研究受到了前所未有的重视。后来的研究又发现了另一类核酸RNA，该类RNA在遗传信息的传递中也起着重要作用。

20世纪70年代以后，由于核酸内切酶的发现和DNA体外重组技术的兴起，核酸序列分析方法的突破，使人工合成核酸得以实现，极大地推动了核酸的研究工作。由核酸研究而产生的分子生物学及基因工程技术已渗透到医药学、农业、化工等领域的各个学科，人类对生命本质的认识进入了一个崭新的天地。

5.1.2　核酸的种类和分布

核酸(nucleic acid)是以核苷酸为基本结构单元，按照一定的顺序，以3′,5′-磷酸二酯键连接，并通过折叠、卷曲形成具有特定生物学功能的线形或环形多聚核苷酸链。按所含糖的种类不同,核酸可分为脱氧核糖核酸(DNA)和核糖核酸(RNA)两大类。

1. 脱氧核糖核酸

在真核细胞中,98%以上的DNA分布于细胞核中。不同种生物的细胞中DNA含量差异很大,但同种生物的体细胞核中的DNA含量是相同的。性细胞中的DNA含量仅为体细胞的一半。其余小部分DNA分布于核外,如线粒体、叶绿体等细胞器中,这类DNA的碱基组成、分子大小、空间结构都与核DNA有所不同,它们通常呈双股环状结构。

原核细胞内因无明显的细胞核结构,DNA与蛋白质结合成复合物集中在一个称为拟核的区域内。在细菌细胞内还有一类分子较小的DNA,称为质粒(plasmid),它们是染色体外的独立因子,能携带多个基因,控制染色体DNA以外的遗传性状,常用作基因工程的载体。

2. 核糖核酸

细胞中约占90%的RNA存在于细胞质中,在细胞核内存在的RNA大部分集中在核仁上。RNA主要有三种:①rRNA(ribosomal RNA,核糖体RNA),rRNA是核糖体的重要组成部分,占细胞中总RNA含量的80%左右,是细胞中含量最多的RNA。大肠杆菌的rRNA有三种,分别是16S rRNA、23S rRNA、5S rRNA;真核生物的rRNA有四种,分别是28S rRNA、18S rRNA、5.8S rRNA、5S rRNA。②tRNA(transfer RNA,转运RNA),是细胞中最小的一种RNA分子,占细胞中总RNA含量的15%左右,是结构研究最清楚的一类RNA,在蛋白质合成过程中起着携带和转移活化氨基酸的作用。③mRNA(messenger RNA,信使RNA),占细胞中总RNA含量的5%左右,其含量最少,代谢活跃,在蛋白质合成过程中起着模板作用。

3. 其他核糖核酸

20世纪80年代以后由于新技术不断产生,人们发现了RNA的许多新功能以及新的RNA基因。在细胞的不同部位还存在着许多其他种类的小分子RNA,这些小RNA被统称为小非信使RNA(small non-messager RNA,snmRNA)。

snmRNA主要包括核内小RNA(small nuclear RNA,snRNA)、核仁小RNA(small nucleolar RNA,snoRNA)、胞质小RNA(small cytosol RNA,scRNA)、催化性小RNA(small catalytic RNA)、小片段干扰RNA(small interfering RNA,siRNA)等。

5.1.3　核酸的生物学功能

核酸是遗传的物质基础,其主要生物学功能是传递和表达遗传信息。DNA是大多数生物体的遗传物质。DNA通过复制,将亲代所携带的遗传信息传递给子代,从而维持遗传性状的稳定。在某些生物(如病毒)中,RNA也可以作为遗传信息的携带者,并将其传递给子代。DNA携带的遗传信息以基因或特定顺序的核苷酸片段为单位转录到RNA分子中,并通过RNA将核苷酸顺序翻译为蛋白质中的氨基酸顺序,从而产生特定的蛋白质并表现其生物学功能。

核酸不仅是基本的遗传物质,而且在蛋白质的生物合成上也占重要位置。RNA主要参与遗传信息的表达,其中主要涉及3种RNA:rRNA是蛋白质合成的主要场所;tRNA起携带氨基酸的作用;mRNA在蛋白质合成过程中起模板作用。

另外,snmRNA在真核生物细胞内不均一RNA(heterogeneous nuclear RNA,hnRNA)和rRNA的转运后加工、转运,以及基因表达过程的调控等方面具有非常重要的生理作用。snRNA是细胞核内核蛋白颗粒(small nuclear ribonucleo-protein particle,snRNP)的组成成分,参与mRNA前体的剪接以及成熟的mRNA由核内向胞浆中转运的过程。snoRNA是一类新的核酸调控分子,参与 rRNA 前体的加工以及核糖体亚基的装配。scRNA 的种类很多,其中 7SL RNA 与蛋白质一起组成信号识别颗粒(signal recognition particle,SRP),SRP 参与分泌性蛋白质的合成。反义 RNA(anti-sense RNA)可以与特异的 mRNA 序列互补配对,阻断 mRNA 翻译,能调节基因表达。还有一些小 RNA 分子具有催化特定 RNA 降解的活性,在 RNA 合成后的剪接修饰中具有重要作用。

siRNA 是生物宿主对于外源侵入基因表达的双链 RNA 进行切割所产生的具有特定长度(21～23 bp)和特定序列的小片段 RNA。这些 siRNA 可以与外源基因表达的 mRNA 相结合,并诱发这些 mRNA 的降解。利用这一机制发展起来的 RNA 干涉(RNA interference, RNAi)技术是研究基因功能的有力工具。安德鲁·法厄(Andrew Z. Fire)和克雷格·梅洛(Craig C. Mello)由于发现了 siRNA 现象并发展了 RNAi 技术,荣获了 2006 年诺贝尔生理与医学奖。

5.2　核酸的结构

5.2.1　核苷酸

核苷酸(nucleotide)是核酸的基本结构单元。核酸在酸、碱、酶作用下水解可得到核苷酸,核苷酸可被进一步水解产生核苷(nucleoside)和磷酸(phosphate),核苷再进一步水解得到戊糖(pentose)和含氮碱基(base)。碱基又可分为嘌呤碱(purine)和嘧啶碱(pyrimidine)两大类,见图 5-1。

1. 戊糖

核酸中的戊糖有 β-D-2-脱氧核糖和 β-D-核糖两种,见图 5-2。DNA 中的戊糖是 β-D-2-脱氧核糖(即在 2 号位碳上只连一个 H),RNA 中的戊糖是 β-D-核糖(即在 2 号位碳上连接的是一个羟基)。D-核糖的 2 号位碳上所连的羟基脱去氧就是 D-2-脱氧核糖。通常将戊糖的 C 原子编号都加上“′”,如 $C_{1'}$ 表示糖的 1 号位碳原子。戊糖 $C_{1'}$ 所连的羟基与碱基形成糖苷键,糖苷键都是 β-构型。

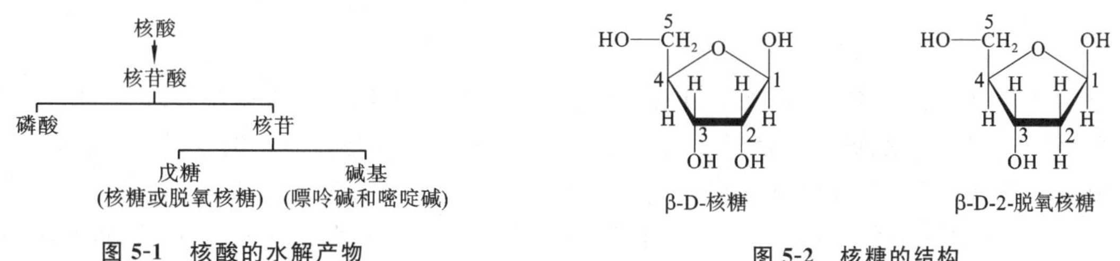

图 5-1　核酸的水解产物

图 5-2　核糖的结构

2. 碱基

核苷酸中的碱基均为含氮杂环化合物,可分为嘌呤和嘧啶两类:前者主要指腺嘌呤(adenine,A)和鸟嘌呤(guanine,G),DNA 和 RNA 中均含有这两种碱基;后者主要指胞嘧啶(cytosine,C)、胸腺嘧啶(thymine,T)和尿嘧啶(uracil,U),胞嘧啶存在于 DNA 和 RNA 中,胸腺嘧啶只存在于 DNA 中,尿嘧啶只存在于 RNA 中。碱基的结构如图 5-3 所示。

此外,核酸分子中还发现数十种修饰碱基(modified component),又称稀有碱基(unusual component),见图 5-4,它是指上述五种碱基环上的某一位置被一些化学基团(如甲基化、甲硫

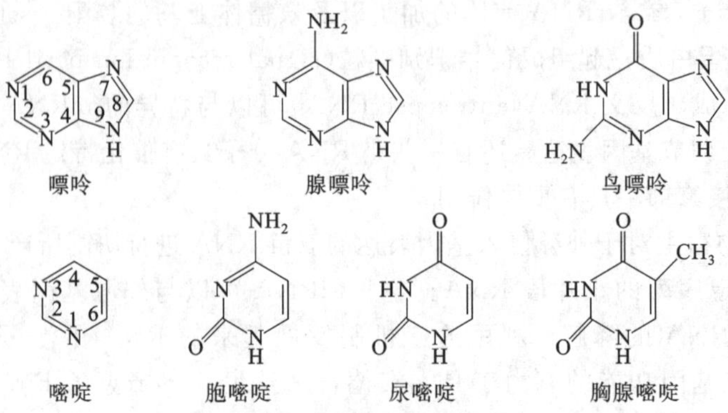

图 5-3 碱基的结构式

基化等)修饰后的衍生物。一般这些碱基在核酸中的含量稀少,在各种类型核酸中的分布也不均一。DNA 中的修饰碱基主要见于噬菌体 DNA 中,如 5-甲基胞嘧啶(m^5C)、5-羟甲基胞嘧啶(hm^5C);RNA 中的 tRNA 含有较多稀有碱基,有的 tRNA 含有的稀有碱基达到 10%,如 1-甲基腺嘌呤(m^1A)、N^6-甲基腺嘌呤、5,6-双氢尿嘧啶(DHU)等。

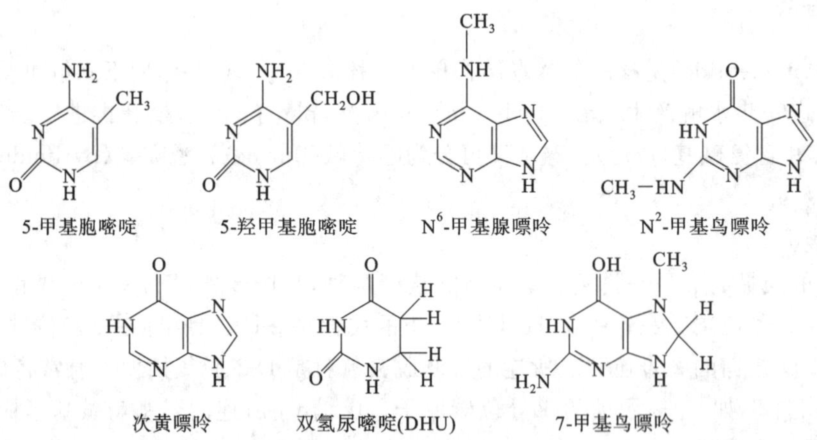

图 5-4 常见稀有碱基结构式

3. 核苷(nucleoside)

核苷是由戊糖与嘌呤或嘧啶通过脱水缩合后形成的化合物。通常是嘌呤环上的 N-9 或嘧啶环上的 N-1 与戊糖的 $C_{1'}$ 相连接。戊糖与碱基间的连接键是 β-C-N-糖苷键,一般称为 N-糖苷键。部分核苷结构如图 5-5 所示。

核酸中的主要核苷有八种。根据戊糖的不同,核苷可分为核糖核苷和脱氧核糖核苷两类。又由于碱基不同,可分为嘌呤核苷、嘧啶核苷、嘌呤脱氧核苷、嘧啶脱氧核苷四类。如表 5-1 所示。

表 5-1 核酸中的主要核苷

碱 基 类 型	DNA	RNA
腺嘌呤(A)	腺嘌呤脱氧核苷(脱氧腺苷)	腺嘌呤核苷(腺苷)
鸟嘌呤(G)	鸟嘌呤脱氧核苷(脱氧鸟苷)	鸟嘌呤核苷(鸟苷)
胞嘧啶(C)	胞嘧啶脱氧核苷(脱氧胞苷)	胞嘧啶核苷(胞苷)
胸腺嘧啶(T)	胸腺嘧啶脱氧核苷(脱氧胸苷)	
尿嘧啶(U)		尿嘧啶核苷(尿苷)

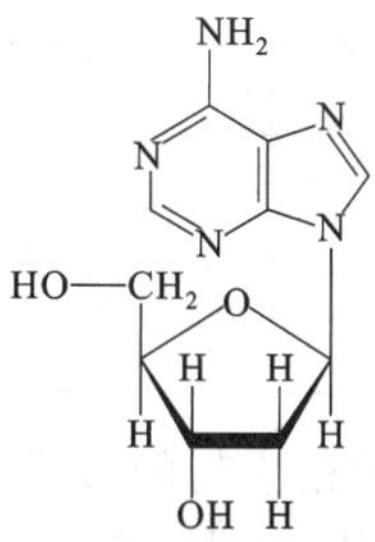

腺嘌呤脱氧核苷
(脱氧腺苷)

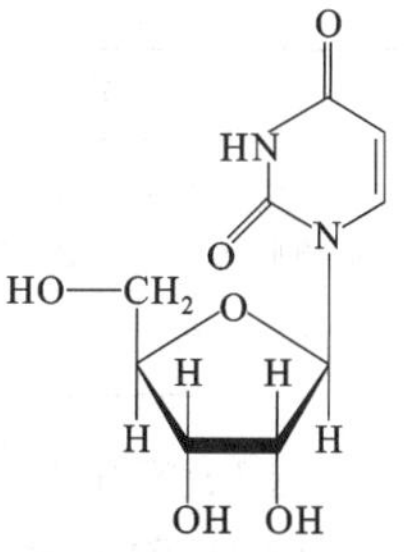

尿嘧啶核苷
(尿苷)

图 5-5 部分核苷结构式

4. 核苷酸及其衍生物

核苷酸由核苷和磷酸酯化形成，是核苷的磷酸酯，是核酸分子的结构单元。核酸分子中的磷酸酯键可以发生在戊糖的 $C_{2'}$、$C_{3'}$ 和 $C_{5'}$ 所连的游离羟基上，但在生物体中酯化的部位主要在戊糖环的 3′位和 5′位，构成核酸的核苷酸可视为 3′-核苷酸或 5′-核苷酸。DNA 分子中是含有 A、G、C、T 四种碱基的脱氧核苷酸，RNA 分子中则是含 A、G、C、U 四种碱基的核苷酸。部分核苷酸结构如图 5-6 所示。

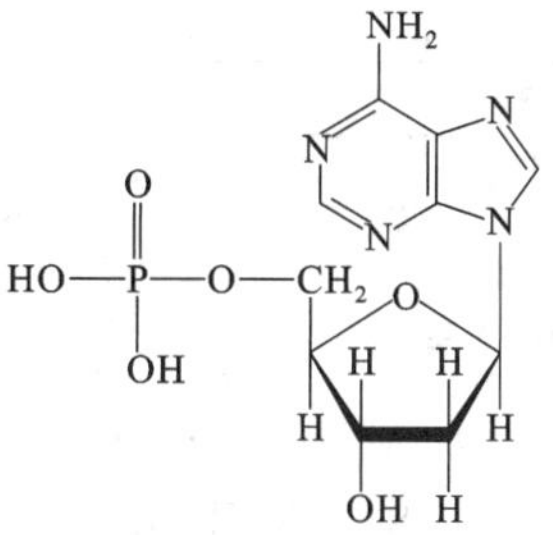

腺嘌呤脱氧核苷酸
(dAMP)

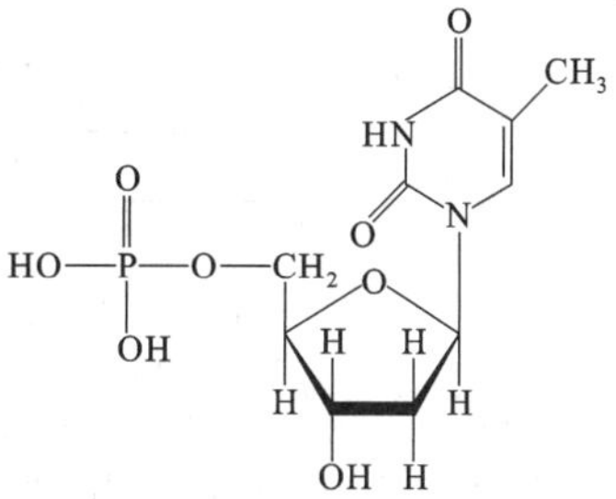

胸腺嘧啶脱氧核苷酸
(dTMP)

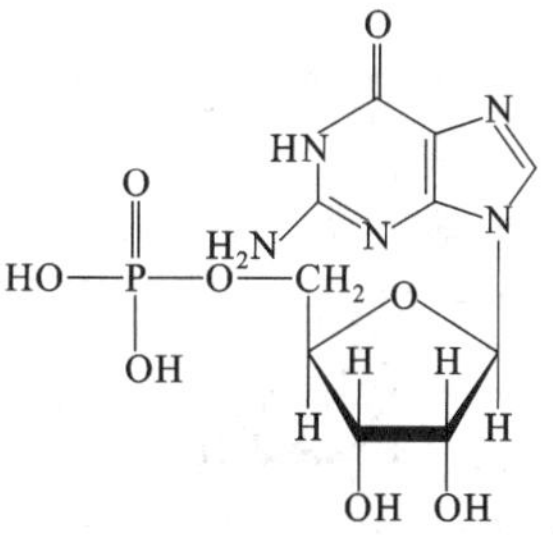

鸟嘌呤核苷酸
(GMP)

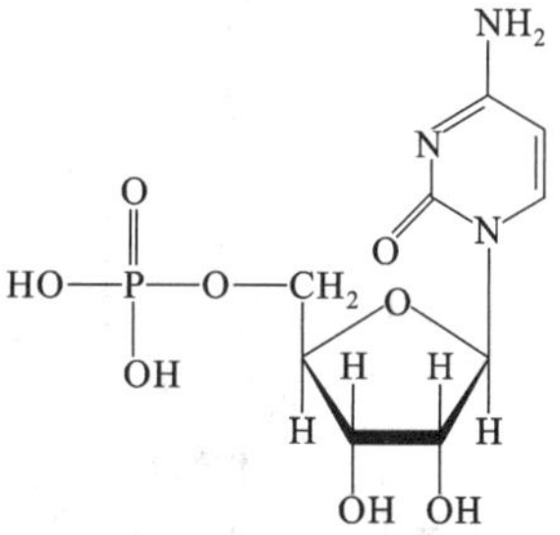

胞嘧啶核苷酸
(CMP)

图 5-6 部分核苷酸结构

常见的核苷酸见表 5-2。

表 5-2 常见核苷酸的组成成分

碱基类型	DNA	RNA
腺嘌呤(A)	腺嘌呤脱氧核苷酸(dAMP)	腺嘌呤核苷酸(AMP)
鸟嘌呤(G)	鸟嘌呤脱氧核苷酸(dGMP)	鸟嘌呤核苷酸(GMP)

续表

碱基类型	DNA	RNA
胞嘧啶(C)	胞嘧啶脱氧核苷酸(dCMP)	胞嘧啶核苷酸(CMP)
胸腺嘧啶(T)	胸腺嘧啶脱氧核苷酸(dTMP)	
尿嘧啶(U)		尿嘧啶核苷酸(UMP)

在生物体内,核苷酸除了构成核酸外,还会以其他衍生物的形式参与各种物质代谢的调节和多种蛋白质功能的调节。例如,除一磷酸核苷酸(NMP)外,还有二磷酸核苷酸(NDP)、三磷酸核苷酸(NTP)。ATP(图 5-7)作为能量通用载体在生物体的能量转换中起核心作用,UTP、GTP 和 CTP 则在专门的生化反应中起传递能量的作用。另外,各种三磷酸核苷酸及脱氧三磷酸核苷酸是合成 RNA 与 DNA 的活性前体。

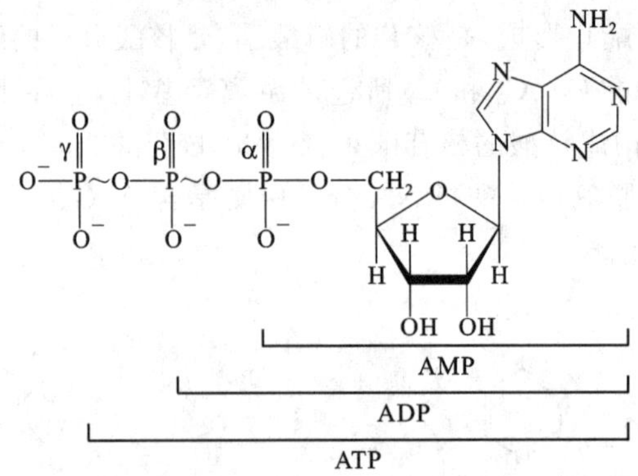

图 5-7 ATP、ADP、AMP 的结构

3′,5′-环腺苷酸(cyclic AMP,cAMP)和 3′,5′-环鸟苷酸(cyclic GMP,cGMP)是细胞信号传导过程中的第二信使,具有重要的调控作用,结构式如图 5-8。cAMP 分别在腺苷酸环化酶和 cAMP 磷酸二酯酶的催化下合成和降解。除了植物之外,cAMP 在所有细胞中都具有调节功能。

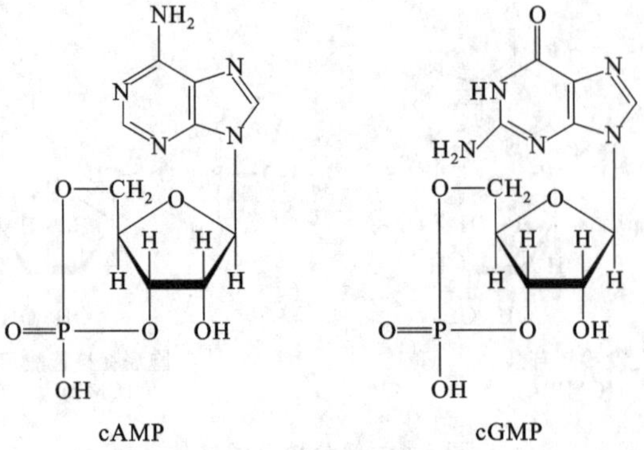

cAMP cGMP

图 5-8 cAMP、cGMP 的结构式

此外,有些核苷酸是多种辅酶的组成成分,或直接作为辅酶。如烟酰胺腺嘌呤核苷酸(NAD^+)、烟酰胺腺嘌呤二核苷酸磷酸($NADP^+$)和黄素单核苷酸(FMN)、黄素腺嘌呤二核苷酸(FAD)、辅酶 A(CoA,含腺苷-3′,5′-二核苷酸)等。

5′-肌苷酸(inosinic acid,IMP,亦称次黄嘌呤核苷酸)和 5′-鸟苷酸具有强烈的助鲜作用。在味精中加入 5%的 5′-肌苷酸能使味精鲜度提高 30 倍,加入 5%的 5′-鸟苷酸可使味精鲜度增加 60～100 倍。

5.2.2 核酸的一级结构

核酸中的核苷酸以 3′,5′-磷酸二酯键构成无分支结构的线性分子。核酸的一级结构是指核酸分子中核苷酸或脱氧核苷酸从 5′-末端到 3′-末端的排列顺序,也就是核苷酸序列。由于核苷酸之间的差异主要是碱基的不同,故又可称为它的碱基序列。

DNA 的一级结构是指 DNA 分子中脱氧核苷酸的排列顺序和连接方式。组成 DNA 的脱氧核糖核苷酸主要是 dAMP、dGMP、dCMP 和 dTMP。在真核生物 DNA 一级结构中常见一些重复序列,按其出现的频率可分为高度重复序列、中度重复序列、低度重复序列。这些高度有序的碱基序列蕴藏着丰富的遗传信息。任何一段 DNA 序列都可以反映出它的高度个体性或种族特异性。

同 DNA 的一级结构一样,RNA 的一级结构是指 RNA 分子中核苷酸按特定序列通过 3′,5′-磷酸二酯键连接的线性结构。它与 DNA 的差别在于:①RNA 的戊糖是核糖而不是脱氧核糖;②RNA 的嘧啶是胞嘧啶和尿嘧啶,而没有胸腺嘧啶,所以构成 RNA 的四种基本核糖核苷酸主要是 AMP、GMP、CMP 和 UMP。

核酸链具有方向性,两个末端分别是 5′-末端与 3′-末端。5′-末端含磷酸基团,3′-末端含羟基。核酸链内的前一个核苷酸的 3′-羟基和下一个核苷酸的 5′-磷酸基团形成 3′,5′-磷酸二酯键,故核酸中的核苷酸被称为核苷酸残基。如图 5-9 所示。

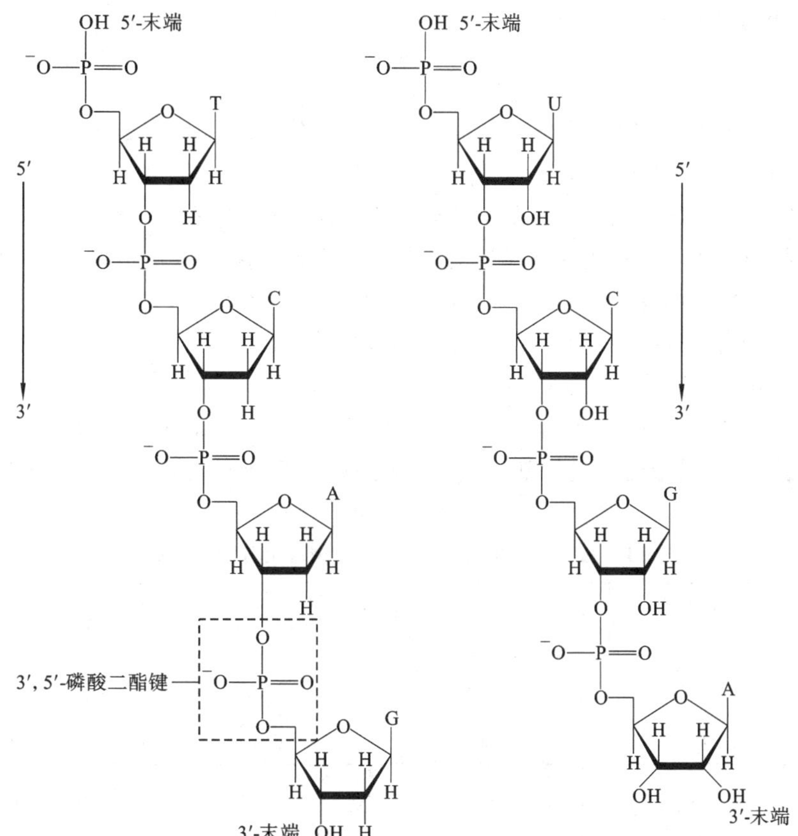

图 5-9 脱氧核糖核苷酸单链和核糖核苷酸单链

在书写时,习惯把 5′-末端放在左边,3′-末端放在右边,即书写方向按 5′→3′,从繁到简有多种表示方法。根据简化式从左至右按序写出碱基符号(代表核苷),以 P 代表磷酸基,P 写在碱基符号左边时表示 P 结合在 $C_{5'}$ 位上,碱基符号右边的 P 表示与 $C_{3'}$ 结合。多用缩写式如:5′-pACGT-3′、pACGT 或 pACGT—OH。多核苷酸链的表示方法如图 5-10 所示。

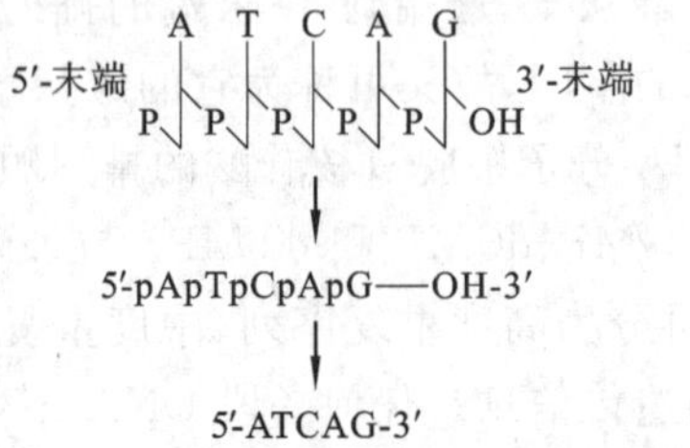

图 5-10 核苷酸链的表示方法

核酸分子的大小常用碱基数目(单链 DNA 和 RNA 中)或碱基对数目(双链 DNA 中)来表示。通常将小于 50 个核苷酸残基组成的核酸称为寡核苷酸(oligonucleotide),大于 50 个核苷酸残基的称为多核苷酸(polynucleotide)。自然界中的 DNA 和 RNA 的长度可以高达几十万个碱基。脱氧核糖和磷酸基团构成 DNA 的骨架,而 DNA 携带的遗传信息完全依靠碱基排列顺序的变化来传递。可以想象一个由 n 个脱氧核苷酸组成的 DNA 会有 4^n 个可能的排列组合,提供了巨大的遗传信息编码潜力。

5.2.3 DNA 的高级结构

1. DNA 的二级结构

20 世纪 50 年代初,美国生物化学家埃尔文·查戈夫(Erwin Chargaff)利用层析和紫外吸收光谱等技术研究了多种生物 DNA 的化学成分,提出了有关 DNA 中四种碱基的 Chargaff 规则:①同一种生物的不同组织或器官的 DNA 的碱基组成相同;②同一种生物 DNA 碱基组成不随生物体的年龄、营养状态或者环境变化而改变;③无论种属来源如何,几乎所有 DNA 中的 A 与 T 的物质的量相等,即[A]=[T],G 与 C 的物质的量相等,即[G]=[C],总嘌呤的物质的量与总嘧啶的物质的量相同,即[A]+[G]=[C]+[T];④不同种生物来源的 DNA 碱基组成不同,表现在([A]+[G])/([C]+[T])比值的不同,该比值称为不对称比率。亲缘关系相近的生物 DNA 碱基组成相近,即不对称比率相近。Chargaff 规则为后来发现 DNA 双螺旋结构模型中的碱基配对原则奠定了基础。表 5-3 列举了几种不同生物来源的 DNA 碱基组分和相对比例。

表 5-3 几种不同生物来源的 DNA 碱基组分和相对比例

DNA 来源	x_A/(%)	x_G/(%)	x_C/(%)	x_T/(%)	([A]+[G])/([C]+[T])	[A]/[T]	[G]/[C]
大肠杆菌	26.0	24.9	25.2	23.9	1.04	1.09	0.99
酵母	31.7	18.3	17.4	32.6	1.00	0.97	1.05
人肝	30.3	19.5	19.9	30.3	0.99	1.00	0.98

1951 年 11 月,英国的莫里斯·威尔金斯(Maurice Wilkins)和罗莎琳德·富兰克林(Rosalind Franklin)获得了高质量的 DNA 分子 X 射线衍射照片。分析结果表明 DNA 是螺旋形分子,并且是以双链的形式存在的。综合前人的研究结果,詹姆斯·沃森(James D.

Watson)和弗朗西斯·克里克(Francis H. C. Crick)提出了DNA分子双螺旋结构的模型,即B-DNA模型,并于1953年将该模型发表在《Nature》杂志上,这一发现不仅揭示了生物遗传性状得以世代相传的分子机制,解释了当时已知DNA的理化性质,而且还将DNA的功能与结构联系起来,奠定了现代生命科学的基础。

1) DNA双螺旋结构模型的要点

沃森和克里克提出的DNA右手双螺旋模型的主要内容有以下几方面。

(1) DNA是反向平行、右手螺旋的双链结构。

两条多聚核苷酸链在空间的走向呈反向平行。一条链的5′→3′方向是从上向下,而另一条链的5′→3′方向是从下向上。两条链围绕着同一个螺旋轴形成右手螺旋的结构。DNA双螺旋结构的直径为2.37 nm,螺距为3.54 nm。由脱氧核糖和磷酸基团组成的亲水性骨架位于双螺旋结构的外侧,疏水的碱基位于内侧。从外观上看,DNA双螺旋结构的表面存在一个大沟和一个小沟,如图5-11所示。

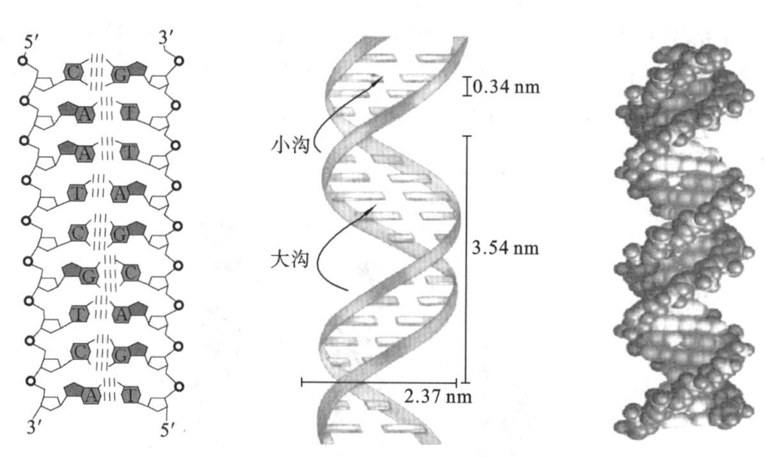

图5-11 DNA分子的双螺旋结构模型

(2) DNA双链之间形成了互补碱基对。

根据碱基结构特征,只能形成嘌呤与嘧啶配对,即A与T相配对形成2个氢键;G与C相配对形成3个氢键,如图5-12所示。因此G与C之间的连接较为稳定。这种碱基配对关系称为互补碱基对,DNA的两条链为互补链。碱基对平面与双螺旋结构的螺旋轴垂直。每一个螺旋有10.5个碱基对,每两个碱基对之间的相对旋转角度为36°,每两个相邻的碱基对平面之间的垂直距离为0.34 nm。

(3) 疏水作用力和氢键共同维持着DNA双螺旋结构的稳定。

相邻的两个碱基对平面在旋进过程中会彼此重叠,由此产生了具有疏水性的碱基堆积力。这种碱基堆积力和互补链之间碱基对的氢键共同维系着DNA双螺旋结构的稳定,而且前者对于双螺旋结构的稳定更为重要。

2) DNA双螺旋结构的多样性

沃森和克里克提出的DNA双螺旋结构是基于在92%相对湿度下得到的DNA纤维的X射线衍射图像的分析结果,这是DNA在水溶液中和生理条件下最稳定的结构,但在改变了溶液的离子强度或相对湿度后,DNA双螺旋结构的沟槽、螺距、旋转角度等都会发生变化。为了便于区分,人们将沃森和克里克提出的DNA双螺旋结构称为B-DNA或B型DNA。当环境的相对湿度降低时,虽然DNA仍然是右手螺旋的双链结构,但是它的空间结构参数已不同于

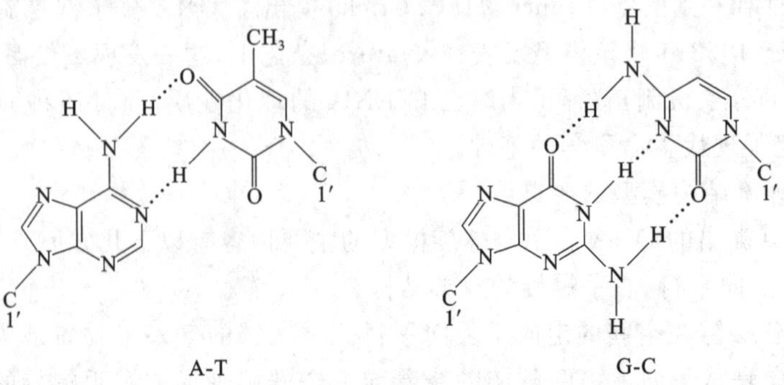

A-T　　G-C

图 5-12　B-DNA 碱基配对的结构示意图

B 型 DNA,人们将其称为 A 型 DNA。此外还发现左手双螺旋 Z 型 DNA,如图 5-13 所示。Z 型 DNA 是 1979 年亚历山大·里奇(Alexander Rich)等人在研究人工合成的寡聚核苷酸(CGCGCG)的晶体结构时发现的,Z-DNA 的特点是两条反向平行的多核苷酸互补链组成的螺旋呈锯齿形,其表面只有一条深沟,每旋转一周是 12 个碱基对,有关不同类型 DNA 的结构参数见表 5-4。研究表明在生物体内的 DNA 分子中确实存在 Z-DNA 区域,其功能可能与基因表达的调控有关。

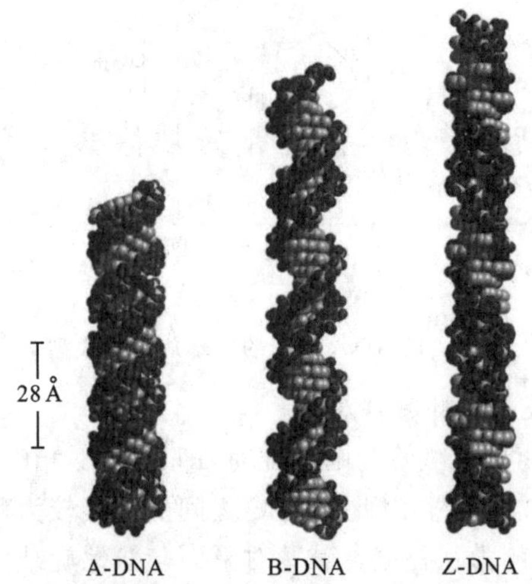

图 5-13　不同类型的 DNA 双螺旋结构

表 5-4　不同类型 DNA 的结构参数

项　目	A-DNA	B-DNA	Z-DNA
螺旋方向	右手	右手	左手
螺旋直径/nm	2.55	2.37	1.84
螺旋碱基对/bp	11	10.5	12
上升高度/nm	0.23	0.34	0.38
相邻碱基对之间转角	33°	36°	每个二聚体为－60°
糖苷键构象	反式	反式	嘧啶反式 嘌呤顺式
使构象稳定的相对环境湿度	75%	92%	

DNA 二级结构还存在三螺旋 DNA。三螺旋 DNA(又称 tsDNA 或 H-DNA)是在 DNA 双螺旋结构的基础上形成的,三条链均为同型嘌呤或同型嘧啶,即整段的碱基均为嘌呤或嘧啶。通常三条链中两条为正常双螺旋,第三条嘧啶链位于双螺旋的大沟中,并随双螺旋结构一起旋转。三股螺旋中的第三股可以来自分子间,也可以来自分子内。三条链中的碱基配对符合 Hoogsteen 模型,即第三碱基以 A=T,G=C(第 3 位上的 C 必须质子化,与 G 配对只形成 2 个氢键)配对,如图 5-14 所示。三螺旋 DNA 存在于基因调控区和其他重要区域,因此具有重要生理意义。

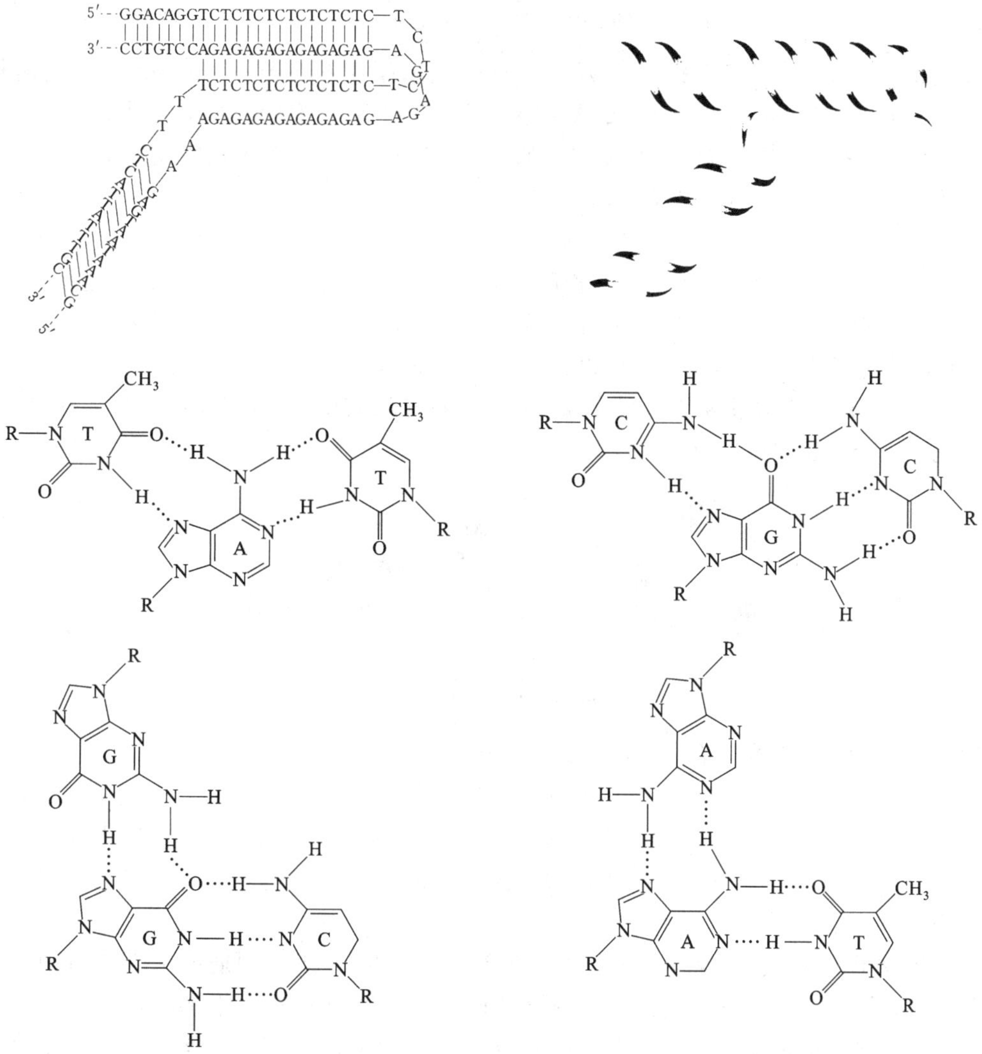

图 5-14 DNA 三螺旋结构及三碱基体的主要类型

2. DNA 的三级结构

DNA 三级结构是指 DNA 链进一步扭曲盘旋形成的超螺旋结构,如图 5-15 所示。

生物体内有些 DNA 是以双链环状 DNA 形式存在,如某些病毒 DNA、噬菌体 DNA、细菌染色体与细菌中质粒 DNA、真核细胞中的线粒体 DNA、叶绿体 DNA 等。环状 DNA 分子可以是共价闭合环,即环上没有缺口,也可以是缺口环,环上有一个或多个缺口。在 DNA 双螺旋结构基础上,共价闭合环 DNA(covalently close circular DNA)可以进一步扭曲形成超螺旋

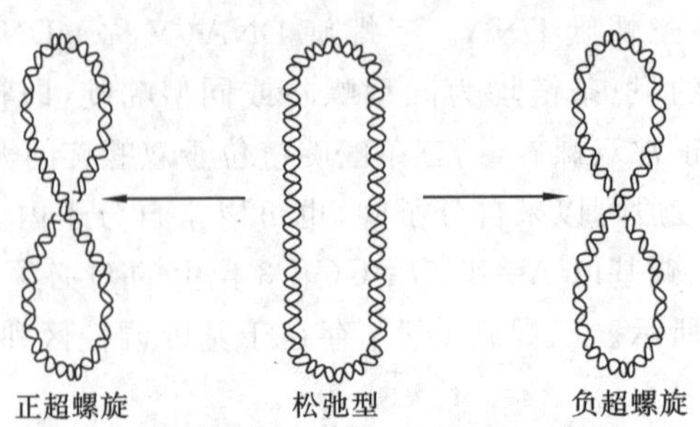

图 5-15　DNA 超螺旋结构

形(super helical form)。根据螺旋的方向可分为正超螺旋(positive supercoil)和负超螺旋(negative supercoil)。正超螺旋使双螺旋结构更紧密,双螺旋圈数增加,盘绕方向与 DNA 双螺旋方向相同;而负超螺旋可以减少双螺旋的圈数,盘绕方向与 DNA 双螺旋方向相反。几乎所有天然 DNA 中都存在负超螺旋结构。

1）原核生物 DNA 的环状超螺旋结构

绝大多数原核生物的 DNA 都是共价闭合的环状双螺旋分子,它们在细胞内进一步盘绕,并形成类核结构,以保证其以较致密的形式存在于细胞内。类核结构中的 80%是 DNA,其余是蛋白质。在细菌 DNA 中,超螺旋可以相互独立存在,形成超螺旋区,如图 5-16 所示。各区域间的 DNA 可以有不同程度的超螺旋结构。目前有分析表明,大肠杆菌的 DNA 平均每 200 个碱基就有一个负超螺旋形成。

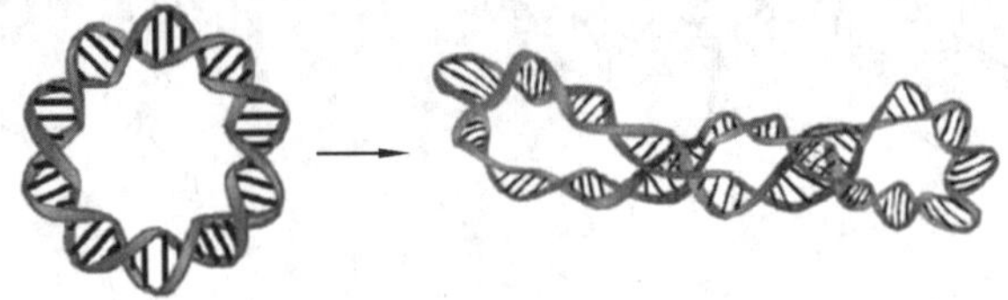

图 5-16　闭合的环状 DNA 分子

2）真核生物 DNA 高度有序和高度致密的结构

在真核生物中,其基因组 DNA 要比原核生物的大得多,如原核生物大肠杆菌的 DNA 约为 4.7×10^3 kb,而人的基因组 DNA 约为 3×10^6 kb。因此真核生物基因组 DNA 通常与蛋白质结合,经过多层次反复折叠,压缩近 10000 倍后,以染色体形式存在于平均直径为 5 μm 的细胞核中。

真核生物的 DNA 以非常有序的形式存在于细胞核内,在细胞周期的大部分时间里以松散的染色质(chromatin)形式出现,在细胞分裂期形成高度致密的染色体(chromosome)。在电子显微镜下观察到的染色质具有串珠样的结构,核小体(nucleosome)是染色质或染色体的最基本的结构和功能亚单位,每个核小体由直径为 11 nm 的组蛋白(histone,H)核心和盘绕在核心上的 DNA 构成,如图 5-17 所示,核心是由组蛋白 H_2A、H_2B、H_3 和 H_4 各 2 分子组成的八聚体,146 bp 长的 DNA 以左手螺旋盘绕组蛋白的核心 1.75 圈,形成核小体的核心颗粒(core particle),各核心颗粒间有一个连接区,由约有 60 bp 的双螺旋 DNA 和 1 个分子组蛋白 H_1 构成。平均每个核小体重复单位约占去 200 bp,DNA 组装成核小体后其长度约缩短 7 倍,核小体连接起来构成了串珠状的染色质细丝,这是 DNA 在核内形成致密结构的第一层次折叠。

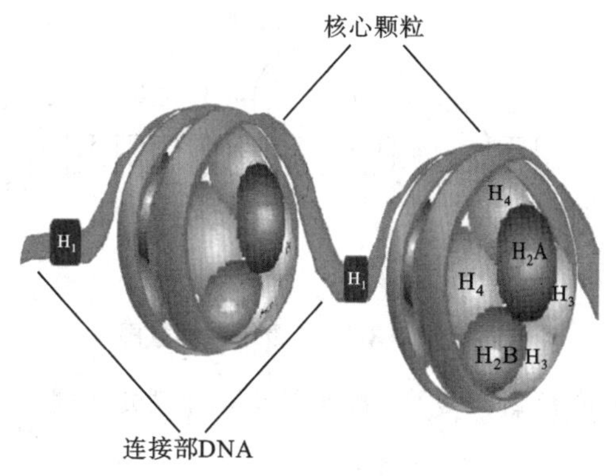

图 5-17 单个核小体结构

染色质细丝进一步盘绕形成外径为 30 nm、内径为 10 nm 的中空状螺线管，这是 DNA 在核内形成致密结构的第二层次折叠，使 DNA 的体积又缩小了约 6 倍。染色质纤维空管进一步卷曲和折叠形成直径为 400 nm 的超螺线管，这一过程将染色体的体积又压缩了 40 倍。然后染色质纤维进一步压缩成染色单体，在核内组装成染色体，如图 5-18 所示。

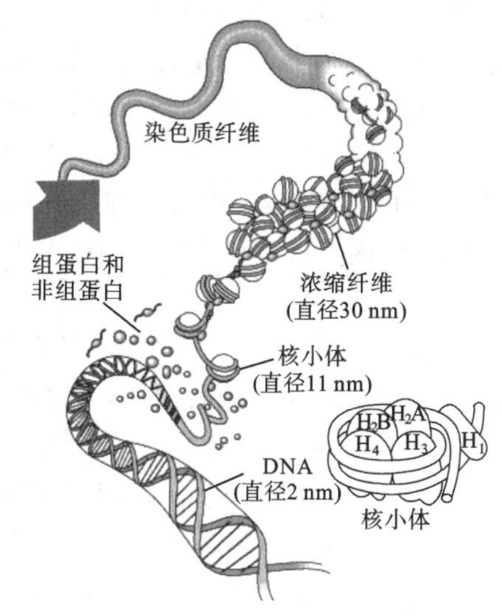

图 5-18 染色质不同层次结构模式

5.2.4 RNA 的高级结构

与 DNA 分子简单有规律的双螺旋结构不同，大多数 RNA 是单链线性结构并且具有复杂和独特的构象，其二级结构在很大程度上是由分子内的碱基配对决定的。在 RNA 分子中广泛存在着由碱基配对形成的螺旋结构(A 型右手螺旋)。RNA 中碱基配对区域形成的螺旋结构和非配对区域形成的环状结构交织在一起构成了 RNA 的极不规则的二级结构。在 RNA 局部双螺旋中 A 与 U 配对、G 与 C 配对，除此以外，还存在非标准配对，如 G 与 U 配对。而非互补区则膨胀形成凸出(bulge)或者环(loop)，这种短的双螺旋区域和环称为发夹结构(hairpin)，如图 5-19 所示。发夹结构是 RNA 中最普通的二级结构形式。tRNA 的二级结构最具典型。

二级结构进一步折叠形成三级结构，RNA 只有在具有三级结构时才能成为有活性的分

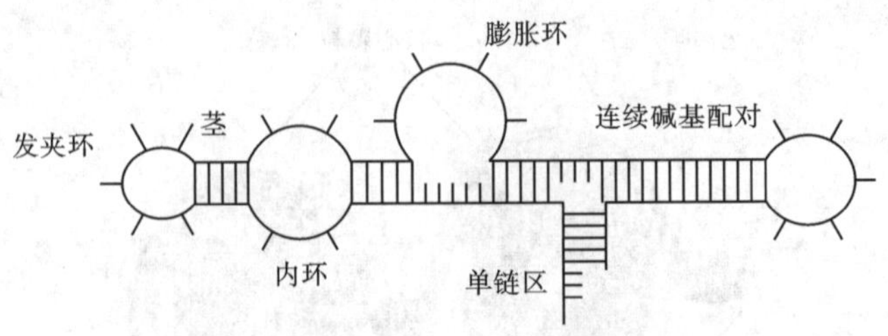

图 5-19　RNA 二级结构示意图

子。RNA 也能与蛋白质形成核蛋白复合物，即 RNA 的四级结构。

1. 信使 RNA

20 世纪 40 年代，科学家已经发现细胞质内蛋白质的合成速度与 RNA 水平相关。1961 年，方斯华·贾克伯（François Jacob）与贾克·莫诺（Jacques L. Monod）等人用放射性核素示踪实验证实，一类大小不一的 RNA 才是蛋白质在细胞内合成的模板。后来这类 RNA 又被确认为是在核内以 DNA 为模板合成的，然后转移至细胞质内，这类 RNA 被命名为信使 RNA（mRNA）。在生物体内，mRNA 的含量最少，占细胞总 RNA 含量的 2%～5%，但是 mRNA 的种类最多，约有 10^5 种之多，它们的大小也各不相同。

原核生物中 mRNA 转录后一般不需加工，可直接进行蛋白质翻译。原核生物中的 mRNA 转录和翻译发生在同一细胞空间，而且这两个过程几乎是同时进行的。真核细胞成熟 mRNA 是由其前体核内不均一 RNA（heterogeneous nuclear RNA，hnRNA）经剪接和修饰得到的，之后才能进入细胞质中参与蛋白质合成，所以真核细胞 mRNA 的合成和表达发生在不同的空间和时间。mRNA 的结构在原核生物中和真核生物中差别很大。

1）原核生物 mRNA 结构特点

无论是原核生物还是真核生物的 mRNA 都存在编码区和非编码区。原核生物的 mRNA 结构简单，往往含有几个功能上相关的蛋白质的编码序列，可翻译出几种蛋白质，为多顺反子。在原核生物 mRNA 中编码序列之间有间隔序列，可能与核糖体的识别和结合有关。原核生物 mRNA 在 5′-端与 3′-端有与翻译起始和终止有关的非编码序列，没有修饰碱基，5′-端没有帽子结构（cap sequence），3′-端没有多聚腺苷酸的尾巴（polyadenylate tail，即 polyA）。原核生物的 mRNA 的半衰期比真核生物的要短得多，一般认为，转录后 1 min，mRNA 降解就开始。

2）真核生物 mRNA 结构特点

在真核生物成熟的 mRNA 中 5′-端有 m^7GpppNp 的帽子结构。5′-端第一个核苷酸都是甲基化鸟嘌呤核苷酸，它以 5′-端磷酸三酯键与第二个核苷酸的 5′-端相连，而不是通常的 3′，5′-磷酸二酯键。帽子结构中的核苷大多数为 7-甲基鸟苷（简写为 m^7G），在其后面第 2 和第 3 个核苷酸的核糖第 2 位羟基上有时也甲基化（methylation）。根据甲基化程度的不同，可将帽子结构分为三种类型，如图 5-20 所示。①帽子 0 型（cap0）：仅有 G 第 7 位碳原子被甲基化，形成 m^7GpppNp 结构。该型帽子存在于单细胞中。②帽子 1 型（cap1）：m^7G 后面的第一个核苷酸单位的核糖 2′—OH 也被甲基化，形成 m^7GpppNm 结构。该型帽子普遍存在于动植物中。③帽子 2 型（cap2）：m^7G 后面的第一、二个核苷酸单位的核糖 2′—OH 均被甲基化，形成 m^7GpppNmNm 结构。此结构较少发生。帽子结构可保护 mRNA 不被核酸外切酶水解，并且能被帽结合蛋白所识别，使 mRNA 能与核糖体小亚基结合，与翻译起始有关。

（1）3′-端有 polyA 尾巴，它是由一段长度为 20～250 个腺苷酸连接而成的多聚腺苷酸结构，称为多聚腺苷酸尾巴，是在 mRNA 转录完成以后加入的，催化这一反应的酶是 polyA 转移酶。多聚腺苷酸尾巴与 mRNA 的寿命有关，没有尾巴或尾巴短的 mRNA 易降解。少数成熟 mRNA 没有 polyA 尾巴，如组蛋白 mRNA，它们的半衰期通常较短。

（2）mRNA 的成熟过程是 hnRNA 的剪接过程，比较 hnRNA 和成熟的 mRNA 可发现前者的长度远远大于后者。hnRNA 含有许多外显子（exon）和内含子（intron），它们分别对应着基因的编码序列和非编码序列。在剪接过程中，内含子被剪切掉，外显子连接在一起，形成成熟的 mRNA。如图 5-21 所示。

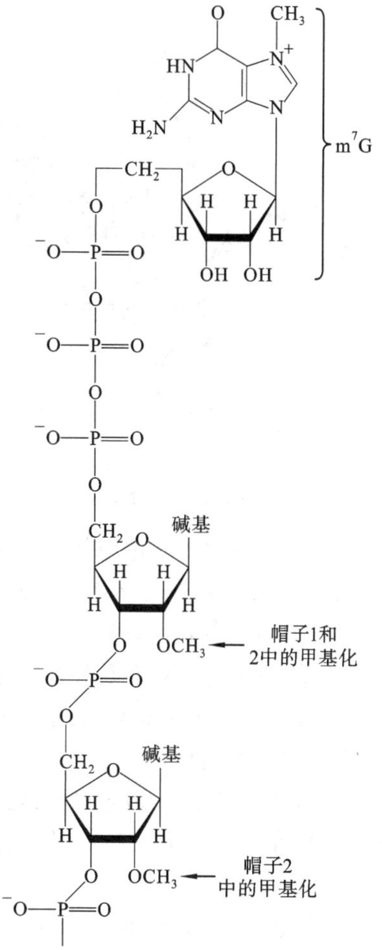

图 5-20　真核生物 mRNA 的帽子结构

2. 转运 RNA

转运 RNA（tRNA）约占总 RNA 的 15%，tRNA 主要的生理功能是在蛋白质生物合成中转运氨基酸和识别密码子。细胞内每种氨基酸都有其相应的一种或几种 tRNA，因此 tRNA 的种类很多，在细菌中有 30～40 种 tRNA，在动物和植物中有 50～100 种 tRNA。

1）tRNA 二级结构

tRNA 二级结构为三叶草型，如图 5-22 所示。配对碱基形成局部双螺旋而构成臂，不配对的单链部分则形成环。

三叶草型结构由 4 臂 4 环组成。

（1）tRNA 的 5′-端和 3′-端附近的碱基互补配对，形成氨基酸臂（amino acid arm），由 7 对碱基组成。双螺旋区的 3′-末端为一个 4 个碱基的单链区 NCCA—OH-3′，腺苷酸残基的羟基可与氨基酸 α-羧基结合而携带氨基酸。

（2）位于左侧的环称为二氢尿嘧啶环（dihydrouracil loop）或 DHU 环或 D 环，以含有 2 个稀有碱基二氢尿嘧啶（DHU）而得名，不同 tRNA 中其大小并不恒定，在 8～14 个碱基之间变动，具有识别核糖体的作用。D 环通过 D 臂与其他部分相连，D 臂一般由 3～4 对碱基组成。

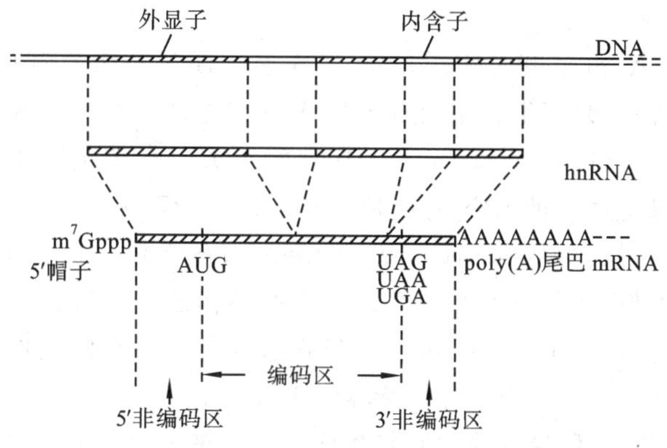

图 5-21　hnRNA 与 mRNA 的结构

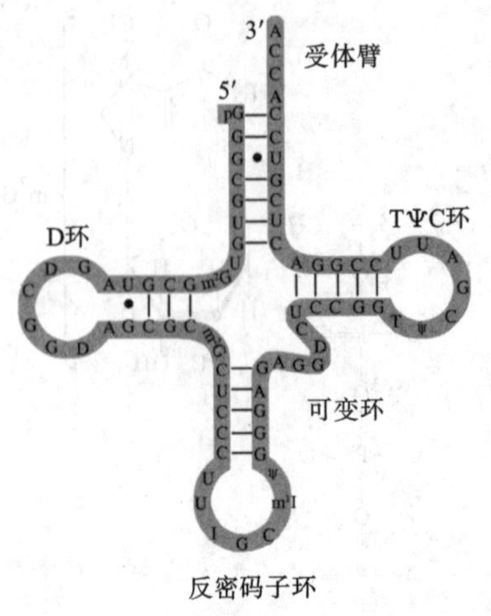

图 5-22　tRNA 的三叶草结构图

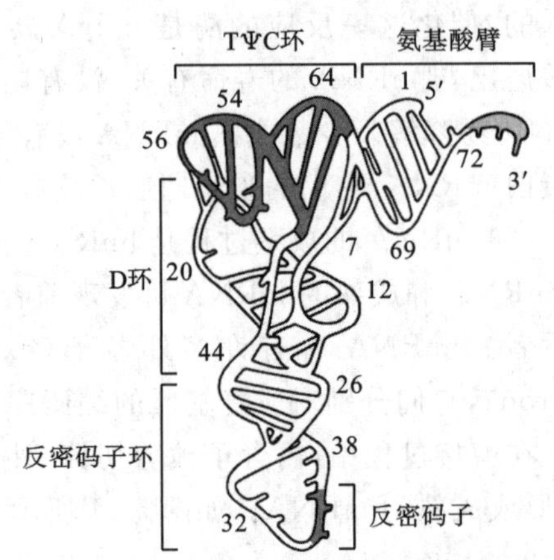

图 5-23　tRNA 的倒 L 形结构

(3) 位于右侧的环称为 TΨC 环(TΨC loop),由 7 个碱基组成,因环中有一段 TΨC 结构而得名。Ψ 为假尿嘧啶核苷。TΨC 环由 TΨC 臂与其他部分相连。该环也具有识别核糖体的作用。TΨC 臂由 5 对碱基组成。

(4) 氨基酸臂的对面是反密码子环(anti-codon loop),由 7 个碱基组成,其中 3 个核苷酸组成反密码子(anti-codon),在蛋白质生物合成时可与 mRNA 上相应的密码子配对。反密码子臂由 5 对碱基组成。

(5) 额外环(extra loop)是反密码子臂和 TΨC 环之间的一个环。在不同 tRNA 分子中变化较大,可在 4～21 个碱基之间变动,又称为可变环。其大小往往是 tRNA 分类的重要指标。

2) tRNA 三级结构

20 世纪 70 年代初,科学家用 X 射线衍射技术分析发现 tRNA 的三级结构为倒 L 形,如图 5-23 所示。

tRNA 三级结构的特点是氨基酸臂与 TΨC 臂构成"L"的一横,CCA—OH 的 3′-末端就在这一横的端点上,是结合氨基酸的部位,而 D 臂与反密码子臂及反密码子环共同构成"L"的一竖,反密码子环在一竖的端点上,能与 mRNA 中对应的密码子识别,D 环与 TΨC 环在"L"的拐角上。形成三级结构的很多氢键与 tRNA 中不变的核苷酸密切有关,这就使得各种 tRNA 三级结构都呈倒 L 形的。在 tRNA 中,碱基堆积力是稳定 tRNA 构型的主要因素。

3. 核糖体 RNA

核糖体 RNA(rRNA)占细胞总组成的 80%左右。rRNA 分子为单链,局部有双螺旋区域,具有复杂的空间结构。原核生物主要的 rRNA 有三种,即 5S、16S 和 23S rRNA,大肠杆菌中这三种 rRNA 分别由 120、1542 和 2904 个核苷酸组成。真核生物中有 4 种,即 5S、5. 8S、18S 和 28S rRNA,小鼠中这 4 种 rRNA 分别含 121、158、1874 和 4718 个核苷酸。rRNA 分子作为骨架与多种核糖体蛋白(ribosomal protein)装配成核糖体。由于 rRNA 分子柔性较大,要研究其三级结构较困难,因此目前对 rRNA 的三级结构还了解较少。

所有生物体的核糖体都由大小不同的两个亚基所组成。原核生物中 70S 的核糖体是由 50S 和 30S 两个大小亚基组成。30S 小亚基含 16S 的 rRNA 和 21 种蛋白质,50S 大亚基含 23S 和 5S 两种 rRNA 及 34 种蛋白质。真核生物中 80S 的核糖体是由 60S 和 40S 两个大小亚基组成的。40S 的小亚基含 18S rRNA 及 33 种蛋白质,60S 大亚基则由 28S、5. 8S 和 5S 3 种

rRNA 及 49 种蛋白质组成。

原核生物中的 16S rRNA 含 1542 个核苷酸，其 3′-端有一段保守序列 ACCUCCU 是 mRNA 识别与结合的位点。通过比较原核生物和真核生物小亚基 rRNA 的二级结构，发现有类似的保守序列，二级结构基本相似，由此看来二级结构的保守序列是这类 rRNA 行使功能的关键部位，如图 5-24(a)所示。

23S rRNA 与 16S rRNA 相似，分子中至少有一半核苷酸以双链形式存在，分子内有 100 多个螺旋。通过远距离碱基配对，把整个分子折叠成 6 个结构区域，分别是结构域Ⅰ(第 16～524 位核苷酸)、结构域Ⅱ(第 579～1261 位核苷酸)、结构域Ⅲ(第 1295～1645 位核苷酸)、结构域Ⅳ(第 1648～2009 位核苷酸)、结构域Ⅴ(第 2043～2625 位核苷酸)、结构域Ⅵ(第 2630～2882 位核苷酸)。每个区域中结构组织与 16S rRNA 一样，短的螺旋通过中央环和侧环相连接。

5S rRNA 分子较小，其 5′-端与 3′-端区域互补，形成稳定的含 9～11 个碱基对的双螺旋。整个核苷酸序列组成 2 个复合发夹结构。原核生物 5S rRNA 的第 43～47 位核苷酸序列为 CGAAC，可与 tRNA 分子 TΨC 环上的 GTΨCG 序列配对，在真核生物 5.8S rRNA 上也有相同的 CGAAC 序列，这是 tRNA 与 rRNA 相互识别、相互作用的部位，如图 5-24(b)所示。

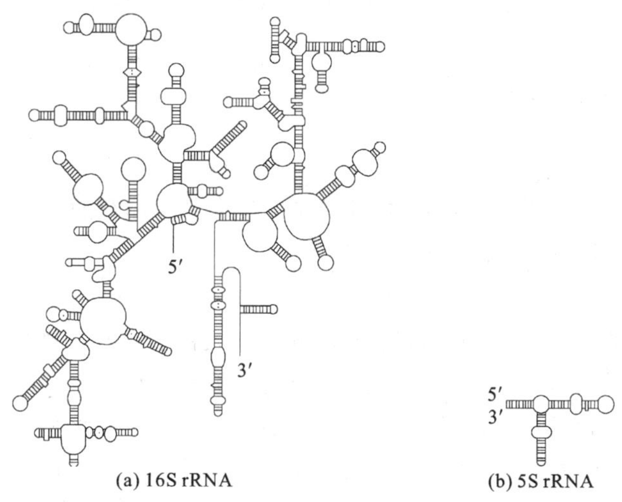

(a) 16S rRNA　　(b) 5S rRNA

图 5-24　16S 和 5S rRNA 二级结构通用模型

4. 其他 RNA 分子

随着有关 snmRNA 的研究深入，由此产生了 RNA 组学(RNomics)这一新的研究领域。RNA 组学是研究细胞的全部 RNA 基因和 RNA 的分子结构与功能的一门科学。RNA 组学的研究内容包括细胞中 snmRNA 的种类、结构和功能，同一生物体内不同种类的细胞或同一细胞在不同时空状态下 snmRNA 表达谱的变化，以及与功能之间的关系。下面以核酶为例，介绍它的结构和功能。

具有催化作用的小 RNA 被称为核酶(ribozyme)或催化性 RNA(catalytic RNA)。现在已知的核酶绝大部分参与 RNA 的加工和成熟，它们大致分为三类：①异体催化的剪切体，如核糖核酸酶 P(RNase P)；②自体催化的剪切体，如植物类病毒等；③内含子的自我剪接体，如四膜虫大核 26S rRNA 前体。托马斯·切赫(Thomas R. Cech)和悉尼·奥尔特曼(Sidney Altman)两人由于这一发现在 1989 年获得了诺贝尔化学奖。1995 年伯纳德·奎劳德

(Bernard Cuenoud)等人发现了具有酶活性的DNA,可催化2个底物DNA片段的连接。这些研究显示某些特定序列的核酸(DNA或RNA)也可具有酶的催化功能。

核酶的一级结构没有一定的规律,但有些二级结构对于催化活性很重要,锤头结构是某些核酶的典型二级结构,可在锤头右上方产生剪切反应,切断底物分子的磷酸二酯键,如图5-25所示。据此可设计合成不同的锤头结构来剪切底物,现在已设计了针对HIV的*gag*、*tat*基因和5′-LTR区的4种核酶,在体外实验中都成功地破坏了病毒RNA。

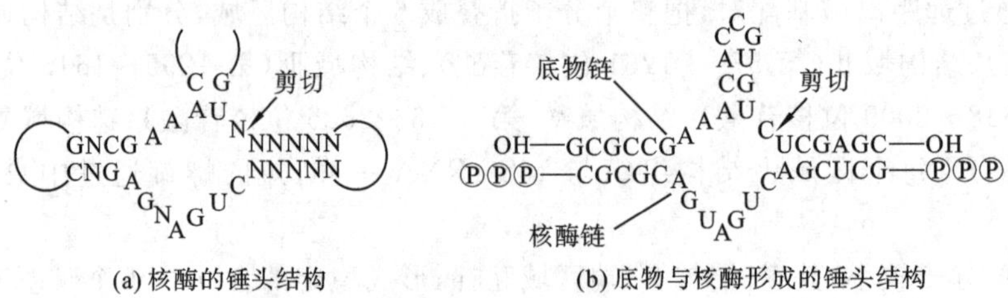

图5-25　具有锤头结构的核酶及其催化作用

5.3　核酸的物理化学性质

5.3.1　核酸的一般的物理性质

1. 性状

RNA及其组分核苷酸、核苷、嘌呤碱、嘧啶碱的纯品都呈白色的粉末或结晶;DNA则为疏松的石棉一样的白色纤维状固体。

2. 溶解性

RNA和DNA都是极性化合物,微溶于水,不溶于乙醇、乙醚、氯仿等有机溶剂,常用乙醇或异丙醇从溶液中沉淀核酸。它们的钠盐易溶于水。DNA和RNA在生物细胞内都与蛋白质结合成核蛋白,脱氧核糖核蛋白(DNP)与核糖核蛋白(RNP)的溶解度受溶液的盐浓度的影响而不同。DNP在低浓度的盐溶液中随盐浓度的增加而增加,在1 mol/L的NaCl溶液中溶解度比纯水高2倍,在0.14 mol/L的NaCl溶液中溶解度最低,仅为其在纯水中溶解度的1%,几乎不溶解;而RNP的溶解度受盐浓度的影响较小,在0.14 mol/L的NaCl溶液中可以很好地溶解,因此,在核酸的提取中,常用此法将两种核蛋白分开,然后用蛋白质变性剂去除蛋白质。

3. 黏性

一般而言,高分子溶液比普通溶液的黏度要大,线性分子的黏度要超过不规则线团分子和球形分子。由于天然DNA具有双螺旋结构,分子量大,分子细长,长度可达几个厘米,因此,即使是很稀的DNA溶液,黏度也极大。RNA分子比DNA分子短,形状不规则,故就黏度而言,DNA大于RNA。当DNA溶液在加热或其他因素作用下螺旋结构转变为线团结构时,黏度降低,所以可用黏度作为监测DNA变性的指标。

5.3.2　核酸的水解

DNA和RNA中的糖苷键与磷酸酯键都能用化学法或酶法水解。在很低的pH条件下

(酸水解),DNA 和 RNA 都会发生磷酸二酯键水解,碱基和核糖之间的糖苷键也极易被水解,其中嘌呤碱的糖苷键比嘧啶碱的糖苷键对酸更不稳定。高 pH(碱水解)通常用于 RNA 的水解,在这种情况下,RNA 的磷酸酯键极易被水解,而 DNA 的磷酸酯键却不易被水解。例如,在 0.1 mol/L NaOH 溶液中,RNA 几乎完全被水解,但 DNA 在同样条件下不受影响。

水解核酸的酶有很多种,按底物专一性分类,作用于 RNA 的称为核糖核酸酶(ribonuclease,RNase),作用于 DNA 的称为脱氧核糖核酸酶(deoxyribonuclease,DNase);按对底物作用方式分类,可分核酸内切酶(endonuclease)与核酸外切酶(exonuclease)。基因的重组与分离,除了涉及水解核酸的酶外,还有一系列相互关联的酶催化反应,表 5-5 列举了基因工程实验中常用的核酸酶。

表 5-5　基因工程中常用的核酸酶

核酸酶名称	主要的功能
Ⅱ型核酸内切限制酶	在特异性的碱基序列部位切割 DNA 分子
DNA 连接酶	将两条 DNA 分子或片段连接成一个整体
大肠杆菌 DNA 聚合酶Ⅰ	通过向 3′-端逐一增加核苷酸的方式填补双链 DNA 分子上的单链裂口
逆转录酶	以 RNA 分子为模板合成互补的 cDNA 链
多核苷酸激酶	把一个磷酸分子加到多核苷酸链的 5′-OH 端
末端转移酶	将同聚物尾巴加到线性双链 DNA 分子或单链 DNA 分子的 3′-OH 末端
核酸外切酶Ⅲ	从一条 DNA 链的 3′-端移去核苷酸残基
λ 核酸外切酶	自双链 DNA 分子的 5′-端移走单核苷酸,从而暴露出延伸的单链 3′-端
碱性磷酸酶	从 DNA 分子的 5′-端或 3′-端或同时从 5′-端和 3′-端移去末端磷酸
S1 核酸酶	催化 RNA 和单链 DNA 分子降解成 5′-单核苷酸,同时也可切割双链核酸分子的单链区
Bal31 核酸酶	具有单链特异的核酸内切酶活性,也具有双链特异的核酸外切酶活性
Taq DNA 聚合酶	能在高温(72 ℃)下以单链 DNA 为模板按 5′→3′方向合成新生互补链

核酸内切酶的作用是水解多核苷酸链内部的 3′,5′-磷酸二酯键。有些内切酶能识别 DNA 双链上的特异序列并在识别位点或其附近切割双链 DNA,水解有关的 3′,5′-磷酸二酯键,这类酶被称为限制性核酸内切酶。限制性核酸内切酶是非常重要的工具酶,使人们有可能对真核染色体基因的结构、组织、表达及进化等问题进行深入的研究。目前已经鉴定出有三种不同的类型,分别为Ⅰ型酶、Ⅱ型酶、Ⅲ型酶,它们具有不同的特性,见表 5-6。其中,由于Ⅱ型限制性核酸内切酶的核酸内切作用活性和甲基化作用活性是分开的,并且其核酸内切作用又具有序列特异性,故在基因克隆中有特别广泛的用途。

表 5-6　限制性核酸内切酶的类型及其主要特征

特　　性	Ⅰ型	Ⅱ型	Ⅲ型
(1) 限制和修饰活性	单一多功能的酶	分开的核酸内切酶和甲基化酶	具有一种共同亚基的双功能的酶
(2) 核酸内切限制酶的蛋白质结构	3 种不同的亚基	单一的成分	2 种不同的亚基
(3) 限制作用所需的辅助因子	ATP、Mg^{2+}、S-腺苷甲硫氨酸	Mg^{2+}	ATP、Mg^{2+}、(S-腺苷甲硫氨酸)

续表

特　性	Ⅰ型	Ⅱ型	Ⅲ型
(4) 寄主特异性位点序列	EcoB:TGA(N)$_8$TGCT EcoK:AAC(N)$_6$GTGC	旋转对称(Ⅱs 型例外)	EcoP1:AGACC EcoP15:CAGCAG
(5) 切割位点	在距寄主特异性位点至少 1000 bp 的地方可能随机地切割	位于寄主特异性位点或其附近	距寄主特异性位点 3′-端 24～26 bp 处
(6) 酶催转换	不能	能	能
(7) DNA 易位作用	能	不能	不能
(8) 甲基化作用的位点	寄主特异性的位点	寄主特异性的位点	寄主特异性的位点
(9) 识别未甲基化的序列进行核酸内切酶切割	能	能	能
(10) 序列特异的切割	不是	是	是
(11) 在 DNA 克隆中的用处	无用	十分有用	用处不大

注:N 表示任何一种核苷酸。

核酸外切酶只对核酸末端的 3′,5′-磷酸二酯键有作用,将核苷酸一个一个切下,可分为 5′→3′外切酶,以及 3′→5′外切酶。例如,蛇毒磷酸二酯酶是一种 3′→5′外切酶,水解产物为 5′-核苷酸;牛脾磷酸二酯酶是一种 5′→3′外切酶,水解产物为 3′-核苷酸。核酸外切酶对核酸的水解位点如图 5-26 所示。

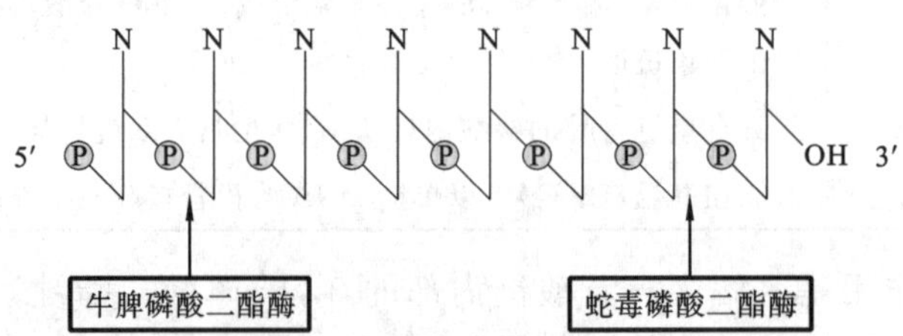

图 5-26　蛇毒磷酸二酯酶和牛脾磷酸二酯酶的水解位点

5.3.3　核酸的酸碱性质

核酸与核苷酸既有酸性磷酸基团,又有碱性基团,所以均为两性电解质。在一定的 pH 条件下,可以发生解离从而带有一定的电荷,因此都有一定的等电点。当 pH 大于 4 时,磷酸残基上 H^+ 全部解离,呈多阴离子状态,因此,核酸相当于多元酸,具有较强的酸性。碱基对之间氢键的稳定性与其解离状态有关,而碱基的解离状态又与溶液 pH 环境有关,所以溶液中的 pH 直接影响碱基对中氢键的稳定。DNA 的碱基对在 pH4.0～11.0 之间最稳定,当 pH 超过这一范围时就会导致 DNA 变性。在中性 pH 条件下,参与氢键的—NH_2 均不带电荷,这是杂环电子共轭以及氢键共同作用的结果,否则双螺旋结构不会稳定。

核酸的等电点较低,如游离态酵母 RNA 的等电点 pI 为 2.0～2.8。呈多阴离子状态的核酸可以与 Na^+、K^+、Mg^{2+} 等金属离子结合成盐,多阴离子状态的核酸也可以与碱性蛋白结合。病毒与细菌中的 DNA 分子常与精胺(spermine)、精脒(spermidine)等多阳离子结合,就具有更大的稳定性和柔韧性。

5.3.4 核酸的紫外吸收

碱基的嘌呤环和嘧啶环有共轭双键，使碱基、核苷、核苷酸和核酸都能吸收波长在 260～290 nm 的紫外光，如图 5-27 和图 5-28 所示，其最大吸收峰在 260 nm 附近。由于芳香族氨基酸残基在 280 nm 左右有最大吸收峰，利用这一特性，可鉴别核酸中的蛋白质杂质，而且也是目前定量核酸的常用方法。

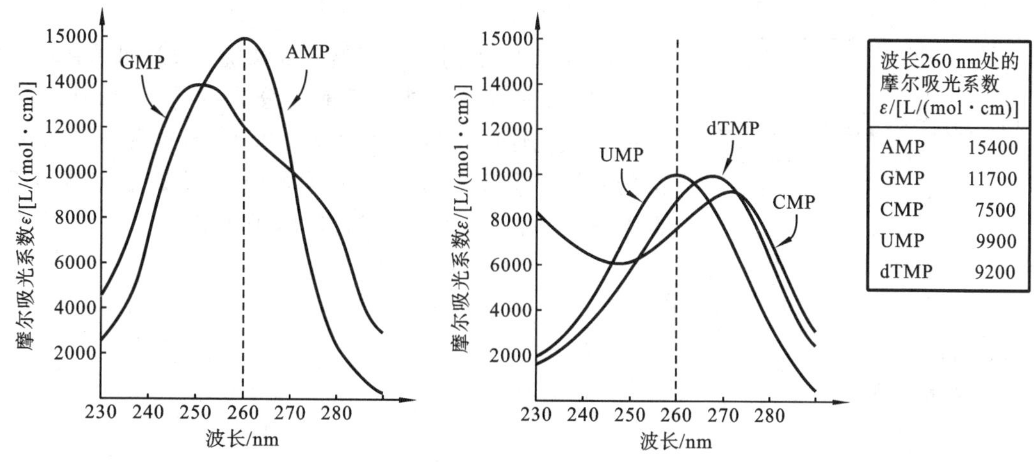

波长260 nm处的摩尔吸光系数 ε/[L/(mol · cm)]	
AMP	15400
GMP	11700
CMP	7500
UMP	9900
dTMP	9200

图 5-27 核苷酸与脱氧核苷酸的紫外吸收

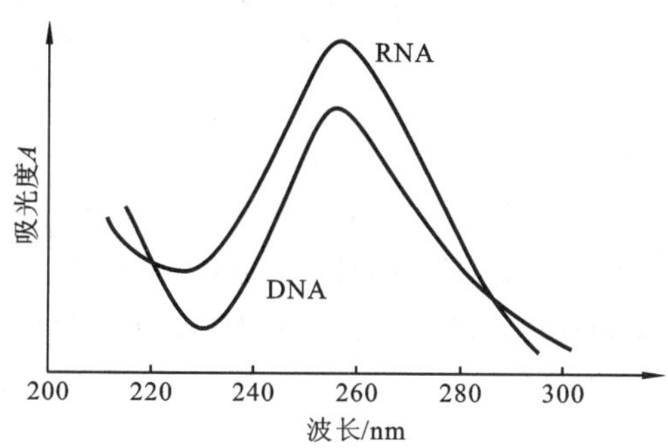

图 5-28 DNA 和 RNA 的紫外吸收光谱

实验室测定 260 nm 处的吸光度(A_{260})可用于核酸的定量分析。通常一单位 A_{260} 相当于：50 μg/mL 双链 DNA、40 μg/mL 单链 DNA 或 RNA、20 μg/uL 寡核苷酸的浓度。而用紫外分光光度法测定 A_{260}/A_{280} 可用于判断核酸样品的纯度：A_{260}/A_{280} 大于 1.8 时为纯 DNA；达到2.0 为纯 RNA；如果明显小于 1.8 则样品中含有杂蛋白。

核酸制品纯度不一，分子量大小不同，很难用核酸的质量来表示它的摩尔吸光系数，但核酸分子中磷原子的含量相等，故可以通过测量磷的含量来计算核酸的吸光度。以每升核酸溶液中 1 g 磷原子为标准来计算核酸的吸光系数，称为核酸的摩尔磷吸光系 Z 数(ε_P)。

$$\varepsilon_P=\frac{A}{cL}$$

公式中 A 为 260 nm 处核酸的紫外吸光度；c 为每升核酸溶液中磷的物质的量；L 为比色皿的内径。

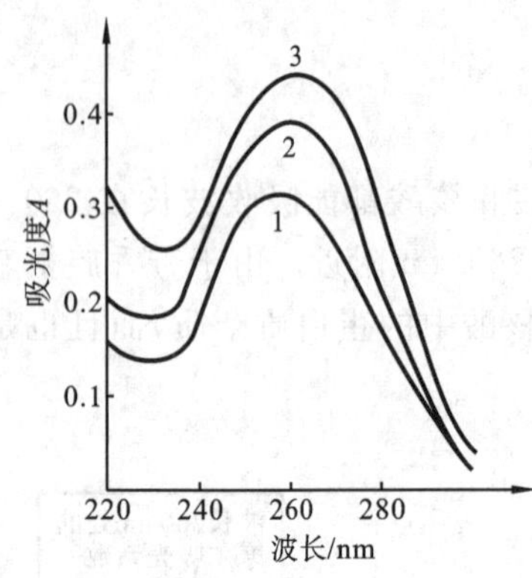

图 5-29　DNA 的紫外吸收光谱

1—天然 DNA;2—变性 DNA;
3—核苷酸的总吸光度

核酸的摩尔磷吸光系数可用于判断 DNA 制剂是否变性或降解。当核酸发生变性时,氢键遭到破坏,碱基暴露,在 260 nm 处紫外吸收增强,ε_P 显著升高,该现象称为增色效应;当变性的核酸又复性后,ε_P 降低,称为减色效应。如图 5-29 所示。

5.3.5　核酸的变性、复性及杂交

1. 核酸的变性

在理化因素作用下,天然的双螺旋DNA 和具有双螺旋区的 RNA 其两条互补链松散而分开成为单链,从而导致核酸的理化性质及生物学性质发生改变,这种现象称为核酸的变性。当DNA 发生变性时,维持双螺旋稳定性的氢键断裂,碱基间的堆积力遭到破坏,但不涉及其一级结构的改变。

引起 DNA 变性的因素主要如下。

(1) 高温。

(2) 强酸、强碱。

(3) 有机溶剂等。

DNA 变性后的性质改变如下。

(1) 增色效应:指 DNA 变性后对 260 nm 紫外光的吸光度明显增加的现象。

(2) 旋光性下降。

(3) 黏度降低。

(4) 生物学功能丧失或改变。

DNA 的变性过程是突变性的,即变性过程不随温度的升高而缓慢发生,而是在很窄的温度区间内完成,如图 5-30(a)所示,而且在不同的温度范围内可能呈现不同的构象,如图 5-30(b)所示。加热变性使 DNA 的双螺旋结构失去一半时,即 ε_P 紫外吸光度达到最大吸收值一半时的温度称为该 DNA 的熔解温度(melting temperature,T_m),亦称解链温度或熔点,如图5-30(c)所示,一般在 82～95 ℃之间。

DNA 的 T_m 与下列因素有关。

(1) DNA 的均一性:分子种类越纯,长度越一致,T_m 范围较小,反之则 DNA 的 T_m 范围较大(T_m 可作为衡量 DNA 均一性的标准)。

(2) GC 含量:GC 含量越高,则 T_m 越高。GC 含量=(T_m−69.3)×2.44(可由 GC 含量计算 T_m)。

(3) 介质中的离子强度:离子强度高,T_m 升高,且 T_m 范围较小。

(4) 溶液的 pH:高 pH 下碱基广泛失去质子,氢键形成的能力丧失。当 pH＞11.3 时,DNA 完全变性,当 pH＜5 时,DNA 易于脱嘌呤。

2. 核酸的复性

两条变性的核苷酸单链在适当的条件下,按照碱基互补原则重新经由氢键连接而形成双螺旋结构的双链过程称为复性。复性后,DNA 的一系列理化性质得到恢复,比如黏度增大、生物活性恢复等。变性 DNA 在复性过程中必须缓慢冷却,此过程又称为退火(annealing)。通

(a) DNA变性的温度区间 (b) DNA的解链曲线 (c) DNA的熔点

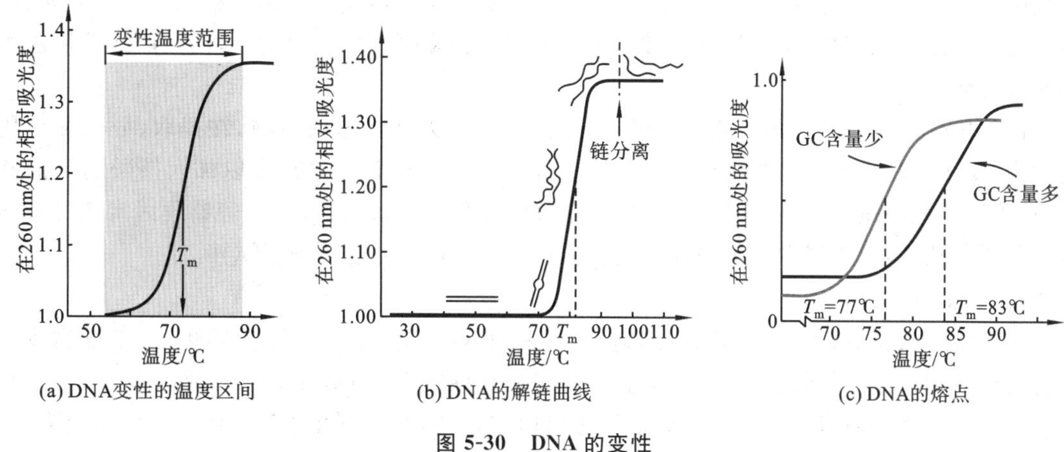

图 5-30 DNA 的变性

常将热变性后的 DNA 溶液缓慢冷却，在低于变性温度 25～30 ℃的条件下保温一段时间，则变性的两条单链 DNA 可以重新互补而形成原来的双螺旋结构并恢复原有的性质。

一般而言，DNA 片段越大，复性越慢；DNA 浓度越大，复性越快。用 c_0 表示变性 DNA 复性时的初始浓度，以核苷酸的物质的量浓度(mol/L)表示。Cot 是浓度时间常数，$Cot_{\frac{1}{2}}$ 表示复性一半的 Cot，我们可以用 $Cot_{\frac{1}{2}}$(mol·s/L)来衡量复性反应的速度。

3. 核酸的杂交

两条来源不同的单链核酸(DNA 或 RNA)，只要它们有大致相同的互补碱基顺序，经退火处理即可复性，形成新的杂合双螺旋，这一现象称为核酸的分子杂交(hybridization)。

核酸杂交可以是 DNA-DNA，也可以是 DNA-RNA 杂交。不同来源的、具有大致相同互补碱基顺序的核酸片段称为同源顺序。核酸杂交可以在液相或固相载体上进行，如图 5-31 所示。

图 5-31 核酸杂交示意图

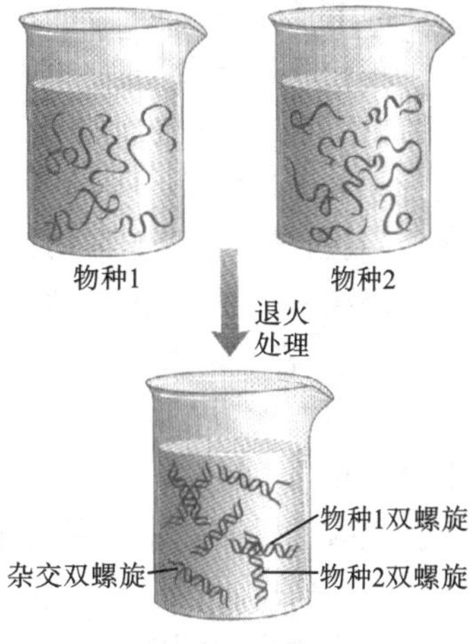

核酸杂交广泛用于进行基因定位、确定基因拷贝数等。在核酸杂交分析过程中，常将已知顺序的核酸片段用放射性同位素或生物素进行标记，这种带有一定标记的已知顺序的核酸片段称为探针，杂交后通过检测标记的位置就可以找到相应特定的核酸。利用核酸的分子杂交，可以确定或寻找不同物种中具有同源顺序的 DNA 或 RNA 片段，在分析肿瘤的发生机理、检测病毒性感染方面得到了广泛使用。

目前常用的核酸分子杂交技术有：Southern 杂交(DNA 转移后再杂交，鉴别 DNA)及 Northern 杂交(RNA 转移后再杂交，鉴别 RNA)、原位杂交、斑点杂交等。

5.4 核酸的研究方法

5.4.1 核酸的分离、纯化和定量测定

细胞内的大多数核酸与蛋白质结合，也有少量的以游离或与氨基酸结合的形式存在。提

取核酸一般的原则是先收集和破碎组织或者细胞，提取核蛋白使其与其他细胞成分分离，然后用蛋白质变性剂如苯酚、十二烷基硫酸钠或者蛋白酶去除蛋白质，最后获得的核酸溶液用乙醇等使其沉淀。

由于核酸是具有活性的生物大分子，所以为了获得天然状态的核酸，在提取、分离和纯化过程中，要注意防止由于核酸酶或者理化因素导致的核酸降解。通常可以加入核酸酶的抑制剂，在提取过程中避免强酸强碱对核酸的化学降解作用。高温、机械作用等物理因素均可破坏核酸分子完整性，所以提取时环境应保持低温(0～4 ℃)，并且避免剧烈搅拌。

1. DNA 的分离

获得实验材料后，如果是细菌和细胞，一般采用碱裂解法或超声波破碎法；对于植物或者动物的组织则采用液氮快速研磨或低温匀浆法，使得细胞内的 DNA 分子释放出来。

对于真核细胞而言，DNA 大多数以核蛋白形式存在，可以利用 DNP 溶于水和高盐溶液，但不溶于生理盐溶液的性质进行分离，而 RNP 可以溶于生理盐溶液。

分离的基本流程如下。

破坏组织或细胞—用浓盐溶液(通常为 1 mol/L NaCl 溶液)提取—用生理盐溶液沉淀—苯酚变性除去蛋白质(可以多次重复)—水相 DNA 用冷乙醇沉淀

细胞内含有大量的蛋白质，在 DNA 提取时必须除去，常用的方法有以下几种。

1) 去污剂法

用十二烷基硫酸钠(SDS)等去污剂可使蛋白质变性。该法对 DNA 伤害较小，且不易降解 DNA。

2) 苯酚抽提法

苯酚既是蛋白质变性剂，同时又具有抑制 DNase 降解的作用。用苯酚处理匀浆液时，由于蛋白质与 DNA 连接键已断，蛋白质分子表面又含有很多极性基团与苯酚相似相溶。蛋白质分子溶于酚相，而 DNA 溶于水相。离心分层后取出水层，多次重复操作，再合并含 DNA 的水相，利用核酸不溶于醇的性质，用乙醇沉淀 DNA。此时 DNA 是十分黏稠的物质，可用玻璃棒慢慢绕成一团，取出。此法的特点是使提取的 DNA 保持天然状态。

3) 三氯甲烷-戊醇抽提法

将匀浆物或细胞破碎物与等体积三氯甲烷-戊醇(3∶1)混合振荡后低温离心，溶液分层。上层水相含 DNA 和蛋白质，下层为三氯甲烷-戊醇，中间为变性的蛋白质。提取上层水相，重复抽提直到没有蛋白质层为止。

4) 酶法

用光谱蛋白酶使蛋白质水解。由于天然 DNA 分子有的呈线性，有的呈环形，提取完毕后可用下列方法将不同构象的 DNA 分离。

(1) 蔗糖梯度区带超离心：可按照 DNA 分子的大小和形状进行分离。

(2) 氯化铯密度梯度平衡超离心：用超离心机对小分子物质溶液长时间加一个离心力场达到沉降平衡，在沉降池内从液面到底部出现一定的密度梯度。若在该溶液里加入少量大分子溶液，则溶液内比溶剂密度大的部分就产生大分子沉降，比溶剂密度小的部分就会上浮，最后在重力和浮力平衡的位置集聚形成大分子带状物。利用这种现象，测定核酸或蛋白质等的浮游密度，或根据其差别进行分析。氯化铯在水中的溶解度很大，能够制成浓度很高的溶液(80 mol/L)，因此可以按照浮力、密度的不同对不同构象的 DNA、RNA、蛋白质进行分离。

(3) 羟甲基磷灰石和甲基清蛋白硅藻土层析也是常用的纯化 DNA 的方法。

2. RNA 的分离

RNA 比 DNA 更不稳定，且 RNase 无处不在，所以分离、提纯 RNA 比 DNA 要求更苛刻，实验条件要求更严格，实验中要严格按无菌操作规程进行。

制备 RNA 时还应注意以下几点。

(1) 可以用 0.1%焦碳酸二乙酯(DEPC)处理器皿，抑制 RNase 的活性。

(2) 提纯过程中加入强变性剂(胍盐)使 RNase 失活。

RNA 也常常与蛋白质结合，因此有效的去除蛋白质是分离纯化 RNA 的关键步骤，从 RNA 提取液中除去蛋白质的方法有以下几种。

(1) 盐酸胍法：用盐酸胍(最终浓度为 2 mol/L)溶解大部分蛋白质，经冷却，RNA 析出，粗制品可以用三氯甲烷除去少量残余蛋白质。

(2) 去污剂法：用十二烷基硫酸钠(SDS)等去污剂可使蛋白质变性，将 RNA 与蛋白质分离。

(3) 氯化钠法：在 10%NaCl 溶液中加热至 90 ℃，离心去掉不溶物，加乙醇使 RNA 沉淀。

(4) 苯酚抽提法：用 90%苯酚抽提粗提物，离心分层。

RNA 的来源和种类很多，制品中又往往混有链长不等的多核苷酸，这些多核苷酸或者不同类型的 RNA 可以采用下列方法进一步纯化，得到均一的 RNA 制品。

(1) 蔗糖梯度区带超离心：可以将 18S、28S、4S RNA 分开。

(2) 聚丙烯酰胺凝胶电泳：根据分子量的不同，分离不同的 RNA。

(3) 亲和层析和免疫法：根据 RNA 结合的特异性分离不同的 RNA。

(4) 羟基磷灰石柱、甲基白蛋白硅藻土柱、纤维素柱常用于分级分离不同类型的 RNA。

3. 核酸含量的测定方法

核酸含量测定前需要预处理，除去酸溶性含磷化合物及脂溶性含磷化合物。

1) 紫外分光光度法

核酸、核苷酸及其衍生物都具有共轭双键系统，能吸收紫外光，RNA 和 DNA 的紫外吸收峰在 260 nm 波长处。一般在 260 nm 波长下，1 mg 含 1 μg RNA 溶液的吸光度为 0.022～0.024，1 mg 含 1 μg DNA 溶液的吸光度约为 0.020，故测定未知浓度 RNA 或 DNA 溶液在 260 nm 波长处的吸光度即可计算出其中核酸的含量。此法操作简便，迅速。

2) 定磷法

元素分析表明，RNA 平均含磷量为 9.4%，DNA 为 9.9%，因此可以从测定核酸样品的含磷量计算 RNA 或 DNA 的含量。磷的测定方法很多，Fiske—Subbarow 定磷法是一经典的但至今仍被经常采用的方法，它具有灵敏、简便的特点。核酸分子中的有机磷经强酸消化后形成无机磷，在酸性条件下，无机磷与钼酸铵结合形成黄色磷钼酸铵沉淀，其反应为

$$(NH_4)_2MoO_4 + H_2SO_4 \longrightarrow H_2MoO_4 + (NH_4)_2SO_4$$

$$H_3PO_4 + 12H_2MoO_4 \longrightarrow H_3P(Mo_3O_{10})_4 + 12H_2O$$

在还原剂存在的情况下，黄色物质变成蓝黑色，称为钼蓝。

$$H_3P(Mo_3O_{10})_4 \xrightarrow{V_C} \underset{\text{钼蓝}}{Mo_2O_3 \cdot MoO_3}$$

钼蓝的最大吸收波长在 660 nm 处，在一定浓度范围内，溶液的吸光度与无机磷的含量成正比，因此可应用分光光度法进行磷的定量测定。该法测得的是总磷量，需减去无机磷的含量

才是核酸的含磷量。

3)定糖法

(1) 核糖的测定。

核酸中的戊糖可在浓盐酸或浓硫酸作用下脱水生成醛类化合物,醛类化合物可与某些生色剂缩合成有色化合物,可用比色法或分光光度法测定其溶液中的吸光度,如图5-32所示。

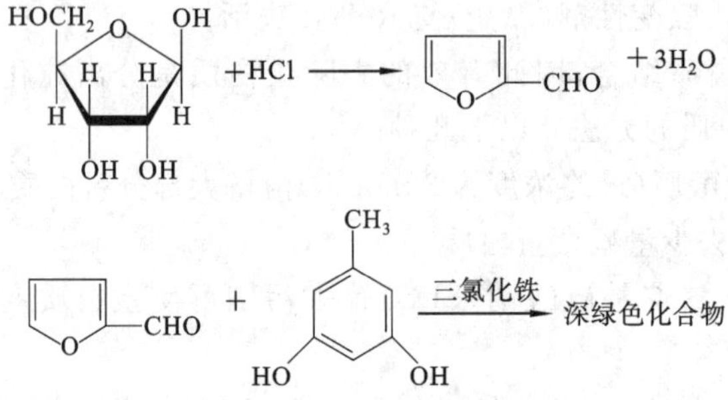

图5-32 核糖测定原理图

在一定浓度范围内,溶液的吸光度与核酸的含量成正比。生成的绿色化合物在670 nm处有最大的吸光度。

(2) 脱氧核糖的测定。

DNA中的脱氧核糖可在浓硫酸作用下脱水生成ω-羟基-γ-酮戊酸,该化合物可与二苯胺生成蓝色化合物,在595 nm处有最大吸光度。

5.4.2 核酸的超速离心

超速离心可用于测定核酸的沉降常数和分子量。最常用的密度梯度沉降平衡超离心法是在离心管中形成一个液体梯度,在离心时各组分以不同的速度下沉,最终停留在与自己相同的密度中,形成一条狭窄的平衡带,并保持相对的稳定。为了使样品所有组分都能达到它们的平衡位置,需要长时间离心。这种方法适用于分离大小相似但密度不同的物质,如核酸的分离。氯化铯梯度是常用于平衡离心的介质,分辨率很高,可区别相对密度相差0.05的组分,但离心时间较长。超速离心主要有以下作用。

(1) 测定核酸密度。

(2) 测定DNA中GC的含量。

(3) 研究溶液中核酸构象。

(4) 用于核酸的制备(溴化乙啶-氯化铯密度梯度平衡超离心法分离不同构象的DNA、RNA及蛋白质,是纯化DNA时常用的方法)。

5.4.3 核酸的凝胶电泳

琼脂糖或聚丙烯酰胺凝胶是分离和纯化DNA片段的标准方法。聚丙烯酰胺凝胶电泳适用于分离小分子的核酸,如分子量小于1 kb的DNA和RNA;琼脂糖凝胶孔径较大,被应用于大分子核酸的分离和纯化。

1. 琼脂糖凝胶电泳

琼脂糖主要是从海洋植物琼脂中提取出来的,为一种聚合线性分子,一般含有多糖、蛋白质和盐等杂质,杂质的含量可以影响DNA的电泳迁移率。琼脂糖可制成不同孔径的凝胶,分离DNA的范围广，为200 bp～50 kb。通常DNA分子带负电荷，在电场中受到电荷效应、分子筛效应向正极移动的过程中，因DNA分子的大小及构象差别而呈现迁移位置上的差异。对于线性DNA分子，其电场中的迁移率与其分子量的对数值成反比，电泳时加溴化乙啶，其与DNA结合形成一种荧光配合物，在254～365 nm紫外光照射下产生橘红色的荧光，可用于检测DNA（此法可观察到凝胶中2 ng的DNA）。如有必要可从凝胶中回收DNA片段，用于分子克隆或探针标记等操作。

利用琼脂糖凝胶电泳可以分析DNA，测定DNA片段的分子量，并在胶上回收DNA。

2. 聚丙烯酰胺凝胶电泳(PAGE)

聚丙烯酰胺凝胶(polyacrylamide gel，PAG)是通过丙烯酰胺和交联剂甲叉双丙烯酰胺在一个适当的自由基催化的作用下共聚合而成的高分子多孔化合物。常用的聚合方法有化学聚合和光聚合两种。化学聚合的催化剂通常采用过硫酸铵，此外，还需要一种脂肪族叔胺作为加速剂，常用的加速剂为四甲基乙二胺。PAG网孔大小与丙烯酰胺和甲叉双丙烯酰胺的浓度有关，而且凝胶的机械性、弹性、透明度、黏度等也与两者的比例有关。一般根据分离的DNA分子量大小选择适当的凝胶范围。

PAG常规灌制于两块封闭的平板之间，进行垂直电泳，其制备及电泳都比琼脂糖凝胶更复杂，但具有以下优点。

(1) 分辨率很强，相差1 bp的DNA分子都可分开。

(2) 样品槽装载DNA量大而不会明显影响分辨率。

(3) 回收DNA纯度提高，可适于最高要求的实验。

(4) 无色透明，紫外线吸收低，抗腐蚀性强，机械强度高，韧性好。

5.4.4 核酸的核苷酸序列测定

DNA的一级结构决定了基因的功能，想要解释基因的生物学含义，首先必须知道其DNA顺序。因此DNA序列分析是分子生物学中一项既重要又基本的课题。

从20世纪70年代开始，核酸的核苷酸序列测定方法已经过近40年的发展，测序的方法种类繁多，但是研究其所依据的基本原理，不外乎Sanger的双脱氧链终止法及Maxam和Gilbert的化学降解法两大类。

1. Sanger双脱氧链终止法

现行的Sanger双脱氧链终止法是从加减法序列测定技术发展而来的。加减法首次引入了使用特异引物在DNA聚合酶作用下进行延伸反应、碱基特异性的链终止，以及采用聚丙烯酰胺凝胶区分长度差一个核苷酸的单链DNA等三种方法。尽管有了这些进展，但加减法仍然不太精确，难以被广泛接受。直到1977年，Sanger引入双脱氧核苷三磷酸(ddNTP)作为链终止剂，酶法DNA序列测定技术才得到广泛应用。

DNA的合成总是从5′-端向3′-端进行的。DNA的合成需要模板以及相应的引物链。2′,3′-ddNTP与dNTP不同之处是它们在脱氧核糖的3′-端缺少一个羟基。它们可以在DNA聚合酶作用下通过其5′-三磷酸基掺入到正在增长的DNA链中，但由于没有3′-羟基，它们不能同后续的dNTP形成磷酸二酯键，因此，正在增长的DNA链不可能继续延伸。DNA链合成终止，产生短的DNA链。

具体测序工作中，平行进行四组反应，每组反应均使用相同的模板、相同的引物以及四种脱氧核苷酸；在参与DNA合成反应的4种普通dNTP中加入少量的某一种ddNTP后，链延伸将与偶然发生却十分特异的链终止展开竞争,反应产物是一系列的核苷酸链,其长度取决于起始 DNA 合成的引物末端到出现链终止的位置之间的距离。在 4 组独立的酶反应中分别采用 4 种不同的 ddNTP,结果将产生 4 组寡核苷酸,它们将分别终止于模板链的每一个 A、G、C、T 的位置上。如图 5-33 所示。

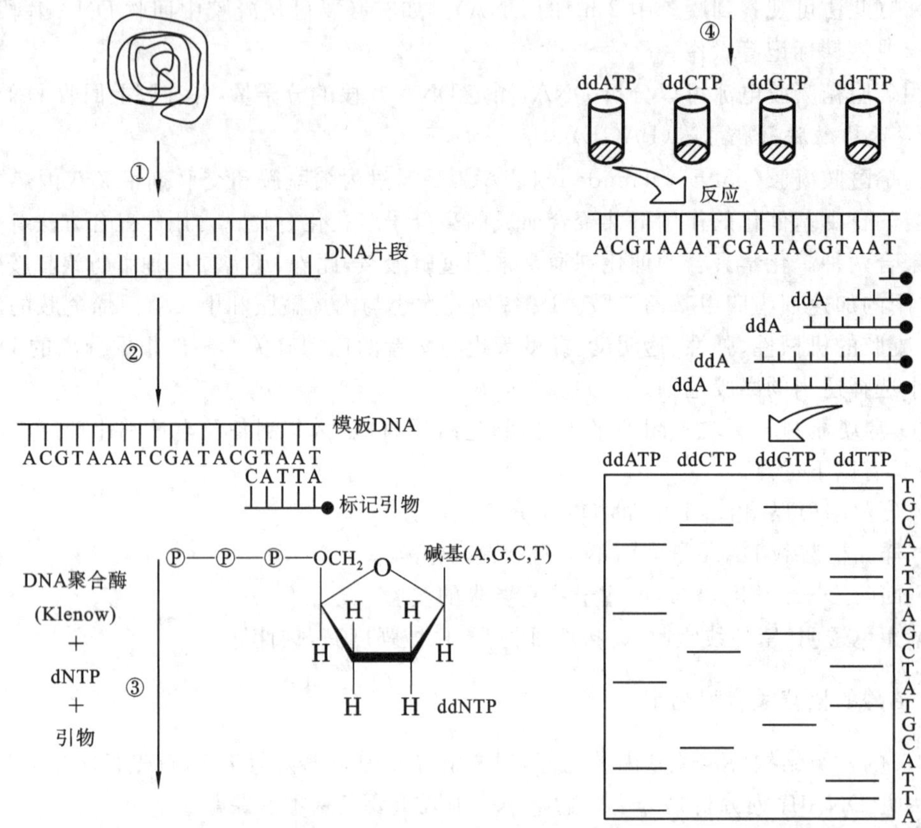

图 5-33 Sanger 双脱氧链终止法

2. DNA 化学降解法

这一方法的基本原理是依赖 DNA 链中 1 个特征性碱基能够在某些化学试剂的处理下发生专一性断裂的特点,其主要步骤如下。

(1) 在多组互相独立的化学反应中分别进行特定碱基的化学修饰。

(2) 在修饰碱基位置,用化学法断开 DNA 链,从而获得一系列长短不一的 DNA 片段。

(3) 将这些片段经过聚丙烯酰胺凝胶电泳分开;并用同位素标记 DNA 的 5′-末端(通常为放射性同位素 ^{32}P)。

(4) 根据放射自显影显示区带,直接读出 DNA 的核苷酸序列,如图 5-34 所示。

3. DNA 自动测序

基于 Sanger 的双脱氧链终止法及 Maxam 和 Gilbert 的化学降解法的基本原理发展起来的 DNA 序列测定自动化代替了手工测序。

5.4.5 DNA 的化学合成

随着 DNA 合成技术的发展,特别是自动化合成技术的引入,人们能简便、快速、高效地合

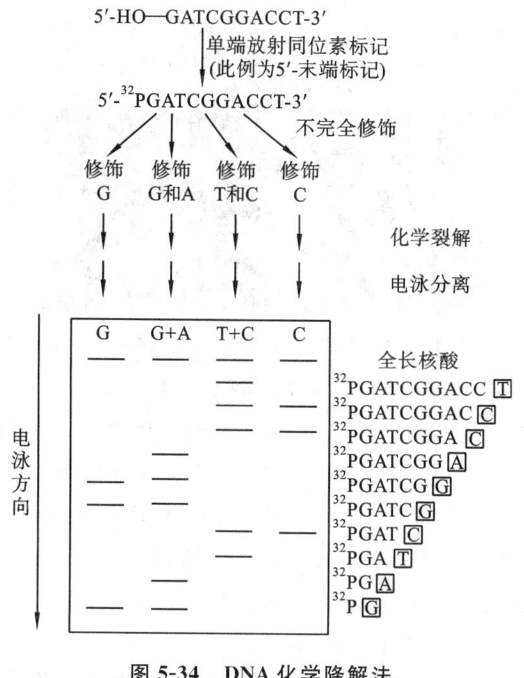

图 5-34　DNA 化学降解法

□表示被修饰碱基及断裂位置

成其感兴趣的 DNA 片段。目前,DNA 合成技术已成为分子生物学研究必不可少的手段。

1. 全基因合成

一般分子较小而又不易得到的基因可以采用该方式。可将所需合成的双链 DNA 分成若干短的寡聚核苷酸单链片段(尤其是合成基因在 100 个核苷酸以上时),每个片段长度控制在 40～60 个碱基,并使每对相邻互补的片段之间有几个碱基交叉重叠。在体外将除基因两个末端外的所有片段磷酸化。混合退火后加入 DNA 连接酶,即可得到较大的基因片段。采用分步连接、亚克隆的方法逐步合成。为便于亚克隆中回收基因片段,应在片段两侧设计合适的酶切位点,由于每个亚克隆的基因片段可以分别鉴定,从而可减少顺序错误的可能性。

2. 酶促合成

酶促合成又称基因的半合成。较大的基因全部化学合成时成本昂贵,费时较长,使用半合成的方法可以降低成本,从而利于普及使用。首先合成末端之间有 10～14 个互补碱基的寡核苷酸片段,退火后以重叠区作为引物,在 4 种 dNTP 存在的条件下,通过 DNA 聚合酶Ⅰ或逆转录酶的作用,获得两条完整的互补双链。在合成基因的结构中,应包括有克隆和表达所需要的全部信号及 DNA 序列,基因中的阅读框也应该同表达体系相适应。此外,由于密码子的使用在不同种类的生物体中具有明显的选择性,在基因合成和克隆时必须考虑这个问题,选择合适的密码子,以获得高效表达。

阅读性材料

DNA 双螺旋的故事

20 世纪 40 年代末和 50 年代初,在 DNA 被确认为遗传物质之后,生物学家们不得不面临着一个难题:DNA 应该有什么样的结构,才能担当遗传的重任?它必须能够携带遗传信息,能够自我复制传递遗传信息,能够让遗传信息得到表达以控制细胞活动,并且能够突变并保留突变,这四点,缺一不可。如何构建一个 DNA 分子模型解释这一切?

当时主要有三个实验室几乎同时在研究 DNA 分子模型。第一个实验室是剑桥大学国王学院(King's College,Cambridge)的威尔金斯-富兰克林(Wilkins-Franklin)实验室,他们用 X 射线衍射法研究 DNA 的晶体结构。第二个实验室是加州理工学院的著名化学家莱纳斯·鲍林(Linus Pauling)实验室。在此之前,鲍林已发现了蛋白质的 α-螺旋结构。第三个则是由时年 23 岁的遗传学家詹姆斯·沃森(James D. Watson)和比他年长 12 岁的弗朗西斯·克里克(Francis H. C. Crick)所组成的非正式研究小组,他们从 1951 年 10 月开始拼凑模型,几经尝试,终于在 1953 年 3 月获得了正确的模型。值得探讨的一个问题是:为什么沃森和克里克既不像莫里斯·威尔金斯(Maurice Wilkins)和罗莎琳德·富兰克林(Rosalind Franklin)那样拥有第一手的实验资料,又不像鲍林那样有构建分子模型的丰富经验(他们两个人都是第一次构建分子模型),却能在这场竞赛中获胜?

这些人中,除了沃森之外,都不是遗传学家,而是物理学家或化学家。威尔金斯虽然在 1950 年最早研究 DNA 的晶体结构,当时却对 DNA 究竟在细胞中干什么一无所知,在 1951 年才觉得 DNA 可能参与了核蛋白所控制的遗传。富兰克林也不了解 DNA 在生物细胞中的重要性。鲍林研究 DNA 分子则纯属偶然,他在 1951 年 11 月的美国化学学会会刊上看到一篇有关核酸结构的论文,觉得荒唐可笑,为了反驳这篇论文,才着手建立 DNA 分子模型,他是把 DNA 分子当做化合物,而不是遗传物质来研究的。这两个研究小组完全根据晶体衍射图构建模型,不理解 DNA 的生物学功能,单纯根据晶体衍射图,有太多的可能性供选择,是很难得出正确的模型的。

沃森在 1951 年到剑桥之前,曾经做过用同位素标记追踪噬菌体 DNA 的实验,坚信 DNA 就是遗传物质。据他的回忆,他到剑桥后发现克里克也是"知道 DNA 比蛋白质更为重要的人"。但是按照克里克本人的说法,他当时对 DNA 所知不多,并未觉得它在遗传上比蛋白质更重要,只是认为 DNA 作为与核蛋白结合的物质,值得研究。正是因为沃森和克里克理解遗传物质应该具有什么样的特性,才能根据如此少的信息,做出如此重大的发现。

他们掌握的信息仅有三条。第一条是当时已广为人知的,即 DNA 由 6 种小分子组成:脱氧核糖,磷酸和 4 种碱基(A、G、T、C),由这些小分子组成了 4 种核苷酸,这 4 种核苷酸组成了 DNA。第二条是富兰克林得到的衍射照片:DNA 是由两条长链组成的双螺旋,宽度为 20 Å。最为关键的第三条是美国生物化学家埃尔文·查戈夫(Erwin Chargaff)测定的 DNA 分子组成:DNA 中的 4 种碱基的含量并不是等量的(传统认为是等量的),虽然在不同物种中 4 种碱基的含量不同,但是 A 和 T 的含量总是相等的,G 和 C 的含量也相等的。

查戈夫早在 1950 年就已发布了这个重要结果,但奇怪的是,研究 DNA 分子结构的这三个实验室都将它忽略了。甚至在查戈夫 1951 年春天亲访剑桥,与沃森和克里克见面后,沃森和克里克对他的结果也不重视。在沃森和克里克意识到查戈夫的结论的重要性后，并请剑桥的青年数学家约翰·格里菲斯(John Griffith)计算出A吸引T，G吸引C，A+T的宽度与G+C的宽度相等之后，他们很快就拼凑出了DNA分子的正确模型。

1953年4月25日，沃森和克里克在《Nature》杂志上发表了他们的研究成果“核酸的分子结构——脱氧核糖核酸的结构模型”，不足两页，字不过千，但揭开了人类在生命科学研究发展史上的一个新纪元。其实，提出第一个DNA分子模型的是著名化学家鲍林，他的文章发表在1953年《Nature》杂志的同一卷上，可惜他的文章中描述的是错误的三链螺旋模型：核酸的磷酸基团处于中轴，核酸的碱基处于外周，这和核酸的酸性分子特征不相符。沃森和克里克在论文中以谦逊的笔调，暗示了他们的这个结构模型在遗传上的重要性：“我们并非没有注意到，我们所推测的特殊配对立即暗示了遗传物质的复制机理。”在随后发表的论文中，沃森和克里克详细地说明了DNA双螺旋模型对遗传学研究的重大意义。首先，它能够说明遗传物质的自我复制。这个“半保留复制”的设想后来被马修·梅瑟生(Matthew Meselson)和富兰克林·史达(Franklin Stahl)用同位素追踪实验证实，其次，它能够说明遗传物质是如何携带遗传信息的，再次，它能够说明基因是如何突变的。基因突变是由于碱基序列发生了变化，这样的变化可以通过复制而得到保留。

但是遗传物质的第四个特征，即遗传信息怎样得到表达以控制细胞活动呢？这个模型无法解释，沃森和克里克当时也公开承认他们不知道DNA如何才能“对细胞有高度特殊的作用”。与此同时，基因的主要功能是控制蛋白质合成的观点已成为一个共识，但基因又是如何控制蛋白质的合成呢？有没有可能以DNA为模板，直接在DNA上面将氨基酸连接成蛋白质？在沃森和克里克提出DNA双螺旋模型后的一段时间内，即有人如此假设，认为DNA结构中，在不同的碱基对之间形成形状不同的“窟窿”，不同的氨基酸插在这些窟窿中，就能连成特定序列的蛋白质，但是这个假说，面临着一大难题：染色体DNA存在于细胞核中，而绝大多数蛋白质都在细胞质中，细胞核和细胞质由大分子无法通过的核膜隔离开，如果由DNA直接合成蛋白质，蛋白质无法移至细胞质。早在1952年，在提出DNA双螺旋模型之前，沃森就已设想遗传信息的传递途径是由DNA传到RNA，再由RNA传到蛋白质。在1953—1954年间，沃森进一步思考了这个问题，他认为在基因表达时，DNA从细胞核转移到了细胞质，其脱氧核糖转变成核糖，变成了双链RNA，然后以碱基对之间的窟窿为模板合成蛋白质，这个过于离奇的设想在提交发表之前被克里克否决了。克里克指出，DNA和RNA本身都不可能直接充当连接氨基酸的模板，遗传信息仅仅体现在DNA的碱基序列上，还需要一种连接物将碱基序列和氨基酸连接起来，这个“连接物假说”，很快就被实验证实了。

碱基序列是如何编码氨基酸的呢？克里克在破译这个遗传密码的问题上也做出了重大的贡献。组成蛋白质的氨基酸有20种，而碱基只有4种，显然，不可能由1个碱基编码1个氨基酸，如果由2个碱基编码1个氨基酸，只有16种(4的2次方)组合，也还不够，因此，至少由3个碱基编码1个氨基酸，共有64种组合才能满足需要。1961年，克里克等人在噬菌体T_4中用遗传学方法证明了蛋白质中1个氨基酸的顺序是由3个碱基编码的(称为1个密码子)，同一年，两位美国分子遗传学家马歇尔·尼伦伯格(Marshall W. Nirenberg)和约翰·马特哈伊(John Matthaei)破解了第一个密码子，至1966年，全部64个密码子(包括3个合成终止信号)被鉴定出来。作为所有生物来自同一个祖先的证据之一，密码子在所有生物中都是基本相同的，人类从此有了一张破解遗传奥秘的密码表。

DNA双螺旋模型(包括中心法则)的发现，是20世纪最为重大的科学发现之一，也是生物学历史上唯一可与达尔文进化论相比的最重大的发现,它与自然选择一起,统一了生物学的大概念,标志着分子遗传学的诞生。这门综合了遗传学、生物化学、生物物理和信息学的学科主宰了生物学所有新生学科的诞生,是许多人共同奋斗的结果,而克里克、威尔金斯、富兰克林和沃森,特别是克里克,就是其中最为杰出的英雄。

DNA 双螺旋结构之母——罗莎琳德·富兰克林(Rosalind Franklin)

1962 年,詹姆斯·沃森(James D. Watson)、弗朗西斯·克里克(Francis H. C. Crick)与莫里斯·威尔金斯(Maurice Wilkins)一起因为发现 DNA 双螺旋结构获得了诺贝尔奖。威尔金斯的贡献在于为沃森和克里克的发现提供了实验证据。不过,2003 年 3 月,英国文化委员会一位新闻官在参加剑桥大学国王学院(King's College,Cambridge)正式演讲,当介绍到 DNA 双螺旋结构发现 50 周年纪念活动时,她激动起来,大声地说:"我们不能忘记罗西,她在发现 DNA 双螺旋结构过程中做出了主要贡献,应当获得诺贝尔奖!"罗西是英国伦敦大学国王学院的一名女科学家,全称为罗莎琳德·富兰克林(Rosalind Franklin,1920—1958 年)。这是科学史上的一桩著名公案,在发现 DNA 双螺旋结构过程中,沃森所受到的最关键的启发就是基于富兰克林的成果。

Rosalind Franklin

富兰克林是一位非常优秀的并带有悲剧色彩的天才女科学家。她用 X 射线衍射 DNA 晶体得到了影像,从而分辨出了这种分子的维度、角度和形状。她发现 DNA 是螺旋结构,至少有两股,其化学信息面朝里,这已经非常接近事实真相。然而,在 20 世纪 50 年代,英国学术界排外思想严重,富兰克林作为一名非常有个性、脾气率直、经常对人提出尖锐批评的犹太女人,自然不被学术界所包容,沃森和克里克也曾尝过她的苦头,因此,沃森和克里克在 1962 年获得诺贝尔奖发表演说时,就根本没有提到她,而将本应属于她的荣誉落到了她在伦敦大学国王学院的对手威尔金斯身上。沃森在 1968 年出版的《双螺旋》一书中,透露了威尔金斯曾偷偷复制富兰克林的研究成果并提供给他,其中就包括了现在众所周知的她证明螺旋结构的 X 射线衍射图像。如果没有富兰克林的 X 射线成果,要确定 DNA 的螺旋结构几乎是不可能的。由于长期受到 X 射线的辐射,1958 年富兰克林因卵巢癌去世,享年 37 岁。沃森和克里克早先一直没有承认她对 DNA 贡献的真正原因是,他们根本没有告诉她,他们用了她的研究成果。沃森最后满怀感情地写道:"现在有必要阐述一下她所取得的成就……我与克里克都极为赞赏她那正直的品格和宽宏大量的秉性。只是在多年之后,我们才逐渐理解了这位才华横溢的妇女,她为了取得科学界的承认进行了长期的奋斗,而这个世界往往把妇女仅仅看作是研究工作之余的一种消遣玩物。在意识到自己的生命垂危时,她没有叹息和抱怨,直到去世前的几个星期,她还在不遗余力地从事着高水平的工作,富兰克林这种勇敢的精神和高贵的品质是值得我们学习的。"

在基因时代,人们自然不会忘记在生命科学史上具有划时代意义的 DNA 双螺旋结构的发现,以及这一发现的重大意义。目前,一些 DNA 双螺旋结构发现者的私人手稿和信件再次揭示了科学史上一些鲜为人知的故事与细节,它至少会使我们对科学研究和发现有着更为深刻和客观的认识。

习　　题

1. 名词解释

(1) 核酸的杂交

(2) 核小体

(3) DNA 的熔点(T_m)

(4) 单核苷酸

(5) 磷酸二酯键

(6) 不对称比率

(7) 碱基互补规律

(8) 反密码子

(9) 核酸的变性、复性

(10) Chargaff 规则

(11) 增色效应、减色效应

(12) 发夹结构

(13) 碱基堆积力

(14) SnmRNA

(15) Z-DNA

(16) 核酶

2. 简答题

(1) 简述 DNA 双螺旋结构模型的要点及其生物学意义。

(2) 为什么说核酸是遗传信息的载体?

(3) tRNA 的二级结构是什么形状? 其结构特征如何?

(4) DNA 分子二级结构有哪些特点?

(5) 核酸的组成和在细胞内的分布如何?

(6) 稳定 DNA 结构的力有哪些?

(7) 真核 mRNA 和原核 mRNA 有何异同点?

(8) 细胞内有哪几类主要的 RNA? 其主要功能是什么?

(9) 试述基因工程中常用核酸酶的主要功能。

(10) 简述核酶的定义及其意义。

(11) 简述核酸变性和复性的过程。

(12) 什么是解链温度? 影响特定核酸分子 T_m 的因素是什么?

(13) 什么是核酸杂交? 有何应用价值?

(14) 简述测定核酸含量的常用方法及其原理。

(15) 将下列 DNA 分子加热变性,再在各自的最适温度下复性,哪种 DNA 复性形成原来结构的可能性更大? 为什么?

(A) ATATATATAT　　(B) TAGACGATGC

(C) TATATATATA　　(D) ATCTGCTACG

3. 计算题

(1) 某 DNA 样品含腺嘌呤 15.1%(按碱基计),计算其余碱基的百分含量。

(2) 分子量为 3×10^7 的双螺旋 DNA 分子的长度是多少? 含有多少螺旋(按一对脱氧核苷酸的平均分子

量为 618 计算)?

(3) 人体有 10^{14} 个细胞,每个体细胞含有 6.4×10^{9} 对核苷酸,试计算人体 DNA 的总长度。

(4) 从两种不同细菌提取的 DNA 样品,其腺嘌呤核苷酸分别占其碱基总数的 32%和 17%,计算这两种不同来源 DNA 四种核苷酸的相对百分组成。两种细菌中哪一种是从温泉(64 ℃)中分离出来的?为什么?

第6章 酶　学

引　言

你的生活离不开酶。当你的脏衣服被加酶洗涤剂洗得干净亮丽，当你在炎热的夏天品尝着爽口的啤酒，当你因为色香味俱全的菜肴而大饱口福时，你已经在享受酶的应用给你带来的快乐；当你因不正常饮食导致消化不良，因发热头痛而备受煎熬时，那便是你身体内的酶负荷过重或者因为没有很好的工作条件而降低工作效率了。但当白衣天使给你服用复合消化剂使你很快恢复了健康时，你得感谢酶这种神奇的东西给你带来的福音，因为复合消化剂是由蛋白酶、脂肪酶等组成的。我们可以利用酶来杀灭害虫、细菌；我们可以利用酶来溶解血栓；我们可以利用酶来净化环境，我们可以利用酶来开发新能源……

可以说，酶与人类关系的重要性怎么强调都不过分。近几十年来，随着酶工程技术的不断创新与突破，酶在工业、农业、医药卫生、能源开发及环境工程等方面的应用越来越广泛。所以，你需要去了解、理解、掌握、应用酶。

酶(enzyme)是生物催化剂，是由生物活细胞产生的有催化能力的蛋白质或核酸，只要不是处于变性状态，无论是在细胞内还是在细胞外都可发挥催化作用。构成自然界生物机体的各种物质都有着千丝万缕的联系，它们不是孤立的，不是静止不动的，而是通过一系列代谢反应联系在一起，这里的代谢，是生物体内所进行的全部生化反应的总称，主要由分解代谢和合成代谢两个过程组成。机体从外界摄取营养物质，经过机体内酶的作用，实现分解、氧化，提供构成机体本身组织的原料，并为机体的一系列生命活动提供能量，此为分解代谢；细胞利用简单的小分子物质合成复杂的大分子，实现生物个体的繁殖、生长和发育，并消耗能量，此为合成代谢。无论是分解代谢还是合成代谢，代谢途径都是由一系列连续的酶促反应构成的，细胞通过有效的方式调节相关的酶促反应，保证代谢的协调与完整，所以酶在物质代谢中发挥着非常重要的作用，没有酶的参与，新陈代谢只能以极其缓慢的速度进行，生命活动就根本无法维持。例如食物必须在酶的作用下降解成小分子，才能透过肠壁，被组织吸收和利用，在胃里有胃蛋白酶，在肠里有胰脏分泌的胰蛋白酶、胰凝乳蛋白酶、脂肪酶和淀粉酶等，又如食物的氧化是动物能量的来源，其氧化过程也是在一系列酶的催化下完成的。

本章重点为酶的化学结构与其催化活性之间的关系、酶的作用机制和酶促反应动力学以及酶原激活、多酶体系、调节酶等酶活性的调节方式、酶量的多少及酶活性高低。近年还发现了具有催化活性的核酶。

学习目标

(1) 了解酶在生物体代谢中的重要意义。

(2) 了解酶的分类和命名，掌握酶的化学本质和作用特点。

(3) 掌握酶和底物的关系，理解酶作用的专一性。

(4) 掌握酶的理化性质、酶活力的概念，掌握酶提取和纯化的方法，重点掌握酶在分离提取中的注意事项和衡量指标——总活力和比活力的概念和计算等。

(5) 掌握酶促反应的动力学特征,了解影响酶促反应的因素及其机理。

(6) 重点掌握底物浓度对酶促反应的影响——米氏方程及其应用。

(7) 了解酶的抑制剂和激活剂在工农业生产中的应用。

(8) 掌握酶的结构与功能的关系,掌握同工酶、酶原、酶的别构效应等概念。

(9) 理解酶的作用机制;掌握中间产物学说和诱导契合学说。

(10) 充分理解酶促反应的高效性及其高效性的机制。

6.1 酶学通论

6.1.1 酶的化学本质及其组成

1. 酶的化学本质

人们对酶的认识起源于生产实践,几千年以前我国劳动人民就开始制作发酵饮料及食品。夏禹时代,酿酒已经出现,周代已能制作饴糖和酱,春秋战国时期已知用曲治疗消化不良,不过当时先辈们还不知道发酵现象中酶的作用。1857 年,路易斯·巴斯德(Louis Pasteur)等人提出酒精发酵是酵母细胞活动的结果。1878 年,威廉·屈内(Wilhelm F. Kühne)提出了酶(enzyme)这一名称。1897 年,爱德华·布赫纳(Eduard Buchner)成功地用不含细胞的酵母汁实现了发酵,即从酵母中分离出第一种酶的粗制品(酵母汁),并推测酶的化学本质是蛋白质。1926 年,詹姆斯·萨姆纳(James B. Sumner)第一次从刀豆中纯化出结晶脲酶,通过实验证明脲酶具有蛋白质性质,于是明确提出酶的化学本质是蛋白质,这是人类对酶的化学本质认识的第一次飞跃。20 世纪 30 年代,约翰·诺思罗普(John H. Northrop)分离出结晶的胃蛋白酶(pepsin)、胰蛋白酶(trypsin)及胰凝乳蛋白酶(chymotrypsin),同时证实了这些酶也是蛋白质,从而肯定了 J. B. Sumner 的结论。在此后的几十年中,人们发现了几千种酶,并确认了这些酶都是蛋白质,主要依据如下:①酶是高分子胶体物质,一般不能通过半透膜;②酶是两性电解质,溶于水,在等电点易沉淀,酶活力-pH 曲线和两性离子的解离曲线相似,酶在电场中能像其他蛋白质一样泳动;③导致蛋白质变性的因素,如紫外线、热、表面活性剂、重金属、蛋白质沉淀剂等,都能使酶失效;④酶能被蛋白酶水解而丧失活性。此外,最直接的证据是对所有已经高度纯化和结晶的酶进行一级结构分析,结果都表明酶是蛋白质。

近年来,通过大量的研究发现,除了蛋白质外,一些 RNA 分子也具有催化作用,称为核酶(ribozyme),也称核酸类酶、酶 RNA、类酶 RNA。"核酶"一词用于描述具有催化活性的 RNA,即化学本质是核糖核酸(RNA),却具有酶的催化功能。核酶的作用底物可以是不同的分子,有些作用底物就是同一 RNA 分子中的某些部位。核酶的功能很多,有的能够切割 RNA,有的能够切割 DNA,有些还具有 RNA 连接酶、磷酸酶等活性,大多数核酶通过催化磷酸酯和磷酸二酯键水解反应参与 RNA 自身剪切、加工过程。与蛋白酶相比,核酶的催化效率较低,是一种较为原始的催化酶。核酶的发现丰富了酶学内涵,对所有酶都是蛋白质的传统观念提出了挑战。

虽然如此,现在已知的酶基本上都是蛋白质性质的,或以蛋白质为主导核心成分。可以给酶下这样的定义:酶是生物体内一类具有催化活性和特殊空间构象的生物大分子,包括蛋白质和核酸等。

2. 酶的化学组成

酶与一般蛋白质的差别:酶是具有特殊催化功能的蛋白质。同样,酶和其他蛋白质一样,主要由氨基酸组成,具有一、二、三和四级结构。根据酶的化学组成成分可分为单纯酶和结合酶两类。有些酶的组成成分中只有蛋白质,其活性取决于它的蛋白质结构,这类酶属于单纯酶;另一些酶的活性成分除了蛋白质外,还有一些小分子即辅助因子,两者结合起来才具有活性,这类酶属于结合酶。结合酶的蛋白质部分称为酶蛋白,非蛋白质部分称为辅助因子。酶蛋白与辅助因子各自单独存在时均无催化活性,只有这两部分结合起来组成复合物时才能显示催化活性,此复合物称为全酶。在催化反应中,酶蛋白与辅助因子所起的作用不同,酶反应的专一性及高效性取决于酶蛋白,而辅助因子在酶促反应中通常担负电子、原子或某些化学基团的传递作用,决定反应的性质。

有些酶的辅助因子是金属离子,如 Mg^{2+}、Zn^{2+} 等。金属离子在酶分子中可作为酶活性部位的组成成分,或者帮助形成酶活性中心,或是在酶与底物分子间起桥梁作用。

有些酶的辅助因子是有机小分子。根据有机化合物与酶蛋白结合的牢固程度,可把有机辅助因子分为辅基和辅酶。它们的区别在于:辅酶是指与酶结合疏松,可以用透析法分离的辅助因子,如酵母提取物有催化葡萄糖发酵的能力,透析除去辅助因子辅酶Ⅰ后,酵母提取物就失去了催化能力。辅基是指与酶蛋白结合比较紧密,不易用透析法分离的辅助因子,辅基往往以共价键与酶蛋白部分结合,如细胞色素氧化酶中的铁卟啉。辅基与辅酶的区别只在于它们与酶蛋白结合的牢固程度不同,并无严格的界限。许多辅酶或辅基是维生素的衍生物,并属于核苷酸类物质。

生物体内酶的种类很多,而辅酶或辅基的种类较少,通常同一种辅酶(辅基)往往能与多种不同的酶蛋白结合,组成催化功能不同的多种全酶,如辅酶Ⅰ(NAD^+)可作为许多脱氢酶的辅酶,但每一种酶蛋白对辅酶(辅基)的要求有一定的选择性,只能与特定的辅酶(辅基)结合成一种全酶。

6.1.2 酶的作用特点

酶作为生物细胞产生的具有催化能力的蛋白质或核酸,具有一般催化剂的特点:①参与化学反应,但本身几乎不被消耗,不是反应物或产物;②只能催化热力学上允许进行的化学反应;③能加快化学反应速率,缩短达到平衡的时间,但不改变反应的平衡点;④通过降低反应活化能,使化学反应速率加快;⑤都会出现中毒现象,即反应原料中含有的微量杂质使催化剂的活性、选择性明显下降或丧失的现象。

酶作为大分子的生物催化剂,和一般催化剂比较,又有其特殊性。酶一方面具有生物大分子的特征和特性,另一方面又表现出催化反应的特异性。主要体现在以下几个方面。

1. 酶具有极高的催化效率

酶作为生物催化剂,高效性是其明显的催化特征。一般而论,对于同一反应,酶促反应的速率比非酶催化反应高 $10^8 \sim 10^{20}$ 倍,如在相同的条件下,Fe^{3+}、血红素和过氧化氢酶分别催化过氧化氢的分解反应,它们的催化速率分别为 6×10^{-4} mol/s、6×10^{-1} mol/s 和 6×10^6 mol/s,由反应速率可知,过氧化氢酶的催化效率分别比 Fe^{3+} 和血红素高出 10 个和 7 个数量级。又如刀豆脲酶催化尿素水解,20 ℃时酶催化反应的速率是 3×10^4 mol/s,尿素非催化水解的速率为 3×10^{-10} mol/s,因此,脲酶的催化效率比非催化反应高出 14 个数量级。

2. 酶催化具有高度专一性

酶作为生物催化剂,对所催化的反应或反应物具有严格的选择性,表现在它对底物的选择性和催化反应的特异性两方面,即只能作用于某一种或一类化合物,使其发生一定的反应。如氢离子能催化淀粉、脂肪和蛋白质的水解,而蛋白酶只能催化蛋白质肽键的水解。生物体内的化学反应种类繁多,除了个别反应能自发进行外,绝大多数反应由专一的酶催化。一种酶能从成千上万种反应物中找出自己作用的底物,并催化底物按照一定的方式进行反应,这就是酶的专一性。

3. 酶易变性失活

酶是生物大分子,容易受到一些因素的影响而丧失其生物活性,凡能使生物大分子变性的因素如强酸、强碱、有机溶剂、重金属盐、高温、紫外线、剧烈振荡等都能使酶失去催化活性,因此,酶促反应要求常温、常压、接近中性的酸碱环境等比较温和的反应条件。例如,以纤维素为原材料,用于造纸、纤维乙醇等工业的预处理,若采用强酸水解或蒸汽爆破等方式使纤维素微晶束分子链断裂,小分子物质溶出,则反应条件很难控制,若采用纤维素酶进行处理,则可以在温度 55 ℃、pH 5.6 左右的温和条件下进行纤维素的酶促降解。

4. 有些酶的催化活性依赖于辅助因子

机体内代谢中有一些酶如转氨酶、氧化还原酶、羧化酶等分子中除有酶蛋白部分外,还含有非蛋白小分子物质(辅助因子)辅助酶蛋白部分完成催化功能,这样的酶属于结合酶。若将辅助因子除去,酶将失去活性。如乙醇脱氢酶需要 Zn^{2+} 作辅助因子,两者单独存在时,均无催化作用。

5. 酶的催化活性可调节

酶在生物体内的催化活性具有可调节性。有机体内的新陈代谢活动都是井然有序地进行的,一旦这种有序性受到破坏,就会造成代谢紊乱,导致疾病甚至死亡的发生,因此生物体需要通过多种机制和形式,根据实际需要对酶活性进行调节和控制,以保证代谢活动不断地有条不紊地进行。如别构调节酶受别构剂的调节,有的酶可受共价修饰的调节,酶原的激活调节,激素和神经体液等通过第二信使对酶活力进行调节,以及诱导剂或阻抑剂对细胞内酶含量(改变酶合成与分解速率)的调节等,这些调控保证酶在体内新陈代谢中发挥恰如其分的催化作用,使生命活动中的种种化学反应都能够协调一致地进行。

6.1.3 酶的专一性

酶催化的反应称为酶促反应,酶促反应的反应物称为底物。酶的结构,特别是活性中心的构象和性质,决定了酶的专一性程度。酶催化的专一性分为结构专一性和立体异构专一性,其中结构专一性又分为绝对专一性(absolute specificity)和相对专一性(relative specificity)。具有立体异构专一性的酶对底物分子立体构型有严格要求,如 L-乳酸脱氢酶只催化 L-乳酸脱氢,对 D-乳酸无作用。

1. 结构专一性

1) 绝对专一性

少数酶对底物的要求特别严格,甚至只能催化一种底物进行反应,称为酶的绝对专一性。如氨基酸:tRNA 连接酶,只催化一种氨基酸与其受体 tRNA 的连接反应。如脲酶只能水解尿素使其分解为二氧化碳和氨,而对尿素的衍生物不起作用。

$$H_2N-\overset{\overset{O}{\|}}{C}-NH_2+H_2O\xrightarrow{\text{脲酶}}2NH_3+CO_2$$

2）相对专一性

大多数酶对底物的要求不是很严格，作用对象不止一种底物，即一种酶能催化一类化合物或一类化学键进行反应，称为相对专一性，如醇脱氢酶可催化许多醇类的氧化反应。相对专一性又分为键专一性和族（基团）专一性。

键专一性：酶只对催化反应的键的类型有要求，对键两端的基团并无严格要求。如大多数肽酶能水解任意氨基酸形成的肽键，不管肽键两端的氨基酸组成如何。酯酶既能催化甘油三酯水解，又能水解其他酯键，对底物中键连接的基团（R、R′）没有特别要求，只是对于不同的酯，水解速率有所不同而已。

$$R-\overset{\overset{O}{\|}}{C}-O-R'+H_2O\xrightarrow{\text{酯酶}}RCOO^-+R'OH+H^+$$

族（基团）专一性：具有相对专一性的酶作用于底物时，对键两端的基团要求程度不同，对其中一个基团要求严格，对另一个则要求不严格。相对于键专一性，族专一性的酶对底物有更高的要求，例如 α-D-葡萄糖苷酶不但要求有 α-糖苷键，而且要求 α-糖苷键的一端必须有葡萄糖残基，即 α-葡萄糖苷，但对键的另一端 R 基团则要求不严，因此它可催化 α-D-葡萄糖苷衍生物中 α-糖苷键的水解。

CH₂OH
H O H
H
OH H —O ↓ R
HO
H OH

2. 立体异构专一性

当底物具有立体异构体时，酶只对底物的立体异构体中的一种构型起作用，而对另一种构型则无作用，因此对底物的构型有严格的要求。酶的这种立体异构专一性，又分为旋光异构专一性和几何异构专一性。

1）旋光异构专一性

底物大多数具有旋光异构体，只作用于其中一种的酶具有旋光异构专一性。如 L-乳酸脱氢酶只能催化 L-乳酸脱氢，不能催化 D-乳酸的脱氢反应。L-氨基酸氧化酶只能催化 L-氨基酸氧化，而对 D-氨基酸无作用。

$$\text{L-氨基酸}+H_2O+O_2\xrightarrow{\text{L-氨基酸氧化酶}}\alpha\text{-酮酸}+NH_3+H_2O_2$$

2）几何异构专一性

酶进行催化作用时，对含有双键或环状结构的具有几何异构的底物分子有选择性。如：琥珀酸脱氢酶只能催化琥珀酸脱氢生成延胡索酸（即反丁烯二酸），而不能生成顺丁烯二酸。

$$\begin{array}{c}CH_2-COOH\\|\\CH_2-COOH\end{array}\xrightarrow[FAD\ \ \ \ FADH_2]{\text{琥珀酸脱氢酶}}\begin{array}{c}CH-COOH\\\|\\HOOC-CH\end{array}$$

琥珀酸 延胡索酸

6.1.4 酶的分类与命名

酶的种类繁多,催化的反应各式各样,且每年都会有不少新酶发现,为了避免混乱,便于管理和比较,1967 年,国际酶学委员会(International Enzyme Commission,IEC)规定了一套系统命名法对酶进行命名和分类。

1. 酶的分类

国际酶学委员会规定,按酶催化反应的性质,将酶分成六大类,并以 4 个阿拉伯数字代表一种酶。

1) 氧化还原酶(oxidoreductase)类

催化底物进行氧化还原反应的酶类,如乳酸脱氢酶、琥珀酸脱氢酶、细胞色素氧化酶、过氧化氢酶等。氧化酶催化反应的通式为 $A \cdot 2H + O_2 \rightleftharpoons A + H_2O_2$ 或 $2(A \cdot OH) + O_2 \rightleftharpoons 2A + 2H_2O$。脱氢酶催化反应的通式为 $A \cdot 2H + NAD(P)^+ \rightleftharpoons A + NAD(P)H + H^+$。

2) 转移酶(transferase)类

催化底物之间进行某些基团的转移或交换的酶类,如转甲基酶、转氨酶、己糖激酶、磷酸化酶等。反应的通式为 $A—X + B \rightleftharpoons A + B—X$(X 表示转移的基因)。

3) 水解酶(hydrolase)类

催化底物发生水解反应的酶类,如淀粉酶、蛋白酶、脂肪酶、磷酸酶等。反应的通式为 $A—B + H_2O \rightleftharpoons A—OH + B—H$。

4) 裂解酶(lyase)类

催化一个底物裂解为两个化合物的酶类,如柠檬酸合酶、醛缩酶、碳酸酐酶等。反应的通式为 $A \cdot B \rightleftharpoons A + B$。

5) 异构酶(isomerase)类

催化各种同分异构体相互转化的酶类,如磷酸丙糖异构酶、磷酸甘油酸变位酶等。反应的通式为 $A \cdot B \rightleftharpoons A + B$。

6) 合成酶(连接酶,ligase)类

催化两分子底物合成为一分子化合物,同时还必须偶联有 ATP 的磷酸键断裂的酶类。例如,谷氨酰胺合成酶、氨基酸:tRNA 连接酶、丙酮酸羧化酶等。反应的通式为 $A + B + ATP = AB + ADP + P_i$ 或 $A + B + ATP \rightleftharpoons AB + AMP + PP_i$。

每一大类酶又可根据不同的原则分为几个亚类,每一个亚类再分为几个亚亚类,再把属于这一亚亚类的酶按顺序排好,这样就把已知的酶分门别类地排成一个表,称为酶表。每一种酶在这个表中的位置可用一个统一的编号来表示,这种编号包括四个数字,第一个数字表示此酶所属的大类,第二个数字表示此大类中的某一亚类,第三个数字表示亚类中的某一亚亚类,第四个数字表示此酶在此亚亚类中的顺序号,用 EC 代表国际酶学委员会规定的命名。

例如乳酸脱氢酶(EC 1.1.1.27)催化下列反应:

$$\begin{array}{c} CH_3 \\ | \\ CHOH \\ | \\ COO^- \end{array} + NAD^+ \rightleftharpoons \begin{array}{c} CH_3 \\ | \\ C{=}O \\ | \\ COO^- \end{array} + NADH + H^+$$

其中,乳酸脱氢酶 EC 1.1.1.27 中的数字分别表示的含义如下:从左向右数,第一个 1 表示第一大类,即氧化还原酶;第二个 1 表示第一大类的第一亚类,被氧化的基团为 $-\overset{|}{C}HOH$;第三个 1 表示第一亚亚类,即氢受体为 NAD^+;最后一个数字 27 表示乳酸脱氢酶在此亚亚类中的顺序号。根据酶表,所有发现的新酶都可按照这种系统得到适当的编号。

2. 酶的命名

酶的命名有两种方法:习惯命名法和系统命名法。

1) 习惯命名法

习惯命名法是把底物的名字、底物发生的反应类型以及该酶的生物来源等加在"酶"字的前面组合而成酶的惯用名的方法。根据底物名字命名的酶,如淀粉酶、脂肪酶、蛋白酶等。根据催化反应类型命名的酶,如氧化酶、脱氢酶、加氧酶、转氨酶等。对于催化水解作用的酶,一般在酶的名字中省去反应类型,如水解淀粉的酶称为淀粉酶。

惯用名比较简短,使用方便,一般叙述可采用惯用名,但它有不足之处:一是"一酶多名",如分解淀粉的酶,按习惯命名法则可有淀粉酶、水解酶等名;二是"一名数酶",如脱氢酶,可以有乳酸脱氢酶、琥珀酸脱氢酶等很多种。为此,国际酶学委员会于 1961 年提出了一个新的系统命名法。

2) 系统命名法

系统命名法(systematic nomenclature)要求能确切地表明酶的底物及酶催化的反应性质,即酶的系统名包括酶作用的底物名称和该酶的分类名称。若底物是两个或多个则通常用"∶"把它们分开,作为供体的底物,名字排在前面,而受体的底物名字在后。如乳酸脱氢酶的系统名称 L-乳酸∶NAD^+ 氧化还原酶。按照严格的规则对酶进行系统命名后,获得的新名过于冗长而使用不便,一般只在需要鉴别一种酶或在一篇论文中初始出现该酶的名字时,才予以引用,大多数情况下,使用的都是简便明了的惯用名。

6.1.5 酶的活力测定与分离纯化

1. 酶活力的测定

酶活力(enzyme activity)也称酶活性,是指酶催化一定化学反应的能力,也就是酶催化反应的速率。酶的存在很难用质量、体积、浓度等来表示,常用酶活力表示。酶活力是研究酶特性、进行酶制剂生产应用以及酶保存等重要而必不可少的指标。酶催化反应的速率越大,则表明酶活力越高,反之则越低,测定酶活力实际上是测定酶促反应的速率。酶促反应速率通过单位时间内或单位体积中底物的减少量或产物的生成量来表示,往往需测定反应的初速率。

1) 酶的活力单位

酶活力的大小用酶的活力单位来表示,酶的活力单位有国际单位和习惯单位两种。

(1)国际单位(international unit,IU)。

1961 年,国际酶学委员会规定:在特定条件下,1 min 内转化 1 μmol 底物(或底物中 1 μmol 的有关基团)生成产物所需的酶量为 1 个活力单位(IU),即 1 IU=1 μmol/min。特定温度条件指 25 ℃,其他条件(如底物浓度、pH 等)取酶促反应的最适条件。

为了和国际单位制 SI 一致,1972 年,国际酶学委员会推荐了一个新的酶活力单位 Katal(也称催量,简称 Kat)。规定这种标准单位的目的是为了便于相互比较,但在实际应用中这种标准单位常有不便之处,因而除了科研与交流之外,一般不予利用。1 个 Kat 单位是指在最适条件下,1 s 内使 1 mol 底物转化为产物所需的酶量,即 1 Kat=1 mol/s。

Kat 和 IU 的换算关系为

$$1\ \text{Kat}=6\times10^{7}\ \text{IU}$$

以上的酶单位定义中,如果底物有一个以上可被作用的化学键,则一个酶单位表示 1 min 使 1 μmol 相关基团转化的酶量。如果是两个相同的分子参加反应,则 1 min 催化 2 μmol 底物转化的酶量称为一个酶单位。在"IU"和"Kat"酶活力单位的定义和应用中,酶催化底物的分子量必须是已知的,否则将无法计算。

(2)习惯单位(customary unit)。

在实际使用中,为使结果测定和应用都比较方便、直观而规定的酶活力单位即习惯单位,不同酶有各自的规定。

① α-淀粉酶活力单位:1 h 分解 1 g 可溶性淀粉的酶量为一个酶单位(QB 546-80),也有规定 1 h 分解 1 mL 2%可溶性淀粉溶液为无色糊精的酶量为一个酶单位,显然后者比前者单位小。

② 糖化酶活力单位:在规定条件下,每小时转化可溶性淀粉产生 1 mg 还原糖(以葡萄糖计)所需的酶量为一个酶单位。

③ 蛋白酶活力单位:规定条件下,1 min 分解底物酪蛋白产生 1 μg 酪氨酸所需的酶量。

④ DNA 限制性内切酶活力单位:推荐反应条件下,1 h 内可完全消化 1 μg 纯化的 DNA 所需的酶量。

2) 酶的比活力(specific activity)

酶的比活力是指每单位(一般是 1 mg)蛋白质中的酶活力单位数,即酶单位/(1 mg 蛋白质),实际应用中也用每单位制剂中含有的酶活力数表示,即酶单位/(1 mL 液体制剂)、酶单位/(1 g 固体制剂)。酶作为生物大分子物质,在其分离提纯的制备过程中,单位质量的酶活力会发生变化,以比活力来衡量,随着酶逐步被纯化,其比活力也在逐渐增加。对同一种酶来讲,比活力越高则表示酶的纯度越高(含杂质越少),所以比活力是评价酶纯度高低的一个指标。

3) 酶的转化数 K_{cat}

当酶被底物充分饱和时,每分子酶或每个酶活性中心在单位时间内催化转换的底物分子数称为酶的转化数。这相当于酶促反应的催化常数(K_{cat}),即酶-底物复合物形成后,酶将底物转化为产物的效率。

4) 酶活力的测定

酶活力测定就是测定在单位时间内产物(P)的生成(增加)量或底物(S)的消耗(减少)量,即测定时确定三种量:①加入一定量的酶;②一定的时间间隔;③物质的增减量。当酶与底物混合开始反应时,于不同时间由反应混合物中取出一定量的样品,停止酶的作用,分析样品中产物的量,由产物的生成量对时间作图,可得反应曲线,见图 6-1。由此即可计算反应速率或酶活力。图中反应曲线上每一点所对应的切线斜率即为不同时间的反应速率,但一般采用测定酶促反应初速率的方法来测定酶活力,因为此时干扰因素较少,没有底物浓度减少、产物生成促进逆反应、酶本身失活等因素的影响,速率基本保持恒定。在一般的酶促反应体系中,底物往往是过量的,测定初速率时,底物减少量占总量的极少部分,不易准确检测,而产物则是从无到有,只要测定方法灵敏,就可准确测定,因此一般以测定产物的增加量来表示酶促反应速率较为合适。

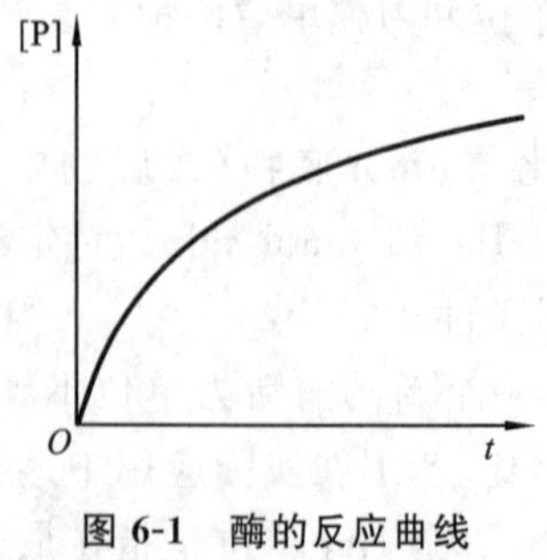

图 6-1 酶的反应曲线

测定产物增加量的方法很多，常用的方法有化学滴定法、比色法、比旋光度测定法、紫外吸收测定法、电化学法、气体测定法等。测定酶活力所用的反应条件应该是最适条件，所谓最适条件包括最适温度、最适 pH、足够大的底物浓度、适宜的离子强度、适当稀释的酶液及严格的反应时间，不可有抑制剂，不可缺辅助因子。

2. 酶的分离纯化

对酶进行分离纯化有两个方面的应用：一是为了研究酶的理化性质（包括结构与功能，生物学作用等），对酶进行鉴定，必须用纯酶；二是作为生化试剂及药用的酶，常常也要求较高的纯度。酶的分离纯化包含两个基本环节：一是将酶从原料中抽提出来制成原酶溶液；二是选择性地将酶从溶液中分离出来或者选择性地将杂质从酶溶液中去除。

1）酶分离纯化的基本原则

进行酶的分离纯化时，避免酶变性而失去活性是确定选择方法的基本出发点。凡是用以预防蛋白质变性的措施通常也都适用于酶的分离纯化工作。如防止强酸、强碱、高温和剧烈搅拌等；低温操作；所用的提取的化学试剂要不使酶变性；适当使用缓冲溶液等。酶是生物活性物质，在提纯时必须考虑尽量减少酶活力的损失，因此，几乎全部操作需在低温下进行。为防止重金属使酶失活，有时需在抽提溶剂中加入少量的 EDTA 螯合剂；为防止酶蛋白中的巯基被氧化失活，需在抽提溶剂中加入少量的巯基乙醇。在整个分离提纯过程中不能过度搅拌，以免产生大量泡沫，使酶变性。

在酶的分离纯化过程中，可以通过监测酶的总活力和比活力来跟踪酶的动向，在分离提纯过程中，必须经常测定酶的比活力，以指导提纯工作的正确进行，提高酶的回收率；同时也可对设计的方法是否高效合理进行评价，有利于方法的改进完善。

2）酶分离纯化的基本步骤

生物体内的酶根据其在体内作用的部位，可分为胞外酶及胞内酶两类。胞外酶易于分离，如收集动物胰液即可分离出其中的各种蛋白酶及酯酶等。胞内酶存在于细胞内，必须破碎细胞才能进行分离。分离纯化步骤如下。

（1）选材：应选择酶含量高、易于分离的动、植物组织或微生物材料作为原料。

（2）破碎细胞：动物细胞较易破碎，通过一般的研磨、匀浆器、组织捣碎机等就可以达到目的；细菌细胞具有较厚的细胞壁，较难破碎，需用超声波、压榨机、溶菌酶、溶壁酶、某些化学试剂（如甲苯、曲拉通、吐温）或反复冻融等方法来实现；植物细胞因为壁较厚，也较难破碎，可用果胶酶等来实现。

（3）抽提：在低温下，用水或低盐缓冲溶液，从已破碎的细胞中将酶溶出。这样所得的粗提品中往往含有很多杂蛋白及核酸、多糖等成分。

（4）分离及提纯：根据绝大部分酶是蛋白质这一特性，可用一系列提纯蛋白质的方法，如盐析、调节 pH、等电点沉淀、有机溶剂（乙醇、丙酮、异丙醇等）分级分离沉淀等经典方法提纯。

若要得到纯度更高的酶制品，还需进一步纯化，常用的方法有磷酸钙凝胶吸附、离子交换纤维素分离、葡聚糖凝胶层析、亲和层析等。特别要提及的是，亲和层析在酶的分离提纯中应用越来越广泛。亲和层析包括一整套复杂的底物及其配体与生物大分子之间相互作用时所形成的独特的生物学特性，在亲和结合过程中涉及疏水力、静电力、范德华力及空间阻力等因素的影响。亲和层析可以理解为配基以共价键的形式与水不溶性固体载体共价结合，形成具有高度专一性的亲和吸附剂，以该介质为填料填充亲和层析柱，从复杂的混合物中有针对性分离某一种成分。对于酶的分离而言，根据酶与底物、辅助因子、某些抑制剂等专一性的可逆结合，将酶的底物、辅助因子、抑制剂等作为配基做成亲和柱,可以有效地将具有相应的生物亲和特性的酶从蛋白质混合体系中提取出来,大大提高纯化效率,如目前用亲和层析法纯化胰蛋白酶等。

(5) 保存:最后的酶制品需浓缩、结晶,以便于保存。酶制品一般应在-20 ℃以下低温保存,酶很易失活,绝不能用高温烘干,常用的方法如下。①保存浓缩的酶液:用硫酸铵沉淀或硫酸铵反透析法使酶浓缩,使用前再透析除去硫酸铵。②冰冻干燥:对于已除去盐分的酶液可以先在低温下冻结,在减压下使水升华,制成酶的干粉,保存于冰箱中。③浓缩液加入等体积甘油,可于-20 ℃长期保存。

3) 分离纯化的评价

评价分离纯化操作的两个重要指标是比活力及回收率,分离纯化中,一个好的步骤应该是有高的回收率和比活力,而且重现性好。回收率是指每一步纯化操作后,回收的总酶活力与纯化前总酶活力的比值。

$$回收率(\%)=\frac{某纯化操作后的总酶活力}{某纯化操作前的总酶活力}\times 100\%$$

其中

$$总酶活力=比活力\times 总体积(总质量)$$

6.2 酶的作用机制及其活性调节

6.2.1 酶的催化作用

酶作为生物催化剂,具有典型的高效性与高度专一性的特性,这些特性与酶蛋白本身的结构密切相关。在酶分子中,各个部分(如亚基)分工协作,各司其职,使得整个催化反应过程有条不紊地进行。

1. 酶的活性中心

酶是大分子蛋白质,而反应物大多是小分子物质,因此酶与底物的结合不是整个酶分子,发生催化反应的也不是整个酶分子,而是只局限在酶分子的一定区域,一般把这一区域称为酶的活性中心或活性部位。酶的活性中心是由酶分子中必需基团所组成的特定空间结构,是直接和底物结合并参与催化反应的氨基酸残基的侧链基团。对于单纯酶来说,它是由一些氨基酸残基的侧链基团(R 侧基)组成的,有时也包括某些氨基酸残基主链骨架上的基团。对于结合酶来说,除了上述氨基酸残基的侧链基团外,辅酶或辅基上的某一部分结构往往也是活性中心的组成部分。构成酶活性中心的这些基团,在一级结构上可能相距很远,甚至可能不在一条肽链上,但在蛋白质空间结构上彼此靠近,形成具有一定空间结构的区域,这个区域在所有已知结构的酶中都位于酶分子的表面,呈裂缝状。

酶的活性中心有两个功能部位:第一个是结合部位,由一些参与底物结合的有一定特性的基团组成,决定酶与什么样的底物结合,是决定酶专一性的部位;第二个是催化部位,由一些参与催化反应的基团组成,底物的键在此处被打断或形成新的键,从而发生一定的化学变化,决定酶的催化能力,是酶催化性质和类型的决定部位。结合部位的氨基酸残基数目因酶种类的不同而异,可能是 1 个,也可能是多个;催化部位一般由 2～3 个氨基酸残基组成,但也有些基团同时具有这两种作用。

一个酶的催化位点可以不止一个,而在结合部位又可以分为各种亚位点,分别与底物的不同部位结合。例如 α-胰凝乳蛋白酶可以水解肽链中具有大的疏水基团的氨基酸(例如酪氨酸、色氨酸、苯丙氨酸和甲硫氨酸等)的羧基所形成的肽键。此酶的活性中心具有一个酰胺基位点 am;一个仅仅能够容纳 L 型的氨基酸的立体专一性的识别位点 H,催化位点 n 和疏水位点 ar。α-胰凝乳蛋白酶的结构模式见图 6-2。

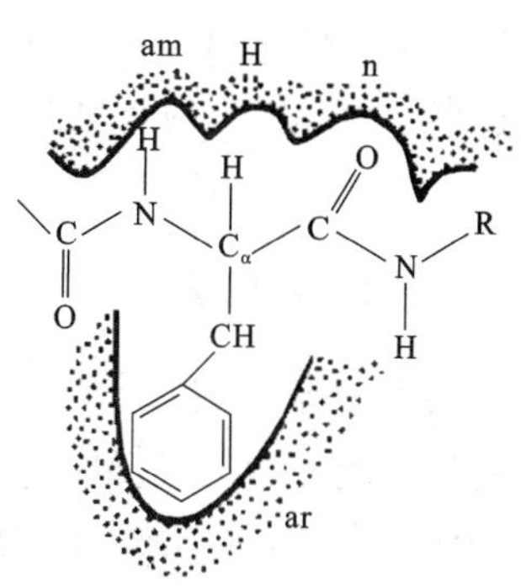

图 6-2 α-胰凝乳蛋白酶的活性中心

am—酰胺基位点;H—L 型识别位点;n—催化位点;ar—疏水位点

许多研究表明,酶分子中虽有很多基团,但并不是所有基团都与酶的活性有关。其中有些基团若经化学修饰,如氧化、还原、酰化、烷化、羟基化等使其发生改变,则酶的活性丧失,这些基团称为酶的必需基团。常见的酶分子的必需基团有丝氨酸的羟基、组氨酸的咪唑基、半胱氨酸的巯基、酸性氨基酸的侧链羧基等。常常利用化学修饰来研究酶的活性中心的基团。

活性中心的基团均属于必需基团,但必需基团还包括那些在活性部位以外的,对维持酶的空间构象必需的基团。因为酶分子的一定的空间构象对于活性中心的形成是必要的,当外界理化因素破坏了酶的结构时,首先就可能影响酶活性中心的特定结构,其中也包含由必需基团形成的次级键,结果必然影响酶活力。

2. 过渡态与活化能

在一个反应体系中,任何反应物分子都有进行化学反应的可能,但并非全部反应物分子都进行反应,因为在反应体系中各个反应物分子所含的能量高低不同,只有那些含能达到或超过某一限度(称为“能阈”)的活化分子才能在碰撞中发生化学反应。显然,活化分子越多,反应速率越快。

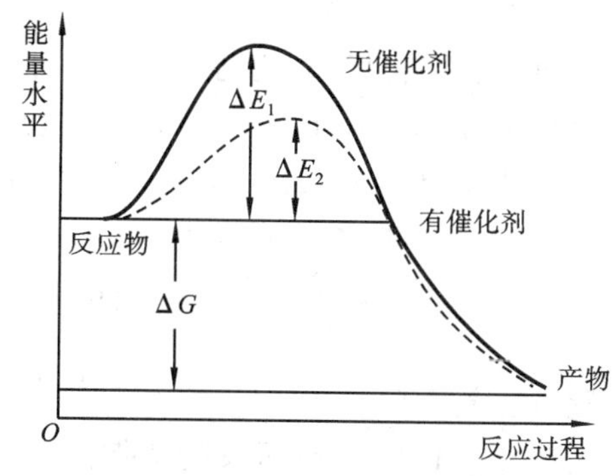

图 6-3 酶促反应和非酶促反应过程能量变化图

过渡态理论(transition state theory,TST)是 1935 年由亨利 · 艾林(Henry D. Eyring)和迈克尔 · 波拉尼(Michael Polanyi)提出的,是以量子力学对反应过程中的能量变化的研究为依据,认为从反应物到产物之间形成了势能较高的活化配合物,活化配合物所处的状态称为过渡态。过渡态是反应物分子处于被激活的活化配合物状态,是反应途径中分子具有最高能量的形式,是分子的不稳定态,不同于活性中间体,是一个短暂的分子瞬间,在这一瞬间,过渡态分子的某些化学键发生断裂和形成,达到能产生产物或再返回生成反应物的程度。

活化分子处于活化态,活化态与常态的能量差,也就是分子由常态转变为活化态所需的能量,称为活化能(activation energy)。活化能是指在一定温度下,1 mol底物全部进入活化态(过渡态)所需要的自由能,单位是 J/mol。使常态分子变为活化分子的途径有两个。

(1) 对反应体系加热或用光照射,使反应分子活化。

(2) 使用适当的催化剂,降低反应的能阈,使反应沿着一个活化能阈较低的途径进行,如图 6-3 所示。

酶和一般催化剂的作用一样，能降低反应分子所需的活化能，从而增加活化分子数，加快反应速率。酶降低反应活化能的机制是通过改变反应途径，使反应沿一个低活化能的途径进行。

6.2.2　酶的作用机制

1. 中间产物学说

酶如何能通过改变反应途径使反应的活化能降低，目前比较满意的解释是中间产物学说：发生酶促反应时，首先酶与底物通过形成一个不稳定的中间产物使反应沿一个低活化能的途径进行。设一反应为

$$S \longrightarrow P$$

酶在催化此反应时，不是直接生成产物，而是首先与底物结合成一个不稳定的中间产物酶-底物复合物，酶-底物复合物再分解成产物和原来的酶。可用下式表示：

$$E+S \underset{K_{-1}}{\overset{K_1}{\rightleftharpoons}} ES \xrightarrow{K_2} E+P$$

在这个反应顺序中，底物与酶结合形成中间产物酶-底物复合物。底物与酶的结合导致分子中某些化学键发生变化，呈不稳定状态，亦即活化态，使反应活化能降低.然后酶-底物复合物转变成酶-产物复合物，继而酶-产物复合物裂解而生成产物。这一过程所需的活化能较 $S \longrightarrow P$ 所需的活化能低，所以反应速率加快。

中间产物学说能够解释酶如何降低反应所需要的活化能，但中间产物学说是否正确则取决于中间产物是否确实存在。由于中间配合物很不稳定，易迅速分解成产物，并释放出酶，因此不易把它从反应体系中分离出来，但可以通过不少间接证据表明中间产物确实存在。如过氧化氢酶催化过氧化氢的还原分解反应：

$$H_2O_2+AH_2 \xrightarrow{\text{过氧化氢酶}} A+2H_2O$$

式中 AH_2 表示氢供体，如焦性没食子酸(邻苯三酚)、抗坏血酸或其他可氧化的染料等。此过氧化氢酶含铁卟啉辅基，酶溶液呈褐色，具有特征性的吸收光谱，在 645 nm、583 nm、548 nm、498 nm 波长处有特征的 4 条吸收带。当向酶溶液中加入过氧化氢作为反应底物时，酶溶液由褐变红，光谱吸收特征发生改变，只在 561 nm 和 530.5 nm 处显示两条新吸收带。发生这种现象的唯一解释就是有新的物质生成，即酶与底物之间发生了某种作用，可以说明两者形成了新的物质。即有下式存在：

$$\text{过氧化氢酶}+H_2O_2 \rightleftharpoons [\text{过氧化氢酶}\cdot H_2O_2]$$

此时，若再加入氢供体(如焦性没食子酸)，则吸收光谱又发生了改变:两条新谱带消失，酶液又变为褐色，原来的四条吸收谱带又重新出现，这说明中间配合物已分解成产物和游离的酶，即发生了下述反应：

$$[\text{过氧化氢酶}\cdot H_2O_2]+AH_2 \longrightarrow \text{过氧化氢酶}+A+2H_2O$$

除间接证据之外，还有一些直接证据证明中间产物的存在，如通过电子显微镜可直接观察到核酸和它的聚合酶形成的中间产物；通过胰凝乳蛋白酶水解对硝基苯乙酸酯，也可以得到中间产物(在 pH 3 时)——乙酰凝乳蛋白酶。

2. 锁钥学说和三点附着学说

酶只能催化一定结构或一些结构近似的化合物发生反应，为了阐明酶促反应高度的专一性，于是某些学者认为酶和底物结合时，底物的结构和酶的结构必须非常吻合，于是赫尔曼·

费歇尔(Hermann E. Fischer)于1894年提出了“锁钥学说”(lock and key theory),认为酶和底物的结合状如钥匙与锁的关系。底物分子或底物分子的一部分像钥匙那样,专一地楔入酶的活性中心部位,即底物分子进行化学反应的部位与酶分子活性中心具有紧密互补的关系。

用这个学说,再结合“酶与底物的三点附着”学说就可以较好地解释酶的立体异构专一性。“三点附着”学说指出,立体对应的一对底物虽然基团相同,但空间排列不同,这就可能出现这些基团与酶分子活性中心的结合基团能否互补匹配的问题,只有三点都互补匹配时,酶才作用于这个底物,如果因排列不同不能三点匹配,则酶不能作用于该底物,这可能是酶只对L型(或D型)底物作用的立体构型专一性的机制。甘油激酶对甘油的作用,即可用此学说来分析:甘油的三个基团以一定的顺序附着到甘油激酶分子表面的特定结合部位上,由于酶的专一性,这三个部位中只有一个是催化部位,能催化底物磷酸化反应,这就解释了为什么甘油在甘油激酶的催化下只有一个—CH_2OH能被磷酸化的现象。同样,糖代谢中的顺乌头酸酶作用于柠檬酸时,底物中的两个—CH_2COOH对于酶来说也是不同的,也可以用上述学说来解释。

以上的学说都属于“刚性模板学说”,有一些问题是这些学说不能解释的:如果酶的活性中心是“锁钥学说”中的锁,那么,这种结构不可能既适合于可逆反应的底物,又适合于可逆反应的产物,即很难解释酶活性部位的结构与底物和产物的结构都非常吻合的原因,同时也不能解释酶专一性中的所有现象,因此,“锁钥学说”把酶的结构看成固定不变是不合实际的。

3. 诱导契合学说

究竟酶在化学反应时如何和底物形成中间产物?又通过什么方式完成其催化作用呢?1958年,丹尼尔·科什兰(Daniel E. Koshland)提出了“诱导契合学说”(induced fit theory)。该学说认为:酶分子活性中心的结构原来并非和底物的结构互相吻合,但酶的活性中心是柔性的而非刚性的,当底物与酶相遇时,可诱导酶活性中心的构象发生相应的变化,使活性部位上有关的各个基团形成或暴露出来,并达到正确的排列和定向,因而使酶和底物契合而结合成中间配合物,并引起底物发生反应,如图6-4所示。当反应结束产物从酶上脱落下来时,酶的活性中心又恢复原来的构象。近年来用X射线晶体衍射法分析羧肽酶的实验结果支持了这一假说,证明了酶与底物结合时,确有显著的构象变化。“诱导契合学说”较好地解释了酶作用的专一性,而高效性作为酶催化作用的另一大特点,有关其原理的研究也正在逐步深入。

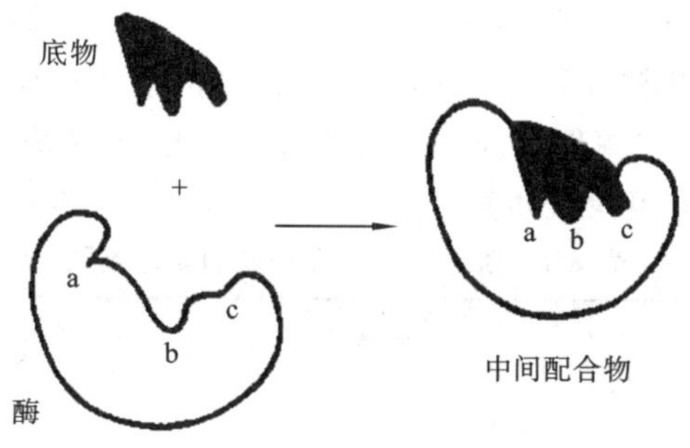

图6-4　酶与底物诱导契合示意图

6.2.3　酶催化效率的影响因素

关于酶为什么比一般的催化剂有更高的催化效率,目前人们的看法主要归纳如下。

1. 邻近效应和定向效应

邻近是指底物和酶活性部位的邻近,以及酶活性部位上底物分子之间的邻近。化学反应速率与反应物浓度成正比,若在反应系统的某一局部区域,底物浓度增高,则反应速率也随之增高。提高酶促反应速率的最主要方法是使底物分子进入酶的活性中心区域,亦即大大提高活性中心区域的底物有效浓度。酶能使底物进入其活性中心并相互靠近,这就是底物的邻近效应,邻近效应使酶活性中心处的底物浓度远远高于溶液中的底物浓度,曾测到过某底物在溶液中的浓度为 0.001 mol/L,而在酶活性中心的浓度竟高达 100 mol/L,比溶液中的浓度高 10 万倍,如此大大提高了活性部位上底物的有效浓度。

互相靠近的底物分子之间以及底物分子与酶活性部位的基团之间还要有严格的定向(正确的立体化学排列)。酶能使进入活性中心的底物分子的反应基团与酶的催化基团取得正确定向,这就是底物的定向效应。

邻近效应增加了底物的有效浓度,定向效应使分子间的反应变为近似于分子内的反应,从而增加了底物分子的有效碰撞,降低了活化能阈,增加了中间产物酶-底物复合物进入过渡态的概率。

2. 底物分子的敏感键产生张力或变形

根据“诱导契合学说”,底物结合可以诱导酶活性中心构象的变化,而变化的酶分子又使底物分子的敏感键产生张力甚至变形。即酶的活性中心的某些基团或离子可以使底物分子内敏感键中的某些基团的电子云密度增高或降低,产生电子张力,使敏感键的一端更加敏感,更易于发生反应。也就是说,酶构象变化的同时底物分子也发生变形,酶的构象改变与底物的变形使两者更易契合。变形底物分子内部产生张力,受牵拉的化学键易断裂,使底物分子呈不稳定态,故降低了活化能阈。上述的张力和变形促进中间产物酶-底物复合物进入过渡态,加快反应速率,这实际上是酶与底物诱导契合的动态过程。

3. 酸碱催化

在反应中通过瞬时地向反应物提供质子或从反应物接受质子以稳定过渡态,从而加快反应速率的过程,称为酸碱催化。此处的酸碱是广义上的酸碱,凡是能够释放质子的都是酸,凡是能接受质子的都是碱。酶活性部位上的某些基团可以作为良好的质子供体或受体对底物进行酸碱催化,如羧基、氨基、巯基、咪唑基、羟基等,见表 6-1。组氨酸的咪唑基,其解离常数为 6.0,在中性条件下有一半以酸的形式存在,另一半以碱的形式存在,即咪唑基既可以作为质子供体,又可以作为质子受体在酶促反应中发挥作用,因此,咪唑基是活泼、有效的催化功能基团。许多酶活性部位中都有组氨酸残基。

表 6-1 酶分子中广义酸碱的功能基团

氨基酸残基	广义的酸基团	广义的碱基团
Glu	—COOH	$—COO^-$
Lys	$—\overset{+}{N}H_3$	$—\ddot{N}H_2$
Tyr	$—C_6H_4—OH$	$—C_6H_4—O^-$
Cys	—SH	$—S^-$

续表

氨基酸残基	广义的酸基团	广义的碱基团
His	—C═CH │　　│+ HN　　NH ＼　╱ CH	—C═CH │　　│ HN　　N： ＼　╱ CH

4. 共价催化

共价催化是底物与酶形成一个反应活性很高的不稳定的共价中间物的过程，这个中间物很容易变成过渡态，从而降低化学反应的活化能。共价催化可分为亲核催化和亲电子催化两类，酶促反应中最一般的形式是亲核催化。

1）亲核催化作用

亲核催化作用是指酶的亲核基团对底物中亲电子的碳原子进行攻击，形成共价中间物。具有一个非共用电子对的基团或原子，攻击缺少电子带有正电荷的原子，并利用非共用电子对形成共价键催化反应。亲核基团中含有多电子的原子，可以提供电子，是十分有效的催化剂。很多酶的活性中心一般含有咪唑基、巯基、羟基等基团，它们都有未共用电子对，可作为电子的供体，和底物中的某些基团以共价键结合。

亲核催化作用的反应步骤分两步：第一步，亲核基团（酶）攻击含有酰基的分子，形成了带有亲核基团的酰基衍生物，这种酶的酰基衍生物作为一个共价中间物再起作用；第二步，酰基从亲核的酶上再转移到最终的酰基受体上，这种受体分子可能是醇或水。第一步反应有酶参加，因此必然比没有酶时底物与酰基受体反应要快。而且酶是易变的亲核基团，因此形成的酰化酶与最终的酰基受体的反应也快，因此两步反应总速率比无酶时快得多。

2）亲电子催化作用

亲电子基团指化合物中能接受电子对的原子，它是电子对的受体。酶活性中心上的亲电子基团如—NH_3^+、Fe^{2+}等，攻击底物分子上富含电子的原子，从底物分子的亲核原子上夺取一对电子形成共价键，从而产生不稳定的共价过渡态中间化合物。酶分子上的亲电子基团通常是辅助因子中的金属离子（如 Fe^{3+}、Mg^{2+}、Mn^{2+}）、磷酸吡哆醛等，底物中的亲电子基团包括磷酰基、酰基和糖基等，这种催化方式在酶促反应中不是很常见。

5. 酶活性中心的微环境效应

已知某些化学反应在低介电常数介质中的反应速率比在水中的反应速率要快得多，因为极性的水对电荷往往有屏蔽作用。某些酶的活性中心穴内相对来说是非极性的，因此酶的催化基团被低介电环境所包围，甚至还可能排除高极性的水分子。这样，底物分子的敏感键和酶的催化基团之间就会有很大的亲和力，有助于加速反应进行。

以上这些都是酶具有高催化效率的因素，但不同的酶还有其自身的不同特点，可分别受上述几种方式的一种或几种共同作用，加速反应的进行。

6.2.4　酶的活性调节

生物体为保证代谢活动有条不紊地进行，需通过多种机制和形式对酶的活性进行调节，如通过酶分子构象的改变或共价修饰等来改变酶活性，包括酶原激活、同工酶调节、别构调节、聚合与解聚等，也可通过对酶合成及酶量的控制进行调节。这里主要介绍通过酶分子构象改变等方面进行的酶活性的调节。

1. 酶原及其激活

有些酶如消化系统中的各种蛋白酶首先以无活性的前体形式合成和分泌,然后输送到特定的部位,当体内需要时,经特异性蛋白水解酶的作用转变为有活性的酶而发挥作用。这些不具催化活性的酶的前体称为酶原,如胃蛋白酶原、胰蛋白酶原和胰凝乳蛋白酶原等。

合成后的酶原在指定部位由蛋白水解酶进行有限水解而活化,某种物质作用于酶原使之转变成有活性的酶的过程称为酶原的激活。使无活性的酶原转变为有活性的酶的蛋白水解酶称为活化素。酶原激活的实质是切断酶原分子中特异肽键或去除部分肽段后有利于酶活性中心的形成,使酶的空间构象发生改变,酶的活性中心暴露或形成。酶原激活被认为是一种不可逆的共价修饰调节。

活化素对于酶原的激活作用具有一定的特异性。例如胰腺细胞合成的胰凝乳蛋白酶是一种脊椎动物的消化酶,属于肽链内切酶,主要切断多肽链中的芳香族氨基酸残基的羧基一侧。该酶在胰脏中以酶前体物质胰凝乳蛋白酶原的形态进行生物合成,随胰液分泌出去,在小肠中受到胰蛋白酶的分解,转变成活性的胰凝乳蛋白酶。胰凝乳蛋白酶原为 245 个氨基酸残基组成的单一多肽链,分子内部有 5 对二硫键,该酶原的激活过程见图 6-5:首先由胰蛋白酶水解第 15 位精氨酸和第 16 位异亮氨酸残基间的肽键,激活成有完全催化活性的胰凝乳蛋白酶,但此时酶分子尚未稳定,经胰凝乳蛋白酶自身催化,去除 Ser14-Arg15 和 Thr147-Asn148 这两个二肽,成为有催化活性并具稳定结构的 α-胰凝乳蛋白酶。

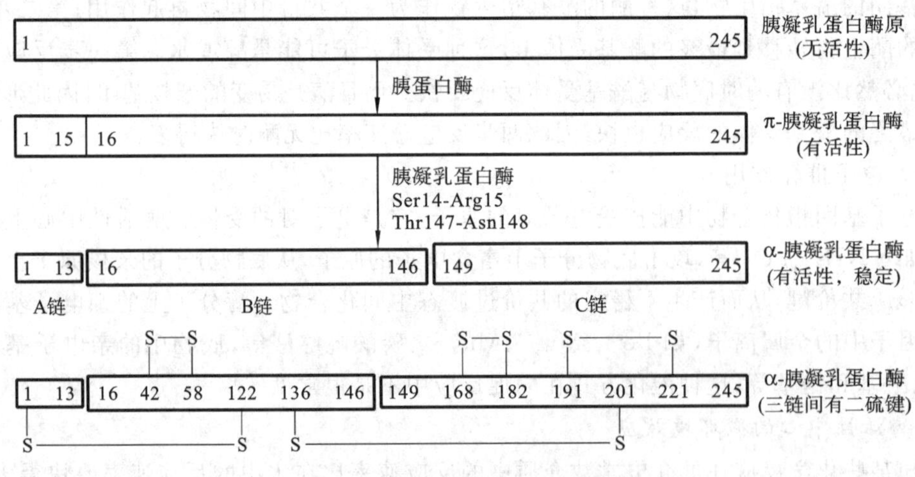

图 6-5 胰凝乳蛋白酶原的激活

在正常情况下,血浆中大多数凝血因子是以无活性的酶原形式存在的,只有当组织或血管内膜受损时,无活性的酶原才转变为有活性的酶,从而触发一系列级联式酶促反应,最终导致可溶性的纤维蛋白原转变为稳定的纤维蛋白多聚体,网罗血小板等形成血凝块。酶原激活有重要的生理意义:消化管内蛋白酶以酶原形式分泌,不仅保护消化器官本身不受酶的水解破坏,而且保证酶在其特定的部位与环境发挥其催化作用,酶原还可以视为酶的储存形式。如胃主细胞分泌的胃蛋白酶原和胰腺细胞分泌的胰凝乳蛋白酶原、胰蛋白酶原、弹性蛋白酶原等分别在胃和小肠激活成相应的活性酶,促进食物蛋白质的消化就是明显的例证。特定肽键的断裂所导致的酶原激活在生物体内广泛存在,是生物体的一种重要的调控酶活性的方式,如果酶原的激活过程发生异常,将导致一系列疾病的发生。出血性胰腺炎的发生就是由于蛋白酶原在未进小肠时就被激活,激活的蛋白酶水解自身的胰腺细胞,导致胰腺出血、肿胀。

2. 同工酶

同工酶(isozyme)是指分子组成及理化性质不同但具有相同催化功能的一组酶。同工酶是一个复杂的生物现象，可以把同工酶理解为一个包括多种能催化相同生化反应的酶族，在这一族中虽然都催化相同的生化反应，但各个同工酶在理化性质上有差异。至今有关同工酶的分类、概念需要进一步研究，但在临床应用上，它对疾病的诊断和鉴别诊断都是很有帮助的。

1) 同工酶的结构

同工酶在理化性质上的差异从根本上来说和酶蛋白结构有关。同工酶一般由多亚基构成，亚基不同的组合方式构成不同形式。例如：乳酸脱氢酶(LDH)是由 H(心肌型)亚基和 M(骨骼肌型)亚基构成的四聚体，组成了五种分子形式(LDH_1～LDH_5)，见图 6-6。M、H 亚基的氨基酸组成不同，这是由基因所决定的。五种 LDH 中的 M、H 亚基比例各异，决定了它们理化性质的差别，通常用电泳法可把五种 LDH 分开，LDH_1 向正极泳动速率最快，而 LDH_5 泳动最慢，其他几种介于两者之间，依次为 LDH_2、LDH_3 和 LDH_4。

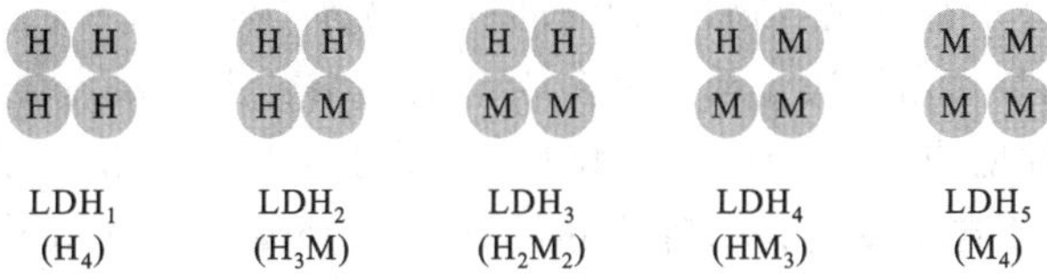

图 6-6　乳酸脱氢酶(LDH)的五种分子形式

2) 同工酶的分布特点

同工酶可以存在于生物的同一种属、同一个体的不同组织中，也可以存在于同一细胞不同亚细胞结构中。其分布具有以下特点。

(1) 明显的组织器官特异性。

(2) 细胞内定位不同。

(3) 有些同工酶在不同发育阶段类型不同。

不同组织中 LDH 同工酶谱的差异与组织利用乳酸的生理过程有关。LDH_1 和 LDH_2 对乳酸的亲和力大，使乳酸脱氢氧化成丙酮酸，有利于心肌从乳酸氧化中取得能量。LDH_5 和 LDH_4 对丙酮酸的亲和力大，有使丙酮酸还原为乳酸的作用，这与肌肉在无氧酵解中取得能量的生理过程相适应。在组织病变时将这些同工酶释放入血，由于它们在组织器官中分布的差异性，所以血清同工酶谱就有了变化，所以临床常用血清同工酶谱来分析诊断疾病。

3) 同工酶的应用

(1) 根据同工酶的变化来推测受损的组织或器官。

同工酶的分布具有器官特异性、组织特异性和细胞特异性，可以较为准确地反映病变器官、组织和细胞的种类及其功能损伤的程度。

如心肌有损伤时虽然可有总 LDH 活性上升，但诊断意义不大；如果 LDH_1 活性上升，且 $LDH_1 > LDH_2$ 则说明有心肌疾病；如果在此基础上还出现 $LDH_5 > LDH_4$，则说明在心肌损伤的同时伴有肝的损伤，例如右心衰竭引起肝淤血的状况。

(2) 可判断某些疾病的程度。

线粒体中有些酶的性质和结构与其在胞质中的同工酶有明显差异，具临床意义，用得较多的是线粒体天冬氨酸转氨酶(m-AST)。此酶较难进入血清，但当肝病变严重、细胞坏死时，它可进入血液中而水平升高，对判断疾病的程度和预后都有帮助。

(3)同工酶是研究代谢调节、个体发育、细胞分化、分子遗传等的有力而有效的工具,也是研究蛋白质结构和功能的良好的材料;在农业上可以作为遗传标志用于优势杂交组合的预测等。

3. 别构酶

1）别构酶及其活性调节

别构酶也称变构酶(allosteric enzyme),具有类似血红蛋白的别构现象,在专一性的别构效应物的诱导下,结构发生变化,使催化活性改变,是一类重要的调节酶,对代谢反应起调节作用。别构酶概念由贾克柏(F. Jacob)和莫诺(J. L. Monod)等人于 1963 年首次提出,用于解释结构与底物不相似的化合物为什么可作为酶的竞争性抑制剂。

别构酶多为含有 2 个或 2 个以上亚基的寡聚酶(oligomeric enzyme),分子中除活性中心(active center)外,还有别构中心(allosteric center),又称调节中心。两个中心可在同一亚基的不同部位上,也可在不同的亚基上。有活性中心的亚基称为催化亚基,主要通过活性中心与底物结合;有别构中心的亚基称为调节亚基,主要通过调节部位结合调节物(也称效应物)。

调节物一般是小分子有机化合物,有的酶的调节物分子就是底物,这种酶分子上有 2 个以上的底物结合中心,调节作用取决于酶上有多少个底物结合中心被占据。现将底物对酶所引起的活性调节称为同促效应(homotropic effect);有的别构酶调节物分子不是底物,是底物以外的物质,它们对酶所引起的活性调节称为异促效应(heterotropic effect)。有很多的调节酶,既可以受底物调节,又可以受底物以外的其他代谢物调节,兼具有同促效应和异促效应。在细胞内,别构酶的底物通常是它的别构激活剂,代谢途径的终产物常常是它的别构抑制剂。使酶活力增加的效应物称为正调节物,反之称为负调节物。

2）别构酶种类

对别构酶的动力学研究发现,大部分别构酶的酶促反应速率与底物浓度的关系不符合米氏方程。与米氏酶不同,大多数别构酶的 v-[S]曲线呈 S 形。根据酶结合效应物之后,对酶促反应速率的影响,别构酶又分为正协同效应别构酶和负协同效应别构酶。非别构酶和两种别构酶的动力学曲线见图 6-7。

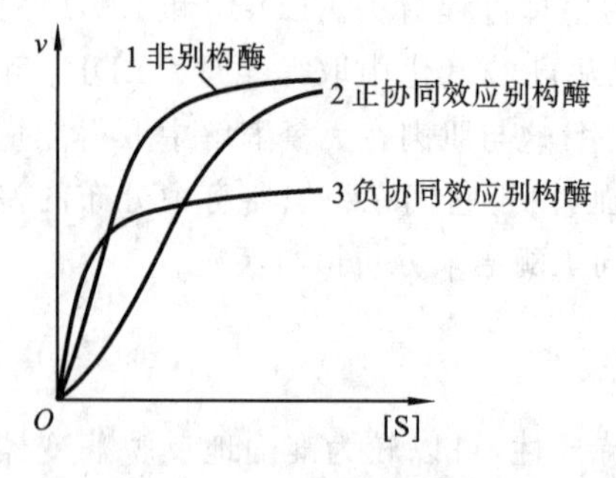

图 6-7　别构酶与非别构酶动力学曲线的比较

图 6-7 中的曲线 1 是典型的非别构酶所具有的动力学曲线,为双曲线,符合米氏方程。曲线 2 两端平坦,中段陡直,表明酶与底物分子(或效应物)结合后,酶分子构象发生改变,新的构象大大提高了酶对后续底物分子(或效应物)的亲和性,有利于后续分子与酶的结合,在对应的曲线陡段较窄的底物浓度范围内,底物浓度稍有增加,酶促反应速率就有明显的提高,这种别构酶称为正协同效应别构酶,这种现象有利于对反应速率的调节,在未达到最大反应速率时,底物浓度的略微增加,将使反应速率有极大提高。所以,正协同效应使酶对底物浓度的变化极为敏感,这就是别构酶能够灵敏地调节酶促反应速率的原因所在。

图 6-7 的曲线 3 是另一类具有负协同效应的别构酶的动力学曲线。其动力学曲线类似双曲线,但意义不同,为表观双曲线。曲线 3 比较低、平,可知在底物浓度较低时,反应速率变化很快,可以很快达到一个较大的反应速率。但继续增加底物浓度,酶促反应的速率变化非常缓慢。所以负协同效应使酶对底物浓度变化极不敏感。这种效应对于保证体内一些重要反应的稳定连续进行是很有意义的。

综上所述，别构酶有多种生理意义，主要如下。

(1) 在别构酶S形曲线的中段，底物浓度稍有降低，酶的活性明显下降，多酶体系催化的代谢途径可因此而被关闭；反之，底物浓度稍有升高，则酶活性迅速上升，代谢途径又被打开，因此可以快速调节细胞内底物浓度和代谢速率，这对于维持细胞内的代谢恒定起重要作用。

(2) 别构抑制剂常是代谢途径的终产物或中间代谢物，而别构酶常处于代谢途径的开端或者是分支点上，可以通过反馈抑制(feedback inhibition)的方式极早地调节整个代谢途径的速率，减少不必要的底物消耗。

例如，葡萄糖的氧化分解可为动物机体提供生命活动所需的ATP，但是当ATP生成过多时，ATP可以作为别构抑制剂，通过降低葡萄糖分解代谢中的调节酶(己糖激酶、磷酸果糖激酶等)的活性，以限制葡萄糖的分解。

3) 别构酶判断

有一些没有别构效应的酶也可产生类似的曲线，所以作图法不能完全作为判断别构酶的依据。可用饱和比R_s(saturation ratio)($[S]_{90\%v}/[S]_{10\%v}$)来定量地区分三种酶：R_s是酶促反应体系中，反应速率达到最大反应速率的90%时所对应的底物浓度与达到最大反应速率的10%时所对应的底物浓度的比值。R_s等于81为米氏酶，R_s大于81则有正协同效应，为正协同效应别构酶，反之为负协同效应别构酶。更常用的是Hill系数法，以$\lg[v/(v_{max}-v)]$对$\lg[S]$作图，曲线的最大斜率h称为Hill系数，米氏酶的Hill系数等于1，正协同效应别构酶的Hill系数大于1，负协同效应别构酶的Hill系数小于1。

4) 别构酶的动力学模型

别构酶的S形动力学曲线比较复杂，至今已有多种假说，其中比较重要的假说有两种：齐变模型和序变模型。

(1) 齐变模型。

齐变模型又称协同模型，它认为酶分子中所有原子的构象相同，无杂合状态，在低活性的紧张态(T态)和高活性的松弛态(R态)之间存在平衡。当有调节物存在时，两种状态间的转变对每个原子来说都是同时发生的，调节物使状态间的平衡发生移动，从而改变酶的活性。

齐变模型能比较好地解释正协同效应，但此模型不适用于负协同效应的别构酶。

(2) 序变模型。

序变模型(KNF模型)认为酶分子的各个亚基可以杂合存在，别构是由于底物或调节物的诱导，而不是因为平衡的移动。如第一个亚基结合底物后，第一个亚基构象发生变化，并促进第二个亚基发生与底物结合的构象变化，如此顺序传递，直至酶分子的全部亚基构象发生利于结合底物的变化。酶分子结合调节物后，或引起亚基发生有利于结合底物的构象变化，产生正协同效应，导致下一个亚基的亲和力更大；或引起亚基发生不利于结合底物的构象变化，使下一个亚基的亲和力下降，产生负协同效应。

相比之下，序变模型能更好地解释正、负协同效应别构酶，但两种模型都不能圆满地解释别构酶表现出的复杂调节作用和动力学现象，别构酶的调节机制还有待科学家的进一步深入研究。

4. 共价修饰酶

共价修饰是体内调节酶活性的一种重要方式。有些酶分子上的某些氨基酸残基的基团，在另一组酶的催化下共价地结合某些小分子基团，发生可逆的共价修饰，从而引起酶活性的改变，这种调节称为共价修饰调节(covalent modification regulation)，这类酶称为共价修饰酶。

共价结合的小分子基团可被其他酶水解去除,被修饰的酶的活性在这种修饰、去修饰的作用下,发生激活态与失活态的可逆转变。其中典型的例子如糖原磷酸化酶和糖原合成酶的活性调节方式。

酶的共价修饰包括磷酸化/去磷酸化、乙酰化/去乙酰化、甲基化/去甲基化、腺苷化/去腺苷化以及巯基与二硫键之间的互变等,其中磷酸化/去磷酸化最为重要和常见。磷酸化/去磷酸化是由蛋白激酶和磷蛋白磷酸酶这一组酶共同催化的,且磷酸小分子基团常共价结合在酶分子的丝氨酸、苏氨酸、酪氨酸等氨基酸的侧链羟基上,见图 6-8。共价修饰调节酶具有以下特点。

(1) 这类酶一般具有无活性(或低活性)与有活性(或高活性)的两种形式,它们之间的互变反应中,正、逆两个方向由不同的酶所催化,催化互变反应的酶受激素等因素的调节。

如磷酸化酶有无活性形式(磷酸化酶 b)和高活性形式(磷酸化酶 a),在磷酸化酶激酶的作用下,由 ATP 提供磷酸基,将磷酸化酶 b 每个亚基的丝氨酸残基的羟基磷酸化,从而使无活性的磷酸化酶 b 变成高活性磷酸化酶 a;在磷酸酶的催化下,高活性磷酸化酶 a 的每个亚基的磷酸基被水解除去,从而使高活性磷酸化酶 a 变成无活性的磷酸化酶 b,如图 6-9 所示。

(2) 此种酶促反应常表现出级联放大效应。如果某一激素或其他修饰因子使第一个酶发生酶促共价修饰后,被修饰的酶又可催化另一种酶分子发生共价修饰,每修饰一次,就可将调节因子的信号放大一次,从而呈现级联放大效应(cascade effect)。因此,这种调节方式具有极高的效率,如肾上腺素对肌糖原分解的调节就是典型的例子。

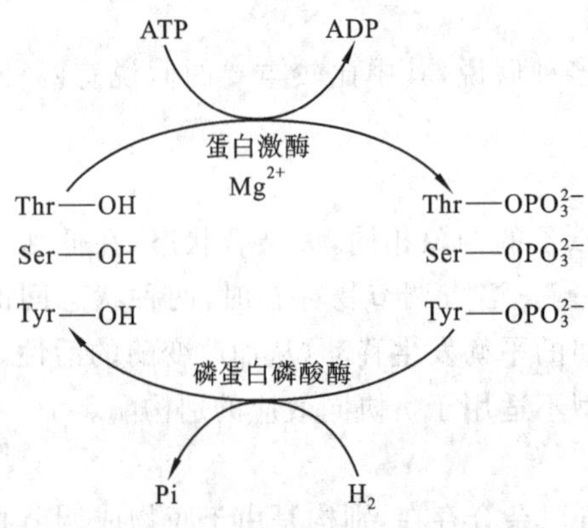

图 6-8　磷酸化与去磷酸化修饰机制

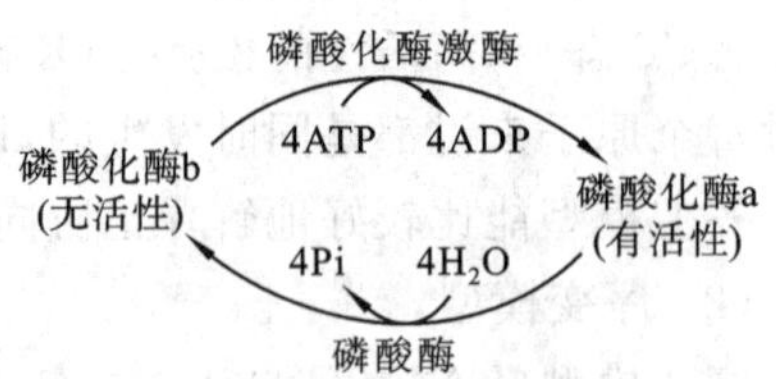

图 6-9　磷酸化酶的磷酸化共价修饰

5. 多酶复合体

多酶复合体(multienzyme complex)是多种生物催化剂的集合体,即它由几种不同的酶相互嵌合形成一个结构和功能上保持统一的整体,并具有连续催化反应能力的,在生理功能上密切相关的一组酶集合体。多酶体系中,各种酶互相配合,第一个酶作用的产物是第二个酶作用的底物,依此类推,直到多酶体系中的每一个酶都参与了反应。若把多酶复合体解体,则各酶的催化活性消失;同时在这一体系中,中间产物始终不能离开复合体。参与组成多酶复合体的酶有多有少,如催化丙酮酸氧化脱羧反应的丙酮酸脱氢酶的多酶复合体由三种酶组成,而在线粒体中催化脂肪酸 β-氧化的多酶复合体由四种酶组成。多酶复合体一般可分为三类:①可溶性的多酶复合体;②结构化的多酶复合体;③在细胞内有定位关系的多酶复合物。其中以②和③占主导地位。如②中以脂肪酸合成酶复合体为例,该复合体含有 7 个不同的酶(其中每种酶分子又有许多亚基以准共价键连接而成)。它们围绕着酰基载体蛋白(ACP)排列成紧密的复合体,共同作用于小分子的前体(如乙酰辅酶A或丙二酰辅酶A),催化合成如软脂酸类的脂肪酸。属于③的典型体系是呼吸链中的酶,许多酶一起定位于细胞内的线粒体内膜上。多酶复合体存在的生物学意义,是在多酶反应体系中不断地缩短酶间距离,使反应以最高效率进行。更为完善的是,这类体系大多具备通过其体系内的别构酶实现自我调节。

6. 多功能酶

近年来发现有些酶分子存在多种催化活性,例如大肠杆菌DNA聚合酶Ⅰ是一条分子量为10^{12}的多肽链,具有催化DNA链的合成、$3'\rightarrow5'$核酸外切酶和$5'\rightarrow3'$核酸外切酶的活性。用蛋白水解酶轻度水解得两个肽段,一个含$5'\rightarrow3'$核酸外切酶活性部位,另一个含另两种酶的活性部位,表明大肠杆菌DNA聚合酶Ⅰ分子中含多个活性中心。哺乳动物的脂肪酸合成酶由两条多肽链组成,每一条多肽链均含脂肪酸合成所需的七种酶的催化活性部位。这种酶分子中存在多种催化活性部位的酶称为多功能酶(multifunctional enzyme)或串联酶(tandem enzyme)。多功能酶在分子结构上比多酶复合体更具有优越性,因为相关的化学反应在一个酶分子上进行,比多酶复合体更有效,这也是生物进化的结果。

酶促化学修饰与别构调节是两种主要的调节方式,对某一种酶来说,它可以同时受这两种方式的调节。如糖原磷酸化酶受化学修饰调节的同时也是一种别构酶,其二聚体的每个亚基都有催化部位和调节部位。它可由AMP激活,并受ATP抑制,属于别构调节。细胞中同一种酶受双重调节的意义在于能动员反应体系中所有的酶发挥作用,迅速有效地满足机体的需要。

6.3 酶促反应动力学

酶促反应动力学研究酶促反应速率及影响酶促反应速率的因素。酶促反应系统中,许多因素如酶浓度、底物浓度、pH、温度、激活剂和抑制剂等都能影响酶促反应的速率。在研究某一因素对酶促反应速率的影响时,要使酶催化系统的其他因素不变,并保持严格的反应初速率条件。如研究酶促反应速率与酶浓度成正比关系的条件,在此条件下酶催化系统所用的底物量要足以饱和所有的酶,而生成的产物要不足以影响酶催化效率,反应系统的其他条件如pH等未发生明显改变。动力学研究可为酶作用机制提供有价值的信息,也有助于确定酶作用的最适条件。如应用抑制剂探讨酶活性中心功能基团的组成,对酶的结构与功能方面的研究,以及临床应用方面的研究都有很重要的价值。为了最大限度地发挥酶反应的高效性,寻找最有利的酶促反应条件,探究酶在代谢中的作用和某些药物的作用机制等,都需要掌握酶促反应速率的规律。

6.3.1 酶浓度对酶作用的影响

在研究酶浓度对酶促反应速率的影响时,要使酶催化系统的其他各因素保持不变,没有酶的抑制剂或其他不利因素存在,且催化反应的底物浓度过量。当满足这些条件时,酶促反应速率和酶的浓度成正比关系,见图6-10。

$$v=k[E]$$

式中:v为反应速率;k为反应速率常数;[E]代表酶浓度。

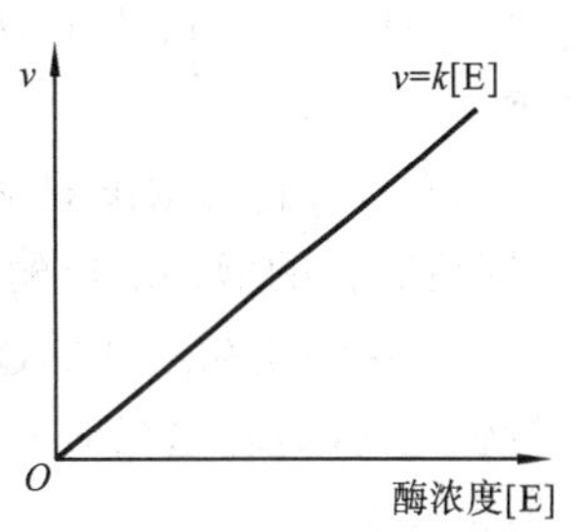

图6-10 酶促反应速率与酶浓度的关系

在一定条件下,酶的数量越多,则生成的中间配合物越多,反应速率也就越快,即酶浓度与酶促反应速率成正比,但当酶的浓度增加到一定程度,反应体系中底物不足,酶分子过量,以致底物已不足以使酶饱和时,继续增加酶的浓度,反应速率就不再成比例增加了。

6.3.2 底物浓度对酶作用的影响

1. 矩形双曲线

在 20 世纪初,人们就已观察到了酶被底物所饱和的现象,而这种现象在非酶促反应中是不存在的。后来发现底物浓度的改变,对酶促反应速率的影响比较复杂。在酶促反应体系中的其他条件相同,特别是酶浓度不变的条件下,底物浓度与反应速率间的相互关系用矩形双曲线表示,见图6-11。

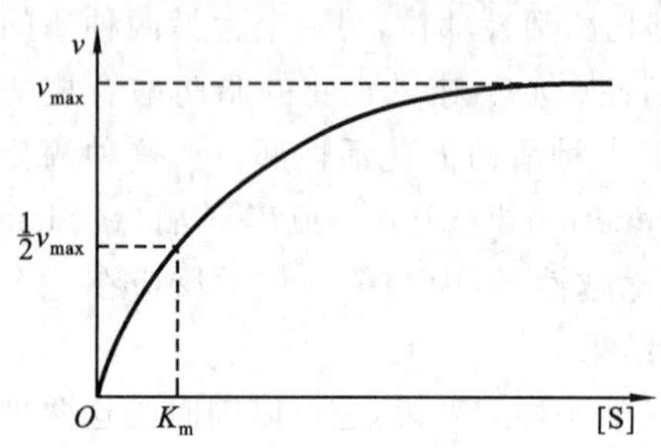

图 6-11 底物浓度对酶促反应速率的影响

当底物浓度很低时,增加底物浓度,反应速率随之迅速增加,反应速率与底物浓度成正比,表现为一级反应。当底物浓度较高时,增加底物浓度,反应速率也随之增加,但增加的程度不如底物浓度低时那样明显,反应速率与底物浓度不再成正比,表现为混合级反应。当底物增加至一定浓度时,反应速率趋于恒定,继续增加底物浓度,反应速率也不再增加,表现为零级反应。反应速率与底物浓度之间的这种关系,反映了酶促反应中有酶-底物复合物的存在。若以产物生成的速率表示反应速率,显然产物生成的速率与酶-底物复合物浓度成正比。底物浓度很低时,酶的活性中心没有全部与底物结合,此时增加底物的浓度,酶-底物复合物的形成与产物的生成都成正比地增加。当底物浓度增至一定浓度时,全部酶都已变成酶-底物复合物,此时再增加底物浓度,也不会增加酶-底物复合物浓度,反应速率趋于恒定。

2. 米氏方程

体内大多数酶表现上述底物浓度与反应速率的关系。1913 年,莱昂诺尔 · 米凯利斯(Leonor Michaelis)和门滕 · 慕德(Maud L. Menten)两人在前人工作的基础上提出酶与底物首先形成中间复合物的学说,并推导出了能够表示整个反应中底物浓度和反应速率关系的公式——米氏方程(Michaelis-Menten equation)。1925 年,乔治 · 布里格斯(George E. Briggs)和约翰 · 霍尔丹(John B. S. Haldane)又对其基本原理加以补充和发展,提出"稳态平衡假说"(steady-state balance hypothesis)。

他们的理论首先有如下假定。

(1) 测定的速率为反应的初速率,即底物消耗小于 5%时的速率,所以在测定反应速率所需要的时间内,产物的生成量是很少的,由产物和酶逆向生成酶-底物复合物的可能性不予考虑。

(2) 当底物的浓度显著超过酶的浓度时,酶-底物复合物的形成不会明显影响底物的浓度,即使所有的酶都形成酶-底物复合物,底物浓度的降低仍可略去不计。

(3) 在测定初速率的过程中,酶-底物复合物浓度在一开始增加时,可在相当一段时间内保持恒定的浓度,这段时间内,酶-底物复合物的生成速率和其分解速率相等,达到动态平衡,即所谓稳态。

根据以上理论,酶促反应分两步进行。

假设有以下的酶促反应:

$$\mathrm{E}+\mathrm{S} \underset{K_{-1}}{\overset{K_1}{\rightleftharpoons}} \mathrm{ES} \xrightarrow{K_2} \mathrm{E}+\mathrm{P}$$

其中，K_1、K_{-1}、K_2 为各反应的速率常数，E、S、P 分别表示酶、底物和产物，ES 为酶-底物复合物，以[E]、[S]、[ES]分别表示酶、底物、中间产物的浓度，则反应系统中游离酶的浓度为[E]－[ES]。假设：此酶促反应不可逆，反应产物不和酶结合；反应 $\mathrm{E}+\mathrm{S} \rightleftharpoons \mathrm{ES}$ 迅速达到平衡态，也就是酶-底物复合物的浓度不变；建立平衡态所消耗的底物的量很小，可以忽略。那么有以下关系。

酶与底物结合生成酶-底物复合物的速率则为

$$v_1 = K_1([\mathrm{E}]-[\mathrm{ES}])[\mathrm{S}]$$

酶-底物复合物分解的速率为

$$v_2 = K_{-1}[\mathrm{ES}]+K_2[\mathrm{ES}]$$

当达到稳态时，酶-底物复合物的生成速率和其分解速率相等，即

$$v_1 = K_1([\mathrm{E}]-[\mathrm{ES}])[\mathrm{S}] = v_2 = K_{-1}[\mathrm{ES}]+K_2[\mathrm{ES}]$$

整理得

$$\frac{K_{-1}+K_2}{K_1} = \frac{[\mathrm{E}][\mathrm{S}]-[\mathrm{ES}][\mathrm{S}]}{[\mathrm{ES}]}$$

令

$$\frac{K_{-1}+K_2}{K_1} = K_{\mathrm{m}}$$

对上面的公式进行变形，有

$$K_{\mathrm{m}}[\mathrm{ES}]+[\mathrm{ES}][\mathrm{S}] = [\mathrm{E}][\mathrm{S}]$$

$$[\mathrm{ES}] = \frac{[\mathrm{E}][\mathrm{S}]}{K_{\mathrm{m}}+[\mathrm{S}]} \tag{6-1}$$

由于酶促反应速率由酶-底物复合物浓度[ES]决定，所以

$$v = K_2[\mathrm{ES}] \tag{6-2}$$

将式(6-2)代入式(6-1)可得

$$\frac{v}{K_2} = \frac{[\mathrm{E}][\mathrm{S}]}{K_{\mathrm{m}}+[\mathrm{S}]} \tag{6-3}$$

当所有的酶都以酶-底物复合物的形式存在时，有[E]＝[ES]，此时的 v 为最大反应速率 $v_{\max}$，即

$$v_{\max} = K_2[\mathrm{ES}] \tag{6-4}$$

将式(6-4)代入式(6-3)得到

$$v = \frac{v_{\max}[\mathrm{S}]}{K_{\mathrm{m}}+[\mathrm{S}]} \tag{6-5}$$

式(6-5)即为著名的米氏方程。式中 v 为反应速率，$v_{\max}$ 为所有酶被底物饱和时的最大反应速率，K_{m} 为米氏常数，该方程有条件性地说明了底物浓度对酶促反应速率的影响。当底物浓度很低（$[\mathrm{S}] \ll K_{\mathrm{m}}$）时，式(6-5)分母上的[S]可以忽略不计，于是有

$$v = \frac{v_{\max}[\mathrm{S}]}{K_{\mathrm{m}}}$$

对一个酶来说，$v_{\max}$ 和 K_{m} 均为常数，于是反应速率与底物浓度成正比关系。若底物浓度很高（$[\mathrm{S}] \gg K_{\mathrm{m}}$）时，式(6-5)分母中 K_{m} 可以忽略不计，于是有

$$v = v_{\max}$$

此时再增加底物浓度,反应速率也不会增加。若[S]= K_m,则方程式改为

$$v=\frac{v_{max}[S]}{2[S]}=\frac{1}{2}v_{max} \tag{6-6}$$

在米氏方程的推导过程中有以下几点需要注意:[E]是指反应体系中总的酶浓度,反应中酶-底物复合物的浓度[ES]是极不好测量的,所以式子必须写成[E]表示的形式,因为实验中所用的酶量是已知的;v 是反应初速率,是实验中测得的产物生成的初速率,一般是酶促反应在开始的几秒到几分钟之内的速率,在这段时间内底物消耗较少,真实浓度几乎和底物最初的浓度相同。

K_2[E](即 v_{max})是酶促反应在给定的酶量下的最大速率(即所有的酶都在酶-底物复合物的状态下)。

3. 米氏常数的意义和测定

1) 米氏常数的概念

当酶促反应处于 $v=\frac{1}{2}v_{max}$时,代入米氏方程(6-5),则有

$$\frac{1}{2}v_{max}=\frac{v_{max}[S]}{K_m+[S]}$$

即

$$K_m=[S]$$

由此可知,米氏常数 K_m就是酶促反应速率为最大反应速率一半时的底物浓度,它的单位与底物浓度一样,是 mol/L。K_m一般在 0.01～100 mmol/L 之间。

2) 米氏常数的意义

不同酶的 K_m不同,同种酶对不同底物的 K_m也不相同。K_m在很多方面都有着广泛应用。

(1) 米氏常数是酶的特征常数之一,每一种酶都有它的 K_m,K_m只与酶的结构和所催化的底物有关,与酶浓度无关,可用来鉴别酶。

(2) 判断酶与底物亲和力的大小。K_m小,表示用很小的底物浓度即可达到最大反应速率的一半,说明酶与底物亲和力大。为方便起见,可用 $1/K_m$ 近似地表示酶与底物的亲和力,$1/K_m$越大,酶与底物的亲和力越大,酶促反应越易进行。

(3) 判断哪些底物是酶的天然底物或最适底物。如果一种酶同时作用于几种底物,那么酶催化每一种底物都有一个特定的 K_m,K_m小的酶对底物亲和力大,此底物一般即为该酶的最适底物。

(4) 判断正、逆两向反应的催化效率。如果一个反应的正、逆方向由同一种酶催化,则 K_m较小的方向,其反应催化效率较高。

(5) 可通过 K_m求出要达到规定反应速率的底物浓度,或根据已知底物浓度求出反应能达到的速率。

例如,已知 K_m,求使反应速率达到 95%v_{max}时的底物浓度。

根据米氏方程,有

$$95\%v_{max}=\frac{v_{max}[S]}{K_m+[S]}$$

移项解出[S],为

$$[S]=19K_m$$

(6) v_{max}是酶完全被底物饱和时的反应速率,与酶浓度成正比。如果酶的总浓度已知,便可由 v_{max}计算酶的催化常数 K_{cat}(catalytic number),也称为转换数。

例如，1×10^{-6} mol/L 的碳酸酐酶溶液在 1 s 内催化生成 0.6 mol/L H_2CO_3，则每秒 1 个酶分子可催化生成 6×10^5 个 H_2CO_3 分子。

$$K_{cat}=\frac{v_{max}}{[E]}=\frac{0.6\ mol/(L\cdot s)}{1\times10^{-6}\ mol/L}=6\times10^5\ s^{-1}$$

不同的酶促反应，K_m 可相差很大，一些酶的米氏常数见表 6-2。

表 6-2　一些酶的米氏常数

酶　名　称	底　　物	K_m/(mol/L)
过氧化氢酶(肝)	H_2O_2	2.5×10^{-2}
麦芽糖酶	麦芽糖	2.1×10^{-1}
谷氨酸脱氢酶	L-谷氨酸	7.0×10^{-7}
己糖激酶	D-葡萄糖	0.5×10^{-4}
	D-果糖	1.5×10^{-3}
乳酸脱氢酶	丙酮酸	3.5×10^{-5}
脲酶	尿素	2.5×10^{-2}
蔗糖酶	蔗糖	2.8×10^{-2}
α-淀粉酶	淀粉	6.0×10^{-4}
β-半乳糖苷酶	D-乳糖	4.0×10^{-3}

3) K_m 的测定

从酶的 v-[S]图(图 6-11)上可以得到 v_{max}，再从 $\frac{1}{2}v_{max}$ 处读出[S]，即为 K_m。但实际上只能无限接近 v_{max}，却无法真正达到 v_{max}。为得到准确的 K_m，可以把米氏方程加以变形，使它相当于线性方程，通过作图得到准确的 K_m。为此人们将米氏方程进行种种变换，应用最多的是将曲线转变为直线的双倒数作图法(Lineweaver-Burk plot)。

米氏方程的双倒数形式为

$$\frac{1}{v}=\frac{K_m}{v_{max}}\times\frac{1}{[S]}+\frac{1}{v_{max}}$$

实验时在不同的底物浓度下测定初速率，以 $1/v$ 对 $1/[S]$ 作图，直线外推与横轴相交，即可得有关 K_m 和 v_{max} 的酶动力学的双倒数曲线图，如图 6-12 所示。横轴截距为 $-1/K_m$，纵轴截距为 $1/v_{max}$，其斜率为 K_m/v_{max}。此法称为 Lineweaver-Burk 作图法，应用最广，但实验点常集中在左端，影响结果的准确性。

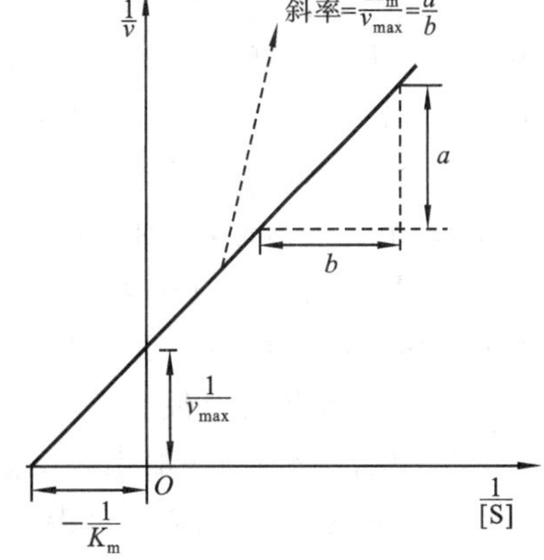

图 6-12　酶动力学的双倒数曲线图

6.3.3　pH 的影响

溶液的 pH 对酶活性影响很大，大部分酶只能在一定的 pH 范围内表现其催化活性。在一定的 pH 时酶的催化活性最大，此 pH 称为酶作用的最适 pH。偏离酶最适 pH 越远，酶的活性则会越小，过酸或过碱的环境均可使酶完全失去活性。

各种酶的最适 pH 不同,人体内大多数酶的最适 pH 在 7.35～7.45 之间,pH 活性曲线近似于钟形,如图 6-13 所示。但并非所有的酶都是如此,胃蛋白酶最适 pH 为 1.5～2.5,其活性曲线只有钟形的一半;胆碱酯酶在 pH 大于 7 时有最大活性。同一种酶的最适 pH 可能因为底物的种类及浓度不同,或所用的缓冲溶液不同而稍有改变,所以最适 pH 也不是酶的特征常数。动物体内大多数酶的最适 pH 在 6.8～8.0 之间;植物及微生物体内多数酶的最适 pH 在 4.5～6.5 之间。但也有例外,如精氨酸酶最适 pH 为 9.7。

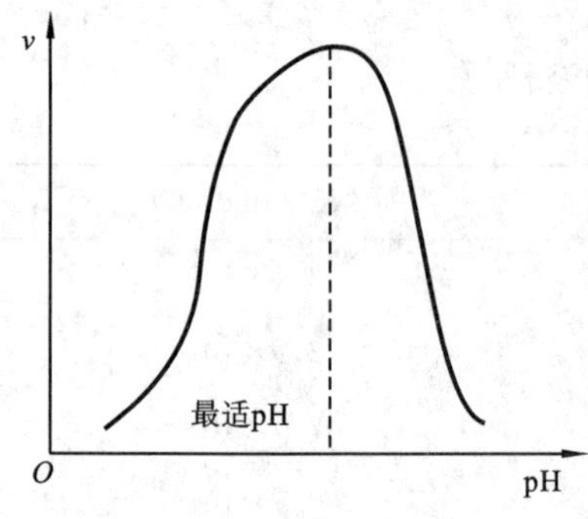

图 6-13　pH 对酶反应速率的影响

pH 之所以影响酶促反应速率,其原因在于以下几个方面。

(1) 环境过酸或过碱能影响酶蛋白构象,使酶本身变性失活。

(2) 影响酶分子侧链上极性基团的解离,导致带电状态的改变,从而使酶活性中心的结构发生变化。

(3) 影响底物的解离,当酶催化底物反应时,只有底物分子上某些基团处于一定解离状态,才适合与酶结合而发生反应,若 pH 的改变不利于这些基团的解离,则不适合与酶结合而发生反应。因此,pH 的改变会影响酶与底物的相互结合和中间产物的生成,从而影响酶促反应速率。

应该指出,在酶促反应进行的过程中,因为溶液的 pH 随反应的进程及体系中成分的改变会发生波动,因此在酶的提纯或应用中,当需测定酶活力时,必须注意反应系统内 pH 的恒定,在实际操作中常采用缓冲溶液体系维持系统内 pH 的恒定(pH 的变化不超过±0.1)。

6.3.4　温度的影响

温度对酶促反应速率的影响如图 6-14 所示。低温时酶的活性非常微弱,随着温度升高,酶的活性也逐步增加,当达到一定温度时,酶的活性达到最大,进一步升高温度,当超过一定温度时,酶的活性反而下降。当温度升至 50～60 ℃时,酶的活性可迅速下降,甚至丧失活性,此时即使再降温也不能恢复。在某一温度下,酶促反应速率达到最大,此时所对应的温度称为酶作用的最适温度。人体内酶的最适温度多在 37 ℃左右。温度对酶促反应有双重的影响,表现如下。

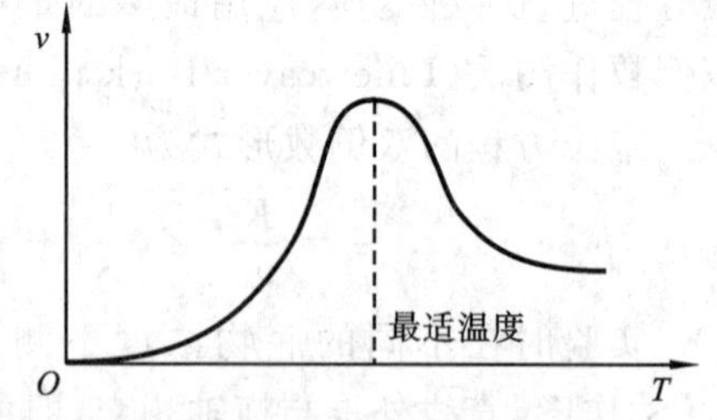

图 6-14　温度对酶促反应速率的影响

(1) 酶促反应与一般化学反应一样,升高温度能加速化学反应的进行,所以在低温时,升高温度,酶促反应速率加快。

(2) 绝大多数酶是蛋白质,升高温度能加速酶的变性而使酶失活,所以超过最适温度,进一步升温会使酶促反应速率下降。

升高温度对酶促反应的这两种相反的影响是同时存在的。在较低温度(0～40 ℃)时,前一种影响大,所以酶促反应速率随温度上升而加快;随着温度不断上升,酶的变性逐渐成为主要矛盾,在 50～60 ℃时酶活性迅速下降,80 ℃以上酶几乎完全失活。

最适温度不是酶的特征常数,它与酶作用时间长短等因素有关。酶作用时间较短时最适温度较高;酶作用时间较长时最适温度较低。

6.3.5 激活剂对酶作用的影响

酶的催化活性在某些物质影响下可以增高或降低。凡是能使酶活性增高的物质，称为酶的激活剂(activator)。如唾液淀粉酶的活力不高时，加入一定量的 NaCl，则酶的活力会大大增加，因为 Cl^- 是唾液淀粉酶的激活剂。酶的激活不同于酶原的激活，酶原激活是指无活性的酶原变成有活性的酶，且伴有抑制肽的水解。酶的激活是酶的活性由低变高，不伴有一级结构的改变，酶的激活剂又称酶的激动剂。

酶的激活剂大多是金属离子，其中以正离子较多，有 K^+、Na^+、Mg^{2+}、Mn^{2+}、Ca^{2+}、Zn^{2+}、Cu^{2+}(Cu^+)、Fe^{2+}(Fe^{3+})等，如 Mg^{2+} 是 DNase、RNase、脱羧酶等的激活剂；常作为激活剂的阴离子有 Cl^-、HPO_4^{2-}、Br^-、I^- 等。金属离子作为激活剂的作用：一是作为酶的辅助因子，参与酶的组成，易在分离提纯过程中被丢失，因此必须注意及时补充；二是当酶与底物结合时能起桥梁作用。还有一些小分子有机化合物，如半胱氨酸、还原型谷胱甘肽、维生素 C 也可以作为酶的激活剂，原因主要是使含巯基的酶中被氧化的二硫键还原成巯基，从而恢复酶的活力，提高酶活性，或者作为金属螯合剂，以除去酶中重金属杂质，从而解除重金属对酶的抑制作用。

6.3.6 抑制剂对酶作用的影响

与激活剂相对应，凡是能降低或抑制酶活性的物质称为抑制剂(inhibitor)。激活剂和抑制剂的作用都不是绝对的，同一种物质对不同的酶可能作用不同，如氰化物是细胞色素氧化酶的抑制剂，却是木瓜蛋白酶的激活剂。酶的抑制和变性不同，前者使酶活性下降，但酶蛋白并未失活，而后者则指酶蛋白的失活。

抑制剂类型很多，有重金属类(如 Ag^+、Hg^+、Cu^{2+} 等)、非金属类(一氧化碳、硫化氢、氰化物、砷化物、氟化物、生物碱、有机磷农药及麻醉剂等)和生物大分子抑制剂(来自动植物组织，如动物胰脏、肺，某些植物的种子，如大麦、燕麦、大豆、蚕豆、绿豆等，还有肠道内的寄生虫如蛔虫等均能产生抑制胃蛋白酶、胰蛋白酶活性的物质，从而使人和动物体消化蛋白质的能力降低)。根据抑制剂与酶的作用方式及抑制作用是否可逆，可将抑制作用分为可逆性抑制和不可逆性抑制两大类型。

1. 可逆性抑制(reversible inhibition)

抑制剂与酶非共价结合，可以用透析、超滤等简单物理方法除去抑制剂来恢复酶的活性，因此是可逆的。根据抑制剂在酶分子上结合位置的不同，又可分为三类。

1) 竞争性抑制(competitive inhibition)

抑制剂 I 与底物 S 的化学结构相似，在酶促反应中，抑制剂与底物相互竞争酶的活性中心，当抑制剂与酶形成酶-抑制剂复合物(EI)时，酶不能再与底物结合，从而抑制了酶的活性，这种抑制称为竞争性抑制。

最典型的例子是丙二酸、草酰乙酸、苹果酸对琥珀酸脱氢酶的抑制。因为丙二酸是二羧酸化合物，与琥珀酸脱氢酶的正常底物琥珀酸在结构上很相似，是琥珀酸脱氢酶的竞争性抑制剂。竞争性抑制反应表示如下：

$$
\begin{array}{l}
E+S \underset{K_{-1}}{\overset{K_1}{\rightleftharpoons}} ES \xrightarrow{K_2} E+P \\
+ \\
I
\end{array}
$$

$$\Big\Vert K_i$$

EI

抑制剂与酶形成的可逆酶-抑制剂复合物不能分解成产物 P,酶促反应速率下降,但抑制剂并没有破坏酶分子的特定构象,也没有使酶分子的活性中心解体。由于竞争性抑制剂与酶的结合是可逆的,因而可通过加入大量底物,提高底物竞争力的办法,消除竞争性抑制剂的抑制作用,从而使酶促反应速率接近或达到最大。按推导米氏方程的方法可以导出竞争性抑制剂作用的速率方程:

$$v=\frac{v_{max}[S]}{K_m(1+\frac{[I]}{K_i})+[S]} \tag{6-7}$$

式中

$$K_i=\frac{[E][I]}{[EI]}$$

设 $K'_m=K_m\left(1+\frac{[I]}{K_i}\right)$,则 $v=\frac{v_{max}[S]}{K'_m+[S]}$,式中,$K'_m$称为表观 K_m。

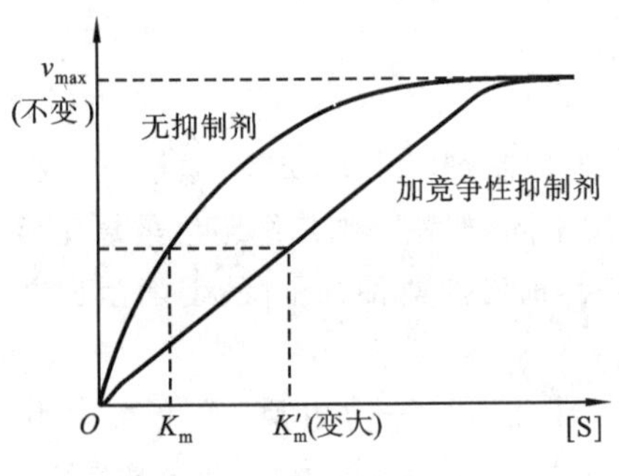

图 6-15　酶的竞争性抑制曲线

由上面的推导可看出:①竞争性抑制作用的反应是可逆的;②竞争性抑制的强度与抑制剂和底物的浓度有关,当[S]>[I]时,底物可以把抑制剂从酶的活性中心置换出来,从而使酶抑制作用被解除,表现为抑制作用弱。由 v 对[S]作图可得图 6-15,该图表明,加入竞争性抑制剂后,v_{max}没有发生变化,但达到 v_{max}时所需底物的浓度明显增大,即米氏常数变大($K'_m>K_m$)。将方程式(6-7)做双倒数处理得下式:

$$\frac{1}{v}=\frac{K_m}{v_{max}}\left(1+\frac{[I]}{K_i}\right)\times\frac{1}{[S]}+\frac{1}{v_{max}} \tag{6-8}$$

由式(6-8),可用 $\frac{1}{v}$ 对$\frac{1}{[S]}$作图得 Lineweaver-Burk 图,见图 6-16 的曲线 b。结合方程和米氏曲线图可知,有竞争性抑制剂存在时,K_m增大 $1+\frac{[I]}{K_i}$ 倍,而且,K_m随着[I]的增大而增大;当[E]固定,[S]使酶完全饱和时,则仍可以得到 $v=v_{max}$,即最大反应速率不变。在相应的米氏曲线图上可以看到:有抑制剂存在时的曲线 b 比没有抑制剂存在时的曲线 a 向右下方移动,当[S]无限增大时,曲线 a 可以和曲线 b 重合。也就是竞争性抑制剂改变 K_m 而不改变 v_{max}。所以当底物浓度很高时,竞争性抑制作用可以被解除。

酶的竞争性抑制作用已得到广泛应用,如有些药物属于酶的竞争性抑制剂,磺胺类药物(对氨基苯磺酰胺)及磺胺增效剂(TMP)是典型的例子。对磺胺敏感的细菌生长繁殖时不能直接利用叶酸,而是在菌体内二氢叶酸合成酶的催化下,由对氨基苯甲酸、2-氨基-4-羟基-6-甲基蝶呤及谷氨酸合成二氢叶酸(FH_2),其中,对氨基苯甲酸是叶酸的一部分。FH_2 再进一步还原成四氢叶酸(FH_4),FH_4 与 FH_2 是细菌合成核苷酸不可缺少的辅酶,如果缺少 FH_4,细菌的生长繁殖便会受到影响。而磺胺结构与对氨基苯甲酸结构相似,所以是细菌中二氢叶酸合成酶的竞争性抑制剂,有磺胺类药物存在时,磺胺结构与对氨基苯甲酸竞争性地结合二氢叶酸合成酶的活性中心,从而抑制 FH_2 的合成;而 TMP 是二氢叶酸还原酶的竞争性抑制剂,反应体系中有 TMP 存在时,会竞争性地结合二氢叶酸还原酶的活性中心,从而抑制 FH_4 的合成。

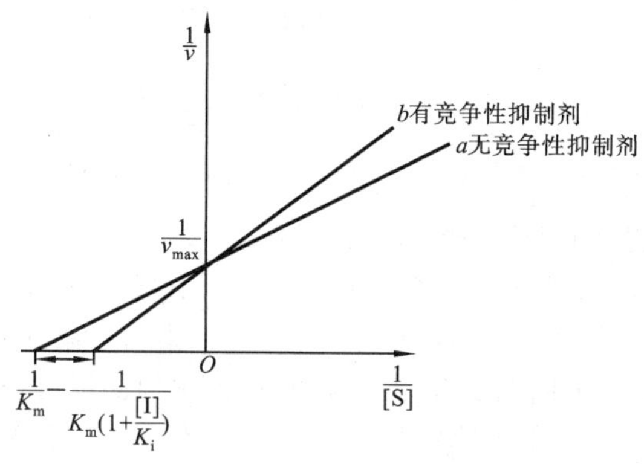

图 6-16　酶的竞争性抑制作用的 Lineweaver-Burk 图

所以磺胺类药物及 TMP 使细菌体内 FH_4 的合成受到双重抑制，从而抑制细菌体内核酸及蛋白质合成，有效达到抑菌作用。

$H_2N-C_6H_4-COOH$　　　$H_2N-C_6H_4-SO_2NH_2$

对氨基苯甲酸　　　对氨基苯磺酰胺

人体能从食物中摄取叶酸并直接利用食物中的叶酸，故不受影响。还有许多抗代谢物和抗癌药物，也是利用竞争性抑制的原理发挥作用。

2）非竞争性抑制（noncompetitive inhibition）

抑制剂与底物结构并不相似，也不与底物抢占酶的活性中心，而是通过与酶分子活性中心以外的必需基团结合来抑制酶的活性，即底物和抑制剂可同时结合在酶的不同部位上，这种抑制称为非竞争性抑制。如金属离子螯合剂通过从金属酶上除去金属来抑制酶的活性。非竞争性抑制与底物并无竞争关系。

非竞争性抑制反应表示如下：

$$\begin{array}{ccccc} E+S & \rightleftharpoons & ES & \longrightarrow & E+P \\ + & & + & & \\ I & & I & & \\ \Updownarrow & & \Updownarrow & & \\ EI+S & \rightleftharpoons & ESI & & \end{array}$$

由上面的反应方程式可知：酶既能与底物生成酶-底物复合物，又能与抑制剂生成酶-抑制剂复合物。酶-底物复合物和酶-抑制剂复合物又均能生成酶-底物-抑制剂复合物，但酶-底物-抑制剂不能释放出产物，故增加[S]不能减少抑制的程度。例如：EDTA 结合某些酶活性中心外的巯基，氰化物（—CN）结合细胞色素氧化酶的辅基铁卟啉，均属于非竞争性抑制。大部分非竞争性抑制作用是由抑制剂与酶活性中心之外的巯基进行可逆结合而引起的。酶活性中心之外的这种巯基对于酶活性来说是很重要的，因为它参与维持酶分子的天然构象。含某些金属离子的化合物与酶反应（如 Ag^+ 与酶中巯基的反应）时，存在如下的平衡：

$$E\text{-}SH+Ag^+ \rightleftharpoons E\text{-}S\text{-}Ag+H^+$$

按推导米氏方程的方法可以导出非竞争性抑制剂作用的速率方程，为

$$v=\frac{\left(\frac{v_{max}}{1+\frac{[I]}{K_i}}\right)[S]}{K_m+[S]} \tag{6-9}$$

设 $v'_{max}=v_{max}/\left(1+\frac{[I]}{K_i}\right)$,则 $v=\frac{v'_{max}[S]}{K_m+[S]}$,式中,$v'_{max}$称为表观 v_{max}。

由 v 对[S]作图,可得酶的非竞争性抑制曲线,见图 6-17。

图 6-17 的曲线表明,加入非竞争性抑制剂后,K_m没有发生变化,即达到最大反应速率一半时的底物浓度没有变,但 v_{max}减小了,即 $v'_{max}<v_{max}$。因为加入非竞争性抑制剂后,它与酶分子生成了不受[S]影响的酶-抑制剂复合物和酶-底物-抑制剂复合物,降低了正常中间产物酶-底物复合物的浓度。故当有非竞争性抑制剂时,v_{max}降低,而 K_m不变。K_m是特征常数,不受[ES]变化的影响,因为 $v=K_2[ES]$,v_{max}是 v 的极限值,故 v_{max}与[ES]有关。

将式(6-9)做双倒数处理得下式:

$$\frac{1}{v}=\frac{K_m}{v_{max}}\left(1+\frac{[I]}{K_i}\right)\frac{1}{[S]}+\frac{1}{v_{max}}\left(1+\frac{[I]}{K_i}\right)$$

用 $1/v$ 对 $1/[S]$作图,得相应的 Lineweaver-Burk 图,见图 6-18 中直线 c。

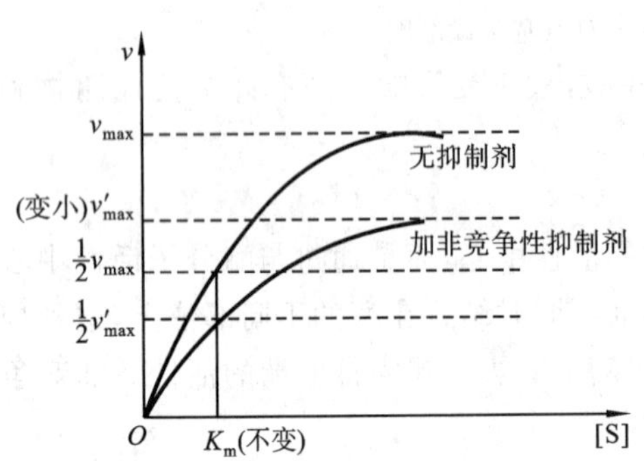

图 6-17　酶的非竞争性抑制曲线

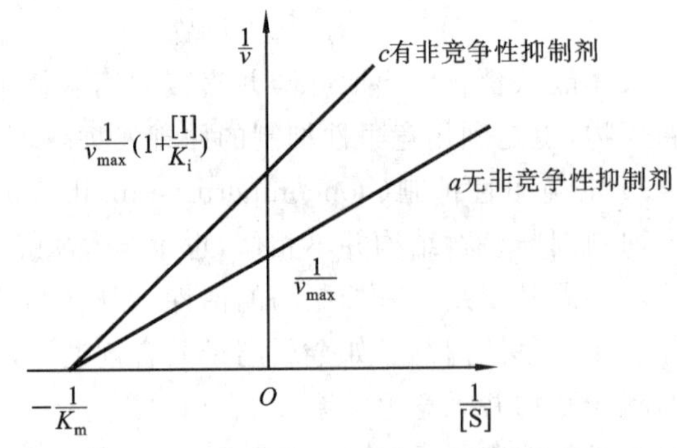

图 6-18　酶的非竞争性抑制作用的 Lineweaver-Burk 图

在相应的米氏曲线图上可以看到:有非竞争性抑制剂存在时的曲线 c 比没有非竞争性抑制剂存在时的曲线 a 向左上方移动,在纵轴上的截距变大,即 v_{max}降低;有非竞争性抑制剂和没有非竞争性抑制剂的曲线在横轴上交于一点,所以 K_m不变。即使[S]无限增大,曲线 a 和曲线 c 不可能进行有意义的重合。也就是非竞争性抑制剂改变 v_{max}而不改变 K_m。所以不能通过底物浓度的改变来解除非竞争性抑制作用。

3) 反竞争性抑制

酶只有在与底物结合时,才能与抑制剂结合,即 $ES+I\longrightarrow ESI$,那么 ESI 不能转变成产物 P。如叠氮化合物离子对氧化态细胞色素氧化酶的抑制作用就属这类抑制。反竞争性抑制(uncompetitive inhibition)作用可用下述反应式表示:

$$\begin{array}{c}E+S\underset{K_{-1}}{\overset{K_1}{\rightleftharpoons}}ES\xrightarrow{K_2}E+P\\ +\\ I\\ \Updownarrow\\ ESI\end{array}$$

当反应体系中存在此类抑制剂时，反应有利于向形成酶-底物复合物的方向进行，进而促使酶-底物复合物的产生加快。由于这种情况与竞争性抑制作用恰恰相反，所以称为反竞争性抑制作用。按推导米氏方程的方法可以导出反竞争性抑制剂作用的速率方程，为

$$v=\frac{v_{\max}[\mathrm{S}]}{K_{\mathrm{m}}+\left(1+\frac{[\mathrm{I}]}{K_{\mathrm{i}}}\right)[\mathrm{S}]} \tag{6-10}$$

由 v 对[S]作图得酶的反竞争性抑制曲线，如图 6-19 所示。该图表明，加入反竞争性抑制剂后，K_m 减小，$K'_m<K_m$，即达到最大反应速率一半时的底物浓度降低，但 $v_{\max}$ 也减小了，即 $v'_{\max}<v_{\max}$。因为加入反竞争性抑制剂后，如果酶-底物-抑制剂复合物不能分解形成其产物，那么 v 将由于 $(1+[\mathrm{I}]/K_i)$ 的作用而减弱。在反应进程中，抑制剂不断地将酶-底物复合物“拉出”，从而增加了 K_1，使 K_m 减小。故当有反竞争性抑制剂时，$v_{\max}$ 降低，K_m 降低。

再将式(6-10)做双倒数处理得下式：

$$\frac{1}{v}=\frac{K_{\mathrm{m}}}{v_{\max}}\times\frac{1}{[\mathrm{S}]}+\frac{1}{v_{\max}}\left(1+\frac{[\mathrm{I}]}{K_{\mathrm{i}}}\right)$$

用 $1/v$ 对 $1/[\mathrm{S}]$ 作图，得相应的 Lineweaver-Burk 图，见图 6-20 中直线 d。

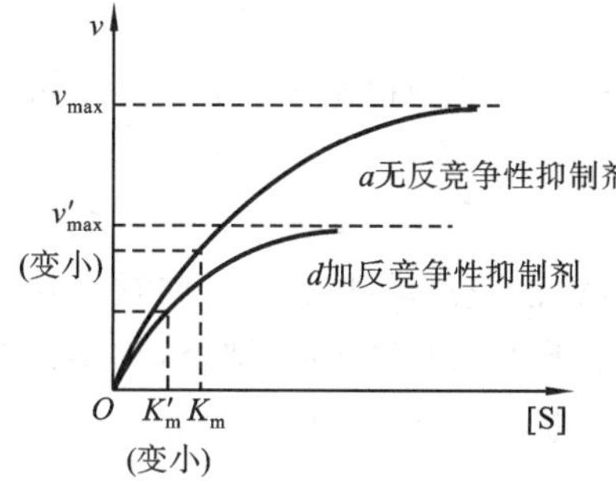

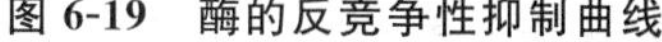

图 6-19　酶的反竞争性抑制曲线

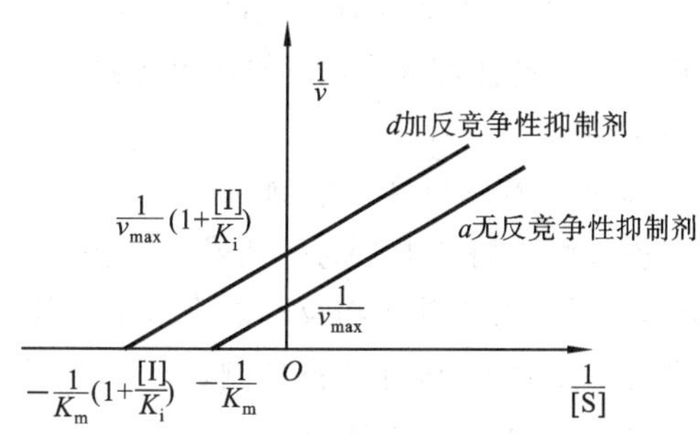

图 6-20　酶的反竞争性抑制作用的 Lineweaver-Burk 图

由于酶促反应速率的大小取决于中间产物酶-底物复合物的浓度，抑制剂对酶促反应的影响最终都表现在[ES]变小这一点上。

上述各类型，不管如何复杂，只要抓住[ES]的变化规律，就不难理解。现将三种抑制类型及其特征归纳于表 6-3 及图 6-21 中。

表 6-3　酶的抑制类型及动力学特征比较

类　型	公　式	$v_{\max}$	K_m
无抑制	$v=\frac{v_{\max}[\mathrm{S}]}{K_{\mathrm{m}}+[\mathrm{S}]}$	$v_{\max}$	K_m
竞争性抑制	$v=\frac{v_{\max}[\mathrm{S}]}{K_{\mathrm{m}}(1+\frac{[\mathrm{I}]}{K_{\mathrm{i}}})+[\mathrm{S}]}$	不变	增大
非竞争性抑制	$v=\frac{\left(\frac{v_{\max}}{1+\frac{[\mathrm{I}]}{K_{\mathrm{i}}}}\right)[\mathrm{S}]}{K_{\mathrm{m}}+[\mathrm{S}]}$	减小	不变
反竞争性抑制	$v=\frac{v_{\max}[\mathrm{S}]}{K_{\mathrm{m}}+(1+\frac{[\mathrm{I}]}{K_{\mathrm{i}}})[\mathrm{S}]}$	减小	减小

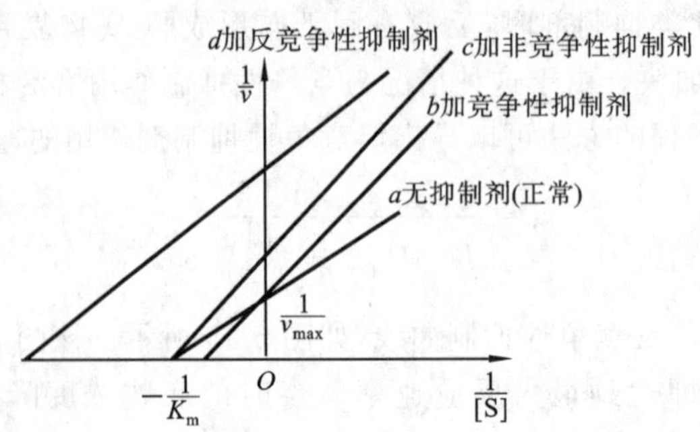

图 6-21 酶的各种抑制类型的 Lineweaver-Burk 图

2. 不可逆性抑制(irreversible inhibition)

不可逆性抑制剂通常以比较牢固的共价键与酶蛋白中的基团结合使酶失活,不能用透析、超滤等物理方法除去抑制剂来恢复酶活性。如二异丙基氟磷酸能够与胰凝乳蛋白酶活性中心的丝氨酸残基发生反应,形成稳固的共价键,从而抑制酶的活性;有机磷杀虫剂的作用都属于此类抑制机制。有机汞、有机砷化合物、碘乙酸、碘乙酰胺等对含巯基的酶也是不可逆的抑制剂,常用碘乙酸等作鉴定酶是否存在巯基的特殊试剂。

按照不可逆性抑制作用的选择性不同,又可分为专一性不可逆性抑制与非专一性不可逆性抑制两类。

1) 非专一性不可逆性抑制

抑制剂可与酶分子中的一类或几类基团反应,抑制酶的活性或使酶失活。一些重金属离子(铅、铜、汞)、有机砷化物及对氯汞苯甲酸等,能与酶分子的巯基进行不可逆结合,许多以巯基为必需基团的酶,因此会被抑制,可用二巯基丙醇(BAL)解毒,除去抑制作用。

2) 专一性不可逆性抑制

抑制剂仅仅和酶活性部位的有关基团反应,从而抑制酶的活性。有机磷杀虫剂(敌百虫、敌敌畏等)能特异性地与酶活性中心上的羟基结合,使酶的活性受到抑制,而且有机磷杀虫剂的结构与底物越接近,其抑制作用越快。如胆碱酯酶是催化乙酰胆碱水解的羟基酶,有机磷农药中毒时,造成乙酰胆碱在体内堆积,后者引起胆碱神经兴奋性增强,表现出一系列中毒症状。

临床上用解磷定来治疗有机磷中毒,解磷定能夺取已经和胆碱酯酶结合的磷酰基,解除有机磷对酶的抑制作用,使酶复活。

专一性不可逆性抑制与非专一性不可逆性抑制的区别并不是绝对的,因作用条件及对象等不同,某些非专一性不可逆性抑制有时也会发生转化,产生专一性不可逆性抑制作用。但是,比较起来,非专一性不可逆性抑制用途更广,可以用它来很好地了解酶有哪些必需基团。

阅读性材料

酶

1. 酶与人类的健康关系密切

酶的催化作用是机体实现物质代谢以维持生命活动的必要条件。酶的质或量的异常引起酶活性的改变是某些疾病的病因。如先天性酪氨酸酶缺乏使黑色素不能形成,引起白化病;苯丙氨酸羟化酶缺乏使苯丙氨酸和苯丙酮酸在体内堆积,导致精神幼稚化;有些疾病的发生是由于酶的活性受到抑制，例如，一氧化碳中毒是由于抑制了呼吸链中的细胞色素氧化酶的活性；重金属盐中毒是由于抑制了巯基酶的活性。

血清(或血浆)、尿液等体液中酶活力测定是疾病诊断常用的方法。某些组织器官受损伤时，细胞内的一些酶可大量释放入血液中，例如急性胰腺炎时血清淀粉酶活性升高，急性肝炎或心肌炎时血清转氨酶活性升高等。由于许多酶在肝内合成，肝功能严重障碍时，可使血清中酶含量下降，例如患肝病时血液中凝血酶原、凝血因子Ⅶ等含量下降。血清同工酶的测定对于疾病的器官定位很有意义。

酶制剂应用于疾病的治疗已有多年的历史。胃蛋白酶、胰蛋白酶、淀粉酶用于消化不良的治疗；尿激酶、链激酶、蚓激酶用于血管栓塞的治疗。酶的抑制作用原理是许多药物设计的前提，如磺胺类药物是细菌二氢叶酸合成酶的竞争性抑制剂，氯霉素通过抑制细菌转肽酶的活性而发挥抑菌作用。我国研究人员利用我国特有的蛇种——尖吻蝮蛇体内的毒液研制出新一代临床止血药，采用全球领先的蛇毒单体提纯技术，使单一组分纯度达到99%，是我国上市产品中唯一完成全部氨基酸测序的单一组分的蛇毒血凝酶类药物。

2. 酶在科学研究中有广泛应用

1) 工具酶

人们利用酶具有高度特异性的特点，将酶作为工具，在分子水平上对某些生物大分子进行定向的切割与连接，如基因工程中应用的各种限制性核酸内切酶、连接酶等。

2) 固定化酶

固定化酶(immobilized enzyme)是用物理或化学方法将酶固定在固相载体上，或将酶包裹在微胶囊或凝胶中，使酶在催化反应中以固相状态作用于底物，并保持酶的高度专一性和催化的高效率。

3) 模拟酶

模拟酶又称人工合成酶，根据酶中起主导作用的因素，利用有机化学、生物化学等方法设计和合成一些比天然酶简单的非蛋白质分子或蛋白质分子，以这些分子来模拟天然酶对其作用底物的结合和催化过程。也就是说，模拟酶是在分子水平上模拟酶活性部位的形状、大小及其微环境等结构特征，以及酶的作用机制和立体化学结构等特征。

3. 酶研究的发展趋势——工业酶

应用工业酶往往能给最终产品制造商带来很多好处，包括降低能耗、减少成本、减少辅助药剂用量、产生更少废物等，正是由于具有这些优势，工业酶已获得广泛应用。美国工业酶市场在全球居领先地位，但仍处于发展阶段，美国工业酶市场涵盖了七大应用领域，分别是洗衣粉、纸浆和造纸、纺织、制革、污水处理、医药及生物乙醇。从产品生命周期的角度分析，这七大领域的工业酶在美国处于不同的发展阶段。生物乙醇、医药、纸浆和造纸及污水处理的工业酶市场目前仍处于发展期，洗衣粉工业酶市场进入成熟期，制革和纺织工业酶市场则步入了衰退期。2013年美国工业酶的规模达到7.5亿美元，技术的更新将引领工业酶市场发展。节能降耗是推动工业酶市场发展的首要因素。生物乙醇产业的发展促进了工业酶研发的巨额投入。除生物乙醇产业之外，医药产业的蓬勃发展也增加了工业酶的需求量。

近年来，工业酶作为生物催化剂，在生产医药中间体，治疗囊肿性纤维化、胰脂肪酶缺乏症和溶血栓中得到了广泛的应用。然而，工业酶市场的发展也面临不少挑战，特别是产品生命周期已处于成熟和衰退阶段的工业酶市场(如洗衣粉、纺织和制革)面临销售下滑的局面。另一个限制市场壮大的重要因素来自酶对人体的影响，因为工业酶具有生物活性，过量接触有可能导致人体出现不适反应。

我国科技部公布了“863”计划的生物和医药技术领域2008年度专题课题,新一代工业生物技术已被列入其中,工业酶技术获得重点支持。在生物催化与转化领域,新型工业酶重点开发用于医药中间体、精细化工产品生产,建立具有自主知识产权、成本低、可工业化生产专用化学品的生物催化及转化技术体系,并发展中试规模工艺技术研究或生产型试验,以实现生产工艺的节能、降耗、减排;建立新一代工业生物技术研发平台,研制一批具有重大市场前景的生物产品。对于非粮燃料乙醇等新型生物能源,高效、转移的酶催化技术是其实现产业化的关键环节。

目前,我国生物技术还面临着生物材料、化学品原料利用率不高、缺乏适合国情的重大核心生物技术等挑战。开发新一代工业生物技术,要充分发挥生物催化和生物转化的高效性和高选择性。

习　题

1. 名词解释

(1) 竞争性抑制

(2) 同工酶

(3) 共价修饰调节

(4) 酶原激活

(5) 酶的活性中心

(6) 别构酶

(7) 中间产物学说

2. 简答题

(1) 酶分离提纯时要注意什么?检测分离提纯技术是否合理的两个重要指标是什么?

(2) 什么叫酶的活力和比活力?为什么测定酶活力时以测定初速率为宜,并且底物浓度远远大于酶浓度?此时的初速率是指什么?

(3) 简述酶作用的专一性和高效性的作用机制。

(4) 试述酶激活的机制及酶以酶原形式存在的生理意义。

(5) 什么是酶的活性?表示酶活性的国际单位和催量是如何规定的?

(6) 影响酶作用的因素有哪些?

(7) 什么是别构部位?并说明别构部位与活性部位之间的关系。

(8) 叙述酶活性调节的主要方式和特点。

(9) 什么是米氏方程?米氏常数 K_m 的意义是什么?有什么具体应用?

(10) 某酶的初提取液经过一次纯化后,经测定得到下列数据:

酶　液	体积/mL	活力单位/(IU/mL)	蛋白质含量/(mg/mL)
初提取液	120	200	10
$(NH_4)_2SO_4$ 盐析	5	810	4.5

试计算比活力、回收率及纯化倍数。

(11) 酶的竞争性抑制作用有什么动力学特征?有哪些应用?

(12) 举例说明酶的结构和功能之间的相互关系。

第7章　维生素与辅酶

引　　言

生物体内除了含有蛋白质、糖类、脂类以及核酸等生物大分子外，还富含多种微量具生理活性的物质，如维生素、激素等。尽管它们在生物体内的含量很少，但生理功能非常重要。

维生素(vitamin)是一类维持机体正常生命活动不可缺少的微量的小分子有机化合物。人体或动物体一般不能合成或合成量太少，不能满足需求，必须从食物中摄取。不仅人和动物需要维生素，植物和微生物也需要，植物自身能够合成，微生物只有个别维生素不能自身合成，维生素称为生长限制因子。维生素既不是构成机体组织和细胞的成分，也不能提供能量，但对有机体的新陈代谢、能量转变和许多生理功能的维持有重要作用。

维生素的需要量很小，每日仅以毫克(mg)或微克(μg)计算，但不能缺乏，否则物质代谢就会出现障碍，引起维生素缺乏症(avitaminosis)，严重时可导致死亡，但是维生素摄取过多或在临床上使用过量时也会引起中毒现象，称为维生素过多症(hypervitaminosis)。

维生素是由 vitamin 一词翻译而来的，一般按发现的顺序，在"维生素"(简式用 V 表示)之后加上 A、B、C、D 等拉丁字母来命名。某些维生素开始发现时以为是一种物质，后经证实是多种物质混合物，便在拉丁字母后加上 1,2,3 等数字来区别，如 VB_1、VB_2和 VB_{12}等。

目前已知的维生素有 60 多种，其化学结构也已清楚，但因其化学结构复杂，习惯上人们对维生素的分类仍按其溶解性进行，将维生素分为水溶性维生素和脂溶性维生素两大类。

学 习 目 标

(1) 了解维生素的概念、分类方法。

(2) 了解每种维生素的名称、性质、来源与身体健康的关系。

(3) 掌握脂溶性维生素的结构特点及生理功能。

(4) 重点掌握水溶性维生素的结构特点、转化过程、作用机理。

(5) 重点掌握水溶性维生素与辅酶的关系及其在物质代谢过程中的作用。

7.1　脂溶性维生素

脂溶性维生素因易溶于脂肪和有机溶剂而不溶于水而得名。在生物体和食物中，它们常和脂类共同存在，因此，其消化和吸收都与脂类有十分密切的关系。

脂溶性维生素大多具有共同的特点：①脂溶性维生素溶于脂，可在体内储存，故不需要每天都摄取，给予过量容易引起中毒，缺乏时，症状发展缓慢；②脂溶性维生素为异戊醇、酚、烯类化合物；③脂溶性维生素以独立发挥作用为主。

重要的脂溶性维生素有维生素 A、维生素 D、维生素 E、维生素 K 等。

7.1.1　维生素 A

1912—1914 年之间,美国科学家埃尔默·麦考伦(Elmer V. McCollum)和玛格丽特·戴维斯(Marguerite Davis)发现动物脂肪或鱼肝油的醚提取物可以促进老鼠的生长,认为这是一种脂溶性维生素。因为之前弗雷德里克·霍普金斯(Frederick G. Hopkins)已经发现了谷物中含有可以影响动物和人类生长的维生素,所以他们把这种脂溶性的维生素称为 A 因子,把谷物中的称为 B 因子,这也是第一次对维生素进行系统命名。1920 年,它被正式命名为维生素 A;1933 年维生素 A 的化学性质被确定;1947 年,科学家研究出合成维生素 A 的方法。

天然的维生素 A_1 又名视黄醇(retinol),有两种形式:维生素 A_1 主要存在于哺乳动物及海水鱼的肝脏中,即一般所说的视黄醇;维生素 A_2 又称 3-脱氢视黄醇(3-dehydroretinol),主要存在于淡水鱼的肝脏中。维生素 A_1、A_2 都是以四个异戊二烯单位构成的环状不饱和一元醇,彼此的差异仅在环中第 3 位上有无双键,维生素 A_1 脂链上有四个双键,所以有顺式和反式异构体。食品中存在的视黄醇多为全反式构象,生物效价最高,如图 7-1 所示。维生素 A_1 和 A_2 的生理功能相同,但是它们的生理活性不同,维生素 A_2 的生物效价约为维生素 A_1 的 40%。它们在体内的活性形式主要是视黄醇氧化形成的视黄醛,特别是 11-顺视黄醛。在维生素 A 分子的侧链上含有四个双键,因此它有 8 种顺反异构体,如全反维生素 A、9-顺维生素 A、11-顺维生素 A 等。

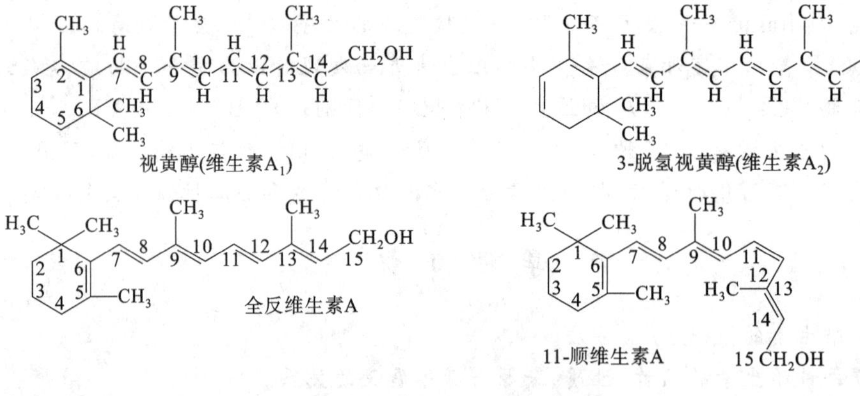

视黄醇(维生素A_1)　　3-脱氢视黄醇(维生素A_2)

全反维生素A　　11-顺维生素A

图 7-1　维生素 A 的分子结构

维生素 A 的化学结构与绿色植物所含的类胡萝卜素的结构相关,类胡萝卜素在人和动物体内可转化为维生素 A,因此,把这些类胡萝卜素称为维生素 A 原。其中,β-胡萝卜素是最重要的维生素 A 原,在体内经过氧化还原可生成两分子视黄醇。α-胡萝卜素、γ-胡萝卜素也可转化为维生素 A,但转化率比 β-胡萝卜素低。胡萝卜素被吸收后主要在肠壁细胞内转变为维生素 A,此外还可在肝脏转变。转变过程是先氧化断裂成醛,然后还原成醇。

$$C_{19}H_{27}{=}CH{-}C_{19}H_{27} \xrightarrow{2[O]} 2C_{19}H_{27}CHO \xrightarrow[\text{视黄醛还原酶}]{2NADH+H^+} 2C_{19}H_{27}CH_2OH$$

β-胡萝卜素　　视黄醛　　视黄醇

维生素 A 有重要的生理作用。

1. 维持正常的视觉

维生素 A 与人及动物的视觉关系极为密切。眼球视网膜上有两类感觉细胞:一类是圆锥细胞,对强光及颜色敏感;另一类是杆细胞,对弱光敏感,与暗视觉有关。因为杆细胞中含有感光物质视紫红质，而视紫红质是维生素 A_1 转变成的 11-顺视黄醛与视蛋白组成的结合蛋白，视黄醛与视蛋白在弱光中结合，在强光中分解，所以需要经常补充维生素 A。当食物中缺乏维生素 A 时，视紫红质合成量减少，眼睛对弱光的敏感性降低，严重时会导致夜盲症。

2. 维持上皮组织的完整性

视黄醇的磷酸酯是糖蛋白合成所需的寡糖基的载体，它有利于糖蛋白的合成。因此，维生素 A 是维持上皮组织健全所必需的物质。缺乏维生素 A 时，上皮干燥、增生及角化，其中对眼、呼吸道、消化道、尿道及生殖系统等的上皮细胞影响最为显著。

3. 维持个体正常的生长发育

维生素 A 能促进肾上腺皮质类固醇的生物合成，促进黏多糖的生物合成，对核酸代谢和电子传递都有促进作用。人缺乏时，生长迟缓。

除上述生理作用外，维生素 A 对生殖也有影响。怀孕动物使用大剂量维生素 A，胎儿可发生多种畸形，故临床上使用较大剂量维生素 A 时，应在医生的指导下进行。同时，维生素 A 也有防癌作用。

维生素 A 有三种度量方法：国际单位（IU）、微克（μg）和视黄醇当量（RE）。它们有以下换算关系：①1 国际单位（IU）＝0.300 μg 视黄醇＝ 0.344 μg 视黄醇乙酸酯＝0.358 μg 视黄醇丙酸酯＝0.550 μg 视黄醇棕榈酸酯＝1 美国药典（USP）单位；②1 μg 视黄醇＝1 μg 视黄醇当量（RE）＝6 μg β-胡萝卜素。

联合国粮农组织（Food and Agriculture Organization of the United Nations，FAO）及世界卫生组织（World Health Organization，WHO）推荐的维生素 A 摄入量（RNI）为 1～15 岁时 300～725 μgRE /d，青春期、成人、孕妇 750 μgRE /d，乳母 1200 μgRE /d。我国供给量标准与其相近。

7.1.2　维生素 D

维生素 D 的发现是人们与佝偻病（rickets）抗争的结果，故维生素 D 又名抗佝偻病维生素（anti-rachitic vitamin）。早在 1824 年，就有人发现鱼肝油在治疗佝偻病中起重要作用。爱德华 · 梅兰比（Edward Mellanby）等人耗费五年多时间，用 400 多只狗进行试验，于 1920 年发现了佝偻病是一种营养缺乏症，但错误地认为维生素 A 或与其相关的因子可预防佝偻病。1921 年，E. V. McCollum 用除去维生素 A 的鱼肝油进行狗的试验，并治愈了佝偻病，因此，他认为鱼肝油中治愈佝偻病的物质不是维生素 A，他把这种物质称为维生素 D，这是第四个被命名的维生素。1930 年，阿道夫 · 温道斯（Adolf O. R. Windaus）首先确定了维生素 D 的化学结构，1932 年经过紫外线照射麦角固醇而得到的维生素 D_2 的化学特性被阐明。

维生素 D 的化学本质为类固醇的衍生物，含有环戊烷多氢菲结构，以维生素 D_2（又称麦角钙化醇，ergocalciferol）及维生素 D_3（又称胆钙化醇，cholecalciferol）最为重要。两者结构十分相似，维生素 D_2 仅比维生素 D_3 多一个亚基及一个双键。维生素 D 广泛存在于动物、植物与酵母细胞中，在动物肝脏、奶和蛋黄等食物中含量丰富。

生物体内都含有可以转化为维生素 D 的固醇类物质，称为维生素 D 原。自然界中的维生素 D 原有 10 余种，以人及动物皮肤中的类固醇 7-脱氢胆固醇和植物、酵母及其他真菌中的麦角固醇最为重要，经紫外光照射，它们可分别转化为维生素 D_3 和维生素 D_2，见图 7-2。

维生素 D 具有重要的生理功能，能促进钙、磷吸收，具有成骨作用。它的活性分子形式是 1,25-二羟胆钙化醇，可简化写为 1,25-$(OH)_2D_3$。其转化过程是：先在肝中经羟化反应，生成

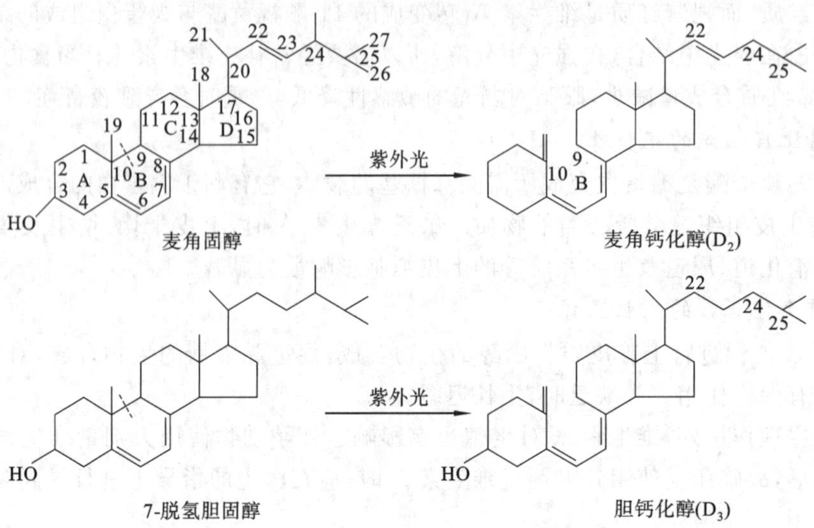

麦角固醇　　紫外光　　麦角钙化醇(D_2)

7-脱氢胆固醇　　紫外光　　胆钙化醇(D_3)

图 7-2　维生素 D 分子结构式及转化生成

25-羟胆钙化醇，然后再在肾脏发生羟化，变成 1,25-二羟胆钙化醇。羟化完成后才成为具有生理活性的有效物质从肾脏转运到小肠及骨中，在这两个组织中调节 Ca^{2+} 和 PO_4^{3-} 的代谢。研究证明，维生素 D 是通过对 RNA 的影响，诱导钙的载体蛋白的生物合成，从而促进钙、磷吸收的。当食物中缺乏维生素 D 时，儿童可发生佝偻病，成人可引起骨软化症(osteomalacia)，严重时造成骨髓缺钙，骨质疏松。成人每天约需 2.5 μg 的维生素 D_3，儿童、老人、怀孕和哺乳期的妇女每日需摄入 10 μg。

7.1.3　维生素 E

1922 年，美国科学家赫伯特 · 埃文斯(Herbert M. Evans)发现，雄性白鼠生育能力下降和雌性白鼠易于流产皆与缺乏一种脂溶性物质有关，1936 年，该种物质从麦芽中被分离了出来，并确定了其分子结构，H. M. Evans 命名为生育酚(tocopherol)，即维生素 E。1938 年，瑞士化学家艾哈德 · 弗恩霍茨(Erhard Fernholz)合成了这种物质。

维生素 E 广泛存在于豆类和蔬菜绿叶中，人类主要从植物油中摄取。维生素 E 为苯并二氢吡喃的衍生物。天然存在的维生素 E 有多种不同的分子结构，主要是苯环上取代基的数目和位置不同，据此，可将维生素 E 分为 α、β、γ、δ、η 等 8 种，见图 7-3。各种维生素 E 中，以 α-生育酚生理活性最高。

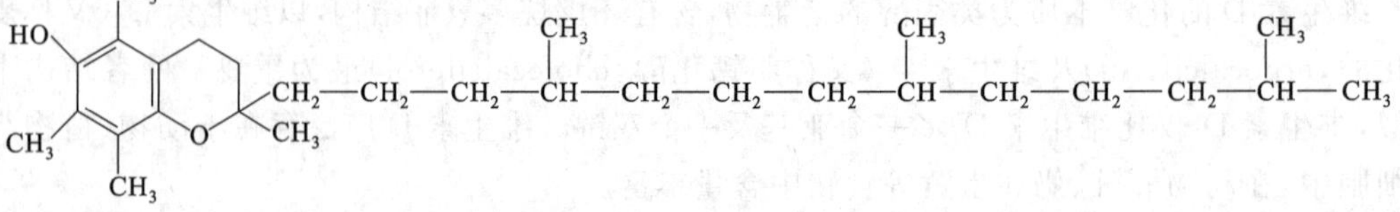

图 7-3　维生素 E 的结构

维生素 E 的重要生理功能如下。

(1) 维生素 E 能促进性激素分泌，使男子精子活力和数量增加；使女子雌性激素浓度增高，提高生育能力，预防流产。

(2) 维生素 E 是一种很强的抗氧化剂，对其他物质，如维生素 A、脂肪和磷脂中的不饱和脂肪酸等有保护作用。在体内可保护细胞免受自由基损害，与超氧化物歧化酶、谷胱甘肽过氧化物一起构成体内抗氧化系统，保护细胞膜(包括细胞器膜)中的不饱和脂肪酸、膜内富含烷基的蛋白质成分及细胞骨架和核。

(3) 经研究发现，维生素 E 还具有促进血红素合成、影响动物免疫功能与保护肝脏等作用，当维生素 E 缺乏时，部分动物还会产生肌营养不良、心肌受损、贫血等症状。

7.1.4　维生素 K

1929 年，丹麦科学家亨利克·达姆(Henrik Dam)在研究胆固醇对鸡生长的影响时，意外地发现用不含胆固醇的饲料喂养的小鸡皮肤内部的肌肉和其他器官有出血现象，而且这些小鸡血液凝固的时间要比普通的长，像得了坏血病。开始他以为这是饲料中缺少维生素引起的，于是他在小鸡的饲料中加入当时所有已知的维生素和其他营养元素，但这种现象仍会发生。幸运的是，Dam 博士和他的助手们最终找到了止血的方法，他们在饲料中添加一些谷类和绿色植物的叶子，小鸡体内出血的现象消失了，这就意味着这些谷类和绿色植物的叶子中存在一种能止血的物质。Dam 博士相信自己在无意间发现了一种新的维生素。随后，爱德华·多伊西(Edward A. Doisy)再加以研究，发现其结构及化学特性。1935 年，Dam 博士把这种新的凝血物质命名为维生素 K。由于它具有凝血功能，故又被称为凝血维生素或抗出血维生素。

维生素 K 是具有异戊二烯类侧链的萘醌类化合物，有维生素 K_1、K_2、K_3、K_4 四种，其中 K_1、K_2 为天然维生素，K_1 见于绿色植物与动物肝脏，K_2 由人体肠道细菌代谢产生，均为 2-甲基-1,4-萘醌的衍生物，见图 7-4。

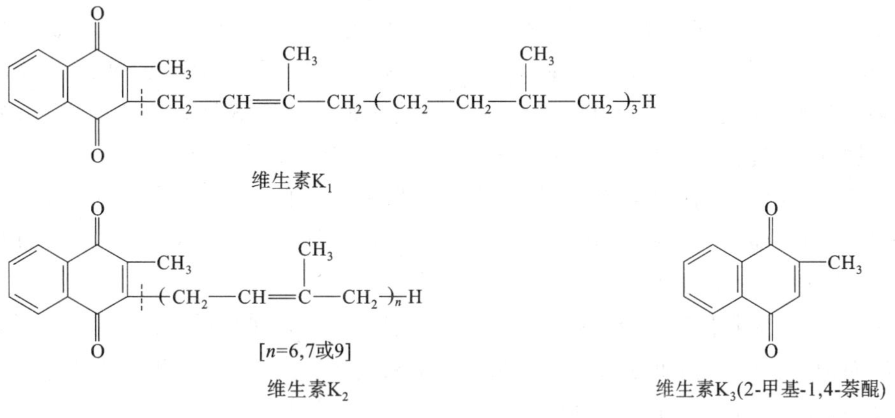

维生素K_1

[n=6,7或9]

维生素K_2

维生素K_3(2-甲基-1,4-萘醌)

图 7-4　维生素 K 的结构

维生素 K 具有凝血活性：将凝血酶 A 前体转化成凝血酶 A，其凝血活性几乎集中在 2-甲基-1,4-萘醌这一基本结构中。2-甲基-1,4-萘醌已人工合成，用于临床，称为维生素 K_3。其活性比同量的维生素 K_1、维生素 K_2 高。

7.2　水溶性维生素

水溶性维生素包括维生素 B 族和维生素 C。重要的维生素 B 族有硫胺素(维生素 B_1)、核黄素(维生素 B_2)、烟酸和烟酰胺(维生素 B_5)、吡哆素(维生素 B_6)、泛酸、生物素(维生素 B_7)、叶酸(维生素 B_{11})、钴胺素(维生素 B_{12})等。

维生素 B 族在生物体内通过构成辅酶而发挥其对物质代谢的影响。这类辅酶在肝脏内含量最丰富。与脂溶性维生素不同,进入体内的多余水溶性维生素及其代谢产物均由尿液排出,体内不能多储存,当机体饱和后,食入的维生素越多,尿中的排出量越大。

7.2.1　维生素 B_1 与 TPP

维生素 B_1 又称硫胺素(thiamine)、抗神经炎素、抗脚气病素。其化学结构是由含硫的噻唑环和含氨基的嘧啶环通过亚甲基桥连接而成的。维生素 B_1 主要存在于植物种子外皮与胚芽中,尤其谷类、豆类的种皮如米糠中含量丰富。

在生物体内维生素 B_1 常以焦磷酸硫胺素(thiamine pyrophosphate,TPP)的形式存在(图 7-5)。TPP 又称辅羧化酶。

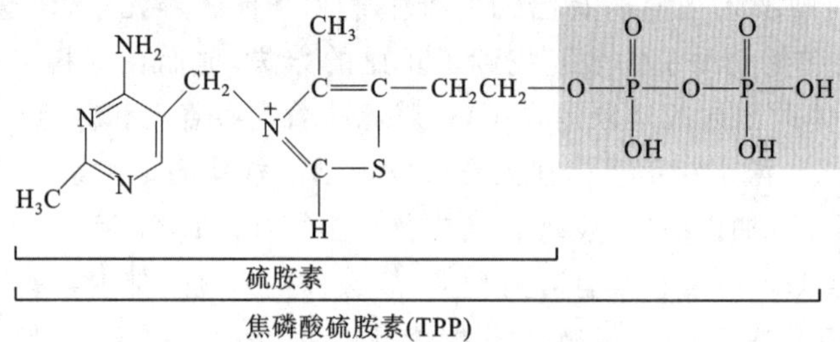

图 7-5　维生素 B_1 和 TPP 的结构

维生素 B_1 的生理作用如下。

(1) 维生素 B_1 是构成 α-酮酸脱氢酶复合体中的辅酶——TPP 的成分,参与α-酮酸的氧化脱羧反应和磷酸戊糖途径(pentose phosphate pathway)的转酮基作用,如糖代谢过程中丙酮酸及 α-酮戊二酸的脱羧反应。有机体内如缺乏硫胺素则丙酮酸氧化分解不易进行,糖的分解停止在丙酮酸阶段,使糖不能彻底氧化。正常情况下,神经组织所需能量几乎全部来自糖的分解,当糖代谢受阻时,首先影响到神经活动,并且伴随有丙酮酸、乳酸堆积产生的毒害作用,特别是对人与动物周围神经末梢影响最大。维生素 B_1 缺乏表现为皮肤麻木,四肢乏力和神经系统损伤等症状,临床上称为脚气病或多发性神经炎。

(2) 维生素 B_1 能降低胆碱酯酶的活性,使乙酰胆碱的分解保持适当的速度,保证胆碱能神经的传导,而消化腺的分泌和胃肠道的运动均受胆碱能神经的支配,因此当维生素 B_1 缺乏时,消化液分泌减少,胃肠蠕动减慢,出现食欲不振、消化不良等症状。

7.2.2　维生素 B_2 与 FAD、FMN

维生素 B_2 是核糖醇与 6,7-二甲基异咯嗪缩合成的糖苷化合物,因它呈黄色,故又称核黄素(riboflavin)。维生素 B_2 广泛存在于动、植物中。

在体内维生素 B_2 与磷酸结合转变成黄素单核苷酸(flavin mononucleotide,FMN),FMN 再和腺苷酸结合转变成黄素腺嘌呤二核苷酸(flavin adenine dinucleotide,FAD),维生素 B_2 和 FMN、FAD 的结构见图 7-6。

维生素 B_2 的生理作用如下。

(1) FMN 和 FAD 分别作为各种黄素酶(一类氧化还原酶)的辅基,在异咯嗪环的 N_1 和

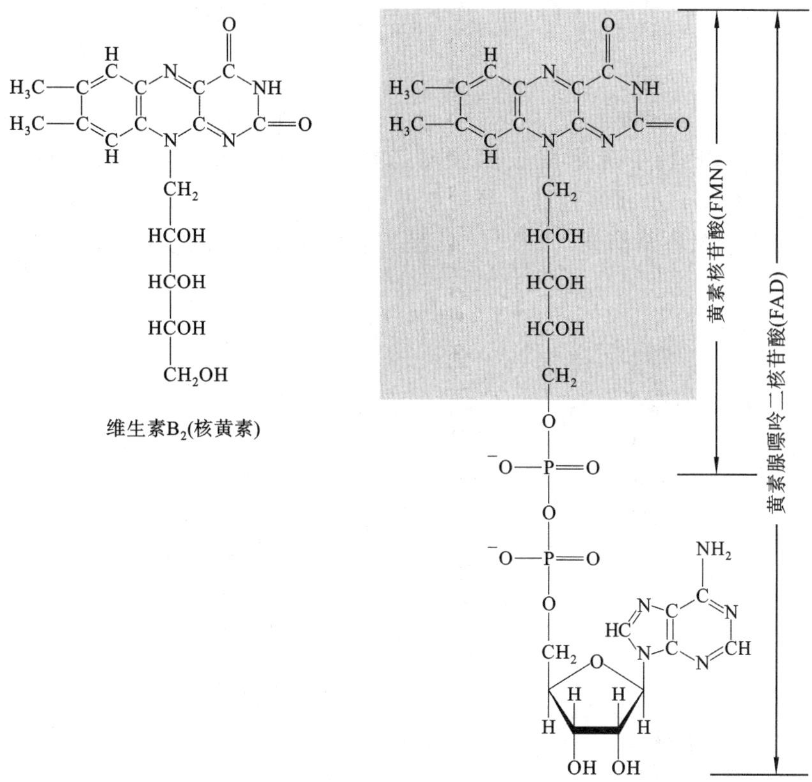

图 7-6　维生素 B_2 和 FMN、FAD 的结构

N_5之间有一对活泼的共轭双键，很容易发生可逆的加氢或脱氢反应，因此，在氧化反应中，FMN 和 FAD 起递氢体的作用，见图 7-7。以 FAD 为辅酶的酶有琥珀酸脱氢酶、脂酰辅酶 A 脱氢酶等，以 FMN 为辅基的酶有 L-氨基酸氧化酶、NADH-辅酶 Q 还原酶等。

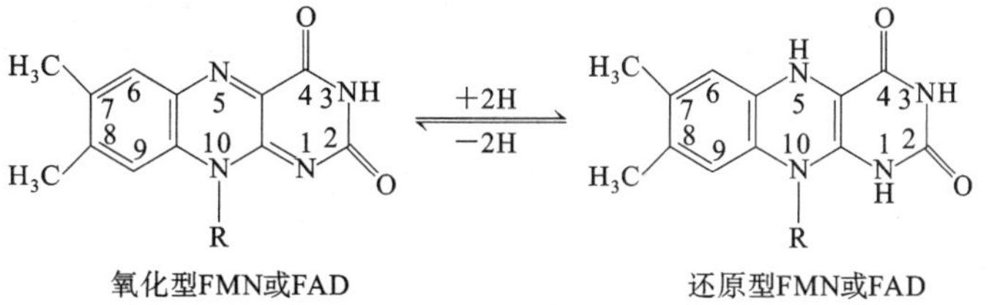

氧化型FMN或FAD　$\underset{-2H}{\overset{+2H}{\rightleftharpoons}}$　还原型FMN或FAD

图 7-7　FMN(或 FAD)的作用机理

(2) 维生素 B_2广泛参与体内多种氧化还原反应，能促进糖、脂肪和蛋白质的代谢，它对维持皮肤、黏膜和视觉的正常机能均有一定作用。

(3) 缺乏维生素 B_2时，人的主要症状为组织呼吸减弱、代谢强度降低、口腔结膜炎、视觉模糊、脂溢性皮炎等；鸡的典型症状为爪部弯曲、瘫痪等。

7.2.3　维生素 PP 与辅酶Ⅰ、辅酶Ⅱ

维生素 PP 是吡啶的衍生物，又称抗癞皮病维生素，包括烟酸和烟酰胺，两者在体内可相互转化。维生素 PP 广泛存在于酵母、花生、谷类植物、大豆和动物肝脏中，在人体内可由色氨酸生物合成维生素 PP。

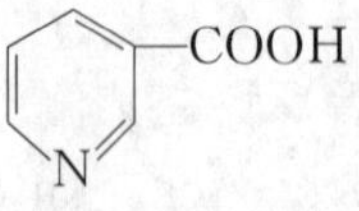

烟酸 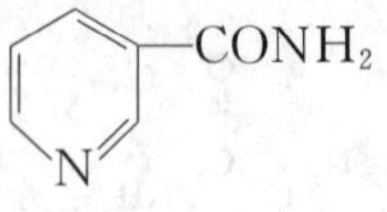　　烟酰胺

在体内维生素 PP 转变成烟酰胺腺嘌呤二核苷酸(nicotinamide adenine dinucleotide, NAD^+,又称辅酶Ⅰ,CoⅠ)和烟酰胺腺嘌呤二核苷酸磷酸(nicotinamide adenine dinucleotide phosphate,$NADP^+$,又称辅酶Ⅱ,CoⅡ)。两者基本结构相同,差别仅在 $NADP^+$ 核糖的 2 位多一个磷酸,见图 7-8。

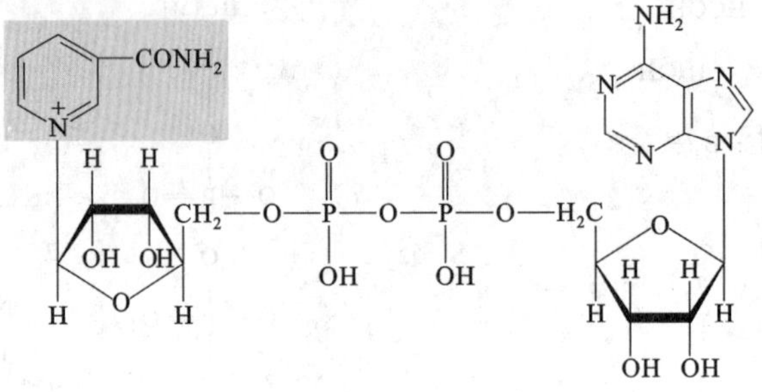

NAD^+

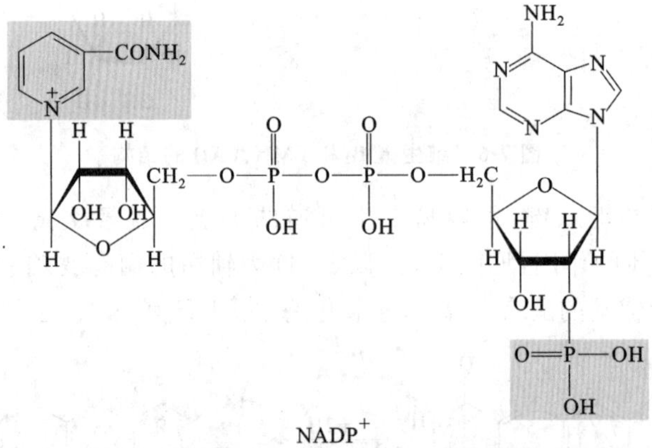

$NADP^+$

图 7-8　NAD^+ 和 $NADP^+$ 的结构

维生素 PP 的生理作用如下。

(1) 递氢和递电子作用。NAD^+ 和 $NADP^+$ 是多种脱氢酶的辅酶,分子中的烟酰胺部分具有可逆的加氢、加电子和脱氢、脱电子的特性,如图 7-9 所示,与其他酶一起几乎参与生物细胞氧化还原的全过程。

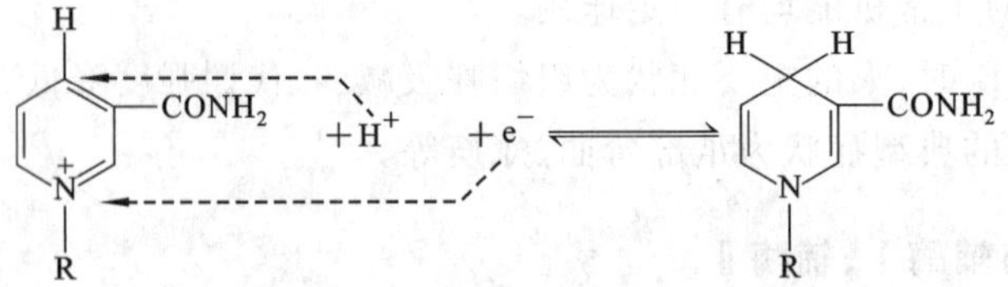

NAD^+(或$NADP^+$)
氧化型辅酶Ⅰ(或辅酶Ⅱ)

NADH(或NADPH)
还原型辅酶Ⅰ(或辅酶Ⅱ)

图 7-9　NAD^+(或 $NADP^+$)的作用机理

(2) NAD^+ 是 DNA 连接酶的辅酶，对 DNA 复制有重要作用。

7.2.4　维生素 B_6 与磷酸吡哆醛、磷酸吡哆胺

维生素 B_6 包括三种结构类似的天然组分，即吡哆醇(pyridoxine，PN)、吡哆醛(pyridoxal，PL)及吡哆胺(pyridoxamine，PM)。化学结构上都是吡啶的衍生物，三种组分都是 2-甲基-3-羟基-5-羟甲基吡啶。维生素 B_6 广泛分布于各种动植物中，在谷类外皮中含量丰富。

在生物体内，吡哆醛经磷酸化后可以转变成磷酸吡哆醛，磷酸吡哆醛与磷酸吡哆胺之间又可互相转变，如图 7-10 所示。

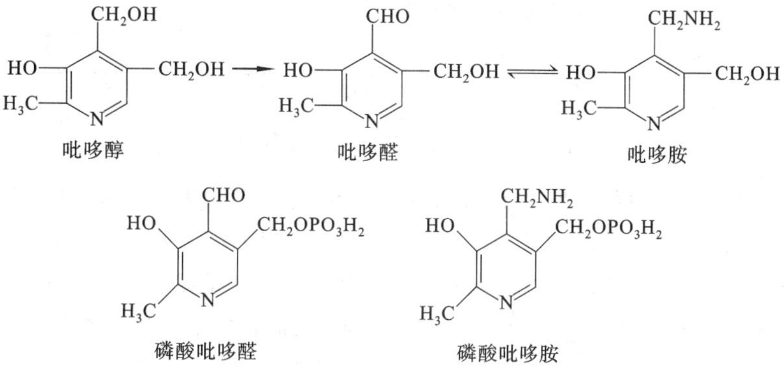

图 7-10　维生素 B_6 及其磷酸酯

维生素 B_6 的生理作用如下。

(1) 参与氨基酸的代谢：5-磷酸吡哆醛是催化许多氨基酸反应的酶的辅助因子。这些酶在机体蛋白质代谢中具有重要作用。

(2) 参与糖原与脂肪的代谢：维生素 B_6 是 δ-氨基-γ-酮戊酸合成酶的辅助因子，该酶催化血红素生物合成的第一步。5-磷酸吡哆醛是磷酸化酶促反应中的辅助因子，在这个反应中，5-磷酸直接参与了催化反应，催化肌肉与肝脏中的糖原转化。

(3) 维生素 B_6 与一碳单位：一碳单位代谢障碍可造成巨幼红细胞贫血。5-磷酸吡哆醛是丝氨酸羟甲基转氨酶的辅酶，该酶通过转移丝氨酸侧链到受体叶酸盐分子参与一碳单位代谢。

(4) 参与烟酸的形成：在色氨酸转化成烟酸的过程中，其中有一步需要 5-磷酸吡哆醛的酶促反应。因此，当肝脏中 5-磷酸吡哆醛水平降低时会影响烟酸的形成。

(5) 维生素 B_6 与免疫功能：维生素 B_6 缺乏将会损害动物的细胞介质免疫反应，损害 DNA 的合成，这个过程对维持免疫功能是重要的。

(6) 维生素 B_6 与神经系统：神经系统中涉及许多 5-磷酸吡哆醛参与的酶促反应，使神经递质水平升高，包括 5-羟色胺、牛磺酸、多巴胺、去甲肾上腺素、组胺和 γ-氨基丁酸。

7.2.5　泛酸与辅酶 A

泛酸是 2,4-二羟基-3,3-二甲基丁酸与 β-丙氨酸的氨基以酰胺键结合而成的一种酸性化合物。因为在生物界分布广泛，取名泛酸，又叫遍多酸。

泛酸在体内转变成辅酶 A(coenzyme A，HSCoA 或 CoA)。辅酶 A 分子由泛酸、巯基乙胺和 3′-磷酸 ADP 酯三部分组成，见图 7-11。

泛酸的生理作用如下。

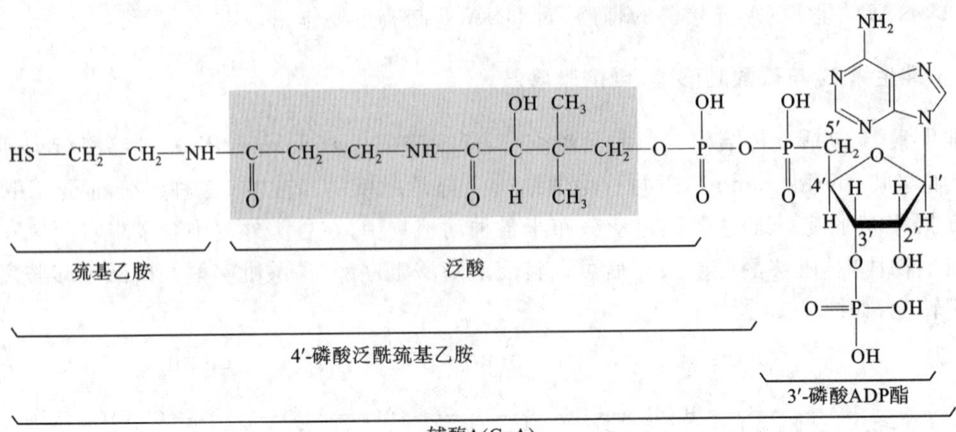

图 7-11 辅酶 A 的结构式及其组成

(1) 辅酶 A 是酰基转移酶的辅酶,其分子中巯基乙胺的巯基为结合酰基部位,使辅酶 A 作为酰基载体,可充当多种酶的辅酶参加酰化反应及氧化脱羧等反应。

(2) 4′-磷酸泛酰巯基乙胺可作为酰基载体蛋白(ACP)的辅基,参与脂肪酸合成代谢。

(3) 辅酶 A 还参与体内一些重要物质如乙酰胆碱、胆固醇、卟啉等的合成,并能调节血浆脂蛋白和胆固醇的含量。

7.2.6 生物素

生物素(biotin)又称维生素 H 或维生素 B_7。自然界中的生物素至少有 α-生物素(存在于蛋黄中)和 β-生物素(存在于肝脏中)两种,它们的生理功能和基本化学结构相似,都是噻吩环与尿素相结合而成的并环化合物。不同之处在于 α-生物素带有异戊酸侧链,β-生物素带有戊酸侧链,如图 7-12 所示。生物素广泛存在于酵母、谷类、豆类、鱼类、肝脏、肾脏、蛋黄和坚果中。

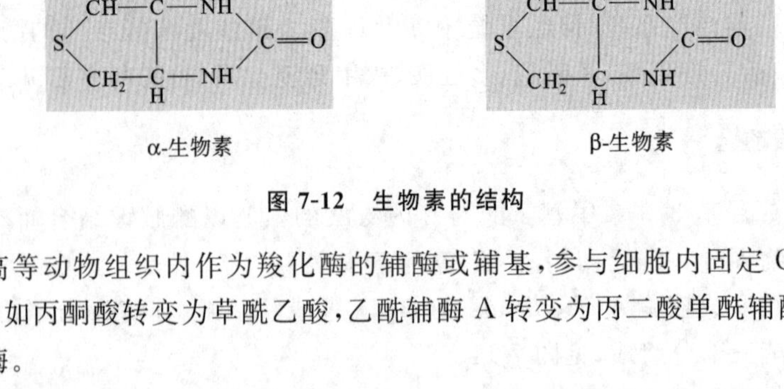

α-生物素　　β-生物素

图 7-12 生物素的结构

生物素在高等动物组织内作为羧化酶的辅酶或辅基,参与细胞内固定 CO_2 的反应,起到 CO_2 载体作用。如丙酮酸转变为草酰乙酸,乙酰辅酶 A 转变为丙二酸单酰辅酶 A 等反应都需要生物素作辅酶。

7.2.7　叶酸与四氢叶酸

叶酸(folic acid,FA)又称维生素 B_{11},因其普遍存在于植物叶中而得名,是由 2-氨基-4-羟基-6-甲基蝶呤、对氨基苯甲酸(PABA)和 L-谷氨酸三部分组成的。叶酸被小肠吸收后,分布在体内肠壁、肝、骨髓等组织,在维生素 C 和辅酶参与下,叶酸可由叶酸还原酶催化转变成具有生理活性的 5,6,7,8-四氢叶酸(FH_4,THFA),见图 7-13。叶酸为黄色晶体,微溶于水,易溶于稀乙醇,易被光破坏,在酸性溶液中不稳定。

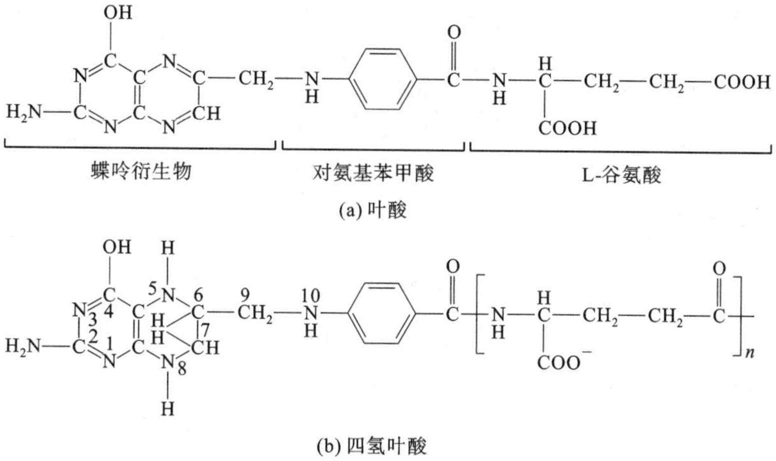

(a) 叶酸

(b) 四氢叶酸

图 7-13　叶酸及四氢叶酸

四氢叶酸是一碳基团转移酶的辅酶,具有传递一碳基团的作用,是许多生物合成反应所必需的辅酶,其分子中的 N_5 和 N_{10} 是结合一碳基团的部位。因一碳基团是生物体内合成嘌呤核苷酸和胸腺嘧啶核苷酸的原料之一,所以叶酸在核酸的生成过程中起着重要作用,并对蛋白质的合成和细胞的生长产生影响。

7.2.8　维生素 B_{12} 与辅酶 B_{12}

维生素 B_{12} 结构复杂,是唯一含金属元素的维生素,其一般结构如图 7-14 所示,即中心咕啉环、中心环轴向上方的配基 R 部分及 1 个核苷酸部分。中心咕啉环由相连的 4 个吡咯和 1 个钴原子组成,钴螯合在 4 个吡咯中心。

"维生素 B_{12}"一词有两种含义:广义上是指一组含钴的化合物即钴胺素(cobalamine),狭义仅指氰钴胺(cyanocobalamin)。咕啉环轴向上方的配基不同,则会产生不同形式的钴胺素类物质,如氰钴胺(R =—CN)、羟钴胺(hydroxycobalamin, R =—OH)、甲钴胺(methylcobalamin, R =—CH_3)、5′-脱氧腺苷钴胺素(5′-deoxyadenosylcobalamin,又名腺苷钴胺(adenosylcobalamin),R=5′-脱氧腺苷)等。其中氰钴胺不是维生素 B_{12} 的天然存在形式,它是在工业提纯时用氰化物取代天然钴胺素而得到的产物,商品形式的维生素 B_{12} 多为氰钴胺。

维生素 B_{12} 作为辅酶的主要结构形式是 5′-脱氧腺苷钴胺素,由于它以辅酶形式参加多种代谢反应,故又称辅酶 B_{12}(CoB_{12})。甲钴胺素也是一种辅酶,参与同型半胱氨酸甲基化生成胱氨酸的反应。

维生素 B_{12} 广泛存在于动物食品中,肉类和肝脏中含量丰富,其生理作用如下。

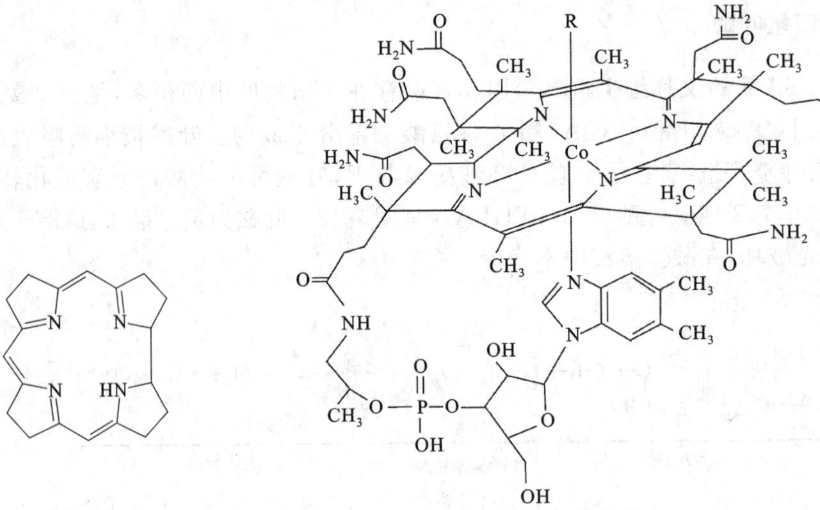

(a) 卟啉环　　(b) 维生素B_{12}

图 7-14　卟啉环与维生素 B_{12} 的一般结构

(1) 辅酶 B_{12} 参与体内一碳基团的代谢，是传递甲基的辅酶。它与叶酸的作用相互联系，如甲硫氨酸的合成，见图 7-15。

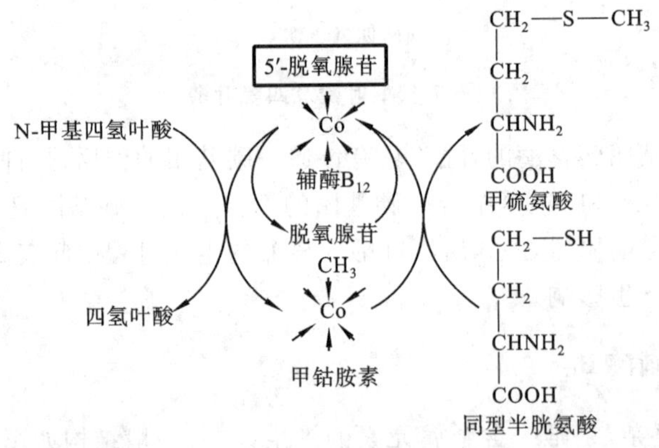

图 7-15　辅酶 B_{12} 参与体内一碳基团的代谢

体内叶酸约 80％以 N-甲基四氢叶酸状态存在，它由 N，N-亚甲基四氢叶酸还原而成。此反应在体内条件下是不可逆的，所以须通过辅酶 B_{12} 在转甲基的过程中，使 N-甲基四氢叶酸恢复为四氢叶酸，使它能再用于携带一碳基团以合成嘌呤、胆碱等化合物。胆碱是乙酰胆碱和磷脂酰胆碱的组成成分，后两者分别是神经传递介质和生物膜的基本结构物质。因此，维生素 B_{12} 对神经功能有特殊的重要性。

(2) 辅酶 B_{12} 作为变位酶的辅酶，参加一些异构化反应。如作为甲基天冬氨酸变位酶的辅酶，参加催化谷氨酸与 β-甲基天冬氨酸转化反应；作为甲基丙二酸单酰辅酶 A 变位酶的辅酶，参加催化 L-甲基丙二酸单酰辅酶 A 与琥珀酰辅酶 A 互变。维生素 B_{12} 缺乏时，L-甲基丙二酰辅酶 A 大量堆积，影响脂肪酸的正常代谢。

(3) 维生素 B_{12} 对红细胞的成熟起重要作用，可能和维生素 B_{12} 参与 DNA 和蛋白质的合成有关，使机体的遗传系统处于正常状态，促进红细胞的发育和成熟。维生素 B_{12} 缺乏可引起核酸合成障碍，影响细胞分裂，结果导致红细胞性贫血即恶性贫血。

7.2.9　硫辛酸

硫辛酸(lipoic acid)是含硫的八碳酸，在第 6、8 位上有巯基，可脱氢氧化成二硫键，称为 6,8-二硫辛酸。硫辛酸以闭环二硫化物形式和开链还原形式两种结构混合物存在，这两种形式通过氧化还原循环相互转换。6,8 位上巯基脱氢为氧化型硫辛酸(两个硫原子通过二硫键相连)，加氢变成还原型，称为二氢硫辛酸(二硫键还原为巯基)，见图 7-16。硫辛酸虽然不属于维生素，但它可作为辅酶参与机体内物质代谢过程中酰基转移，起到递氢和转移酰基的作用(即作为氢载体和酰基载体)，具有与维生素相似的功能(类维生素)。

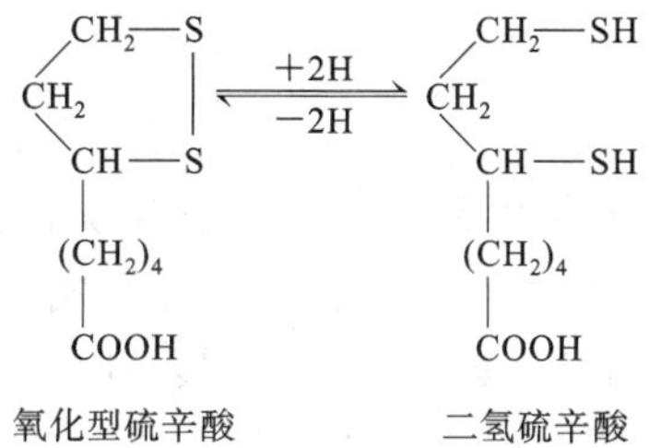

图 7-16　硫辛酸

硫辛酸作为辅酶，在两个关键性的氧化脱羧反应中起作用，即在丙酮酸脱氢酶复合体和 α-酮戊二酸脱氢酶复合体中，催化酰基的产生和转移。

硫辛酸是既具水溶性(微溶)又具脂溶性的淡黄色晶体，外消旋硫辛酸熔点为 60～61 ℃，沸点为 160～165 ℃。硫辛酸在自然界中分布广泛，肝和酵母细胞中含量尤为丰富。在食物中硫辛酸常和维生素 B_1 同时存在。人体可以合成，目前尚未发现人类有硫辛酸的缺乏症。

7.2.10　维生素 C

维生素 C 是一种己糖酸内酯，其分子中第 2、3 位碳原子上的两个烯醇式羟基极易解离出质子而显酸性，又因能防治坏血病，故得名抗坏血酸(ascorbic acid)。分子中的两个烯醇式羟基易脱氢氧化成脱氢抗坏血酸(dehydroascorbic acid)。维生素 C 广泛存在于蔬菜和新鲜水果中，绝大多数的动物都能在体内由 D-葡萄糖醛酸合成维生素 C，不完全需要从外界摄取，但是人、猴、豚鼠以及一些鸟类和鱼类不能在体内合成，需要从食物中取得。

在生物体内，维生素 C 以还原型和氧化型两种形式存在，两者能可逆转化，在氧化还原反应中起递氢体作用。氧化型和还原型维生素 C 具有同样的生理功能，如参与甲硫氨酸的合成。若脱氢抗坏血酸继续氧化或加水分解，就会变成二酮古洛糖酸或其他氧化物，维生素 C 活性丧失，见图 7-17。

维生素 C 的生理作用如下。

1. 羟化作用

(1) 促进胶原蛋白(collagen)的合成。维生素 C 可促进羟化酶的活性，参加一些重要的羟化作用，如前胶原蛋白(procollagen)分子中赖氨酸及脯氨酸残基经羟化后，前胶原蛋白分子才能成为胶原蛋白分子。

(2) 参与体内类固醇激素(steroid hormone)、胆酸(cholic acid)、儿茶酚(catechol)及 5-羟色胺(5-hydroxytryptamine)等合成过程中的羟化反应，以及生物转化过程中芳香环的羟化

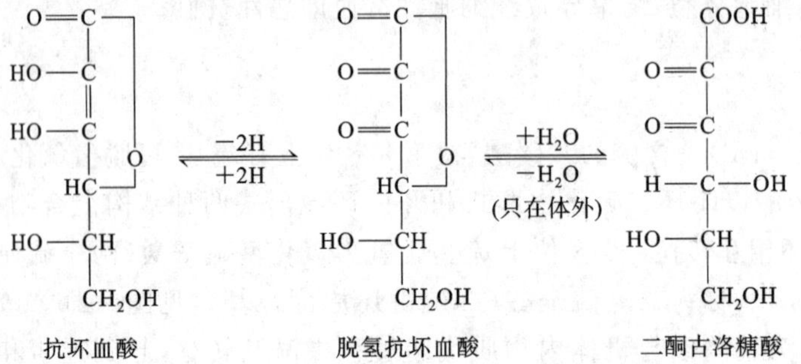

$$
\begin{array}{ccc}
\text{抗坏血酸} & \xrightleftharpoons[+2H]{-2H} \ \text{脱氢抗坏血酸} & \xrightleftharpoons[-H_2O\ (\text{只在体外})]{+H_2O} \ \text{二酮古洛糖酸}
\end{array}
$$

图 7-17　维生素 C 的分子结构及其化学变化

反应。

2. 氧化还原作用

(1) 参与体内氧化还原反应。维生素 C 可脱氢成为脱氢抗坏血酸,此反应是可逆的,它在体内可参加多种生物氧化反应,如参与生物体内的抗体合成:抗体中所含的二硫键由两个半胱氨酸分子连接而成,而半胱氨酸由胱氨酸还原生成,其还原反应需要维生素 C 的参与。

(2) 对重金属的解毒作用。重金属离子能与体内含巯基的酶结合而使其失去活性,发生中毒。维生素 C 能使氧化型谷胱甘肽转化为还原型,后者可与重金属配合而排出体外,从而发挥其解毒作用,见图 7-18。

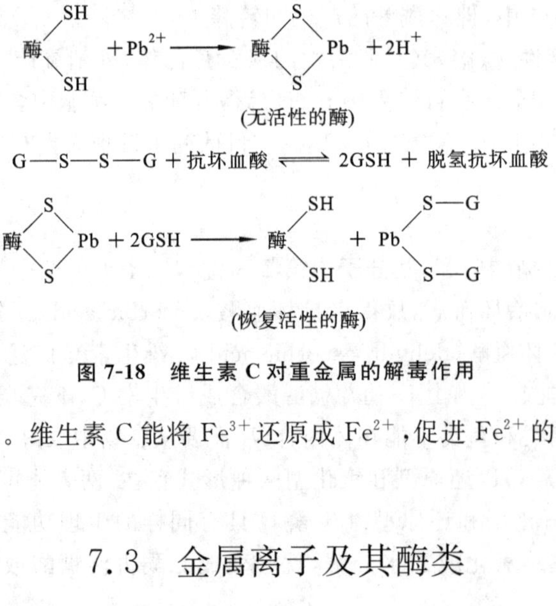

$$\text{酶}(SH)_2 + Pb^{2+} \longrightarrow \text{酶}(S)_2Pb + 2H^+$$

(无活性的酶)

$$G—S—S—G + \text{抗坏血酸} \rightleftharpoons 2GSH + \text{脱氢抗坏血酸}$$

$$\text{酶}(S)_2Pb + 2GSH \longrightarrow \text{酶}(SH)_2 + Pb(S—G)_2$$

(恢复活性的酶)

图 7-18　维生素 C 对重金属的解毒作用

(3) 促进造血作用。维生素 C 能将 Fe^{3+} 还原成 Fe^{2+},促进 Fe^{2+} 的吸收,有利于血红蛋白的形成。

7.3　金属离子及其酶类

7.3.1　概述

人和动物为了生长和发育在饮食中除了要摄取维生素外,还需要一些无机形式的化学元素。这些元素可分为两类:常量元素和微量元素。常量元素包括钙、镁、钠、钾、磷、硫和氯,在体内含量一般大于 0.01%,每天需 100 mg 以上,它们常具有一种以上的功能。例如,钙是骨矿物质或者羟基磷灰石的结构成分,而游离钙在细胞质中作为重要的调节剂,浓度低于 10^{-6} mol/L。磷以磷酸盐形式作为细胞内能量传递 ATP 系统的活性成分。

微量元素是酶作用所必需的，类似于维生素的需要量，每天仅需要毫克或微克量。已知 15 种微量元素在动物营养中是必需的。大多数必需微量元素是作为酶的辅助因子起作用的。

金属离子参与多种生物化学过程。约有三分之一的酶在催化过程的一个或几个阶段中需要金属离子。金属离子使底物直接结合到活性部位，或者间接地使酶的结构保持在适合于结合的特殊构象下来控制催化作用。金属离子作为基本的结构组分参加氧化和水解反应，有时以氧化状态进行可逆变化。许多代谢物，特别是核苷酸类物质都以金属复合物的形式存在，例如 Mg-ATP 复合物，而且酶促反应的真正底物是这些复合物，而不是核苷酸本身。因此，金属离子能够通过改变尚未结合成复合物的底物的化学性质来发挥它们的催化效力。

7.3.2　金属酶类与金属激活酶类

虽然许多酶需要金属离子作为辅助因子，但仍可以根据金属离子结合的强度将这些酶分成金属酶(metalloenzyme)类和金属激活酶(metal activated enzyme)类。金属酶一般含有化学计量的金属辅助因子，它们结合得相当牢固，而且加入游离金属离子后活性并不会增加。金属激活酶中金属处于酶表面的结合基团中，这种金属离子在酶的纯化过程中常常失去，必须再加入金属离子才能恢复其催化活性，金属激活酶的结合位点、受结合的金属离子和底物之间通常是 1∶1∶1 的简单化学计量关系。这种活化的三元复合物有以下几种类型：①酶桥复合物(M—E—S)；②底物桥复合物(M—S—E)；③金属桥复合物(E—M—S 或 E 与 M、S 成环，M—S 相连)。

7.3.3　含铁酶类

铁是生物功能最熟悉的微量元素，是氧载体蛋白(血红蛋白与肌红蛋白)以及电子载体(线粒体蛋白、细胞色素 c、血红素基团)的成分，几种重要的酶都含有血红素辅基。铁硫酶是另一类重要的含铁酶类，这类酶在动、植物和细菌细胞中起电子转移反应的功能。

7.3.4　含铜酶类

许多含铜酶属于羟化酶和氧化酶类，这意味着它们与分子氧一起参与催化过程。铜在细胞色素氧化酶的催化活性中起重要作用，该酶的辅基中含有铁和铜。

7.3.5　含锌酶类

锌是近 300 多种不同酶的必需成分，是目前唯一的在六大酶类中都发现存在的金属，作为辅助因子锌是最通用的金属。由于锌完全以 Zn^{2+} 存在，因此和铜、铁不同，没有氧化还原能力。锌通常的配位数是 4，该金属最容易形成四面体的构型。锌常存在于酶的活性部位，在酶和底物间起桥梁作用。

7.3.6　其他金属酶类

锰不仅在精氨酸酶中起稳定和催化两种作用，还可作为某些磷酸转移酶的辅助因子。钼和钒在某些黄素脱氢酶的活性部位起作用。微量的钴对维生素 B_{12} 的生物合成是必要的。

7.4　食品加工中的维生素损失

食品原料在食用前通常要经过多种加工，每次加工都有可能造成维生素的损失，因此，实际摄入的维生素要比食品原料中所含有的维生素减少很多。各类维生素的稳定性存在着一定差异,因此在不同的食品加工方式中其损失程度也不相同(表 7-1)。

表 7-1 维生素的稳定性

名称	光照	氧化剂	还原剂	热	酸	碱
维生素 A	***	***	*	**	**	*
维生素 D	***	***	*	**	**	**
维生素 E	**	**	*	**	*	**
维生素 K	***	**	*	*	*	***
维生素 C	*	***	*	**	**	***
维生素 B_1	**	*	*	**	**	***
维生素 B_2	***	*	**	*	*	***
烟酸	*	*	**	*	*	*
维生素 B_6	**	*	*	*	**	**
维生素 B_{12}	**	*	***	**	***	***
泛酸	*	*	*	**	***	***
叶酸	**	***	***	*	**	**
生物素	*	*	*	*	**	**

* 几乎不敏感 ** 敏感 *** 高度敏感

7.4.1 食品初加工过程中的维生素损失

食品原料的初加工主要包括清洗、去皮和切割,这些初加工操作都会造成不同程度的维生素损失。

清洗会造成水溶性维生素的损失,其损失程度与清洗次数和清洗力度有关。维生素 C 与维生素 B 族易溶于水,在清洗过程中更易损失。有研究表明,大米经漂洗后,其维生素 B_2 的保留率为 53%,而维生素 B_1 的保留率仅为 40%,且两种维生素的保留率随着漂洗次数的增加而下降。维生素 B_6 对光、热、氧相对稳定,但在漂洗过程中也会引起大量损失。蔬菜和水果在清洗过程中会伴随着维生素 C 的部分流失,为了有效保留维生素 C,应注意控制对蔬菜和水果的清洗次数和力度。脂溶性维生素因难溶于水,在清洗过程中一般不会造成损失。

食品原料的去皮加工也会在一定程度上引起维生素的损失,这是因为许多维生素存在于食品原料的表皮,会伴随着表皮的去除而损失。有研究表明,根茎类蔬菜去皮后再煮制要比不去皮煮制多损失约 20%的维生素,山药带皮烹调后其维生素 C 的保留率可高达 95%,这充分说明对于各种烹调方法,食品原料去皮后将会损失更多的维生素。

切割同样会造成维生素的损失,这是因为许多种维生素都对光照和氧气十分敏感,在食品原料切割后,维生素更多地暴露在光照和空气中,引起变性损失。一般来说,食品原料切割得越碎,放置时间越长,与空气接触和受光面积增大,维生素损失得就更多。Jorg 等通过对脱水土豆产品的维生素含量对比研究对此观点进行了充分验证,实验中比较了脱水土豆泥和脱水土豆片两种产品的维生素保留率,结果表明脱水土豆泥中维生素 B_1 保留率仅 9%,维生素 C 和维生素 B_3 的保留率均在 50%以下,远低于脱水土豆片中的维生素保留率。

7.4.2　食品热加工过程中的维生素损失

食品原料的热加工主要包括热烫、烤、油炸，热加工的形式和时间不同，维生素的损失程度也各不相同。

热烫处理主要为了去除食品原料的异味、涩味、草酸等物质，并起到杀菌作用，是食品加工中常用的处理方法，食品中的维生素在热烫过程中受到高温、沥滤、氧化等作用而损失，其中水溶性维生素如维生素 C、维生素 B_1、维生素 B_2 和维生素 B_5 损失较多，脂溶性维生素损失程度较轻，各类维生素的保留率受热烫温度和时间的影响，一般来说，选择高温瞬时杀菌对食物材料进行热处理，其维生素损失程度较小。

油炸、烘烤等食品烹调方法也会造成维生素的大量损失，其损失大小取决于热处理时间、温度及热处理方式。因此，在食品加工中应避免高温及长时间热处理。

7.4.3　食品脱水过程中的维生素损失

脱水加工方法常见于各种食品原料，也会造成维生素较大程度的损失。蔬菜经脱水处理，其维生素 C 的损失率可达 10%～15%，牛奶经喷雾干燥后其维生素的损失程度与灭菌处理中维生素的损失几乎一致，主要损失的是水溶性维生素，脂溶性维生素在牛奶喷雾干燥前后几乎无变化。不同的脱水加工方法也会造成维生素的损失程度差异，常见的鼓式干燥、喷雾干燥等方式处理温度较高，时间较长，维生素损失较多，而真空冷冻干燥在较低温度下进行，可有效减少维生素的损失。

7.4.4　粮谷精加工过程中的维生素损失

粮谷的表皮和胚芽中含有丰富的维生素，而去壳、研磨等经加工处理去掉了粮谷类食品的大部分胚芽及表皮，其内部维生素也会大量损失。有研究发现，大米经过精加工后，其维生素 E 仅有 15%保留，维生素 B_1、B_2、B_3 的保留率分别为 20%、60%、35%，与糙米相比，其营养价值大大降低。小麦加工为面粉后，其各类维生素的损失程度更大。在日常饮食中应注意保证一定比例的全谷物食品的摄入，防止因摄入过多精细米面制品而导致的部分维生素缺乏(表 7-2)。

表 7-2　不同加工方式下食物维生素 C 保留率

食物名称	加工方式	维生素 C 保留率/(%)
马铃薯	热烫	50～70
马铃薯	去皮	50～70
马铃薯	烘烤	80
牛奶	巴氏杀菌	75
甘蓝	烹调	33

阅读性材料

维生素的故事

人类对维生素最朦胧的认识始于 3000 多年前，当时古埃及人发现夜盲症可以被一些食物治愈,虽然他们并不清楚食物中什么物质起了作用。

2000 年前,古罗马帝国的军队远征非洲,在烟尘蔽日、飞沙漫漫的沙漠上,士兵们长途跋涉,吃不到水果和蔬菜,大批大批地病倒,他们的脸色由苍白变为黯黑,紫红的血丝从牙缝中一丝一丝地渗出来,浑身上下青一块紫一块,两腿肿胀,关节疼痛,有的甚至双脚麻木而不能行走,纷纷栽倒在沙漠中,这就是坏血病(scurvy)的综合症状。

15—16 世纪,坏血病曾波及整个欧洲。1519 年,葡萄牙航海家麦哲伦率领的远洋船队从南美洲东岸向太平洋进发,三个月后,有的船员牙床破了,有的船员流鼻血,有的船员浑身无力,待船到达目的地时,原来的 200 多人活下来的只有 35 人,人们对此找不出原因,水手们因此而惶恐不安。

18 世纪中叶,坏血病的灾难更加疯狂地席卷了整个欧洲大地,英法的航海业也因而处于瘫痪状态。直到 18 世纪末,一名被称为詹姆斯・林德(James Lind)的医生发现,给病情严重的病人每天吃一个柠檬,这些人竟像吃了仙丹一样迅速见效,半个月内全部恢复了健康。自此,人们才知道令人恐怖的坏血病原来可以用简单的橘子或柠檬来治疗。在林德医生的建议下,海员航海时每天都要服用柠檬汁,来预防坏血病的发生。根据英国海军部统计:1780 年海军中患坏血病死亡人数为 1457 人,而采用林德医生的办法后,1806 年便骤减到 1 人。到 1808 年,坏血病便在英国绝迹了。英国的水兵和海员由此便有了“柠檬人”的称号,并一直延续到今天。

1912 年,波兰生物化学家卡西米尔・冯克(Kazimierz Funk)经过千百次的试验,终于从米糠中提取出一种能够治疗脚气病的白色物质,这种物质被冯克称为“维持生命的营养素”,简称 Vitamin,也称维生素。

1932 年,科学家们终于从柠檬中分离出这种神奇的物质——维生素 C,并命名为抗坏血酸(ascorbic acid)。随着时间的推移,越来越多的维生素种类被人们认识和发现,维生素成了一个大家族。人们把它排列起来便于记忆,维生素按 A、B、C 一直排列到 L、P、U 等几十种。维生素对人体的抗衰老、防治心血管疾病、抗癌方面的功能得到了越来越多的肯定,从此登上了历史的舞台,成为人类健康的功臣。

维生素发展史

公元前 3500 年:古埃及人发现能防治夜盲症的物质,也就是后来的维生素 A。

1600 年:医生鼓励以多吃动物肝脏来治夜盲症。

1747 年:苏格兰医生林德发现柠檬能治坏血病,也就是后来的维生素 C。

1831 年:胡萝卜素被发现。

1911 年:波兰生物化学家冯克为维生素命名,明确阐述了维生素的概念。

1915 年:科学家认为糙皮病是由于缺乏某种维生素造成的。

1916 年:维生素 B 被分离出来。

1917 年:英国医生发现鱼肝油可治愈佝偻病,随后断定这种病是缺乏维生素 D 引起的。

1920 年:发现人体可将胡萝卜素转化为维生素 A。

1922 年:维生素 E 被发现。

1928 年:科学家发现维生素 B 至少有两种类型。

1933 年:维生素 E 首次用于治疗。

1948 年:大剂量维生素 C 用于治疗炎症。

1949 年：维生素 B_3 与维生素 C 用于治疗精神分裂症。

1954 年：自由基与人体老化的关系被揭开。

1957 年：Q_{10} 多酶被发现。

1970 年：维生素 C 被用于治疗感冒。

1993 年：哈佛大学发表维生素 E 与心脏病关系的研究结果。

习　题

1. 名词解释

(1) 维生素

(2) NAD

(3) TPP

(4) FAD

(5) FMN

2. 简答题

(1) 列举脂溶性维生素与水溶性维生素的成员。

(2) 维生素 C 具有什么生理功能?

(3) 简述维生素 B 族中各成员与辅酶的关系。

(4) 维生素 B_6 包括哪几种,在体内以何种形式发挥作用?

第8章　生物能学和生物氧化

引　言

生物体要繁殖、生长和发育，每时每刻都消耗能量来做功，以维持生命。热力学是研究热和其他形式能量转换的科学，将热力学的某些规律应用于生物系统，阐明生物体内化学能的释放、留存和利用的能量转换关系，称为生物能学。

新陈代谢是生命最基本的特征，是生命存在的前提。恩格斯指出生命之所以存在是因为生命体与外界环境进行着不断的物质交换，如果这种交换停止，生命也就随之停止。恩格斯所言的物质交换即新陈代谢中的物质代谢，实际上还包括一系列能量转变即能量代谢。一切生命活动都需要能量，所有生物都可以看成是能量转换者。

物质代谢可分为合成代谢(anabolism)与分解代谢(catabolism)。合成代谢指生物体将从周围环境中摄取的营养物质，经过一系列生化反应，合成自身结构物质的过程，也即同化作用(assimilation)。分解代谢指生物体内物质经过一系列生化反应，分解为不能再利用的物质排出体外的过程，也即异化作用(disassimilation)。

能量代谢有吸能和放能两个方面。生物体的一切生命活动都需要能量。自养生物将光能转变为化学能，并储存于所合成的糖、脂类等有机物中；异养生物(如动物和部分微生物)主要通过呼吸代谢把有机物氧化成 CO_2 和 H_2O，同时产生 ATP。正是这种能量和物质的流动与转换，驱动着自然界生命的繁衍生息。

生物氧化是生物体内三大物质代谢的共同途径，糖类、脂类、蛋白质通过生物氧化最终生成二氧化碳、水，并释放能量。

生物体内两条主要的呼吸链是 NADH 呼吸链和 $FADH_2$ 呼吸链。细胞质中 NADH 和 H^+ 通过 α-磷酸甘油穿梭和苹果酸穿梭作用进入线粒体，然后通过呼吸链进行氧化。生物氧化和体外的氧化本质相同，但方式不同。

氧化磷酸化是生物体内 ATP 生成的主要方式。

本章主要是通过对新陈代谢、生物能学和生物氧化的基本概念及机制的介绍，阐明营养物质在生物体内代谢的基本规律及其过程；通过对生物氧化特点、场所、氧化方式和产物的介绍，阐明水、二氧化碳和能量的生成，从而认识物质代谢与能量代谢的生物学意义和内在联系。

学习目标

(1) 了解新陈代谢的概念及研究方法。

(2) 了解生物体内能量代谢的基本规律。

(3) 熟悉高能磷酸化合物与 ATP。

(4) 掌握生物氧化的概念、本质、特点、氧化方式以及 CO_2 的生成。

(5) 掌握生物氧化中水的生成过程，重点掌握呼吸链。

(6) 掌握生物氧化中能量的生成方式，重点掌握氧化磷酸化作用。

(7) 掌握线粒体外 NADH 的氧化。

8.1　新陈代谢及其研究方法

8.1.1　新陈代谢

新陈代谢(metabolism)是生物体内以及生物与外界环境进行物质交换与能量交换的全过程,是生物体内一切化学变化的总称,是生物体表现其生命活动的重要特征之一,新陈代谢一旦停止,生命就随之停止,结果便是蛋白体的分解。具体表现为,生物体每时每刻都在选择性吸收周围环境中的物质并建造自己,同时又不停地将自己不需要的物质进行分解后排出体外。

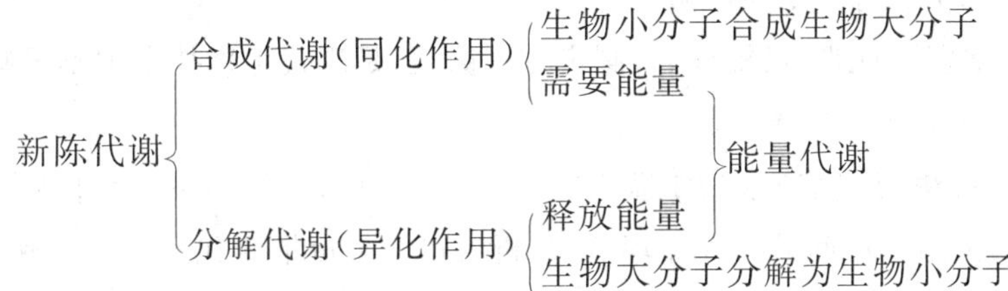

新陈代谢包括生物体内所发生的一切合成与分解作用,合成与分解代谢既表现着生物体内物质分子的改变,又体现出生物体在生命活动中能量的变化。生物体内能量代谢服从热力学定律。

热力学第一定律是能量守恒定律,即能量不能创造也不能消灭,只能从一种形式转变成另一种形式。生命活动过程中所需要的能量来自物质分解代谢。生物体内的能量可以相互转变,但生物体与环境的总能量保持不变。

热力学第二定律的核心是宇宙总是趋向于越来越无序,即向熵增大的方向进行。生物体是开放的体系,为了维持自身的有序性,不断将生命活动中产生的正熵释放至环境中,使环境的熵值增加,而自身保持低熵。此外,生物体内的熵降过程需要不断地从环境中吸取自由能(free energy),如核酸、蛋白质等生物大分子的合成、蛋白质的折叠、酶与底物的结合等都是需能反应,细胞通过与其他放能反应的偶联,巧妙地从环境中吸取负熵,但总熵不变,所以,尽管生物体是高度有序的整体,但并没有偏离热力学第二定律。

自由能对生物体所发生的各种生化反应来说,是非常重要的,是生物体用以做功的能量。自由能的变化在生物能学中具有特别重要的意义,不仅用于判断反应能否自发进行及反应的方向,而且可用于计算平衡常数。在无限稀释或某一方向反应几乎进行到底的反应中,由于反应物浓度难以测定,此时可利用自由能变化计算平衡常数。平衡常数的测定和计算之所以重要,是因为它可用于确定代谢途径的限速反应和限速酶。

8.1.2　新陈代谢的研究方法

生物体内所发生的一切化学变化构成了错综复杂的反应网络,研究这些变化过程常用的方法如下。

1. 体内与体外研究法

体内(in vivo)研究是指生物体在正常生理条件下,在神经、体液等调节机制下研究代谢过程,比较接近生物体的实际情况。体内试验为明确物质中间代谢过程提供了重要的依据。例如,脂肪酸的β-氧化学说就是通过体内试验提出的。

体外(in vitro)研究是用离体器官、组织切片、组织匀浆或体外培养的细胞、细胞器及细胞抽提物来研究代谢的过程。体外试验的优势是可以同时进行多个样本的试验,或者可以进行多次重复试验。体外试验为代谢过程的确立提供了重要的线索与依据。例如,三羧酸循环(tricarboxylic acid cycle,TCA)、鸟氨酸循环(ornithine cycle)等都是通过体外试验发现的。

2. 同位素示踪法

同位素是指原子序数相同而原子量不同的元素。同位素示踪技术(isotope tracer technique)是研究代谢过程的最有效方法,因为用同位素标记的物质和非标记物在理化性质、生理功能和在体内代谢的最终产物方面是完全相同的。例如用^{14}C标记葡萄糖的1位碳对发现磷酸戊糖途径起了非常重要的作用。

同位素示踪法特异性强、灵敏度高、测定方法简便,是现代生物技术中不可缺少的手段。

3. 代谢途径阻断法

代谢途径阻断法对研究代谢过程而言也是非常有效的,在试验过程中加入阻断剂(blocking agent)来阻断中间某一代谢环节,分析所得结果可推测代谢历程。例如汉斯·克雷布斯(Hans A. Krebs)等用丙二酸抑制琥珀酸脱氢酶,发现了琥珀酸大量积累,从而为三羧酸循环的确认提供了重要依据。

4. 突变体研究法

突变体研究法是研究代谢的有效方法。由于某一基因的突变,导致表达产物发生变化,使某种酶不被表达或活性丧失,致使此酶所催化的相应产物缺失,此酶的底物大量堆积。对这些突变体的研究有助于了解代谢途径中的酶和中间产物。

营养缺陷型微生物和人类遗传性代谢病的研究,也为某些代谢过程的阐明提供了重要依据。

8.2 高能磷酸化合物

8.2.1 高能键及高能化合物

在生物体中,有些化合物的个别化学键自由能很高,当其发生水解或基团转移反应时,释放或转移的自由能很多,远比其他普通化学键高。水解时释放自由能大于20.93 kJ/mol的化学键称为高能键(energy-rich bond),常用符号"~"表示。在生物化学中所谓的"高能键"指的是自由能高,而不是键能特别高,即指随着水解反应或基团转移反应可放出大量自由能的键,而在物理化学中的高能键指的是当该键断裂时,需要大量的能量,两者的含义有着根本的区别。

在生物体内具有高能键的化合物有很多,根据键的特性可分为以下几种类型。

1. 磷氧键型(—O~P)化合物

属于这种键型的化合物很多,又可分成下列几种类型。

1) 酰基磷酸化合物

例如:

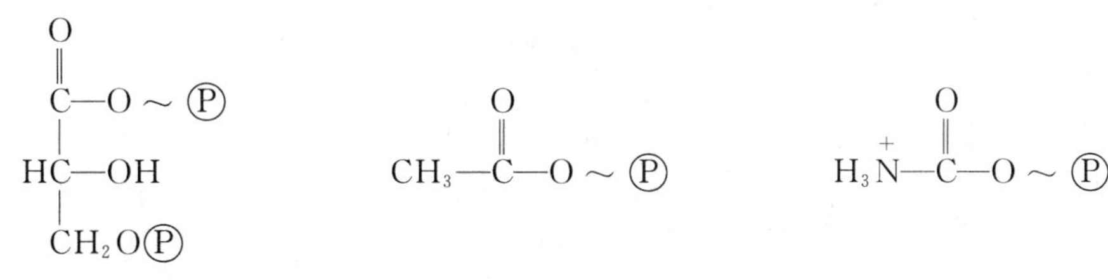

1,3-二磷酸甘油酸　　　乙酰磷酸　　　氨甲酰磷酸

2）焦磷酸化合物

例如：

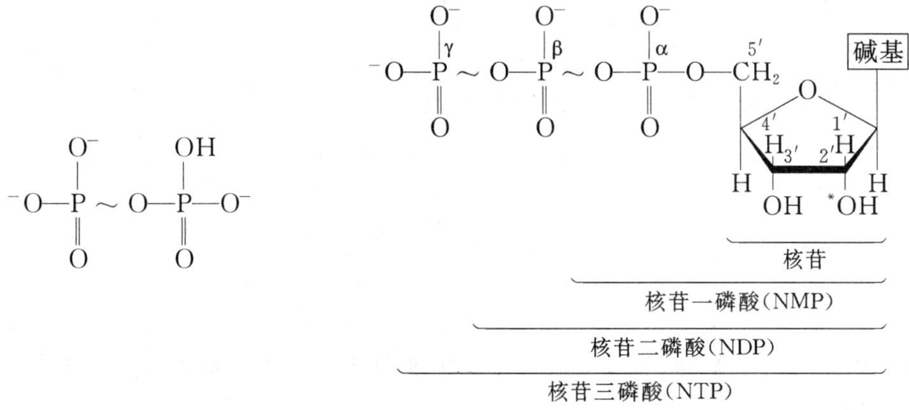

3）烯醇式磷酸化合物

例如：

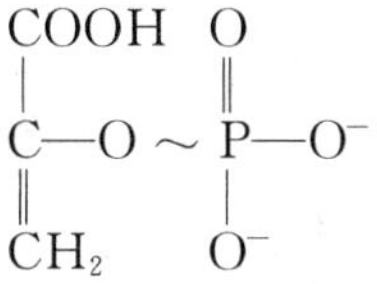

$$CH_2{=}C(COOH){-}O\sim P(O)(O^-){-}O^-$$

磷酸烯醇式丙酮酸

2. 氮磷键型(—N～P)化合物

胍基磷酸化合物属于此类。

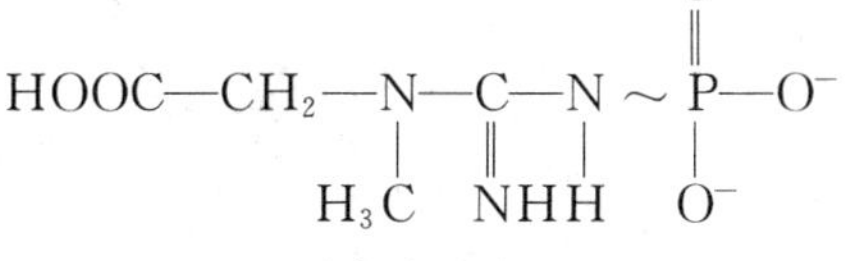

$$HOOC{-}CH_2{-}N(CH_3){-}C({=}NH){-}NH\sim P(O)(O^-){-}O^-$$

磷酸肌酸

$$HOOC{-}CH(NH_2){-}(CH_2)_3{-}NH{-}C({=}NH){-}NH\sim P(O)(O^-){-}O^-$$

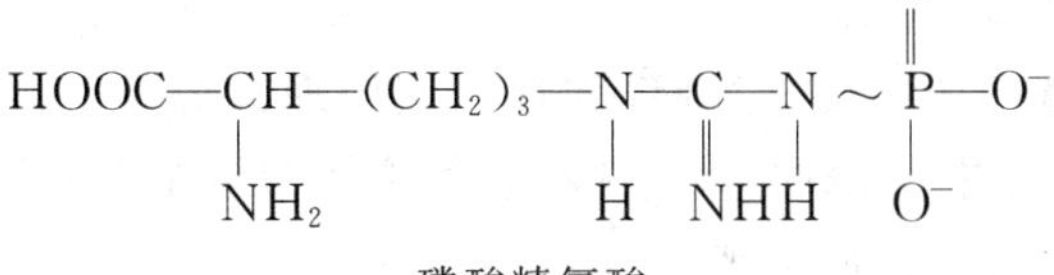

磷酸精氨酸

3. 硫酯键型化合物

例如：

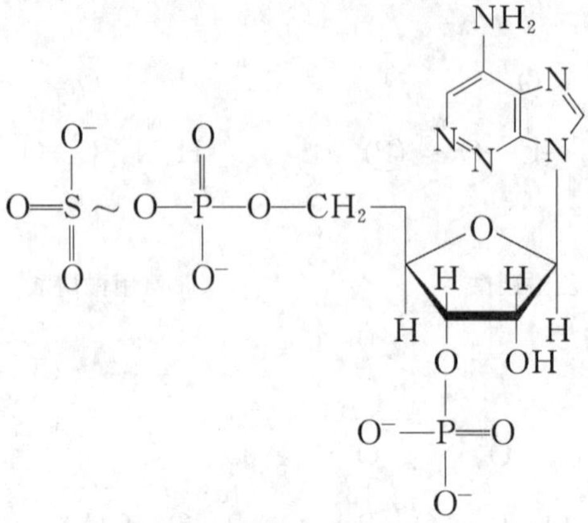

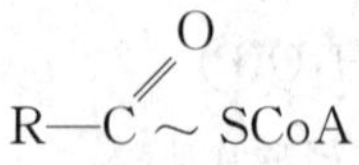

$$R-\overset{O}{\overset{\|}{C}}\sim SCoA$$

酰基辅酶 A

3′-磷酸腺苷-5′-磷酰硫酸(活性硫酸基)

4. 甲硫键型化合物

例如：

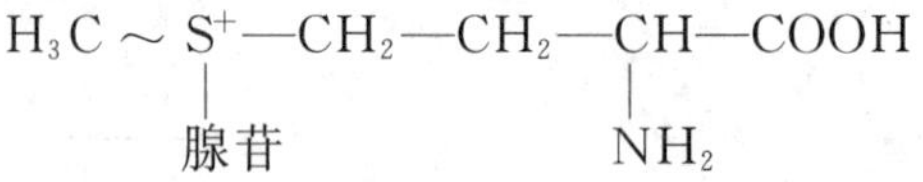

$$H_3C\sim \underset{\text{腺苷}}{\underset{|}{S^+}}-CH_2-CH_2-\underset{NH_2}{\underset{|}{CH}}-COOH$$

S-腺苷甲硫氨酸(活性甲硫氨酸)

上述高能化合物中含磷酸基团的占绝大多数，但并不是所有含磷酸基团的化合物都是高能磷酸化合物。

8.2.2 ATP 和其他高能磷酸化合物

1. ATP(三磷酸腺苷，又称腺苷三磷酸)

ATP 是高能磷酸化合物的典型代表。ATP 是一游离的核苷酸，由腺嘌呤、核糖与三分子磷酸构成，结构如图 8-1 所示。

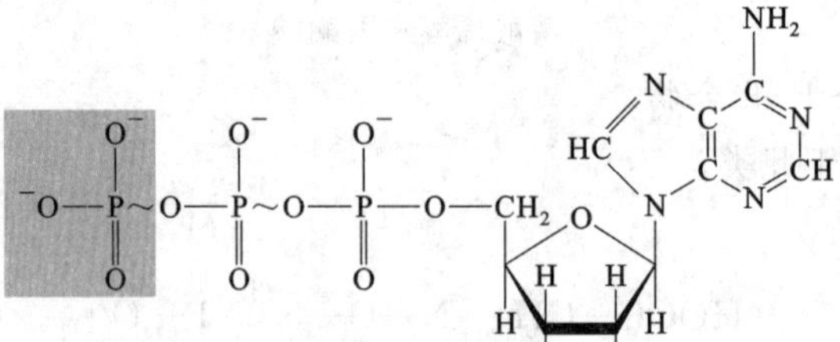

图 8-1 ATP 的结构

三磷酸腺苷分子中的磷酸基团从与分子中腺苷基团相连的磷酸基团算起，依次分别称为 α、β、γ 磷酸基团，磷酸与磷酸间借磷酸酐键相连。在生理条件下，ATP 约带 4 个空间距离很近的负电荷，它们之间相互排斥，要维持这种状态需要大量的能量，而当末端两个磷酸酐键(β 和 γ)水解时，有大量的自由能释放出来。

$$ATP+H_2O\longrightarrow ADP+Pi \qquad \Delta G^{\ominus\prime}=-30.5\ kJ/mol$$

$$ADP+H_2O\longrightarrow AMP+Pi \qquad \Delta G^{\ominus\prime}=-30.5\ kJ/mol$$

ATP 具有两个高能磷酸键，在生物体代谢过程中，氧化放能反应和生物合成等需能反应互相联系，但是多数情况下，产能反应和需能反应之间不直接偶联，彼此间的能量供求关系主要通过 ATP 进行传递。放能反应通过氧化磷酸化合成 ATP 储存能量，需能反应则通过 ATP 水解直接供能。ATP 是生物能量转移的关键物质，ATP 水解成 ADP 和磷酸释放出大量自由能，用以维持生物体各种生理活动，如肌肉的收缩、离子平衡的维持、吸收、分泌、合成代谢、维持体温和生物电等活动，如图 8-2 所示。

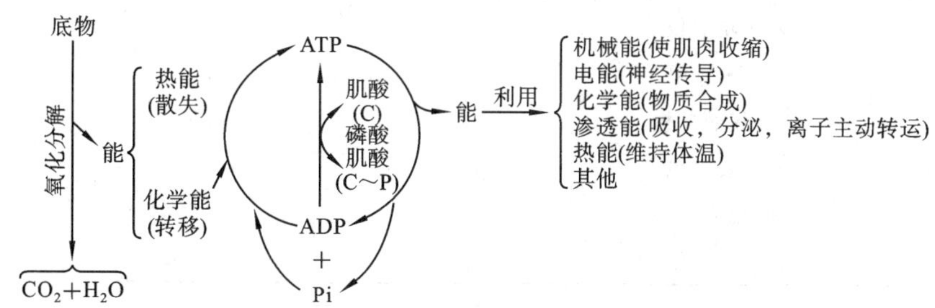

图 8-2　ATP 在能量代谢中的偶联作用

严格来说，ATP 不是能量的储存物质，而是能量的携带者或传递者。它可将高能磷酸键转移给肌酸(creatine，C)生成磷酸肌酸(creatine phosphate，C～P)，但磷酸肌酸所含的高能磷酸键不能为生物体所直接利用，需要时磷酸肌酸把高能磷酸键转移给 ADP 生成 ATP，以维持有机体正常生理活动，这一反应由肌酸磷酸激酶(CPK)催化。磷酸肌酸只通过这唯一的途径转移其磷酸基团，因此，它是 ATP 高能磷酸基团的储存库。磷酸肌酸对于骨骼肌有特殊的意义，它可以在几分钟内保证肌肉收缩所需的化学能。在平滑肌、神经细胞内都有磷酸肌酸存在，以维持肌细胞、神经细胞的 ATP 水平，但是在肝脏、肾及其他组织中的含量极少。

$$\underset{\text{肌酸}}{\mathrm{HOOC{-}CH_2{-}N(CH_3){-}C(=NH){-}NH_2}} + \mathrm{ATP} \xrightleftharpoons{\text{肌酸磷酸激酶}} \underset{\text{磷酸肌酸}}{\mathrm{HOOC{-}CH_2{-}N(CH_3){-}C(=NH){-}NH{\sim}Ⓟ}} + \mathrm{ADP}$$

另外，生物体内有些合成反应不一定直接利用 ATP 提供能量，而是由其他三磷酸核苷作为能量的直接来源。如 UTP 用于多糖合成，CTP 用于磷脂合成，GTP 用于蛋白质合成等。但物质氧化时释放的能量大都是首先合成 ATP，然后，再由 ATP 将高能磷酸键转移给 UDP、CDP 或 GDP，生成相应的 UTP、CTP 或者 GTP。

$$\mathrm{ATP+UDP \rightleftharpoons ADP+UTP}$$
$$\mathrm{ATP+CDP \rightleftharpoons ADP+CTP}$$
$$\mathrm{ATP+GDP \rightleftharpoons ADP+GTP}$$

2. 其他高能磷酸化合物

生物体内还有很多磷酸化合物，其中一些磷酸化合物释放的 $\Delta G^{\ominus\prime}$ 值高于 ATP 释放的自由能，而一些磷酸化合物释放的 $\Delta G^{\ominus\prime}$ 值低于 ATP 释放的自由能，见表 8-1。

表 8-1　磷酸化合物水解的标准自由能变化

化　合　物	$\Delta G^{\ominus\prime}$/(kJ/mol)
磷酸烯醇式丙酮酸	－61.9
3-磷酸甘油酸	－49.3

续表

化　合　物	$\Delta G^{\ominus\prime}$/(kJ/mol)
磷酸肌酸	−43.1
乙酰磷酸	−42.3
磷酸精氨酸	−32.2
ATP ⟶ADP+Pi	−30.5
1-磷酸葡萄糖	−20.9
6-磷酸果糖	−15.9
6-磷酸葡萄糖	−13.8
1-磷酸甘油	−9.2

8.3 生物氧化

所有生物体的生命活动都需要不断地消耗能量,这些能量主要是由糖、脂肪及蛋白质等物质在细胞内氧化分解所释放的化学能转化来的。有机物质在活细胞中氧化分解,释放化学能并转化为生物能的生化过程,称为生物氧化(biological oxidation),又叫细胞氧化或细胞呼吸(cell respiration)。在生物体内三大有机营养物质氧化分解时经历不同的途径,但有共同的规律,基本上可分为三个阶段,如图 8-3 所示。第一阶段是把多糖、脂肪和蛋白质等大分子分解为葡萄糖、脂肪酸、甘油、氨基酸等小分子,这个阶段释放能量很少,仅为其蕴藏能量的 1%,而且以热能形式散失。第二阶段是葡萄糖、脂肪酸、甘油和大多数氨基酸经过各自的分解过程生成乙酰辅酶 A,这一阶段约释放总能量的 1/3。第三阶段是三羧酸循环和氧化磷酸化,这是糖、脂肪、甘油和蛋白质分解的最后共同通路,营养物质中大部分能量是在这一阶段中释放出来的。

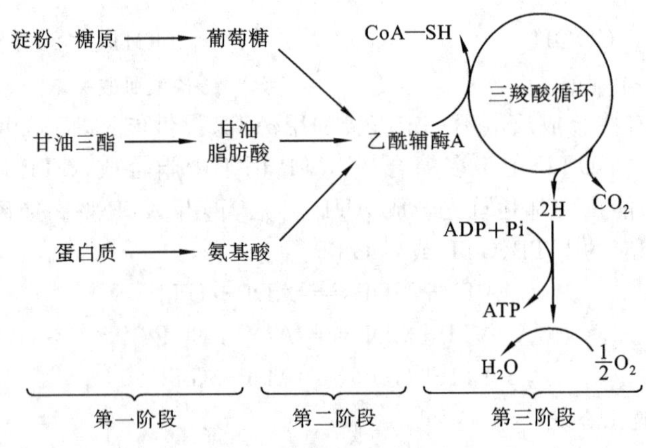

图 8-3　三大物质氧化分解的三个阶段

8.3.1　生物氧化的特点

有机营养物质经生物氧化分解的最终产物是二氧化碳和水,与体外氧化反应一样,但它有自身的特点。

(1) 生物氧化是在活细胞内、温和的生理条件下进行的。

(2) 生物氧化一般都是在一系列酶、辅酶和中间传递体的作用下逐步进行的。

(3) 能量主要在氢的氧化过程中逐步释放,这样不会因为氧化过程中能量骤然释放而损害机体,同时使释放的能量得到有效的利用。

(4) 生物氧化释放的化学能可转化成高能键形式的生物能,通常都先储存在一些特殊的高能化合物如 ATP 中,以供生化反应、生理活动需要。

(5) 生物氧化有严格的细胞定位。在真核生物细胞内,生物氧化都在线粒体内进行,在不含线粒体的原核生物细胞内,生物氧化则在细胞膜上进行。

8.3.2　生物氧化的方式

氧化反应与还原反应总是同时发生,一个反应物被氧化必然伴着另一个反应物被还原。生物氧化反应与体外氧化反应的化学本质一样,都是电子的得失过程。反应中失去电子者被氧化,接受电子者被还原。在生物氧化中,既能接受氢(或电子)又能供给氢(或电子)的物质,起传递氢(或电子)的作用,称为传递氢载体(或电子载体,electron carrier)。被氧化的物质是还原剂,是电子或氢的供体;被还原的物质是氧化剂,是电子或氢的受体。但两者表现的形式和氧化条件不同,在反应形式上,生物氧化反应有失电子氧化反应、加氧氧化反应、脱氢氧化反应、加水脱氢氧化反应等。

1. 失电子氧化反应

例如:

2 细胞色素 b-Fe^{2+} (电子供体) $\xrightarrow{2e^-}$ 2 细胞色素 c-Fe^{3+} (电子受体)

2 细胞色素 b-Fe^{3+} (氧化型)　　2 细胞色素 c-Fe^{2+} (还原型)

2. 加氧氧化反应

例如:

$$H_2C{-}CH(NH_2){-}COOH\ (C_6H_5) + \frac{1}{2}O_2 \longrightarrow H_2C{-}CH(NH_2){-}COOH\ (C_6H_4{-}OH)$$

苯丙氨酸　　酪氨酸

3. 脱氢氧化反应

例如:

$$\begin{matrix} CH_2{-}COOH \\ | \\ CH_2{-}COOH \end{matrix} \xrightarrow{-2H} \begin{matrix} HC{-}COOH \\ \| \\ HOOC{-}CH \end{matrix}$$

琥珀酸　　延胡索酸

4. 加水脱氢氧化反应

例如:

$$\begin{matrix} HC-COOH \\ \| \\ HOOC-CH \end{matrix} + H_2O \longrightarrow HO-\overset{\displaystyle H}{\underset{\displaystyle CH_2COOH}{\overset{|}{\underset{|}{C}}}}-COOH \xrightarrow{-2H} \overset{\displaystyle O}{\overset{/\!/}{C}}-COOH \atop {|\atop CH_2COOH}$$

延胡索酸　　　　苹果酸　　　　草酰乙酸

在生物氧化中,脱氢氧化反应和加水脱氢氧化反应是物质氧化的主要形式。

8.3.3 生物氧化的产物

1. CO_2的生成

生物氧化中CO_2的产生是由于糖、脂肪、蛋白质等有机物转变成羧酸后,在脱羧酶的作用下,经脱羧反应而产生的。

1) 直接脱羧

在脱羧反应中不伴随氧化反应的为直接脱羧,也称为单纯脱羧。根据脱羧的位置又可分为两种类型。

(1) 单纯 α-脱羧反应。

例如:

$$\underset{\text{氨基酸}}{R-\underset{\displaystyle NH_2}{\underset{|}{CH}}-COOH} \xrightarrow{\text{氨基酸脱羧酶}} \underset{\text{胺}}{R-CH_2-NH_2} + CO_2$$

(2) 单纯 β-脱羧反应。

例如:

$$\underset{\text{草酰乙酸}}{HOOC-\overset{\alpha}{C}O-\overset{\beta}{C}H_2-COOH} \xrightarrow{\text{丙酮酸羧化酶}} \underset{\text{丙酮酸}}{HOOC-CO-CH_3} + CO_2$$

2) 氧化脱羧

在脱羧反应中伴随氧化反应的称为氧化脱羧。根据脱羧位置也分为两种类型。

(1) α-氧化脱羧反应。

例如:

$$\underset{\text{丙酮酸}}{HOOC-CO-CH_3} + NAD^+ + \underset{\text{辅酶 A}}{HS \sim CoA} \xrightarrow{\text{丙酮酸脱氢酶系}}$$

$$\underset{\text{乙酰辅酶 A}}{CH_3-CO \sim SCoA} + CO_2 + NADH + H^+$$

(2) β-氧化脱羧反应。

例如:

$$\underset{\text{苹果酸}}{HOOC-\overset{\beta}{C}H_2-\overset{\alpha}{C}H(OH)-COOH} + NADP^+ \xrightarrow{\text{苹果酸酶}}$$

$$\underset{\text{丙酮酸}}{CH_3-CO-COOH} + CO_2 + NADPH + H^+$$

2. H_2O 的生成

生物体内水生成的方式大致可分为两种:一种是直接由底物脱水,另一种是通过呼吸链生成水。

1）底物脱水

在部分代谢过程中，营养物质可直接从底物脱水。例如，在葡萄糖的无氧酵解中，烯醇化酶可催化 2-磷酸甘油酸脱水生成磷酸烯醇式丙酮酸；在脂肪酸的生物合成过程中，β-羟脂酰-酰基载体蛋白脱水酶可以催化 β-羟脂酰-酰基载体蛋白的脱水反应，生成 α，β-烯脂酰-酰基载体蛋白，并直接脱去一分子水。

$$\begin{array}{c} COOH \\ | \\ H-C-O\textcircled{P} \\ | \\ CH_2OH \end{array} \xrightleftharpoons[\searrow H_2O]{\text{烯醇化酶}} \begin{array}{c} COOH \\ | \\ C-O\textcircled{P} \\ \| \\ CH_2 \end{array}$$

2）由呼吸链生成水

代谢物在脱氢酶催化下脱下的氢由相应的氢载体（NAD^+、$NADP^+$、FAD、FMN 等）所接受，再通过一系列递氢体或递电子体传递给氧而生成 H_2O，见图 8-4。

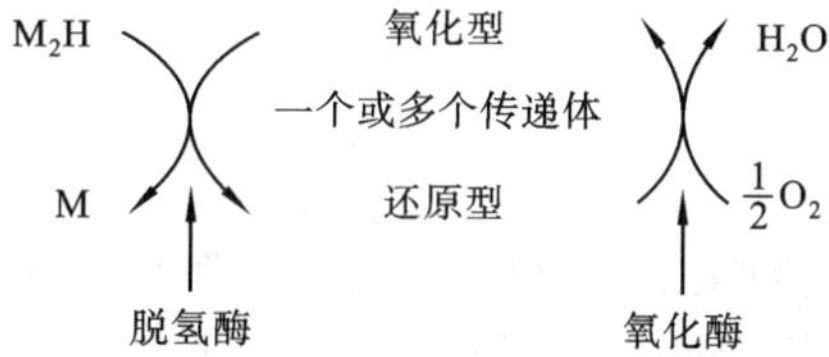

图 8-4　通过呼吸链生成水

3. ATP 的生成

在生物体内 ADP 与具有高能磷酸键的磷酸基团结合可生成 ATP，此过程称为磷酸化作用（phosphorylation）。磷酸化作用主要有底物水平磷酸化（substrate level phosphorylation）和氧化磷酸化（oxidative phosphorylation）两种方式。此外，含叶绿体的植物也可通过光合磷酸化作用合成 ATP。

1）底物水平磷酸化

当底物发生脱氢或脱水时，分子内部能量重新分布而形成高能磷酸键（或高能硫酯键），然后高能键把能量转移给 ADP（或 GDP）生成 ATP（或 GTP）的过程，称为底物水平磷酸化作用。如糖酵解途径的中间产物磷酸烯醇式丙酮酸和 1，3-二磷酸甘油酸都含高能磷酸键，它们水解时 $\Delta G^{\ominus\prime}$分别为 -61.9 kJ/mol 和 -49.4 kJ/mol，而 ATP 末端的高能磷酸键形成仅需要吸能 30.5 kJ/mol。所以其分子中高能磷酸键可直接转移给 ADP（或 GDP）而生成 ATP（或 GTP），发生底物水平磷酸化反应。

$$1,3\text{-二磷酸甘油酸} + ADP \xrightleftharpoons{\text{3-磷酸甘油酸激酶}} \text{3-磷酸甘油酸} + ATP$$

$$\text{磷酸烯醇式丙酮酸} + ADP \xrightleftharpoons{\text{丙酮酸激酶}} \text{丙酮酸} + ATP$$

$$\text{琥珀酰辅酶 A} + H_3PO_4 + GDP \xrightleftharpoons{\text{琥珀酸硫激酶}} \text{琥珀酸} + \text{辅酶 A} + GTP$$

2）氧化磷酸化

氧化磷酸化又称为电子传递水平磷酸化（electron transport level phosphorylation），是指代谢底物在生物氧化中脱掉的氢，经呼吸链传递给氧生成水的过程中，释放的能量（放能）与 ADP 磷酸化生成 ATP（吸能）相偶联的过程。氧化磷酸化是在线粒体中进行的，是需氧生物体中 ATP 的主要来源。

$$
\left.\begin{array}{l}
AH_2 \longrightarrow 2H(2H^+ + 2e^-) \xrightarrow{\text{电子传递链}} \frac{1}{2}O_2 \longrightarrow H_2O \text{ 氧化} \\
\quad\quad\quad\quad\quad\quad\quad\quad\quad \text{能量} \\
\quad\quad\quad\quad ADP + Pi \longrightarrow ATP \text{ 磷酸化}
\end{array}\right\} \text{偶联}
$$

3)光合磷酸化

绿色植物和光合细菌体内可以发生光合作用,将一部分光能转化成 ATP,这种光合作用与 ADP 的磷酸化相偶联的过程,称为光合磷酸化。它同线粒体的氧化磷酸化的主要区别是,氧化磷酸化是由高能化合物分子氧化驱动的,而光合磷酸化是由光子驱动的。光合磷酸化的机理同样可以用化学渗透学说来解释,在光的激发下,光合电子传递链进行电子传递并形成跨膜质子梯度,由此产生的质子动力促进了 ATP 的生成。

8.4　呼吸链及电子传递

8.4.1　呼吸链的概念

代谢物上的氢原子被脱氢酶激活脱落后,经过一系列的传递体,最终传递给被激活的氧分子,并与之结合生成水的全部体系称呼吸链(respiratory chain),也称电子传递体系或电子传递链(electron transfer chain,ETC)。在具有线粒体的生物中,典型的呼吸链有两种,即 NADH 呼吸链和 $FADH_2$ 呼吸链,如图 8-5 所示,这是根据代谢物脱下氢的初始受体来划分的。

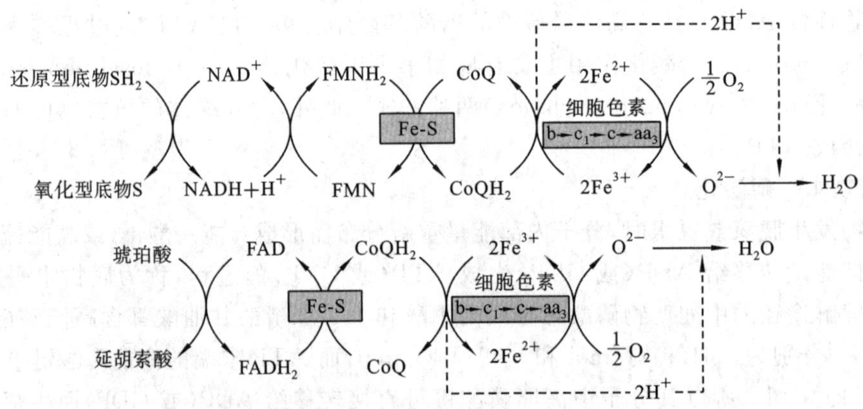

图 8-5　NADH 呼吸链和 $FADH_2$ 呼吸链

在生物体内,多数代谢物所脱的氢是经过 NADH 呼吸链传递给氧的;只有琥珀酸氧化所脱的氢是经 $FADH_2$ 呼吸链来传递的。

另外,生物体内的呼吸链还有其他一些形式,例如某些细菌(如分枝杆菌)中用维生素 K 代替 CoQ,因为许多细菌没有完整的细胞色素系统。生物进化越高级,呼吸链就越完善。虽然呼吸链的形式很多,但呼吸链传递电子的顺序基本上是一致的。

8.4.2　呼吸链组成

呼吸链由线粒体内膜上的几个蛋白质复合物组成,见表 8-2。

表 8-2　线粒体上电子传递链的组分

	组分名称	辅助成分
复合物Ⅰ	NADH-CoQ 还原酶(NADH 脱氢酶)	FMN、Fe-S
复合物Ⅱ	琥珀酸-CoQ 还原酶(琥珀酸脱氢酶)	FAD、Fe-S
复合物Ⅲ	CoQ-细胞色素 c 还原酶	血红素 b、血红素 c_1(Fe-S)
复合物Ⅳ	细胞色素氧化酶	血红素 a、Cu^{2+}

其中,NADH 呼吸链由复合物Ⅰ、复合物Ⅲ、复合物Ⅳ、辅酶 Q、细胞色素 c 组成;$FADH_2$ 呼吸链由复合物Ⅱ、复合物Ⅲ、复合物Ⅳ、辅酶 Q、细胞色素 c 组成。

8.4.3　呼吸链各组分的递电子机理

1. 以 FMN、FAD 为辅基的脱氢酶

FMN 在呼吸链中是 NADH-CoQ 还原酶(复合物Ⅰ)的辅基,FAD 是琥珀酸-CoQ 还原酶(复合物Ⅱ)的辅基,它们与酶蛋白常以共价键结合。

FMN 与 FAD 都是双电子传递体。FMN 与 FAD 能传递氢原子是由于分子中含有核黄素,并通过核黄素分子上的功能基团——异咯嗪环的 N_1 与 N_5 接受两个氢原子,转变成还原型的 $FMNH_2$ 与 $FADH_2$。然后,还原型的 $FMNH_2$ 与 $FADH_2$ 再把两个氢质子释放到溶液中,两个电子经铁硫蛋白传递给辅酶 Q 后又转变为氧化型,FMN 与 FAD 通过这种氧化型与还原型的相互变化在呼吸链中完成传递电子的作用。

$$FMN(FAD) + 2H^+ + 2e^- \rightleftharpoons FMNH_2(FADH_2)$$

2. 铁硫蛋白

铁硫蛋白(iron-sulfur protein,Fe-S)是 NADH-CoQ 还原酶、琥珀酸-CoQ 还原酶和 CoQ-细胞色素 c 还原酶的辅基,亦称为铁硫中心,是含相等数量铁原子和硫原子的结合蛋白,各种铁硫蛋白含 Fe-S 的数目常不同,其中以 Fe_2S_2 和 Fe_4S_4 最为普遍,见图 8-6。

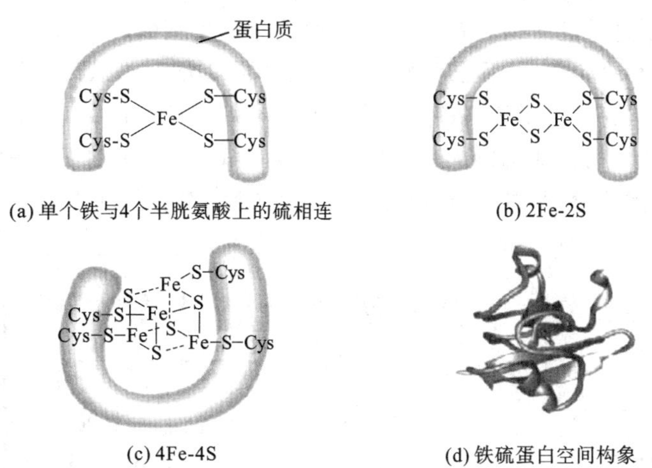

图 8-6　铁硫蛋白

铁原子除与硫原子连接外,还与蛋白质分子中半胱氨酸的巯基连接。铁硫蛋白通过分子中三价铁和二价铁的互变来传递电子,是单电子传递体。

3. 辅酶 Q

辅酶 Q(coenzyme Q,CoQ)又名泛醌,是广泛存在于生物体中的一种醌类。哺乳动物体内辅酶 Q 的侧链含有 10 个异戊二烯单位,细菌中含有 6 个。辅酶 Q 分子中的苯醌结构可接受两个氢质子和两个电子,被还原为对苯二酚,然后将两个氢质子释放到线粒体基质内,两个电子传递给细胞色素。因此,辅酶 Q 是双电子传递体。

辅酶 Q 在呼吸链中是一种和蛋白质结合不紧密的辅酶,它在黄素蛋白酶类和细胞色素类之间作为一种特别灵活的电子载体而起作用。辅酶 Q 在电子传递链中处于中心位置,它不仅可接受 NADH-CoQ 还原酶脱下的电子和氢离子,还可接受线粒体内其他黄素酶类如琥珀酸脱氢酶、脂酰辅酶 A 脱氢酶等脱下的电子和氢离子。

$$\text{CoQ} \xrightleftharpoons{H^+ + e^-} \text{CoQH} \xrightleftharpoons{H^+ + e^-} \text{CoQH}_2$$

(结构式:CoQ、CoQH、CoQH$_2$ 均为 H_3C、H_3C、CH_3 取代的苯环,侧链为 $(CH_2—CH═C(CH_3)—CH_2)_nH$;CoQ 含两个 O,CoQH 含一个 O 和一个 OH,CoQH$_2$ 含两个 OH)

4. 细胞色素类

早在 1886 年麦克芒恩(C. A. McMunn)就发现了细胞色素,称为肌血红素(myoglobin),但当时意义不大,无人置理。直到 1925 年大卫·凯林(David Keilin)又重新发现且予以阐明,人们才加以重视,因这种色素物质有颜色,故命名为细胞色素(cytochrome,Cyt)。细胞色素是以铁卟啉为辅基的结合蛋白质,目前已发现 30 余种,可以分为 a、b、c 三类,其蛋白质部分和铁卟啉的侧链都不相同。在电子传递链中至少含有五种细胞色素:b、c_1、c、a、a_3。细胞色素 b、细胞色素 c_1、细胞色素 c 的辅基均含亚铁原卟啉(又称亚铁血红素),其分子中的铁原子与卟啉和蛋白质形成了六个配位键,所以不能再与 O_2、CO 或 CN^- 等结合,见图 8-7。

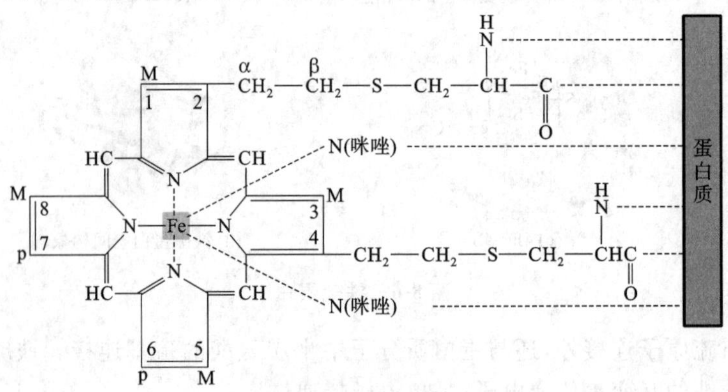

图 8-7 细胞色素 c

M 为 CH_3;p 为 CH_2CH_2COOH

细胞色素 b 和细胞色素 c_1 构成复合物Ⅲ，又称为 CoQ-细胞色素 c 还原酶。细胞色素 b 在此酶中以游离形式存在，而细胞色素 c_1 则是以共价键与蛋白质相连，在电子传递链中的作用是催化电子从 $CoQH_2$ 转移到细胞色素 c 分子上。

细胞色素 c 是独立成分，可交互地与细胞色素 c_1 和细胞色素氧化酶（复合物Ⅳ）接触，起到在复合物Ⅲ和复合物Ⅳ之间传递电子的作用。

细胞色素是通过铁卟啉辅基中铁原子的可逆性互变作用来传递电子的，与铁硫蛋白一样是单电子传递体。

细胞色素 a 和 a_3 结合紧密，以复合物的形式存在，以目前技术还不能将其分开。细胞色素 aa_3 复合物在电子传递链中能被氧直接氧化，所以称之为细胞色素氧化酶（cytochrome oxidase），又称为复合物Ⅳ，它是呼吸链中最后一个电子传递体。细胞色素 aa_3 复合物的辅基与细胞色素 b、c_1、c 的辅基不同，是血红素 A，见图 8-8。其辅基中的铁原子与卟啉环和蛋白质形成五个配位键，还保留一个配位键，所以能与 O_2、CO、CN^- 结合。此外，细胞色素 aa_3 复合物中还含有铜原子，它也参与电子传递。

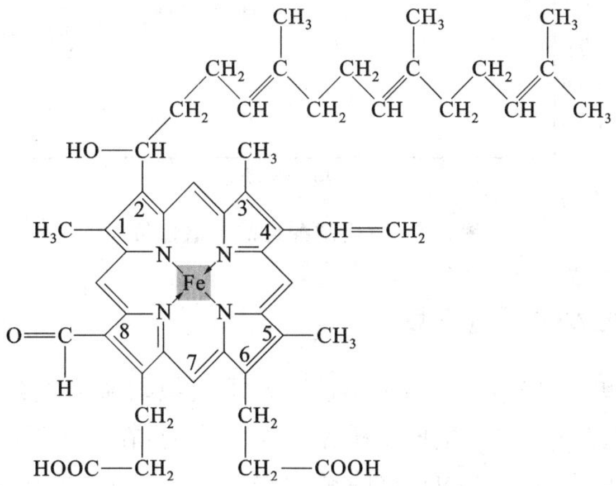

图 8-8　血红素 A

在电子传递过程中，细胞色素 c 将电子传递给细胞色素 a 的亚基时，通过其辅基血红素 A 中铁的化合价变化传递电子。电子传递到细胞色素 a_3 时，通过其血红素 A 的铁及铜原子将电子传递给氧，氧接受 2 个电子还原成 O^{2-}，与介质中的 $2H^+$ 结合生成水。

电子传递过程中细胞色素 aa_3 复合物中只有细胞色素 a_3 才是真正的细胞色素氧化酶，亦称末端氧化酶。还原型细胞色素 a_3 辅基血红素 A 中的铁原子还极易与 CO 结合，并生成稳定的化合物，氧化型细胞色素 a_3 的血红素 A 辅基中的铁原子与氰化物有较大的亲和力，在氰化物浓度极低时也能与细胞色素 a_3 结合，从而使其丧失传递电子给氧的功能，所以氰化物对人体和动物体有剧毒。

8.5　氧化磷酸化作用

氧化磷酸化又称为电子传递水平磷酸化，是指代谢底物在生物氧化中脱掉的氢，经呼吸链传递给氧生成水的过程中，释放的能量（放能）与 ADP 磷酸化生成 ATP（吸能）相偶联的过程。它是需氧生物合成 ATP 的主要途径。

8.5.1 氧化磷酸化的偶联部位

电子沿呼吸链由低电位流向高电位是一个逐步释放能量的过程,但并不是每一个传递部位都可以生成 ATP。有些学者认为,电子在两个电子传递体之间传递转移时释放的能量如可满足 ADP 磷酸化形成 ATP 的需要时,即视为氧化磷酸化的偶联部位(coupled site)或氧化磷酸化位点。根据热力学测定,当电子从 NADH 经过呼吸链传递到氧时,有三处可以产生 ATP,分别是在 NADH 和 CoQ 之间、细胞色素 b 和细胞色素 c 之间、细胞色素 aa_3 和 O_2 之间。当电子从 $FADH_2$ 经过呼吸链传递到氧时,有两处可以产生 ATP,分别是在细胞色素 b 和细胞色素 c 之间、细胞色素 aa_3 和 O_2 之间。因此 NADH 呼吸链可以比 $FADH_2$ 呼吸链生成更多的 ATP,如图 8-9 所示。

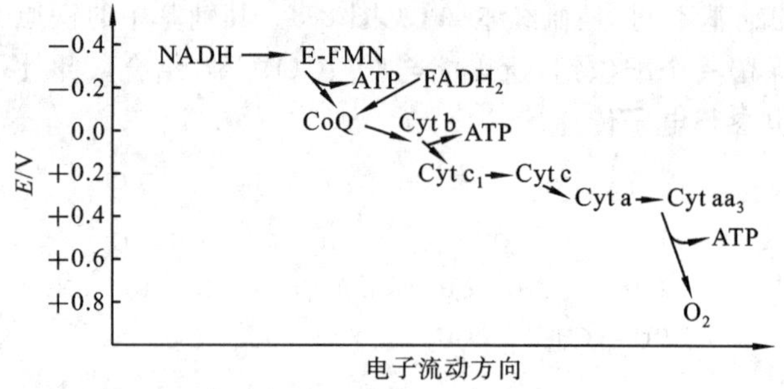

图 8-9 氧化磷酸化的偶联部位

8.5.2 氧化磷酸化生成 ATP 的分子数

1940 年,塞韦罗·奥乔亚(Severo Ochoa)等人用组织匀浆和组织切片做实验材料,首先测定了呼吸过程中 O_2 消耗和 ATP 生成的关系。结果表明:在 NADH 呼吸链中,每消耗 1 mol 原子氧,约生成 3 mol ATP;在 $FADH_2$ 呼吸链中,每消耗 1 mol 原子氧,约生成 2 mol ATP。这种消耗原子氧的物质的量和产生 ATP 的物质的量的比例关系称为磷-氧比(P/O)。磷-氧比又可看成是当一对电子通过呼吸链传至 O_2 所生成的 ATP 分子数。

从最早测出的 P/O 值,人们认为,一对电子通过 NADH 呼吸链传至 O_2 生成 3 分子 ATP,而一对电子通过 $FADH_2$ 呼吸链传至 O_2 生成 2 分子 ATP。呼吸链上相应部位所释放的能量也足够用于产生这些 ATP。

现在的观点认为,以 P/O 值为依据计算氧化磷酸化产生的 ATP 分子数并不准确,而应考虑一对电子经过呼吸链到 O_2,有多少质子从线粒体基质泵出,因为 ATP 的生成与泵出的质子数有定量关系。测定的最新结果显示,每对电子通过复合物Ⅰ有 4 个质子从基质泵出,通过复合物Ⅲ有 2 个质子从基质泵出,通过复合物Ⅳ有 4 个质子从基质泵出。由于这些质子的泵出,便形成了跨膜的质子梯度。合成 1 分子 ATP 需要 3 个质子通过 ATP 合成酶(ATPase)返回基质来驱动,同时,生成的 ATP 从线粒体基质进入胞质还需要消耗 1 个质子来运送,所以,每产生 1 分子 ATP 需要 4 个质子,因此,一对电子从 NADH 到 O_2 将产生 2.5 分子 ATP,而一对电子从 $FADH_2$ 到 O_2 将产生 1.5 分子 ATP。

8.5.3 氧化磷酸化的机制

关于氧化和磷酸化的偶联,曾提出了三种假说:化学偶联假说(chemical coupling

hypothesis)、构象偶联假说(conformational coupling hypothesis)和化学渗透假说(chemiosmotic hypothesis)。

化学偶联假说是爱德华·斯莱特(Edward C. Slater)在 1953 年提出的,认为在电子传递过程中生成高能中间物,再由高能中间物裂解释放的能量驱动 ATP 的合成。这一假说可以解释底物水平磷酸化,但在电子传递体系的磷酸化中尚未找到高能中间物。

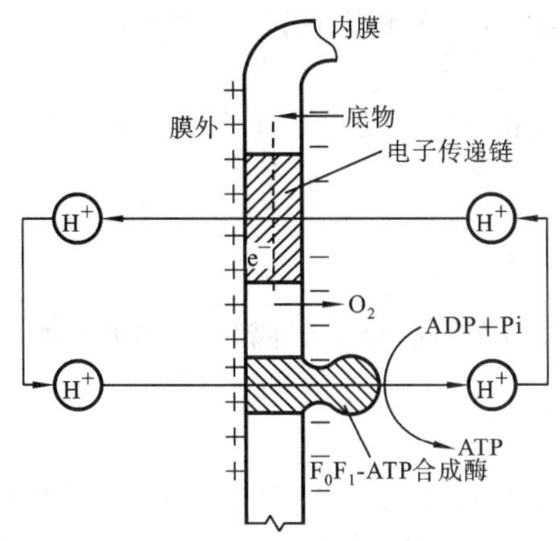

图 8-10　化学渗透假说

化学渗透假说是 1961 年英国彼得·米切尔(Peter Mitchell)提出的,认为电子沿呼吸链传递时(电子传递链存在线粒体内膜之中),把质子由线粒体的基质泵到线粒体内膜和外膜之间的膜间腔中,因而使膜间中的质子浓度高于基质中的质子浓度,于是产生了膜电势,线粒体的内膜外侧为正,内侧为负,于是此膜电势梯度推动质子由膜间又穿过内膜上的 ATP 合成酶复合体返回到基质中。此时发生 ATP 合成酶催化 ADP 磷酸化为 ATP 的反应,见图 8-10。

化学渗透假说得到了广泛的实验支持,因此,P. Mitchell荣获了 1978 年的诺贝尔化学奖。但化学渗透假说未能解决质子被泵到膜间的机制和 ATP 合成的机制。

构象偶联假说是保罗·博耶(Paul Boyer)于 1964 年提出的,认为电子传递使线粒体内膜的蛋白质构象发生变化,推动了 ATP 的生成。

1994 年,约翰·沃克(John E. Walker)等发表了 0.28 nm 分辨率的牛心线粒体 F_1-ATP 合成酶的晶体结构,证明在 ATP 合成酶合成 ATP 的催化循环中三个 β 亚基的确有不同构象,从而有力地支持了保罗·博耶的假说。通过高分辨率的电子显微镜进行研究表明,ATP 合成酶含有像球状把手的 F_1 头部、横跨内膜的基底部 F_0 和将 F_1 与 F_0 连接起来的柄部三部分,如图 8-11 所示。

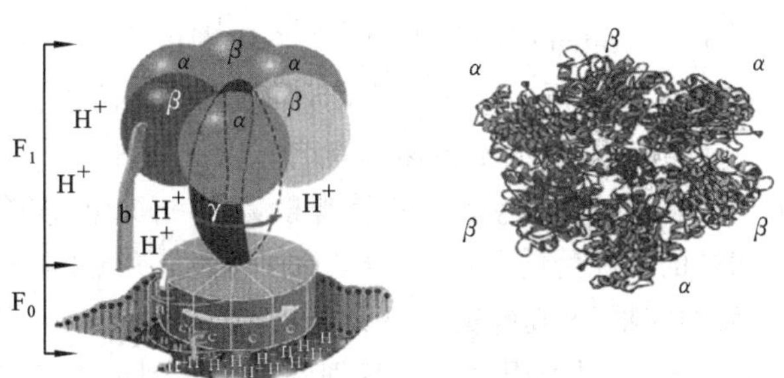

图 8-11　ATP 合成酶结构

F_1 分子量为 380000,含有 9 个亚基,生理作用是催化 ATP 合成;F_0 分子量为 25000,由三种疏水亚基组成,镶嵌在线粒体内膜中,形成 ATP 合成酶的质子通道。

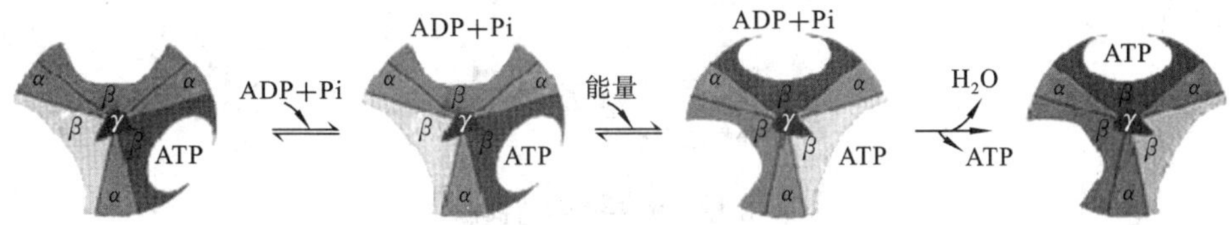

图 8-12　ATP 合成酶的构象变化

F_1的3个α亚基和3个β亚基交替排列，形成橘子瓣样结构。γ和ε亚基结合在一起，位于$\alpha_3\beta_3$的中央，构成可以旋转的“转子”，F_1的3个β亚基均有与腺苷酸结合的部位，并呈现3种不同的构象。其中与ATP紧密结合的称为β-ATP构象，与ADP和Pi结合较疏松的称为β-ADP构象，与ATP结合力极低的称为β-空构象。质子流通过F_0的质子道，c亚基环状结构的扭动使γ亚基构成的“转子”旋转，引起$\alpha_3\beta_3$构象的协同变化，使β-ATP构象转变为β-空构象并放出ATP。当β-ADP构象转变为β-ATP构象时，结合在β亚基上的ADP和Pi结合成ATP，如图8-12所示。

构象偶联假说解释了ATP生成的机制，保罗·博耶和约翰·沃克因此获得1997年的诺贝尔化学奖。

8.5.4　氧化磷酸化的抑制作用

一些化合物对氧化磷酸化有抑制作用，根据其作用机制不同，分为解偶联剂、氧化磷酸化抑制剂和电子传递抑制剂。

1. 解偶联剂

解偶联剂(uncoupling agent)是指使氧化磷酸化电子传递过程和ADP磷酸化为ATP过程不能发生偶联反应的物质。解偶联剂对电子传递过程没有抑制作用，但抑制ADP磷酸化生成ATP的作用，使产能过程和储能过程相脱离，使电子传递产生的自由能都变为热能。目前已发现了多种解偶联剂，如2,4-二硝基苯酚(2,4-DNP)、双香豆素等。

2. 氧化磷酸化抑制剂

氧化磷酸化抑制剂(oxidative phosphorylation inhibitor)对电子传递及ADP磷酸化均有抑制作用。它们既作用于ATP合成酶使ADP不能磷酸化生成ATP，又抑制由ADP所刺激的氧化作用。如寡霉素(oligomycin)并不直接抑制电子传递链的任何电子传递体的作用，只阻止ATP的形成过程，其结果是使电子传递不能继续进行。

3. 电子传递抑制剂

电子传递抑制剂(electron transport inhibitor)是指阻断电子传递链上某一部位的电子传递的物质。由于电子传递阻断使物质氧化过程中断，磷酸化则无法进行，故电子传递抑制剂同样也可抑制氧化磷酸化。目前已知的电子传递抑制剂有以下几种。

(1) 鱼藤酮(rotenone)、阿米妥(amytal)、粉蝶霉素A(piericidin A)等，该类抑制剂专一结合于NADH-CoQ还原酶中的铁硫蛋白上，从而阻断电子传递。鱼藤酮是一种植物毒素，常用作杀虫剂；阿米妥属于巴比妥类安眠药；粉蝶霉素A结构类似于辅酶Q，因此可以与辅酶Q竞争。

(2) 抗霉素A(antimycin A)具有阻断电子从细胞色素b到细胞色素c_1的传递作用。

(3) 氰化物(CN^-)、CO、H_2S及叠氮化物(N_3^-)等，该类抑制剂可与氧化型细胞色素氧化酶牢固地结合，阻断电子传递至氧。电子传递抑制的作用部位见图8-13。

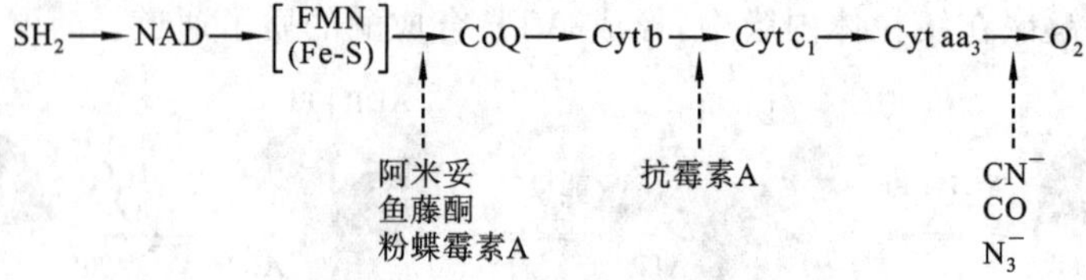

图8-13　电子传递的抑制

8.6　线粒体外 NADH 的氧化

电子传递链位于线粒体内膜上，生物氧化除了在线粒体内产生 NADH 外，在细胞质中亦存在以 NAD^+ 为辅酶的脱氢酶，如 3-磷酸甘油醛脱氢酶和乳酸脱氢酶。NAD^+ 接受电子和质子形成的 NADH 不能透过正常线粒体内膜，因此线粒体外的 NADH 尚需通过穿梭作用将质子转移到线粒体内，重新生成 NADH 或 $FADH_2$ 后再参加氧化磷酸化。现将两种主要穿梭作用介绍如下。

8.6.1　α-磷酸甘油穿梭作用

细胞质中的 NADH 和质子在 α-磷酸甘油脱氢酶（辅酶为 NAD^+）催化下，将磷酸二羟丙酮还原生成 α-磷酸甘油，后者可以容易地进入线粒体内膜，在线粒体内膜上的 α-磷酸甘油脱氢酶（辅酶为 FAD）催化下重新生成磷酸二羟丙酮和 $FADH_2$。磷酸二羟丙酮穿出线粒体参与下一轮穿梭，而 $FADH_2$ 经呼吸链氧化生成 ATP，其过程如图 8-14 所示。

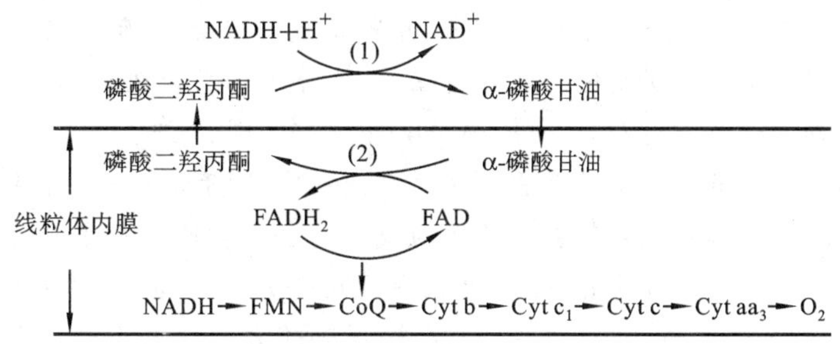

图 8-14　α-磷酸甘油穿梭作用

（1）细胞质中 α-磷酸甘油脱氢酶；（2）线粒体内膜上 α-磷酸甘油脱氢酶

α-磷酸甘油穿梭（glycerol α-phosphate shuttle）作用存在于肌肉组织和神经组织。α-磷酸甘油穿梭途径的生物学意义在于它使细胞质中的 NADH 逆浓度梯度转运到线粒体内膜进入电子传递链进行氧化。昆虫飞行肌中这种穿梭途径最为突出，它保证了氧化磷酸化作用以极高的速度进行。

8.6.2　苹果酸-天冬氨酸穿梭作用

细胞质中生成的 NADH 和质子在苹果酸脱氢酶的催化下，与草酰乙酸反应生成苹果酸。苹果酸可透入线粒体内膜，再由苹果酸脱氢酶作用重新生成 NADH 和质子，进入呼吸链氧化生成 ATP。与此同时，生成的草酰乙酸不能穿出线粒体，需经谷草转氨酶（GOT）催化，生成天冬氨酸后逸出线粒体。在线粒体外的天冬氨酸再由细胞质中的谷草转氨酶催化，重新生成草酰乙酸继续参与下一轮穿梭，其过程如图 8-15 所示。

苹果酸-天冬氨酸穿梭（malate-aspartate shuttle）主要存在于肝脏和心肌等组织。这种穿梭途径与 α-磷酸甘油穿梭途径容易逆转，因此，只有当细胞质中 NADH 和 NAD^+ 的比值比线粒体基质内的比值高时，NADH 才通过这条途径进入线粒体。

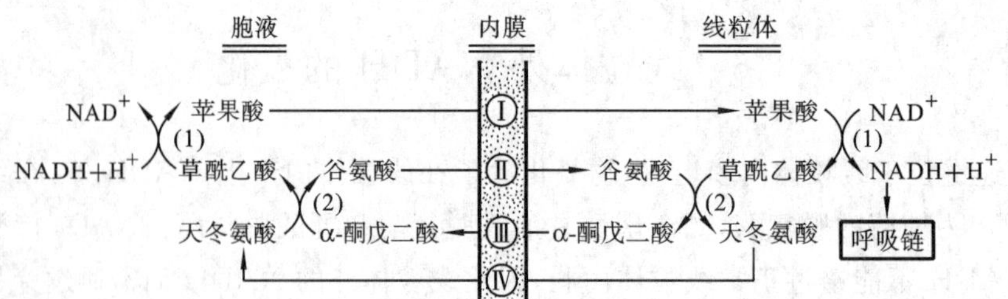

图 8-15　苹果酸-天冬氨酸穿梭作用

(1) 苹果酸脱氢酶;(2) 谷草转氨酶;Ⅰ、Ⅱ、Ⅲ、Ⅳ为转运因子

阅读性材料

呼吸链的建立及组分排列顺序的确定

呼吸链是经过几十年对两个不同途径的研究建立起来的概念。

1900—1920 年间,研究人员曾发现催化脱氢作用的脱氢酶在完全无氧的条件下,将底物分子中的氢原子脱下,于是产生了氢激活作用的学说。海因里希·维兰德(Heinrich O. Wieland)提出,氢的激活是生物氧化的主要过程,而氧分子不需要激活,即可与被激活的氢原子结合。1913 年,奥托·瓦尔堡(Otto H. Warburg)发现,极少量的氰化物即能全部抑制组织和细胞对分子氧的利用,而氰化物对脱氢酶并没有抑制作用,于是提出生物氧化作用需要一种含铁的呼吸酶来激活分子氧,且氧的激活是生物氧化的主要步骤。后来匈牙利的科学工作者艾伯特·圣捷尔吉(Albert Szent-Györgyi)将两种学说合并在一起,提出在生物氧化过程中氢的激活和氧的激活都是需要的,还提出在呼吸酶和脱氢酶之间起电子传递作用的是黄素蛋白类物质。1925 年,大卫·凯林(David Keilin)提出细胞色素起着传递电子的作用。应该指出,直到现在有关呼吸链电子传递及 ATP 的生成机制还未全部阐明,有待进一步深入研究。

呼吸链各组分排列顺序的确定方法有以下几种。

① 根据各种组分的标准氧化还原电位来确定。标准氧化还原电位的数值表示氧化还原能力的大小,标准氧化还原电位负值越大,其还原性越强,容易被氧化;标准氧化还原电位正值越大,其氧化性越强,容易被还原。因此呼吸链中各种组分的排列顺序应当由低电位依次向高电位排列。

② 根据在有氧条件下氧化反应达到平衡时各种传递体的还原程度来确定。威廉姆斯(Williams)等人使用分光光度法测定离体的线粒体在有氧条件下三羧酸循环反应达到平衡时,呼吸链中各种传递体的还原程度。反应达到平衡时从底物一侧到氧一侧的各种传递体的还原程度应当是递减的,底物的一侧最高,氧一侧最低。这种情况好像物理学上的连通管,若进水量等于出水量,即流量达到平衡时,离进水口最近的水管中水位最高,离出水口最近的水管中水位最低,从进水管到出水管水位逐渐降低。若把水流视为电子流,就是上述实验中的情况。

③ 使用特异的抑制剂。特异的抑制剂能阻断呼吸链中的特定环节,在阻断部位底物一侧的各种传递体应为还原型,在阻断部位氧一侧的各种传递体应为氧化型,正像阻断连通管的底部一样,阻断部位以前的各水管中水是满的,而阻断部位以后的各水管中水均流光。

借助上述实验方法,呼吸链各组分的排列顺序已基本明确,但仍有些不一致的看法,其中以 CoQ 至细胞色素 c 这一部分研究得还很不清楚，对于 Fe-S 和 CoQ 的定位和数量也有争议。

习　　题

1. 名词解释

 (1) 生物氧化

 (2) 高能化合物

 (3) 呼吸链

 (4) 底物水平磷酸化

 (5) 氧化磷酸化

 (6) 化学渗透学说

2. 简答题

 (1) 生物氧化与体外物质氧化的不同特点是什么？

 (2) NADH 和 $FADH_2$ 呼吸链由哪些成分组成？说明排列顺序及磷酸化的偶联部位。

 (3) 试用化学渗透假说解释呼吸链中电子传递过程与氧化磷酸化是怎样偶联的。

 (4) 在生物氧化过程中，CO_2 是通过什么方式生成的？

 (5) 什么是 P/O 值？影响氧化磷酸化的因素有哪些？

第9章 糖 代 谢

引 言

糖是有机体重要的能源和碳源。糖代谢包括糖的合成与糖的分解两方面。自然界糖的最初来源都是植物或光合细菌通过光合作用将二氧化碳和水同化成的葡萄糖。此外，糖的合成途径还包括糖的异生——非糖物质转化成糖的途径。在植物和动物体内葡萄糖可以进一步合成寡糖和多糖作为储能物质(如蔗糖、淀粉和糖原)，或者构成植物或细菌的细胞壁(如纤维素和肽聚糖)，也可以转化为氨基酸、脂肪等其他生物分子。

在生物体内，糖的降解是生命活动所需能量的主要来源。生物体从糖类物质中获得能量大致分成三个阶段：第一阶段，大分子糖变成小分子糖，如淀粉、糖原等变成葡萄糖；第二阶段，葡萄糖通过糖酵解(糖的共同分解途径)降解为丙酮酸，丙酮酸再转变为活化的酰基载体——乙酰辅酶A；第三阶段，乙酰辅酶A通过三羧酸循环(糖的最后氧化途径)彻底氧化成CO_2，当电子传递给最终的电子受体O_2时生成ATP。这是动物、植物和微生物获得能量以维持生存的共同途径。糖的中间代谢还包括磷酸戊糖途径、乙醛酸途径等。

光合作用是绿色植物利用光能将CO_2和H_2O合成有机物并将光能转化为化学能储于其中的过程，分为两个阶段：①光合色素吸收光能经光合电子传递使之生成同化力——($NADPH+H^+$)+ATP；②通过C_3循环利用同化力将CO_2和H_2O合成糖。糖异生是生物将非糖化合物转化为糖的途径，单糖进一步作为单体合成寡糖和多糖，糖核苷酸是其活化单体形式。磷酸果糖激酶(PFK)在植物光合细胞的糖酵解及寡糖、多糖合成之间有重要的调节作用。

学习目标

(1) 在物质代谢和能量代谢的基础上，明确代谢的正确含义和对生命的重要性。

(2) 在学习糖的合成和分解途径前，应首先对糖类的复杂代谢途径有概括性的了解，使自己对糖类物质在生物体中的主要代谢途径有比较清楚的概念。

(3) 在学习糖类分解代谢时要将糖酵解和三羧酸循环途径弄清楚，注意各反应过程中能量的产生和消耗。在学习糖酵解和三羧酸循环的正常途径后要了解由糖酵解产生的丙酮酸与工业上的发酵产品(如乙醇、乙酸、丙酮、乳酸等)的关系。在学习糖的合成代谢时，首先要认识到自然界糖类的起源是靠绿色植物的光合作用，弄清楚糖原和淀粉的合成途径及酶类在糖类生物合成反应中的重要性。

(4) 要注意各种糖代谢的调节机制和高等动物糖代谢反常时的主要疾病。

9.1 多糖和低聚糖的酶促降解

9.1.1 淀粉的酶促降解

淀粉可分为直链淀粉(amylose)和支链淀粉(amylopectin)两种。前者为无分支的螺旋结构，如图 9-1 所示。后者主链中的葡萄糖残基以 α-1，4-糖苷键相连，每相隔 24～30 个葡萄糖残基就有一个分支，分支处为 α-1，6-糖苷键，如图 9-2 所示。

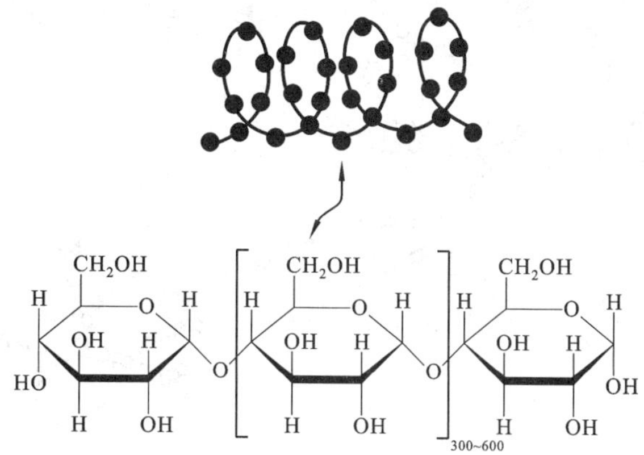

图 9-1　直链淀粉的结构

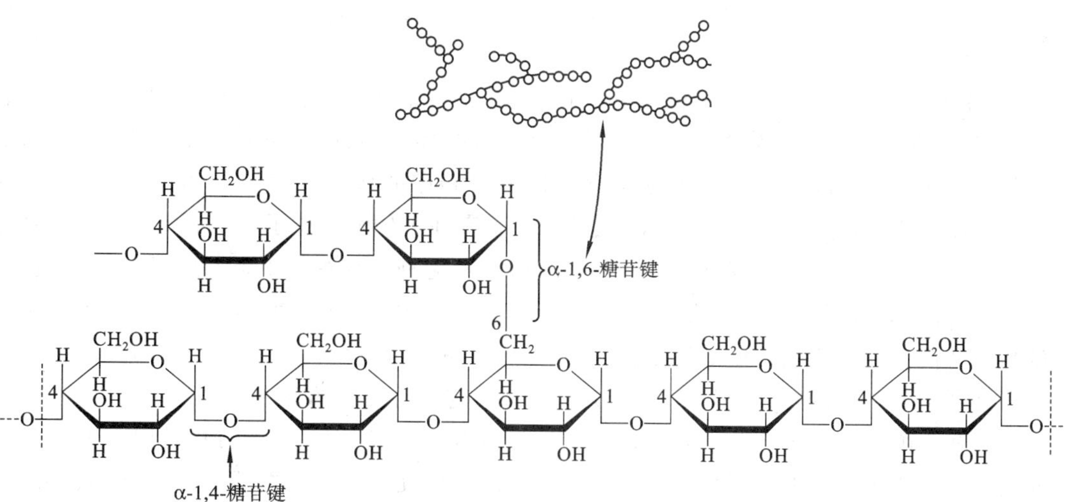

图 9-2　支链淀粉的结构

淀粉可以通过两种不同的途径降解成葡萄糖。一个途径是水解，动物的消化和植物种子萌发时就是利用这一途径使多糖降解成糊精、麦芽糖、异麦芽糖和葡萄糖，其中的麦芽糖和异麦芽糖又可被麦芽糖酶和异麦芽糖酶降解生成葡萄糖，葡萄糖进入细胞后被磷酸化并经糖酵解作用降解。淀粉的另一个降解途径为磷酸降解过程。

1. 淀粉的水解

催化淀粉水解的酶称为淀粉酶(amylase)，淀粉酶在动物、植物及微生物中均存在，包括 α-淀粉酶(α-amylase，又称 α-1，4-葡聚糖水解酶)、β-淀粉酶(β-amylase，又称 α-1，4-葡聚糖基-麦芽糖基水解酶)和脱支酶(debranching enzyme，又称 R 酶)，如图 9-3 所示。

α-淀粉酶是一种内切淀粉酶(endoamylase)，可以水解直链淀粉或糖原分子内部的任意 α-1，4-糖苷键，但对距淀粉链非还原性末端第五个以后的糖苷键的作用受到抑制。当底物是直链淀粉(amylose)时，水解产物为葡萄糖和麦芽糖、麦芽三糖以及低聚糖的混合物；当底物是支链淀粉(amylopectin)时，直链部分的 α-1，4-糖苷键被水解，而 α-1，6-糖苷键不被水解，水解产

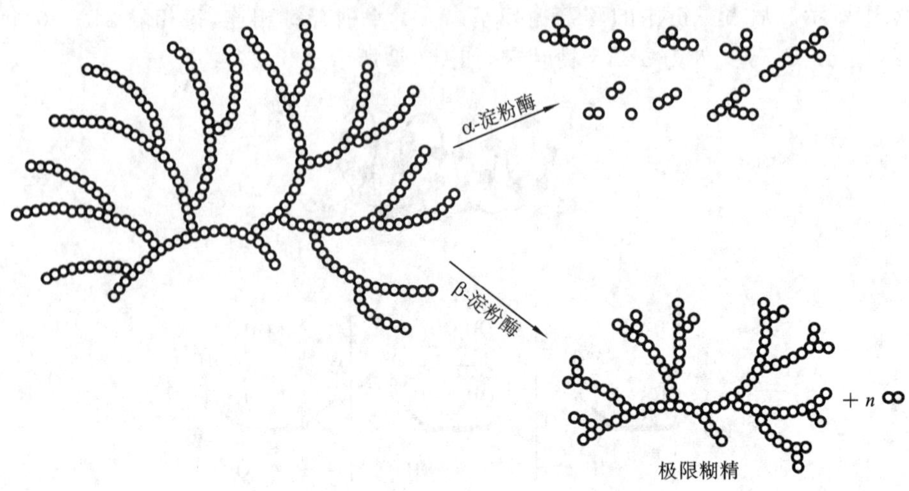

图 9-3 α-淀粉酶及 β-淀粉酶水解支链淀粉的示意图

物为葡萄糖和麦芽糖、麦芽三糖等寡聚糖类,以及含有 α-1,6-糖苷键的极限糊精(α-极限糊精)的混合物。

β-淀粉酶是一种外切淀粉酶(exoamylase),从淀粉分子外围的非还原性末端开始,每间隔一个糖苷键进行水解,产物为麦芽糖。如果底物是直链淀粉,水解产物几乎都是麦芽糖;如果底物是支链淀粉,水解产物为麦芽糖和多分支糊精(β-极限糊精)。

α-淀粉酶仅在发芽的种子中存在,β-淀粉酶主要存在于休眠的种子中。α-淀粉酶是需要与 Ca^{2+} 结合而表现活性的金属酶,因此螯合剂 EDTA 等能抑制此酶。β-淀粉酶是含巯基的酶,氧化巯基的试剂能抑制此酶。α-淀粉酶耐热不耐酸,在 pH3.3 时被破坏,而在 70 ℃下 15 min 该酶仍保持活性。β-淀粉酶耐酸不耐热,在 pH3.3 时可保持活性,但在 70 ℃下 15 min 酶被破坏。因此利用 EDTA、高温或调节 pH 等方法可以将这两种淀粉酶分开。

α-淀粉酶和 β-淀粉酶中的 α 与 β,并非表示其作用于 α 或 β 糖苷键,而只是用来标明两种不同的水解淀粉酶。由于 α-淀粉酶和 β-淀粉酶只能水解淀粉的 α-1,4-糖苷键,因此只能使支链淀粉水解 54%～55%,剩下的分支组成了一个淀粉酶不能作用的糊精,称为极限糊精。

脱支酶仅能水解支链淀粉外围的 α-1,6-糖苷键,不能分解支链淀粉内部的 α-1,6-糖苷键,只有与 α-淀粉酶、β-淀粉酶共同作用才能将支链淀粉完全水解,生成麦芽糖和葡萄糖。麦芽糖被麦芽糖酶(maltase)水解生成葡萄糖,进一步被植物利用。

2. 淀粉磷酸解

淀粉除了可以被水解外,也可以被磷酸解(phosphorolysis)。

1) α-1,4-糖苷键的降解

淀粉磷酸化酶(starch phosphorylase)可作用于淀粉的 α-1,4-糖苷键,从非还原端依次进行磷酸解,每次释放 1 分子 1-磷酸葡萄糖。生成的 1-磷酸葡萄糖不能扩散到细胞外,并且可进一步在磷酸葡萄糖变位酶(glucose 1,6-phosphomutase)的催化下转化为 6-磷酸葡萄糖,最后转化为葡萄糖,6-磷酸葡萄糖也可直接经糖酵解被氧化。由于淀粉磷酸化酶只能作用于 α-1,4-糖苷键,所以不能完全降解支链淀粉,支链淀粉的完全降解还需有其他酶的配合。

2) α-1,6-糖苷键的降解

支链淀粉经过磷酸解完全降解需三种酶的共同作用,这三种酶是磷酸化酶(phosphorylase)、转移酶(transferase)和 α-1,6-糖苷酶(α-1,6-glucosidase)。首先,磷酸化酶从非还原性末端依次降解并释放出 1 分子 1-磷酸葡萄糖,直到在分支点以前还剩 4 个葡萄糖残基为止;然后转移酶将一个分支上剩下的 4 个葡萄糖残基中的 3 个葡萄糖残基转移到另一个分支上,并形成一个新的 α-1,4-糖苷键;最后,α-1,6-糖苷酶降解暴露在外的 α-1,6-糖苷键。这样,原来的分支结构就变成了直链结构,磷酸化酶可继续催化其磷酸解,生成 1-磷酸葡萄糖。

糖原的降解也是通过磷酸解,由磷酸化酶和转移酶,以及 α-1,6-糖苷酶共同作用将糖原完全降解,如图 9-4 所示。

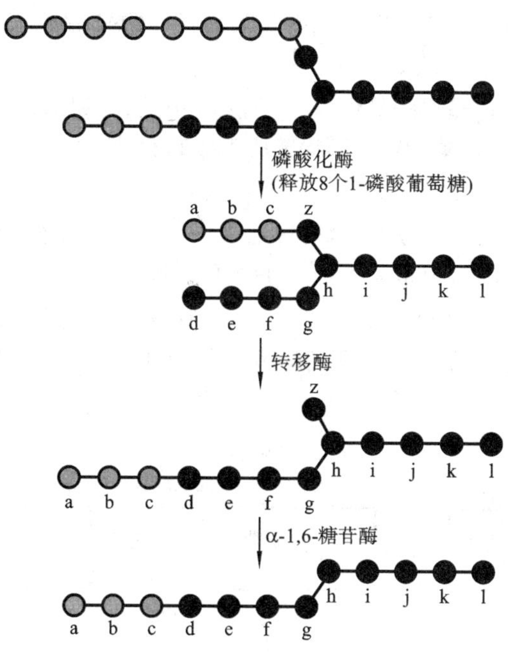

图 9-4 糖原磷酸解途径

9.1.2 纤维素的酶促降解

纤维素酶(cellulase)是一种重要的酶产品,是一种复合酶,主要由内切 β-葡聚糖酶(endo-1,4-β-D-glucanase,EC3.2.1.4)、外切 β-葡聚糖酶(exo-1,4-β-D-glucanase,EC3.2.1.91)和 β-葡萄糖苷酶(β-1,4-glucosidase,EC3.2.1.21)等组成。内切葡聚糖酶随机切割纤维素多糖链内部的无定型区,产生不同长度的寡糖和新链的末端,外切葡聚糖酶作用于这些还原性和非还原性的纤维素多糖链的末端,释放葡萄糖或纤维二糖,β-葡萄糖苷酶水解纤维二糖产生两分子的葡萄糖。反应过程如图 9-5 所示。

纤维素 —葡聚糖酶→ 纤维二糖 —β-葡萄糖苷酶→ β-葡萄糖

β-1,4-糖苷键

图 9-5 纤维素酶促降解及分子结构示意

纤维素的分解在高等植物体内很少发生,在少数发芽的种子及其幼苗如大麦、菠菜、玉米体内有发现,但在许多微生物体内(如细菌、霉菌)都含有分解纤维素的酶。

9.1.3　糖的吸收和运转

1. 糖的吸收

多糖须先消化才能被吸收与转运。对人或动物而言,口腔中的唾液(含有 α-淀粉酶)能将淀粉部分水解为麦芽糖,再由口腔、胃转运至小肠,经胰淀粉酶、麦芽糖酶、蔗糖酶和乳糖酶的水解,产生葡萄糖、果糖和半乳糖等单糖。小肠既是多糖消化的重要器官,又是吸收葡萄糖等单糖的重要器官。

葡萄糖等单糖被小肠黏膜细胞吸收是一个单糖和 Na^+ 的同向协同过程,即葡萄糖和 Na^+ 都是由细胞外向细胞内转运的。葡萄糖跨膜运输所需要的能量来自细胞膜两侧 Na^+ 的浓度梯度。

2. 糖的运转

葡萄糖等单糖被人或动物吸收进入血液,血液中的糖称为血糖(blood sugar),血糖含量高低是表示体内糖代谢水平的一项重要指标。正常时人体内血糖浓度处于一定范围之中,空腹静脉血糖正常值为 3.9～6.1 mmol/L,高于 8.8 mmol/L 称为高血糖,低于 3.8 mmol/L 称为低血糖。正常机体可通过肝糖原的合成或降解来维持血糖恒定,血糖的来源与去向如图 9-6 所示。

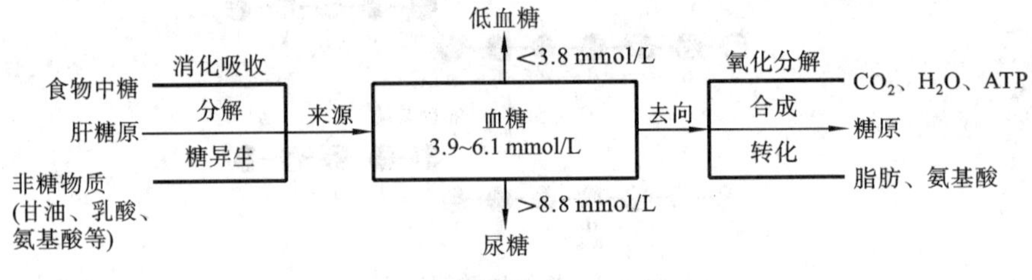

图 9-6　血糖的来源与去向

9.2　糖的分解代谢

9.2.1　糖酵解

糖酵解(glycolysis)是葡萄糖在不需氧的条件下分解成丙酮酸,并生成 ATP 的过程。糖酵解途径几乎是具有细胞结构的所有生物所共有的葡萄糖降解途径,它最初是从研究酵母的酒精发酵发现的,故名糖酵解。整个糖酵解过程是 1940 年得到阐明的。为纪念在这方面贡献较大的三位生化学家——古斯塔夫·埃姆登(Gustav G. Embden)、奥托·迈耶霍夫(Otto F. Meyerhof)、雅库布·帕那斯(Jakub K. Parnas),糖酵解过程也称为埃姆登-迈耶霍夫-帕那斯途径(Embden-Meyerhof-Parnas Pathway),简称 EMP 途径。

糖酵解过程是在细胞质中进行的,无论有氧还是无氧条件均能发生,其过程如图 9-7 所示。

糖酵解全部过程从葡萄糖或淀粉开始,分别包括 10 或 11 个步骤,为了叙述方便,划分为四个阶段。

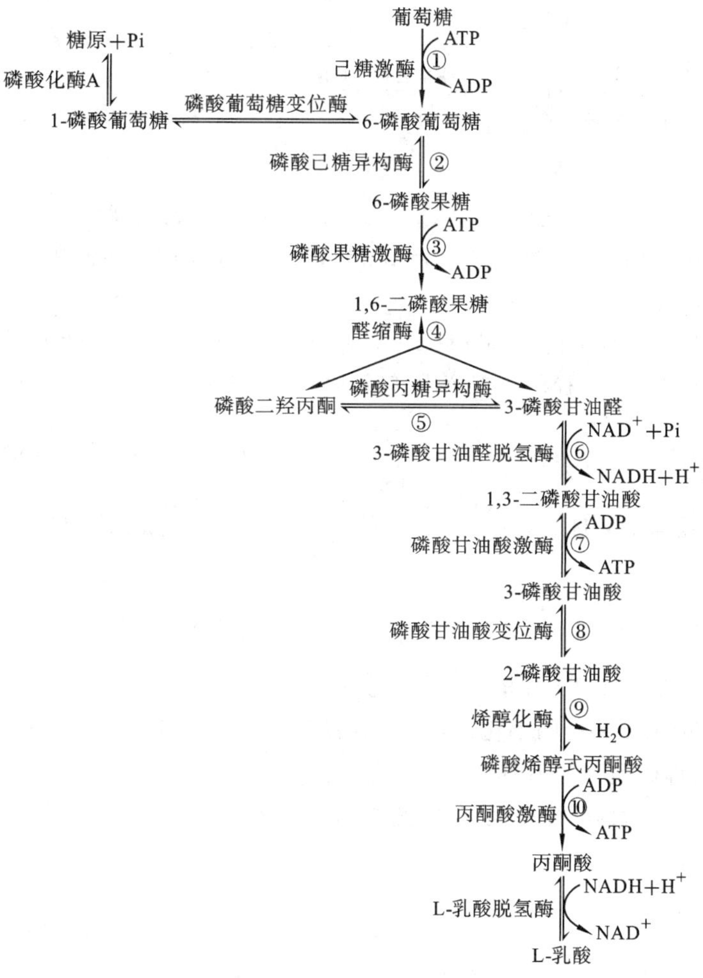

图 9-7　糖酵解途径

1. 由葡萄糖形成 1,6-二磷酸果糖(图 9-7 中反应①～③)

(1) 葡萄糖在己糖激酶(hexokinase,HK)的催化下,被 ATP 磷酸化,生成 6-磷酸葡萄糖。磷酸基团的转移在生物化学中是一个基本反应。催化磷酸基团从 ATP 转移到受体上的酶称为激酶,激酶都需要 Mg^{2+} 作为辅助因子。己糖激酶催化的底物是各种六碳糖(如葡萄糖、果糖)。该反应为 EMP 途径的第一个限速反应。

$$\text{葡萄糖} + \text{ATP} \xrightarrow[Mg^{2+}]{\text{己糖激酶}} \text{6-磷酸葡萄糖} + \text{ADP}$$

$$\Delta G^{\ominus\prime} = -16.72\ \text{kJ/mol}$$

(2) 6-磷酸葡萄糖在磷酸己糖异构酶(phosphohexose isomerase)的催化下,转化为 6-磷酸果糖。

6-磷酸葡萄糖 $\xrightleftharpoons{\text{磷酸己糖异构酶}}$ 6-磷酸果糖

(3) 6-磷酸果糖在磷酸果糖激酶(phosphofructokinase,PFK)的催化下,被 ATP 磷酸化,生成 1,6-二磷酸果糖。

磷酸果糖激酶是一种别构酶(allosteric enzyme),EMP 的进程受磷酸果糖激酶活性水平的调控。该反应是 EMP 途径的第二个限速反应。

6-磷酸果糖 + ATP $\xrightarrow[\text{Mg}^{2+}]{\text{磷酸果糖激酶}}$ 1,6-二磷酸果糖 + ADP

2. 3-磷酸甘油醛的生成(图 9-7 中反应④～⑤)

(1) 在醛缩酶(aldolase)的催化下,1,6-二磷酸果糖分子在第三与第四碳原子之间断裂为两个三碳化合物,即磷酸二羟丙酮与 3-磷酸甘油醛。

此反应的逆反应为醇醛缩合反应,故此酶称为醛缩酶。

1,6-二磷酸果糖 $\xrightleftharpoons{\text{醛缩酶}}$ 磷酸二羟丙酮 (CH_2OⓅ—C=O—CH_2OH) + 3-磷酸甘油醛 (CHO—HCOH—CH_2OⓅ)

(2) 在磷酸丙糖异构酶(triose-phosphate isomerase,TIM)的催化下,两个互为同分异构体的磷酸三碳糖之间有同分异构的互变。

这个反应进行得极快并且是可逆的。当反应平衡时,96％为磷酸二羟丙酮。但在正常条件下,由于 3-磷酸甘油醛被不断代谢,平衡向生成 3-磷酸甘油醛的方向移动。

磷酸二羟丙酮 (CH_2OⓅ—C=O—CH_2OH) $\xrightleftharpoons{\text{磷酸丙糖异构酶}}$ 3-磷酸甘油醛 (CHO—HCOH—CH_2OⓅ)

3. 3-磷酸甘油醛氧化并转变成 2-磷酸甘油酸(图 9-7 中反应⑥～⑧)

在此阶段有两步产生能量的反应,释放的能量可由 ADP 转变成 ATP 储存。

(1) 3-磷酸甘油醛氧化为 1,3-二磷酸甘油酸,催化此反应的酶是 3-磷酸甘油醛脱氢酶(glyceraldehyde-3-phosphate dehydrogenase,GAPDH)。

$$\begin{array}{c}\mathrm{H}\\|\\\mathrm{C{=}O}\\|\\\mathrm{HCOH}\\|\\\mathrm{CH_2O}Ⓟ\end{array} + NAD^+ + Pi \underset{}{\xrightleftharpoons{\text{3-磷酸甘油醛脱氢酶}}} \begin{array}{c}\mathrm{O}\\\|\\\mathrm{C{-}O}\sim Ⓟ\\|\\\mathrm{HCOH}\\|\\\mathrm{CH_2O}Ⓟ\end{array} + NADH + H^+$$

3-磷酸甘油醛　　　　1,3-二磷酸甘油酸

3-磷酸甘油醛的氧化是酵解过程中首次发生的氧化作用,3-磷酸甘油醛 C_1 上的醛基转变成酰基磷酸。酰基磷酸是磷酸与羧酸的混合酸酐,具有高能磷酸基团性质,其能量来自醛基的氧化。

(2) 在磷酸甘油酸激酶(phosphoglycerate kinase)的催化下,1,3-二磷酸甘油酸生成 3-磷酸甘油酸。

1,3-二磷酸甘油酸中的高能磷酸键经磷酸甘油酸激酶(一种可逆性的磷酸激酶)作用后转变为 ATP(属于底物水平磷酸化),生成了 3-磷酸甘油酸。因为 1 mol 的己糖代谢后生成 2 mol 的丙糖,所以在这个反应及随后的放能反应中有 2 倍关系。

$$\begin{array}{c}\mathrm{O}\\\|\\\mathrm{C{-}O}\sim Ⓟ\\|\\\mathrm{HCOH}\\|\\\mathrm{CH_2O}Ⓟ\end{array} + ADP \xrightleftharpoons{\text{磷酸甘油酸激酶}} \begin{array}{c}\mathrm{O}\\\|\\\mathrm{C{-}OH}\\|\\\mathrm{HCOH}\\|\\\mathrm{CH_2O}Ⓟ\end{array} + ATP$$

1,3-二磷酸甘油酸　　　　3-磷酸甘油酸

(3) 3-磷酸甘油酸在磷酸甘油酸变位酶(phosphoglycerate mutase)催化下生成 2-磷酸甘油酸。

$$\begin{array}{c}\mathrm{COOH}\\|\\\mathrm{HCOH}\\|\\\mathrm{CH_2O}Ⓟ\end{array} \xrightleftharpoons[Mg^{2+}]{\text{磷酸甘油酸变位酶}} \begin{array}{c}\mathrm{COOH}\\|\\\mathrm{CHO}Ⓟ\\|\\\mathrm{CH_2OH}\end{array}$$

3-磷酸甘油酸　　　　2-磷酸甘油酸

4. 由 2-磷酸甘油酸生成丙酮酸(图 9-7 中反应⑨～⑩)

(1) 2-磷酸甘油酸脱水形成磷酸烯醇式丙酮酸(PEP)。

在脱水过程中分子内部能量重新排布,使一部分能量集中在磷酸键上,从而形成一个高能磷酸键。催化此反应的酶是烯醇化酶(enolase)。该反应被 Mg^{2+} 或 Mn^{2+} 所激活,被氟离子所抑制。

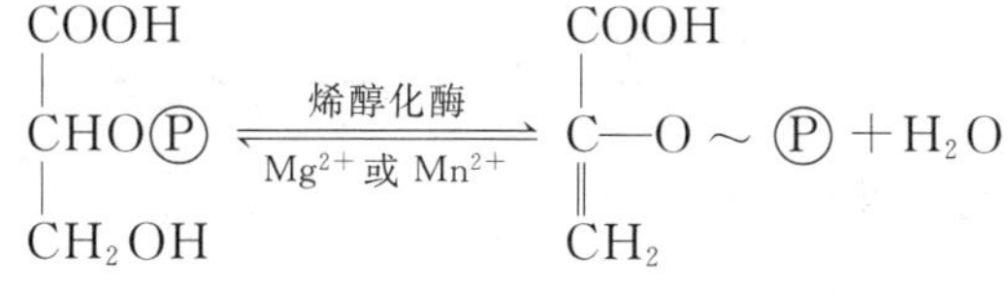

2-磷酸甘油酸　　　　磷酸烯醇式丙酮酸

(2) 磷酸烯醇式丙酮酸在丙酮酸激酶(pyruvate kinase)催化下转变为烯醇式丙酮酸。

这是一个偶联生成ATP的反应,属于底物水平磷酸化作用。该反应为EMP途径的第三个限速反应。

$$\begin{array}{l}COOH\\|\\CO\sim (P)\\\|\\CH_2\end{array} + ADP \xrightleftharpoons[Mg^{2+}或K^+]{丙酮酸激酶} \begin{array}{l}COOH\\|\\C-OH\\\|\\CH_2\end{array} + ATP$$

磷酸烯醇式丙酮酸　　　　烯醇式丙酮酸

烯醇式丙酮酸极不稳定,很容易自动转变成比较稳定的丙酮酸,这一步不需要酶的催化。

$$\begin{array}{l}COOH\\|\\C-OH\\\|\\CH_2\end{array} \rightleftharpoons \begin{array}{l}COOH\\|\\CO\\|\\CH_3\end{array}$$

烯醇式丙酮酸　　丙酮酸

糖酵解总反应式为

葡萄糖$+2Pi+2NAD^+ +2ADP \longrightarrow 2$丙酮酸$+2ATP+2NADH+2H^+ +2H_2O$

由葡萄糖生成丙酮酸的全部反应见表9-1。糖酵解中所生成的ATP数目见表9-2。

表9-1　糖酵解反应及酶类

序	号	反　应	酶
(一)	①	葡萄糖+ATP ⟶6-磷酸葡萄糖+ADP	己糖激酶
	②	6-磷酸葡萄糖⇌6-磷酸果糖	磷酸己糖异构酶
	③	6-磷酸果糖+ATP ⟶1,6-二磷酸果糖+ADP	磷酸果糖激酶
(二)	④	1,6-二磷酸果糖⇌磷酸二羟丙酮+3-磷酸甘油醛	醛缩酶
	⑤	磷酸二羟丙酮⇌3-磷酸甘油醛	磷酸丙糖异构酶
(三)	⑥	3-磷酸甘油醛$+NAD^+ +Pi$⇌1,3-二磷酸甘油酸$+NADH+H^+$	3-磷酸甘油醛脱氢酶
	⑦	1,3-二磷酸甘油酸+ADP⇌3-磷酸甘油酸+ATP	磷酸甘油酸激酶
	⑧	3-磷酸甘油酸⇌2-磷酸甘油酸	磷酸甘油酸变位酶
(四)	⑨	2-磷酸甘油酸⇌磷酸烯醇式丙酮酸$+H_2O$	烯醇化酶
	⑩	磷酸烯醇式丙酮酸+ADP ⟶丙酮酸+ATP	丙酮酸激酶

表9-2　1分子葡萄糖无氧糖酵解产生的ATP分子数

反　应	形成ATP分子数
葡萄糖⟶6-磷酸葡萄糖	−1
6-磷酸果糖⟶1,6-二磷酸果糖	−1
1,3-二磷酸甘油酸⟶3-磷酸甘油酸	+1×2
磷酸烯醇式丙酮酸⟶丙酮酸	+1×2
1分子葡萄糖⟶2分子丙酮酸	+2

9.2.2　糖酵解的化学计量与生物学意义

糖酵解是一个放能过程。1分子葡萄糖在糖酵解过程中形成2分子丙酮酸,净得2分子ATP和2分子NADH。在有氧条件下,1分子NADH经呼吸链被O_2氧化生成H_2O时,生成

2.5(或 1.5)分子 ATP,即 1 分子葡萄糖经糖酵解总共可生成 7(或 5)分子 ATP。按照 1 mol ATP 含自由能 33.4 kJ 计算,共释放的能量,还不到葡萄糖所含自由能 2867.5 kJ 的 10%,可见大部分能量仍保留在 2 分子丙酮酸中。

糖酵解的生物学意义就在于它可在无氧条件下为生物体提供能量,虽然量少,但意义重大。糖酵解的中间产物是许多重要物质合成的原料,如丙酮酸是物质代谢中的重要物质,可根据生物体的需要而进一步向许多方面转化。3-磷酸甘油酸可转变为甘油用于脂肪的合成。糖酵解在非糖物质转化成糖的过程中也起重要作用,因为糖酵解的大部分反应是可逆的,非糖物质可以逆着糖酵解的途径异生成糖,当然必须绕过不可逆反应。

9.2.3 丙酮酸的去向

葡萄糖经糖酵解生成丙酮酸是一切有机体及各类细胞所共有的途径。丙酮酸的继续变化有多条途径。

1. 丙酮酸彻底氧化

在有氧条件下,丙酮酸脱羧变成乙酰辅酶 A 而进入三羧酸循环。

$$\text{丙酮酸} + NAD^+ + CoA \longrightarrow \text{乙酰辅酶 A} + CO_2 + NADH + H^+$$

2. 丙酮酸还原生成乳酸

在无氧条件下,为了糖酵解的继续进行,就必须将还原型的 NADH 再转化成氧化型的 NAD^+,以保证辅酶的周转,如乳酸发酵、酒精发酵等。

在乳酸脱氢酶(lactate dehydrogenase)的催化下,丙酮酸被从 3-磷酸甘油醛分子上脱下的氢($NADH + H^+$)还原,生成乳酸,称为乳酸发酵(lactic acid fermentation)。

$$\begin{array}{c} COOH \\ | \\ CO \\ | \\ CH_3 \\ \text{丙酮酸} \end{array} + NADH + H^+ \xrightleftharpoons{\text{乳酸脱氢酶}} \begin{array}{c} COOH \\ | \\ HCOH \\ | \\ CH_3 \\ \text{乳酸} \end{array} + NAD^+$$

从葡萄糖酵解成乳酸的总反应式为

$$\text{葡萄糖} + 2Pi + 2ADP \longrightarrow 2\,\text{乳酸} + 2ATP + 2H_2O$$

某些厌氧乳酸菌或肌肉由于剧烈运动而缺氧时,NAD^+ 的再生是由丙酮酸还原成乳酸来完成的。乳酸是乳酸酵解的最终产物。乳酸发酵是乳酸菌的生活方式。

3. 丙酮酸生成乙醇

在酵母菌或其他微生物中,在丙酮酸脱羧酶(pyruvate decarboxylase)的催化下,丙酮酸脱羧变成乙醛,继而在乙醇脱氢酶(alcohol dehydrogenase)的作用下,由 NADH 还原成乙醇。反应如下。

1) 丙酮酸脱羧

$$\underset{\text{丙酮酸}}{CH_3COCOOH} \xrightarrow{\text{丙酮酸脱羧酶}} \underset{\text{乙醛}}{CH_3CHO} + CO_2$$

2) 乙醛被还原为乙醇

$$\underset{\text{乙醛}}{CH_3CHO} + NADH + H^+ \xrightarrow{\text{乙醇脱氢酶}} \underset{\text{乙醇}}{CH_3CH_2OH} + NAD^+$$

葡萄糖进行乙醇发酵的总反应式为

$$葡萄糖+2Pi+2ADP \longrightarrow 2CH_3CH_2OH+2CO_2+2ATP$$

对高等动植物来说,不论是在有氧还是在无氧的条件下,糖的分解都必须先经过糖酵解阶段形成丙酮酸,然后进入不同降解途径。

$$糖 \longrightarrow 中间产物 \longrightarrow 2丙酮酸 \begin{cases} \xrightarrow{无氧} 2乙醇 + 2CO_2 + 2ATP \\ \xrightarrow{有氧} 6CO_2 + 6H_2O + 32ATP(或 30ATP) \end{cases}$$

糖酵解可以在无氧或缺氧的条件下供给生物以能量,但糖分解得不完全,停止在二碳或三碳化合物状态,放出极少的能量。所以对绝大多数生物来说,无氧只能是短期的,因为消耗大量的有机物,才能获得少量的能量,但能应急。例如当肌肉强烈运动时,由于氧气不足,NADH 即还原丙酮酸,产生乳酸,生成的 NAD^+ 继续进行糖酵解的脱氢反应。

9.2.4 糖酵解的调控

糖酵解途径具有双重作用:使葡萄糖降解生成 ATP,并为合成反应提供原料。因此,糖酵解的速率会根据生物体对能量与物质的需要而发生变化。在糖酵解中,由己糖激酶、磷酸果糖激酶、丙酮酸激酶所催化的反应是不可逆的。这些不可逆的反应均可成为控制糖酵解的限速步骤,从而控制糖酵解进行的速率。催化这些限速反应步骤的酶称为限速酶(rate-limiting enzyme)。

己糖激酶是别构酶,其反应速率受产物 6-磷酸葡萄糖的反馈抑制。当磷酸果糖激酶被抑制时,6-磷酸果糖的水平升高,6-磷酸葡萄糖的水平也随之相应升高,从而导致己糖激酶被抑制(但肝中的葡萄糖激酶不受抑制)。

磷酸果糖激酶也是别构酶,是糖酵解中最重要的限速酶,受细胞内能量水平的调节,它被 ADP 和 AMP 促进,即在能量最低时活性最强。但磷酸果糖激酶受高水平 ATP 的抑制,因为 ATP 是此酶的别构抑制剂,可引发别构效应而降低对其底物的亲和力。磷酸果糖激酶也受高水平柠檬酸的抑制,柠檬酸是三羧酸循环的早期中间产物,柠檬酸水平高意味着生物合成的前体丰富,糖酵解应当减慢或暂停。当细胞既需要能量又需要原材料时,如 n_{ATP}/n_{AMP} 值低及柠檬酸水平低时,则磷酸果糖激酶的活性最高,而当物质与能量都丰富时,磷酸果糖激酶的活性几乎等于零。另外,2,6-二磷酸果糖是磷酸果糖激酶强激活剂。

丙酮酸激酶也参与糖酵解速率的调节。丙酮酸激酶受 ATP 的抑制,当 n_{ATP}/n_{AMP} 值高时,磷酸烯醇式丙酮酸转变成丙酮酸的过程即受到阻碍。除了受别构酶调节外,丙酮酸激酶还受共价修饰调节,可被磷酸化而失活。糖酵解的调节控制如图 9-8 所示。

9.2.5 糖的有氧分解

葡萄糖通过糖酵解转变成丙酮酸。在有氧条件下,丙酮酸通过一个包括二羧酸和三羧酸的循环而逐步氧化分解,碳原子最终形成 CO_2,氢原子则随着电子载体 NAD^+ 或 FAD 进入呼吸链并最终传递给 O_2 形成 H_2O。这个循环称为三羧酸循环,是英国生化学家汉斯·克雷布斯(Hans A. Krebs)首先发现的,故又名 Krebs 循环。由于该循环的第一个产物是柠檬酸,故又称柠檬酸循环(citric acid cycle)。

三羧酸循环是生物中的燃料分子(即糖类、脂肪酸和氨基酸)氧化的最终共同途径。这些燃料分子大多数以乙酰辅酶 A 进入此循环而被氧化。

1. 丙酮酸氧化脱羧

丙酮酸不能直接进入三羧酸循环,而是先氧化脱羧形成乙酰辅酶 A 再进入三羧酸循环。丙

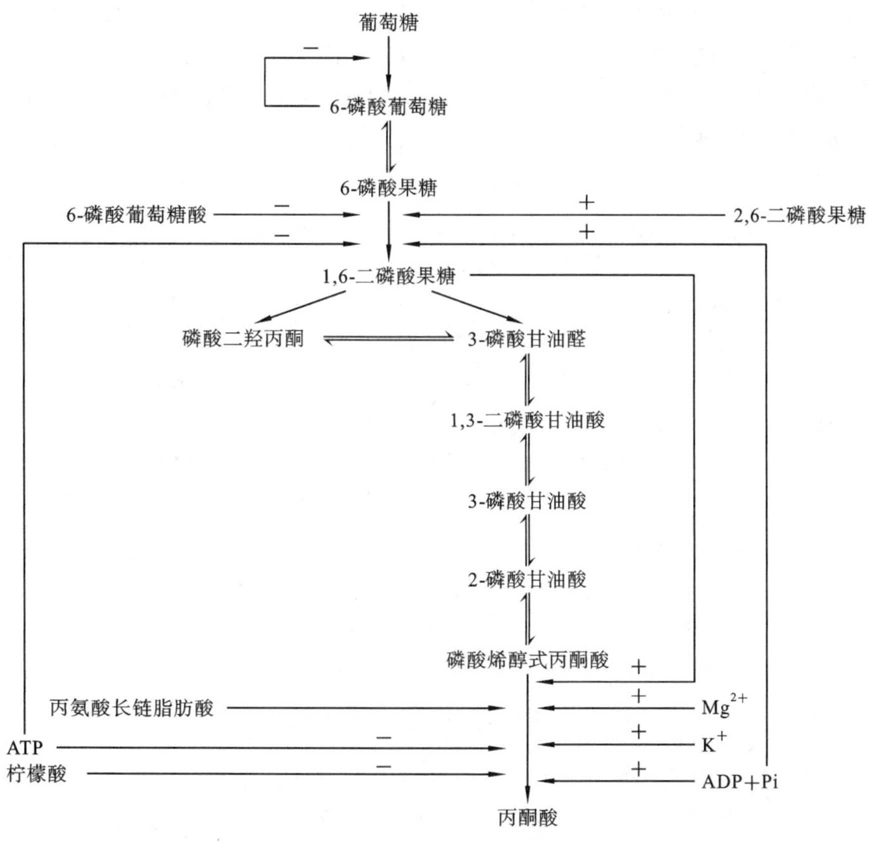

图 9-8 糖酵解的调控

+:正调控;-:负调控

酮酸氧化脱羧反应(pyruvate decarboxylation)由丙酮酸脱氢酶复合体(pyruvate dehydrogenase complex,PDC),或称丙酮酸脱氢酶系(pyruvate dehydrogenase system)催化完成。连接糖酵解作用(最终产物为丙酮酸)与柠檬酸循环(起始反应物为乙酰辅酶 A)的一系列化学反应,都由该复合体所催化,在它们的协同作用下,使丙酮酸转变为乙酰辅酶 A 和 CO_2。

丙酮酸脱氢酶复合体是一个相当庞大的多酶体系,其中包括三种不同的酶:丙酮酸脱氢酶(pyruvate dehydrogenase,简称 E_1)、二氢硫辛酸乙酰转移酶(dihydrolipoyl transacetylase,简称 E_2)、二氢硫辛酸脱氢酶(dihydrolipoyl dehydrogenase,简称 E_3)。丙酮酸脱氢酶复合体还包括6种辅助因子:焦磷酸硫胺素(TPP)、辅酶 A(CoA)、硫辛酸(lipoic acid)、黄素腺嘌呤二核苷酸(FAD)、烟酰胺腺嘌呤二核苷酸(NAD)和 Mg^{2+}。

与低等生物不同的是,高等生物体内的丙酮酸脱氢酶复合体还包括另外三种蛋白质,分别是丙酮酸脱氢酶激酶(pyruvate dehydrogenase kinase,PDK)、丙酮酸脱氢酶磷酸酶(pyruvate dehydrogenase phosphatase,PDP)和二氢硫辛酸脱氢酶结合蛋白(E_3-binding protein,E_3Bp)。对真核生物来说,组成丙酮酸脱氢酶复合体的三种酶及辅助因子皆存在于线粒体的基质(matrix)中;对原核生物来说,则是位于细胞质中。这些酶除了组合在一起之外,还能够重复地组成更大的蛋白质群。

丙酮酸脱氢酶复合体催化反应如下:

$$CH_3COCOOH + HSCoA + NAD^+ \longrightarrow CH_3COCoA + CO_2 + NADH + H^+$$

这是一个不可逆反应,分五步进行:①丙酮酸与 TPP 形成络合物,然后脱羧,生成羟乙基-

TPP;②羟乙基-TPP与二氢硫辛酸结合,形成乙酰二氢硫辛酸,同时释放出TPP;③硫辛酸将乙酰基转给辅酶A,形成乙酰辅酶A;④由于硫辛酸在细胞内含量很少,要使上述反应不断进行,硫辛酸必须氧化再生,即将氢递交给FAD;⑤$FADH_2$再将氢转给NAD^+。

具体反应如图9-9所示。

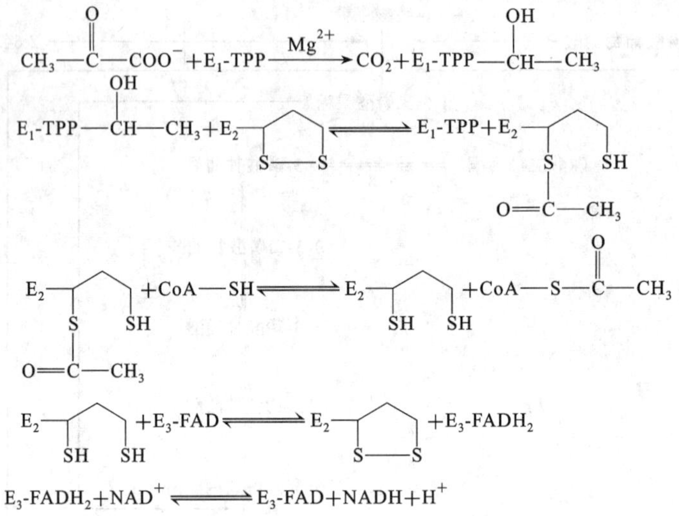

$$CH_3-\overset{\overset{\displaystyle O}{\|}}{C}-COO^- + E_1\text{-TPP} \xrightarrow{Mg^{2+}} CO_2 + E_1\text{-TPP}-\overset{\overset{\displaystyle OH}{|}}{CH}-CH_3$$

$$E_1\text{-TPP}-\overset{\overset{\displaystyle OH}{|}}{CH}-CH_3 + E_2\text{-}\underset{S-S}{\text{硫辛酰胺(环)}} \rightleftharpoons E_1\text{-TPP} + E_2\text{-}\underset{\underset{O=C-CH_3}{|}}{\underset{S}{}}\ \ SH$$

$$E_2\text{-}(S\text{-}\overset{\overset{\displaystyle O}{\|}}{C}\text{-}CH_3)(SH) + CoA-SH \rightleftharpoons E_2\text{-}(SH)(SH) + CoA-S-\overset{\overset{\displaystyle O}{\|}}{C}-CH_3$$

$$E_2\text{-}(SH)(SH) + E_3\text{-FAD} \rightleftharpoons E_2\text{-}\underset{S-S}{\text{(环)}} + E_3\text{-}FADH_2$$

$$E_3\text{-}FADH_2 + NAD^+ \rightleftharpoons E_3\text{-FAD} + NADH + H^+$$

图 9-9　丙酮酸脱氢酶系催化反应历程

李斯特·瑞德(Lester J. Reed)研究了丙酮酸脱氢酶复合体的组成和结构,在大肠杆菌中此酶的分子量约4600000,由60条肽链组成多面体,直径约30 nm,可以在电子显微镜下观察到。硫辛酸乙酰转移酶位于核心,有24条肽链,丙酮酸脱氢酶也有24条肽链,二氢硫辛酸脱氢酶由12条肽链组成。这些肽链以非共价力结合在一起,在碱性条件时复合体可以解离成相应的亚单位,在中性条件下三个酶又可重新组合成酶复合体。

综上所述,1分子丙酮酸转变为1分子乙酰辅酶A,生成1分子$NADH+H^+$,放出1分子CO_2。所生成的乙酰辅酶A随即可进入三羧酸循环被彻底氧化,反应历程如图9-10所示。

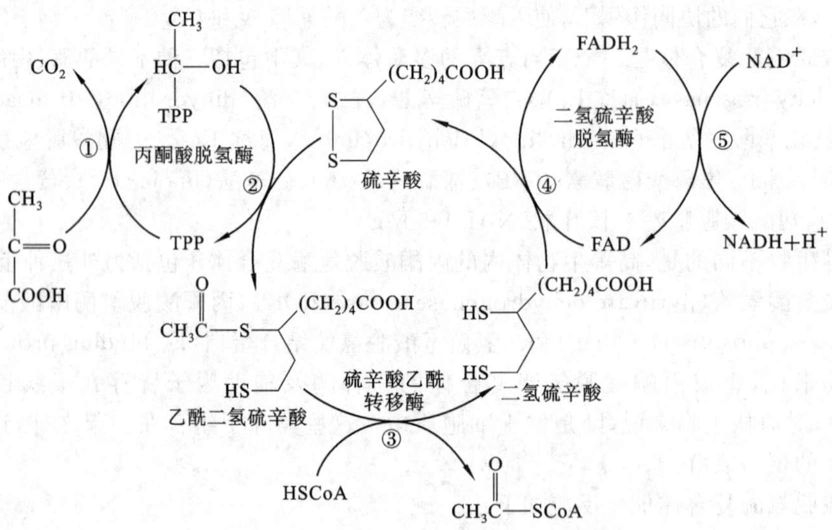

图 9-10　丙酮酸脱氢酶系作用模式

2. 三羧酸循环

在有氧条件下，乙酰辅酶 A 的乙酰基通过三羧酸循环被氧化成 CO_2 和 $NADH+H^+$/$FADH_2$。三羧酸循环不仅是糖有氧代谢的途径，也是机体内一切有机物碳素骨架氧化成 CO_2 的必经之路。

反应历程如图 9-11 所示，现分述如下。

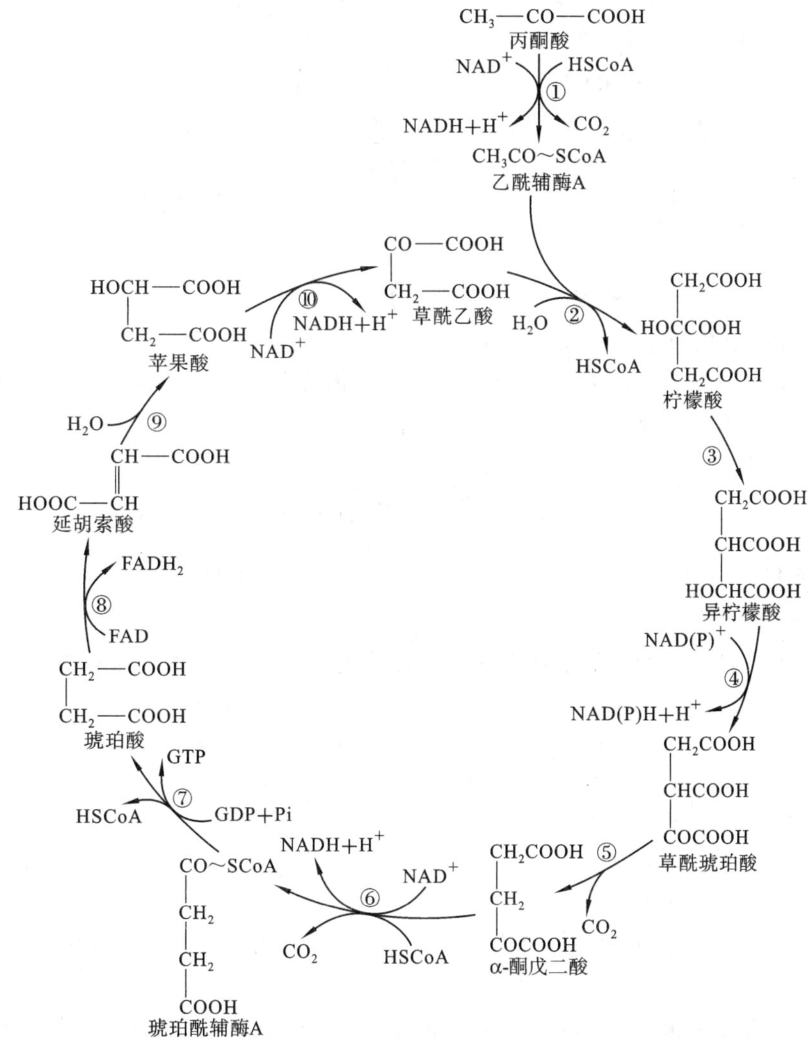

图 9-11　三羧酸循环

① 丙酮酸脱氢酶复合体；② 柠檬酸合酶；③ 顺乌头酸酶；④、⑤ 异柠檬酸脱氢酶；⑥ α-酮戊二酸脱氢酶复合体；⑦ 琥珀酰辅酶 A 合成酶；⑧ 琥珀酸脱氢酶；⑨ 延胡索酸酶；⑩ 苹果酸脱氢酶

(1) 乙酰辅酶 A 与草酰乙酸缩合成柠檬酸。

乙酰辅酶 A 在柠檬酸合酶(citrate synthase)催化下与草酰乙酸进行缩合，生成 1 分子柠檬酸。

$$\underset{\text{乙酰辅酶 A}}{\begin{array}{l}CH_3\\|\\CO\sim SCoA\end{array}} + \underset{\text{草酰乙酸}}{\begin{array}{l}CH_2COOH\\|\\C{=}O\\|\\COOH\end{array}} + H_2O \xrightarrow{\text{柠檬酸合酶}} \underset{\text{柠檬酸}}{\begin{array}{l}CH_2COOH\\|\\HOC{-}COOH\\|\\CH_2COOH\end{array}} + HSCoA$$

(2) 在顺乌头酸酶(aconitase)催化下,柠檬酸脱水生成顺乌头酸,然后加水生成异柠檬酸。

$$\begin{array}{l}CH_2COOH\\ \vert\\ HOC—COOH\\ \vert\\ CH_2COOH\end{array} \xrightleftharpoons[-H_2O]{\text{顺乌头酸酶}} \begin{array}{l}CH—COOH\\ \Vert\\ C—COOH\\ \vert\\ CH_2COOH\end{array} \quad +H_2O$$

柠檬酸　　　　顺乌头酸

$$\begin{array}{l}CH—COOH\\ \Vert\\ C—COOH\\ \vert\\ CH_2COOH\end{array} \quad +H_2O \xrightleftharpoons[+H_2O]{\text{顺乌头酸酶}} \begin{array}{l}HOCH—COOH\\ \vert\\ HC—COOH\\ \vert\\ CH_2COOH\end{array}$$

顺乌头酸　　　　异柠檬酸

$$\text{柠檬酸} \xrightleftharpoons{-H_2O} \text{顺乌头酸} \xrightleftharpoons{+H_2O} \text{异柠檬酸}$$

(3) 异柠檬酸氧化与脱羧生成 α-酮戊二酸。

在异柠檬酸脱氢酶(isocitrate dehydrogenase)的催化下进行氧化脱羧,异柠檬酸脱去 2H,其中间产物草酰琥珀酸迅速脱羧生成 α-酮戊二酸。

$$\begin{array}{l}HOCH—COOH\\ \vert\\ HC—COOH\\ \vert\\ CH_2COOH\end{array} + NAD^+\ (NADP^+) \xrightarrow{\text{异柠檬酸脱氢酶}} \begin{array}{l}CO—COOH\\ \vert\\ HC—COOH\\ \vert\\ CH_2COOH\end{array} + NADH(NADPH) + H^+$$

异柠檬酸　　　　草酰琥珀酸

两步反应均为异柠檬酸脱氢酶所催化。现在认为这种酶具有脱氢和脱羧两种催化能力。脱羧反应需要 Mn^{2+}。

$$\begin{array}{l}CO—COOH\\ \vert\\ HC—COOH\\ \vert\\ CH_2COOH\end{array} \xrightarrow[Mn^{2+}]{\text{异柠檬酸脱氢酶}} \begin{array}{l}CO—COOH\\ \vert\\ CH_2\\ \vert\\ CH_2COOH\end{array} \quad +CO_2$$

草酰琥珀酸　　　　α-酮戊二酸

此步反应是一分界点,在此之前都是三羧酸的转化,在此之后则是二羧酸的转化。

(4) α-酮戊二酸氧化脱羧反应。

在 α-酮戊二酸脱氢酶复合体(α-ketoglutarate dehydrogenase complex)作用下,α-酮戊二酸脱羧生成琥珀酰辅酶 A,此反应与丙酮酸脱羧相似。总反应如下:

$$\begin{array}{l}CO—COOH\\ \vert\\ CH_2\\ \vert\\ CH_2COOH\end{array} \quad +NAD^+ + HSCoA \xrightarrow[FAD,\ Mg^{2+}]{\text{硫辛酸(S—S)L},\ TPP} \begin{array}{l}\qquad\quad O\\ \qquad\quad \Vert\\ CH_2—C \sim SCoA\\ \vert\\ CH_2COOH\end{array} + CO_2 + NADH + H^+$$

α-酮戊二酸　　　　琥珀酰辅酶 A

$$\Delta G^{\ominus\prime} = -33.44\ kJ/mol$$

此反应不可逆,释放大量能量,是三羧酸循环中的第二次氧化脱羧,产生 NADH 及 CO_2 各 1 分子。

(5) 在琥珀酰辅酶 A 合成酶(succinyl-CoA synthetase)催化下,琥珀酰辅酶 A 转移其高能硫酯键至二磷酸鸟苷(GDP)上生成三磷酸鸟苷(GTP),同时生成琥珀酸。然后 GTP 再将高能键转给 ADP,生成 1 分子 ATP。

$$\underset{\text{琥珀酰辅酶 A}}{\begin{array}{l} CH_2-\overset{\overset{\large O}{\|}}{C}\sim SCoA \\ | \\ CH_2COOH \end{array}} + Pi + GDP \xrightleftharpoons[Mg^{2+}]{\text{琥珀酰辅酶 A 合成酶}} \underset{\text{琥珀酸}}{\begin{array}{l} CH_2COOH \\ | \\ CH_2COOH \end{array}} + GTP + HSCoA$$

$$GTP + ADP \rightleftharpoons ATP + GDP$$

此反应为此循环中唯一直接产生 ATP 的反应(底物水平磷酸化)。

(6) 琥珀酸被氧化成延胡索酸。

琥珀酸脱氢酶(succinate dehydrogenase)催化此反应,其辅酶为黄素腺嘌呤二核苷酸(FAD)。

$$\underset{\text{琥珀酸}}{\begin{array}{l} CH_2COOH \\ | \\ CH_2COOH \end{array}} + FAD \xrightleftharpoons{\text{琥珀酸脱氢酶}} \underset{\text{延胡索酸}}{\begin{array}{r} CHCOOH \\ \| \\ HOOCCH \end{array}} + FADH_2$$

(7) 延胡索酸水合酶(fumarate hydratase,亦称延胡索酸酶)催化延胡索酸加水生成苹果酸。

$$\underset{\text{延胡索酸}}{\begin{array}{r} CHCOOH \\ \| \\ HOOCCH \end{array}} + H_2O \xrightleftharpoons{\text{延胡索酸水合酶}} \underset{\text{苹果酸}}{\begin{array}{l} CH_2COOH \\ | \\ CHOH \\ | \\ COOH \end{array}}$$

(8) 在苹果酸脱氢酶(malate dehydrogenase)催化下,苹果酸被氧化成草酰乙酸。

$$\underset{\text{苹果酸}}{\begin{array}{l} CH_2COOH \\ | \\ CHOH \\ | \\ COOH \end{array}} + NAD^+ \xrightleftharpoons{\text{苹果酸脱氢酶}} \underset{\text{草酰乙酸}}{\begin{array}{l} CH_2COOH \\ | \\ C=O \\ | \\ COOH \end{array}} + NADH + H^+$$

至此草酰乙酸又重新形成,又可和另 1 分子乙酰辅酶 A 缩合成柠檬酸进入三羧酸循环。

由上可见,三羧酸循环一周,消耗 1 分子乙酰辅酶 A(二碳化合物),循环中的三羧酸、二羧酸并不因参加此循环而有所增减,因此,在理论上,这些羧酸只需微量,就可不息地循环,促使乙酰辅酶 A 氧化。如图 9-11 所示,1 分子丙酮酸经三次脱羧反应(反应①、⑤、⑥)共生成 3 分子 CO_2;经五次脱氢反应(反应①④⑥⑧⑩)生成 4 分子 $NADH+H^+$ 和 1 分子 $FADH_2$。$NADH+H^+$ 和 $FADH_2$ 可经呼吸链氧化生成 H_2O 和 ATP。

丙酮酸氧化成 CO_2 的总反应可用下式表示:

$$\text{丙酮酸} + 4NAD^+ + FAD + GDP + Pi + 2H_2O \longrightarrow 3CO_2 + 4NADH + 4H^+ + FADH_2 + GTP$$

三羧酸循环的多个反应是可逆的,但由于柠檬酸的合成、异柠檬酸的氧化与脱羧及 α-酮戊二酸的氧化脱羧是不可逆的,故此循环是单向进行的。

3. 草酰乙酸的回补反应

三羧酸循环不仅产生 ATP,其中间产物也是许多物质生物合成的原料。例如,构成叶绿素与血红素分子中卟啉环的碳原子来自琥珀酰辅酶 A。大多数氨基酸是由 α-酮戊二酸及草酰乙酸合成的。三羧酸循环中的任何一种中间产物被抽走，都会影响三羧酸循环的正常运转，如果缺少草酰乙酸，乙酰辅酶 A 就不能形成柠檬酸而进入三羧酸循环，所以草酰乙酸必须不断地得到补充，这种补充产生的反应称为回补反应(anaplerotic reaction)，见图 9-12。动物中的丙酮酸羧化酶反应，植物和细菌中的磷酸烯醇式丙酮酸羧化酶反应，都能使草酰乙酸得到补充，都是回补反应。

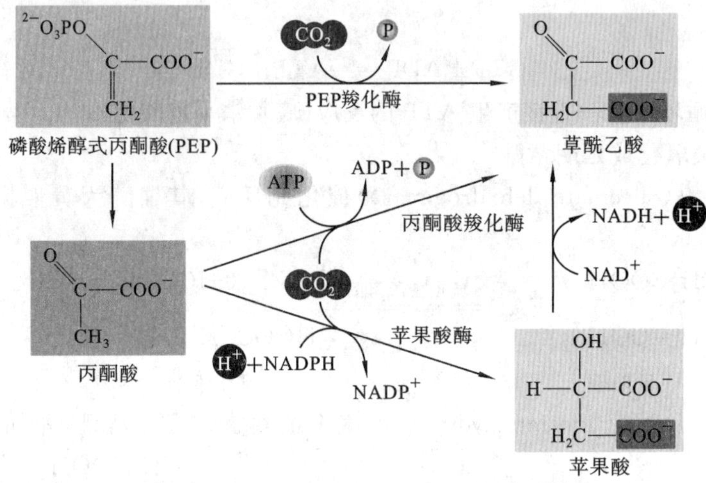

图 9-12 三羧酸循环中草酰乙酸回补反应

生物体内的回补反应如下。

1) 丙酮酸的羧化

丙酮酸在丙酮酸羧化酶(pyruvate carboxylase)催化下形成草酰乙酸。

$$\underset{\text{丙酮酸}}{\begin{array}{l}\mathrm{COOH}\\|\\\mathrm{CO}\\|\\\mathrm{CH_3}\end{array}} + CO_2 + ATP + H_2O \xrightarrow[Mg^{2+}]{\text{丙酮酸羧化酶}} \underset{\text{草酰乙酸}}{\begin{array}{l}\mathrm{COOH}\\|\\\mathrm{CO}\\|\\\mathrm{CH_2}\\|\\\mathrm{COOH}\end{array}} + ADP + Pi + 2H^+$$

丙酮酸羧化酶的活性平时较低，当草酰乙酸不足时，乙酰辅酶 A 的累积可提高该酶活性。这是动物中最重要的回补反应，在线粒体中进行。

2) 磷酸烯醇式丙酮酸的羧化

在磷酸烯醇式丙酮酸羧化酶(phosphoenolpyruvate carboxylase)的作用下，磷酸烯醇式丙酮酸羧化形成草酰乙酸。

$$\underset{\text{磷酸烯醇式丙酮酸}}{\begin{array}{l}\mathrm{COOH}\\|\\\mathrm{CO}\sim\text{Ⓟ}\\\|\\\mathrm{CH_2}\end{array}} + CO_2 + H_2O \xrightarrow[Mg^{2+}]{\text{磷酸烯醇式丙酮酸羧化酶}} \underset{\text{草酰乙酸}}{\begin{array}{l}\mathrm{COOH}\\|\\\mathrm{CO}\\|\\\mathrm{CH_2}\\|\\\mathrm{COOH}\end{array}} + Pi$$

磷酸烯醇式丙酮酸羧化酶存在于高等植物、酵母和细菌中，动物体内不存在。此酶的作用与丙酮酸羧化酶相同，即保证供给三羧酸循环以适量的草酰乙酸。

3）天冬氨酸的转氨基作用

天冬氨酸和 α-酮戊二酸在谷草转氨酶作用下可生成草酰乙酸和谷氨酸。

$$天冬氨酸+\alpha\text{-}酮戊二酸\xrightarrow{谷草转氨酶}草酰乙酸+谷氨酸$$

通过以上这些回补反应，保证有适量的草酰乙酸维持三羧酸循环的正常运转。

另外，还有苹果酸酶催化的反应（图 9-12）和磷酸烯醇式丙酮酸羧激酶催化的反应（见糖异生第二步的逆反应）等。

4. 三羧酸循环中 ATP 的形成及三羧酸循环的意义

1 分子乙酰辅酶 A 经三羧酸循环可生成 1 分子 GTP（可转变成 ATP），共有 4 次脱氢，生成 3 分子 NADH 和 1 分子 $FADH_2$，当经呼吸链氧化生成 H_2O 时，前者共生成 7.5 分子 ATP，后者则生成 1.5 分子 ATP。因此，每分子乙酰辅酶 A 经三羧酸循环可产生 10 分子 ATP。若从丙酮酸开始计算，则 1 分子丙酮酸可产生 12.5 分子 ATP。1 分子葡萄糖可以产生 2 分子丙酮酸，因此，原核细胞每分子葡萄糖经糖酵解、三羧酸循环及氧化磷酸化三个阶段共产生 7+2×12.5=32 个 ATP 分子。

三羧酸循环生成 ATP 的物质的量见表 9-3。

表 9-3　1 mol 葡萄糖在有氧分解时所生成的 ATP 的物质的量

反应阶段	反　应	ATP 的生成与消耗/mol			
		消耗	合　成		净得
			底物水平磷酸化	氧化磷酸化	
糖酵解	葡萄糖⟶6-磷酸葡萄糖	1			−1
	6-磷酸果糖⟶1,6-二磷酸果糖	1			−1
	3-磷酸甘油醛⟶1,3-二磷酸甘油酸			2.5（或 1.5）×2	5（或 3）
	1,3-二磷酸甘油酸⟶3-磷酸甘油酸		1×2		2
	磷酸烯醇式丙酮酸⟶烯醇式丙酮酸		1×2		2
丙酮酸氧化脱羧	丙酮酸⟶乙酰辅酶 A			2.5×2	5
三羧酸循环	异柠檬酸⟶草酰琥珀酸			2.5×2	5
	α-酮戊二酸⟶琥珀酰辅酶 A			2.5×2	5
	琥珀酰辅酶 A⟶琥珀酸		1×2		2
	琥珀酸⟶延胡索酸			1.5×2	3
	苹果酸⟶草酰乙酸			2.5×2	5
总　计		2	6	28（或 26）	32（或 30）

1 mol 乙酰辅酶 A 燃烧释放的热量为 874.04 kJ，10 mol ATP 水解释放 334 kJ 的能量，能量的利用效率为 38.2%。由于糖、脂肪及部分氨基酸分解的中间产物为乙酰辅酶 A，可通过三羧酸循环彻底氧化，因此三羧酸循环是生物体内产生 ATP 的最主要途径。

在生物界中，动物、植物与微生物都普遍存在着三羧酸循环途径，因此三羧酸循环具有普遍的生物学意义。

（1）生成大量的 ATP，为生命活动提供能量，是机体利用糖或其他物质氧化而获得能量的最有效方式。

（2）三羧酸循环是联系糖类、脂类、蛋白质三大物质代谢的纽带。

（3）三羧酸循环所产生的多种中间产物是生物体内许多重要物质生物合成的原料。在细胞迅速生长时期，三羧酸循环可提供多种化合物的碳架，以供细胞生物合成使用。

（4）植物体内三羧酸循环所形成的有机酸，既是生物氧化的基质，又是一定器官的积累物质，如柠檬果实富含柠檬酸，苹果中富含苹果酸等。

（5）发酵工业上利用微生物三羧酸循环生产各种代谢产物，如柠檬酸、谷氨酸等。

5．三羧酸循环的调控

糖有氧氧化的第二阶段调节，即丙酮酸氧化脱羧生成乙酰辅酶 A 并进入三羧酸循环的一系列反应的调节，主要是通过 4 个限速酶，即丙酮酸脱氢酶复合体、柠檬酸合酶、异柠檬酸脱氢酶和 α-酮戊二酸脱氢酶复合体来实现的，如图 9-13 所示。

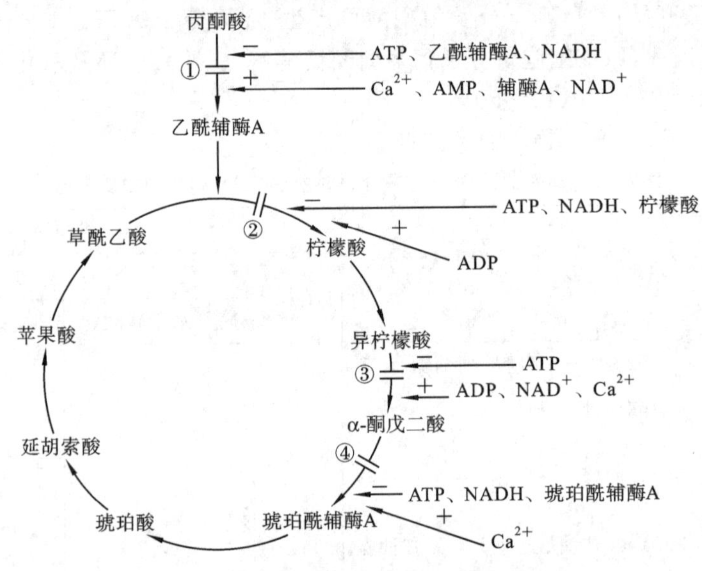

图 9-13　丙酮酸脱羧及三羧酸循环的调节

＋：正调控；－：负调控

丙酮酸脱氢酶复合体受多种因素的调节。催化产物 GTP、ATP 可抑制丙酮酸脱氢酶活性，乙酰辅酶 A 可抑制二氢硫辛酸乙酰转移酶的活性，NADH 能抑制二氢硫辛酸脱氢酶的活性，但上述酶的别构抑制效应可被相应的反应物 AMP、辅酶 A 和 NAD^{+} 解除。除上述别构调节外，在脊椎动物还有第二层次的调节，即酶蛋白的共价修饰调节。丙酮酸脱氢酶为共价调节酶（covalent regulatory enzyme），所谓共价调节酶是一类由其他酶对其结构进行可逆共价修饰，使其处于活性和非活性的互变状态，从而改变酶活性的酶，最常见的类型是通过磷酸化和脱磷酸化作用，使酶在活性形式和非活性形式之间互变。丙酮酸脱氢酶在丙酮酸脱氢酶激酶（PDK）作用下，其分子上特定的丝氨酸残基被磷酸化，使其转变为非活性状态，导致丙酮酸的氧化脱羧作用停止。而在丙酮酸脱氢酶磷酸酶（PDP）的催化下，已磷酸化的丙酮酸脱氢酶可以去磷酸化而使其恢复酶活性，丙酮酸氧化脱羧反应得以继续进行。

三羧酸循环中柠檬酸合酶、异柠檬酸脱氢酶和 α-酮戊二酸脱氢酶的调节，主要是通过别构调节和产物的反馈抑制来实现的。n_{ATP}/n_{ADP} 升高，抑制柠檬酸合酶和异柠檬酸脱氢酶活性，n_{ATP}/n_{ADP} 下降，可激活这两种酶；$n_{NADH}/n_{NAD^{+}}$ 升高，抑制柠檬酸合酶和 α-酮戊二酸脱氢酶活性，反之激活这两种酶。除 n_{ATP}/n_{ADP} 与 n_{NADH}/n_{NAD^+} 的调节之外，循环中其他一些代谢产物对酶的活性也有影响，如柠檬酸抑制柠檬酸合酶活性，而琥珀酰辅酶 A 抑制 α-酮戊二酸脱氢酶活性。总之，组织中代谢产物的多寡决定三羧酸循环反应的速率，以便调节机体 ATP 和 NADH 浓度，保证机体能量供给。

9.2.6 乙醛酸循环

乙醛酸循环(glyoxylate cycle)又称乙醛酸途径，其名称来自循环中的一个二碳中间代谢物乙醛酸，该循环存在于植物和某些微生物中，可以看成三羧酸循环的支路，如图 9-14 所示。

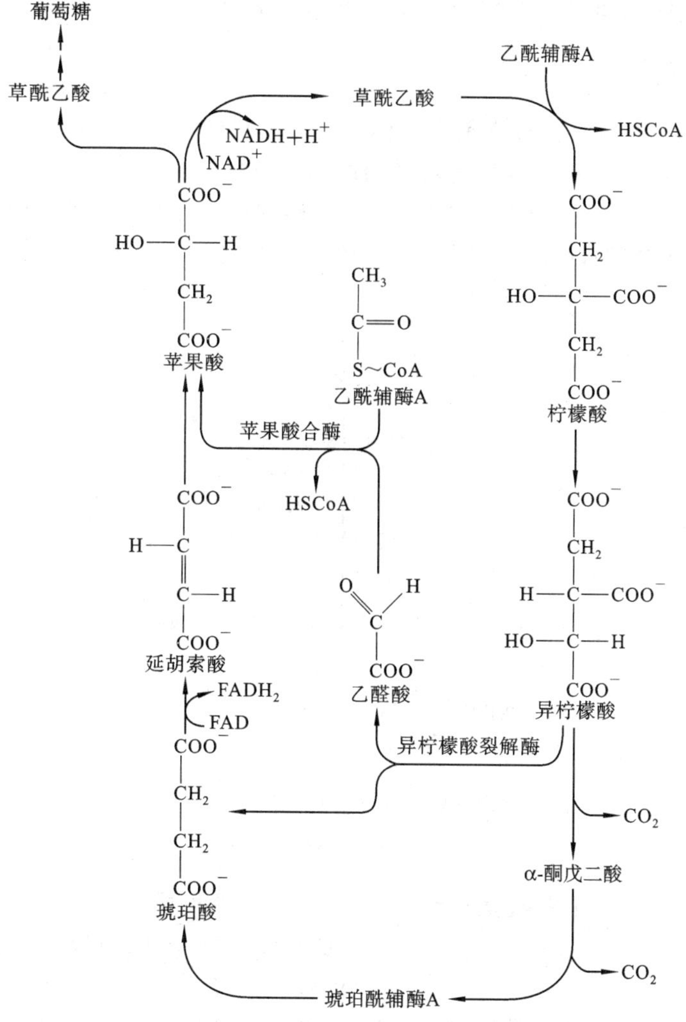

图 9-14 乙醛酸循环与三羧酸循环的关系

乙醛酸循环的一些反应与三羧酸循环是共同的，例如从乙酰辅酶 A 与草酰乙酸缩合生成柠檬酸，然后又转换成异柠檬酸的反应都是相同的，但生成的异柠檬酸不是在异柠檬酸脱氢酶作用下降解的，而是在异柠檬酸裂解酶(isocitrate lyase)的催化下裂解生成乙醛酸和琥珀酸的过程中生成的。其中乙醛酸在苹果酸合酶(malate synthase)的催化下与乙酰辅酶 A 缩合生成四碳分子的苹果酸，苹果酸脱氢生成草酰乙酸，可以和另一分子的乙酰辅酶 A 缩合开始另一轮循环,而另一裂解产物琥珀酸可以转移到线粒体中通过部分三羧酸循环途径,转变成延胡索酸、苹果酸、草酰乙酸,维持循环中间代谢物的浓度,草酰乙酸可以转移到细胞质基质中变成磷酸烯醇式丙酮酸,通过糖异生作用(gluconeogenesis)合成葡萄糖。

乙醛酸循环运转一周,引入2分子乙酰辅酶A,生成1分子琥珀酸,用以参加合成代谢,其总反应式为

$$2\text{乙酰辅酶A}+2NAD^{+}+FAD \longrightarrow \text{草酰乙酸}+2HSCoA+2NADH+FADH_2+2H^{+}$$

催化乙醛酸途径的异柠檬酸裂解酶和苹果酸合酶,仅存在于植物所特有的乙醛酸循环体(glyoxysome)中。油料植物种子发芽时把脂肪酸转化为糖类是通过乙醛酸循环来实现的,这个过程依赖于线粒体、乙醛酸循环体及细胞质基质的协同作用。

9.2.7 磷酸戊糖途径

糖的无氧酵解与有氧氧化过程是生物体内糖分解代谢的主要途径,但不是唯一的途径。糖的另一条氧化途径是从6-磷酸葡萄糖开始的,称为磷酸己糖途径(hexose monophosphate pathway,HMP),由于该途径中有许多中间产物是磷酸戊糖,故又称为磷酸戊糖途径(pentose phosphate pathway,PPP),如图9-15所示。磷酸戊糖途径是在细胞质的可溶部分——液泡中进行的。

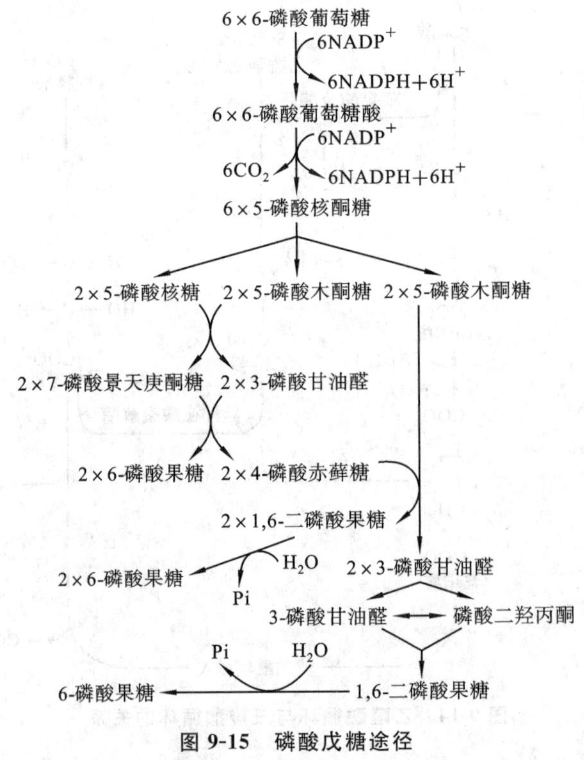

图 9-15 磷酸戊糖途径

磷酸戊糖途径的存在可以由以下证据来证明。一些糖酵解的典型抑制剂(如碘乙酸及氟化物)不能影响某些组织中葡萄糖的利用。此外,奥托·瓦伯格(Otto H. Warburg)发现 $NADP^{+}$ 和6-磷酸葡萄糖氧化成6-磷酸葡萄糖酸时会导致葡萄糖分子进入一个当时未知的代谢途径,当用 ^{14}C 标记葡萄糖的 C_1 处或 C_6 处的碳原子时,则 C_1 处的碳原子比 C_6 处的碳原子更容易氧化成 $^{14}CO_2$。如果葡萄糖只能通过糖酵解转化成两个 3-^{14}C-丙酮酸,继而裂解成 $^{14}CO_2$,

这些 6-^{14}C-葡萄糖和 1-^{14}C-葡萄糖会以同样的速率生成$^{14}CO_2$。这些观察促进了磷酸戊糖途径的发现。

磷酸戊糖途径的主要特点是，葡萄糖氧化不是经过糖酵解和三羧酸循环，而是直接脱氢和脱羧，脱氢酶的辅酶为 $NADP^+$。整个磷酸戊糖途径分为两个阶段，即氧化阶段与非氧化阶段。前者是 6-磷酸葡萄糖脱氢、脱羧，形成 5-磷酸核糖，后者是磷酸戊糖的一系列分子重排反应。

1. 磷酸戊糖途径的反应历程

1）氧化阶段

（1）以 $NADP^+$ 为辅酶的 6-磷酸葡萄糖脱氢酶（glucose 6-phosphate dehydrogenase，G6PD）催化 6-磷酸葡萄糖脱氢生成 6-磷酸葡萄糖酸内酯。

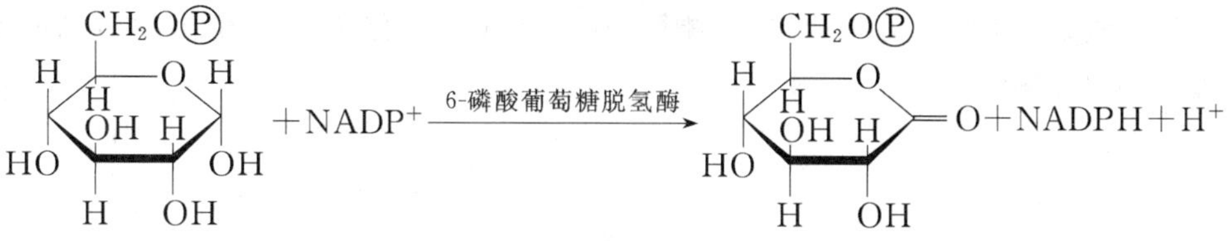

6-磷酸葡萄糖 $+NADP^+$ —6-磷酸葡萄糖脱氢酶→ 6-磷酸葡萄糖酸内酯 $+NADPH+H^+$

6-磷酸葡萄糖　　　　6-磷酸葡萄糖酸内酯

（2）在 6-磷酸葡萄糖酸内酯酶（6-phosphogluconolactonase，PGLS）的催化下，6-磷酸葡萄糖酸内酯与 H_2O 反应，水解为 6-磷酸葡萄糖酸。

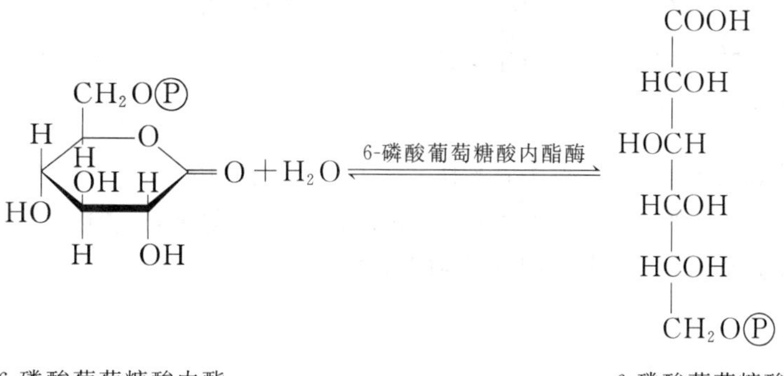

6-磷酸葡萄糖酸内酯 $+H_2O$ ⇌（6-磷酸葡萄糖酸内酯酶）COOH—HCOH—HOCH—HCOH—HCOH—CH_2OⓅ

6-磷酸葡萄糖酸内酯　　　　6-磷酸葡萄糖酸

（3）以 $NADP^+$ 为辅酶的 6-磷酸葡萄糖酸脱氢酶（6-phosphogluconatedehydrogenase）催化 6-磷酸葡萄糖酸脱羧生成 5-磷酸核酮糖。

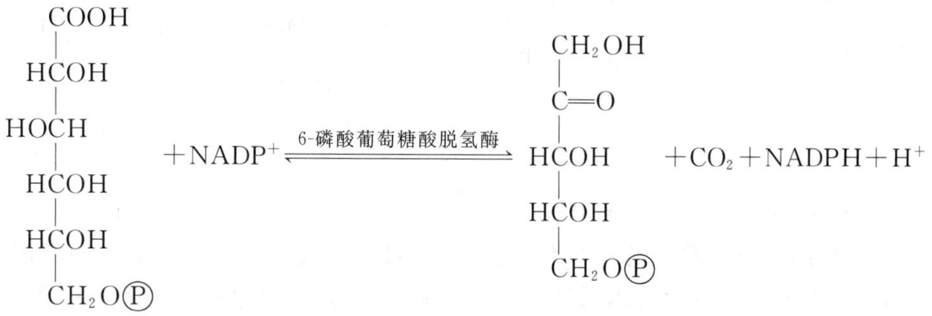

COOH—HCOH—HOCH—HCOH—HCOH—CH_2OⓅ $+NADP^+$ ⇌（6-磷酸葡萄糖酸脱氢酶）CH_2OH—C=O—HCOH—HCOH—CH_2OⓅ $+CO_2+NADPH+H^+$

6-磷酸葡萄糖酸　　　　5-磷酸核酮糖

2）非氧化阶段

（1）磷酸戊糖的相互转化：在 5-磷酸核酮糖异构酶（ribulose 5-phosphate isomerase）和表

异构酶(ribulose 5-phosphate epimerase)作用下,5-磷酸核酮糖发生异构化 (isomerization)和表异构化(epimerization),分别生成 5-磷酸核糖和 5-磷酸木酮糖。

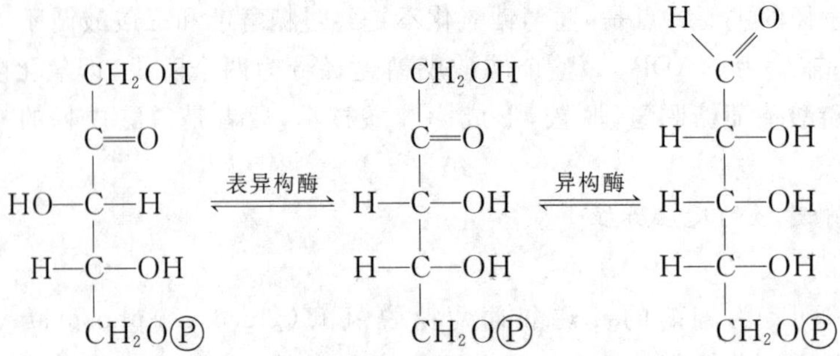

$$
\begin{array}{c}CH_2OH\\ |\\ C{=}O\\ |\\ HO{-}C{-}H\\ |\\ H{-}C{-}OH\\ |\\ CH_2O\text{Ⓟ}\end{array}
\underset{}{\overset{\text{表异构酶}}{\rightleftharpoons}}
\begin{array}{c}CH_2OH\\ |\\ C{=}O\\ |\\ H{-}C{-}OH\\ |\\ H{-}C{-}OH\\ |\\ CH_2O\text{Ⓟ}\end{array}
\overset{\text{异构酶}}{\rightleftharpoons}
\begin{array}{c}H\diagdown\ \diagup O\\ C\\ |\\ H{-}C{-}OH\\ |\\ H{-}C{-}OH\\ |\\ H{-}C{-}OH\\ |\\ CH_2O\text{Ⓟ}\end{array}
$$

5-磷酸木酮糖　　　　5-磷酸核酮糖　　　　5-磷酸核糖

(2) 7-磷酸景天庚酮糖的生成:在转酮酶(transketolase)催化下,5-磷酸木酮糖的乙酮醇基转移给 5-磷酸核糖。

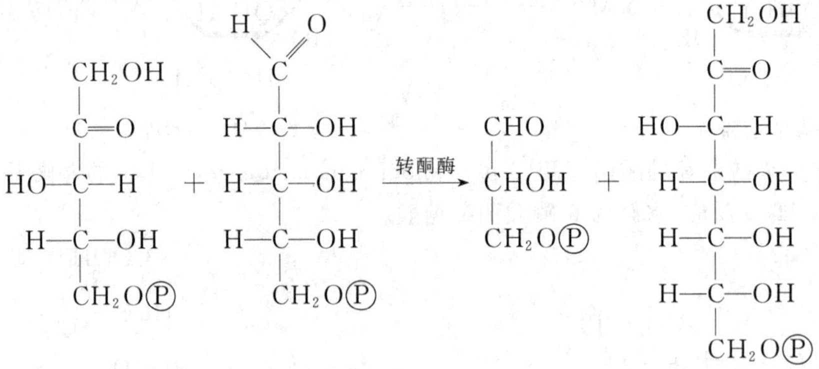

$$
\begin{array}{c}CH_2OH\\ |\\ C{=}O\\ |\\ HO{-}C{-}H\\ |\\ H{-}C{-}OH\\ |\\ CH_2O\text{Ⓟ}\end{array}
+
\begin{array}{c}H\diagdown\ \diagup O\\ C\\ |\\ H{-}C{-}OH\\ |\\ H{-}C{-}OH\\ |\\ H{-}C{-}OH\\ |\\ CH_2O\text{Ⓟ}\end{array}
\xrightarrow{\text{转酮酶}}
\begin{array}{c}CHO\\ |\\ CHOH\\ |\\ CH_2O\text{Ⓟ}\end{array}
+
\begin{array}{c}CH_2OH\\ |\\ C{=}O\\ |\\ HO{-}C{-}H\\ |\\ H{-}C{-}OH\\ |\\ H{-}C{-}OH\\ |\\ H{-}C{-}OH\\ |\\ CH_2O\text{Ⓟ}\end{array}
$$

5-磷酸木酮糖　　　　5-磷酸核糖　　　　3-磷酸甘油醛　　7-磷酸景天庚酮糖

(3) 转醛酶所催化的反应:在转醛酶(transaldolase)催化下,7-磷酸景天庚酮糖将二羟丙酮基团转移给 3-磷酸甘油醛,生成四碳糖和六碳糖。

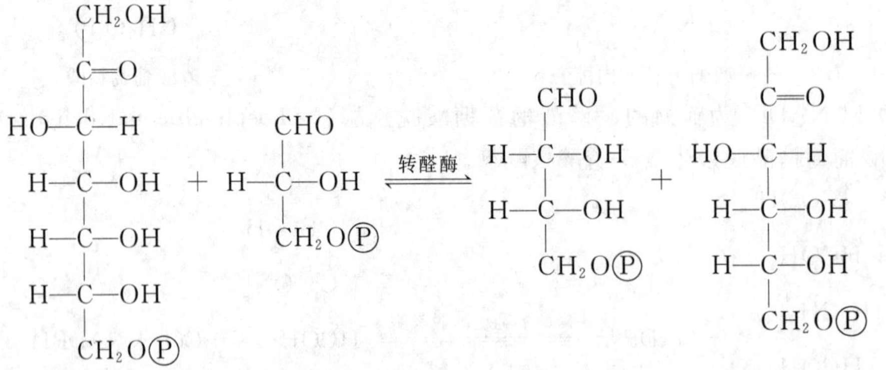

$$
\begin{array}{c}CH_2OH\\ |\\ C{=}O\\ |\\ HO{-}C{-}H\\ |\\ H{-}C{-}OH\\ |\\ H{-}C{-}OH\\ |\\ H{-}C{-}OH\\ |\\ CH_2O\text{Ⓟ}\end{array}
+
\begin{array}{c}CHO\\ |\\ H{-}C{-}OH\\ |\\ CH_2O\text{Ⓟ}\end{array}
\overset{\text{转醛酶}}{\rightleftharpoons}
\begin{array}{c}CHO\\ |\\ H{-}C{-}OH\\ |\\ H{-}C{-}OH\\ |\\ CH_2O\text{Ⓟ}\end{array}
+
\begin{array}{c}CH_2OH\\ |\\ C{=}O\\ |\\ HO{-}C{-}H\\ |\\ H{-}C{-}OH\\ |\\ H{-}C{-}OH\\ |\\ CH_2O\text{Ⓟ}\end{array}
$$

7-磷酸景天庚酮糖　　3-磷酸甘油醛　　　4-磷酸赤藓糖　　　　6-磷酸果糖

(4) 四碳糖的转变:4-磷酸赤藓糖并不积存在体内,而是与另 1 分子的木酮糖进行作用,由转酮酶(transketolase)催化将木酮糖的羟乙醛基团转移给赤藓糖,生成 6-磷酸果糖和 3-磷酸甘油醛。

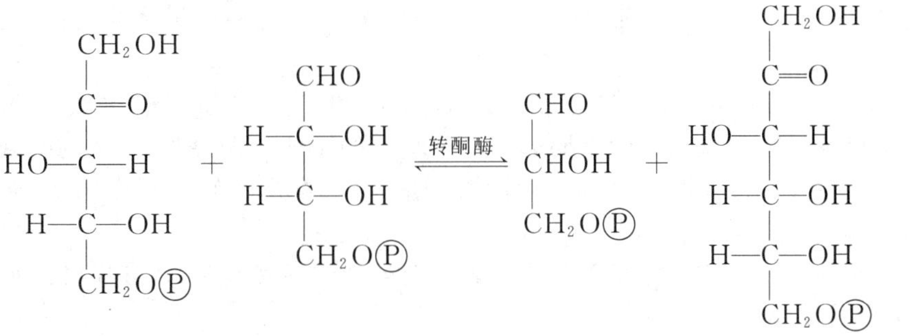

CH_2OH		CHO		CHO		CH_2OH
C=O		H—C—OH		CHOH		C=O
HO—C—H	+	H—C—OH	$\xrightleftharpoons{\text{转酮酶}}$	CH_2OⓅ	+	HO—C—H
H—C—OH		CH_2OⓅ				H—C—OH
CH_2OⓅ						H—C—OH
						CH_2OⓅ
5-磷酸木酮糖		4-磷酸赤藓糖		3-磷酸甘油醛		6-磷酸果糖

2. 磷酸戊糖途径的化学计量与生物学意义

1）磷酸戊糖途径的化学计量

磷酸戊糖途径中生成的6-磷酸果糖可转变为6-磷酸葡萄糖，由此表明这个代谢途径具有循环的性质，即1分子6-磷酸葡萄糖每循环一次，只进行一次脱羧（放出1分子CO_2）和两次脱氢，形成2分子NADPH，即6-磷酸葡萄糖彻底氧化生成6分子CO_2，需要6分子6-磷酸葡萄糖同时参加反应，经过一次循环而生成5分子6-磷酸葡萄糖，其反应可概括如下。

氧化阶段：

$$6(\text{6-磷酸葡萄糖})+12NADP^+ +6H_2O \longrightarrow 6(\text{5-磷酸核酮糖})+6CO_2+12NADPH+12H^+$$

非氧化重排阶段：

$$6(\text{5-磷酸核酮糖})+H_2O \longrightarrow 5(\text{6-磷酸葡萄糖})+H_3PO_4$$

总反应式：

$$\text{6-磷酸葡萄糖}+12NADP^+ +7H_2O \longrightarrow 6CO_2+12NADPH+12H^+ +H_3PO_4$$

2）磷酸戊糖途径的生物学意义

(1) 该途径产生的还原型辅酶Ⅱ（NADPH），在脂肪酸、固醇等的生物合成，非光合细胞的硝酸盐、亚硝酸盐的还原，以及氨的同化、毒素和某些激素的羟化反应、维持谷胱甘肽（GSH）的还原状态等过程中起重要作用。

(2) 该途径可以产生各种磷酸单糖，为许多化合物的合成提供原料。如磷酸核糖是某些辅酶及核苷酸生物合成的必需原料，4-磷酸赤藓糖与磷酸烯醇式丙酮酸可合成莽草酸，经莽草酸途径可以合成芳香族氨基酸，还可合成与植物生长及抗病性有关的生长素、木质素、绿原酸、咖啡酸等。

(3) 该途径是从6-磷酸葡萄糖开始的、完整的、可单独进行的途径，与EMP-TCA途径的酶系统不同，因此当EMP-TCA途径受阻时，该途径可替代正常的有氧呼吸。再者，可以通过3-磷酸甘油醛及磷酸己糖等与糖酵解相互补充，以增加机体的适应能力。

(4) 该途径的反应起始物为6-磷酸葡萄糖，不需要ATP参与起始反应，因此磷酸戊糖循环可在低ATP浓度下进行。

(5) 该途径在不同物种及其器官组织中所占的比例不同。在动物、微生物中约占30%，动物骨骼肌中缺乏此途径，主要发生在生物合成旺盛组织和细胞中，如肾上腺、哺乳期乳腺、性腺、肝脏中。在许多植物中普遍存在，特别是在植物干旱、受伤时，该途径可占全部呼吸作用的50%以上。

(6) 该途径中的某些酶及一些中间产物如丙糖、丁糖、戊糖、己糖和庚糖等也是光合碳循环中的酶和中间产物，从而把光合作用与呼吸作用联系起来。

3）磷酸戊糖途径的调控

n_{NADP^+}/n_{NADPH}是控制磷酸戊糖途径运行强度的重要因素，当n_{NADP^+}/n_{NADPH}降低时，就会抑制该途径中限速酶——6-磷酸葡萄糖脱氢酶和6-磷酸葡萄糖酸脱氢酶的活性,反之激活限速酶,调控该途径的反应速率。

虽然如此,但调节磷酸戊糖途径主要是通过底物和产物浓度的变化来实现的。

(1) 当机体对5-磷酸核糖的需要远远超过对NADPH的需要时,大量的6-磷酸葡萄糖通过糖酵解途径转变为6-磷酸果糖和3-磷酸甘油醛,在转酮酶和转醛酶作用下,通过磷酸戊糖途径的逆反应生成5-磷酸核糖。

(2) 当机体对5-磷酸核糖和NADPH的需要处于平衡状态时,磷酸戊糖途径的氧化阶段处于优势,既提供NADPH,又提供5-磷酸核糖。

(3) 当机体对NADPH的需要远远超过对5-磷酸核糖的需要时,磷酸戊糖途径活跃,产生大量的NADPH用于生物合成,如脂肪酸的合成和糖异生等,5-磷酸核糖通过非氧化阶段转变和糖异生转变为6-磷酸葡萄糖重新进入磷酸戊糖途径。

(4) 当机体需要NADPH和ATP,不需要5-磷酸核糖时,5-磷酸核糖全部转化为3-磷酸甘油醛和6-磷酸果糖,并沿着EMP-TCA途径产生大量ATP。

9.3 糖的合成代谢

糖类的合成代谢中,简单的有机物可以被转化为单糖如葡萄糖、半乳糖等,然后单糖再聚合在一起形成多糖如淀粉、糖原等。

9.3.1 糖异生作用

糖异生作用(gluconeogenesis)是指从简单的非糖前体物质如丙酮酸盐、甘油、乳酸盐和绝大多数氨基酸在内的化合物转变为葡萄糖的过程。凡能生成丙酮酸的物质都可以生成葡萄糖,如三羧酸循环的中间产物柠檬酸、异柠檬酸、α-酮戊二酸、琥珀酸、延胡索酸和苹果酸都可转变成草酰乙酸而进入糖异生途径。

大多数氨基酸是生糖氨基酸,它们可转变成丙酮酸、α-酮戊二酸、草酰乙酸等三羧酸循环的中间产物进入糖异生途径。

脂肪酸先经β-氧化作用生成乙酰辅酶A,2分子乙酰辅酶A经乙醛酸循环生成1分子琥珀酸,琥珀酸经三羧酸循环转变成草酰乙酸,再转变成磷酸烯醇式丙酮酸,最后经糖异生途径生成糖。

1. 生化历程

糖异生途径基本上是糖酵解或糖有氧氧化的逆过程,糖酵解通路中大多数的酶促反应是可逆的,但是糖酵解途径中己糖激酶(糖酵解反应①(表9-1))、磷酸果糖激酶(糖酵解反应③)和丙酮酸激酶(糖酵解反应⑩)三个限速酶催化的三个反应过程,都有相当大的能量变化。因为己糖激酶和磷酸果糖激酶所催化的反应都要消耗ATP而释放能量,丙酮酸激酶催化的反应使磷酸烯醇式丙酮酸转移其能量及磷酸基生成ATP,这些反应的逆过程就需要吸收相等量的能量,因而构成“能障”,为越过障碍,实现糖异生,这些步骤将被别的旁路反应所代替,由另外不同的酶来催化其逆行过程,从而绕过各自能障。糖异生的全过程如图9-16所示。

糖异生对糖酵解的不可逆过程采用的旁路反应包括三个部分。

(1) 由丙酮酸激酶催化的逆反应,可由两步反应来完成。

首先由丙酮酸羧化酶(pyruvate carboxylase)催化,将丙酮酸转变为草酰乙酸,然后由磷酸烯醇式丙酮酸羧激酶(phosphoenolpyruvate carboxy kinase)催化,由草酰乙酸生成磷酸烯醇式丙酮酸。

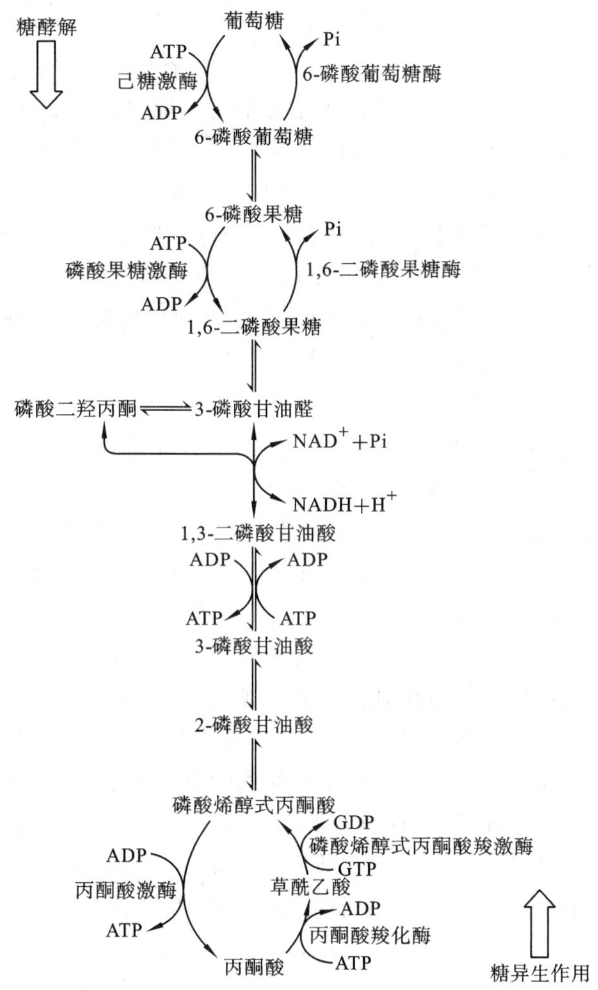

图 9-16　糖异生与糖酵解过程的比较

丙酮酸羧化酶是一种别构蛋白，分子量为 660000 的四聚体，需要乙酰辅酶 A 作为活化剂，以生物素为辅酶。由于此酶仅存在于线粒体内，细胞质中的丙酮酸必须先进入到线粒体中，才能羧化生成草酰乙酸。磷酸烯醇式丙酮酸羧激酶在线粒体和细胞质中都存在，因此草酰乙酸可在线粒体中直接转变为磷酸烯醇式丙酮酸再进入细胞质中，也可在细胞质中被转变为磷酸烯醇式丙酮酸。丙酮酸先转变为草酰乙酸再转变为磷酸烯醇式丙酮酸的反应如下。

$$\begin{matrix}CH_3\\|\\C=O\\|\\COOH\end{matrix} \xrightarrow[\text{ATP}\quad \text{ADP}\quad \text{Pi}]{CO_2} \begin{matrix}COOH\\|\\H_2C\\|\\C=O\\|\\COOH\end{matrix} \xrightarrow[\text{GTP}\quad \text{GDP}\quad \text{Pi}]{CO_2} \begin{matrix}CH_2\\\|\\C-O\sim Ⓟ\\|\\COOH\end{matrix}$$

丙酮酸羧化酶（辅酶：生物素）　　　　磷酸烯醇式丙酮酸羧激酶

丙酮酸　　　　　　草酰乙酸　　　　　　磷酸烯醇式丙酮酸

（2）磷酸果糖激酶所催化的逆反应由 1,6-二磷酸果糖酶催化，将 1,6-二磷酸果糖水解脱去一个磷酸基，生成 6-磷酸果糖。

$$1,6\text{-二磷酸果糖} + H_2O \xrightarrow{1,6\text{-二磷酸果糖酶}} 6\text{-磷酸果糖} + H_3PO_4$$

(3) 己糖激酶所催化的逆反应由6-磷酸葡萄糖酶催化,将6-磷酸葡萄糖转变为葡萄糖。

$$6\text{-磷酸葡萄糖} + H_2O \xrightarrow{6\text{-磷酸葡萄糖酶}} \text{葡萄糖} + H_3PO_4$$

除上述反应以外,糖异生反应就是糖酵解途径的逆反应过程。因此,糖异生可总结为

$$2\text{丙酮酸} + 4ATP + 2GTP + 2NADH + 2H^+ + 6H_2O \longrightarrow$$
$$\text{葡萄糖} + 4ADP + 2GDP + 2NAD^+ + 6Pi$$

在糖异生过程中,总共消耗4分子ATP和2分子GTP才能使2分子丙酮酸形成1分子葡萄糖,其中2分子ATP和2分子GTP克服由2分子丙酮酸形成2分子高能磷酸烯醇式丙酮酸的"能障",另外2分子ATP用于磷酸甘油酸激酶(糖酵解反应⑦)催化反应的可逆反应。这比糖酵解净生成的ATP多用了4分子ATP。

2. 糖异生的重要意义

糖异生作用是生物合成葡萄糖的一个重要途径,通过此过程可将糖酵解产生的乳酸、脂肪分解产生的甘油,以及脂肪酸及生糖氨基酸等中间产物重新转化成糖。

(1) 保证血糖浓度的相对恒定。血糖绝大多数情况下都是葡萄糖。人体空腹静脉血糖正常值为3.89~6.11 mmol/L,即使禁食数周,血糖浓度仍可保持在3.40 mmol/L左右,这对保证某些主要依赖葡萄糖供能的体内各器官和组织具有重要意义。实验证明,禁食12~24小时后,肝糖原耗尽,糖异生显著增强,成为血糖的主要来源,维持血糖水平正常。

(2) 回收乳酸分子中的能量,防止乳酸中毒。剧烈运动时,肌糖原酵解产生大量乳酸,部分乳酸由尿排出,但大部分经血液运到肝脏,在肝脏通过糖异生作用将酸性的乳酸转变为中性的肝糖原和葡萄糖,防止了酸中毒,同时合成的葡萄糖又回到血液随血流供应肌肉和脑的需要。这个循环过程称为乳酸循环,也称科里循环(Cori cycle),以纪念其发现者卡尔·科里(Carl F. Cori)和盖蒂·科里(Gerty Cori),循环途径如图9-17所示。所以糖异生途径对乳酸分子中能量的再利用、肝糖原的更新、补充肌肉消耗的糖及防止乳酸中毒都有一定的意义。

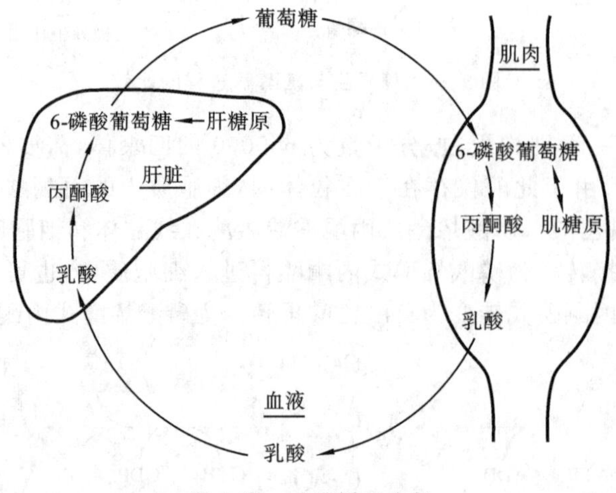

图9-17 乳酸循环途径

(3) 在种子萌发时,储藏性的脂肪与蛋白质可以经过糖异生作用转变成糖类,一般以蔗糖为主,因为蔗糖可以运输,可供种子萌发及幼苗生长的需要。葡萄糖异生作用虽不是植物的普遍特征,但在很多幼苗的代谢中却占优势。油料作物种子萌发时,由脂肪异生成糖的反应尤其强烈。

3. 糖异生的调节

在细胞生理浓度下，糖异生和糖酵解两条途径的各种酶并非同时具有高活性，它们之间的作用是相互配合的。糖异生的限速酶主要有以下4个：丙酮酸羧化酶、磷酸烯醇式丙酮酸羧激酶、1,6-二磷酸果糖酶、6-磷酸葡萄糖酶。有许多酶的别构效应物(allosteric effector)在保持相反途径的协调作用中起着重要的作用。

1）糖异生原料的调节作用

血浆或肝细胞内甘油、氨基酸、乳酸及丙酮酸等糖异生的原料增多时，糖异生作用增强。

2）酶活性的调节

乙酰辅酶A是线粒体丙酮酸羧化酶的正效应物，决定了丙酮酸代谢的方向。脂肪酸氧化分解产生大量的乙酰辅酶A可以反馈抑制丙酮酸脱氢酶复合体的活性，使丙酮酸大量蓄积，为糖异生提供原料，同时又可激活丙酮酸羧化酶，加速丙酮酸生成草酰乙酸，使糖异生作用增强。此外，乙酰辅酶A与草酰乙酸缩合生成柠檬酸由线粒体内透出而进入细胞质中，可以抑制磷酸果糖激酶，增强1,6-二磷酸果糖酶活性，促进糖异生。

ATP可抑制磷酸果糖激酶及丙酮酸激酶，激活1,6-二磷酸果糖酶，而ADP和AMP的作用正好与ATP相反，故ATP能促进糖异生，ADP与AMP则抑制糖异生。

3）激素调节

激素调节糖异生作用对维持机体的恒稳状态十分重要，激素对糖异生调节实质是调节糖异生和糖酵解这两个途径的调节酶，以及控制供应肝脏的脂肪酸。胰高血糖素(glucagon)可以促进脂肪组织分解脂肪，增加血浆脂肪酸，所以促进糖异生，而胰岛素(insulin)的作用则正好相反。胰高血糖素和胰岛素都可通过影响肝脏酶的磷酸化修饰状态来调节糖异生作用。胰高血糖素激活腺苷酸环化酶以产生cAMP，也就激活依赖于cAMP的蛋白激酶A(cyclic-AMP dependent protein kinase A)，后者使丙酮酸激酶发生磷酸化而受到抑制，从而阻止磷酸烯醇式丙酮酸向丙酮酸转变，刺激糖异生途径。此外，胰高血糖素还可造成磷酸果糖激酶活性下降，使1,6-二磷酸果糖酶活性增高，促进1,6-二磷酸果糖转变为6-磷酸果糖，有利于糖异生，而胰岛素的作用正好相反。

除上述胰高血糖素和胰岛素对糖异生和糖酵解的快速调节，它们还分别诱导或阻遏糖异生和糖酵解的调节酶，较高的$n_{胰高血糖素}/n_{胰岛素}$，将诱导磷酸烯醇式丙酮酸羧激酶、1,6-二磷酸果糖酶等糖异生酶的大量合成，而阻遏葡萄糖激酶和丙酮酸激酶的合成。

9.3.2 光合作用

绿色植物(包括光合细菌)利用自身的光合色素(叶绿素等)吸收光能，在叶绿体内经一系列酶的催化，将无机的二氧化碳和水转变成糖类，同时将光能转化成化学能储存在糖中并释放氧气的过程称作光合作用(photosynthesis)。

光合作用是生物界中规模最大的有机合成过程，生物界所利用的自由能最根本的来源是太阳能。通过光合作用使太阳能转变为化学能储存于糖类中，每年约为8.36×10^{18} kJ，放出的氧气约5.35×10^{14} kg，同化的碳素约2×10^{14} kg。

光合作用不仅是植物体内最重要的生命活动过程，也是地球上最重要的化学反应过程。地球上几乎所有的有机物质都直接或间接地来源于光合作用，如目前最重要的矿物燃料——石油和煤就是古代动、植物经久远的地质过程而形成的。光合作用是目前唯一知道的通过分解水产生氧气的生物过程。原始的地球大气中并没有氧气，目前的大气环境是在光合作用产生后经过亿万年的漫长过程逐步形成的。现在的生物种类大多数依赖于氧,从这个意义上说,没有光合作用就没有目前的生命形式。

光合作用分为两个阶段:一是光合色素吸收光能经光合电子传递链生成同化力和能量——NADPH+ATP;二是通过 C_3 循环将二氧化碳和水合成糖。光合作用可分为光反应(类囊体反应)和暗反应(碳固定反应)。在光反应中,植物吸收光能形成同化力,由于反应都是在叶绿体中的类囊体上进行的,故称为类囊体反应。光反应有如下特点。

(1) 叶绿素吸收光能并将光能转化为电能,即造成从叶绿素分子开始的电子流动。

(2) 在电子流动过程中,通过氢离子的化学渗透,形成了 ATP,电能被转化为化学能。

(3) 一些由叶绿素捕获的光能还被用于水的裂解,又称为水的光解,氧气从水中被释放出来。

(4) 电子沿传递链最终达到最终电子受体 $NADP^+$,同时一个来源于水的氢质子被结合,形成了还原型的 NADPH,电能又再一次被转化为化学能,并储存于 NADPH 中。

在暗反应中,植物利用光反应中生成的同化力固定二氧化碳,通过卡尔文循环(Calvin cycle)等形成有机物,其主要形式是糖,反应场所为叶绿体内的基质,循环途径如图 9-18 所示。

卡尔文循环可分为三个阶段:羧化、还原和二磷酸核酮糖的再生。大部分植物会将吸收到的 1 分子二氧化碳通过 1,5-二磷酸核酮糖羧化酶(ribulose-1,5-bisphosphate carboxylase, RuBPCase)的作用整合到一个五碳糖分子 1,5-二磷酸核酮糖羧化酶/加氧酶的第二位碳原子

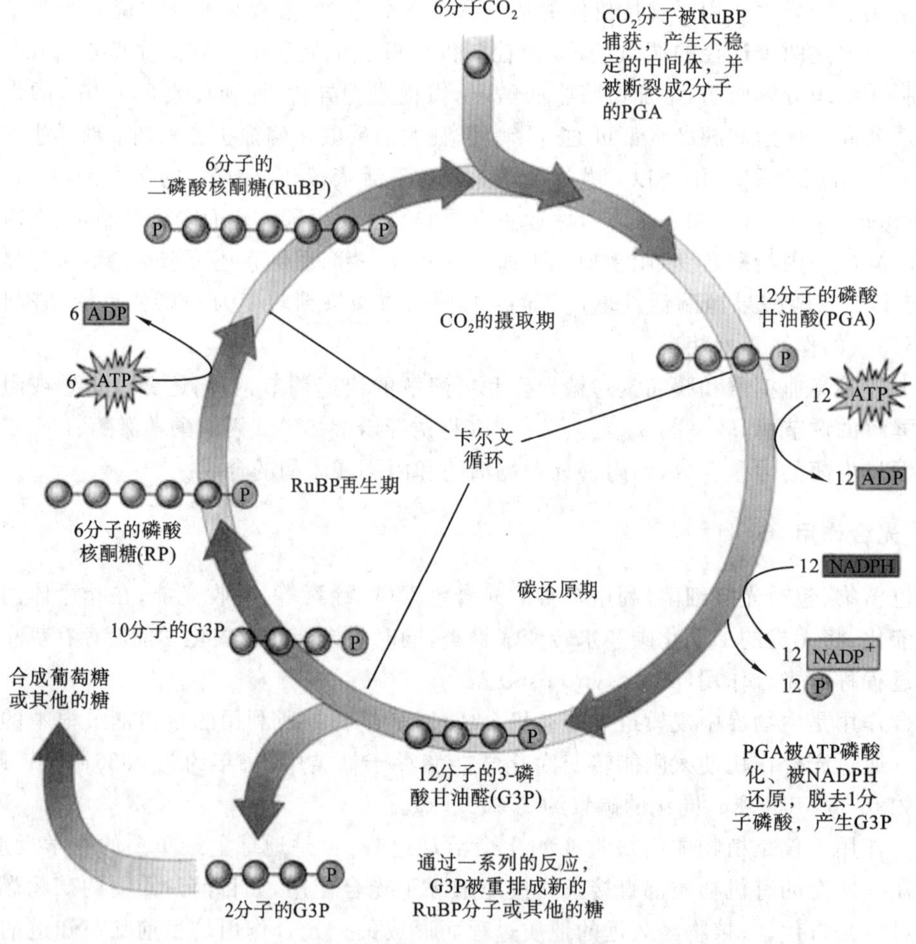

图 9-18 卡尔文循环示意图

上，此过程也称为二氧化碳的固定，这一步反应的意义是将原本并不活泼的二氧化碳分子活化，使之随后能被还原。但这种六碳化合物极不稳定，会立刻分解为2分子的三碳化合物3-磷酸甘油酸(PGA)，后者被光反应中生成的 $NADPH+H^+$ 还原，此过程需要消耗ATP。最后经过一系列复杂的生化反应，一个碳原子将会被用于合成葡萄糖而离开循环，剩下的五个碳原子最后再生成一个1,5-二磷酸核酮糖，循环重新开始，如此循环运行六次，生成一分子的葡萄糖。卡尔文循环总反应为

$$6CO_2+18ATP+12NADPH+12H^++12H_2O \longrightarrow C_6H_{12}O_6+18ADP+18Pi+12NADP^+$$

或
$$CO_2+3ATP+2NADPH+2H^++2H_2O \longrightarrow (CH_2O)+3ADP+3Pi+2NADP^+$$

由上可见，在光合作用的卡尔文循环中，每同化1分子 CO_2，需要消耗3分子ATP和2分子的NADPH。

9.3.3 蔗糖的合成

现在已知蔗糖的合成可能有以下几条途径。

1. 磷酸蔗糖合酶(sucrose phosphate synthase)途径

在高等植物、动物体内，游离的单糖不能参与双糖和多糖的合成反应，延长反应中提供的单糖基必须是活化的糖供体，这种活化的糖是糖核苷酸，即糖与核苷酸结合的化合物。糖核苷酸的作用是作为双糖或多糖，甚至是糖蛋白等复合糖合成过程中参与延长单糖基的活化形式或供体。最早发现的糖核苷酸是尿苷二磷酸葡萄糖(uridine diphosphate glucose，UDPG)。

磷酸蔗糖合酶途径存在于光合组织的细胞质中，被认为是植物合成蔗糖的主要途径。磷酸蔗糖合酶属于转移酶类，它利用UDPG作为葡萄糖的供体，以6-磷酸果糖作为葡萄糖的受体，反应产物是6-磷酸蔗糖，再通过蔗糖磷酸酯酶 (sucrose phosphatase)将磷酸蔗糖水解成蔗糖。

$$\text{UDPG}+6\text{-磷酸果糖} \xrightleftharpoons{\text{磷酸蔗糖合酶}} 6\text{-磷酸蔗糖}+\text{UDP}$$

$$6\text{-磷酸蔗糖}+H_2O \xrightleftharpoons{\text{蔗糖磷酸酯酶}} \text{蔗糖}+H_3PO_4$$

磷酸蔗糖合酶催化的反应虽是可逆的，但由于生成的6-磷酸蔗糖发生水解，故其总反应是不可逆的，即朝合成蔗糖的方向进行。

2. 蔗糖合酶(sucrose synthase)途径

蔗糖合酶又名UDP-D-葡萄糖:D-果糖-α-葡萄糖基转移酶(UDP-D-glucose:D-fructose α-glucosyl transferase)，属于转移酶类，可催化糖基转移。它能利用UDPG作为葡萄糖的供体，与果糖合成蔗糖，反应如下：

$$\text{UDPG}+\text{果糖} \xrightleftharpoons{\text{蔗糖合酶}} \text{UDP}+\text{蔗糖}$$

在非光合组织中，蔗糖合酶活性较高，并且这种酶对UDPG并不是专一性的，也可利用其他的核苷二磷酸葡萄糖(如ADPG、TDPG、CDPG和GDPG)作为葡萄糖的供体。

3. 蔗糖磷酸化酶(sucrose phosphorylase)途径

1943年迈克尔·杜德洛夫(Michael Doudoroff)等人在嗜糖假单胞菌(*Pseudomonas saccharophila*)的细胞中提取得到蔗糖磷酸化酶，当有无机酸存在时，该酶可以将蔗糖分解为1-磷酸葡萄糖和果糖，并且这是一种可逆反应，其反应过程如下：

$$\text{蔗糖}+\text{Pi} \xrightleftharpoons{\text{蔗糖磷酸化酶}} 1\text{-磷酸葡萄糖}+\text{果糖}$$

蔗糖磷酸化酶途径是微生物中蔗糖合成的途径，在高等植物中至今未能发现这种合成蔗糖的途径。

9.3.4 糖原的合成

糖原(glycogen)是动物体内糖的储存形式,肝和肌肉是储存糖原的主要组织器官,但肝糖原和肌糖原的生理意义有很大的不同。肌糖原主要供肌肉收缩时能量的需要,肝糖原是血糖的重要来源,这对一些依赖葡萄糖作为能量来源的组织如脑尤为重要。

糖原是由葡萄糖失水缩合而得到的,结构与支链淀粉相似,分子中的葡萄糖基通过 α-1,4-糖苷键聚合成链,而分支处由 α-1,6-糖苷键连接,如图 9-19 所示。糖原与支链淀粉在结构上的主要区别在于,糖原大多 8～12 个葡萄糖基就有一个分支,且分支有 12～18 个葡萄糖分子,而支链淀粉一般是每隔 24～30 个葡萄糖基才有一个分支。

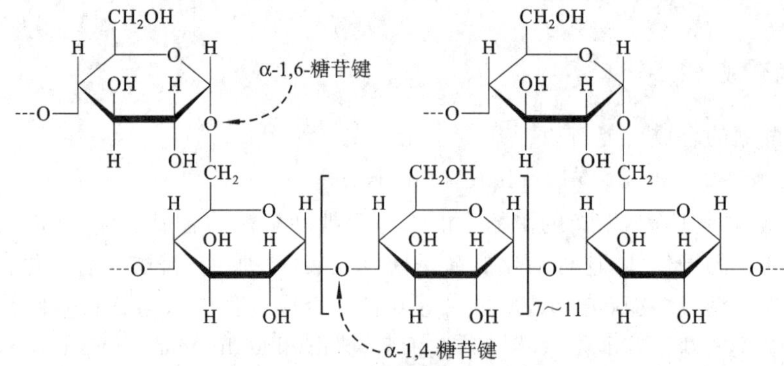

图 9-19 糖原结构段示意图

由葡萄糖(包括少量果糖和半乳糖)合成糖原的过程称为糖原合成,反应在细胞质中进行,需要消耗 ATP 和 UTP。催化糖原合成的酶主要有三个:UDP-葡萄糖焦磷酸化酶(UDP-glucose pyrophosphorylase)、糖原合酶(glycogen synthase)和糖原分支酶(glycogen-branching enzyme),其中糖原合酶是糖原合成过程中的限速酶。合成反应包括以下几个步骤。

1. 葡萄糖活化与碳链延长

由 UDP-葡萄糖焦磷酸化酶催化,将 1-磷酸葡萄糖与 UTP 分子合成为 UDP-葡萄糖(UDPG)。糖原碳链的延长由糖原合酶催化实现,但糖原合酶不能从头合成第一个糖分子,至少需要含 4 个葡萄糖残基的 α-1,4-多聚葡萄糖作为引物(primer),在其非还原性末端与UDPG反应,UDPG 上的葡萄糖基 C_1 与糖原分子非还原性末端 C_4 形成 α-1,4-糖苷键,使糖原增加一个葡萄糖单位,如图 9-20 所示。

UDPG 是糖原合成中的葡萄糖基供体,反应过程中消耗 UTP,故糖原合成是耗能过程。此外,糖原合酶只能在现有糖原(糖原引物)上延长糖链,且只能催化 α-1,4-糖苷键的生成,因此该酶只能催化小分子糖原合成大分子糖原,产物只能是含 α-1,4-糖苷键的直链分子。

2. 糖原支链的形成

糖原支链的形成需要糖原分支酶的催化。糖原分支酶属于葡萄糖苷转移酶,它可将直链型糖链转变成分支型多糖链,有人将来源于植物的分支酶称为 Q-酶(Q-enzyme),来源于动物的称为分支因子(branching factor)。

当糖原碳链延长至 12～18 个葡萄糖基长度时,由糖原分支酶将非还原端 6～7 个葡萄糖基处的 α-1,4-糖苷键断开,转移到相近的糖链上,以 α-1,6-糖苷键连接形成分支糖链,如图 9-21所示。其非还原性末端可继续由糖原合酶催化进行糖链的延长。

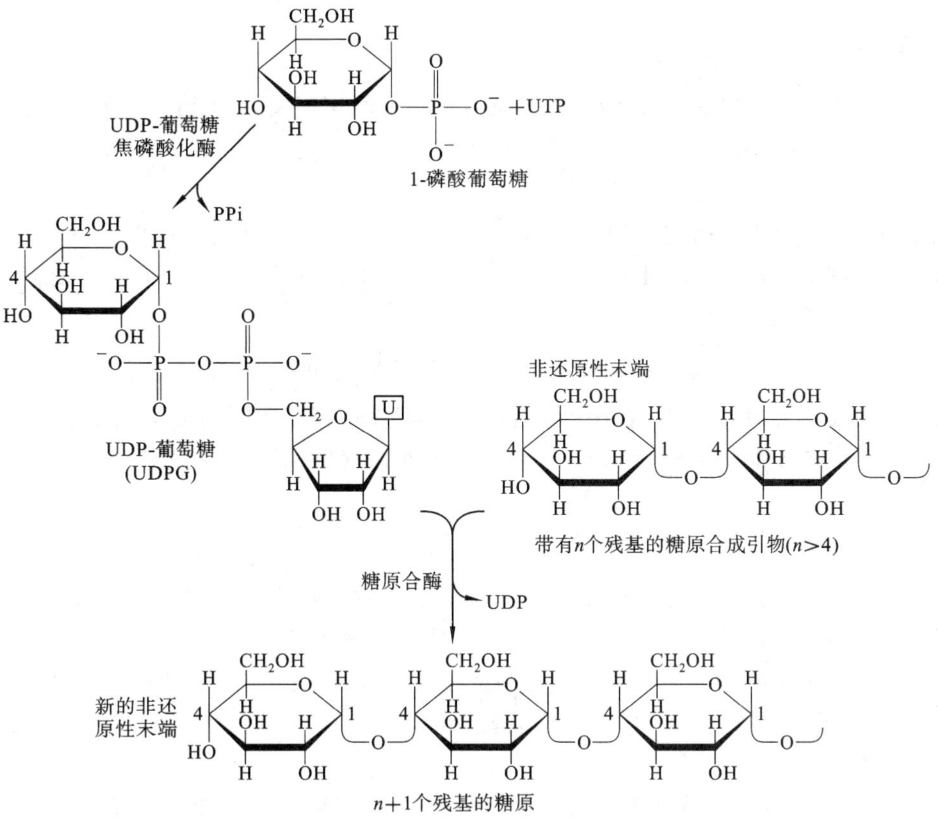

图 9-20　UDPG 合成和碳链延长

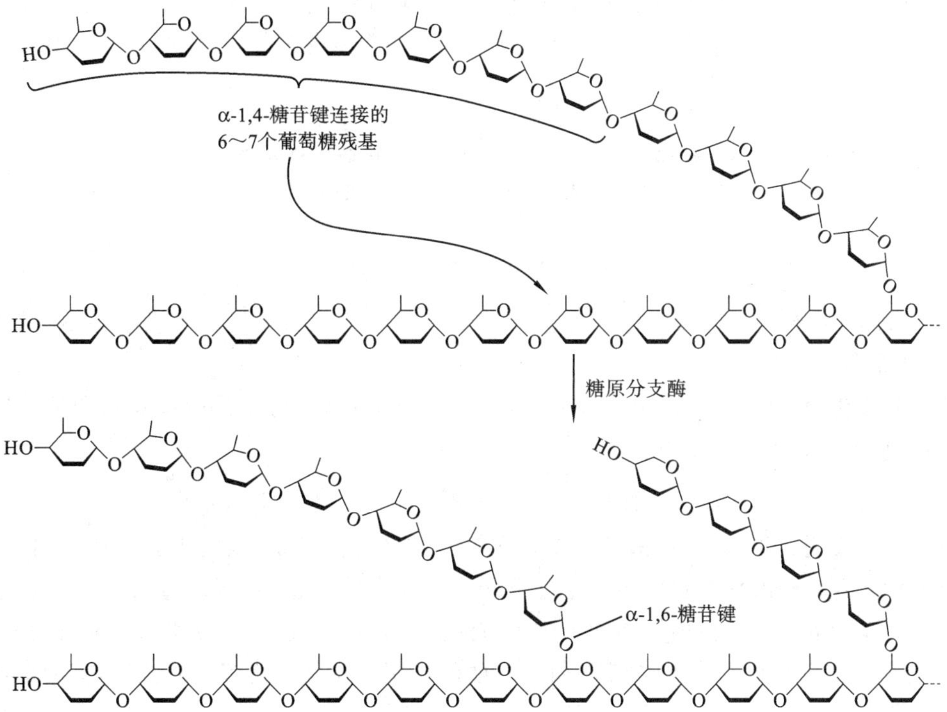

图 9-21　糖原支链的形成

9.3.5 淀粉的合成

淀粉可分为直链淀粉和支链淀粉,其生物合成途径既相互关联,又有所差异。

1. 直链淀粉的合成

1) 淀粉合酶

现在普遍认为生物体内淀粉的合成是由淀粉合酶催化的。合成第一步是在1-磷酸葡萄糖腺苷酰基转移酶(glucose-1-phosphate adenylyl transferase)催化下,1-磷酸葡萄糖与ATP先合成腺苷二磷酸葡萄糖(ADPG)。

$$1\text{-磷酸葡萄糖}+\text{ATP}\xrightleftharpoons{\text{酰基转移酶}}\text{ADPG}+\text{PPi}$$

第二步由淀粉合酶(starch synthase)催化完成,该酶不能形成淀粉分支点处的α-1,6-糖苷键,它将ADPG中的葡萄糖基转移到α-1,4-糖苷键连接的葡聚糖(引物)上,使链延长了一个葡萄糖单位。

$$\text{ADPG}+(\text{葡萄糖})_n\xrightarrow{\text{淀粉合酶}}\text{ADP}+(\text{葡萄糖})_{n+1}$$

这个反应重复下去,便可使淀粉链不断地延长。引物的功能是作为ADPG中葡萄糖基的受体,转移来的葡萄糖基结合在引物的C_4非还原性末端的羟基上。

ADPG反应是植物和微生物中合成淀粉的主要途径,除此之外,还可通过UDPG反应进行淀粉的合成,但其效率比ADPG合成反应要低得多。

2) D-酶

D-酶(D-enzyme)是一种糖苷基转移酶,作用于α-1,4-糖苷键,它能将一个麦芽糖残基转移到葡萄糖、麦芽糖或其他有α-1,4-糖苷键的多糖上,起加成作用,故又称为加成酶。例如,D-酶作用在两个麦芽三糖分子上,就能形成麦芽五糖和葡萄糖的混合物,即一个麦芽糖残基从一个麦芽三糖分子中脱离出来作为供体,而加到另一个麦芽三糖分子(受体)上,其反应如图9-22所示。

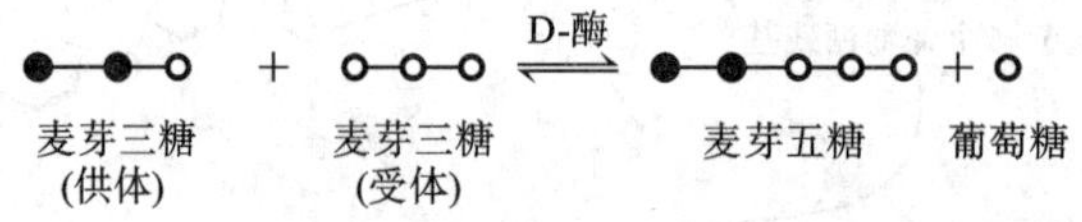

图 9-22 D-酶作用示意图

D-酶的存在,有利于葡萄糖转变为麦芽多糖,为直链淀粉延长反应提供了必要的引物。

3) 淀粉磷酸化酶

淀粉磷酸化酶(starch phosphorylase)广泛存在于生物界,动物、植物、酵母和某些细菌中都有存在,它催化以下可逆反应:

$$1\text{-磷酸葡萄糖}+\text{引物}\xrightleftharpoons{\text{淀粉磷酸化酶}}\text{淀粉}+H_3PO_4$$

以上反应表明:当只有1-磷酸葡萄糖存在时,淀粉磷酸化酶不能催化其形成淀粉,需要加入少量引物。淀粉磷酸化酶在离体的条件下催化的反应是可逆的,所以过去有人认为这是植物体内合成淀粉的反应。但由于植物细胞内磷酸浓度较高,不适宜反应朝向合成方向进行,所以目前有研究人员提出,在细胞内淀粉磷酸化酶的作用主要是催化淀粉的分解,淀粉合成主要由其他酶来完成。

2. 支链淀粉的合成

由于淀粉合酶只能合成 α-1,4-糖苷键连接的直链淀粉,不能合成淀粉分支点处的 α-1,6-糖苷键,故支链淀粉分支处的 α-1,6-糖苷键需要另外的酶来完成。在植物中,它是在淀粉分支酶(starch branching enzyme)(也称为 Q-酶)的作用下形成的。Q-酶具有双重功能:既能催化直链淀粉 α-1,4-糖苷键的断裂,又能催化 α-1,6-糖苷键的连接。它能够从直链淀粉的非还原性末端切下一个 6～7 个糖残基的寡聚糖片段,将其转移到同一或另一直链淀粉链的一个葡萄糖残基的 6-羟基上,形成一个 α-1,6-糖苷键,即形成一个分支,如图 9-23 所示。在淀粉合酶和 Q-酶的共同作用下便合成了支链淀粉。

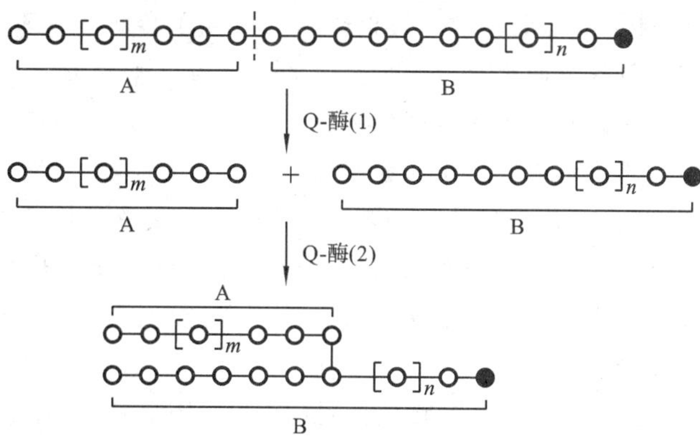

图 9-23　Q-酶作用下支链淀粉的形成

阅读性材料

克氏循环假说

克氏循环假说由汉斯·克雷布斯(Hans A. Krebs)等人提出。Krebs(1900—1981),英籍德裔生物化学家,犹太教徒,1925 年在汉堡大学获医学博士学位,1932 年入德国 Freiburg 大学医学院任教,在此期间,他与同事利用大鼠肝切片做体外实验,发现在供能的条件下,可由 CO_2 和氨合成尿素。若在反应体系中加入少量的精氨酸、鸟氨酸或瓜氨酸可加速尿素的合成,而这种氨基酸的含量并不减少,为此,Krebs 等人提出了鸟氨酸循环(ornithine cycle)学说。因德国纳粹迫害,1935 年 Krebs 转入英国 Sheffield 大学,1937 年,他和同事利用鸽子胸肌(在飞行中有相当高的呼吸频率,因此特别适合于氧化过程的研究)的组织悬液,测定了在不同的有机酸作用下,丙酮酸氧化过程中的耗氧率,首次提出在动物组织中丙酮酸氧化途径的假说。在随后的实验观察和进一步研究成果的基础上,Krebs 等人又提出了克氏循环(Krebs cycle,又称三羧酸循环或柠檬酸循环)。现在 Krebs cycle 已被公认为是营养物分解代谢的必经途径,并被公认为代谢研究的里程碑。1953 年,Krebs 凭借克氏循环假说与美国生化学家弗里茨·李普曼(Fritz A. Lipmann)一起荣获诺贝尔生理学或医学奖。

Hans Adolf Krebs

光合作用的早期研究

一、3个多世纪前的一项实验

早在1642年,比利时科学家范·海尔蒙特(Van Helmont)进行了一项著名的实验。他在一个用铁制成的花盆里栽种了一棵2.3 kg的柳树。栽种前,花盆里的泥土经过高温烘烤干燥后称重为90.8 kg。以后的5年中,他除了只给小树浇水外没有在铁花盆中添加任何物质,每年秋天柳树的落叶也没有称重和计算。5年后,他重新将柳树和泥土分开称重,发现柳树的质量变成了76.7 kg,而泥土烘干后的质量为90.7 kg,比原来仅减少了0.1 kg。Helmont宣布,柳树获得的74.4 kg物质包括树干、树皮、树根等只是来源于水。在当时来说,Helmont的实验非常精彩,尽管他对实验结果的部分解释是错误的。他当时不知道,74.4 kg物质除了部分来源于水以外,还主要来源于空气中的二氧化碳。

二、植物生长必须依赖于水、泥土、空气和阳光

首先提出气体对植物生长作贡献见解的不是化学家,而是显微镜专家。17世纪后半叶,由于显微镜的发明,一个英国人和一个意大利人几乎同时发现了植物叶片的气孔,他们认为,正是通过这些气孔,植物与空气相互发生着作用。18世纪中叶,科学家们正式得出结论,植物生长必须依赖于水、泥土和空气。

1770年,一名英国牧师约瑟夫·普里斯特利(Joseph Priestley)又进行了一项著名的实验,他将一只老鼠放在一个密封的大玻璃罩中,老鼠很快耗尽了其中的氧气,气绝身亡。Priestley将另一只老鼠放在另一个密封的大玻璃罩中,同时他还放入了一盆植物,这一次,老鼠在大玻璃罩中活得很自在。用一支蜡烛代替老鼠进行同样的实验,结果没有植物的密封大玻璃罩中蜡烛很快耗尽了其中的氧气后熄灭了;相反,放入了植物的密封大玻璃罩中的蜡烛一直没有熄灭。Priestley的实验证明,植物的光合作用可以放出氧气。当时Priestley的实验有时成功,但有时却未能重复上述结果,当时Priestley也不知道是什么原因。

10年后,荷兰的植物生理学家找到了Priestley实验有时失败的原因,他发现密封大玻璃罩中的植物需要在有光照射时才可以放出氧气,如果不提供足够的光照,实验就不可能成功。

今天我们已经知道,植物光合作用时吸收水和二氧化碳,合成有机质如葡萄糖等并放出氧气。当然,植物合成蛋白质、核酸和脂类还需要吸收一定量的氮、磷和其他元素,这正是Helmont实验时,泥土少了0.1 kg的原因。

三、氧气的来源

20世纪初,光合作用方程被解释为光将二氧化碳裂解成氧和碳,氧被释放到空气中,然后碳和水结合形成了糖类。这一错误的假设是如何被纠正的呢?

1930年,美国Stanford大学的研究生范·尼尔(C. B. Van Niel)研究光合作用时发现,细菌光合作用时吸收硫化氢和二氧化碳,同时放出硫和氧气。通过对比植物光合作用和细菌光合作用,Niel认为硫化氢和水是对应的,应具有相同的作用,既然硫可以来源于硫化氢,植物光合作用时放出的氧气一定来源于水。

10年以后,科学家用同位素示踪技术进一步证实了Niel的假设。该实验利用重氧组成的水$H_2{}^{18}O$进行光合作用实验,结果只在光合作用的产物氧气中检测到^{18}O。

习　　题

1. 名词解释

(1) 糖异生

(2) Q-酶

(3) 乳酸循环

(4) 发酵

(5) 别构调节

(6) 糖酵解途径

(7) 糖的有氧氧化

(8) 肝糖原分解

(9) 磷酸戊糖途径

2. 简答题

(1) 糖类物质在生物体内起什么作用?

(2) 为什么说三羧酸循环是糖类、脂类和蛋白质三大物质代谢的共同途径?

(3) 糖代谢和脂代谢是通过哪些反应联系起来的?

(4) 什么是乙醛酸循环? 有何意义?

(5) 磷酸戊糖途径有什么生理意义?

(6) 糖分解代谢可按 EMP-TCA 途径进行,也可按磷酸戊糖途径,决定因素是什么?

(7) 试说明丙氨酸的成糖过程。

(8) 糖酵解的中间产物在其他代谢中有何应用?

(9) 琥珀酰辅酶 A 主要来源和去向有哪些?

(10) 简述糖酵解的生物学意义。

(11) 糖酵解途径中发生的底物水平磷酸化反应有哪些?

(12) 试述糖酵解和有氧氧化途径中 ATP 的生成过程。

第10章 脂类代谢

引　　言

脂类是脂肪和类脂的总称，它是由脂肪酸与醇作用生成的酯及其衍生物。脂肪是甘油三酯(triglyceride，TG)，类脂包括磷脂(phospholipid，PL)、胆固醇酯(cholesterol ester，CE)、胆固醇(cholesterol，C)和糖脂(glycolipid，GL)等。脂类广泛存在于人体内，是高等动植物重要的能量来源。不同的组织所含脂类不一样，动物皮下和肠系膜中含脂肪多，神经组织中磷脂含量高。虽然它们在化学组成、理化性质、结构及生物功能上差异很大，但它们都有一个共同的性质，均不溶于水，溶于乙醚、氯仿等脂溶性溶剂。

脂类代谢包括一切脂质及其组分的代谢。其重要性在于以下几个方面。

(1) 脂肪是机体内重要的能源物质，每克脂肪的潜能比等量的蛋白质或糖高一倍以上。它在体内氧化可释放大量的能量以供机体利用。脂肪还可作为生物体的屏障，防止机体热量散失及组织和器官受损。

(2) 脂类是构成机体组织的结构成分，如磷脂是构成生物膜的重要组分，油脂是机体代谢所需燃料的储存和运输形式。同时，脂类作为细胞的表面物质，与细胞识别、物种特异性和组织免疫等有密切关系。

(3) 脂类物质可为动物机体提供溶解于其中的必需脂肪酸(如亚油酸、亚麻酸及花生四烯酸等)和脂溶性维生素。

(4) 固醇类物质是某些动物激素和维生素D及胆酸的前体。

(5) 脂类代谢与人类的某些疾病(如冠心病、脂肪肝、胆病、肥胖病等)有密切关系。

通过本章的学习，我们将掌握脂肪酸和甘油三酯的生物合成和分解，并了解复合脂类(如磷脂和糖脂)和脂质的某些分解产物(如固醇类)的代谢，以及它们在生物学上的重要性和最新发展情况。

学 习 目 标

(1) 以甘油三酯为对象弄清机体如何合成甘油和脂肪酸，甘油和脂肪酸又是如何合成甘油三酯的。

(2) 在理解甘油三酯生物合成途径后，进一步了解甘油和脂肪酸在机体内的主要分解途径。

(3) 明确线粒体酶系合成饱和脂肪酸的过程同脂肪酸β-氧化过程的关系。

(4) 理解脂肪酸的正常分解代谢途径后，应进而了解在何种情况下，脂肪酸在分解过程中可以产生大量酮体，酮体在体内累积过多时会引起什么后果。

(5) 了解胆固醇的合成与转化。

10.1 脂类概述

脂类(lipids)是甘油三酯和类脂的总称，是一类不溶于水而易溶于有机溶剂的有机化合物。甘油三酯也称三脂酰甘油，而类脂包括磷脂、糖脂、胆固醇及其酯等。

10.1.1 脂类在体内的分布

1. 储存脂

脂肪和类脂在体内的分布差异很大。脂肪是人体内含量最多的脂类，它主要分布于大网膜、皮下、脏器周围及肌纤维等处脂肪组织细胞中，这部分脂肪称为储存脂(depot lipid)。储存脂含量受机体营养状况及活动能量消耗等因素影响而增减，故又称为可变脂。

2. 固定脂

固定脂(fixed lipid)是指组成细胞的各种膜性结构(生物膜)中的类脂，常温下以液态或半固态形式存在，约占体重的5%。其含量不受营养状况和机体活动影响，因此称为固定脂，也称基本脂。

3. 脂肪酸

人体中的脂肪酸(fatty acid)多为无分支的具有偶数碳原子的脂肪族羧酸。按碳原子数目不同，可分为短链(2～4个碳原子)、中链(6～10个碳原子)及长链(12～26个碳原子)脂肪酸，人体内脂肪酸主要是各种长链脂肪酸。按是否含有双键可分为饱和脂肪酸和不饱和脂肪酸。

自然界中的脂肪酸有100多种。不饱和脂肪酸在植物体内和鱼油中含量较多，饱和脂肪酸在动物脂肪中含量较多。

10.1.2 脂类的分类

按组成的不同，通常将之分为三类。

1. 单纯脂(simple lipids)

单纯脂是脂肪酸和醇类所形成的酯，其中脂酰(基)甘油酯通称脂肪，是甘油的脂肪酸酯，而蜡则是高级醇的脂肪酸酯。

2. 复合脂(complex lipids)

复合脂中除醇类、脂肪酸外，还有其他物质。如甘油磷脂类，它含有脂肪酸、甘油、磷酸和某种含氮物质。又如鞘磷脂类，它是由脂肪酸、鞘氨醇或其衍生物、磷酸和某种含氮物质组成的。

3. 衍生脂(derived lipids)

如前列腺素、类异戊二烯、脂溶性维生素和甾醇等。

10.1.3 脂类的生理功能

甘油三酯是体内供给能量和储藏能量的重要物质。

类脂对于维持正常生物膜结构与功能是很重要的。类脂也是人体内重要生理活性物质的原料，如胆固醇可转变成性激素、肾上腺皮质激素、维生素 D_3 和胆汁酸等。磷脂和胆固醇是生物膜的组分。

多不饱和脂肪酸对生物膜的结构及功能具有重要作用。其中亚油酸、亚麻酸及二十碳四烯酸是人体必需而又不能自身合成的脂肪酸，必须依赖食物提供，故称为营养必需脂肪酸(essential fatty acid，EFA)。植物油中含有较多营养必需脂肪酸，故植物油的营养价值高于动物脂肪。

10.1.4 脂类的消化

食物中的脂类主要是甘油三酯和少量的磷脂、胆固醇及胆固醇酯等，脂类在体内的吸收首先需要经过酶消化作用。脂肪酶(lipase，LPS)广泛存在于动物、植物和微生物中。在人体内，小肠上段是脂类消化的主要场所，胆汁含有丰富的胆汁酸盐，胆汁酸盐将脂类乳化成细小微团，便于消化酶的消化。脂肪和类脂的消化产物有甘油单酯、脂肪酸、胆固醇和溶血磷脂等，这些产物在胆汁酸盐的作用下形成更小的混合微团，易于穿过小肠黏膜细胞表面的水屏障，被小肠黏膜细胞吸收。

1. 脂肪的酶促消化

甘油三酯(triglyceride，TG)、甘油二酯(diglyceride，DG)和甘油单酯(monoglyceride，MG)的α-酯键皆可被脂肪酶水解。甘油三酯首先被α-脂肪酶水解成α，β-甘油二酯，然后水解成β-甘油单酯，α-脂肪酶亦能水解β-甘油单酯的β-酯键(即C(2)上的酯键)，但作用很慢。β-酯键由另一酯酶水解成脂肪酸和甘油，其反应步骤如图10-1所示。

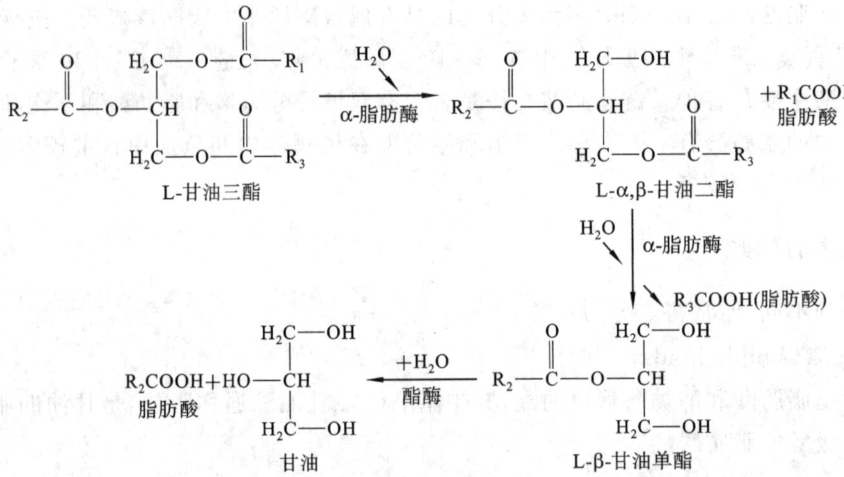

L-甘油三酯 (R_2—CO—O—CH，H_2C—O—CO—R_1，H_2C—O—CO—R_3) $\xrightarrow[\alpha\text{-脂肪酶}]{H_2O}$ L-α,β-甘油二酯 (R_2—CO—O—CH，H_2C—OH，H_2C—O—CO—R_3) + R_1COOH 脂肪酸

L-α,β-甘油二酯 $\xrightarrow[\alpha\text{-脂肪酶}]{H_2O}$ L-β-甘油单酯 (R_2—CO—O—CH，H_2C—OH，H_2C—OH) + R_3COOH(脂肪酸)

L-β-甘油单酯 $\xrightarrow[\text{酯酶}]{+H_2O}$ R_2COOH 脂肪酸 + 甘油 (HO—CH，H_2C—OH，H_2C—OH)

图 10-1 甘油三酯的水解

消化脂肪的酶主要是胰脏分泌的胰脂肪酶(pancreatic lipase)，胰脂肪酶在消化脂肪时，需要共脂肪酶(colipase)和胆汁酸盐的协同作用。因为胰脂肪酶必须吸附在乳化脂肪微团的水油界面上才能作用于微团内的脂肪，共脂肪酶是分子量较小的蛋白质，与胰脂肪酶形成1∶1复合物存在于胰液中，复合物能与胆汁酸盐及脂肪酶结合，并促使脂肪酶吸附在微团的水油界面上，因而增加胰脂肪酶的活性，促进脂肪的消化。

2. 简单脂类的酶促消化

胆固醇酯、乙酰胆碱等一元醇的酯称为简单酯。胆固醇酯酶可消化胆固醇酯，生成胆固醇和脂肪酸。胆碱酯酶(存在于血液和组织，特别是神经节细胞中)可消化乙酰胆碱，生成胆碱和乙酸。

10.1.5 脂类的吸收和传递

脂类在机体内的吸收和传递过程如图10-2所示。

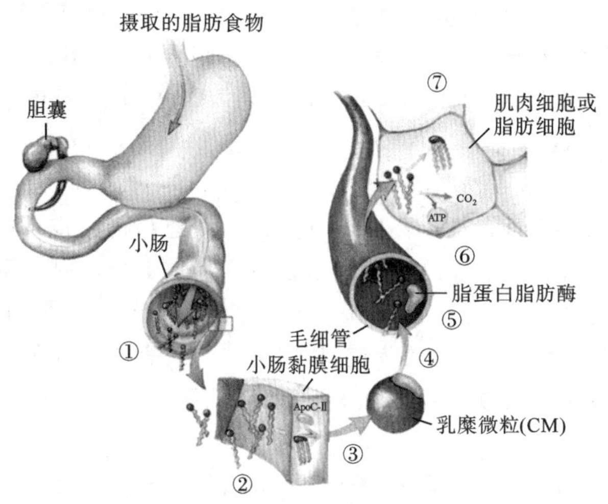

图10-2 脂类在机体内的吸收和传递

机体内脂类的吸收和传递主要经过以下几个步骤。

(1) 小肠可以吸收脂类的消化产物，包括脂肪酸、甘油、甘油单酯以及胆碱、部分消化的磷脂和胆固醇，而不被吸收的脂类则进入大肠被细菌分解。

(2) 短、中链脂肪酸或由其与甘油构成的甘油三酯，可直接被小肠黏膜细胞吸收，经门静脉进入肝脏。而甘油单酯、长链脂肪酸、甘油等被小肠黏膜细胞吸收后，在细胞内再酯化成甘油三酯。

(3) 重新酯化的甘油三酯及少量的磷脂、胆固醇等与载脂蛋白(apolipoprotein)结合成乳糜微粒(chylomicrons，CM)。

(4) 乳糜微粒通过淋巴系统和血液运输至组织。脂类由小肠进入淋巴的过程需要β-脂蛋白的参加，脂蛋白是血液中载运脂类的工具。

(5) 乳糜微粒在组织毛细血管中的脂蛋白脂肪酶(lipoprotein lipase，LPL)作用下形成脂肪酸和甘油。

(6) 脂肪酸进入细胞，甘油转运至肝脏和肾脏。

(7) 脂肪酸发生氧化或者再合成脂肪储存。

10.1.6 血脂

血脂是血浆中脂类物质的总称，它包括甘油三酯、胆固醇、胆固醇酯、磷脂和游离脂肪酸等。血脂有两个主要来源：一是外源性，食物脂类消化吸收进入血液；二是内源性，由肝、脂肪细胞和其他组织合成。临床上常用的血脂指标是甘油三酯和胆固醇，正常人空腹甘油三酯为10～150 mg/dL(平均100 mg/dL)，总胆固醇为150～250 mg/dL(平均200 mg/dL)。

10.1.7 血浆脂蛋白

1. 血浆脂蛋白的分离

血浆脂蛋白的分离方法主要有超速离心法和电泳法。

1) 超速离心法

超速离心法是根据各种脂蛋白在一定密度的介质中进行离心时,漂浮速率不同而进行分离的方法。脂蛋白包括相对密度不同的蛋白质和脂质,蛋白质含量高者,相对密度大;相反脂类含量高者,相对密度小。从低到高调整介质密度后超速离心,可依次将不同密度的脂蛋白分开。通常可将血浆脂蛋白分为乳糜微粒、极低密度脂蛋白(very low density lipoprotein, VLDL)、低密度脂蛋白(low density lipoprotein, LDL)和高密度脂蛋白(high density lipoprotein, HDL)等四大类。

2) 电泳法

由于血浆脂蛋白表面电荷量大小不同,在电场中,其迁移速率也不同,从而将血浆脂蛋白分为乳糜微粒、β-脂蛋白、前β-脂蛋白和α-脂蛋白等四种。α-脂蛋白中蛋白质含量最高,在电场作用下,电荷量大,分子量小,电泳速率最大,电泳在相当于α_1-球蛋白的位置。乳糜微粒中的蛋白质含量很低,98%是不带电荷的脂类,特别是甘油三酯含量最高,在电场中几乎不移动,所以停留在原点。为了取样方便,多以血清代替血浆。正常人空腹血清在一般电泳谱上无乳糜微粒。

电泳法分离的脂蛋白种类与超速离心法分离的脂蛋白种类相应关系如图 10-3 所示。

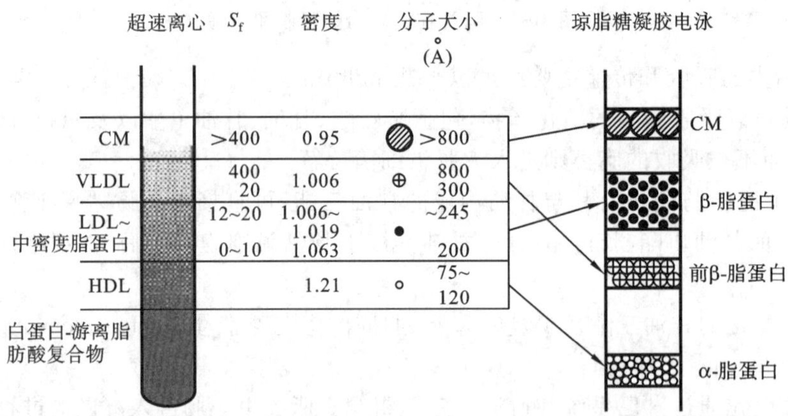

图 10-3 超速离心法与电泳法分离血浆脂蛋白的相应关系

2. 血浆脂蛋白的组成

血浆脂蛋白是由蛋白质、甘油三酯、磷脂、胆固醇及其酯组成的,各种脂蛋白中蛋白质及脂类组成的比例和含量各不相同。乳糜微粒含甘油三酯最多,高达 80%~95%,含蛋白质最少,仅约占 1%,其颗粒最大,密度最小。极低密度脂蛋白含甘油三酯达 50%~70%,但其蛋白质含量增多,约占 10%,密度变大。低密度脂蛋白含胆固醇及胆固醇酯最多,为 40%~50%。高密度脂蛋白含蛋白质最多,约占 50%,故密度最高,颗粒最小。

脂蛋白颗粒中的蛋白质部分称为载脂蛋白,现已发现有十多种,其中主要的有 APO-A、APO-B、APO-C、APO-D、APO-E 五类。不同脂蛋白所含载脂蛋白种类及数量均可不同。载脂蛋白可结合脂类,并稳定脂蛋白结构,从而完成其结合和转运脂类的功用。此外,某些载脂蛋白还有其特殊功能,如作为酶的激活剂、抑制剂、受体的配基等。

3. 血浆脂蛋白的结构

一般认为血浆脂蛋白都具有类似的结构,呈球状,在颗粒表面是极性分子,如蛋白质、磷脂,故具有亲水性;非极性分子如甘油三酯、胆固醇酯则藏于其内部。磷脂的极性部分可与蛋白质结合，非极性部分可与其他脂类结合，作为连接蛋白质和脂类的桥梁，使非水溶性的脂类固定在脂蛋白中。磷脂和胆固醇对维系脂蛋白的构型均具有重要作用。

4. 血浆脂蛋白的代谢

1) 乳糜微粒

在小肠黏膜细胞内，通过酯化作用生成的甘油三酯、磷脂及吸收的胆固醇，与载脂蛋白共同形成乳糜微粒。乳糜微粒经淋巴入血，运输到肝脏，进而被肝组织摄取利用。乳糜微粒的功能是运输外源性脂类（以甘油三酯为主）。

2) 极低密度脂蛋白（VLDL）

由肝细胞合成的甘油三酯、载脂蛋白以及磷脂、胆固醇等在肝细胞内共同组成 VLDL。此外，小肠黏膜细胞也能合成少量 VLDL。VLDL 被分泌入血时，其中的甘油三酯被水解，水解产物被肝外组织摄取利用，可见 VLDL 是运输肝合成的内源性甘油三酯的主要形式。

3) 低密度脂蛋白（LDL）

LDL 是在血浆中由 VLDL 转变而来的，它是转运内源性胆固醇的主要形式。VLDL 中的甘油三酯进一步水解，最后颗粒中脂类主要为胆固醇酯，载脂蛋白为 APO-B100。肝及肝外组织的细胞膜表面广泛存在 LDL 受体，可特异识别并结合含 APO-B100 的脂蛋白。当血浆中 LDL 与此受体结合时，受体将聚集成簇，内吞入胞内与溶酶体融合，进一步被降解。

4) 高密度脂蛋白（HDL）

HDL 是由肝和小肠黏膜细胞合成的，以肝为主。初合成后分泌入血的 HDL 称为新生 HDL，它可接受外周血中的胆固醇并将其酯化，逐步转变为成熟的 HDL。成熟的 HDL 可被肝细胞摄取利用。因此 HDL 的作用就是从肝外组织将胆固醇转运到肝内进行代谢。

5) 血浆脂蛋白异常

血浆脂蛋白代谢紊乱可以造成高脂蛋白血症（hyperlipoproteinemia），亦称高脂血症（hyperlipidemia），系血中脂蛋白合成与清除紊乱所致。这类病症可以是遗传性的，也可能是其他原因引起的，表现为血浆脂蛋白异常、血脂增高等。

10.2　脂肪氧化

体内的脂肪在甘油三酯脂肪酶、甘油二酯脂肪酶、甘油单酯脂肪酶的作用下消化生成甘油和脂肪酸，并进入血液，再被其他组织摄取利用的过程称为脂肪动员（fat mobilization）。其中甘油三酯脂肪酶是脂肪动员的限速酶，其活性受多种激素的调控，因此称它为激素敏感性脂肪酶（hormone sensitive triglyceride lipase，HSL）。肾上腺素、去甲肾上腺素、肾上腺皮质激素及胰高血糖素能激活甘油三酯脂肪酶，抑制脂肪的水解，同时促进脂肪的合成，这些激素称为脂解激素（lipolytic hormone）；相反，胰岛素可降低甘油三酯脂肪酶的活性，所以称它为抗脂解激素（anti-lipolytic hormone）。

10.2.1　甘油代谢

脂肪水解产生的甘油释放入血，被肝、肾及小肠黏膜细胞摄取，主要在甘油激酶（glycerol kinase）的作用下生成 α-磷酸甘油，再脱氢生成磷酸二羟丙酮，磷酸二羟丙酮进入糖氧化分解途径，或通过糖异生转化成葡萄糖或糖原，其代谢途径如图 10-4 所示。

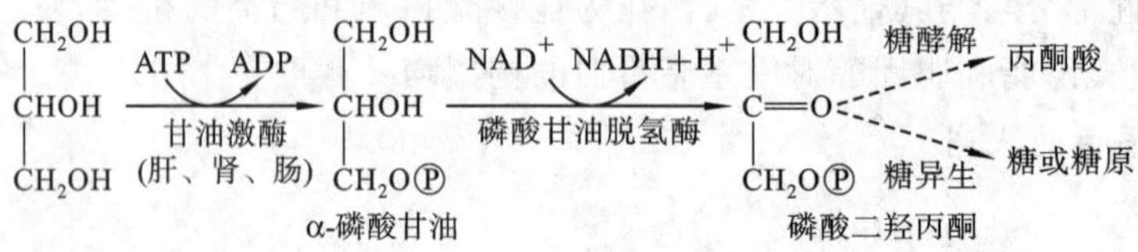

图 10-4 甘油的降解

10.2.2 脂肪酸的氧化

脂肪酸的分解是以氧化的方式进行的,除脑、成熟红细胞外,大多数组织都能氧化脂肪酸。氧化方式分为α-氧化、β-氧化和ω-氧化,其中β-氧化是主要方式。

1. 脂肪酸的活化

在细胞质中,脂酰辅酶A合成酶(acyl CoA synthetase,ACS)催化脂肪酸与辅酶A(HSCoA)生成脂酰辅酶A的过程称为脂肪酸的活化。活化1分子脂肪酸需消耗1分子ATP中的两个高能磷酸键。活化过程如图10-5所示。

$$\underset{\text{脂肪酸}}{\text{RCOOH}}+\text{ATP}+\underset{\text{辅酶A}}{\text{HSCoA}}\xrightarrow[\text{Mg}^{2+}]{\text{脂酰辅酶A合成酶}}\underset{\text{脂酰辅酶A}}{\text{RCO}\sim\text{SCoA}}+\text{AMP}+\underset{\text{焦磷酸}}{\text{PPi}}$$

图 10-5 脂肪酸的活化

2. 脂肪酸的β-氧化

催化脂酰辅酶A氧化分解的酶存在于线粒体中,脂酰辅酶A由线粒体膜中的肉碱(carnitine)携带进入线粒体,如图10-6所示,然后进行氧化分解。

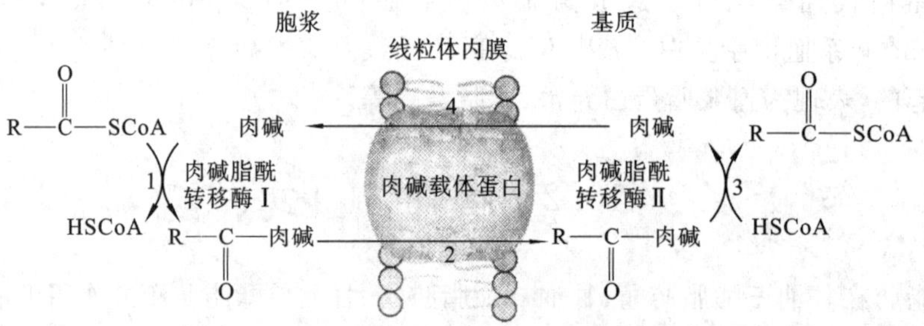

图 10-6 脂酰辅酶A跨线粒内膜的转运

脂酰辅酶A在线粒体内脂肪酸氧化酶复合体(fatty acid oxidation enzyme complex)的作用下,脂酰基的β-碳原子上发生脱氢、加水、再脱氢、硫解四步连续化学反应,产生1分子乙酰辅酶A与1分子比原脂酰辅酶A少了2个碳原子的脂酰辅酶A,这一氧化过程称为脂肪酸的β-氧化。

以软脂酸的β-氧化途径为例,如图10-7所示,主要包括以下步骤。

1) 脱氢

软脂酰辅酶A受脂酰辅酶A脱氢酶(FAD为辅基)的作用,在α和β-碳原子上分别脱去1个氢,生成α,β-烯软脂酰辅酶A,脱下2个氢由FAD接收,生成的$FADH_2$经呼吸链氧化成水,产生1.5分子ATP。

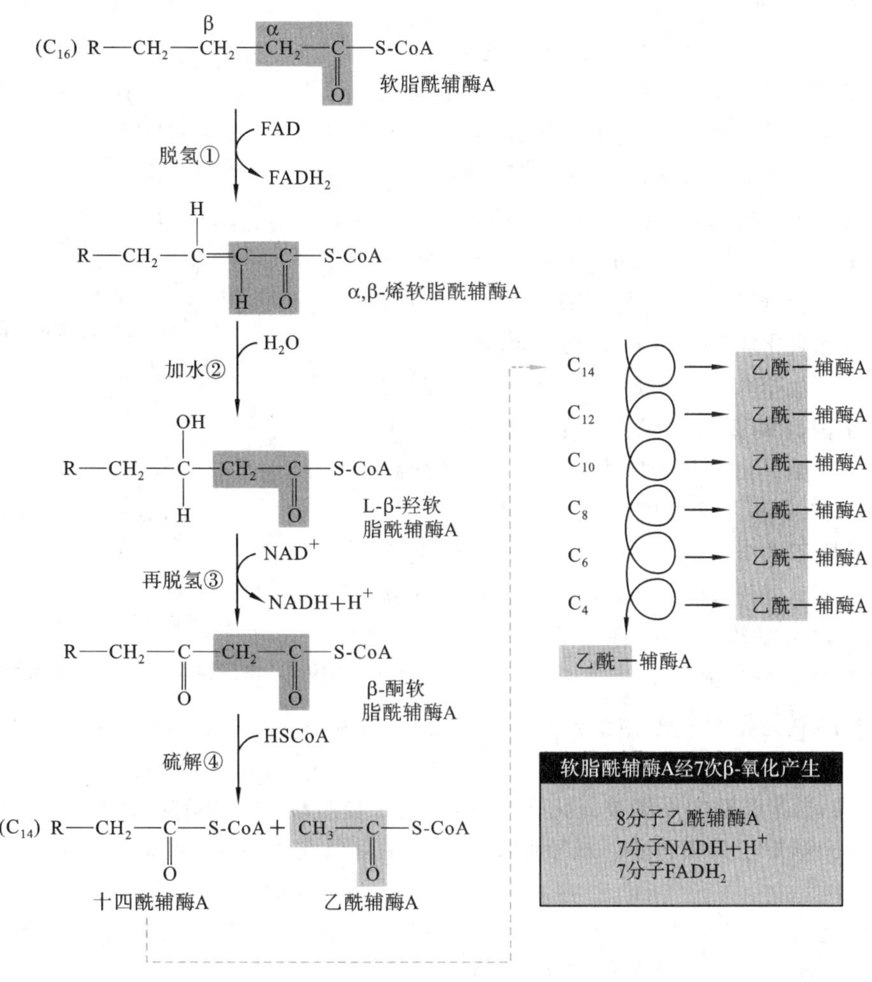

图 10-7　软脂酸的 β-氧化途径

① 脂酰辅酶 A 脱氢酶；② α,β-烯脂酰辅酶 A 水化酶；

③ β-羟脂酰辅酶 A 脱氢酶；④ β-酮脂酰辅酶 A 硫解酶

2）加水

α,β-烯软脂酰辅酶 A 在 α,β-烯脂酰辅酶 A 水化酶的催化下，加上 1 分子水产生水合反应，被水合的双键只能是反式，生成的产物为 L-β-羟软脂酰辅酶 A，并且羟基必须加在 β-碳原子上。

3）再脱氢

L-β-羟软脂酰辅酶 A 在 β-羟脂酰辅酶 A 脱氢酶（NAD^+ 为辅酶）催化下，β-碳原子脱去 2 个氢，生成 β-酮软脂酰辅酶 A 和 $NADH+H^+$，$NADH+H^+$ 通过复合体进入呼吸链氧化成水，产生 2.5 分子 ATP。

4）硫解

β-酮软脂酰辅酶 A 在 β-酮脂酰辅酶 A 硫解酶的催化下，加 1 分子辅酶 A，生成 1 分子乙酰辅酶 A 及 1 分子比原来少 2 个碳原子的十四酰辅酶 A。少 2 个碳原子的十四酰辅酶 A 再进行下一次 β-氧化，如此循环，直至长链脂酰辅酶 A 完全分解成乙酰辅酶 A。

3. 乙酰辅酶 A 进入三羧酸循环

多数组织生成的乙酰辅酶 A 进入三羧酸循环，彻底氧化成 H_2O 和 CO_2，并释放出能量。甘油三酯氧化分解的主要意义是供给能量。例如，1 分子十六碳软脂酸通过 7 次 β-氧化，生成 7 分子 $FADH_2$、7 分子 $NADH+H^+$ 和 8 分子乙酰辅酶 A，见图 10-7。7 分子 $FADH_2$ 和 7 分子 $NADH+H^+$ 进入呼吸链氧化成水释放能量；8 分子乙酰辅酶 A 通过三羧酸循环与呼吸链氧化成 CO_2 和 H_2O 产生能量，三者共产生 $1.5\times7+2.5\times7+10\times8=108$ 个 ATP。除去脂肪酸活化消耗的 2 分子 ATP，净产生 106 分子 ATP。甘油三酯是由 1 分子甘油及 3 分子脂肪酸组成，若全部氧化分解，产生的能量十分可观。

奇数碳原子的脂肪酸，仍先按 β-氧化降解，最后剩下丙酰辅酶 A，丙酰辅酶 A 羧化生成琥珀酰辅酶 A，再进入三羧酸循环，反应过程如图 10-8 所示。

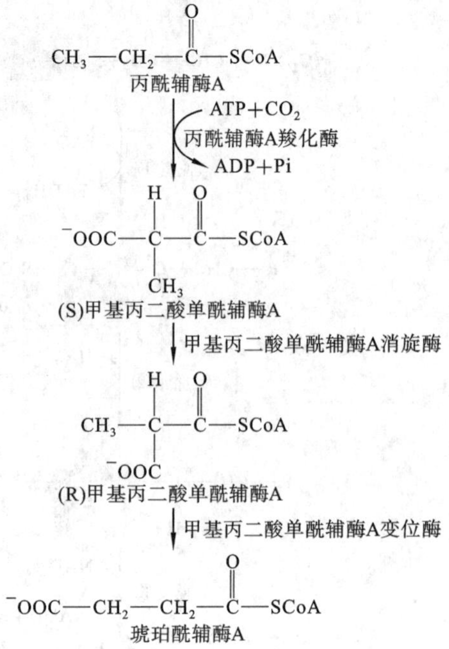

$CH_3—CH_2—C(=O)—SCoA$
丙酰辅酶A

↓ $ATP+CO_2$ → $ADP+Pi$（丙酰辅酶A羧化酶）

$^-OOC—CH(CH_3)—C(=O)—SCoA$
(S)甲基丙二酸单酰辅酶A

↓ 甲基丙二酸单酰辅酶A消旋酶

$CH_3—CH(COO^-)—C(=O)—SCoA$
(R)甲基丙二酸单酰辅酶A

↓ 甲基丙二酸单酰辅酶A变位酶

$^-OOC—CH_2—CH_2—C(=O)—SCoA$
琥珀酰辅酶A

图 10-8 丙酰辅酶 A 羧化生成琥珀酰辅酶 A

4. 脂肪酸其他氧化途径

脂肪酸的氧化除了 β-氧化之外，还有 α-氧化、ω-氧化等。植物和微生物可能还有其他氧化途径。

α-氧化是指脂肪酸的 α-碳被氧化成羟基，产生 α-羟脂酸。α-羟脂酸可以进一步脱羧、氧化转变为少一个碳原子的脂肪酸。这两种反应都是由单氧化酶催化，需要 O_2、Fe^{2+} 和抗坏血酸参加。

ω-氧化是指长链脂肪酸末端碳原子可以先被氧化，形成二羧酸，活化后再进行 β-氧化，最后余下琥珀酰辅酶 A 可直接进入三羧酸循环。

这两种方式都使脂肪酸分子的碳链缩短，是脂肪酸分解的辅助途径。

10.2.3 酮体代谢

1. 酮体的生成

脂肪酸在肝脏中氧化后产生的乙酰辅酶 A 大部分氧化成 CO_2 和 H_2O，还有部分乙酰辅酶 A 用来合成酮体。酮体是乙酰乙酸、β-羟丁酸和丙酮的总称。酮体的生成主要通过以下途径。

2 分子乙酰辅酶 A 在乙酰乙酰辅酶 A 硫解酶的作用下缩合成乙酰乙酰辅酶 A，释放 1 分子辅酶 A。乙酰乙酰辅酶 A 在羟甲基戊二酸单酰辅酶 A(HMG-CoA)合成酶的催化下，再与 1 分子乙酰辅酶 A 缩合生成羟甲基戊二酸单酰辅酶 A，并释放出 1 分子辅酶 A。HMG-CoA 在 HMG-CoA 裂解酶的作用下，裂解成乙酰乙酸及乙酰辅酶 A，乙酰乙酸可在 β-羟丁酸脱氢酶的催化下加氢生成 β-羟丁酸，少量乙酰乙酸自行脱羧生成丙酮，如图 10-9 所示。

此外，人体在饥饿或患糖尿病时，乙酰乙酰辅酶 A 在乙酰乙酰辅酶 A 还原酶作用下，也可以被 NADPH 还原成 β-羟丁酰辅酶 A。β-羟丁酰辅酶 A 经 β-羟丁酰辅酶 A 脱酰基酶催化，生成 β-羟丁酸，β-羟丁酸经 β-羟丁酸脱氧酶催化，可逆地氧化成乙酰乙酸。

2. 酮体的利用

肝脏有活性很强的酮体合成酶系，但无氧化酮体的酶。酮体生成后很快透过肝细胞膜进

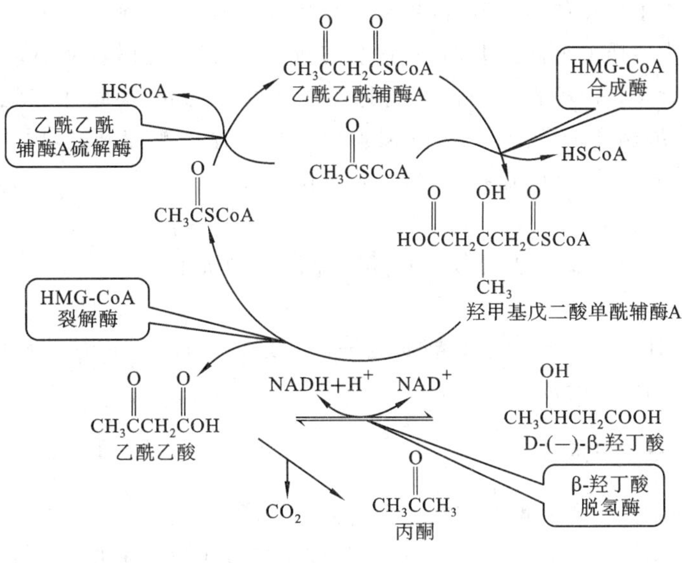

图 10-9　酮体的生成

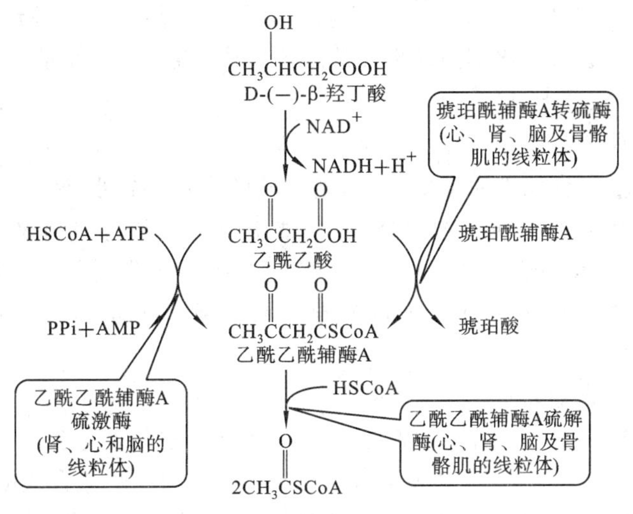

图 10-10　酮体的利用

入血液，经血循环运输至肝外组织利用，如图 10-10 所示。此代谢有两条途径：一是乙酰乙酸硫激酶直接催化乙酰乙酸和乙酰辅酶 A 生成乙酰乙酰辅酶 A；二是琥珀酰辅酶 A 转硫酶催化琥珀酰辅酶 A 将 CoA 转移给乙酰乙酸成为乙酰乙酰辅酶 A。乙酰乙酰辅酶 A 再由硫解酶催化，加 1 分子辅酶 A 生成 2 分子乙酰辅酶 A，乙酰辅酶 A 通过三羧酸循环氧化成 CO_2 和 H_2O。β-羟丁酸在 β-羟丁酸脱氢酶作用下，脱氢生成乙酰乙酸，乙酰乙酸再进入以上途径代谢。丙酮水溶性强，易挥发，可随呼吸道及尿排出体外，因此不被人体利用。

3. 酮体生成的意义

酮体是脂肪酸在肝内代谢的正常产物，是脂肪酸供给能量的另一种形式。在正常的生理条件下，乙酰辅酶 A 顺利进入三羧酸循环，脂肪酸的合成也正常进行，使得肝脏中乙酰辅酶 A 的浓度保持在正常的范围之内，不会形成过多的酮体，所以肝脏内积累的酮体很少。但是在摄入过多脂肪、长期饥饿或糖供应不足、糖脂代谢紊乱（如糖尿病）时，肝外组织不能自血液中获取充分的葡萄糖,为了取得能量,肝中的糖异生作用就会加速,肝和肌肉中的脂肪酸氧化也同样加速,同时动员蛋白质的分解。脂肪酸氧化加速产生大量的乙酰辅酶 A,葡萄糖异生作用耗尽草酰乙酸,而后者又是乙酰辅酶 A 进入柠檬酸循环所必需的,在此种情况下乙酰辅酶 A 不能正常地进入柠檬酸循环,而转向生成酮体的方向,导致血中酮体升高,由于酮体中的乙酰乙酸和 β-羟丁酸均为酸性,可致酮血症,有酸中毒危险。

10.3　脂肪合成与调节

脂肪由一分子甘油和三分子脂肪酸通过酯键相连而形成,亦称甘油三酯或三脂酰甘油。下面主要介绍脂肪的生物合成与调节。

10.3.1　脂肪酸的生物合成

脂肪酸是各种脂类物质的重要成分。动物体内的脂肪酸有两个来源:一是机体自身合成,主要以脂肪的形式储存在脂肪组织中,饱和脂肪酸及多数不饱和脂肪酸可通过机体自身合成满足需要;二是从食物中摄取,特别是某些多不饱和脂肪酸,动物机体自身不能合成,需从植物油摄取。植物及微生物体内的脂肪酸主要依赖自身合成。动物体内的脂肪酸合成的主要场所是肝脏和脂肪组织,两者所占比例因动物种类而异。肝脏是人体合成脂肪酸最主要的场所,其合成能力较脂肪组织大 8～9 倍。

1. 软脂酸的合成

乙酰辅酶 A 是脂肪酸合成的主要原料,脂肪酸的合成还需要 NADPH、HCO_3^-、ATP 及 Mn^{2+}。脂肪酸的合成主要是在线粒体外,通过细胞质中的脂肪酸合成酶复合体(fatty acid synthetase complex)催化完成的。细胞质中的酶复合体只能催化合成软脂酸,更长碳链的脂肪酸则需在线粒体或内质网中,由脂肪酸碳链延长酶系(fatty acid elongase systems)催化合成。

1) 乙酰辅酶 A 的跨膜转运

细胞内的乙酰辅酶 A 均在线粒体基质中产生,而脂肪酸合成酶系存在于线粒体外细胞质中。因此,线粒体内的乙酰辅酶 A 必须进入细胞质才能成为脂肪酸合成的原料。因乙酰辅酶 A 不能自由地透过线粒体内膜,故需通过柠檬酸-丙酮酸循环进入细胞质。首先乙酰辅酶 A 在线粒体内与草酰乙酸缩合生成柠檬酸,然后通过线粒体内膜上的柠檬酸载体转运进入细胞质。在细胞质中存在一种依赖于 ATP 的柠檬酸裂解酶,在该酶的作用下,柠檬酸裂解为草酰乙酸和乙酰辅酶 A。乙酰辅酶 A 用于脂肪酸的合成,而草酰乙酸则在苹果酸脱氢酶作用下,还原成苹果酸。苹果酸可直接经线粒体内膜载体转运入线粒体,也可在苹果酸酶作用下,氧化脱羧分解成丙酮酸,再转运入线粒体,最终形成线粒体内的草酰乙酸,再参与乙酰辅酶 A 的转运,见图 10-11。

2) 乙酰辅酶 A 的羧化

脂肪酸合成时,乙酰辅酶 A 需先转化成丙二酸单酰辅酶 A,然后才能参与脂肪酸的合成。乙酰辅酶 A 转化成丙二酸单酰辅酶 A 是脂肪酸合成的第一步反应,由乙酰辅酶 A 羧化酶(acetyl-CoA carboxylase)催化,其辅基是生物素。

在大肠杆菌和植物中,乙酰辅酶 A 羧化酶是一个多酶复合体,可解离成以下三个亚单位。

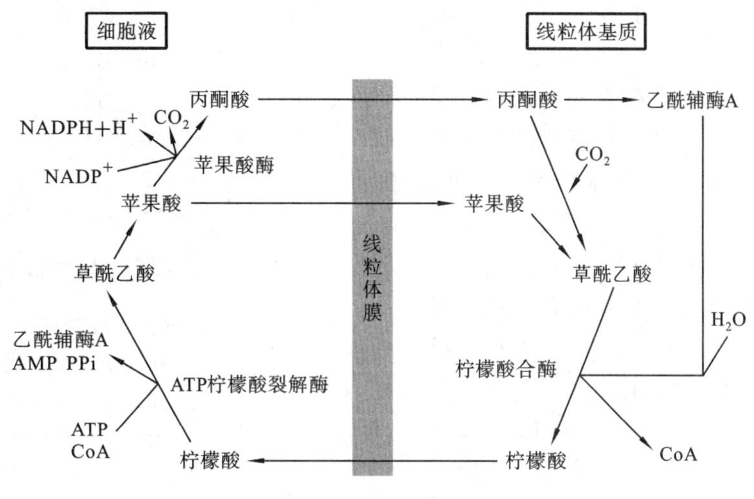

图 10-11　乙酰辅酶 A 的跨膜转运

(1) 生物素羧基载体蛋白(biotin carboxyl carrier protein,BCCP),含有共价结合的生物素,由两个相同分子量(22500)的亚基组成,无酶活性。

(2) 生物素羧化酶(biotin carboxylase,BC),也是一个由两个相同分子量(51000)的亚基组成的酶,其上含有与 ATP、Mn^{2+} 及 HCO_3^- 结合的位点,催化乙酰辅酶 A 羧化的第一步反应,即生物素的羧化反应。

$$\text{BCCP-生物素} + HCO_3^- + ATP + H_2O \longrightarrow \text{BCCP-生物素-}COO^- + ADP + Pi$$

(3) 羧基转移酶(carboxyl transferase,CT),是由 2 个分子量为 30000 的 α 亚基和 2 个分子量为 35000 的 β 亚基组成的多聚体,催化乙酰辅酶 A 羧化的第二步反应,即将羧基从羧基生物素转移给乙酰辅酶 A,产生丙二酸单酰辅酶 A。

$$\text{BCCP-生物素-}COO^- + \text{乙酰辅酶 A} \longrightarrow \text{BCCP-生物素} + \text{丙二酸单酰辅酶 A}$$

在上面的羧化反应中,羧基载体蛋白上的生物素辅基犹如自由转动的臂,将羧基由生物素羧化酶亚基转移给羧基转移酶亚基上的乙酰辅酶 A,最后产生丙二酸单酰辅酶 A。

真核细胞的乙酰辅酶 A 羧化酶是一种多功能酶,生物素羧化酶、生物素羧基载体蛋白和羧基转移酶的活性存在于同一条多肽链上,同时还具有调节物结合位点。

3) NADPH 的来源

脂肪酸合成过程中所需的还原力全部由 NADPH 提供。NADPH 主要来自磷酸戊糖途径,也可由苹果酸氧化脱羧过程产生。在柠檬酸-丙酮酸的循环过程中,每转移一分子乙酰辅酶 A 到细胞质,就能产生一分子 NADPH,转移 8 分子乙酰辅酶 A,就能提供 8 分子 NADPH,因此,从理论上看,在脂肪酸合成中,苹果酸氧化脱羧过程可提供 50%以上的 NADPH。此外,细胞质中的异柠檬酸脱氢酶(辅酶是 $NADP^+$)也可催化产生少量的 NADPH。

4) 脂肪酸合成酶复合体

大肠杆菌脂肪酸合成酶复合体含有 6 种酶蛋白和 1 分子无酶活性的酰基载体蛋白(acyl carrier protein,ACP)。ACP 是脂肪酸合成酶复合体的中心,其他 6 种酶围绕它顺次排列在周围,如图10-12所示。在脂肪酸合成过程中,ACP 的辅基作为脂酰基的载体,将脂肪酸合成的中间物由一个酶转移到另一个酶的活性位置上。

真核生物脂肪酸合成酶复合体与大肠杆菌的不同,酵母的脂肪酸合成酶复合体由 2 种亚基组成。α 链具有 β-酮脂酰合酶、β-酮脂酰还原酶及 ACP 活性区域,而 β 链具有脂酰转移酶、丙二酸单酰转移酶、β-羟脂酰脱水酶和 β-烯脂酰还原酶活性。

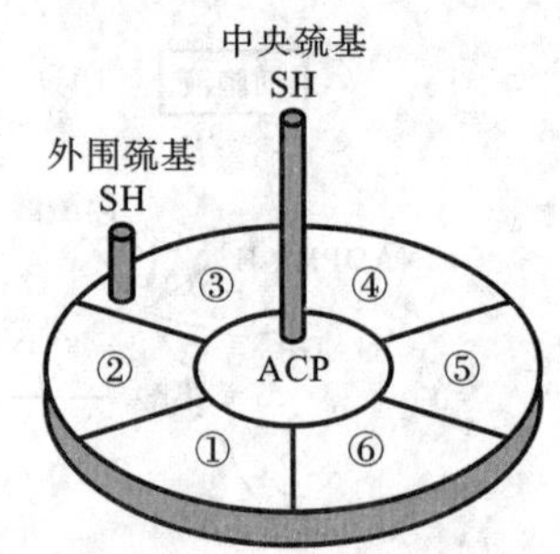

图 10-12　脂肪酸合成酶复合体结构示意图

① 乙酰(脂酰)转移酶;② 丙二酸单酰转移酶;
③ β-酮脂酰-ACP 合酶;④ β-酮脂酰-ACP 还原酶;
⑤ β-羟脂酰-ACP 脱水酶;⑥ 烯脂酰-ACP 还原酶

5) 软脂酸的合成过程

在脂肪酸合成酶复合体内各种酶的催化下,依次进行酰基转移、缩合、还原、脱水、再还原等连续反应,每次循环脂肪酸骨架增加 2 个碳原子,7 次循环后即可生成 16 碳的软脂酸,经硫酯酶(thioesterase)水解释出,其反应流程如图 10-13 所示。

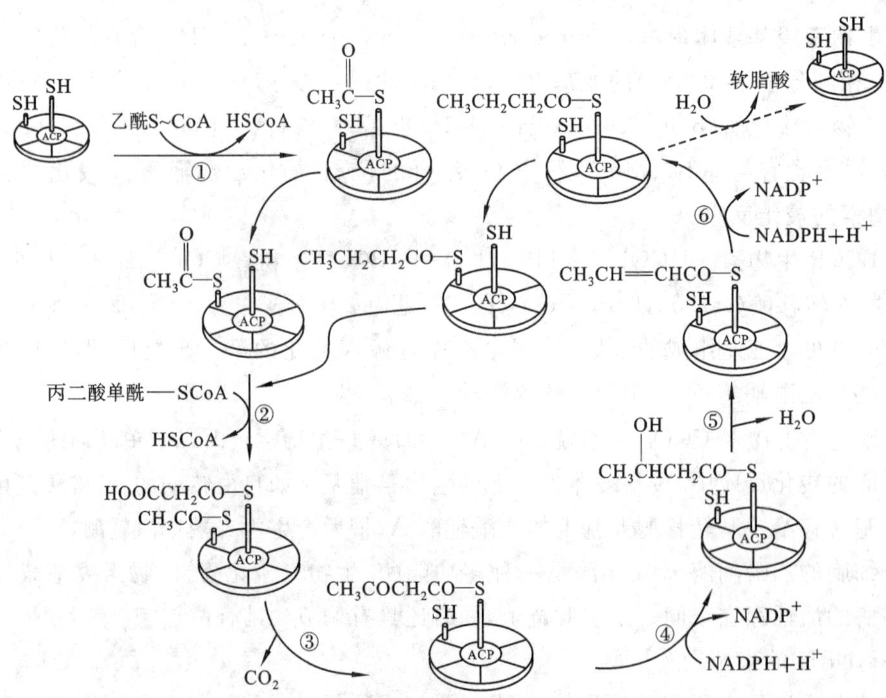

图 10-13　软脂酸生物合成的反应流程

(1) 乙酰(脂酰)基转移。

在乙酰转移酶(脂酰转移酶)的催化下,乙酰辅酶 A 的乙酰基首先转移到脂肪酸合成酶复合体(ACP)的巯基上,然后由 ACP 转移到 β-酮脂酰-ACP 合成酶多肽链的半胱氨酸残基的巯基上。

$$CH_3CO—SCoA + HS—ACP \rightleftharpoons CH_3CO—S—ACP + HSCoA$$

$$CH_3CO—S—ACP + E—HS \rightleftharpoons CH_3CO—S—E + ACP$$

(2) 丙二酰基转移。

在丙二酸单酰转移酶催化下,将丙二酸单酰辅酶 A 的丙二酸单酰基转移到 ACP 的巯基上。

$$丙二酸单酰—SCoA + HS—ACP \rightleftharpoons 丙二酸单酰—S—ACP + HSCoA$$

(3) 缩合。

在 β-酮脂酰-ACP 合成酶的催化下，将该酶上结合的乙酰基(脂酰基)转移到 ACP 上丙二酸单酰辅酶 A 的第二个碳原子上，形成乙酰乙酰-S-ACP，同时使丙二酸单酰基上的自由羧基脱羧产生 CO_2。

$$乙酰—S—E + 丙二酸单酰—S—ACP \longrightarrow 乙酰乙酰—S—ACP + E—SH + CO_2$$

同位素实验证明，释放的 CO_2 的碳原子来自形成丙二酸单酰辅酶 A 时所羧化的 HCO_3^-，说明羧化的碳原子并未掺入到脂肪酸中去，HCO_3^- 在脂肪酸合成中只起催化作用。

(4) 还原。

在 β-酮脂酰—ACP 还原酶催化下，由 NADPH＋H^+ 提供还原力，由乙酰乙酰—S—ACP 还原形成 D-β-羟丁酰—S—ACP。

$$CH_3COCH_2CO—S—ACP + NADPH + H^+ \rightleftharpoons CH_3CHOHCH_2CO—S—ACP + NADP^+$$

(5) 脱水。

在 β-羟脂酰—ACP 脱水酶催化下，D-β-羟丁酰—S—ACP 脱水，形成相应的反 Δ^2-烯丁酰—S—ACP。

$$CH_3CHOHCH_2CO—S—ACP \rightleftharpoons CH_3CH{=}CHCO—S—ACP + H_2O$$

(6) 再还原。

反 Δ^2-烯丁酰—S—ACP 在烯脂酰还原酶催化下，由 NADPH＋H^+ 提供还原力，还原形成丁酰—S—ACP。

$$CH_3CH{=}CHCO—S—ACP + NADPH + H^+ \rightleftharpoons CH_3CH_2CH_2CO—S—ACP + NADP^+$$

丁酰—S—ACP 的形成完成了软脂酰—S—ACP 合成的第一轮循环。丁酰基由 ACP 转到 β-酮脂酰—ACP 合成酶分子的巯基上，ACP 又可再接受丙二酸单酰基，进行第二轮循环。经过 7 轮循环后，合成的最终产物软脂酰—S—ACP 经硫酯酶的催化，产生游离的软脂酸。

软脂酸生物合成的总反应式如下：

$$8CH_3CO—SCoA + 14NADPH + 7H^+ + 7ATP \longrightarrow$$
$$CH_3(CH_2)_{14}COOH + 8CoASH + 6H_2O + 7ADP + 7Pi$$

由上可见，脂肪酸的合成与分解显然是两条不同的代谢途径，两者之间存在许多重要的区别，故可同时在细胞内独立进行。

多数生物的脂肪酸合成酶复合体仅催化合成软脂酸，而不能形成更长碳链的脂肪酸，这是由于 β-酮脂酰—ACP 合酶对长链有专一性，它接受 14 碳脂酰基的活力很强，但不能接受更长碳链的脂酰基。

许多海洋生物机体中存在的奇数碳原子饱和脂肪酸也由此途径合成，只是起始物为丙二酸单酰辅酶 A 而不是乙酰辅酶 A。

2．软脂酸碳链的延长

脂肪酸合成酶复合体催化合成的是软脂酸，更长碳链的脂肪酸则是对软脂酸的加工，使其碳链延长，而碳链的缩短则是通过 β-氧化作用实现的。生物体内存在两种脂肪酸碳链延长体系：线粒体和内质网。

1) 线粒体脂肪酸碳链延长酶系

在线粒体内脂肪酸碳链延长酶系的催化下，脂酰辅酶 A 与乙酰辅酶 A 缩合，生成 β-酮脂酰辅酶 A，然后由 NADH＋H^+ 提供还原力，还原为 β-羟脂酰辅酶 A，再脱水生成 α，β-反烯脂

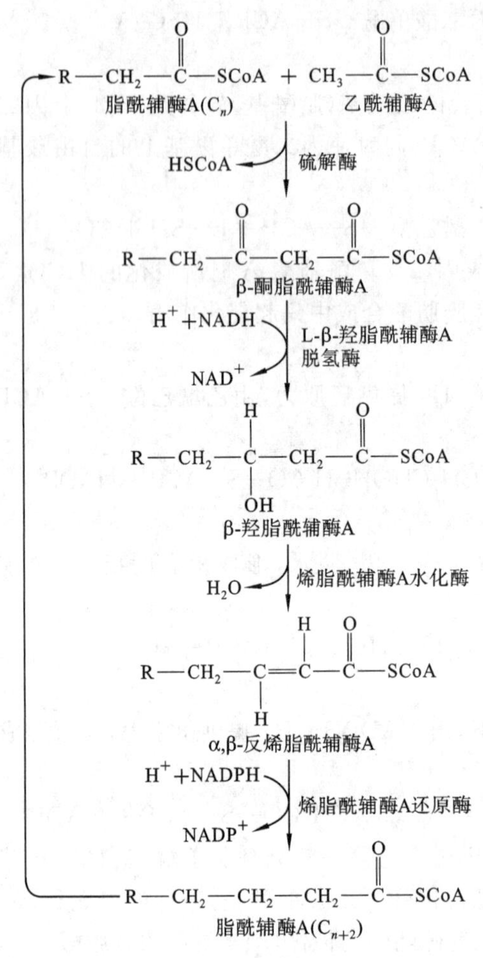

图 10-14　线粒体脂肪酸碳链的延长

酰辅酶 A,然后由 NADH＋H^+ 提供还原力,即还原成硬脂酰辅酶 A。此过程与β-氧化的逆反应基本相似,但又不完全一样。β-氧化时脂酰辅酶 A 脱氢酶以 FAD 为辅基,而延长酶系的烯脂酰辅酶 A 还原酶的辅酶则为 NADPH。通过此种方式,每一次可加上 2 个碳原子,一般可延长脂肪酸碳链至 24 或 26 个碳原子,以硬脂酸最多。线粒体脂肪酸碳链的延长如图 10-14 所示。

2) 内质网脂肪酸碳链延长酶系

哺乳动物细胞内质网膜结合的长链脂肪酸延长酶系能催化饱和或不饱和脂肪酸的碳链延长。以丙二酸单酰辅酶 A 作为二碳单位的供体,由 NADH＋H^+ 提供还原力,软脂酸经缩合、还原、脱水、再还原等反应,每一轮可增加 2 个碳原子,反复进行可使碳链逐步延长。其反应过程与软脂酸的合成相似,只是由 CoA 代替 ACP 作为脂酰基的载体。

3. 不饱和脂肪酸的合成

不饱和脂肪酸根据双键的数目分为单不饱和脂肪酸和多不饱和脂肪酸。单不饱和脂肪酸指烃链中含有一个双键的脂肪酸;多不饱和脂肪酸是指烃链含有两个及两个以上双键的脂肪酸。

1) 单不饱和脂肪酸的合成

(1) 需氧途径。

动物和植物都是利用氧化机制形成不饱和脂肪酸。单不饱和脂肪酸($C_{16:1}$、$C_{17:1}$)往往是由一些饱和脂肪酸($C_{16:0}$、$C_{18:0}$)转化而来的,反应中直接引入 Δ^9 双键。因该途径需要氧分子参加,故称需氧途径,又称氧化途径。

动物的肝脏和脂肪组织中都有一个复杂的去饱和酶复合体(desaturase complex),该复合体由 3 个与线粒体结合的蛋白质组成,即 NADH-Cyt b_5 还原酶、Cyt b_5 及去饱和酶。首先由 NADH-Cyt b_5 还原酶的辅酶 FAD 接受 NADH＋H^+ 提供的 2 对质子和电子,然后将其中的 2 个电子转移给Cyt b_5,使Cyt b_5 中铁卟啉中的 Fe^{3+} 还原成 Fe^{2+},再使去饱和酶中非血红素铁离子还原成 Fe^{2+},最后分子氧与其作用,分别接受来自 NADH 及去饱和酶的 2 对电子,形成 2 分子水及 1 分子不饱和脂肪酸,其反应机制如图 10-15 所示。

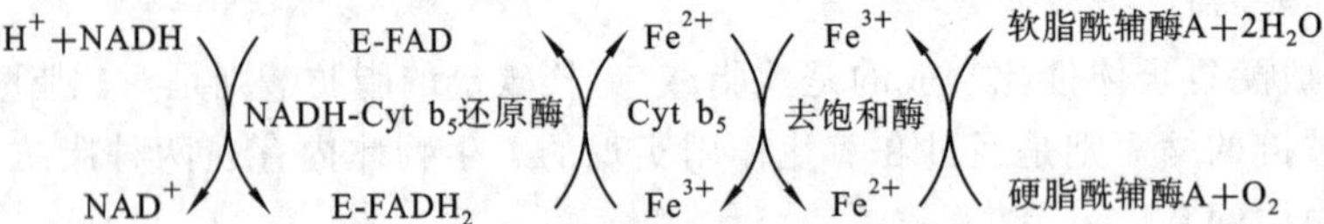

图 10-15　单不饱和脂肪酸合成的需氧途径

某些植物和低等需氧生物合成单不饱和脂肪酸的机制与动物类似,但以铁氧还蛋白代替

Cyt b_5起作用。去饱和酶系将双键直接引入已合成的饱和长链脂肪酸，且对产物有显著的专一性，双键位置都在 C_9 与 C_{10}之间，即形成含 Δ^9 双键的单不饱和脂肪酸，反应中也需利用氧，并需 NADPH 提供还原力。

某些微生物如放线菌、酵母菌、真菌、藻类、原生动物等都利用脱氢机制形成单不饱和脂肪酸。

(2) 厌氧途径。

细菌(溶壁微球菌除外)通过厌氧途径合成单不饱和脂肪酸过程中不需要氧分子参与反应，脂肪酸合成在 8 碳或 10 碳饱和脂肪酸($C_{8:0}$或 $C_{10:0}$β-羟脂酰-ACP)处分路。例如，大肠杆菌中棕榈油酸的合成是由 β-羟癸脂酰-ACP(10 碳)开始的。脂肪酸合成酶系含有催化 D(—)-β-羟脂酰-ACP 脱水产生反式 Δ^2-烯脂酰-ACP 和顺式 Δ^3-烯脂酰-ACP 两者混合物的酶，该酶是多功能酶，亦催化 Δ^2 和 Δ^3 双键异构体的相互转变。反式 Δ^2-烯脂酰-ACP 通过脂肪酸合成途径产生饱和脂肪酸，而顺式 Δ^3-烯脂酰-ACP 则可由 3 分子丙二酸单酰辅酶 A 提供二碳单位，通过加成反应形成棕榈油酰-ACP，见图 10-16。

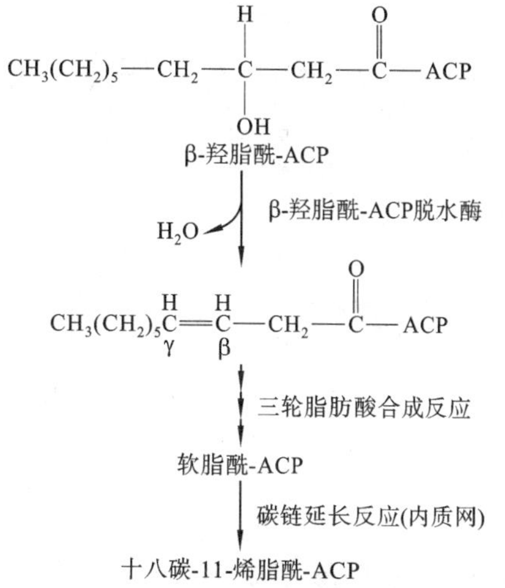

$CH_3(CH_2)_5—CH_2—CH(OH)—CH_2—C(=O)—ACP$

β-羟脂酰-ACP

↓ β-羟脂酰-ACP脱水酶（H_2O）

$CH_3(CH_2)_5\overset{H}{C}{=}\overset{H}{C}—CH_2—C(=O)—ACP$ (γ, β)

↓ 三轮脂肪酸合成反应

软脂酰-ACP

↓ 碳链延长反应(内质网)

十八碳-11-烯脂酰-ACP

图 10-16　单不饱和脂肪酸合成的厌氧途径

2) 多不饱和脂肪酸的合成

除厌氧细菌外，所有生物体都能在脂肪酸链内引入一个以上的双键，形成多不饱和脂肪酸，通常双键之间由一个甲烯基隔开。在碳链延长酶系和去饱和酶的催化下，通过延长和去饱和作用，可形成多种多不饱和脂肪酸。

在哺乳动物中存在 4 类多不饱和脂肪酸，即棕榈油酸、油酸、亚油酸、亚麻酸。哺乳动物的其他多不饱和脂肪酸全部由这 4 类为前体通过延长和去饱和作用形成。哺乳动物由于只有 Δ^4、Δ^5、Δ^6 及 Δ^9 去饱和酶，缺乏 Δ^9 以上的去饱和酶，所以自身不能合成亚油酸和亚麻酸，必须由食物摄取，因此称这两种不饱和脂肪酸为营养必需脂肪酸。植物则含有 Δ^9、Δ^{12} 及 Δ^{15} 去饱和酶，故能合成亚油酸、亚麻酸等。

10.3.2　甘油三酯的生物合成

动物肝脏和脂肪组织是合成甘油三酯最活跃的组织。小肠黏膜细胞能利用外源脂肪的消化产物甘油单酯和脂肪酸合成甘油三酯。高等植物也能大量合成甘油三酯，微生物则含甘油三酯较少。甘油三酯的合成途径如图 10-17 所示。

1. 甘油单酯途径

动物小肠黏膜细胞主要以消化吸收的甘油单酯和脂肪酸为原料合成甘油三酯。脂肪酸先与 CoA 结合成脂酰辅酶 A，脂酰辅酶 A 与甘油单酯形成甘油二酯，然后合成甘油三酯。

2. 磷脂酸合成途径

动植物体内甘油三酯主要通过该途径合成。磷脂酸是主要的中间产物，合成中所需的脂酰基由脂酰辅酶 A 提供，某些微生物如大肠杆菌体内，其脂酰基由脂酰 ACP 直接提供。合成中所需的 3-磷酸甘油有两个来源：一是由糖分解中间产物磷酸二羟丙酮转变而来；二是由甘油三酯水解产生的甘油，在甘油激酶催化下，与 ATP 作用生成。

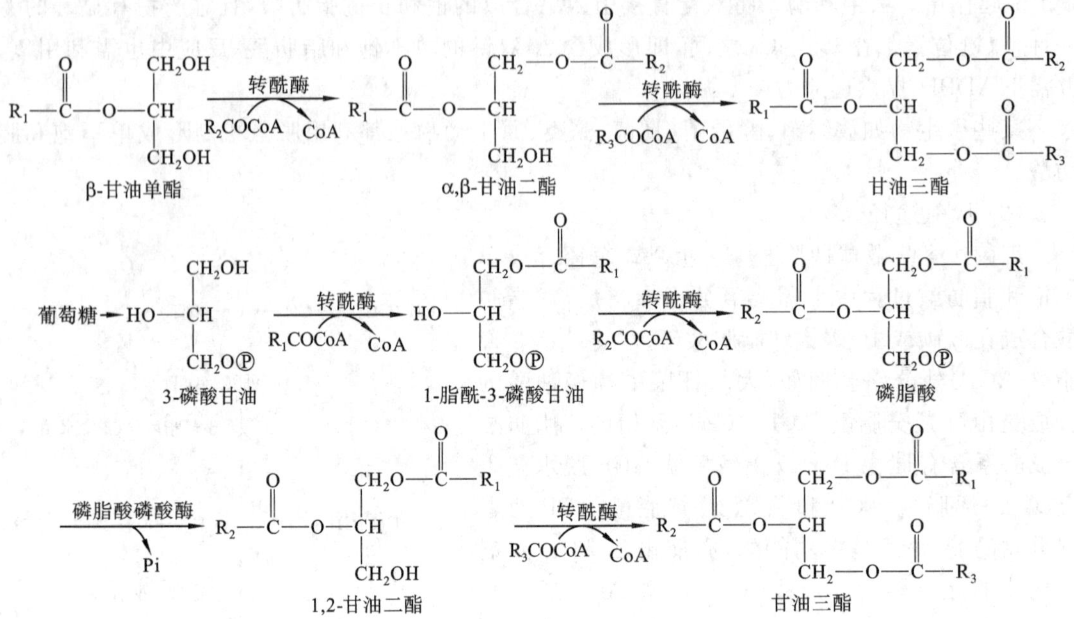

β-甘油单酯 $\xrightarrow[R_2COCoA\ \rightarrow\ CoA]{\text{转酰酶}}$ α,β-甘油二酯 $\xrightarrow[R_3COCoA\ \rightarrow\ CoA]{\text{转酰酶}}$ 甘油三酯

葡萄糖 → 3-磷酸甘油 $\xrightarrow[R_1COCoA\ \rightarrow\ CoA]{\text{转酰酶}}$ 1-脂酰-3-磷酸甘油 $\xrightarrow[R_2COCoA\ \rightarrow\ CoA]{\text{转酰酶}}$ 磷脂酸

$\xrightarrow[Pi]{\text{磷脂酸磷酸酶}}$ 1,2-甘油二酯 $\xrightarrow[R_3COCoA\ \rightarrow\ CoA]{\text{转酰酶}}$ 甘油三酯

图 10-17　甘油三酯的合成

10.3.3　脂肪酸合成的调节

乙酰辅酶 A 羧化酶是脂肪酸合成的限速酶。动物组织的乙酰辅酶 A 羧化酶有两种存在形式:一是无活性的单体,分子量为 23000,含有一分子生物素(HCO_3^- 结合部位),并有一个乙酰辅酶 A 结合部位和一个柠檬酸结合部位;二是有活性的多聚体,由多个单体呈线状排列构成,分子量为$(4\sim8)\times10^6$。柠檬酸等在无活性单体和有活性聚合体之间起调节作用,当柠檬酸或异柠檬酸结合到每个酶单体上时,酶从无活性的单体形式转变为有活性的多聚体形式;脂肪酸合成的终产物软脂酰辅酶 A 和其他长链脂酰辅酶 A 及丙二酸单酰辅酶 A 是别构抑制剂,可抑制单体的聚合。

在大肠杆菌和其他细菌中,脂肪酸主要用于作为合成磷脂的前体,与细菌生长繁殖有关,柠檬酸对细菌的脂肪酸合成没有调控作用,鸟嘌呤核苷酸可调控转羧基酶活性。

乙酰辅酶 A 羧化酶也受磷酸化和去磷酸化的调节。此酶可受一种依赖于 AMP(而不是 cAMP)的蛋白激酶磷酸化而失活。每个乙酰辅酶 A 羧化酶单体上至少存在 6 个可磷酸化部位,但目前认为只有其 7,9 位上的丝氨酸残基的磷酸化与酶活性有关。

1. 代谢物的调节作用

进食糖类物质而糖代谢加强时,脂肪酸合成的原料乙酰辅酶 A 及 NADPH 供应增多,同时细胞内 ATP 增多,可抑制异柠檬酸脱氢酶,造成异柠檬酸及柠檬酸堆积,透出线粒体,可别构激活乙酰辅酶 A 羧化酶,故高糖膳食可促进脂肪酸合成;进食高脂肪食物或饥饿而脂肪动员加强时,细胞内脂酰辅酶 A 增多,可别构抑制乙酰辅酶 A 羧化酶活性,故脂肪酸的合成减弱。

2. 激素的调节作用

参与脂肪酸合成调节的激素主要有胰高血糖素和胰岛素。胰高血糖素及肾上腺素等通过激活蛋白激酶 A 而使乙酰辅酶 A 羧化酶磷酸化,从而降低其活性,抑制脂肪酸的合成;胰岛素则可抑制乙酰辅酶 A 羧化酶磷酸化，从而增加该酶的活性，同时还能诱导乙酰辅酶 A 羧化酶及脂肪酸合成酶复合体、ATP-柠檬酸裂解酶等的合成，故胰岛素可促进脂肪酸的合成。

10.4　磷脂代谢

磷脂(phospholipid，PL)是一类含有磷酸的脂类，机体中主要含有两大类磷脂，由甘油构成的磷脂称为甘油磷脂(phosphoglyceride)；由神经鞘氨醇构成的磷脂称为鞘磷脂(sphingomyelin)。其结构特点是：具有由磷酸相连的取代基团(含氨碱或醇类)构成的极性头部和由脂肪酸链构成的非极性尾部，如图 10-18 所示。在生物膜中磷脂的亲水头位于膜表面，而疏水尾位于膜内侧。

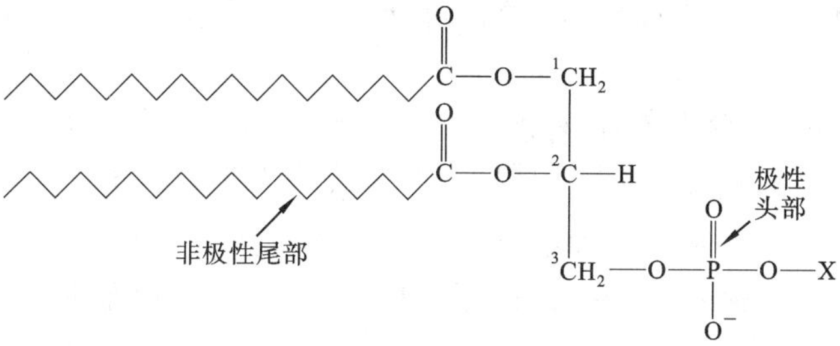

图 10-18　磷脂结构

10.4.1　甘油磷脂的代谢

甘油磷脂是机体含量最多的一类磷脂，它除了构成生物膜外，还是胆汁和膜表面活性物质等的成分之一，并参与细胞膜对蛋白质的识别和信号传导。甘油磷脂基本结构由磷脂酸和与磷酸相连的取代基团(X)构成。常见的甘油磷脂有：磷脂酰胆碱(phosphatidylcholine，又称卵磷脂)、磷脂酰乙醇胺(phosphatidylethanolamine，又称脑磷脂)、磷脂酰甘油(phosphatidylglycerol)、磷脂酰肌醇(phosphatidylinositol)、磷脂酰丝氨酸(phosphatidylserine)和双磷脂酰甘油(diphosphatidylglycerol，又称心磷脂)等。

除了以上 6 种之外，甘油磷脂分子中第 1 位的脂酰基可被长链醇取代而形成醚，如缩醛磷脂(plasmalogen)及血小板活化因子(platelet activating factor，PAF)，它们都属于甘油磷脂，其结构式如图 10-19 所示。

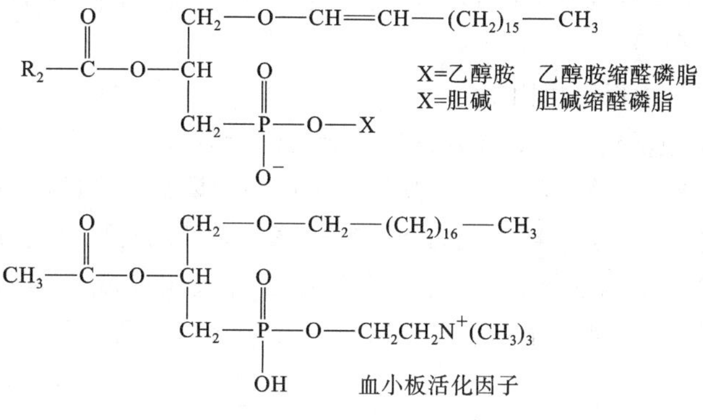

图 10-19　缩醛磷脂和血小板活化因子

1. 甘油磷脂的合成代谢

1) 合成部位

甘油磷脂的合成在光面内质网(smooth endoplasmic reticulum,SER)上进行,通过高尔基体加工,最后可被组织生物膜利用或成为脂蛋白分泌出细胞。

各组织细胞内质网中均含有合成磷脂的酶系,故各组织都能合成甘油磷脂。肝、肠、肾等组织中磷脂合成均很活跃,其中以肝最为活跃。肝合成的磷脂,除肝细胞自身利用外,还能用于组成脂蛋白参与脂类的运输。

2) 原料来源

合成甘油磷脂的原料为磷脂酸与取代基团(X)。磷脂酸可由糖或脂转变生成的甘油和脂肪酸生成,但其甘油 C_2 位上的脂肪酸多为必需脂肪酸,须由食物供给。取代基团中胆碱和乙醇胺可由丝氨酸在体内转变生成或由食物供给。

3) 活化

磷脂酸和取代基团在合成之前,两者之一必须首先被 ATP 活化而被 CDP 携带,胆碱与乙醇胺可生成 CDP-胆碱和 CDP-乙醇胺,磷脂酸可生成 CDP-甘油二酯。

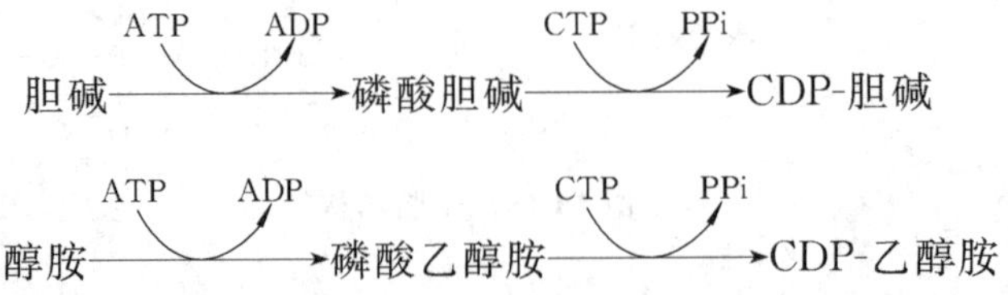

$$\text{胆碱} \xrightarrow{\text{ATP} \quad \text{ADP}} \text{磷酸胆碱} \xrightarrow{\text{CTP} \quad \text{PPi}} \text{CDP-胆碱}$$

$$\text{乙醇胺} \xrightarrow{\text{ATP} \quad \text{ADP}} \text{磷酸乙醇胺} \xrightarrow{\text{CTP} \quad \text{PPi}} \text{CDP-乙醇胺}$$

4) 甘油磷脂生成

生物组织细胞中重要的甘油磷脂合成途径既相互联系,又有所区别。

(1) 磷脂酰胆碱和磷脂酰乙醇胺。

这两种磷脂在体内含量最多,占组织和血液中磷脂的75%以上,是由活化的 CDP-胆碱与 CDP-乙醇胺和甘油二酯生成。磷脂酰胆碱和磷脂酰乙醇胺的生成如图 10-20 所示。

(2) 磷脂酰丝氨酸。

磷脂酰丝氨酸合成是由丝氨酸与磷脂酰乙醇胺中的乙醇胺相互交换而形成的,如图10-21所示。在动物组织和大肠杆菌中,磷脂酰丝氨酸也可在线粒体中磷脂酰丝氨酸脱羧酶(phosphatidylserine decarboxylase)的催化下,脱羧形成磷脂酰乙醇胺。

(3) 磷脂酰肌醇、磷脂酰甘油和心磷脂。

磷脂酰肌醇、磷脂酰甘油和心磷脂是由活化的 CDP-甘油二酯与相应取代基团反应生成,如图 10-22 所示。

(4) 缩醛磷脂与血小板活化因子。

缩醛磷脂与血小板活化因子的合成过程与上述磷脂合成过程类似,不同之处在于磷脂酸合成之前,由糖代谢中间产物磷酸二羟丙酮转变生成脂酰磷酸二羟丙酮以后,由一分子长链脂肪醇取代其第一位脂酰基,其后再经还原(由 NADPH 供氢)、转酰基等步骤合成磷脂酸的衍生物。此产物替代磷脂酸为起始物,沿甘油三酯途径合成胆碱或乙醇胺缩醛磷脂。血小板活化因子与缩醛磷脂的不同之处在于长链脂肪醇是饱和长链醇,第 2 位的脂酰基为最简单的乙酰基。

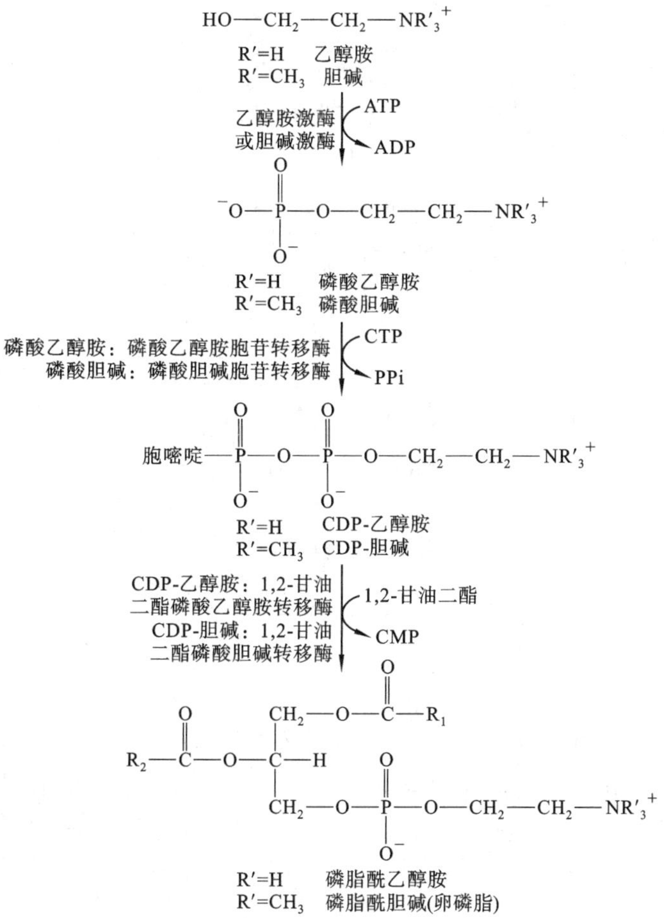

$HO—CH_2—CH_2—NR'^{+}_3$

R′=H 乙醇胺
R′=CH_3 胆碱

乙醇胺激酶或胆碱激酶（ATP → ADP）

$^{-}O—P(=O)(O^{-})—O—CH_2—CH_2—NR'^{+}_3$

R′=H 磷酸乙醇胺
R′=CH_3 磷酸胆碱

磷酸乙醇胺：磷酸乙醇胺胞苷转移酶
磷酸胆碱：磷酸胆碱胞苷转移酶（CTP → PPi）

胞嘧啶$—P(=O)(O^{-})—O—P(=O)(O^{-})—O—CH_2—CH_2—NR'^{+}_3$

R′=H CDP-乙醇胺
R′=CH_3 CDP-胆碱

CDP-乙醇胺：1,2-甘油二酯磷酸乙醇胺转移酶
CDP-胆碱：1,2-甘油二酯磷酸胆碱转移酶（1,2-甘油二酯 → CMP）

$CH_2—O—C(=O)—R_1$
$R_2—C(=O)—O—CH$
$CH_2—O—P(=O)(O^{-})—O—CH_2—CH_2—NR'^{+}_3$

R′=H 磷脂酰乙醇胺
R′=CH_3 磷脂酰胆碱(卵磷脂)

图 10-20 磷脂酰胆碱和磷脂酰乙醇胺的合成

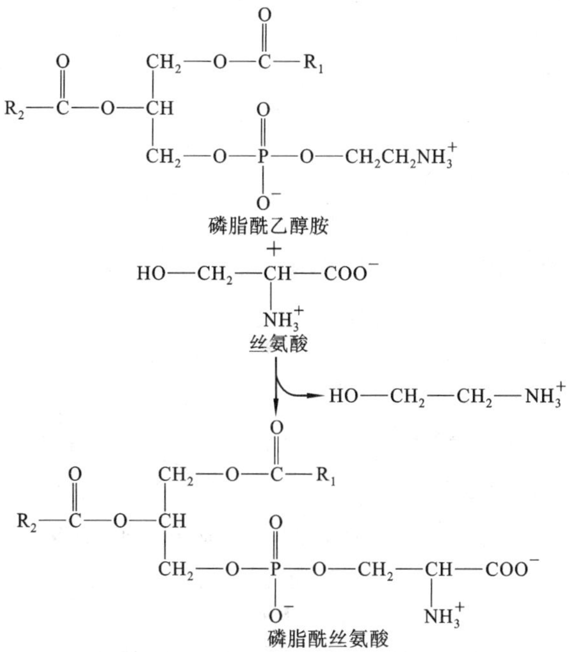

$CH_2—O—C(=O)—R_1$
$R_2—C(=O)—O—CH$
$CH_2—O—P(=O)(O^{-})—O—CH_2CH_2NH^{+}_3$

磷脂酰乙醇胺

+

$HO—CH_2—CH(NH^{+}_3)—COO^{-}$

丝氨酸

→ $HO—CH_2—CH_2—NH^{+}_3$

$CH_2—O—C(=O)—R_1$
$R_2—C(=O)—O—CH$
$CH_2—O—P(=O)(O^{-})—O—CH_2—CH(NH^{+}_3)—COO^{-}$

磷脂酰丝氨酸

图 10-21 磷脂酰丝氨酸的合成

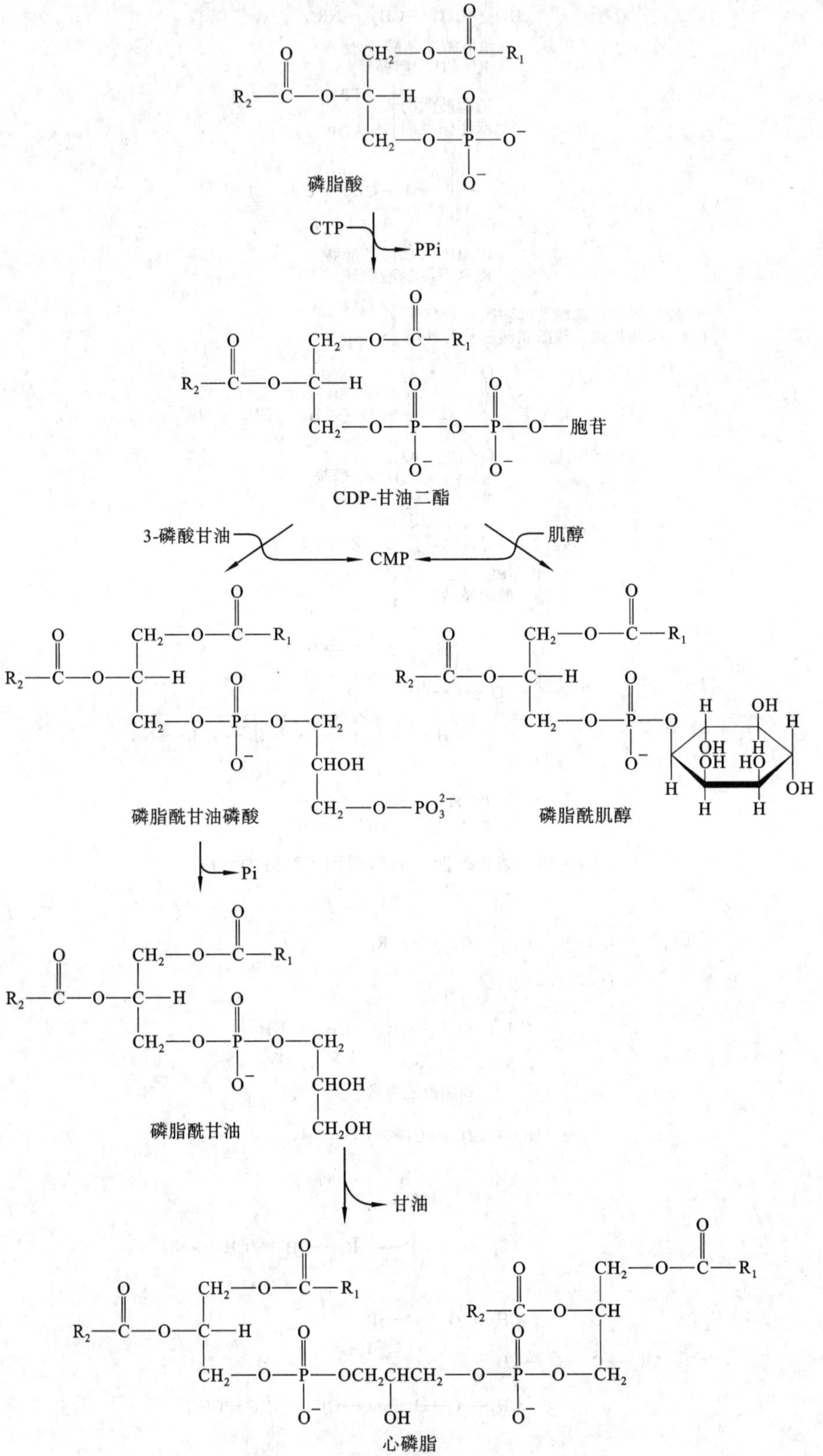

磷脂酸

CTP → PPi

CDP-甘油二酯

3-磷酸甘油 → CMP ← 肌醇

磷脂酰甘油磷酸　　磷脂酰肌醇

Pi

磷脂酰甘油

甘油

心磷脂

图 10-22　磷脂酰肌醇、磷脂酰甘油和心磷脂的合成

以上是各类磷脂合成的基本过程。此外，磷脂酰胆碱亦可由磷脂酰乙醇胺从 S-腺苷甲硫氨酸获得甲基生成，通过这种方式合成占人肝的 10%～15%。磷脂酰丝氨酸可由磷脂酰乙醇胺羧化或其乙醇胺与丝氨酸交换生成。

甘油磷脂的合成在内质网膜外侧面进行。最近发现，在细胞质中存在一类能促进磷脂在细胞内膜之间进行交换的蛋白质，称磷脂交换蛋白（phospholipid exchange proteins），分子量在 16000～30000 之间，等电点大多在 pH 5.0 左右。不同的磷脂交换蛋白催化不同种类磷脂在膜之间进行交换。合成的磷脂即可通过这类蛋白质的作用转移至细胞内的不同生物膜上，从而更新其磷脂。例如，在内质网合成的心磷脂可通过这种方式转至线粒体内膜，而构成线粒体内膜特征性磷脂。

Ⅱ型肺泡上皮细胞可合成由 2 分子软脂酸构成的特殊磷脂酰胆碱，其 1、2 位均为软脂酰基，称为二软脂酰胆碱，是较强的乳化剂，能降低肺泡的表面张力，有利于肺泡的伸张。新生儿肺泡上皮细胞合成障碍，则引起肺不张（atelectasis）。

2. 甘油磷脂的分解代谢

生物体内存在一些可以水解甘油磷脂的磷脂酶类，其中主要的有磷脂酶 A_1、A_2、B、C 和 D，它们特异地作用于磷脂分子内部的各个酯键，形成不同的产物。这一过程也是甘油磷脂的改造加工过程。如图 10-23 所示。

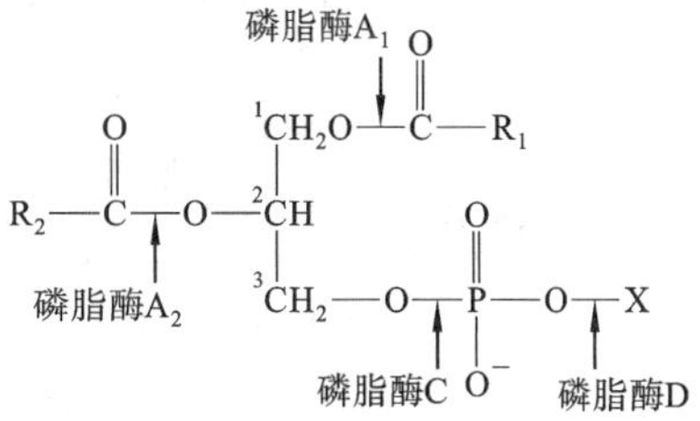

图 10-23　水解甘油磷脂的酶类和部位

磷脂酶 A_1（phospholipase A_1，PLA_1）：在自然界中分布广泛，主要存在于细胞的溶酶体内，此外蛇毒及某些微生物中亦有，可催化甘油磷脂的 1-磷酸酯键断裂，产物为脂肪酸和溶血磷脂。

磷脂酶 A_2（phospholipase A_2，PLA_2）：普遍存在于动物各组织细胞膜及线粒体膜，Ca^{2+} 为其激活剂，能使甘油磷脂分子中的 2-磷酸酯键水解，产物为溶血磷脂及其进一步分解产物脂肪酸和甘油磷酸胆碱或甘油磷酸乙醇胺等。

溶血磷脂具有较强表面活性，能使红细胞及其他细胞膜破裂，引起溶血或细胞坏死。当经磷脂酶 B 作用脱去脂肪酸后，转变成甘油磷酸胆碱或甘油磷酸乙醇胺，即失去溶解细胞膜的作用。

磷脂酶 B：被认为是磷脂酶 A_1 和 A_2 的混合物。

磷脂酶 C（phospholipase C，PLC）：存在于细胞膜中，特异水解甘油磷脂分子中的 3-磷酸酯键，其结果是释放磷酸胆碱或磷酸乙醇胺，并余下作用物分子中的其他组分。

磷脂酶 D（phospholipase D，PLD）：主要存在于植物中，动物脑组织中也有，催化磷脂分子中磷酸与取代基团（如胆碱等）间的酯键，释放出取代基团。

10.4.2　鞘磷脂的代谢

鞘脂类（sphingolipid）组成特点是不含甘油而含鞘氨醇（sphingosine）或二氢鞘氨醇。鞘氨醇或二氢鞘氨醇是具有脂肪族长链的氨基二元醇，具有疏水的长链脂肪烃尾和 2 个羟基及 1 个氨基的极性头。

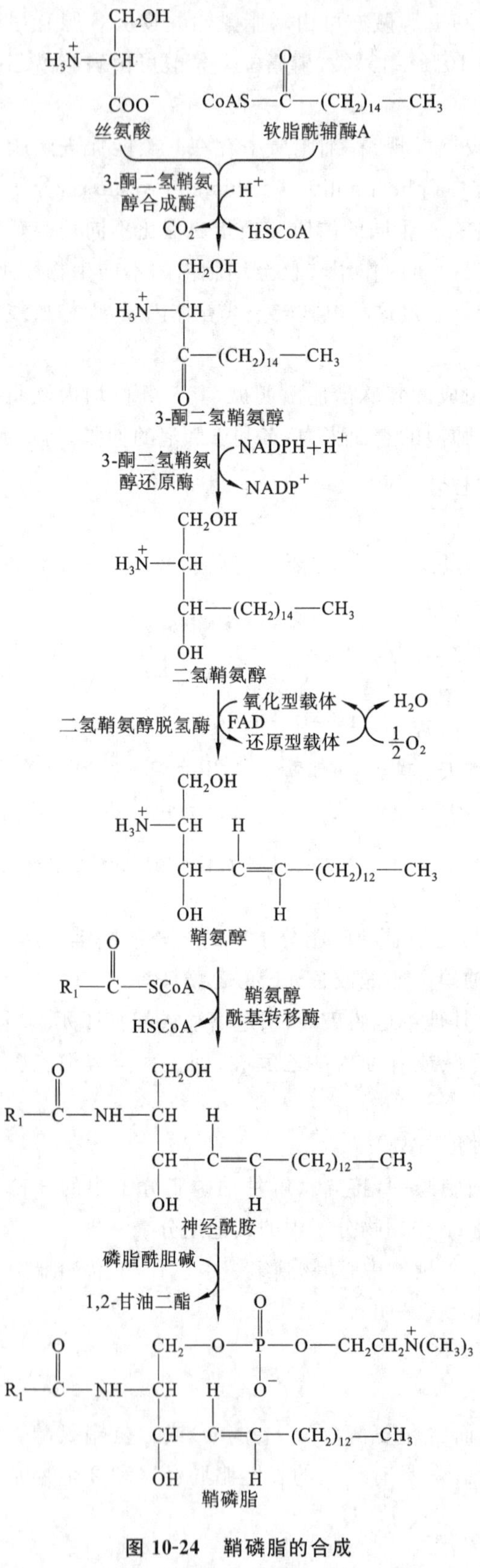

1. 鞘磷脂的合成代谢

1）合成部位

体内的组织均可合成鞘磷脂，以脑组织最为活跃。鞘磷脂是构成神经组织膜的主要成分，在细胞内质网上进行合成。

2）合成原料

以软脂酰辅酶 A 和丝氨酸为原料，还需磷酸吡哆醛、NADPH＋H^+、FAD 等辅助因子参加。

3）合成过程

软脂酰辅酶 A 与丝氨酸在内质网 3-酮二氢鞘氨醇合成酶及磷酸吡哆醛的作用下，缩合并脱羧生成 3-酮二氢鞘氨醇，后者由 NADPH ＋H^+ 供氢，在 3-酮二氢鞘氨醇还原酶的催化下，加氢生成二氢鞘氨醇，然后在二氢鞘氨醇脱氢酶的催化下，脱下的氢为 FAD 所接受，生成鞘氨醇。鞘氨醇在鞘氨醇酰基转移酶的催化下，其氨基与脂酰辅酶 A 进行酰胺缩合，生成神经酰胺，后者由磷脂酰胆碱供给磷酸胆碱即生成鞘磷脂，如图 10-24 所示。神经酰胺是鞘磷脂和鞘糖脂合成的共同前体。

人体内含量最多的鞘磷脂是神经鞘磷脂，它由鞘氨醇、脂肪酸、磷酸胆碱组成。神经鞘磷脂是构成生物膜的重要磷脂，常与卵磷脂共存于细胞膜的外侧。神经鞘磷脂含大量脂类，所含脂类约占干重的 97%，其中 11% 为磷脂酰胆碱，5% 为神经鞘磷脂。人红细胞膜中的神经鞘磷脂占 20%～30%。

2. 鞘磷脂的分解代谢

分解鞘磷脂的鞘磷脂酶(sphingomyelinase)存在于脑、肝、脾、肾等细胞的溶酶体中，属磷脂酶 C 类，能使磷酸酯键水解，从而使鞘磷脂水解为磷酸胆碱和神经酰胺。此酶有遗传缺陷时可引起肝、脾肿大及神经障碍如痴呆等鞘磷脂沉积症。而神经酰胺在神经酰胺酶的作用下，又可分解为鞘氨醇和脂酰辅酶 A。分解鞘磷脂的酶类和部位如图 10-25 所示。

丝氨酸 $HOCH_2-CH(\overset{+}{N}H_3)-COO^-$ ＋ 软脂酰辅酶A $CoAS-CO-(CH_2)_{14}-CH_3$

3-酮二氢鞘氨醇合成酶（H^+；CO_2、HSCoA）

3-酮二氢鞘氨醇 $HOCH_2-CH(\overset{+}{N}H_3)-CO-(CH_2)_{14}-CH_3$

3-酮二氢鞘氨醇还原酶（NADPH＋H^+ → $NADP^+$）

二氢鞘氨醇 $HOCH_2-CH(\overset{+}{N}H_3)-CH(OH)-(CH_2)_{14}-CH_3$

二氢鞘氨醇脱氢酶（FAD；氧化型载体、还原型载体；H_2O、$\frac{1}{2}O_2$）

鞘氨醇 $HOCH_2-CH(\overset{+}{N}H_3)-CH(OH)-CH=CH-(CH_2)_{12}-CH_3$

鞘氨醇酰基转移酶（$R_1-CO-SCoA$ → HSCoA）

神经酰胺 $HOCH_2-CH(NH-CO-R_1)-CH(OH)-CH=CH-(CH_2)_{12}-CH_3$

磷脂酰胆碱 → 1,2-甘油二酯

鞘磷脂 $(CH_3)_3\overset{+}{N}CH_2CH_2-O-PO(O^-)-O-CH_2-CH(NH-CO-R_1)-CH(OH)-CH=CH-(CH_2)_{12}-CH_3$

图 10-24　鞘磷脂的合成

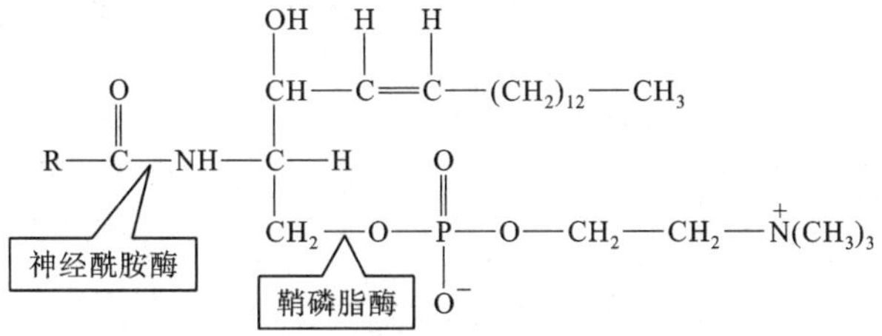

神经酰胺酶

鞘磷脂酶

图 10-25　分解鞘磷脂的酶类和部位

10.5　糖 脂 代 谢

糖脂是指糖通过其半缩醛羟基以糖苷键与脂质连接的化合物。鉴于脂质部分的不同，糖脂可分为甘油糖脂(glyceroglycolipid)、鞘糖脂(glycosphingolipid)以及由类固醇衍生的糖脂。

甘油糖脂也称糖基甘油酯(glycoglyceride)，主要存在于植物界和微生物中。植物的叶绿体和微生物的质膜含有大量的甘油糖脂。哺乳类虽然含有甘油糖脂，但分布不普遍。

鞘糖脂根据糖基是否含有唾液酸或硫酸基成分，又可分为中性鞘糖脂和酸性鞘糖脂两类。

中性鞘糖脂的糖基不含唾液酸成分，第一个被发现的鞘糖脂是半乳糖基神经酰胺(galactosylceramide)，因为最先是从人脑中获得，所以又称脑苷脂(cerebroside)。除了半乳糖脑苷脂外，还有葡萄糖脑苷脂。

酸性鞘糖脂包括硫酸鞘糖脂和唾液酸鞘糖脂。硫酸鞘糖脂是指糖基部分被硫酸化的鞘糖脂，也称脑硫脂(sulfatide)或硫苷脂。糖基部分含有唾液酸的鞘糖脂常称神经节苷脂(ganglioside)。

已分离到的脑硫脂有几十种，它们广泛地分布于哺乳动物的各器官中，以脑中含量最为丰富。脑硫脂可能与血液凝固和细胞黏着有关。

大脑灰质中含有丰富的神经节苷脂类，约占全部脂类的 6%，非神经组织中也含有少量的神经节苷脂。目前已分离出几十种神经节苷脂。几乎所有的神经节苷脂都有一个葡萄糖基与神经酰胺以糖苷键相连，此外还有半乳糖、唾液酸和 N-乙酰-D-半乳糖胺。神经节苷脂在脑膜中含量很少，但有许多特殊的生物功能。它与组织器官专一性、组织免疫、细胞与细胞间的识别及细胞癌变等都有关系。它在神经末梢中含量较丰富，可在神经突触的传导中起着重要的作用。

10.5.1　糖脂的合成代谢

1. 甘油糖脂的合成

植物体内甘油糖脂主要有单半乳糖甘油二酯(monogalactosyl diglyceride，MGDG)和双半乳糖甘油二酯(digalactosyl diglyceride，DGDG)，它们是叶绿体膜中的主要脂类，研究证明，它们在叶绿体的被膜上合成。

1) 单半乳糖甘油二酯的合成

首先合成磷脂酸，然后水解脱去磷酸生成甘油二酯。甘油二酯接受 UDP-半乳糖上的半乳糖基，从而生成 MGDG。该反应由 UDP-半乳糖-甘油二酯半乳糖基转移酶催化，其反应式如图 10-26 所示。

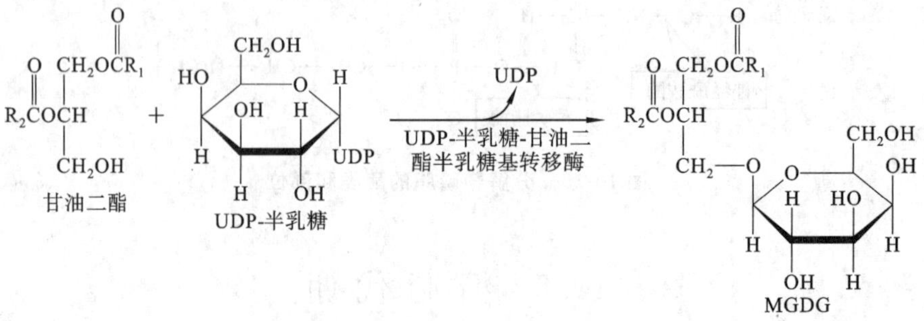

图 10-26　单半乳糖甘油二酯的合成

2）双半乳糖甘油二酯的合成

由单半乳糖甘油二酯再接受一分子 UDP-半乳糖上的半乳糖基，即可生成 DGDG。研究发现，植物体内合成多烯脂肪酸时，去饱和酶的底物不是脂肪酸，而是磷脂或甘油糖脂，如 MGDG，其脂酰基 R_2 可以被去饱和酶作用继续脱饱和形成多烯脂肪酸。

2. 鞘糖脂的合成

鞘糖脂是一类重要的糖脂，其基本化学结构是由鞘氨醇、脂肪酸和糖组成。鞘糖脂的生物合成也始于神经酰胺，即糖分子以糖核苷酸的形式转移到受体的神经酰胺上，参与此反应的酶是糖基转移酶，它们对各个反应是特异的。参与鞘糖脂合成的糖基转移酶中绝大多数存在于高尔基体的空腔一侧。最后，用于鞘糖脂合成的糖核苷酸是通过位于高尔基体膜上的运送分子穿过膜进入高尔基体空腔的。

鞘糖脂的合成，包括脑苷脂、脑硫脂及神经节苷脂等的合成分述如下。

1）脑苷脂的合成

脑苷脂是神经酰胺的六碳单糖衍生物，是由神经酰胺的羟基与 UDP-D-葡萄糖或 UDP-D-半乳糖在 N-乙酰基鞘氨醇葡萄糖或半乳糖基转移酶催化下，以 β-糖苷键相连而成。如图 10-27所示。

此外，鞘氨醇也可先与半乳糖结合成为鞘氨醇半乳糖苷，然后酰化生成脑苷脂。

鞘氨醇＋UDP-半乳糖⟶鞘氨醇半乳糖苷＋UDP

鞘氨醇半乳糖苷＋脂酰辅酶 A ⟶脑苷脂＋辅酶 A

脑苷脂的脂肪酸随动物年龄的增大而变动。动物年龄越大，脑苷脂内短链脂肪酸越少，长链脂肪酸越多，不饱和度增加。

2）脑硫脂的合成

脑硫脂为 N-脂酰鞘氨醇神经酰胺的半乳糖硫酸酯。它是神经髓鞘的主要成分，在大脑蛋白质中占脂质组分的 15％。

脑硫脂的合成是在半乳糖脑苷脂硫酸基转移酶的催化下，将 3′-磷酸腺苷-5′-磷酸硫酸(PAPS)的硫酸基团转移至脑苷脂而形成，如图 10-28 所示。

3）神经节苷脂的合成

神经节苷脂的组成十分复杂。它是一类含有 N-乙酰神经胺糖酸(唾液酸)或 N-羟乙酰神

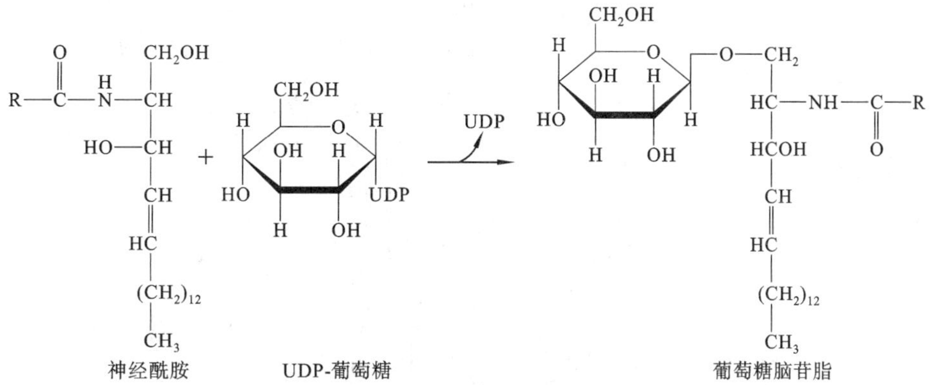

神经酰胺　　UDP-葡萄糖　　葡萄糖脑苷脂

神经酰胺 ＋ UDP-D-半乳糖 ——→ 半乳糖脑苷脂

图 10-27　脑苷脂的合成

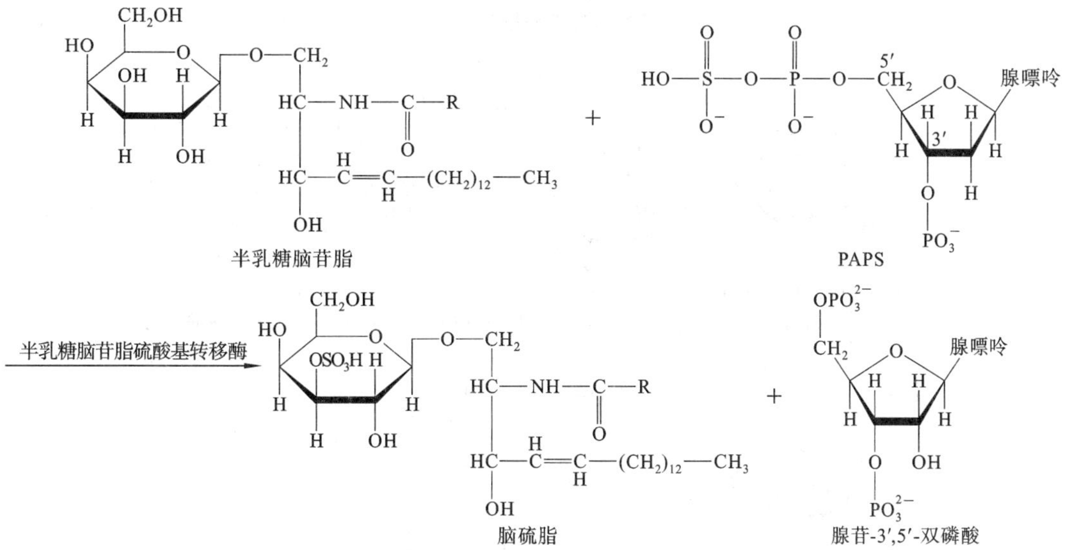

半乳糖脑苷脂 ＋ PAPS —半乳糖脑苷脂硫酸基转移酶→ 脑硫脂 ＋ 腺苷-3′,5′-双磷酸

图 10-28　脑硫脂的合成

经胺糖酸的鞘糖脂的总称，根据寡糖中唾液酸的数目不同，神经节苷脂又可分为单唾液酸神经苷脂(GM_1)、二唾液酸神经苷脂(GM_2)、三唾液酸神经苷脂(GM_3)等。动物出生前后脑组织中鞘糖脂生物合成活性升高，其合成反应大多通过与细胞膜结合的糖基转移酶催化，使脑苷脂末端羟基分别依次与 UDP-半乳糖、UDP-N-乙酰半乳糖胺、CMP-N-乙酰神经酰胺糖酸(CMP-唾液酸)反应而生成。脑神经节苷脂 GM_2 合成途径见图 10-29。

10.5.2　糖脂的分解代谢

糖脂上的糖基成分可以在一些糖苷酶的作用下被水解下来，其他的成分在各种脂肪酶的作用下可水解成甘油或鞘氨醇、脂肪酸等。

1. 甘油糖脂的分解

当植物叶细胞受到破坏时，单半乳糖甘油二酯(MGDG)和双半乳糖甘油二酯(DGDG)可在半乳糖脂酶(galactolipase)、β-半乳糖苷酶(β-galactosidase)等酶的催化下，迅速水解成甘

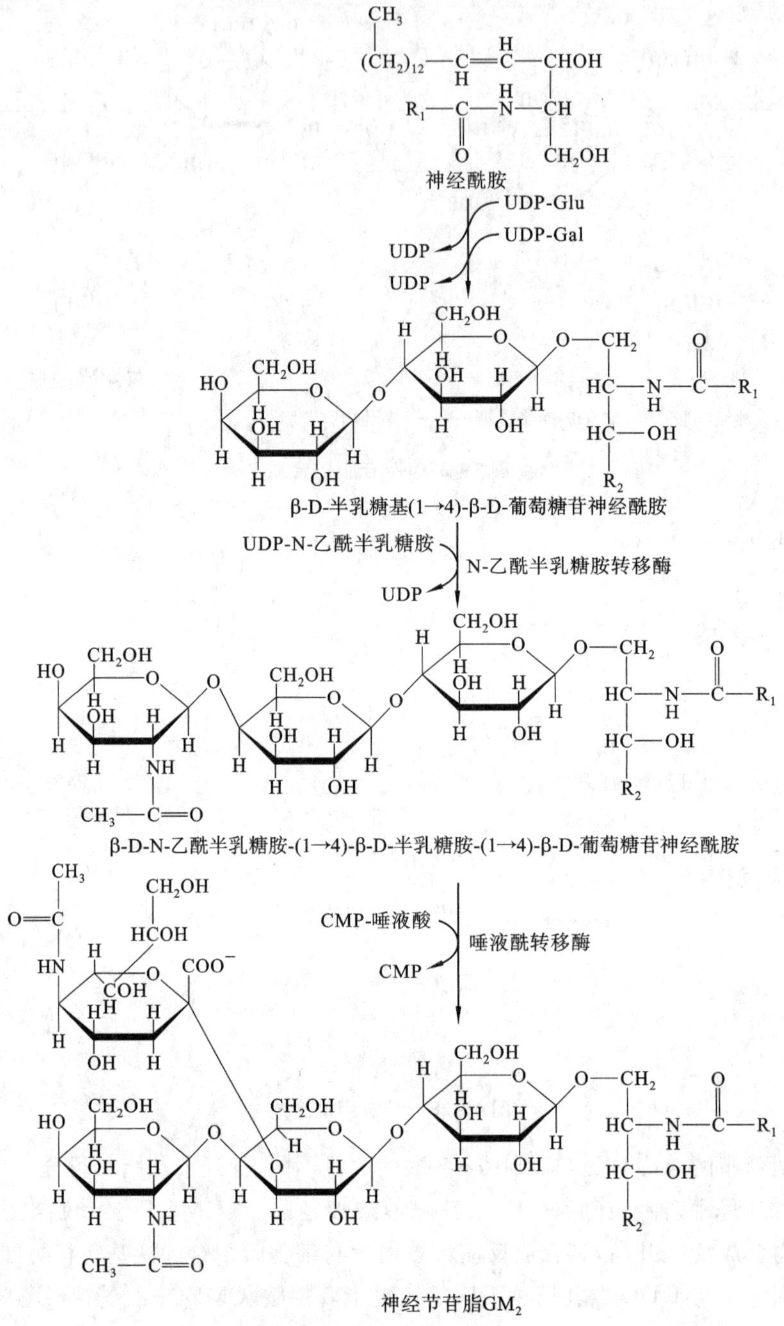

神经酰胺

UDP-Glu　UDP-Gal　UDP　UDP

β-D-半乳糖基(1→4)-β-D-葡萄糖苷神经酰胺

UDP-N-乙酰半乳糖胺　N-乙酰半乳糖胺转移酶　UDP

β-D-N-乙酰半乳糖胺-(1→4)-β-D-半乳糖胺-(1→4)-β-D-葡萄糖苷神经酰胺

CMP-唾液酸　唾液酰转移酶　CMP

神经节苷脂GM_2

图 10-29　神经节苷脂 GM_2 的合成

油、脂肪酸和半乳糖。

2. 鞘糖脂的分解

鞘糖脂的分解发生在溶酶体中，如图 10-30 所示。

鞘糖脂的分解过程因其与人类遗传性疾病的相关性而受到重视，相关疾病都是由鞘糖脂代谢中间体的积聚而引起，而多数情况下都是由于分解代谢所需的某种酶的缺欠而造成的，现已阐明 10 种以上疾病发生原理。

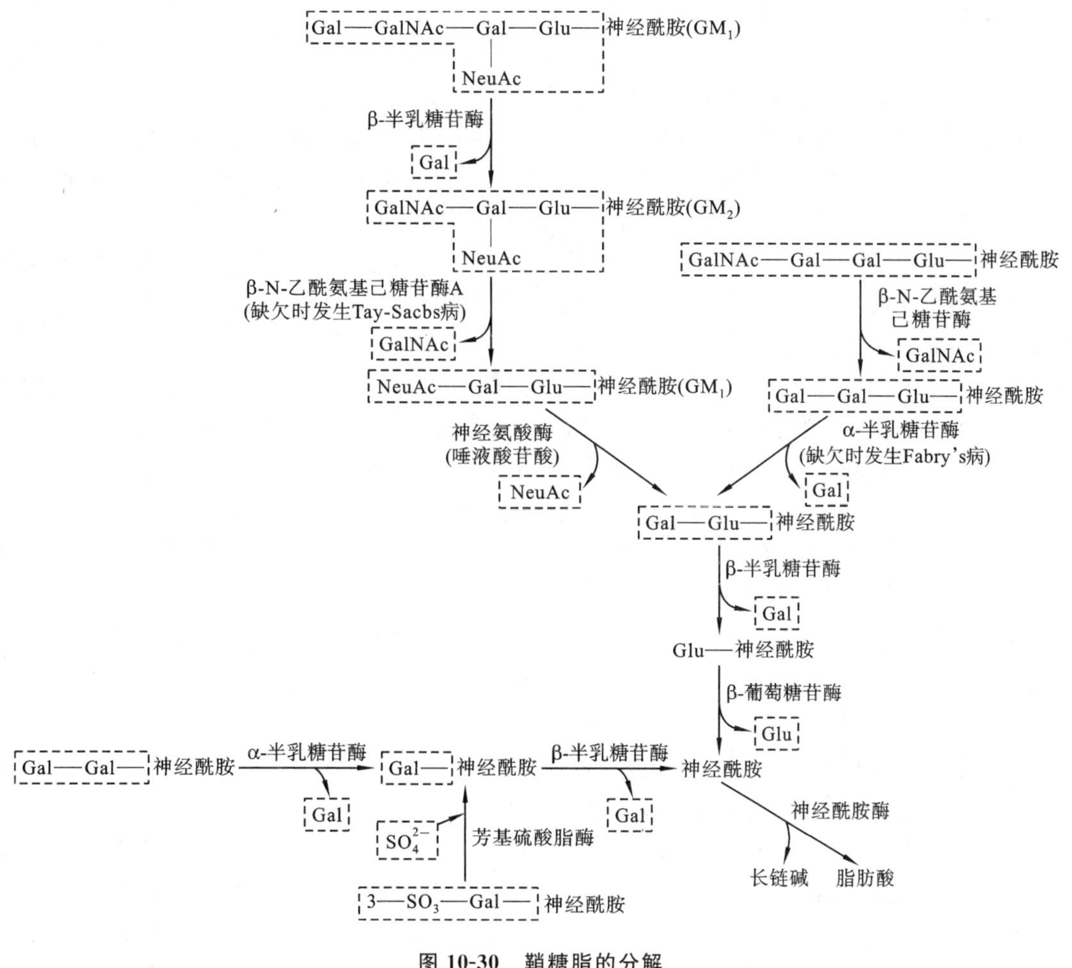

图 10-30　鞘糖脂的分解

10.6　胆固醇代谢

胆固醇(cholesterol)是最早由动物胆石中分离出的具有羟基的固体醇类化合物。它是脊椎动物细胞膜的重要成分,也是脂蛋白的成分,还可以转变为具有重要生理功能的生物活性物质。胆固醇的衍生物胆酸盐、维生素 D 和类固醇激素在脂类消化和动物的生长、发育过程中都具有重要的作用。对于大多数组织来说,保证胆固醇的供给,维持其代谢平衡十分重要。胆固醇广泛存在于全身各组织中,其中约 1/4 分布在脑及神经组织中,占脑组织总质量的 2%左右。肝、肾及肠等内脏以及皮肤、脂肪组织亦含较多的胆固醇,每 100 g 组织中含 200～500 mg,以肝为最多,而肌肉较少,肾上腺、卵巢等组织胆固醇含量可高达 1%～5%,但总量很少。

生物体内的胆固醇主要来源于两个方面:一方面是自身合成;另一方面是从外界摄入。正常人每天膳食中含胆固醇 300～500 mg,主要来自动物内脏、蛋黄、奶油及肉类。植物性食品不含胆固醇,而含植物固醇如 β-谷固醇、麦角固醇等,它们不易被人体吸收,摄入过多还可抑制胆固醇的吸收。膳食中摄入的胆固醇被小肠吸收后,通过血液循环进入肝代谢。当外源胆固醇摄入量增高时,可抑制肝内胆固醇的合成,所以在正常情况下体内胆固醇量维持动态平衡。各种因素引起胆固醇代谢紊乱都可使血液中胆固醇水平增高,从而引起动脉粥样硬化,因此高胆固醇血症患者应注意控制膳食中胆固醇的摄入量。

10.6.1 胆固醇的合成代谢

动物体内的胆固醇来源于食物及体内合成。成年动物除脑组织及成熟红细胞外,几乎全身各组织均可合成胆固醇。肝脏是合成胆固醇的主要场所,占全身合成量的 80%,其他如小肠、皮肤、肾上腺皮质、性腺和动脉血管壁均能合成少量胆固醇。

胆固醇合成的酶系存在于细胞质和光面内质网膜上,因此,胆固醇的合成主要在细胞质及内质网中进行,其中一开始的几步反应发生在细胞基质中,HMG-CoA 形成以后的所有反应都在光面内质网中进行。

胆固醇合成的主要原料是乙酰辅酶 A,采用^{14}C和^{13}C标记乙酸的甲基碳及羧基碳,与肝切片在体外温育证明,乙酸分子中的 2 个碳原子均参与构成胆固醇,是合成胆固醇的唯一碳源。其中有 15 个胆固醇中的碳原子来自乙酸的甲基,12 个来自乙酸的羧基。乙酰辅酶 A 由葡萄糖、氨基酸及脂肪酸在线粒体内分解产生,它可以经过柠檬酸-丙酮酸循环从线粒体转运至细胞质中。此外,胆固醇的合成还需要 $NADPH+H^{+}$ 供氢和 ATP 提供能量。每合成 1 分子胆固醇,需 18 分子乙酰辅酶 A、16 分子 $NADPH+H^{+}$ 和 36 分子 ATP。

由于乙酰辅酶 A 也可用于脂肪酸的合成,因此它是胆固醇和脂肪酸这两种脂类物质合成途径的分支点。

1. 胆固醇合成代谢途径

胆固醇合成过程复杂,有近 30 步酶促反应,可以归纳为三个阶段,如图 10-31 所示。

1) 由 3 个乙酰辅酶 A 合成甲羟戊酸

3-甲基-3,5-二羟戊酸(mevalonic acid,MVA)简称甲羟戊酸(mevalonate)。由 2 分子乙酰辅酶 A 在乙酰乙酰硫解酶的催化下,缩合成乙酰乙酰辅酶 A,然后在细胞质中羟甲基戊二酸单酰辅酶 A 合酶(HMG-CoA synthase)的催化下再与 1 分子乙酰辅酶 A 缩合生成 3-羟基-3-甲基戊二酸单酰辅酶 A(HMG-CoA),该化合物是合成胆固醇和酮体的重要中间产物。在线粒体中,3 分子乙酰辅酶 A 缩合成的 HMG-CoA 裂解后生成酮体;而在细胞质中生成的 HMG-CoA 在内质网 HMG-CoA 还原酶催化下,由 $NADPH+H^{+}$ 供氢,还原生成甲羟戊酸。HMG-CoA 还原酶是合成胆固醇的限速酶,这步反应是合成胆固醇的限速反应。

2) 由甲羟戊酸合成异戊烯焦磷酸酯和鲨烯(squalene)

甲羟戊酸在甲羟戊酸激酶催化下,由 ATP 提供能量,经 3 次磷酸化生成焦磷酸甲羟戊酸,在脱羧酶作用下焦磷酸甲羟戊酸脱羧形成活泼的异戊烯焦磷酸(isopentenyl pyrophosphate,IPP)。后者不仅是合成胆固醇的前体,也是植物合成萜类、昆虫合成保幼激素和蜕皮素等的前体。

在异戊烯焦磷酸异构酶催化下,IPP 异构为二甲基丙烯焦磷酸(dimethylallyl pyrophosphate,DPP),然后与 2 分子 IPP 逐一头尾缩合,形成牻牛儿焦磷酸(geranyl pyrophosphate,GPP)和法尼焦磷酸(farnesyl pyrophosphate,FPP)。2 分子法尼焦磷酸在内质网鲨烯合酶(squalene synthase)的催化下缩合,并脱去 2 分子焦磷酸形成鲨烯。

3) 由鲨烯合成胆固醇

胆固醇生物合成前期产物都是水溶性的,当形成鲨烯后,底物和产物都是不溶于水的,酶也是存在于内质网的微粒体中。

鲨烯为含 30 个碳原子的多烯烃,具有与固醇母核相近似的结构,鲨烯首先结合在细胞质

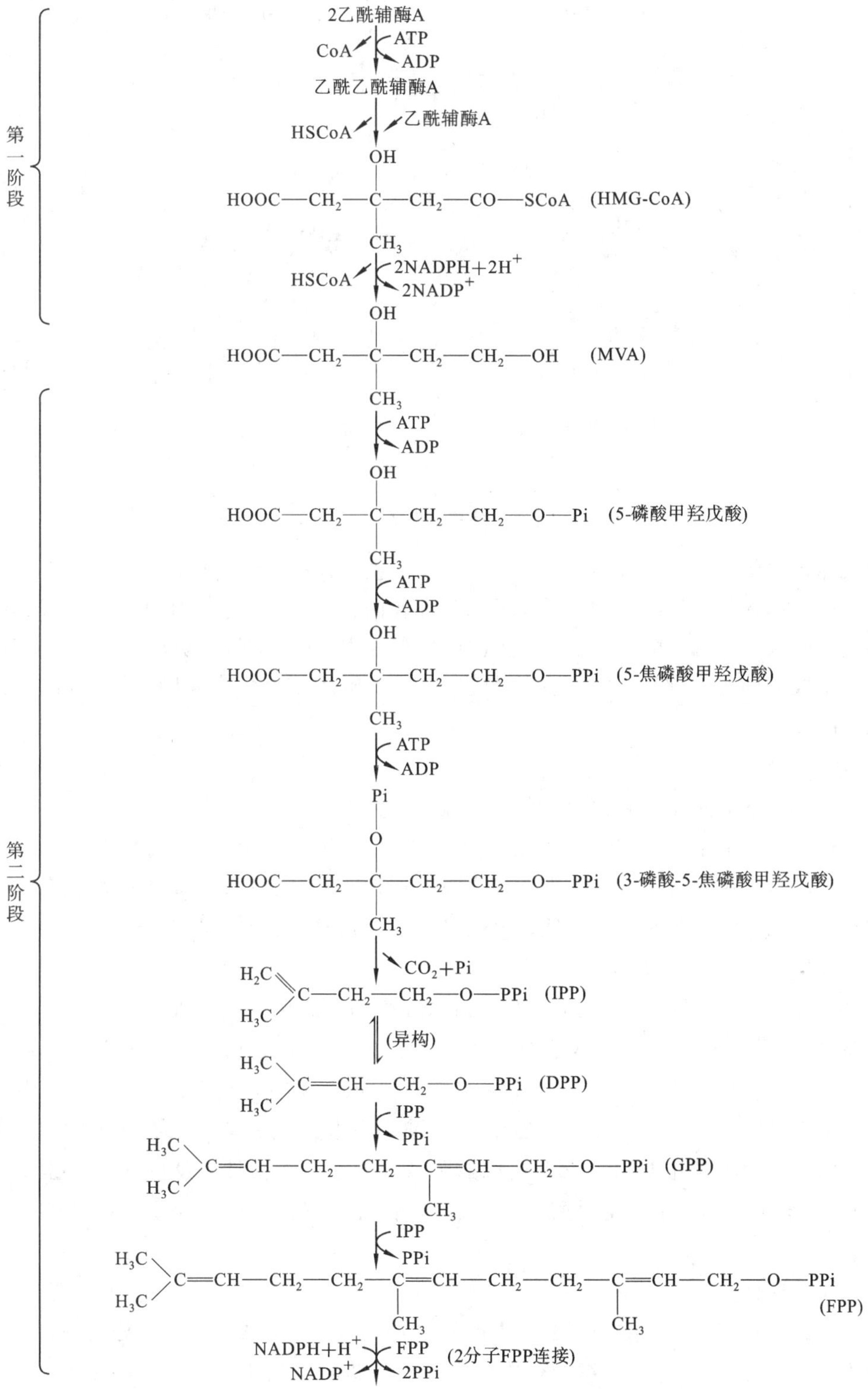

第一阶段

2乙酰辅酶A

CoA ← ATP → ADP

乙酰乙酰辅酶A

HSCoA ← 乙酰辅酶A

$HOOC—CH_2—C(OH)(CH_3)—CH_2—CO—SCoA$ (HMG-CoA)

HSCoA ← $2NADPH+2H^+$ → $2NADP^+$

$HOOC—CH_2—C(OH)(CH_3)—CH_2—CH_2—OH$ (MVA)

第二阶段

ATP → ADP

$HOOC—CH_2—C(OH)(CH_3)—CH_2—CH_2—O—Pi$ (5-磷酸甲羟戊酸)

ATP → ADP

$HOOC—CH_2—C(OH)(CH_3)—CH_2—CH_2—O—PPi$ (5-焦磷酸甲羟戊酸)

ATP → ADP

$HOOC—CH_2—C(O—Pi)(CH_3)—CH_2—CH_2—O—PPi$ (3-磷酸-5-焦磷酸甲羟戊酸)

→ CO_2+Pi

$(H_2C{=})(H_3C)C—CH_2—CH_2—O—PPi$ (IPP)

⇌ (异构)

$(H_3C)_2C{=}CH—CH_2—O—PPi$ (DPP)

IPP → PPi

$(H_3C)_2C{=}CH—CH_2—CH_2—C(CH_3){=}CH—CH_2—O—PPi$ (GPP)

IPP → PPi

$(H_3C)_2C{=}CH—CH_2—CH_2—C(CH_3){=}CH—CH_2—CH_2—C(CH_3){=}CH—CH_2—O—PPi$ (FPP)

$NADPH+H^+$ → $NADP^+$；FPP → 2PPi (2分子FPP连接)

图 10-31 胆固醇的合成

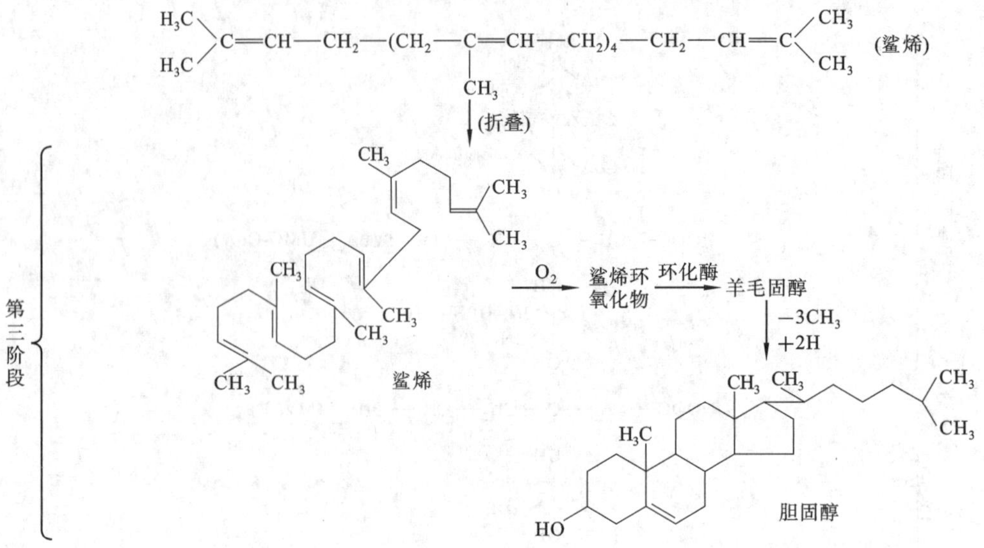

续图 10-31

中固醇载体蛋白上(sterol carrier protein,SCP),在鲨烯单加氧酶作用下环化生成 2,3-环氧鲨烯,在动物体内,环氧鲨烯在环氧鲨烯羊毛固醇环化酶催化下进一步环化形成羊毛固醇,羊毛固醇在内质网膜结合的多酶体系催化下,经加氧、脱甲基、去饱和、异构化等多步反应,可通过多条途径生成胆固醇,见图 10-31。在植物体内,环氧鲨烯则转化为豆固醇;在真菌中可转化为麦角固醇。

2. 胆固醇合成代谢的调节

HMG-CoA 还原酶是胆固醇合成的限速酶。各种因素对胆固醇合成的调节主要是通过对 HMG-CoA 还原酶活性的影响来实现的。动物实验发现,大鼠肝合成胆固醇有昼夜节律性,午夜合成最高,中午合成最低。进一步研究发现,肝 HMG-CoA 还原酶活性也有昼夜节律性,午夜酶活性最高,中午酶活性最低。由此可见,胆固醇合成的周期节律性是 HMG-CoA 还原酶活性周期性改变的结果。

HMG-CoA 还原酶存在于肝、肠及其他组织细胞的内质网。它是由 887 个氨基酸残基构成的糖蛋白,分子量为 97000,其 N 端分子量为 35000 的结构域含疏水氨基酸较多,跨内质网膜固定在膜上,C 端分子量为 62000 亲水的结构域则伸向细胞质,具有催化活性。细胞质中有依赖于 AMP 的蛋白激酶,在 ATP 存在下,使 HMG-CoA 还原酶磷酸化而丧失活性。细胞质中的磷蛋白磷酸酶可催化 HMG-CoA 还原酶脱磷酸而恢复酶活性。某些多肽激素如胰高血糖素能快速抑制 HMG-CoA 还原酶的活性而抑制胆固醇的合成,可能是该酶磷酸化失活的结果。

1) 饥饿与饱食

饥饿与禁食可抑制肝合成胆固醇。人鼠禁食 48 小时,合成减少为十二分之一,禁食 96 小时减少为十八分之一,而肝外组织的合成减少不多。禁食除使 HMG-CoA 还原酶合成减少、活性降低外,乙酰辅酶 A、ATP、NADPH$+$H^{+} 的不足也是胆固醇合成减少的重要原因。相反,摄取高糖、高饱和脂肪膳食后,肝 HMG-CoA 还原酶活性增加,胆固醇的合成增加。

2）反馈抑制

胆固醇可反馈抑制肝胆固醇的合成，它主要抑制 HMG-CoA 还原酶的合成。HMG-CoA 还原酶在肝的半衰期约为 4 小时，若酶的合成被阻断，则肝细胞内酶含量在几小时内便降低。反之，降低食物胆固醇量，对酶合成的抑制解除，胆固醇合成增加。此外还发现，胆固醇的氧化产物如 7-β-羟胆固醇、25-羟胆固醇对 HMG-CoA 还原酶有较强的抑制作用。胆固醇的抑制作用是否与此有关尚不清楚。

3）激素

胰岛素及甲状腺素能诱导肝 HMG-CoA 还原酶的合成，从而增加胆固醇的合成。胰高血糖素及皮质醇则能抑制并降低 HMG-CoA 还原酶的活性，因而减少胆固醇的合成。甲状腺素除能促进 HMG-CoA 还原酶的合成外，还能促进胆固醇在肝内转变为胆汁酸，且后一作用较前者强，因而甲状腺功能亢进的患者血清胆固醇含量反而下降。

10.6.2　胆固醇的分解代谢

胆固醇不能被彻底氧化成 CO_2 和 H_2O，而仅仅是环核的氢化和侧链的氧化。大部分胆固醇转化成其他类固醇物质或直接排出体外，所以胆固醇分解代谢实际上是转化成其他类固醇物质，如胆汁酸、类固醇激素、维生素 D_3 等，其代谢途径如图 10-32 所示。

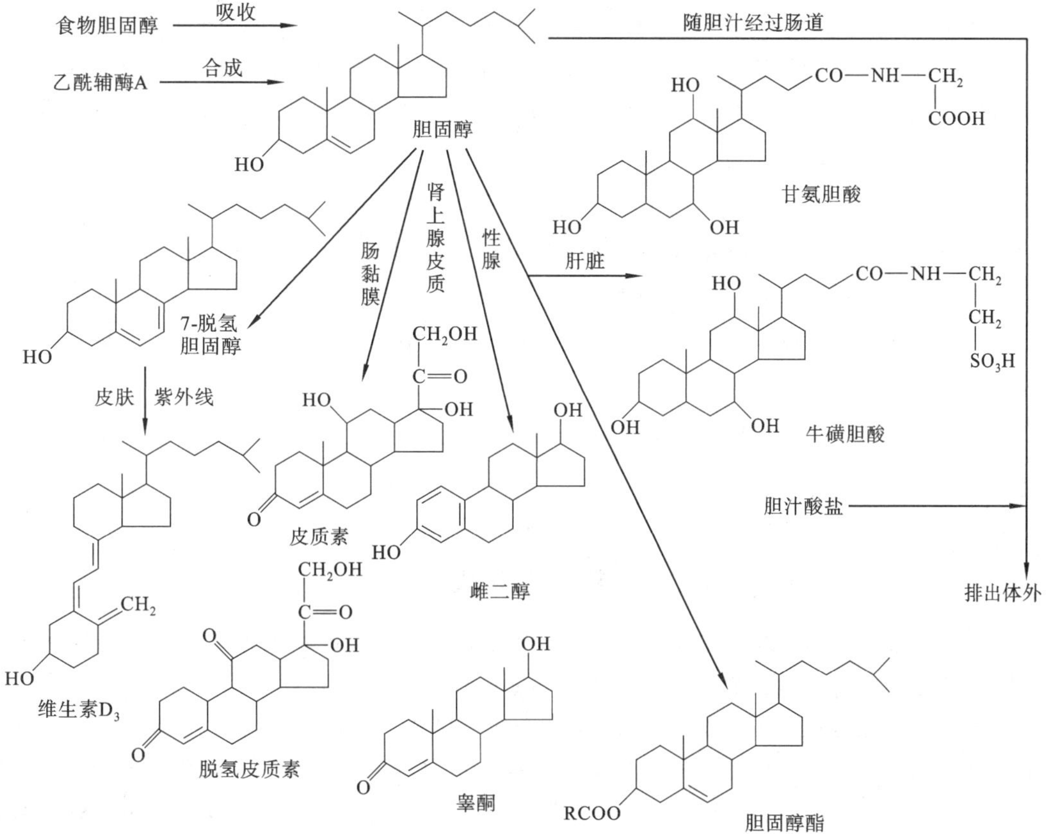

图 10-32　胆固醇的分解

1. 转化为胆汁酸及其衍生物

人体中的胆汁酸主要有胆酸、脱氧胆酸、鹅胆酸等,以及它们与牛磺酸或甘氨酸结合形成的牛磺胆酸盐和甘氨胆酸盐。胆固醇在肝中转化为胆汁酸是胆固醇在体内代谢的主要去向。正常人每天合成1~1.5 g胆固醇,其中2/5在肝中被转变为胆汁酸排入肠道,促进脂肪的消化和脂溶性维生素的吸收。

2. 转化为甾类激素

胆固醇是糖皮质激素、盐皮质激素、孕激素、雄激素和雌激素等五种主要激素的合成前体。性激素对动物和人类的生长、发育和成熟有重要作用。糖皮质激素可促进糖异生作用和糖原的合成,促进脂肪和蛋白质的降解。盐皮质激素具有保钠排钾的作用。

3. 转化为维生素 D_3

维生素D对控制钙、磷代谢有重要作用。儿童缺乏维生素D会导致佝偻病。胆固醇在脱氢酶作用下先转变为7-脱氢胆固醇,后者在紫外线的照射下,B环的 C_9 和 C_{10} 之间发生开环,再进一步转变为维生素 D_3。在肝中维生素 D_3 可发生羟化反应,形成高活性的25-羟基维生素 D_3,此活性维生素 D_3 进入肾脏后可进一步转化为1,25-二羟基维生素 D_3。

10.6.3 胆固醇的酯化

胆固醇酯是由游离胆固醇经酯化而形成的。催化胆固醇酯化的酶有两种。

1. 脂酰辅酶A胆固醇脂酰转移酶(acyl CoA cholesterol acyl transferase,ACAT)

此酶存在于细胞微粒体内,在动物肝、肾上腺和小肠内活性最大。当进入细胞的胆固醇过多而排出时,过剩的游离胆固醇就在ACAT催化下与长链不饱和脂酰辅酶A合成胆固醇酯而储存。

$$\text{胆固醇}+\text{脂酰辅酶 A}\xrightarrow{\text{ACAT}}\text{胆固醇酯}+\text{CoA}$$

2. 卵磷脂胆固醇脂酰转移酶(lecithin cholesterol acyl transferase,LCAT)

此酶由肝合成后分泌入血。在血浆中经高密度脂蛋白(HDL)中的载脂蛋白AI(apolipoprotein AI,APO-AI)激活后,催化HDL中卵磷脂的脂酰基转移至游离胆固醇形成胆固醇酯。

$$\text{胆固醇}+\text{卵磷脂}\xrightarrow{\text{LCAT}}\text{胆固醇酯}+\text{溶血卵磷脂}$$

阅读性材料

反式脂肪酸

2005年"苏丹红"和"丙烯酰胺"事件之后,很多媒体都曾报道了麦当劳油炸薯条里所含的反式脂肪酸会增加患心脏病的风险。

反式脂肪酸在自然食品中含量很少,人们平时食用的含有反式脂肪酸的食品基本上来自含有人造奶油的食品。最常见的是烘烤食品(饼干、面包等)、沙拉酱,以及炸薯条、炸鸡块、洋葱圈等快餐食品,还有西式糕点、巧克力派、咖啡伴侣、热巧克力等。只不过反式脂肪酸的名称不一,一般都在商品包装上标注为"氢化植物油""植物起酥油""人造黄油""人造奶油""植物奶油""麦淇淋""起酥油"或"植脂末",其中都可能含有反式脂肪酸。所以,现在人们在超市购买的食品,其中很大一部分含有反式脂肪酸。

尽管反式脂肪酸已无处不在，可是人们对其知之甚少。反式脂肪酸是普通植物油经过人为改造变成“氢化油”的中间产物。不饱和脂肪酸根据碳链上氢原子的位置可分成两种，如果氢原子都位于同一侧，叫做“顺式脂肪酸”，链的形状曲折，看起来像U形；如果氢原子位于两侧，叫做“反式脂肪酸”(trans-fatty acids)，看起来像线形。在人工催化过程中，可以将液态不饱和脂肪酸变成易凝固的饱和脂肪酸。在这个过程中，有一部分不饱和脂肪酸发生了“构型转变”，从天然的“顺式”结构异化成“反式”结构，就产生了反式脂肪酸。那么反式脂肪酸到底会对人体有哪些危害呢？

早在10多年前，欧洲国家就联合开展了多项有关人造脂肪危害的研究。德国营养医学协会的研究结果显示，对于心血管疾病的发生发展，人造脂肪负有极大的责任，它导致心血管疾病的概率是饱和脂肪酸的3～5倍，甚至还会损害人们的认知功能。此外，人造脂肪还会诱发肿瘤(乳腺癌等)、哮喘、Ⅱ型糖尿病、过敏等疾病，对胎儿体重、青少年发育也有不利影响。可以打这样一个比方：如果在一份看上去“大油大肉”的浓汁肉排和一盘用人造脂肪做出来的炸薯条之间进行取舍，那么选择前者更有利于健康。

因此，我们平时应注意合理平衡膳食，多吃蔬菜、水果等植物性食品和富含天然不饱和脂肪酸的鱼类等，少吃反式脂肪酸含量较高的食品，给自己一个健康的身体。

脂肪代谢紊乱可能导致的疾病

血脂升高是脂肪代谢紊乱的表现之一，如果血脂过高，很容易造成“血稠”，在血管壁上沉积，逐渐形成小“斑块”(就是我们常说的“动脉粥样硬化”)，这些“斑块”增多、增大，逐渐堵塞血管，使血流中断，从而引起心脑血管疾病。脂肪代谢紊乱是指正常的脂肪代谢由于多种因素的综合作用发生异常，它是影响健康的主要因素之一，也会直接导致各种疾病产生。

1) 心脑血管病

心脑血管病已被世界卫生组织(WHO)认定为危害人类健康的“头号杀手”，全世界每年约有1500万人死于心脑血管病，我国每年约有400万人死于此病，占死亡人数的3/5以上。全世界心脑血管病发病率最高的国家就是中国，以中国北方为高发区。心脑血管病发病率高、死亡率高、致残率高、复发率高、并发症多。许多患者生活不能自理，造成患者家庭和社会的沉重负担。更令人担忧的是，心脑血管病患者已越来越呈现出年轻化的趋势。

2) 脂肪肝

肝脏是人体重要的消化、代谢器官，对脂类的消化、吸收、氧化、分解、转化等起着重要的作用，并使其保持动态平衡。在正常情况下，肝脏只含有少量脂肪，占肝脏质量的3%～4%，其中一半为中性脂肪(甘油三酯)，另还有磷脂、脂肪酸、胆固醇及胆固醇酯。在某些异常情况下，肝脏内的脂肪含量增加，当其脂肪含量为肝脏质量(湿重)的5%～10%时为轻度脂肪肝，为10%～25%时为中度脂肪肝，为25%～50%时为重度脂肪肝。脂肪肝患者，总脂量一般可达40%～50%，有些会达到60%以上，主要是甘油三酯及脂肪酸，而磷脂、胆固醇及胆固醇酯少量增加。食物中的脂肪经水解酶消化后，其乳糜微粒(主要成分是甘油三酯)被小肠上皮吸收入血。血的乳糜微粒有三个去向：一是分解后成为肌肉活动的能源；二是储存在脂肪组织作为潜在能源；三是转运至肝脏进行代谢。转运至肝脏的甘油三酯与载脂蛋白结合成极低密度脂蛋白(VLDL)颗粒分泌入血液。如果甘油三酯产生量多，或极低密度脂蛋白量少，造成甘油三酯在肝内堆积，则形成脂肪肝。

人体长期摄入过多的动物脂肪、植物油、蛋白质和糖类，引起了脂肪代谢紊乱，使过剩的营养物质转化成脂肪在肝内大量储存起来，导致了脂肪肝。

脂肪肝使脂类的吸收发生障碍，降低机体免疫功能，出现消化不良、食欲减退、腹泻等消化道症状，有时会有流鼻血、牙龈出血等症状，甚至出现黄疸和肝功能衰竭。肝功能下降，在肝内合成的磷脂和血浆蛋白会减少，严重影响神经和血管功能，引起记忆衰退和动脉硬化。脂肪肝会逐渐向肝硬化方向发展。消除脂肪肝可延长形成肝硬化的时间，避免发生肝功能衰竭而危及生命。

习　题

1. 名词解释

(1) α-氧化

(2) β-氧化

(3) ω-氧化

(4) 酮体

(5) 血脂

(6) ACP

2. 简答题

(1) 体内乙酰辅酶A的来源和去向是怎样的?

(2) 酮体是如何产生和利用的?

(3) 胆固醇能转变成哪些物质?

(4) 磷脂的主要生理功能是什么? 卵磷脂生物合成需要哪些原料?

(5) 葡萄糖在体内是如何转变为脂肪的?

(6) 1 mol硬脂酸在体内彻底氧化为CO_2和H_2O能产生多少ATP?

(7) 脂肪酸的β-氧化过程包括哪些反应? 有哪些酶和辅酶参加? 其调控机制如何?

(8) 简述脂类消化吸收过程中参与的物质及其作用。

第 11 章　蛋白质降解和氨基酸代谢

引　言

蛋白质是生命活动的物质基础，氨基酸是构成蛋白质的基本单位。蛋白质降解的终产物是各种氨基酸，氨基酸在细胞内时刻进行着分解代谢和合成代谢，氨基酸代谢库始终保持动态平衡。氨基酸代谢受机体多种机制的调控以确保机体生命活动有序进行。

蛋白质降解具有重要的生理意义，不仅仅是参与氨基酸代谢库的动态平衡，还可以清除细胞内非正常的蛋白质，如过剩的酶、合成错误的蛋白质等，维持细胞代谢秩序。机体对蛋白质的降解包括外源蛋白质的酶促降解和细胞内蛋白质的降解两个方面。正常蛋白质的降解没有选择性，非正常蛋白质的降解具有选择性。真核细胞对蛋白质的降解有两条途径：一是溶酶体降解；二是泛素介导的蛋白质降解。溶酶体降解是细胞内蛋白质降解的主要途径，对蛋白质的降解没有选择性。泛素介导的蛋白质降解，需要消耗 ATP，有选择性地降解经泛素化标记的靶蛋白。

脱氨基作用是氨基酸分解代谢的主要途径。脱氨基的方式在不同生物中不完全相同，氧化脱氨基作用普遍存在于动植物中，非氧化脱氨基作用主要见于微生物。转氨基作用是氨基酸脱去氨基的重要方式，与转氨基作用偶联的联合脱氨基作用是生物体内脱氨基的主要途径。氨基酸的脱羧基作用中，有的直接脱去羧基，也有的羟化后再脱去羧基，脱羧基后的氨基酸次生物质如胆碱、组胺、γ-氨基丁酸、多巴胺等具有重要的生理作用。

氨基酸脱下的氨主要形成尿素排出体外，尿素通过鸟氨酸循环形成。少部分氨可以和 α-酮戊二酸重新合成新的氨基酸再利用，氨的运输形式是谷氨酰胺。氨基酸碳骨架的代谢有三条途径：一是重新合成氨基酸；二是氧化分解；三是转变成糖或脂肪。氨基酸的碳骨架集中形成 7 种化合物，可以通过 5 种途径进入三羧酸循环，分解为 CO_2 和 H_2O。大多数氨基酸(13 种)是生糖氨基酸，亮氨酸和赖氨酸是生酮氨基酸，色氨酸、异亮氨酸、苏氨酸、酪氨酸和苯丙氨酸是生糖兼生酮氨基酸。

氨基酸合成代谢不是分解代谢的逆过程，不同生物氨基酸的合成途径各不相同。合成氨基酸所需要的氨，所有生物可以直接利用代谢中产生的氨；另外，有些植物可通过硝酸还原作用从土壤中获得 NH_4^+，有些微生物也可以通过生物固氮作用直接利用空气中的氮合成 NH_3，这些无机氮必须转化为有机氮才能被应用。氨基酸合成的羧基除 His 外，几乎全部来自 α-酮酸。氨基酸合成的碳骨架，大多数生物通过糖代谢的某些中间产物如 3-磷酸甘油酸、磷酸烯醇式丙酮酸、丙酮酸、草酰乙酸、α-酮戊二酸等转变而获得。根据氨基酸合成的碳骨架来源，可将氨基酸合成途径划分为 5 种类型。氨基酸的合成有严格的调控机制，调控机制中最有效的是通过终产物抑制合成过程中系列反应的第一个酶的活性。

本章包括蛋白质的降解、氨基酸分解代谢和氨基酸合成代谢三节内容。第一节介绍外源蛋白质和细胞内蛋白质的降解知识，系统介绍泛素调节的蛋白质降解过程；第二节是氨基酸的分解代谢，介绍氨基酸的脱氨基作用、脱羧基作用和联合脱氨基作用，对氨基酸分解代谢主要产物的去向进行了清晰的梳理;第三节是氨基酸合成代谢,按照氨基酸合成的碳骨架来源,分五个问题比较详细地叙述 20 种 L-α-氨基酸的合成途径,并附简图说明其合成路线。

学 习 目 标

(1) 了解外源蛋白质酶促降解的主要酶和产物,细胞内蛋白质的降解途径,泛素和蛋白酶体的概念以及氨基酸代谢库中氨基酸的主要来源。

(2) 了解氨基酸的脱酰胺基作用,氧化脱氨基作用和非氧化脱氨基作用,掌握转氨基作用和两种联合脱氨基作用。

(3) 了解氨基酸的脱羧基作用:直接脱羧基作用和羟化脱羧基作用。

(4) 了解氨基酸代谢产物 α-酮酸的主要代谢去路,以及再合成氨基酸的 3 条途径,掌握 α-酮酸进入三羧酸循环的主要途径。

(5) 了解动、植物组织转变氨的主要途径,以及氨的转移和再利用情况。

(6) 掌握尿素循环(鸟氨酸循环)的过程和特点。

(7) 掌握无机氮转化为有机氮的两条途径,即谷氨酰胺途径和氨基甲酰磷酸途径。

(8) 掌握合成 20 种氨基酸所需碳骨架的主要来源。

(9) 了解氨基酸合成的 5 条基本途径。

(10) 了解氨基酸合成的调节类型:酶活性的调节和酶生成量的调节。

11.1 蛋白质的降解

蛋白质是自然界中的复杂物质之一。它与生命有着特别的关系,生命过程中几乎所有的环节都与蛋白质有关,蛋白质是生命活动的物质基础。蛋白质是生物大分子,从食物中摄取的蛋白质必须经过蛋白酶的降解作用,分解成短肽和氨基酸的形式才能被机体吸收。

11.1.1 外源蛋白质的酶促降解

1979 年国际生化协会酶学委员会将促进蛋白质降解的酶归属于第三大类(水解酶类)第四亚类(EC 3.4)。该亚类按酶作用的特点又分为蛋白酶(proteinase)和肽酶(peptidase)两个亚亚类(表 11-1 和表 11-2)。

表 11-1 蛋白酶的种类

编 号	名 称	条件要求	例 子
EC 3.4.2.1	丝氨酸蛋白酶类 (serine proteinase)	活性中心含组氨酸和丝氨酸	胰凝乳蛋白酶、胰蛋白酶、凝血酶
EC 3.4.2.2	硫醇蛋白酶类 (thiol proteinase)	活性中心含半胱氨酸	木瓜蛋白酶、无花果蛋白酶、菠萝蛋白酶
EC 3.4.2.3	羧基蛋白酶类 (carboxyl proteinase)	最适 pH<5	胃蛋白酶、凝乳酶
EC 3.4.2.4	金属蛋白酶类 (metalloproteinase)	催化活性必需的金属	枯草芽孢杆菌中性蛋白酶、脊椎动物胶原酶

表 11-2　肽酶的种类

编　　号	名　　称	作用特征	例　　子
EC 3.4.1.1	α-氨酰肽水解酶类 (α-aminoacyl peptide hydrolase)	N-末端，生成氨基酸	氨酰＋H_2O ⟶ L-氨基酸＋肽
EC 3.4.1.3	二肽水解酶类 (dipeptide hydrolase)	水解二肽	二肽＋H_2O ⟶ 2 L-氨基酸
EC 3.4.1.4	二肽基肽水解酶类 (dipeptidyl peptide hydrolase)	N-末端，生成二肽	二肽基多肽＋H_2O ⟶ 二肽＋多肽
EC 3.4.1.5	肽基二肽水解酶类 (peptidyl dipeptide hydrolase)	C-末端，生成二肽	多肽基二肽＋H_2O ⟶ 二肽＋多肽
EC 3.4.1.6	丝氨酸羧肽酶类 (serine carboxypeptidase)	C-末端，生成氨基酸 (含 Ser 残基)	肽基-L-氨基酸＋H_2O ⟶ 肽＋L-氨基酸
EC 3.4.1.7	金属羧肽酶类 (metallocarboxypeptidase)	C-末端，生成氨基酸 (含二价阳离子)	肽基-L-氨基酸＋H_2O ⟶ 肽＋L-氨基酸

蛋白酶又称肽链内切酶(endopeptidase)，能够水解蛋白质和多肽内部的肽键，生成各种多肽。蛋白酶水解肽键具有专一性，例如，胃蛋白酶只能水解芳香族氨基酸(如苯丙氨酸、酪氨酸)和酸性氨基酸(如谷氨酸、天冬氨酸)形成的肽键，胰蛋白酶水解碱性氨基酸(如赖氨酸、精氨酸)羧基形成的肽键。肽酶又称肽链端解酶(exopeptidase)，能够从肽链的游离羧基端或游离氨基端开始水解，生成各种氨基酸。从肽链的氨基末端逐个水解肽键的称为氨肽酶(aminopeptidase)，从肽链的羧基末端逐个水解肽键的称为羧肽酶(carboxypeptidase)，只能将二肽水解为单个氨基酸的称为二肽酶(dipeptidase)。各种常见蛋白质水解酶的酶切位点如图 11-1 所示。

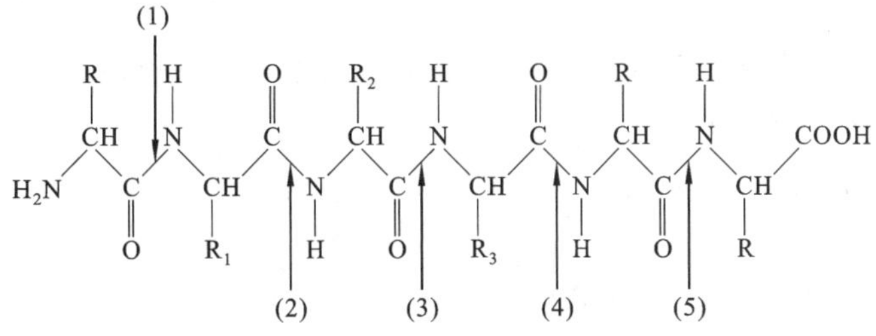

图 11-1　常见蛋白质水解酶的酶切位点

R_1—酸性氨基酸侧链；R_2—芳香族氨基酸侧链；R_3—碱性氨基酸侧链；

(1) 氨肽酶；(2) 胃蛋白酶；(3) 胰凝乳蛋白酶；(4) 胰蛋白酶；(5) 羧肽酶

对人和脊椎动物而言，食物中的外源蛋白质在胃、肠道内，经过来自胃液的胃蛋白酶，来自胰液的胰蛋白酶、糜蛋白酶、弹性蛋白酶和小肠分泌的肠肽酶的水解作用，最终形成各种氨基酸和短肽。这些氨基酸和短肽在小肠黏膜，主要通过主动运输和 γ-谷氨酰基循环被吸收转运到细胞内。过去，一直认为蛋白质必须降解为游离氨基酸才能被吸收；目前，人们已经认识到除了游离氨基酸外，短肽更容易被小肠黏膜所吸收。动物能够吸收由 10 个以下氨基酸残基组成的短肽，尤其是二肽、三肽。20 世纪 60 年代，哈里 · 纽维(Harry Newey)和大卫 · 史密斯(David H. Smyth)用令人信服的证据，证实了完整的甘-甘二肽(Gly-Gly)被转运吸收。1984 年，原广司(Hiroshi Hara)等人研究表明,蛋白质在消化道中的消化终产物往往是小肽,小肽能够完整地通过小肠黏膜细胞进入体循环,并在小肠黏膜上发现小肽吸收转运载体。近年来,编码小肽载体Ⅰ和Ⅱ的基因已被克隆,小肽的吸收机制取得了重大的研究进展。

11.1.2 细胞内蛋白质的降解

生活细胞内的蛋白质总是在不断地更新,保持着一种动态平衡。细胞内蛋白质的降解具有重要的意义:一是降解衰老、失活或多余的结构蛋白,为新蛋白质的合成提供原料;二是清除合成错误的异常蛋白或暂时不用的酶蛋白,消除它们的积累对细胞的危害;三是在代谢需要时分解储存蛋白,为组织细胞供应能量。细胞内蛋白质的降解速率与机体细胞的生理状况有关。不同蛋白质的半衰期(half-life)差别很大,短则几十分钟,长则几十天,如小鼠肝组织的鸟氨酸脱羧酶的半衰期为 0.2 h、磷酸烯醇式丙酮酸羧化酶的半衰期为 5.0 h、人的血浆蛋白的半衰期约为 10 d、结缔组织中的某些蛋白质的半衰期可达 180 d。通常,在营养缺乏的条件下,细胞会加速其蛋白质的降解速率,以便为维持正常的代谢提供必要的营养物质和能量。

组织蛋白的降解途径很多,主要有溶酶体降解和泛素介导的蛋白酶降解两种途径。

1. 溶酶体降解

溶酶体(lysosome)存在于细胞质中,由高尔基体断裂而形成,是一种单层膜的亚细胞结构,内含 50 多种水解酶,包括蛋白酶、核酸酶、磷酸酶、糖苷酶、脂肪酶、磷酸酯酶及硫酸酯酶等,这些酶控制多种内源性和外源性大分子物质的溶解或消化。溶酶体的功能一是与食物泡融合,将细胞吞噬进的食物或致病细菌等大颗粒物质消化成生物大分子,残渣通过外排作用排出细胞;二是在细胞分化过程中,某些衰老细胞器和生物大分子等进入溶酶体内并被消化。一旦溶酶体膜被损坏,水解酶逸出,可导致细胞自溶。

溶酶体膜内含有一种特殊的转运蛋白,可以利用 ATP 水解的能量将胞质中的 H^+(氢离子)泵入溶酶体,以维持其基质 pH 在 5 左右,此 pH 为水解酶酶促反应的最适 pH,而其周围胞质中的 pH 为 7.2。

溶酶体降解是细胞内蛋白质降解的主要途径,半衰期较长的蛋白质一般经此途径降解。

2. 泛素介导的蛋白酶降解

溶酶体对细胞内蛋白质的降解没有选择性,无法解释细胞中蛋白质半衰期差异的现象。20 世纪 70 年代,有人提出"非溶酶体的蛋白质分解系统",这就是后来被证实的泛素介导的蛋白酶降解途径(ubiquitin-mediated protein degradation pathway)。

泛素(ubiquitin,Ub)是一种存在于大多数真核细胞中的小蛋白,为了强调这个物质在所有组织细胞中的普遍存在,即其普遍性(ubiquity),故称其为泛素(ubiquitin)。泛素由 76 个氨基酸残基组成,分子量约为 8500,在真核生物中具有高度保守性,即在生物的演化过程中,泛素的结构没有多大的改变。此外,泛素的特性很稳定,耐酸碱及高温,在 pH 1～13 以及 80 ℃以下的环境,皆可稳定地存在。泛素分子结构如图 11-2 所示。

1980 年,阿夫拉姆·赫什科(Avram Hershko)与其他研究者一同分离并验证了泛素的功能,提出了泛素在蛋白质分解中的基本作用假说,即"泛素假说":泛素通过 E_1(活化酶)、E_2(结合酶)、E_3(连接酶)的多级反应,与目标蛋白共价结合,多数泛素分子枝状连接,形成聚泛素链,而聚泛素链成为蛋白水解酶攻击的标记,被捕捉到的目标蛋白被迅速地分解。其后 5 年,由于亚历山大·佛沙斯基(Alexander Varshavsky)等人对泛素系统离体作用的研究,泛素假说得到认可。

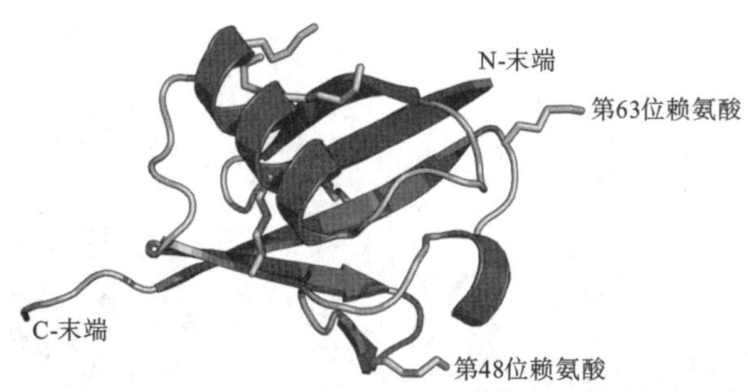

图 11-2　泛素分子结构示意图

泛素介导的蛋白酶降解途径又称为泛素降解途径，包括两大步骤。

1）蛋白质的泛素化

蛋白质的泛素化（ubiquitination）就是将被降解的靶蛋白（target protein）贴上准予降解的标签，这个过程至少涉及三种酶的级联反应，三种酶分别是泛素活化酶（ubiquitin-activating enzyme，E_1）、泛素结合酶（ubiquitin-conjugating enzyme，E_2）和泛素-蛋白质连接酶（ubiquitin-protein ligase，E_3）。

蛋白质的泛素化可以分为三个小步骤：①E_1水解 ATP，使泛素分子 C-末端腺苷化，通过硫酯键（thioester bond）使泛素的 C-末端与E_1活性中心的半胱氨酸（Cys）残基相连，形成E_1-Ub 复合物；②通过第二个硫酯键的形成，E_1将泛素转移到E_2特定的 Cys 残基上；③E_3辨识需降解的靶蛋白，与E_2共同将泛素转移到该靶蛋白 Lys-ε-NH_2上，形成一个异肽键（isopeptide bond）。

上述过程不断进行，靶蛋白上可能结合几十个或者更多的泛素分子，形成聚泛素链（poly-ubiquitin chain），其过程如图 11-3 所示。

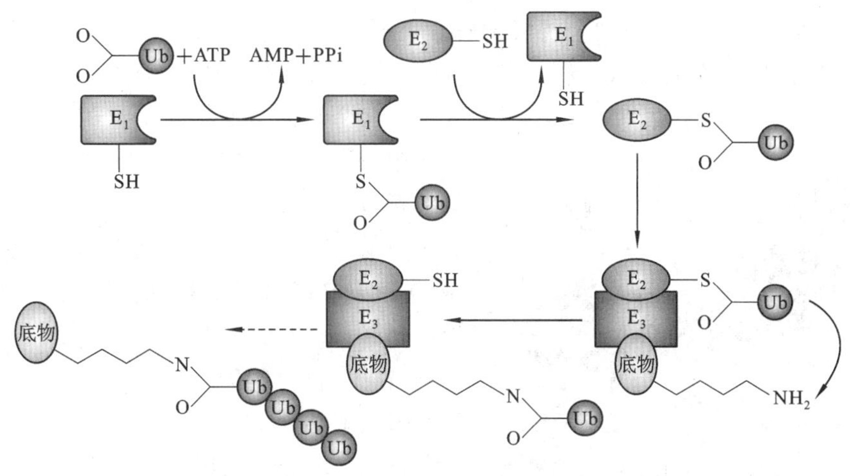

图 11-3　蛋白质的泛素化过程

聚泛素链中泛素分子之间的相连是通过前一个泛素第 48 位的 Lys-ε-NH_2与后一个泛素 C-末端的甘氨酸残基形成异肽键而实现的，如图 11-4 所示。

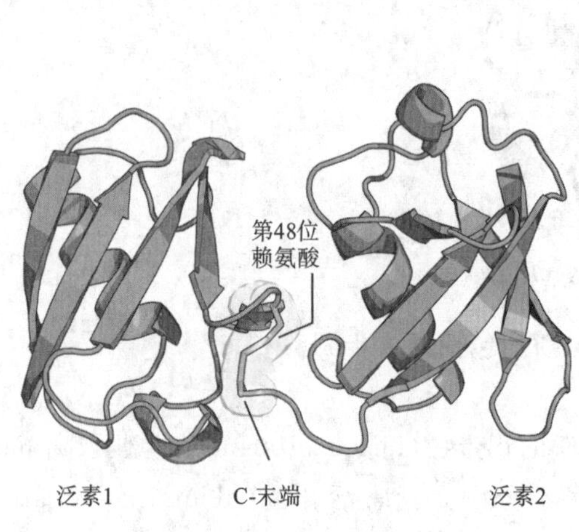

图 11-4　聚泛素链的结构示意图

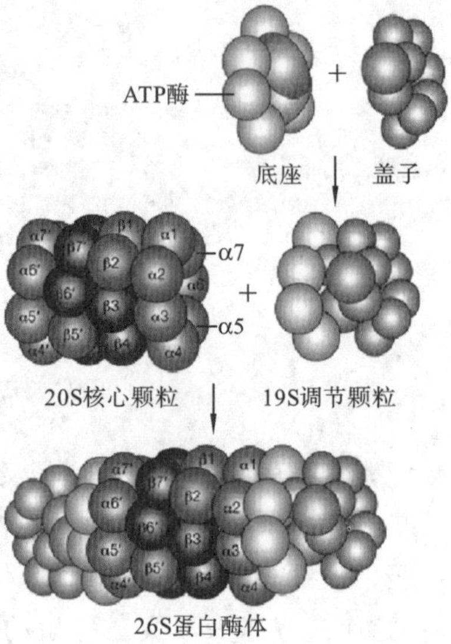

图 11-5　26S 蛋白酶体构成示意图

2）蛋白酶体降解

蛋白酶体（proteasomes）最早报道于 1988 年。蛋白酶体是多蛋白质复合物，现在被称为 26S 蛋白酶体，分子量为 2000，通常一个人体细胞中含有 3 万个蛋白酶体。

蛋白酶体既存在于细胞核中，又存在于细胞质溶胶中，是溶酶体外的蛋白水解体系，显示多种肽酶的活性，能够从碱性、酸性和中性氨基酸的羧基侧水解多种蛋白质底物。几乎所有的半衰期较短的蛋白质都经此途径降解。

26S 蛋白酶体可简单地分为两个部分：20S 的核心颗粒（core particle，CP）和两侧的 19S 调节颗粒（regulatory particle，RP），如图 11-5 所示。20S 核心颗粒是一个中空圆桶状结构，由四个环组成，其中，每一个环由七个蛋白亚基组成。中间的两个环各由七个 β-亚基组成，环的内表面含有六个蛋白酶的活性位点，所以靶蛋白必须进入蛋白酶体的“空腔”中才能够被降解。外部的两个环各含有七个 α-亚基，可以发挥“门”的作用，是蛋白质进入“空腔”中的必由之路。19S 调节颗粒由盖子（lid）和底座（base）组成，盖子能够辨识与聚泛素链相连的靶蛋白，而底座含 ATP 酶（ATPase）可水解 ATP 提供能量，使靶蛋白变性（denature）并推动其进入 20S 核心颗粒“空腔”中，颗粒中所含的异肽酶（isopeptidase）能将泛素从靶蛋白上移除。

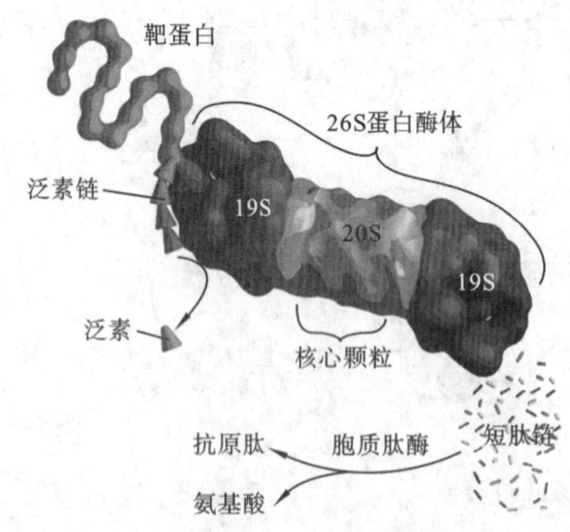

图 11-6　26S 蛋白酶体降解途径

进入 20S 蛋白酶体“空腔”中的变性靶蛋白在酶的作用下被切割成含 7～9 个氨基酸残基的短肽链，并从酶体的另一端释放出来，如图 11-6 所示。随后，这些短肽扩散到蛋白酶体外，由细胞质中的肽酶进一步降解为氨基酸。

11.1.3　氨基酸代谢库

细胞内所有游离的氨基酸组成了细胞的氨基酸代谢库(amino acid metabolic pool)。库内的氨基酸不断被利用,又不断得到补充,总是处于动态平衡状态。库中氨基酸的来源主要有三个渠道:一是外源蛋白质的降解与吸收;二是细胞内蛋白质的降解;三是细胞内氨基酸的合成。植物可以合成自身需要的全部氨基酸,人和动物只能合成一些非必需氨基酸,而微生物合成氨基酸的能力差异很大。库中氨基酸的利用也包括三个方面:一是合成新的蛋白质,满足机体蛋白质的更新、组织修复和生长发育需要;二是合成核苷酸、维生素、激素等含氮化合物;三是脱氨基进行分解代谢。氨基酸代谢库的动态平衡如图 11-7 所示。

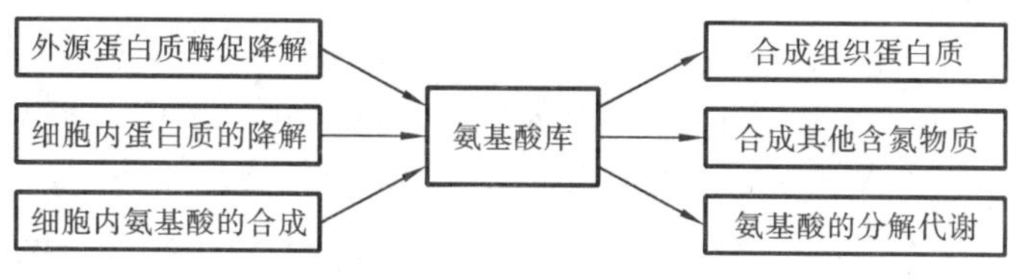

图 11-7　氨基酸代谢库

11.2　氨基酸分解代谢

氨基酸与糖原、淀粉、脂肪不同,它不能作为能源物质储存起来,而是处于不断更新中。生物体内氨基酸以合成为主,即氨基酸库中的大部分氨基酸用于合成和转化,合成自身需要的各种组织蛋白质和功能蛋白质,转化为体内非蛋白形式的含氮化合物,包括嘌呤、嘧啶、肌酸、胺类、维生素和肽类激素等。

生物体内参与分解代谢的氨基酸比例并不高,当然有些以氨基酸为唯一碳源的细菌是以氨基酸降解为主的。氨基酸(除脯氨酸、羟脯氨酸外)的分子结构中,都有 α-氨基和 α-羧基,具有共同的代谢规律,称为氨基酸的一般代谢。不同氨基酸的侧链 R 基团不同,代谢途径也不相同,因此个别氨基酸还存在其特殊的代谢途径。这里只探讨氨基酸的一般代谢规律,包括氨基酸的脱氨基作用和脱羧基作用,其中脱氨基作用是氨基酸分解代谢的主要途径。

11.2.1　氨基酸的脱氨基作用

脱氨基作用(deamination)是指 α-氨基酸脱去氨基,生成 α-酮酸的过程。脱氨基作用是氨基酸分解代谢最重要的一步,包括氧化脱氨基、非氧化脱氨基、转氨基、联合脱氨基、脱酰胺基等作用。非氧化脱氨基作用主要见于微生物体内,在动植物体内不普遍。

1. 氧化脱氨基作用(oxidative deamination)

氧化脱氨基作用是指氨基酸在脱去氨基时伴随着氧化(脱氢),生成 α-酮酸和 NH_3 的过程。这个过程分两步完成,第一步是酶促脱氢生成亚氨基酸,第二步是亚氨基酸在水溶液中自发地分解为 α-酮酸和 NH_3。

$$\underset{\alpha\text{-氨基酸}}{\begin{array}{c}R\\|\\CH{-}NH_2\\|\\COOH\end{array}} \xrightarrow[\text{酶}]{-2H} \underset{\text{亚氨基酸}}{\begin{array}{c}R\\|\\C{=}NH\\|\\COOH\end{array}} \xrightarrow{+H_2O} \underset{\alpha\text{-酮酸}}{\begin{array}{c}R\\|\\C{=}O\\|\\COOH\end{array}} + NH_3$$

催化氨基酸氧化脱氨基作用的酶有两类:一类是氨基酸氧化酶;另一类是氨基酸脱氢酶。如果第一步反应由氨基酸氧化酶催化,需要 O_2 的参与,每消耗 1 分子 O_2 氧化 2 个氨基酸产生 2 分子 α-酮酸和 2 分子 NH_3。氨基酸氧化酶以黄素蛋白 FAD 或 FMN 为辅酶,黄素蛋白接受氨基酸脱出的氢,不经过电子传递链,直接将氢原子传递给 O_2 生成 H_2O_2,如果存在 H_2O_2 酶则进一步分解为 H_2O 和 O_2,否则 H_2O_2 可将生成的 α-酮酸氧化为少 1 个碳原子的脂肪酸。氨基酸氧化酶活性不高,在各组织器官中分布有局限性,故作用不大。如果第一步反应由氨基酸脱氢酶(如 L-谷氨酸脱氢酶)催化,则这种酶不需要 O_2 的参与,以 NAD^+ 或 $NADP^+$ 为辅酶,接受氨基酸脱出的氢,经过电子传递链,将氢原子传递给活性氧生成 H_2O。氨基酸脱氢酶活性很高,分布广泛,作用较大。该酶属于别构酶,其活性受 ATP、GTP 的抑制,被 ADP、GDP 所激活。

$$\underset{\alpha\text{-氨基酸}}{2R-\underset{\underset{NH_3^+}{|}}{CH}-COO^-} \xrightarrow[\text{氨基酸氧化酶(FAD/FMN)}]{2H_2O+O_2 \quad 2H_2O_2} \underset{\alpha\text{-酮酸}}{2R-\underset{\underset{O}{\|}}{C}-COO^-} + 2NH_3$$

$$\underset{\text{L-谷氨酸}}{HOOC-CH_2-CH_2-CH(NH_2)-COOH} + NAD^+ + H_2O \underset{}{\xrightleftharpoons{\text{L-谷氨酸脱氢酶}}} \underset{\alpha\text{-酮戊二酸}}{HOOC-CH_2-CH_2-C(=O)-COOH} + NADH + H^+ + NH_3$$

2. 转氨基作用(transamination)

转氨基作用是 α-氨基酸和 α-酮酸之间的氨基转移反应。α-氨基酸的氨基在相应的转氨酶催化下转移到 α-酮酸的酮基碳原子上,结果是原来的 α-氨基酸生成了相应的 α-酮酸,原来的 α-酮酸则生成了相应的 α-氨基酸,这种作用称为转氨基作用或氨基移换作用。

催化转氨基作用的酶叫做转氨酶(transaminase)或氨基移换酶。转氨酶的种类很多,广泛分布于动、植物及微生物中,因此氨基酸的转氨基作用在生物体内极为普遍。转氨基作用是氨基酸脱氨的一种主要方式,在氨基酸代谢中占有重要的地位。实验证明,除赖氨酸、苏氨酸、甘氨酸、脯氨酸等少数氨基酸外,其余 α-氨基酸各有其特异的转氨酶,都可参与转氨基作用。一般来说,动、植物组织中的转氨酶,只催化 L-氨基酸和 α-酮酸之间的转氨基作用;而某些细菌,如枯草芽孢杆菌(*Bacillus subtilis*)的转氨酶对 L-氨基酸和 D-氨基酸都有催化作用。转氨基作用的简式如下:

$$\underset{\alpha\text{-氨基酸 1}}{H_2N-CH(R_1)-COOH} + \underset{\alpha\text{-酮酸 2}}{R_2-C(=O)-COOH} \xrightleftharpoons{\text{转氨酶}} \underset{\alpha\text{-酮酸 1}}{R_1-C(=O)-COOH} + \underset{\alpha\text{-氨基酸 2}}{H_2N-CH(R_2)-COOH}$$

转氨酶催化的转氨基作用是可逆的,平衡常数接近 1,也就是说通过转氨基作用,氨基酸可以脱下氨基,α-酮酸也可以接受氨基生成其他的氨基酸。因此,转氨基作用既参与氨基酸的分解代谢，也是某些氨基酸合成的重要途径。

转氨酶的辅酶都是磷酸吡哆醛（pyridoxal phosphate，PLP）和磷酸吡哆胺（pyridoxamine phosphate，PMP）。它们在转氨基作用中起氨基传递体的作用。转氨酶在游离状态时，既可以和 PLP 吡啶环的氮原子以非共价键牢固相连，也可以通过酶活性中心 Lys-ε-NH_2 专一性地与 PLP 的醛基结合，形成希夫碱（Schiff base）结构。发生转氨基作用时，氨基酸的 α-氨基取代 Lys-ε-NH_2，PLP 与底物氨基酸形成希夫碱结构，经分子内重排，希夫碱的亚氨键水解，生成 α-酮酸和 PMP，PMP 再和另一 α-酮酸反应将氨基转移到 α-酮酸上生成新的氨基酸，PMP 则转变为 PLP。因此，通过 PLP 和 PMP 的相互转换，完成转氨基作用，反应过程如下所示：

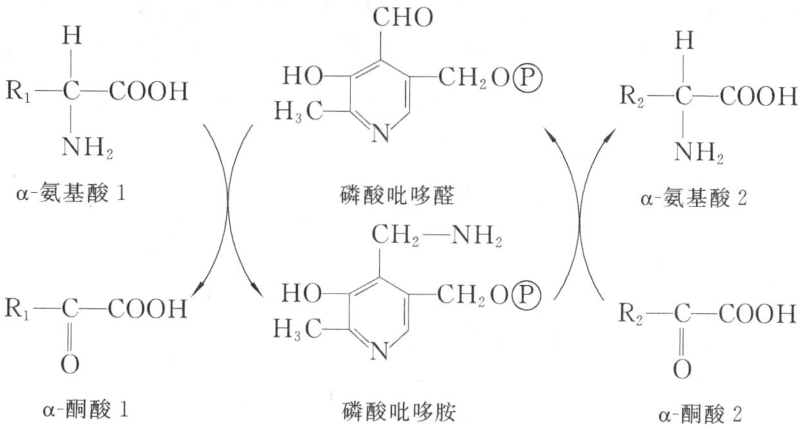

R_1—CH(NH_2)—COOH（α-氨基酸 1） + 磷酸吡哆醛（4-CHO，3-HO，2-H_3C，5-CH_2OⓅ吡啶） ⇌ R_1—CO—COOH（α-酮酸 1） + 磷酸吡哆胺（4-CH_2—NH_2，3-HO，2-H_3C，5-CH_2OⓅ吡啶）

磷酸吡哆胺 + R_2—CO—COOH（α-酮酸 2） ⇌ 磷酸吡哆醛 + R_2—CH(NH_2)—COOH（α-氨基酸 2）

目前，已经发现的转氨酶有 50 多种，多数转氨酶主要以 α-酮戊二酸为氨基受体。人体内重要的转氨酶是谷草转氨酶和谷丙转氨酶。谷草转氨酶是谷氨酸-草酰乙酸转氨酶（glutamic-oxaloacetic transaminase，GOT）的简称，在心肌细胞中含量最高；谷丙转氨酶是谷氨酸-丙氨酸转氨酶（glutamic-pyruvic transaminase，GPT）的简称，在肝脏细胞中含量最高。正常情况下，GOT 和 GPT 在血清中的浓度很低，当心脏或肝脏出现病变时，由于细胞膜通透性增强，转氨酶会大量涌入血液，使血清中 GOT 和 GPT 活性升高，因此 GOT 和 GPT 可作为临床上诊断心脏或肝脏病变的指标。

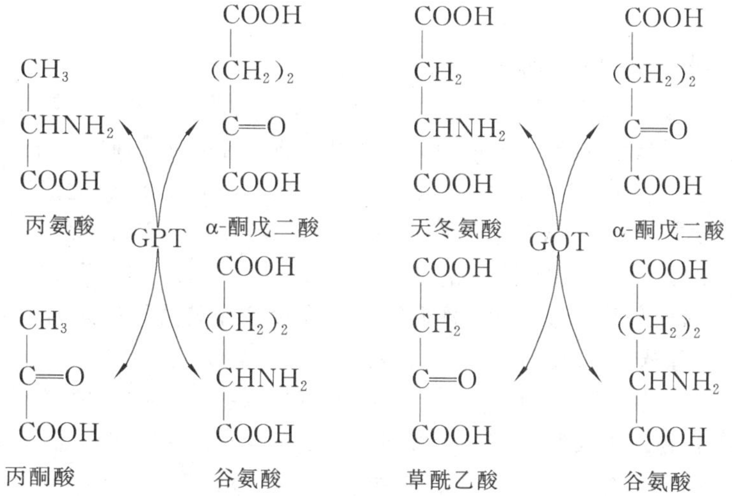

丙氨酸（CH_3—$CHNH_2$—COOH） + α-酮戊二酸（COOH—$(CH_2)_2$—C=O—COOH） $\xrightarrow{GPT}$ 丙酮酸（CH_3—C=O—COOH） + 谷氨酸（COOH—$(CH_2)_2$—$CHNH_2$—COOH）

天冬氨酸（COOH—CH_2—$CHNH_2$—COOH） + α-酮戊二酸（COOH—$(CH_2)_2$—C=O—COOH） $\xrightarrow{GOT}$ 草酰乙酸（COOH—CH_2—C=O—COOH） + 谷氨酸（COOH—$(CH_2)_2$—$CHNH_2$—COOH）

3. 联合脱氨基作用(combined deamination)

联合脱氨基作用是生物体内主要的脱氨基方式,主要有两种反应途径。

1) 转氨酶-谷氨酸脱氢酶偶联的联合脱氨基作用

生物体内L-氨基酸含量丰富,但L-氨基酸氧化酶的活力不高;D-氨基酸氧化酶的活性虽然较高,但D-氨基酸含量很低,可见氨基酸氧化酶的催化作用不是主要的。机体内L-谷氨酸脱氢酶和转氨酶的活性普遍较高,因此一般认为L-氨基酸不是直接氧化脱去氨基,而是先与α-酮戊二酸经转氨基作用变为相应的α-酮酸与L-谷氨酸,L-谷氨酸再经谷氨酸脱氢酶作用重新变成α-酮戊二酸,同时脱氨。这种脱氨基作用是由转氨酶和谷氨酸脱氢酶共同完成的,所以叫联合脱氨基作用。在这个反应中,α-酮戊二酸是关键,担任传递氨基的作用,本身并不消耗。该反应是可逆的,反应方向取决于四种反应物的相对浓度,因此这一过程既是氨基酸分解代谢的主要方式,也是细胞内氨基酸合成的重要途径。其反应式如图11-8所示。

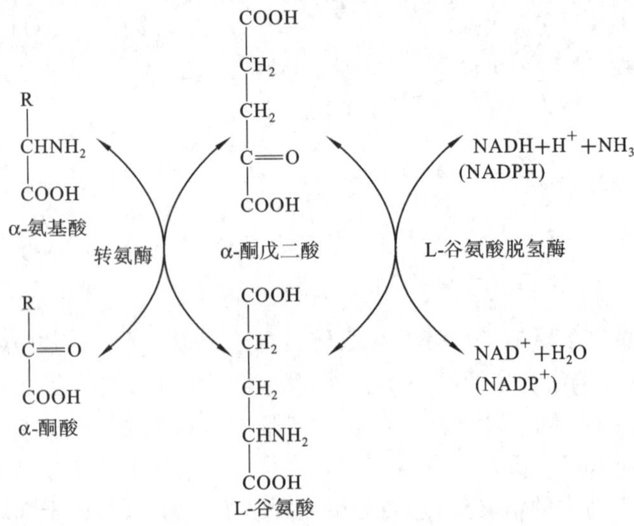

图11-8 转氨酶-谷氨酸脱氢酶偶联的联合脱氨基作用

L-谷氨酸脱氢酶主要分布于肝、肾、脑等组织中,所以这种联合脱氨主要在肝、肾、脑等组织中进行。

2) 转氨酶-腺苷酸脱氨酶偶联的联合脱氨基作用

20世纪70年代前,人们普遍认为转氨酶-谷氨酸脱氢酶偶联的联合脱氨基作用是体内氨基酸脱氨的主要方式。但骨骼肌和心肌中的L-谷氨酸脱氢酶含量较低,而腺苷酸脱氨酶(adenylate deaminase)、腺苷酸琥珀酸合成酶(adenylosuccinate synthetase)含量丰富,能催化腺苷酸(AMP)加水、脱氨生成次黄嘌呤核苷酸(IMP)。另外,实验还发现脑组织中50%的氨基来自AMP脱氨基。于是,20世纪70年代初提出了嘌呤核苷酸循环(purine nucleotide cycle,PNC)。

现在认为,转氨酶与腺苷酸脱氨酶偶联进行的嘌呤核苷酸循环是体内联合脱氨基作用的主要途径。整个过程分3步进行:首先,在转氨酶和谷氨酸脱氢酶作用下,氨基酸经过两次转氨基作用将α-氨基转移至草酰乙酸生成天冬氨酸;其次,在腺苷酸琥珀酸合成酶作用下,天冬氨酸的氨基与IMP相连生成腺苷酸代琥珀酸(adenylosuccinate),在腺苷酸代琥珀酸裂解酶(adenylosuccinate lyase)作用下脱去延胡索酸生成AMP;最后,经腺苷酸脱氨酶催化,AMP水解脱去氨基。转氨酶-腺苷酸脱氨酶偶联的联合脱氨基作用如图11-9所示。

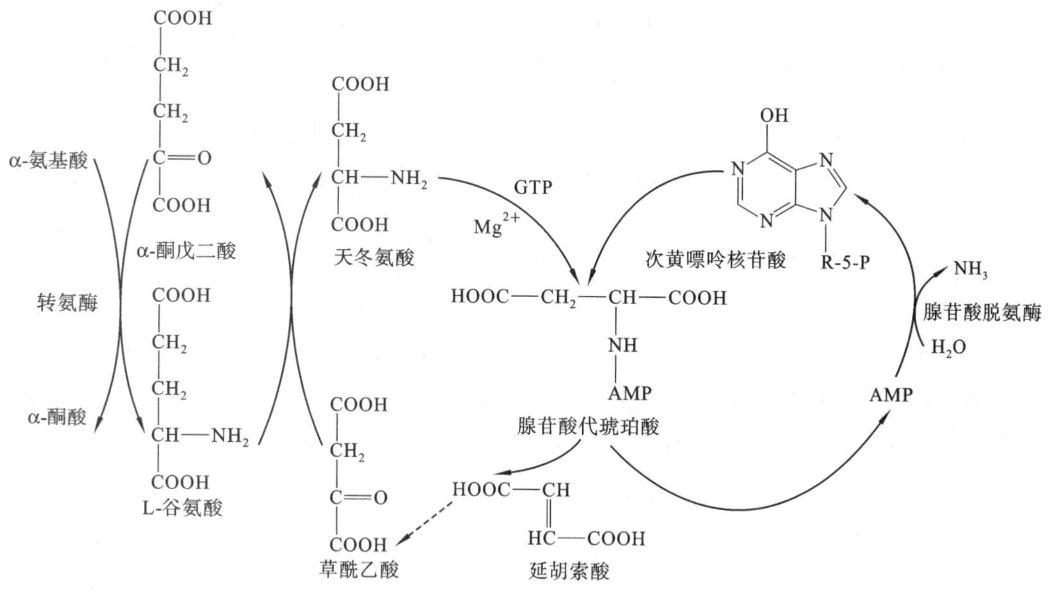

图 11-9　转氨酶-腺苷酸脱氨酶偶联的联合脱氨基作用

这种形式的联合脱氨是不可逆的，因而不能通过其逆过程合成非必需氨基酸。这一代谢途径可以把氨基酸代谢与糖代谢、脂代谢联系起来，也可以把氨基酸代谢与核苷酸代谢联系起来。

4. 脱酰胺基作用(deamidation)

谷氨酰胺、天冬酰胺可以在相应的脱酰胺酶(deamidase)作用下脱去酰胺基，生成氨和谷氨酸或天冬氨酸。谷氨酰胺酶(glutaminase)和天冬酰胺酶(asparaginase)在微生物和动、植物中广泛存在，具有高度专一性。

$$\begin{array}{c} \text{CONH}_2 \\ | \\ \text{CH}_2 \\ | \\ \text{CH}_2 \\ | \\ \text{CHNH}_2 \\ | \\ \text{COOH} \\ \text{谷氨酰胺} \end{array} + H_2O \xrightarrow{\text{谷氨酰胺酶}} \begin{array}{c} \text{COOH} \\ | \\ \text{CH}_2 \\ | \\ \text{CH}_2 \\ | \\ \text{CHNH}_2 \\ | \\ \text{COOH} \\ \text{谷氨酸} \end{array} + NH_3$$

$$\begin{array}{c} \text{CONH}_2 \\ | \\ \text{CH}_2 \\ | \\ \text{CHNH}_2 \\ | \\ \text{COOH} \\ \text{天冬酰胺} \end{array} + H_2O \xrightarrow{\text{天冬酰胺酶}} \begin{array}{c} \text{COOH} \\ | \\ \text{CH}_2 \\ | \\ \text{CHNH}_2 \\ | \\ \text{COOH} \\ \text{天冬氨酸} \end{array} + NH_3$$

5. 非氧化脱氨基(nonoxidative deamination)

非氧化脱氨基作用主要在微生物中进行，在动物、高等植物组织中并不普遍。非氧化脱氨基作用主要有直接脱氨基作用、还原脱氨基作用、水解脱氨基作用、脱水脱氨基作用、脱硫化氢脱氨基作用等几种方式。

1）直接脱氨基作用(direct deamination)

天冬氨酸在天冬氨酸氨基裂解酶的催化下，以磷酸吡哆醛(PLP)为辅酶，直接裂解成延胡索酸和氨。

$$\underset{\text{天冬氨酸}}{HOOC-CH_2-CH(NH_2)-COOH} \xrightarrow[\text{PLP}]{\text{天冬氨酸氨基裂解酶}} \underset{\text{延胡索酸}}{HOOC-CH=CH-COOH} + NH_3$$

在高等植物中存在苯丙氨酸解氨酶(phenylalanine ammonia lyase，PAL)，可催化苯丙氨酸和酪氨酸直接脱氨基生成不饱和芳香酸和氨。

$$\underset{\text{苯丙氨酸}}{C_6H_5-CH_2-CHNH_2-COOH} \overset{\text{PAL}}{\rightleftharpoons} \underset{\text{反式肉桂酸}}{C_6H_5-CH=CH-COOH} + NH_3$$

$$\underset{\text{酪氨酸}}{HO-C_6H_4-CH_2-CHNH_2-COOH} \overset{\text{PAL}}{\rightleftharpoons} \underset{\text{反式香豆酸}}{HO-C_6H_4-CH=CH-COOH} + NH_3$$

2）还原脱氨基作用(reducing deamination)

在严格无氧条件下，某些含有氢化酶(hydrogenase)的微生物，可使氨基酸还原脱氨生成相应的脂肪酸和氨。

$$\underset{\text{氨基酸}}{R-CH(NH_2)-COOH} + H_2 \xrightarrow{\text{氢化酶}} \underset{\text{脂肪酸}}{R-CH_2-COOH} + NH_3$$

3）水解脱氨基作用(hydrolyzing deamination)

在氨基酸水解酶的催化作用下，氨基酸发生水解脱氨基作用，生成羟酸和氨。

$$\underset{\text{氨基酸}}{R-CH(NH_2)-COOH} + H_2O \xrightarrow{\text{氨基酸水解酶}} \underset{\text{羟酸}}{R-CH(OH)-COOH} + NH_3$$

4）脱水脱氨基作用(dehydration deamination)

脱水酶以磷酸吡哆醛为辅酶，作用于含有一个羟基的氨基酸(L-丝氨酸、L-苏氨酸)。如L-丝氨酸脱水酶(L-serine dehydratase)可催化L-丝氨酸脱氨后发生分子内重排，生成丙酮酸和氨。

$$\underset{\text{L-丝氨酸}}{H_2N-\overset{COOH}{\overset{|}{C}}-H \atop {\quad|\atop \quad CH_2OH}} \xrightarrow[\searrow H_2O]{\text{L-丝氨酸脱水酶}} \underset{\alpha\text{-氨基丙烯酸}}{H_2N-\overset{COOH}{\overset{|}{C}} \atop {\|\atop CH_2}} \longrightarrow \underset{\text{亚氨基丙酸}}{HN{=}\overset{COOH}{\overset{|}{C}} \atop {|\atop CH_3}} \xrightarrow[H_2O\nearrow]{} \underset{\text{丙酮酸}}{\overset{COOH}{\overset{|}{C}}{=}O \atop {|\atop CH_3}} + NH_3$$

5）脱硫化氢脱氨基作用（desulfurated hydrogen deamination）

在脱硫化氢酶的催化下，半胱氨酸发生与丝氨酸的脱水脱氨基作用类似的反应，生成丙酮酸和氨。

$$\underset{\text{半胱氨酸}}{H_2N-\overset{COOH}{\overset{|}{C}}-H \atop {|\atop CH_2SH}} \xrightarrow[H_2O \quad H_2S]{\text{脱硫化氢酶}} \underset{\text{丙酮酸}}{\overset{COOH}{\overset{|}{C}}{=}O \atop {|\atop CH_3}} + NH_3$$

11.2.2　氨基酸的脱羧基作用

氨基酸在脱羧酶（decarboxylase）作用下脱掉羧基，生成 CO_2 和相应的胺类化合物的过程，称为氨基酸的脱羧基作用（amino acid decarboxylation）。氨基酸脱羧酶普遍存在于动、植物组织及微生物中，其专一性很高，一般是一种氨基酸脱羧酶只对一种 L-氨基酸起催化作用，其辅酶为 PLP（组氨酸脱羧酶除外）。氨基酸的脱羧基作用包括直接脱羧基作用和羟化脱羧基作用两种类型。

1. 直接脱羧基作用（direct decarboxylation）

氨基酸在脱羧酶催化下脱去羧基生成伯胺。通式如下：

$$R-\underset{NH_2}{\underset{|}{CH}}-COOH \xrightarrow[PLP]{\text{脱羧酶}} R-\underset{NH_2}{\underset{|}{CH_2}} + CO_2$$

丝氨酸脱羧生成乙醇胺（neovaricaine），乙醇胺经甲基化作用生成胆碱（sinkaline），乙醇胺和胆碱分别是脑磷脂（cephalin）和卵磷脂（lecithin）的成分。

$$\underset{\text{丝氨酸}}{\underset{OH}{\underset{|}{CH_2}}-\underset{NH_2}{\underset{|}{CH}}-COOH} \xrightarrow[\searrow CO_2]{} \underset{\text{乙醇胺}}{\underset{OH}{\underset{|}{CH_2}}-\underset{NH_2}{\underset{|}{CH_2}}} \xrightarrow{3(-CH_3)} \underset{\text{胆碱}}{\underset{OH}{\underset{|}{CH_2}}-\underset{N^+(CH_3)_3}{\underset{|}{CH_2}}}$$

组氨酸脱羧生成组胺（histamine），组胺存在于肝、肺、胃黏膜、肌肉、创伤性休克或炎症病变部位，具有舒张血管、降低血压作用，也能刺激胃黏膜分泌胃酸和胃蛋白酶。

$$\underset{\text{L-组氨酸}}{\text{(咪唑环 HN, N)}-CH_2\underset{NH_2}{\underset{|}{CH}}COOH} \xrightarrow[\searrow CO_2]{\text{组氨酸脱羧酶}} \underset{\text{组胺}}{\text{(咪唑环 HN, N)}-CH_2CH_2NH_2}$$

二羧基氨基酸主要在 α-位上脱羧，所生成的产物不是胺，而是另一种新的氨基酸。

天冬氨酸脱羧后生成 β-丙氨酸：

$$\underset{\text{天冬氨酸}}{HOOC—\underset{|}{\underset{NH_2}{CH}}—CH_2—COOH} \xrightarrow{\nearrow CO_2} \underset{\beta\text{-丙氨酸}}{\underset{|}{\underset{NH_2}{CH_2}}—CH_2—COOH}$$

谷氨酸脱羧后生成 γ-氨基丁酸(γ-aminobutyric acid):

$$\underset{\text{谷氨酸}}{HOOC—\underset{|}{\underset{NH_2}{CH}}—CH_2—CH_2—COOH} \xrightarrow{\nearrow CO_2} \underset{\gamma\text{-氨基丁酸}}{\underset{|}{\underset{NH_2}{CH_2}}—CH_2—CH_2—COOH}$$

γ-氨基丁酸是抑制性神经递质。谷氨酸脱羧酶在脑、肾组织中活性很高,γ-氨基丁酸在脑中的含量较多,对中枢神经系统的神经元具有普遍的抑制作用。γ-氨基丁酸可与 α-酮戊二酸进行转氨基反应,生成谷氨酸和琥珀酸半醛,后者被氧化成琥珀酸后进入三羧酸循环。

$$\underset{\gamma\text{-氨基丁酸}}{\underset{|}{\underset{NH_2}{CH_2}}—CH_2—\underset{|}{\underset{COOH}{CH_2}}} \longrightarrow \underset{\text{琥珀酸半醛}}{OHC—CH_2—CH_2—COOH} \longrightarrow \underset{\text{琥珀酸}}{HOOC—CH_2—CH_2—COOH}$$

2. 羟化脱羧基作用(hydroxylation decarboxylation)

苯丙氨酸在苯丙氨酸羟化酶(phenylalanine hydroxylase)催化下发生羟化生成酪氨酸,酪氨酸在酪氨酸羟化酶(tyrosine hydroxylase)催化下发生羟化生成 3,4-二羟苯丙氨酸(3,4-dihydroxyphenyl-alanine,DOPA),简称多巴。多巴在多巴脱羧酶作用下,脱羧生成 3,4-二羟苯乙胺,即多巴胺。多巴胺是大脑中的一种神经递质,帕金森病被认为与多巴胺减少有关。在肾上腺髓质中,多巴胺侧链的 β-碳原子经羟化可生成去甲肾上腺素,再经 N-甲基转移酶催化,由 S-腺苷甲硫氨酸(SAM)提供甲基,进一步转变为肾上腺素,其反应如图 11-10 所示。

在人和动物的黑色素细胞中,多巴可进一步氧化、脱羧转变成 5,6-吲哚醌,后者可聚合成黑色素,使毛、发、皮肤变黑。在植物体内,马铃薯、苹果、梨等切开后变黑也是由于 5,6-吲哚醌聚合成黑色素所致。

色氨酸在色氨酸羟化酶的作用下,可生成 5-羟色氨酸,进一步脱羧生成 5-羟色胺。5-羟色胺又称血清素(serotonin),在大脑内是一种抑制性神经递质,在外周组织具有收缩血管的作用。

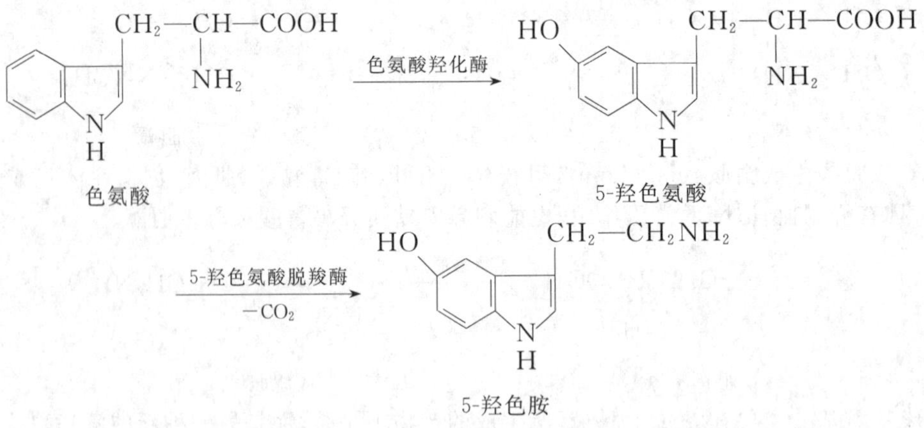

$$\text{色氨酸} \xrightarrow{\text{色氨酸羟化酶}} \text{5-羟色氨酸} \xrightarrow[-CO_2]{\text{5-羟色氨酸脱羧酶}} \text{5-羟色胺}$$

色氨酸

5-羟色氨酸

5-羟色胺

酪氨酸 $\xrightarrow[\text{酪氨酸羟化酶}]{+\frac{1}{2}O_2}$ 多巴 $\xrightarrow[\text{多巴脱羧酶}]{CO_2}$ 多巴胺

苯丙氨酸

↓ 苯丙氨酸羟化酶（四氢生物蝶呤 $+O_2$ → 二氢生物蝶呤 $+H_2O$）

酪氨酸

↓ 酪氨酸羟化酶（四氢生物蝶呤 $+O_2$ → 二氢生物蝶呤 $+H_2O$）

3,4-二羟苯丙氨酸(多巴) $\xrightarrow{\text{酪氨酸酶}}$ 多巴醌 → 吲哚醌 → 黑色素

↓ 多巴脱羧酶（CO_2）

3,4-二羟苯乙胺(多巴胺)

↓ β-羟化酶（O_2、抗坏血酸 → H_2O）

去甲肾上腺素

↓ N-甲基转移酶（SAM → S-腺苷同型半胱氨酸）

肾上腺素

图 11-10　苯丙氨酸和酪氨酸的羟化脱羧基反应

在植物体内，色氨酸经脱氨、脱羧后转变成植物生长素(吲哚乙酸)，能够调节植物的生长发育。

色氨酸 $\xrightarrow{-NH_3}$ 吲哚丙酮酸 → 吲哚乙醛 → 吲哚乙酸

脱羧作用不是氨基酸代谢的主要方式。氨基酸经过脱羧作用产生的胺类，有些具有生理活性，但绝大多数对人和动物是有毒的。在体内可以通过胺氧化酶将胺类氧化成醛和氨，醛进一步氧化成脂肪酸，脂肪酸经 β-氧化进入三羧酸循环彻底氧化。

$$\underset{\text{胺}}{RCH_2NH_2}\xrightarrow[\text{胺氧化酶}]{+O_2+H_2O}\underset{\text{醛}}{RCHO}\xrightarrow[\text{醛脱氢酶}]{+\frac{1}{2}O_2}\underset{\text{脂肪酸}}{RCOOH}\xrightarrow[\text{三羧酸循环}]{\beta\text{-氧化}}CO_2+H_2O$$

脱羧作用产生的 CO_2,可以排出体外,也可以进一步羧化。

11.2.3 氨的代谢去向

氨主要来自氨基酸代谢,也可由胺类分解产生,机体各种来源的游离氨对人体和动、植物组织是有害的,细胞中浓度过高会引起中毒。在正常情况下细胞中游离氨浓度非常低,这是因为机体通过各种途径使氨发生转变。动、植物组织转变氨的途径主要有以下两个方面:一是氨的转移和再利用;二是排出体外。

1. 氨的转移和再利用

机体转移氨的主要途径是合成酰胺化合物。在人体和动、植物组织中谷氨酰胺合成酶(glutamine synthetase)催化 NH_3 和谷氨酸生成谷氨酰胺。谷氨酰胺是无毒的中性物质,容易穿过细胞膜,利于转运。在人体中,谷氨酰胺通过血液循环运送到肝脏和肾脏,经谷氨酰胺酶(glutaminase)催化水解为谷氨酸和 NH_3。NH_3 在肝内合成尿素,在肾内与肾小管中的酸结合成铵盐由尿排出。谷氨酰胺的合成与分解是在两个不同酶的作用下完成的,反应是不可逆的,合成反应需要消耗 ATP。

$$\underset{\text{谷氨酸}}{\begin{array}{c}\text{COOH}\\|\\ \text{H}_2\text{N—C—H}\\|\\ (\text{CH}_2)_2\\|\\ \text{COOH}\end{array}} + NH_3 \underset{\text{谷氨酰胺酶}}{\overset{\text{ATP}\quad\text{谷氨酰胺合成酶}\quad\text{ADP+Pi}}{\rightleftharpoons}} \underset{\text{谷氨酰胺}}{\begin{array}{c}\text{COOH}\\|\\ \text{H}_2\text{N—C—H}\\|\\ (\text{CH}_2)_2\\|\\ \text{CONH}_2\end{array}} + H_2O$$

谷氨酰胺还可以在天冬酰胺合成酶(asparagine synthetase)的作用下,将酰胺基转移到天冬氨酸上生成天冬酰胺,天冬酰胺经天冬酰胺酶(asparaginase)催化也可以将氨释放出去。因此,酰胺化合物既是氨的运输形式,也是氨的储存形式,谷氨酰胺还可以为嘌呤、嘧啶等含氮化合物的合成提供氮源。

此外,生物体内含有大量的有机酸,如柠檬酸、异柠檬酸、苹果酸、酒石酸、草酰乙酸、延胡索酸等,都可以和氨结合生成铵盐,保持细胞内部正常的 pH。

2. 氨的排泄

游离氨对机体来讲是有毒的,尤其是人和动物的脑组织对氨极其敏感。人体血液中氨的来源主要包括:①氨基酸脱氨作用产生的氨;②肠道吸收的氨(包括蛋白质食物腐败所产生的氨、尿素渗入肠道被脲酶水解产生的氨等);③肾脏分解谷氨酰胺产生被回流入血的氨;④药物及体内其他含氮物质氧化分解产生的氨。正常人血浆中氨的质量分数一般不超过 0.1%,如果血液中的氨达到 1%就会引起中枢神经中毒。氨中毒的机制是,高浓度的氨与 α-酮戊二酸结合生成谷氨酸,一方面大脑中 α-酮戊二酸减少,导致三羧酸循环无法正常运转,ATP 生成受阻,引起脑功能障碍;另一方面,谷氨酸增多,也会引起脑损伤,氨中毒严重者可导致昏迷。因此,在人和动物体内,氨不能大量积累,虽然机体可以利用氨合成无毒的酰胺,却不能将体内的氨全部再利用,机体内多余的氨必须排出体外。动物在进化过程中,由于适应不同的环境生活,不同动物排出氨的方式不尽相同,最主要的方式是合成尿素或通过尿酸排出体外(表 11-3)。

表 11-3　不同生物转化 NH_3 的终产物

类　　别	排泄物中氨的形式
鱼类、水生动物	NH_3
两栖类	尿素
鸟类、陆生爬行动物	尿酸
人和哺乳动物	尿素，尿酸

1) 尿素的生成

在人和动物体内，氨被转变成尿素排出体外。尿素是人和动物解除氨中毒的重要方式。植物和微生物也能形成尿素，只不过其作用是储存氮元素。现已证实，高等植物中也发现了可参与尿素循环(urea cycle)的酶，植物具有保留氨并重新利用氨的能力。植物可以通过尿素循环，将游离氨转变为尿素，当体内需要氨时，尿素可经脲酶的作用，分解成氨和 CO_2，其反应如下：

$$2NH_3+CO_2+3ATP+2H_2O\xrightarrow{\text{尿素循环}}\underset{\text{尿素}}{CO(NH_2)_2}+3ADP+3H_3PO_4$$

$$\underset{\text{尿素}}{NH_2\text{—}\overset{\overset{\displaystyle O}{\|}}{C}\text{—}NH_2}+H_2O\xrightarrow{\text{脲酶}}CO_2+2NH_3$$

尿素循环又称克雷布斯-亨斯莱特(Krebs-Henseleit)循环或鸟氨酸循环(ornithine cycle)，是 1932 年汉斯·克雷布斯(Hans A. Krebs)和他的学生柯特·亨斯莱特(Kurt Henseleit)首次提出的。他们在实验中发现，向肝切片中加入鸟氨酸或精氨酸时，可促进肝切片将氨合成尿素，根据这一实验现象设计了鸟氨酸循环。后来，莎拉·拉特纳(Sarah Ratner)和菲利普·科恩(Philip P. Cohen)对尿素的形成进行了深入研究，科恩完善了鸟氨酸循环的过程。

现在以人和动物的鸟氨酸循环为例说明其详细过程。合成尿素的器官是肝脏，参与尿素合成的酶分布在肝细胞的细胞质和线粒体中。合成过程包括四个步骤。

(1) 合成氨甲酰磷酸：在肝脏线粒体中完成，这一步提供尿素的第一个氨基。主要来自联合脱氨基作用产生的 NH_3 和来自三羧酸循环的 CO_2，在氨甲酰磷酸合成酶Ⅰ(carbamoyl phosphate synthetase Ⅰ，CPS-Ⅰ)的催化下，合成氨甲酰磷酸(carbamoyl phosphate)。

$$NH_3+CO_2+H_2O+2ATP\xrightarrow{\text{氨甲酰磷酸合成酶 I}}H_2N\text{—}\overset{\overset{\displaystyle O}{\|}}{C}\text{—}O\sim\text{Ⓟ}+2ADP+Pi$$

氨甲酰磷酸合成酶有两种，都能催化合成氨甲酰磷酸，但它们的生理意义不同。CPS-Ⅰ参与尿素的合成，其活性常作为肝细胞分化程度的指标；CPS-Ⅱ参与嘧啶核苷酸的合成，其活性常作为细胞增殖程度的指标。CPS-Ⅰ是一种别构酶，N-乙酰谷氨酸(N-acetyl glutamic acid，AGA)是它的别构激活剂，在上述反应中，需要 ATP 提供能量，还需要 Mg^{2+} 的参与，此反应是不可逆的。

(2) 合成瓜氨酸：氨甲酰磷酸是高能化合物，性质活泼，很不稳定，在线粒体内鸟氨酸氨甲酰转移酶(ornithine carbamoyl transferase，OCT)催化下，极易将氨甲酰基转移给鸟氨酸(Orn)生成瓜氨酸(Cit)。鸟氨酸是在细胞质中形成的，需要经过特殊的传递系统进入线粒体。

$$
\begin{array}{c}\mathrm{COOH}\\ |\\ \mathrm{H_2N{-}C{-}H}\\ |\\ (\mathrm{CH_2})_3\\ |\\ \mathrm{NH_2}\end{array}
+ \mathrm{H_2N{-}\overset{\overset{\large O}{\|}}{C}{-}O{\sim}}\textcircled{P}
\xrightarrow{\text{鸟氨酸氨甲酰转移酶}}
\begin{array}{c}\mathrm{COOH}\\ |\\ \mathrm{H_2N{-}C{-}H}\\ |\\ (\mathrm{CH_2})_3\\ |\\ \mathrm{NH}\\ |\\ \mathrm{C{=}O}\\ |\\ \mathrm{NH_2}\end{array}
+ \mathrm{Pi}
$$

鸟氨酸　　氨甲酰磷酸　　瓜氨酸

(3) 合成精氨酸:瓜氨酸经膜载体由线粒体转运至细胞质中,经过两步反应生成精氨酸。第一步,在精氨琥珀酸合成酶(argininosuccinate synthetase,ASS)催化下,与天冬氨酸结合生成精氨琥珀酸(argininosuccinate acid)。在这里,天冬氨酸提供了尿素的第二个氨基,在ATP存在的情况下,天冬氨酸的氨基与瓜氨酸上的氨甲酰碳原子缩合成精氨琥珀酸。

$$
\begin{array}{c}\mathrm{COOH}\\ |\\ \mathrm{H_2N{-}C{-}H}\\ |\\ (\mathrm{CH_2})_3\\ |\\ \mathrm{NH}\\ |\\ \mathrm{C{=}O}\\ |\\ \mathrm{NH_2}\end{array}
+
\begin{array}{c}\mathrm{COOH}\\ |\\ \mathrm{H_2N{-}C{-}H}\\ |\\ \mathrm{CH_2}\\ |\\ \mathrm{COOH}\end{array}
\xrightarrow[\mathrm{ATP}\ \ \mathrm{AMP+PPi}]{\text{精氨琥珀酸合成酶}}
\begin{array}{l}\quad\mathrm{COOH}\\ \quad\ |\\ \mathrm{H_2N{-}C{-}H}\\ \quad\ |\\ \quad(\mathrm{CH_2})_3\\ \quad\ |\\ \quad\mathrm{NH}\qquad\ \ \mathrm{COOH}\\ \quad\ |\qquad\qquad\ |\\ \quad\mathrm{C{-}NH{-}CH}\\ \quad\ \|\qquad\qquad\ |\\ \quad\mathrm{NH}\qquad\ \ \mathrm{CH_2}\\ \qquad\qquad\qquad\ |\\ \qquad\qquad\quad\ \mathrm{COOH}\end{array}
$$

瓜氨酸　　天冬氨酸　　精氨琥珀酸

第二步是在精氨琥珀酸裂解酶(argininosuccinate lyase)的催化下,精氨琥珀酸裂解成精氨酸和延胡索酸。延胡索酸进入三羧酸循环生成草酰乙酸,再与谷氨酸经转氨基作用重新生成天冬氨酸。

$$
\begin{array}{l}\quad\mathrm{COOH}\\ \quad\ |\\ \mathrm{H_2N{-}C{-}H}\\ \quad\ |\\ \quad(\mathrm{CH_2})_3\\ \quad\ |\\ \quad\mathrm{NH}\qquad\ \ \mathrm{COOH}\\ \quad\ |\qquad\qquad\ |\\ \quad\mathrm{C{-}NH{-}CH}\\ \quad\ \|\qquad\qquad\ |\\ \quad\mathrm{NH}\qquad\ \ \mathrm{CH_2}\\ \qquad\qquad\qquad\ |\\ \qquad\qquad\quad\ \mathrm{COOH}\end{array}
\xrightarrow{\text{精氨琥珀酸裂解酶}}
\begin{array}{c}\mathrm{COOH}\\ |\\ \mathrm{H_2N{-}C{-}H}\\ |\\ (\mathrm{CH_2})_3\\ |\\ \mathrm{NH}\\ |\\ \mathrm{C{=}NH}\\ |\\ \mathrm{NH_2}\end{array}
+
\begin{array}{r}\mathrm{CH{-}COOH}\\ \|\quad\qquad\\ \mathrm{HOOC{-}CH}\qquad\end{array}
$$

精氨琥珀酸　　精氨酸　　延胡索酸

(4) 生成尿素:在细胞质中,精氨酸在精氨酸酶(arginase)的催化下,水解生成尿素和鸟氨酸。鸟氨酸经膜载体转运至线粒体,可重新参与尿素循环。尿素通过血液循环,经肾脏浓缩,作为代谢终产物排出体外。当肝功能严重受损时,尿素合成受阻,使血氨浓度升高,可造成高氨血症,导致氨中毒。

$$\begin{array}{c}COOH\\|\\H_2N-C-H\\|\\(CH_2)_3\\|\\NH\\|\\C=O\\|\\NH_2\end{array} + H_2O \xrightarrow{\text{精氨酸酶}} \begin{array}{c}COOH\\|\\H_2N-C-H\\|\\(CH_2)_3\\|\\NH_2\end{array} + \begin{array}{c}O\\\|\\H_2N-C-NH_2\end{array}$$

瓜氨酸　　　　　　　　　　　　鸟氨酸　　　　　　尿素

综上所述，从接受第一个氨开始到合成尿素分子为止，需要四步五种酶参与，前两步在线粒体中完成，后两步在细胞质的胞液中进行。合成一个尿素分子，共消耗 1 分子 CO_2、2 分子 NH_3（一个来源于 NH_3，一个来源于天冬氨酸）、3 分子 ATP（4 个高能磷酸键）。尿素循环途径见图 11-11。

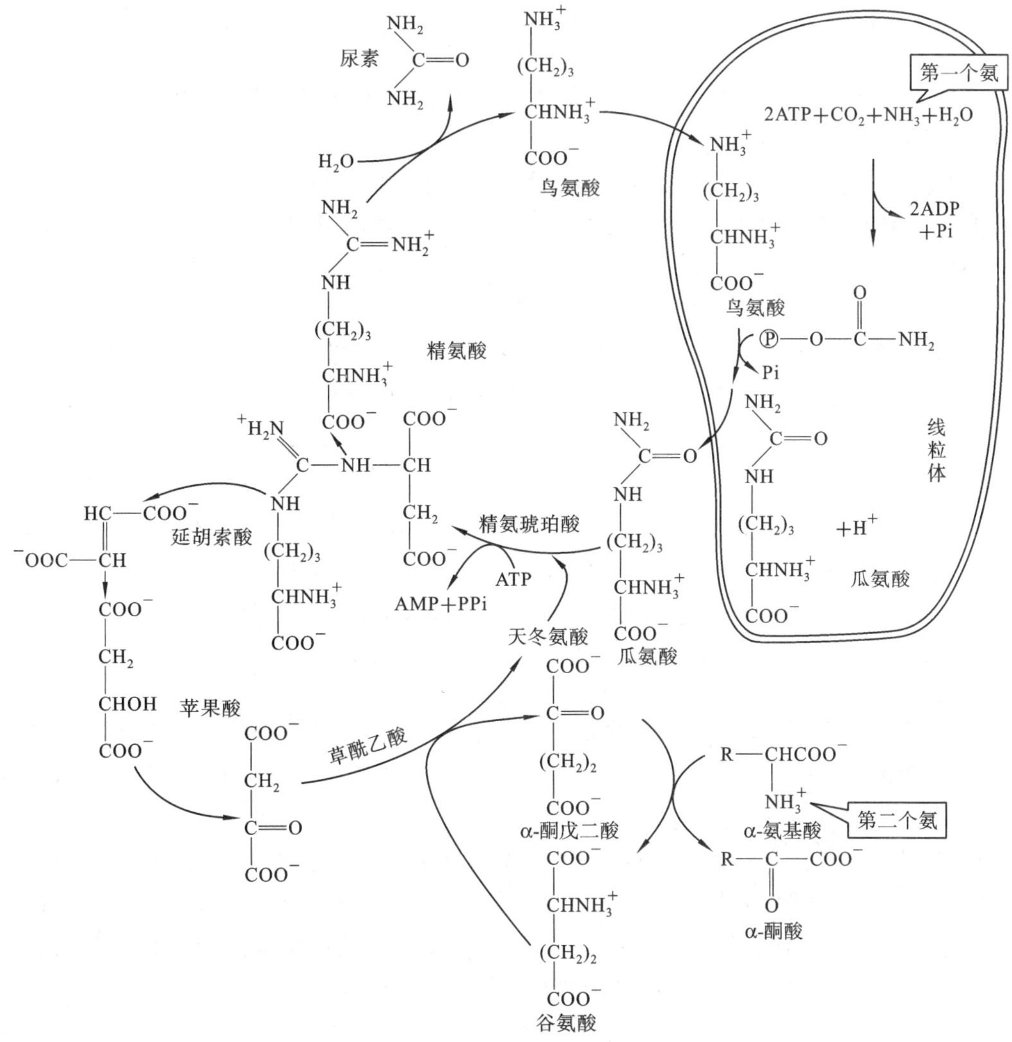

图 11-11　尿素循环（鸟氨酸循环）途径

2）尿酸的生成

陆生爬行动物和鸟类以尿酸(uric acid)作为氨排泄的主要方式,形成固体尿酸的悬浮液排出,这是对生活环境的高度适应。尿酸的四个氮原子都来自氨基酸的α-氨基,由氨形成尿酸的过程很复杂。尿酸也是灵长类、鸟类、爬行类嘌呤代谢的最终产物。

氨、尿素、尿酸并不是氨排泄的所有形式,如:蜘蛛的最终排泄物为鸟嘌呤,许多鱼类的排泄物为氧化三甲胺。

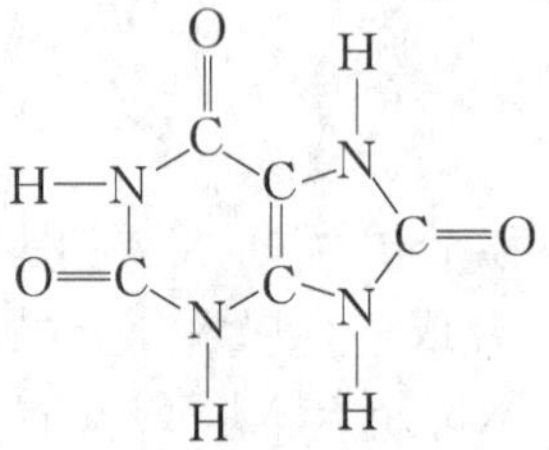

尿酸(酮式) 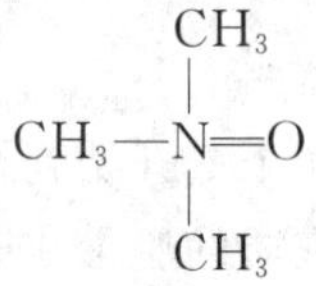　　　　氧化三甲胺

11.2.4　α-酮酸的代谢去向

α-酮酸的代谢主要有三条途径,即重新合成氨基酸、氧化分解和转变成糖或脂肪。

1. 重新合成氨基酸

通过氨基酸脱氨基作用的逆途径,α-酮酸可生成相应的氨基酸。由于必需氨基酸在体内没有相应的α-酮酸骨架,这个过程合成的氨基酸都是非必需氨基酸。由α-酮酸合成氨基酸主要有三种方式。

1）直接氨基化

按照直接脱氨基反应的逆过程,个别氨基酸在专一酶的催化下可以将α-酮酸氨基化生成氨基酸。如延胡索酸与氨反应,由L-天冬氨酸酶催化,可以直接生成L-天冬氨酸。目前,只在某些植物和细菌中发现了这种酶。

2）还原氨基化作用

还原氨基化作用是指经过L-氨基酸脱氢酶催化完成的,氨和α-酮酸反应生成氨基酸的过程。这是氨基酸分解代谢中,由L-氨基酸脱氢酶催化的氧化脱氨基作用的逆过程。

$$\alpha\text{-酮戊二酸} + NH_3 \xrightarrow[\text{L-谷氨酸脱氢酶}]{NAD(P)H+H^+ \rightarrow NAD(P)^+} \text{L-谷氨酸} + H_2O$$

高等植物以NAD^+为辅酶,动物以NAD^+和$NADP^+$为辅酶均可,酵母和细菌只以$NADP^+$作辅酶。

3）转氨基与联合氨基化反应

酰胺是体内氨的储存形式,谷氨酸是α-酮酸合成氨基酸的主要氨供体,谷氨酸合成酶可以催化α-酮戊二酸接受酰胺提供的氨基生成谷氨酸,由谷氨酸和其他α-酮酸经转氨基作用生成相应的α-氨基酸,这就是联合氨基化,可以看作是联合脱氨基反应的逆过程。现在普遍认为,生物体内除了苏氨酸、赖氨酸外,其余各种氨基酸都可以通过这种方式合成。

$$\alpha\text{-酮戊二酸} + \text{谷氨酰胺} \xrightarrow[\text{L-谷氨酸合成酶}]{NAD(P)H+H^+ \rightarrow NAD(P)^+} \text{2L-谷氨酸}$$

$$\text{L-谷氨酸}+\alpha\text{-酮酸}\xrightarrow{\text{转氨酶}}\alpha\text{-酮戊二酸}+\alpha\text{-氨基酸}$$

2. 氧化分解生成二氧化碳和水

氨基酸脱氨后余下的碳架，经过一系列转化，集中形成 7 种化合物(表 11-4)。

表 11-4　氨基酸代谢的终产物

氨　基　酸	终　产　物
丙氨酸、丝氨酸、半胱氨酸、胱氨酸、甘氨酸、苏氨酸	丙酮酸
苯丙氨酸、酪氨酸、亮氨酸、赖氨酸、色氨酸	乙酰乙酸(乙酰乙酰辅酶 A)
甲硫氨酸、异亮氨酸、缬氨酸	琥珀酰辅酶 A(乙酰辅酶 A)
苯丙氨酸、酪氨酸	延胡索酸
精氨酸、脯氨酸、组氨酸、谷氨酰胺、谷氨酸	α-酮戊二酸
天冬氨酸、天冬酰胺	草酰乙酸

从表 11-4 中氨基酸分解代谢的终产物可以看出，除乙酰乙酰辅酶 A 外，均是糖酵解和三羧酸循环的中间产物，而乙酰乙酰辅酶 A 也可以分解为乙酰辅酶 A，所以这些中间产物最后均可通过三羧酸循环而氧化分解。

在机体需要能量补充时，有些氨基酸的碳骨架可以分别通过形成乙酰辅酶 A、α-酮戊二酸、琥珀酰辅酶 A、延胡索酸、草酰乙酸五种中间产物进入三羧酸循环，如图 11-12 所示，进一步脱去羧基产生 CO_2，脱氢形成 $FADH_2$ 或 $NADH+H^+$，经电子传递链，与活性氧结合形成 H_2O 并释放能量。

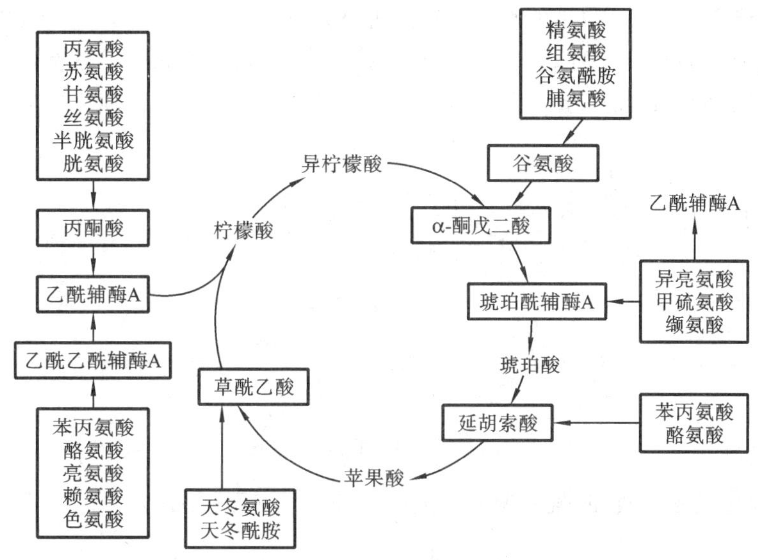

图 11-12　氨基酸碳骨架进入三羧酸循环的途径

3. 转变成糖和脂肪

氨基酸脱氨后的碳架，根据机体代谢的需要，不需要合成氨基酸且体内能量充足时，还可以转变成糖和脂肪储存起来。在体内转变为糖的氨基酸称为生糖氨基酸(glucogenic amino acid)，包括丙氨酸、精氨酸、天冬酰胺、天冬氨酸、半胱氨酸、谷氨酸、谷氨酰胺、甘氨酸、组氨酸、甲硫氨酸、脯氨酸、丝氨酸和缬氨酸这 13 种。这些氨基酸的碳架经过转变，可以通过形成丙酮酸、α-酮戊二酸、琥珀酰辅酶 A、草酰乙酸，或者与这几种物质有关的化合物，能够沿着糖酵解途径,糖异生合成葡萄糖。在体内能够转变成酮体(acetone body,包括乙酰乙酸、β-羟基丁酸和丙酮)的氨基酸,称为生酮氨基酸(ketogenic amino acid),只有亮氨酸和赖氨酸。这些氨基酸的代谢中间产物为乙酰辅酶 A 和乙酰乙酰辅酶 A,在动物体内只能按照脂肪代谢途径转变为脂肪。生酮氨基酸和生糖氨基酸的区分不是非常明确,有些氨基酸既可生成脂肪又可生成糖,称为生糖兼生酮氨基酸(glucogenic and ketogenic amino acids),包括色氨酸、异亮氨酸、苏氨酸、酪氨酸和苯丙氨酸这 5 种。

11.2.5 CO_2的代谢

氨基酸脱羧形成的CO_2大部分直接排到细胞外,小部分可通过丙酮酸羧化支路被固定,生成草酰乙酸或苹果酸。这些有机酸的生成对三羧酸循环及通过三羧酸循环产生发酵产物(如柠檬酸、谷氨酸、延胡索酸、苹果酸等)有促进作用。

11.2.6 个别氨基酸的代谢

上面论述了氨基酸代谢的一般过程。但是,有些氨基酸还有其特殊的代谢途径,并具有重要的生理意义,下面介绍一些重要氨基酸的代谢特点。

1. 一碳单位与四氢叶酸

某些氨基酸代谢过程中产生的只含有一个碳原子的基团,称为一碳单位(one carbon unit)或一碳基团(one carbon group),包括甲基($-CH_3$)、甲烯基($=CH_2$)、甲炔基($\equiv CH$)、甲酰基(—CHO)、亚氨甲基(—CH=NH)等。一碳单位不能游离存在,其载体主要有两种:四氢叶酸和 S-腺苷甲硫氨酸,后者在甲硫氨酸代谢部分讨论。

四氢叶酸(tetrahydrofolic acid,FH)是一碳单位的主要载体,亦是一种辅酶。在体内,四氢叶酸可由叶酸经二氢叶酸还原酶(dihydrofolate reductase)催化两步还原反应生成(图11-13)。

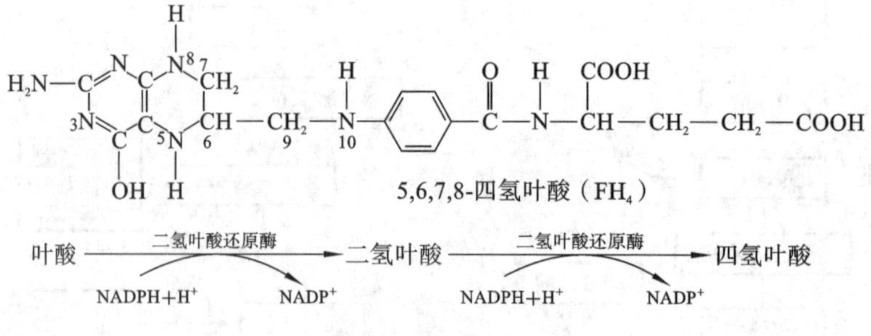

5,6,7,8-四氢叶酸(FH_4)

叶酸 —二氢叶酸还原酶($NADPH+H^+$ → $NADP^+$)→ 二氢叶酸 —二氢叶酸还原酶($NADPH+H^+$ → $NADP^+$)→ 四氢叶酸

图 11-13 四氢叶酸的生成

一碳单位通常是结合在四氢叶酸分子的 N^5、N^{10}位上(图 11-14)。

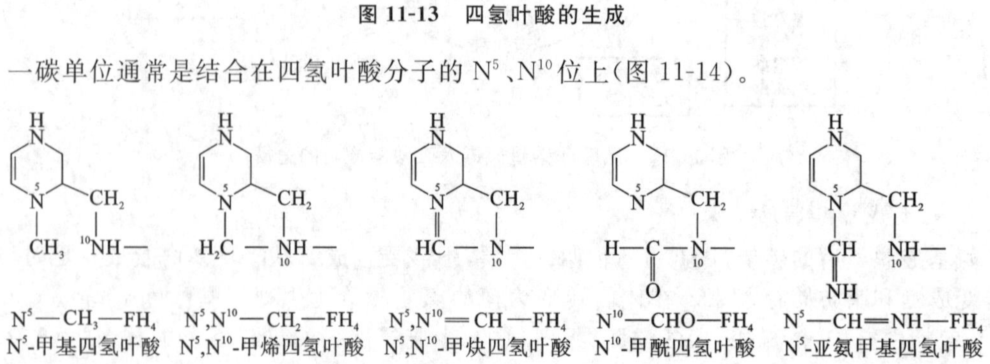

$N^5-CH_3-FH_4$ N^5-甲基四氢叶酸

$N^5,N^{10}-CH_2-FH_4$ N^5,N^{10}-甲烯四氢叶酸

$N^5,N^{10}=CH-FH_4$ N^5,N^{10}-甲炔四氢叶酸

$N^{10}-CHO-FH_4$ N^{10}-甲酰四氢叶酸

$N^5-CH=NH-FH_4$ N^5-亚氨甲基四氢叶酸

图 11-14 四氢叶酸携带一碳单位的形式

2. 一碳单位与氨基酸代谢

一碳单位主要来源于丝氨酸、甘氨酸、组氨酸及色氨酸的代谢(图 11-15)。

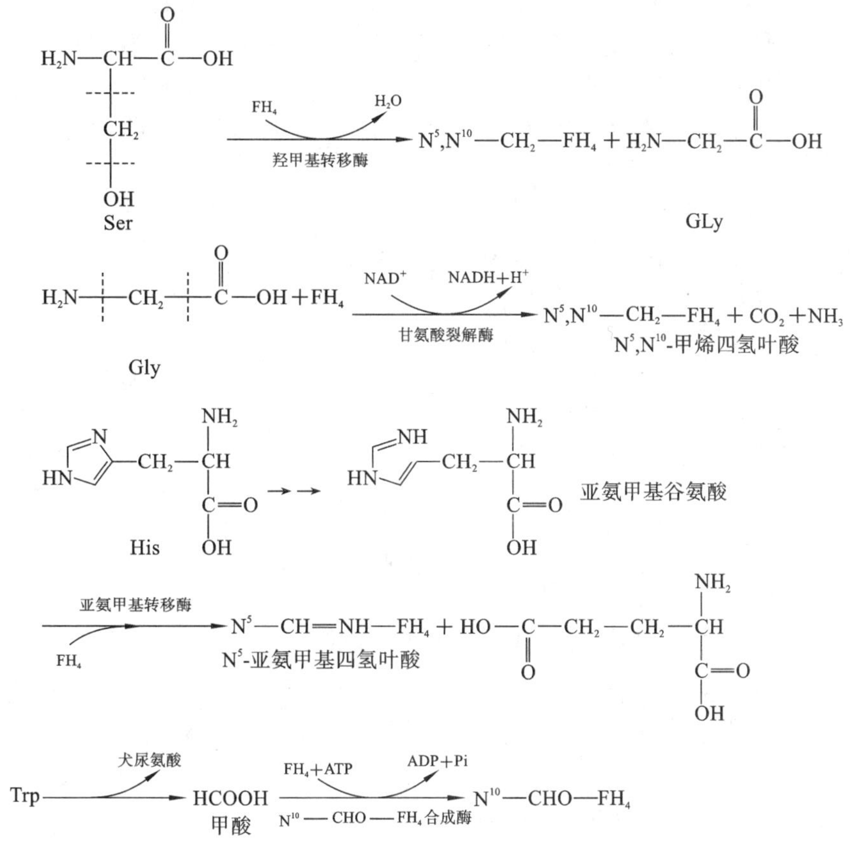

$$\text{Ser}\ (H_2N{-}CH(CH_2OH){-}COOH) \xrightarrow[\text{羟甲基转移酶}]{FH_4 \quad H_2O} N^5,N^{10}{-}CH_2{-}FH_4 + H_2N{-}CH_2{-}COOH\ (\text{GLy})$$

$$\text{Gly}\ (H_2N{-}CH_2{-}COOH) + FH_4 \xrightarrow[\text{甘氨酸裂解酶}]{NAD^+ \quad NADH+H^+} N^5,N^{10}{-}CH_2{-}FH_4 + CO_2 + NH_3$$

N^5,N^{10}-甲烯四氢叶酸

His → → 亚氨甲基谷氨酸

$$\xrightarrow[FH_4]{\text{亚氨甲基转移酶}} N^5{-}CH{=}NH{-}FH_4 + HO{-}C(=O){-}CH_2{-}CH_2{-}CH(NH_2){-}C(=O){-}OH$$

N^5-亚氨甲基四氢叶酸

$$\text{Trp} \xrightarrow{\text{犬尿氨酸}} HCOOH\ (\text{甲酸}) \xrightarrow[N^{10}{-}CHO{-}FH_4\text{合成酶}]{FH_4+ATP \quad ADP+Pi} N^{10}{-}CHO{-}FH_4$$

图 11-15　一碳单位的代谢

3. 含硫氨基酸的代谢

含硫氨基酸包括甲硫氨酸和半胱氨酸。

1) 甲硫氨酸代谢

甲硫氨酸是体内甲基最重要的直接供体,其活性形式是 S-腺苷甲硫氨酸(S-adenosyl methionine,SAM),称为活性甲硫氨酸。S-腺苷甲硫氨酸中的甲基称为活性甲基。甲硫氨酸与 ATP 在腺苷转移酶(adenosyl transferase)的催化下,生成 S-腺苷甲硫氨酸(图 11-16)。

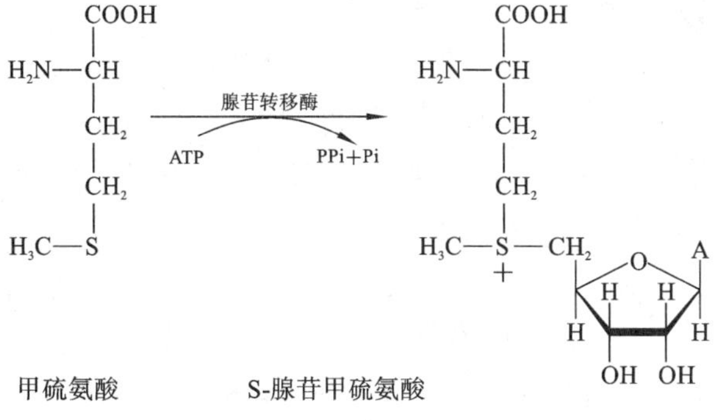

$$\underset{\text{甲硫氨酸}}{H_3C{-}S{-}CH_2{-}CH_2{-}CH(NH_2){-}COOH} \xrightarrow[ATP \quad PPi+Pi]{\text{腺苷转移酶}} \underset{\text{S-腺苷甲硫氨酸}}{H_3C{-}\overset{+}{S}(CH_2{-}\text{核糖-A}){-}CH_2{-}CH_2{-}CH(NH_2){-}COOH}$$

图 11-16　甲硫氨酸代谢

S-腺苷甲硫氨酸经甲基转移酶(methyl transferase)催化,将甲基转移至另一种物质,使其甲基化(methylation)。而S-腺苷甲硫氨酸去甲基后生成S-腺苷同型半胱氨酸,后者脱去腺苷生成同型半胱氨酸(homocysteine)。同型半胱氨酸再接受 $N^5—CH_3—FH_4$ 上的甲基,重新生成甲硫氨酸,形成一个循环过程,称为甲硫氨酸循环(methionine cycle)(图11-17)。此循环的生理意义是由 $N^5—CH_3—FH_4$ 供给甲基生成甲硫氨酸,再通过此循环中的S-腺苷甲硫氨酸提供甲基,以进行体内广泛存在的甲基化反应。由此 $N^5—CH_3—FH_4$ 可看成是体内甲基的间接供体。

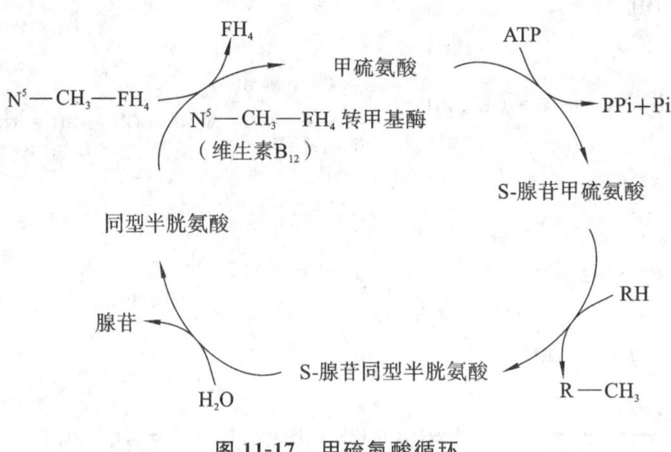

图11-17 甲硫氨酸循环

在甲硫氨酸循环中,虽然同型半胱氨酸接受甲基后生成甲硫氨酸,但体内不能合成同型半胱氨酸,它只能由甲硫氨酸转变而来,故甲硫氨酸不能在体内合成,必须由食物提供。

2)半胱氨酸代谢

半胱氨酸含有巯基(—SH),两分子半胱氨酸以二硫键(—S—S—)相连成胱氨酸,两者可以相互转变(图11-18)。

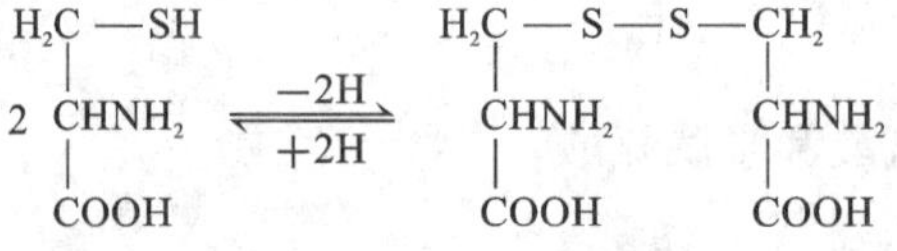

$$2\ \begin{matrix} H_2C—SH \\ | \\ CHNH_2 \\ | \\ COOH \end{matrix} \underset{+2H}{\overset{-2H}{\rightleftharpoons}} \begin{matrix} H_2C—S—S—CH_2 \\ |\qquad\qquad\quad | \\ CHNH_2 \qquad CHNH_2 \\ |\qquad\qquad\quad | \\ COOH \qquad\ COOH \end{matrix}$$

半胱氨酸　　　　胱氨酸

图11-18 半胱氨酸代谢

半胱氨酸首先氧化成磺基丙氨酸,再经磺基丙氨酸脱羧酶催化,脱羧基生成牛磺酸。牛磺酸是结合胆汁酸的组成成分之一。

含硫氨基酸氧化分解均可产生硫酸根,但半胱氨酸是体内硫酸根的主要来源。半胱氨酸可以直接脱去巯基和氨基,生成丙酮酸、氨和 H_2S。H_2S 经氧化生成 H_2SO_4。体内的硫酸根,一部分以无机盐的形式随尿排出,另一部分由ATP活化生成活性硫酸根,即3′-磷酸腺苷-5′-磷酰硫酸(3′-phospho adenosine-5′-phosphosulfate,PAPS),反应过程见图11-19。

$$ATP+SO_4^{2-} \xrightarrow{-PPi} \underset{5'\text{-磷酸硫酸腺苷}}{AMP—SO_3^-} \xrightarrow{+ATP} \underset{PAPS}{3'\text{-}PO_3H_2—AMP—SO_3^-} +ADP$$

图11-19 ATP活化生成活性硫酸根

4. 一碳单位的相互转变

各种不同形式一碳单位中碳原子的氧化状态不同。在适当条件下,它们可通过氧化还原反应而彼此转化(图 11-20)。其中 N^5-甲基四氢叶酸($N^5—CH_3—FH_4$)的生成基本上是不可逆的。

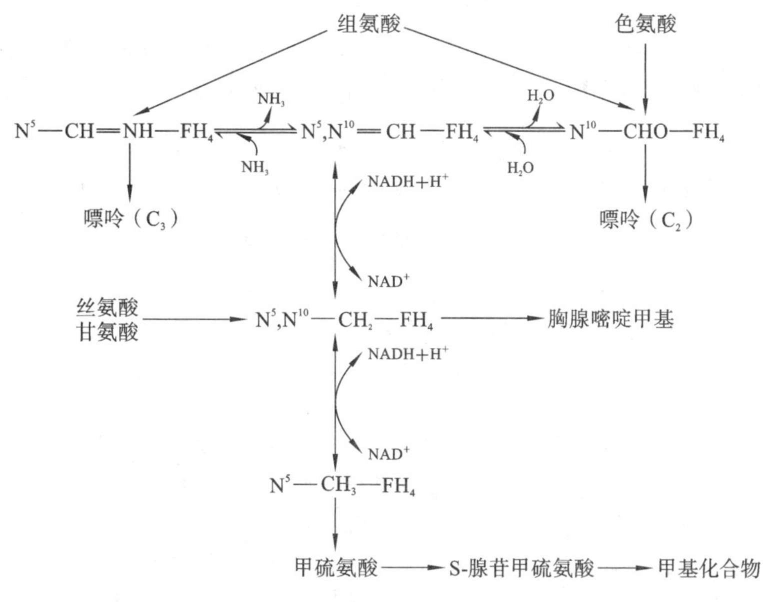

图 11-20 一碳单位的相互转变

一碳单位可为嘌呤、嘧啶的合成提供原料,S-腺苷甲硫氨酸(SAM)是体内甲基化反应的主要甲基来源,可为肾上腺素、肌酸、胆碱、肉碱、核酸中的稀有碱基等提供甲基。

11.3 氨基酸合成代谢

不同生物合成氨基酸的能力有很大区别,高等植物和大部分微生物能够合成其自身所需要的所有氨基酸,人和其他哺乳动物不能合成全部的氨基酸。把凡是机体需要而自身又不能合成,必须从食物中获得的氨基酸,称为必需氨基酸(essential amino acid,EAA)。反之,把机体可以合成,无需从食物中摄取的氨基酸,称为非必需氨基酸(nonessential amino acid,NAA)。也有些氨基酸如组氨酸、精氨酸,虽然机体能够合成,但由于有时合成的量不能满足需要,仍需外源补充,这些氨基酸也称为半必需氨基酸(semi-essential amino acid,SAA)。非必需氨基酸可以在体内通过其前体物质合成,合成途径比较短。有关必需氨基酸的合成,大多从细菌研究中获得,合成途径比较复杂。高等植物和细菌类似,只是在个别环节上有差异。

所有生物都可以直接利用代谢中产生的氨。合成氨基酸所需要的氨,主要由谷氨酸转氨基作用提供。另外,植物可通过硝酸还原作用(nitrate reduction)从土壤中获得 NH_4^+,有些微生物也可以通过生物固氮作用(biological nitrogen fixation)直接利用空气中的氮合成 NH_3,这些无机氮必须转化为有机氮才能被利用。转化途径一般有两种,即谷氨酰胺途径和氨甲酰磷酸途径。

谷氨酰胺途径由氨与 α-酮戊二酸反应开始,经过谷氨酸脱氢酶(glutamate dehydrogenase)、谷氨酰胺合成酶(glutamine synthetase)和谷氨酸合成酶(glutamate synthetase)的催化,将氨固定到谷氨酸中。

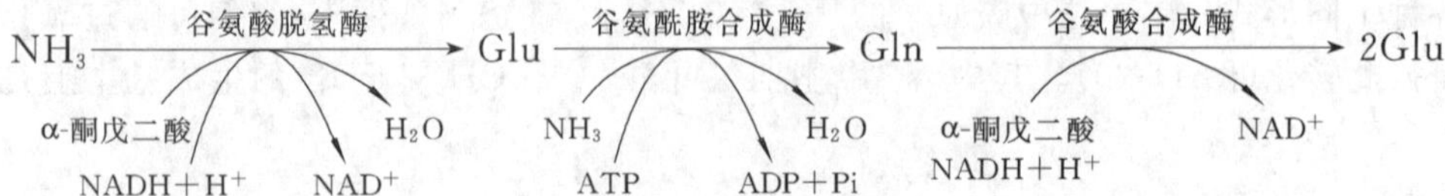

氨甲酰磷酸途径将氨或谷氨酰胺中的氨基直接同 CO_2 作用生成氨甲酰磷酸，包括氨甲酰激酶(carbamoyl kinase)和氨甲酰磷酸合成酶(carbamoyl phosphate synthetase)催化的两种反应：

$$NH_3 + CO_2 + ATP \xrightarrow[Mg^{2+}]{\text{氨甲酰激酶}} H_2N\text{—}\overset{\overset{\displaystyle O}{\|}}{C}\text{—}O \sim Ⓟ + ADP$$

氨甲酰磷酸

$$NH_3 + CO_2 + 2ATP \xrightarrow[Mg^{2+}]{\text{氨甲酰磷酸合成酶}} H_2N\text{—}\overset{\overset{\displaystyle O}{\|}}{C}\text{—}O \sim Ⓟ + 2ADP + Pi$$

氨甲酰磷酸

氨基酸合成的羧基除组氨酸外，几乎全部来自 α-酮酸的羧基。氨基酸合成的碳骨架，有些生物可直接利用 CO_2 合成，大多数生物则通过糖代谢的某些中间产物如 3-磷酸甘油酸、磷酸烯醇式丙酮酸、丙酮酸、草酰乙酸、α-酮戊二酸等转变而获得，如图 11-21 所示。

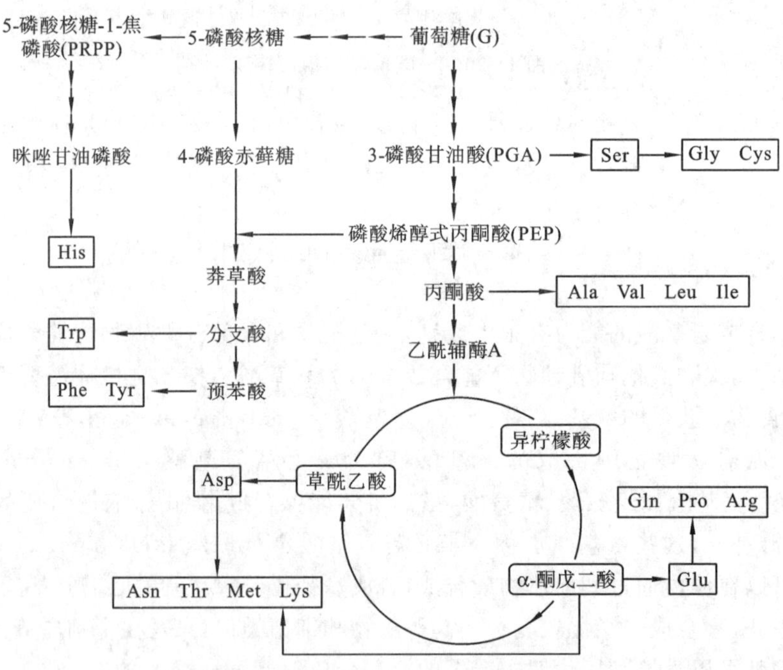

图 11-21　氨基酸合成的碳骨架

氨基酸合成代谢不是其分解代谢的逆过程。下面根据氨基酸合成的碳骨架来源分别介绍 20 种氨基酸的合成情况。

11.3.1　丙酮酸型氨基酸的生物合成

丙氨酸、缬氨酸、亮氨酸、异亮氨酸 4 种氨基酸的生物合成，都是以丙酮酸为基本骨架。丙氨酸由丙酮酸和谷氨酸经转氨基作用直接获得。缬氨酸和异亮氨酸有共同的合成酶系，亮氨酸和缬氨酸有共同的前体物质，都是 α-酮异戊酸，见图 11-22。

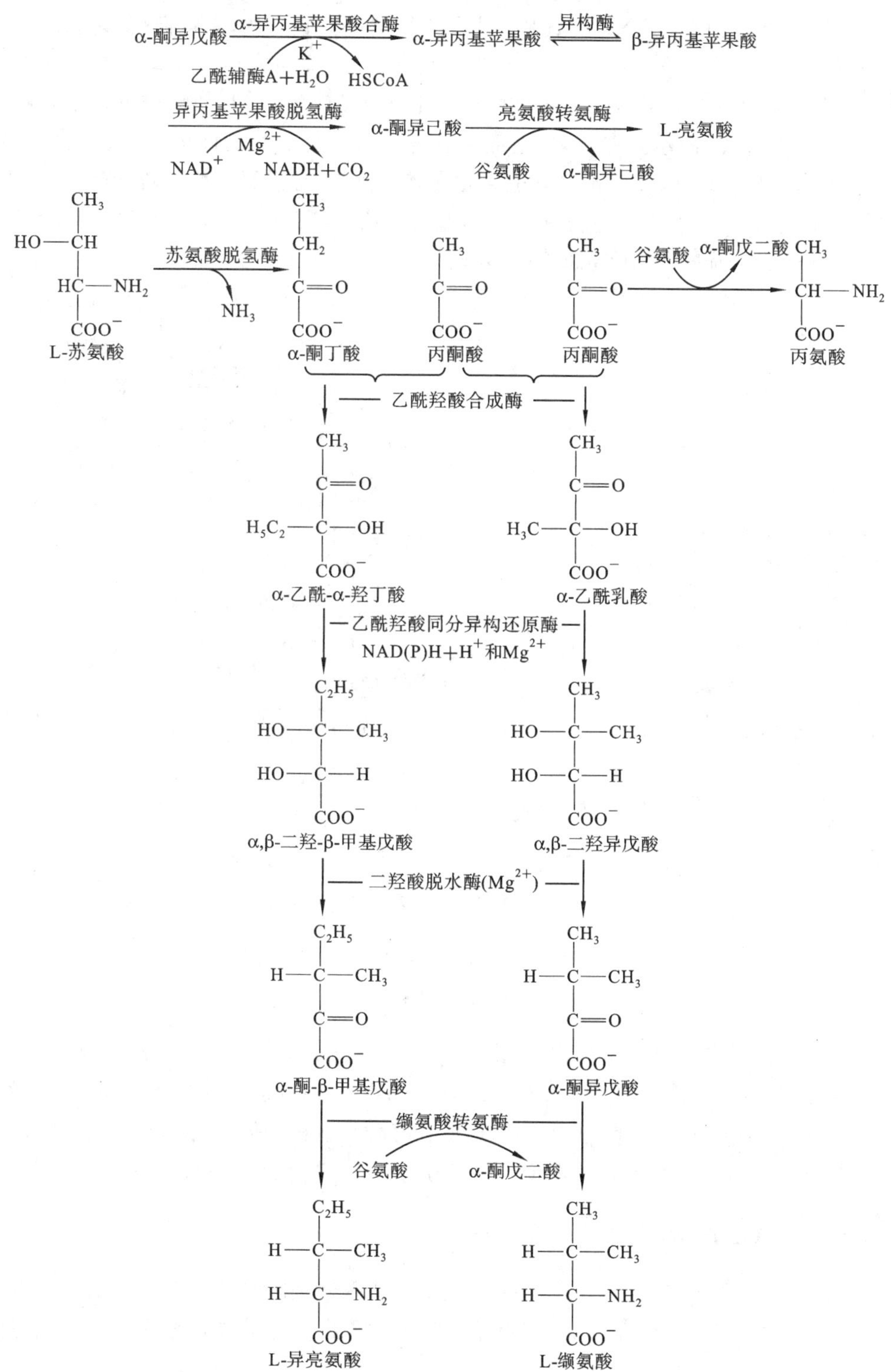

图 11-22　丙酮酸型氨基酸的合成途径

11.3.2　丝氨酸型氨基酸的生物合成

丝氨酸、半胱氨酸和甘氨酸3种氨基酸生物合成的基本碳骨架,来自糖酵解途径产生的3-磷酸甘油酸。

3-磷酸甘油酸经脱氢、转氨基、水解磷酸生成L-丝氨酸,3-磷酸甘油酸也可以水解磷酸后,再脱氢、转氨生成合成L-丝氨酸。L-丝氨酸是甘氨酸和半胱氨酸的前体。半胱氨酸的合成,在哺乳动物体内可由非必需氨基酸丝氨酸转化而来,也可由必需氨基酸甲硫氨酸产生;大多数植物和某些微生物,可以把乙酰辅酶A的乙酰基转移给丝氨酸生成O-乙酰丝氨酸,然后乙酰基被巯基取代生成半胱氨酸,如图11-23所示。

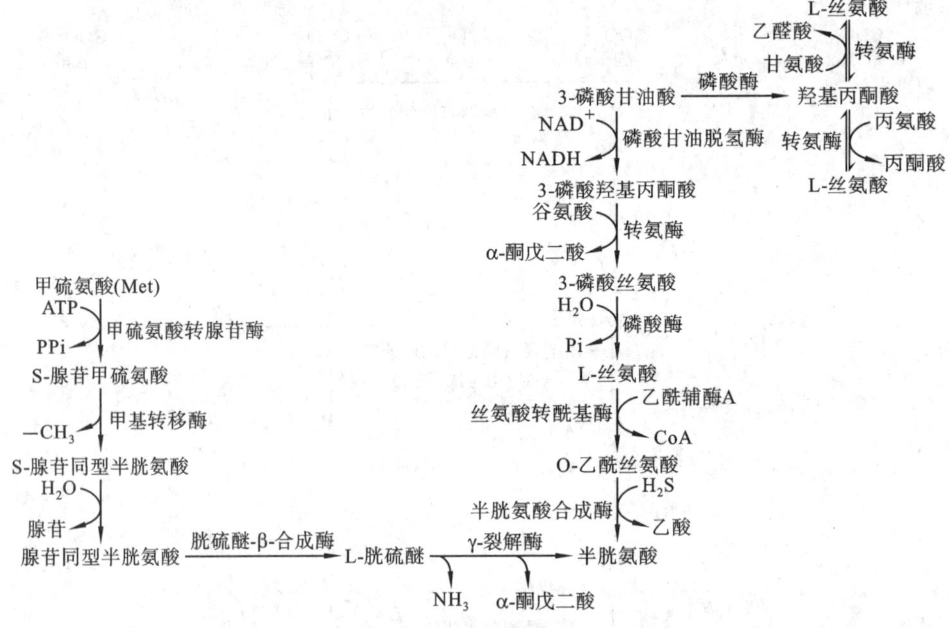

图11-23　丝氨酸和半胱氨酸的合成途径

有些微生物,也可由丝氨酸和H_2S反应,经半胱氨酸合成酶催化合成半胱氨酸。

$$\text{L-丝氨酸} + H_2S \xrightarrow{\text{半胱氨酸合成酶}} \text{L-半胱氨酸} + H_2O$$

甘氨酸可以经甘氨酸合成酶的作用,由CO_2和NH_3合成,这可能是脊椎动物肝脏合成甘氨酸的主要途径。在丝氨酸转羟甲基酶(serine transhydroxymethylase)作用下,L-丝氨酸也可以将β-碳原子转移到四氢叶酸(FH_4)后,形成甘氨酸。在植物体内,由光呼吸乙醇酸途径形成的乙醛酸经转氨基作用可生成甘氨酸。甘氨酸的合成反应见图11-24。

11.3.3　天冬氨酸型氨基酸的生物合成

天冬氨酸、天冬酰胺、赖氨酸、苏氨酸和甲硫氨酸5种氨基酸的碳骨架均来源于草酰乙酸。在大多数生物体内,草酰乙酸经谷草转氨酶催化,可以接受L-谷氨酸的氨基生成L-天冬氨酸。

$$\text{草酰乙酸} + \text{L-谷氨酸} \xrightleftharpoons{\text{谷草转氨酶}} \alpha\text{-酮戊二酸} + \text{L-天冬氨酸}$$

天冬氨酸是天冬酰胺、赖氨酸、苏氨酸和甲硫氨酸合成的前体物质。天冬氨酸经天冬酰胺合成酶(asparagine synthetase)催化,由谷氨酰胺提供氨基生成天冬酰胺。天冬氨酸经磷酸

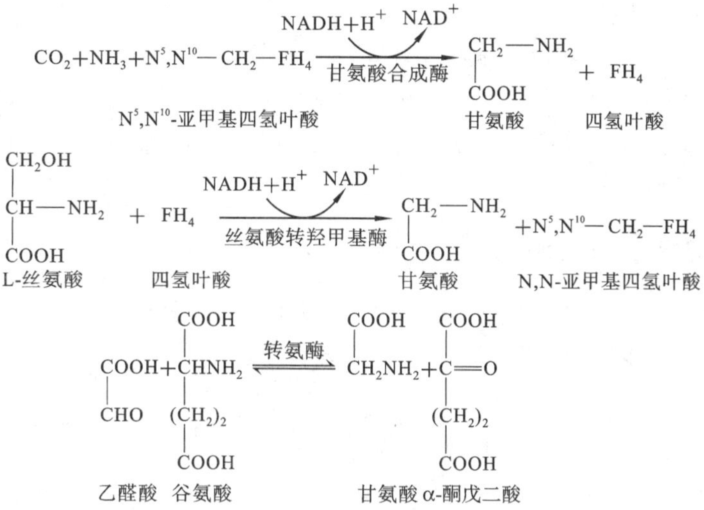

NADH+H⁺ NAD⁺
CO₂+NH₃+N⁵,N¹⁰—CH₂—FH₄
甘氨酸合成酶
CH₂—NH₂ COOH + FH₄
N⁵,N¹⁰-亚甲基四氢叶酸
甘氨酸
四氢叶酸
CH₂OH CH—NH₂ COOH + FH₄
NADH+H⁺ NAD⁺
丝氨酸转羟甲基酶
CH₂—NH₂ COOH +N⁵,N¹⁰—CH₂—FH₄
L-丝氨酸
四氢叶酸
甘氨酸
N,N-亚甲基四氢叶酸
COOH+CHNH₂ CHO (CH₂)₂ COOH
转氨酶
CH₂NH₂+C=O (CH₂)₂ COOH
乙醛酸 谷氨酸
甘氨酸 α-酮戊二酸

图 11-24　甘氨酸的合成反应

化、脱氢，形成天冬氨酸-β-半醛，后者经同型丝氨酸脱氢酶催化生成同型丝氨酸。同型丝氨酸酰基化，接受琥珀酰基形成 O-琥珀酰同型丝氨酸，继而在胱硫醚-γ-合成酶作用下半胱氨酸取代琥珀酸，再水解掉氨和丙酮酸，形成同型半胱氨酸，最后由 N^5—CH_3—FH_4 提供甲基而合成甲硫氨酸。合成甲硫氨酸的甲基供体还有甜菜碱(betaine)和二甲基噻啶(dimethylthetin)。同型丝氨酸磷酸化，在苏氨酸合成酶(threonine synthetase)催化下可以合成苏氨酸。苏氨酸合成酶以磷酸吡哆醛为辅酶，其间也需要酶的醛基与 α-氨基形成希夫碱，经分子内重排最终形成苏氨酸。合成途径如图 11-25 所示。

谷氨酸 α-酮戊二酸
草酰乙酸
谷草转氨酶
天冬氨酸
谷氨酰胺 谷氨酸
天冬酰胺合成酶
天冬酰胺
ATP ADP 天冬氨酸激酶
天冬氨酸-β-磷酸
NADH NAD⁺ Pi 半醛脱氢酶
天冬氨酸-β-半醛
丙酮酸
二羧酸合成酶
2,3-二氢吡啶-2,6-二羧酸
加氢(NADP)
转氨(Glu)
脱琥珀酸
二氨基庚二酸
消旋 差向异构酶
CO₂ 脱羧酶
赖氨酸
NADH NAD⁺ 同型丝氨酸脱氢酶
同型丝氨酸
转移酶
CoA 琥珀酰辅酶A
O-琥珀酰同型丝氨酸
半胱氨酸 琥珀酸 胱硫醚-γ-合成酶
H₂O 氨+丙酮酸 水解酶
同型半胱氨酸
转甲基酶 N⁵—CH₃—FH₄ FH₄
甲硫氨酸
激酶 ATP ADP
同型丝氨酸磷酸
苏氨酸合成酶 H₂O Pi
苏氨酸

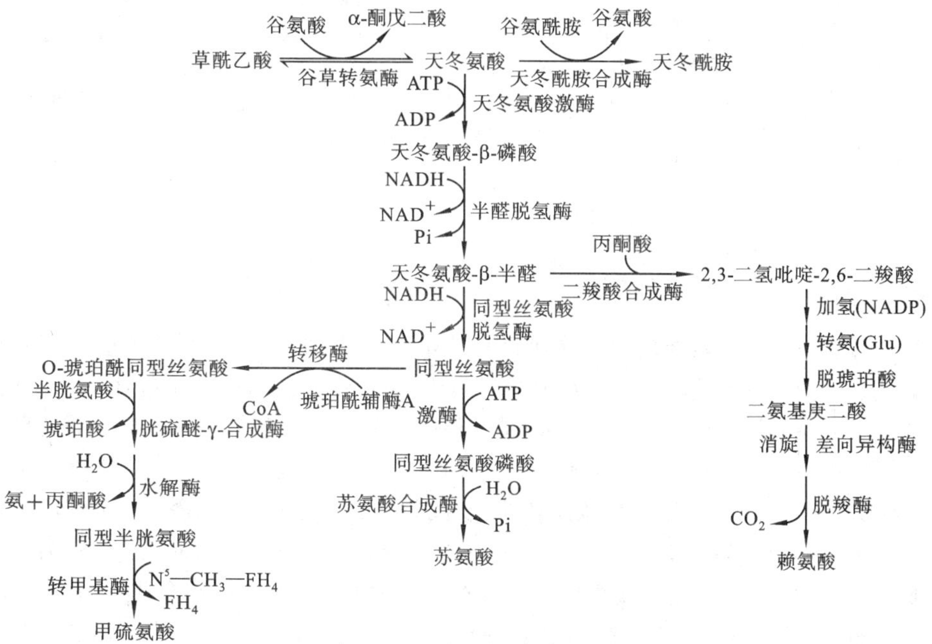

图 11-25　天冬氨酸型氨基酸的合成途径

植物体内，苏氨酸也可以在丝氨酸转羟甲基酶(serine hydroxymethyl transferase)的作用

下，由乙醛和甘氨酸合成。

$$乙醛+甘氨酸\xrightarrow{丝氨酸转羟甲基酶}L\text{-}苏氨酸$$

赖氨酸的合成有两条途径：一条是植物和细菌的合成途径，如图 11-25 所示；另外一条是多数真菌的合成途径，由乙酰辅酶 A 和 α-酮戊二酸开始进行合成，属于谷氨酸型氨基酸的生物合成，如图 11-26 所示。

11.3.4　谷氨酸型氨基酸的生物合成

谷氨酸、谷氨酰胺、脯氨酸和精氨酸 4 种氨基酸的碳架来源于 α-酮戊二酸，多以谷氨酸为前体进一步合成而得，见图 11-26。

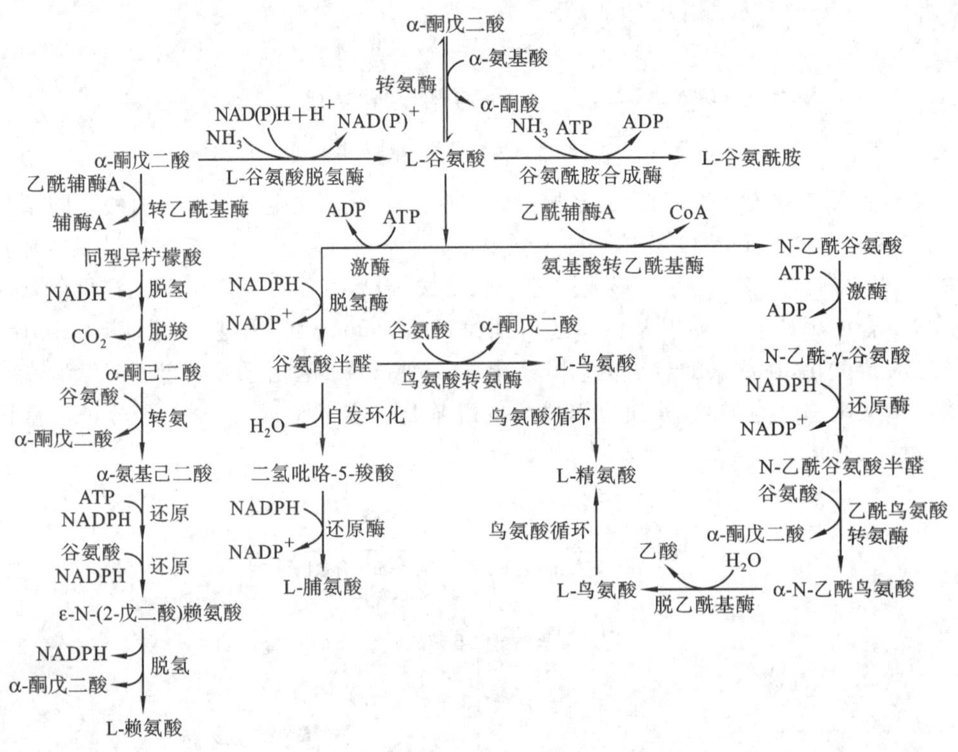

图 11-26　谷氨酸型氨基酸的合成途径

α-酮戊二酸和 α-氨基酸经转氨酶作用可直接生成 L-谷氨酸，α-酮戊二酸也可以在 L-谷氨酸脱氢酶(L-glutamate dehydrogenase)作用下还原氨基化生成 L-谷氨酸。L-谷氨酸和 NH_3 在谷氨酰胺合成酶(glutamine synthetase)催化下，由 ATP 提供能量，可形成 L-谷氨酰胺。

L-谷氨酸在转乙酰基酶(transacetylase)作用下，可以和乙酰辅酶 A 反应生成 N-乙酰谷氨酸(N-acetylglutamate)，然后磷酸化、还原形成 N-乙酰谷氨酸半醛(N-acetyl-glutamate semialdehyde)，后者经乙酰鸟氨酸转氨酶(acetyl-ornithine transaminase)催化，从谷氨酸获得氨基形成 α-N-乙酰鸟氨酸，然后脱去乙酰基生成 L-鸟氨酸，经尿素循环合成 L-精氨酸。

L-谷氨酸也可以直接还原形成谷氨酸半醛(glutamate semialdehyde)，不需酶的催化可直接环化成二氢吡咯-5-羧酸，以 NADPH 为辅酶，经还原生成 L-脯氨酸，可见脯氨酸的五个碳原子均来自谷氨酸。4-羟基脯氨酸不能由脯氨酸直接羟化生成，只能由多肽链中的脯氨酸残基，经脯氨酸-4-单加氧酶催化，以 α-酮戊二酸为还原剂，在 Fe^{3+} 和抗坏血酸辅助下形成。

$$\text{脯氨酸残基} + O_2 + \alpha\text{-酮戊二酸} + \text{HSCoA} \xrightarrow[Fe^{3+},\text{抗坏血酸}]{\text{脯氨酸-4-单加氧酶}}$$

$$\text{4-羟基脯氨酸残基} + \text{琥珀酰辅酶 A} + CO_2 + H_2O$$

另外，谷氨酸半醛在鸟氨酸转氨酶(ornithine transaminase)作用下可直接生成 L-鸟氨酸，然后按照尿素循环路径合成精氨酸。

人和动物体内不能合成赖氨酸，植物和细菌的赖氨酸合成属于天冬氨酸型氨基酸的生物合成，见图 11-25，在真菌细胞内由 α-酮戊二酸和乙酰辅酶 A 反应，形成同型异柠檬酸，后者经脱氢、脱羧等多步酶促反应形成 α-酮己二酸，这个过程类似于三羧酸循环中异柠檬酸到 α-酮戊二酸的过程。α-酮己二酸接受谷氨酸的氨基，生成 α-氨基己二酸，然后经过两次还原(NADPH)，接受一分子谷氨酸形成 ε-N-(2-戊二酸)赖氨酸(又称酵母氨酸)，最后在脱氢酶作用下脱去 α-酮戊二酸生成 L-赖氨酸。

11.3.5　芳香族氨基酸及组氨酸的生物合成

芳香族氨基酸包括苯丙氨酸、酪氨酸和色氨酸，它们的碳骨架来源于糖代谢的中间产物磷酸烯醇式丙酮酸(PEP)和 4-磷酸赤藓糖，这两种化合物经几步反应生成莽草酸(shikimic acid)。由莽草酸生成芳香族氨基酸和其他多种芳香族化合物的过程，称为莽草酸途径(shikimic acid pathway)。莽草酸经磷酸化，再与 PEP 反应，生成分支酸(chorismic acid)。分支酸可以合成色氨酸，也可以转变为预苯酸(prephenic acid)，由预苯酸进一步生成苯丙氨酸和酪氨酸，合成途径如图 11-27 所示。

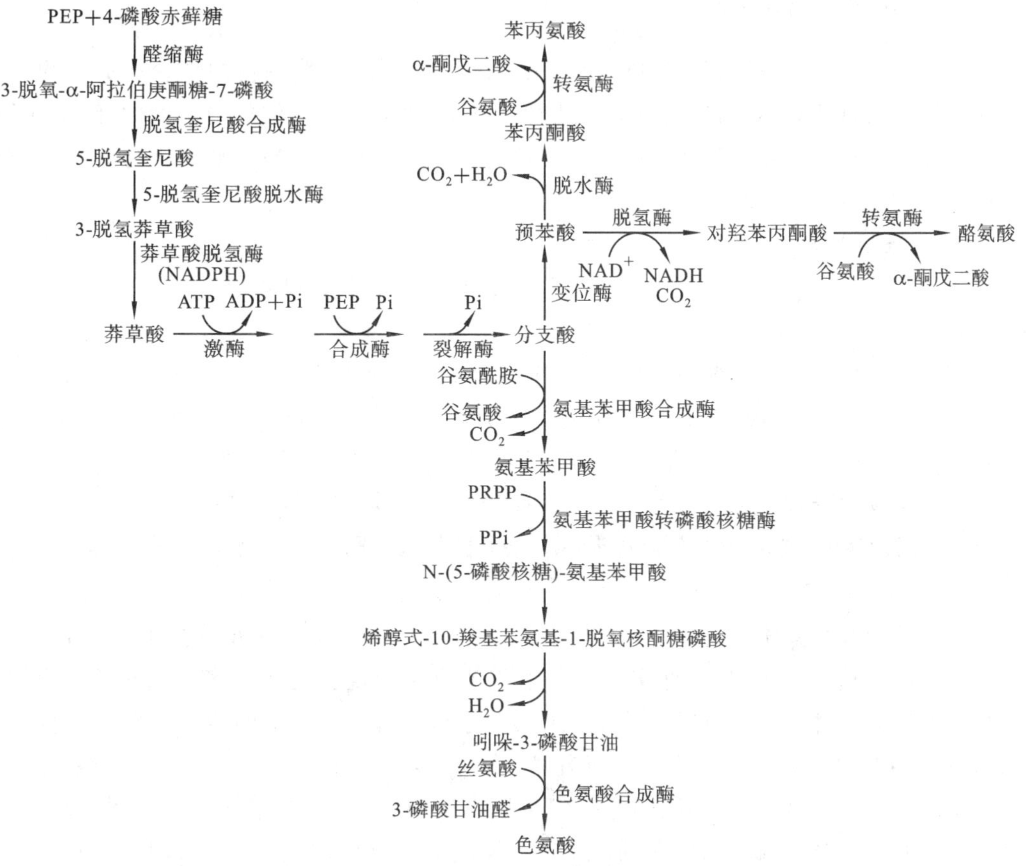

图 11-27　芳香族氨基酸的合成途径

组氨酸的生物合成曾是生物化学研究的难题,最终在细菌内搞清楚。其合成途径非常复杂,以5-磷酸核糖-1-焦磷酸(5-phosphoribosyl-1-pyrophosphate,PRPP)和三磷酸腺苷酸为起始物,经过了10步特殊的酶促反应。组氨酸中的C_3侧链和咪唑环中的两个碳原子来自5-磷酸核糖,ATP的腺嘌呤提供了咪唑环的—N═CH—结构,在第五步时由谷氨酰胺提供了另一个氮原子,生成咪唑甘油磷酸,以后又经过脱水、转氨基作用,获得氨基生成L-组胺醇,其α-氨基醇在组胺醇脱氢酶作用下,经两次脱氢被氧化为羧基,最终合成了组氨酸。组氨酸合成途径及其元素来源如图11-28所示。

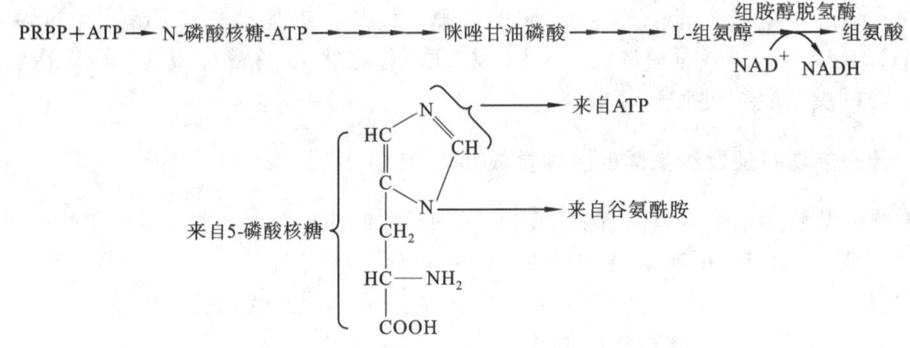

图11-28 组氨酸合成途径及其元素来源

11.3.6 氨基酸生物合成的调节

氨基酸代谢中主要是氨基酸合成代谢。氨基酸的合成受细胞内蛋白质合成的制约,蛋白质合成不仅要求氨基酸种类齐全、数量充足,也要求各种氨基酸比例适当。因此,细胞对氨基酸合成存在着严格的调控机制。氨基酸合成代谢的调控主要是在酶水平上进行的,包括对酶活性的调节和酶生成量的调节两个方面。

1. *酶活性的调节*

氨基酸合成代谢中对酶活性的调节是反馈调节(feedback regulation),包括正反馈(positive feedback)和负反馈(negative feedback)两种方式。细菌氨基酸合成代谢的调节主要是反馈抑制。氨基酸合成代谢中有很多别构酶,合成途径末端产物对某些关键酶(往往是合成途径的第一个酶)的活性有抑制作用,当末端产物过量时酶的活性受到抑制,末端产物减少时酶的活性又会很快恢复,这种抑制作用非常有效,避免了末端产物的过度积累。如天冬氨酸型氨基酸合成途径中,天冬氨酸激酶受末端产物赖氨酸、甲硫氨酸和苏氨酸的反馈抑制。另外,在芳香族氨基酸合成代谢途径中,末端产物色氨酸、苯丙氨酸和酪氨酸对第一个酶也存在协同反馈抑制。

2. *酶生成量的调节*

酶生成量的调节是通过调控基因表达来完成的。代谢过程中,酶催化的底物常常可以诱导该酶的合成,即底物对酶合成的诱导作用,乳糖操纵子学说就是诱导酶合成的最典型例子。大肠杆菌中,通过乳糖操纵子基因表达调控,来诱导与乳糖分解代谢的相关酶合成,生成或增加酶的浓度,催化乳糖降解成葡萄糖和半乳糖,使得大肠杆菌能够利用乳糖作为其能量来源。

代谢过程中,当某种代谢产物过量时,也可以阻遏调节关键酶的合成量。阻遏(repression)是基因水平的调节,通过调节DNA的转录或mRNA的翻译来调节酶的合成量。酶合成的阻遏作用有利于最大限度地节省氨基酸和能量的消耗,防止合成过多的酶。在色氨酸合成代谢中,末端产物色氨酸可以通过色氨酸操纵子阻遏与色氨酸合成有关的 5 种酶的合成。

阅读性材料

亚历山大·佛沙斯基(Alexander Varshavsky)与 N-末端规则

每一种蛋白质都有寿命特征,称为半衰期,不同蛋白质的半衰期差别很大,一般说来,组织细胞必要的结构蛋白半衰期较长,而负责细胞特殊应变的调节蛋白,其半衰期很短。但是细胞究竟通过哪些机制来决定蛋白质的寿命,对科学家一直是一项重大的挑战。直到 20 世纪 80 年代,美国麻省理工学院(Massachusetts Institute of Technology,MIT)的亚历山大·佛沙斯基(Alexander Varshavsky)教授终于摸索到了一些规律,并提出了"N-末端作用说",或称 N-末端规则(N-end rule)。也就是说,蛋白质的半衰期与多肽链 N-末端特异的氨基酸有关,它们对蛋白质的寿命有控制作用,如末端是精氨酸或赖氨酸的多肽,寿命就很短,而末端是缬氨酸或甲硫氨酸的多肽,寿命就很长。

佛沙斯基起初只是对泛素的功能感兴趣,有一次他获悉东京大学的山田正敦(Masa-atsu Yamada)等人(1980)建立了泛素-蛋白酶体缺陷型细胞系,通过诱变鼠细胞筛选出温度敏感型细胞系,在敏感温度下该细胞株出现染色体异常浓缩和组蛋白磷酸化不足,细胞周期被固定在 G_2 期(DNA 复制完成,尚未进入有丝分裂期)。山田等人同时发现,该细胞株主要的问题在于它无法将泛素连接到别的蛋白质上,原因是负责这个反应的酶发生了变异,在允许温度之上就失去了活性。当时,许多科学家都认为,泛素是决定蛋白质寿命的一个重要因素,并提出了"泛素假说",根据该假说,被消化的蛋白质须与泛素相结合才能分解。如果这个假说是对的,那么,山田等人发现的变种细胞在允许温度之上将无法使泛素接到蛋白质上,变种细胞内的蛋白质将无法被分解。由此,佛沙斯基就想到利用这个泛素-蛋白酶体缺陷型细胞系来探讨泛素和蛋白质分解的问题。

佛沙斯基做了一个简单的实验,将细胞放在允许温度之上培养,然后直接观察细胞里一些半衰期很短的蛋白质,结果发现那些蛋白质在允许温度之上时都变得十分稳定。佛沙斯基的实验第一次通过直接的证据证实:如果泛素不连接到蛋白质上,蛋白质就不会被分解。

此外,利用遗传工程的方法,可以把泛素接到一个蛋白质的 N-末端,制造出单链的融合蛋白,然后直接比较这个蛋白质在接上泛素前后被分解的情形,也可以帮助我们了解泛素在蛋白质分解过程中所扮演的角色。佛沙斯基挑选了一个细菌的蛋白质——β-半乳糖苷酶作为研究对象,他在该酶基因前接了一段泛素的基因,然后将这个重组基因分别转入大肠杆菌和酵母菌里。在大肠杆菌里,如期选出了泛素-β-半乳糖苷酶的融合蛋白,表示重组基因的结构和表达都没有问题。但在酵母菌里,只能得到 β-半乳糖苷酶,表明这个泛素-β-半乳糖苷酶的融合蛋白一旦被合成,其 N-末端的泛素就立刻被切除。而在原核细胞里没有这种存在,所以泛素可以稳定地结合在 β-半乳糖苷酶的 N-末端。为了解决这个难题,佛沙斯基想到是否可以变换 β-半乳糖苷酶 N-末端的氨基酸,而找出一个比较稳定的泛素-β-半乳糖苷酶融合蛋白。为此,佛沙斯基利用定点突变的方法,把 β-半乳糖苷酶 N-末端的氨基酸做了 16 种不同的替换,结果发现只有脯氨酸在 β-半乳糖苷酶的 N-末端时,泛素不会立即被切除,而能短暂地保留下来,同时还发现 β-半乳糖苷酶本身的稳定性降低了许多,在细胞内的半衰期从二十几小时降低到只有 7 min。这个结果表明:①真核细胞中切除泛素的那个酶不太"介意"β-半乳糖苷酶 N-末端的氨基酸种类(脯氨酸除外);②当泛素接在蛋白质的 N-末端时,会加速蛋白质在细胞内的分解;

③由于蛋白质生物合成过后的加工修饰过程,如甲硫氨酸切除、高级结构的形成等原因,分子生物学家很难合成一个N-末端氨基酸可任意选定的蛋白质。但是利用真核细胞会准确切除蛋白质N-末端泛素的特性,我们可以任意改变蛋白质基因上决定N-末端氨基酸的碱基序列,再将泛素的碱基序列接上,如此,这个融合基因在真核细胞表达后,泛素被立刻切除,从而得到特定N-末端氨基酸的蛋白质。

利用上述方法,佛沙斯基在酵母中得到了15种仅一个N-末端氨基酸不同的β-半乳糖苷酶,并对它们在细胞内的稳定性进行了测定。他首先将带有各种不同β-半乳糖苷酶基因的质粒导入酵母菌,然后将这些酵母菌放进含有^{35}S-甲硫氨酸的培养基中1～5 min,其间合成的β-半乳糖苷酶因含有^{35}S-甲硫氨酸而具放射性,然后将这些酵母菌转移到没有放射性甲硫氨酸的培养液中,随后再检查酵母菌内β-半乳糖苷酶的放射性。如果β-半乳糖苷酶蛋白非常稳定,那么标记过的β-半乳糖苷酶就一直会被检测到,与此相反,如果β-半乳糖苷酶蛋白不稳定,那么β-半乳糖苷酶上的标记就会很快地消失。结果出乎他的意料,这15种β-半乳糖苷酶在酵母中半衰期的差异从二十几小时到2 min。由此看来,N-末端氨基酸的种类似乎直接影响到这个蛋白质在细胞内的稳定性。为了测试这个N-末端规则的准确性,佛沙斯基在蛋白质数据库(Protein Data Bank,PDB)中,找了208个细胞质内非分化的稳定蛋白质,发现这些蛋白质的N-末端氨基酸无一例外地全属于稳定的一组。同时,他检查了94个分泌性的毒蛋白,发现超过80%的蛋白质,其N-末端氨基酸属于非常不稳定的一组,而其他一些分泌性蛋白质也有这种现象。

由上可见,佛沙斯基本想利用泛素-蛋白酶体缺陷型细胞系来探讨泛素和蛋白质分解的问题,却在不经意之中发现了N-末端规则,这为科学进展的偶然性提供了又一个很好的证据。

习　题

1. 名词解释
   (1) 联合脱氨基作用
   (2) 嘌呤核苷酸循环
   (3) 鸟氨酸循环
   (4) 转氨基作用
2. 简答题
   (1) 简述氨基酸降解的主要方式,及其产物去向。
   (2) 简述谷氨酸在氨基酸代谢中的意义。
   (3) 简述尿素生成的过程和特点。
   (4) 叙述α-酮酸的主要去向。
   (5) 合成氨基酸的氮源和碳源可以从哪里获得?
   (6) 表解20种氨基酸合成的碳骨架。
   (7) 简述转氨酶-腺苷酸脱氨酶偶联的联合脱氨基作用。

第12章 核酸代谢

引 言

本章主要内容为核酸和核苷酸的分解代谢、核苷酸的生物合成、辅酶核苷酸的生物合成、DNA 的复制和修复、RNA 的生物合成和加工。

核酸在核酸酶的作用下水解产生寡聚核苷酸和单核苷酸。核苷酸在核苷酸酶的作用下水解成核苷和磷酸。核苷又可被核苷酶分解成嘌呤碱和嘧啶碱以及戊糖，嘌呤碱和嘧啶碱还可进一步分解。核苷酸是一类在代谢上极为重要的物质。无论动物、植物或微生物，通常都能由一些简单的前体物质合成嘌呤和嘧啶核苷酸。外源的或降解产生的碱基和核苷可被生物体重新利用。因此核苷酸的生物合成包括"从头合成"途径和"补救合成"途径。

某些重要的辅酶，如烟酰胺核苷酸、黄素核苷酸和辅酶 A 等，它们的分子结构中包含腺苷酸部分。这几种辅酶的合成亦与核苷酸代谢有关。

生物系统的遗传信息主要储存在 DNA 分子中，表现为特异的核苷酸排列顺序。DNA 分子的两条链都含有合成它的互补链的全部信息，因此 DNA 能指导自身的合成(即复制)。DNA 的互补合成有两种：一是整个 DNA 分子的复制，通过复制得以将遗传信息由亲代传递给子代；二是 DNA 的局部修复，这对消除偶然引起的碱基改变，维持 DNA 的正常结构具有重要意义。碱基配对原理是遗传信息传递的基本机制。

DNA 复制过程包括起始、延伸和终止三个阶段。复制起始 DnaA 蛋白在 HU 蛋白和 RNA 聚合酶帮助下识别并结合到起点上，解开富含 AT 区；DnaB 蛋白、DnaC 蛋白、旋转酶和单链结合蛋白(SSB)配合使双链解开；然后引物合成酶合成 RNA 引物，DNA 聚合酶Ⅲ合成 DNA 链；Dam 甲基化酶在起始的调节控制中起关键性作用；在延伸阶段，前导链连续合成，滞后链分段合成，由 γ 复合物帮助 β 夹子将引物与模板带至生长点；在终止阶段，两复制叉在终止区相遇，形成的连锁体由拓扑异构酶Ⅳ分开。终止子 ter 和终止蛋白 Tus 防止复制叉超过终止区过界复制。

生物体内 DNA 的损伤在一定条件下可以修复。错配修复系统能够识别错配位点以及新、旧链，将错配新链切除并加以修复。光复活是直接修复的一种方式，它分解紫外线引起的嘧啶二聚体，但是高等哺乳类没有。切除修复和重组修复是比较普遍的修复机制，它们对多种结构损伤和错配碱基起修复作用。这两种过程都有多种与 DNA 复制或重组有关的酶参与作用。

在 DNA 指导下 RNA 的合成称为转录。

转录的调节是基因表达调节的重要环节，包括时序调节和适应调节。原核生物的操纵子既是表达单位，也是协同调节的单位。调节有正调节和负调节，原核生物以负调节为主。受一种调节蛋白所控制的调节系统称为调节子。不同调节系统间形成调节网络。

真核生物的转录调节与原核生物有相同之处，也有显著的不同。①真核生物基因不组成操纵子；②真核生物存在大量顺式元件和反式因子，调节更复杂；③真核生物的调节以正调节为主，可诱导因子以共价修饰为主；④真核生物具有染色质结构水平上的调节。

RNA 在转录后需要经过一系列复杂的加工过程才能成为成熟的 RNA 分子。原核生物的稳定 RNA(rRNA 和 tRNA)存在切割、修剪、附加、修饰和异构化等加工过程,mRNA 一般在转录的同时即能进行翻译,不存在另外的加工过程。真核生物 RNA 加工过程更为复杂,mRNA 存在特殊结构,其加工包括 5′-端加帽和 3′-端聚腺苷酸化。

学 习 目 标

(1) 了解核酸分解的先后层次关系,即核酸的解聚作用、核苷酸的降解方式。

(2) 掌握核酸分解的具体反应历程,重点掌握嘌呤碱的分解过程及嘧啶碱的分解过程。

(3) 掌握核苷酸合成的不同机制及具体的反应历程,重点掌握嘌呤核糖核苷酸的合成过程及嘧啶核糖核苷酸的合成过程。

(4) 了解脱氧核糖核苷酸的合成过程,辅酶核苷酸的生物合成过程。

(5) 了解与 DNA 聚合反应有关的酶。

(6) 理解并掌握 DNA 复制的机制和具体方式,重点掌握复制的具体过程,包括复制的起始、延伸、终止过程。

(7) 了解真核细胞 DNA 的复制过程,逆转录作用的机制。

(8) 重点掌握 DNA 的损伤与修复的类型及具体机制。

(9) 理解并掌握 RNA 的生物合成过程,重点掌握转录的具体过程,包括转录的起始、延伸、终止过程。

(10) 了解 RNA 的复制过程。

(11) 掌握原核和真核生物 RNA 转录后加工的类型及具体方式。

12.1 核酸和核苷酸的分解代谢

动物和异养型微生物可以分泌消化酶类来分解食物或体外的核蛋白和核酸类物质。核苷酸水解脱去磷酸而生成核苷(nucleoside),核苷再分解生成嘌呤碱(purine base)或嘧啶碱(pyrimidine base)和戊糖(pentose)。核苷酸及其水解产物均可被细胞吸收,被吸收的核苷酸及核苷绝大部分在肠黏膜细胞中进一步分解,产生的戊糖参加体内的戊糖代谢,嘌呤碱绝大部分被分解成尿酸等物质排出体外。因此食物来源的嘌呤实际上很少被机体利用。植物一般不能消化体外的有机物,但所有生物的细胞都含有与核酸代谢有关的酶类,能够分解细胞内各种核酸,促使核酸的分解和更新。核酸的分解过程如下:

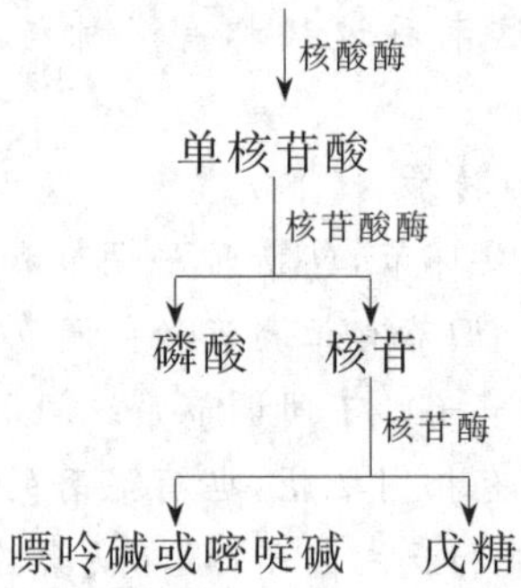

12.1.1　核酸的酶促降解

核酸是由核苷酸以 3′,5′-磷酸二酯键连接而成的大分子化合物。核酸分解代谢的第一步是水解连接核苷酸的磷酸二酯键,生成寡聚核苷酸或单核苷酸。在生物体内催化这一降解反应的是核酸酶(nuclease)。水解核糖核酸的酶称为核糖核酸酶(ribonuclease),水解脱氧核糖核酸的酶称为脱氧核糖核酸酶(deoxyribonuclease)。核糖核酸酶和脱氧核糖核酸酶中能够水解核酸分子内磷酸二酯键的酶又称为核酸内切酶(endonuclease),从核酸链的两端逐个水解磷酸二酯键的酶称为核酸外切酶(exonuclease)。

细胞中 DNA 的含量是相当恒定的,而 RNA 的含量有很大的差异。研究结果表明,DNA 在细胞中是一种较为稳定的成分,其分解速率很小,不像 RNA 那样代谢活跃。但是,脱氧核糖核酸酶在相当多的细胞中含量很高。它们的生理功能可能在于消除异常的或外源的 DNA,以维持细胞遗传的稳定性,或是用于细胞自溶。

12.1.2　核苷酸的酶促降解

核苷酸水解脱下磷酸即成为核苷,生物体内广泛存在的磷酸单酯酶(phosphomonoesterase)或核苷酸酶(nucleotidase)可以催化这个反应。非特异性的磷酸单酯酶对一切核苷酸都能起作用,磷酸基团在核苷的 2′、3′或 5′位置上都可被水解下来。某些特异性强的磷酸单酯酶只能水解 3′-核苷酸或 5′-核苷酸,则分别称为 3′-核苷酸酶或 5′-核苷酸酶。

核苷经核苷酶(nucleosidase)作用分解为嘌呤碱或嘧啶碱和戊糖。分解核苷的酶有两类:一类是核苷磷酸化酶(nucleoside phosphorylase);另一类是核苷水解酶(nucleoside hydrolase)。前者分解核苷生成含氮碱和戊糖的磷酸酯,后者生成含氮碱和戊糖:

$$\text{核苷}+\text{磷酸}\xrightleftharpoons{\text{核苷磷酸化酶}}\text{嘌呤碱或嘧啶碱}+1\text{-磷酸戊糖}$$

$$\text{核苷}+H_2O\xrightarrow{\text{核苷水解酶}}\text{嘌呤碱或嘧啶碱}+\text{戊糖}$$

核苷磷酸化酶的存在比较广泛,其所催化的反应是可逆的。核苷水解酶主要存在于植物和微生物体内,并且只能对核糖核苷起作用,对脱氧核糖核苷没有作用,反应是不可逆的。它们对作用底物常具有一定的特异性。

12.1.3　嘌呤碱的分解

不同种类的生物分解嘌呤碱的能力不一样,因而代谢产物亦各不相同。人和猿类及一些排尿酸的动物(如鸟类、某些爬虫类和昆虫等)体内嘌呤碱代谢终产物是尿酸。其他多种生物则还能进一步分解尿酸,形成不同的代谢产物,直至最后分解成二氧化碳和氨。

嘌呤碱的分解首先是在各种脱氨酶(deaminase)的作用下水解脱去氨基。腺嘌呤和鸟嘌呤水解脱氨分别生成次黄嘌呤(hypoxanthine,H)和黄嘌呤(xanthine,X)。脱氨反应也可以在核苷或核苷酸的水平上进行。在动物组织中腺嘌呤脱氨酶的含量极少,而腺嘌呤核苷脱氨酶(adenosine deaminase)和腺嘌呤核苷酸脱氨酶(adenylate deaminase)的活性较高,因此,腺嘌呤的脱氨分解可在其核苷和核苷酸的水平上发生,通过水解脱氨生成次黄嘌呤。它们的关系如下:

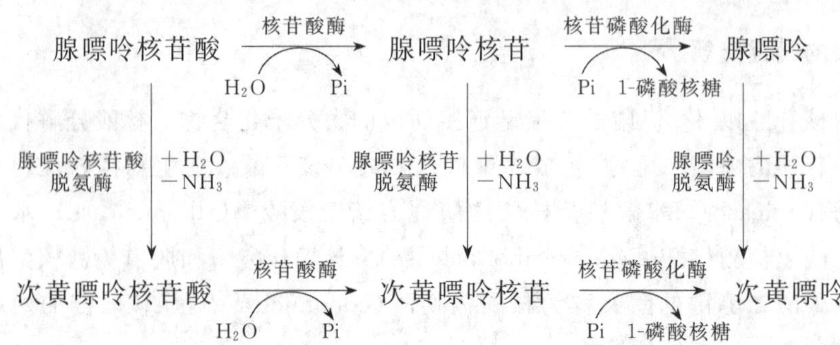

鸟嘌呤脱氨酶的分布较广，鸟嘌呤的脱氨反应主要是在碱基的水平上进行的：

$$\text{鸟嘌呤} + H_2O \xrightarrow{\text{鸟嘌呤脱氨酶}} \text{黄嘌呤} + NH_3$$

次黄嘌呤和黄嘌呤在黄嘌呤氧化酶(xanthine oxidase)的作用下氧化生成尿酸：

$$\text{次黄嘌呤} + O_2 + H_2O \xrightarrow{\text{黄嘌呤氧化酶}} \text{黄嘌呤} + H_2O_2$$

$$\text{黄嘌呤} + O_2 + H_2O \xrightarrow{\text{黄嘌呤氧化酶}} \text{尿酸} + H_2O_2$$

尿酸的进一步分解代谢随不同种类生物而异。人和猿类缺乏分解尿酸的能力，鸟类等排尿酸动物不仅可将嘌呤碱分解成尿酸，还可以把大量其他含氮代谢物转变成尿酸，再排出体外。然而大多数的生物能够继续分解尿酸，尿酸在尿酸氧化酶(urate oxidase)的作用下被氧化，同时脱掉二氧化碳，而生成尿囊素(allantoin)：

$$\text{尿酸} + 2H_2O + O_2 \xrightarrow{\text{尿酸氧化酶}} \text{尿囊素} + CO_2 + H_2O_2$$

尿囊素是除人及猿类之外其他哺乳类嘌呤代谢的排泄物。也就是说，它们分解尿酸到尿囊素为止。其他多种生物则含尿囊素酶(allantoinase)，能水解尿囊素生成尿囊酸(allantoic acid)：

$$\text{尿囊素} + H_2O \xrightarrow{\text{尿囊素酶}} \text{尿囊酸}$$

尿囊酸是某些硬骨鱼的嘌呤碱代谢排泄物。尿囊酸在尿囊酸酶(allantoicase)作用下还可以水解生成尿素和乙醛酸：

$$\text{尿囊酸} + H_2O \xrightarrow{\text{尿囊酸酶}} 2\ \text{尿素} + \text{乙醛酸}$$

尿素是多数鱼类及两栖类的嘌呤碱代谢排泄物，然而某些低等动物还能将尿素分解成氨和二氧化碳再排出体外。

植物和微生物体内嘌呤碱代谢的途径大致与动物相似。植物体内广泛存在着尿囊素酶、尿囊酸酶和脲酶等；嘌呤碱代谢的中间产物，如尿囊素和尿囊酸等也在多种植物中大量存在。微生物一般能分解嘌呤碱类物质，生成氨、二氧化碳以及一些有机酸，如甲酸、乙酸、乳酸等。现将嘌呤碱的分解过程总结如图 12-1 所示。

12.1.4 嘧啶碱的分解

核苷酸的分解产物嘧啶碱可以在生物体内进一步被分解，不同种类生物对嘧啶碱的分解过程不完全一样。一般具有氨基的嘧啶需要先水解脱去氨基，如胞嘧啶脱氨生成尿嘧啶。

$$\text{胞嘧啶} + H_2O \xrightarrow{\text{胞嘧啶脱氨酶}} \text{尿嘧啶} + NH_3$$

在人和某些动物体内，其脱氨过程也可能是在核苷或核苷酸的水平上进行的。

尿嘧啶经还原生成二氢尿嘧啶，并水解使环开裂，然后进一步水解生成二氧化碳、氨和β-

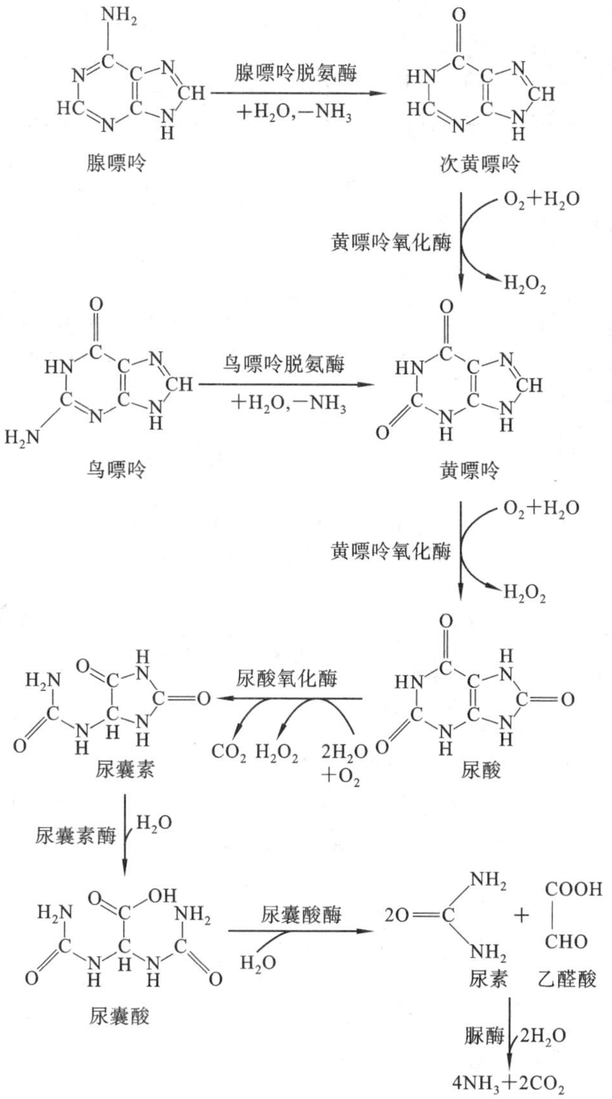

图 12-1　嘌呤碱的分解代谢

丙氨酸；β-丙氨酸经转氨基作用脱去氨基后还可参加有机酸代谢。亦可参与泛酸及辅酶 A 的合成。

$$\text{尿嘧啶}+\text{NAD(P)H}+\text{H}^+ \xrightleftharpoons{\text{二氢尿嘧啶脱氢酶}} \text{二氢尿嘧啶}+\text{NAD(P)}^+$$

$$\text{二氢尿嘧啶}+H_2O \xrightleftharpoons{\text{二氢尿嘧啶酶}} \beta\text{-脲基丙酸}$$

$$\beta\text{-脲基丙酸}+H_2O \xrightarrow{\text{脲基丙酸酶}} \beta\text{-丙氨酸}+CO_2+NH_3$$

胸腺嘧啶的分解与尿嘧啶相似，其分解过程如下：

$$\text{胸腺嘧啶}+\text{NAD(P)H}+\text{H}^+ \xrightleftharpoons{\text{二氢胸腺嘧啶脱氢酶}} \text{二氢胸腺嘧啶}+\text{NAD(P)}^+$$

$$\text{二氢胸腺嘧啶}+H_2O \xrightleftharpoons{\text{二氢胸腺嘧啶酶}} \beta\text{-脲基异丁酸}$$

$$\beta\text{-脲基异丁酸}+H_2O \xrightleftharpoons{\text{脲基异丁酸酶}} \beta\text{-氨基异丁酸}+CO_2+NH_3$$

现将嘧啶碱的分解途径总结如图 12-2 所示。

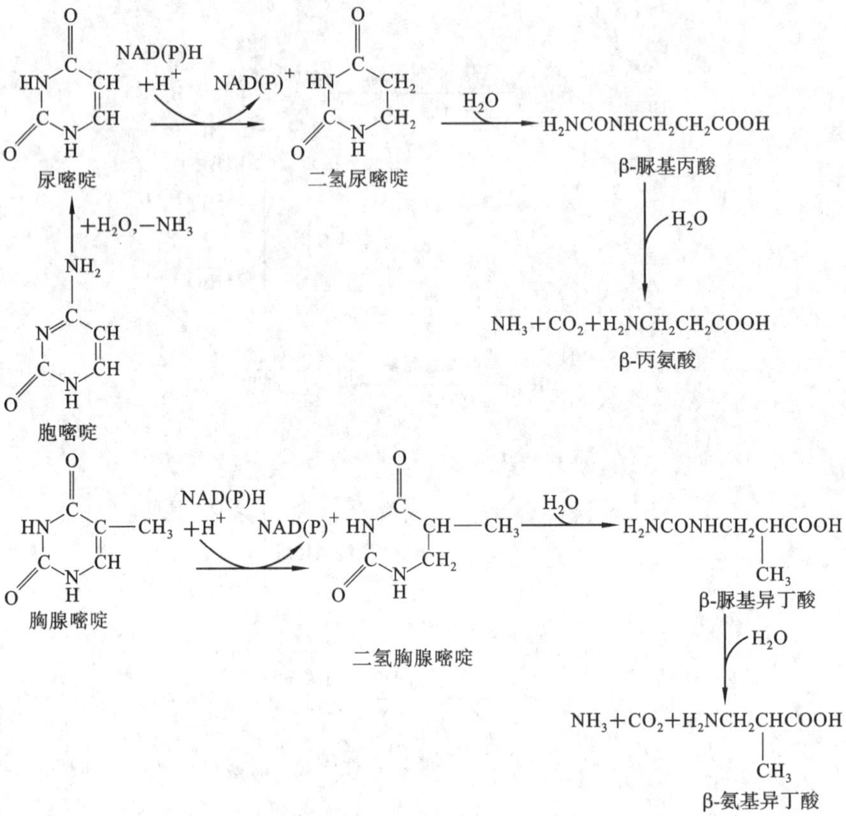

尿嘧啶 $\xrightarrow[\text{NAD(P)}^+]{\text{NAD(P)H}+\text{H}^+}$ 二氢尿嘧啶 $\xrightarrow{H_2O}$ $H_2NCONHCH_2CH_2COOH$（β-脲基丙酸）$\xrightarrow{H_2O}$ $NH_3+CO_2+H_2NCH_2CH_2COOH$（β-丙氨酸）

胞嘧啶 $\xrightarrow{+H_2O,-NH_3}$ 尿嘧啶

胸腺嘧啶 $\xrightarrow[\text{NAD(P)}^+]{\text{NAD(P)H}+\text{H}^+}$ 二氢胸腺嘧啶 $\xrightarrow{H_2O}$ $H_2NCONHCH_2CH(CH_3)COOH$（β-脲基异丁酸）$\xrightarrow{H_2O}$ $NH_3+CO_2+H_2NCH_2CH(CH_3)COOH$（β-氨基异丁酸）

图 12-2　嘧啶碱的分解代谢

12.2　核苷酸的生物合成

12.2.1　嘌呤核苷酸的合成

通过同位素标记，证明生物体内能利用二氧化碳、甲酸盐、谷氨酰胺、天冬氨酸和甘氨酸作为合成嘌呤环的前体。嘌呤环中的第 1 位氮来自天冬氨酸的氨基，第 3 位及第 9 位氮来自谷氨酰胺的酰胺基，第 2 位及第 8 位碳来自甲酸盐，第 6 位碳来自二氧化碳，而第 4 位碳、第 5 位碳及第 7 位氮则来自甘氨酸。这些关系如图 12-3 所示。

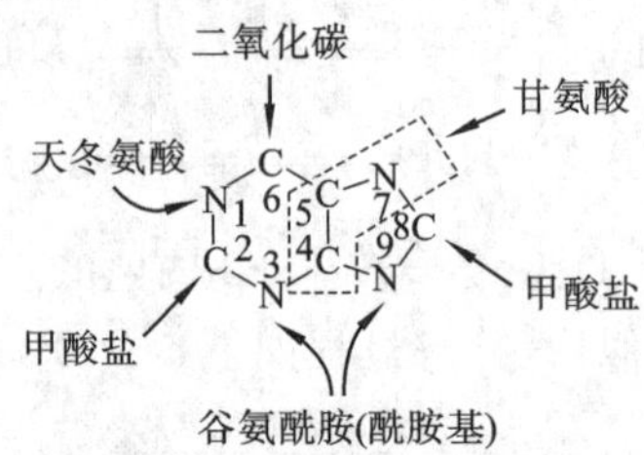

图 12-3　嘌呤环的元素来源

目前关于嘌呤核苷酸的合成途径已经了解得比较清楚。生物体内不是先合成嘌呤碱，再与核糖和磷酸结合成核苷酸，而是从 5-磷酸核糖焦磷酸(5-phosphoribosyl pyrophosphate,

PRPP)开始，经过一系列酶促反应，生成次黄嘌呤核苷酸(IMP)，然后转变为其他嘌呤核苷酸。

1. 次黄嘌呤核苷酸的合成

IMP 的酶促合成过程主要是以鸽肝的酶系统为材料进行研究的。之后在其他动物、植物和微生物中也发现类似的酶和中间产物，由此推测它们的合成过程也大致相同。

IMP 的合成是一系列连续的酶促反应过程，该过程共有十步反应，可分为两个阶段。在第一阶段的反应中，由 5-磷酸核糖焦磷酸与谷氨酰胺，经转氨酶作用反应生成 5-磷酸核糖胺(5-phosphoribosylamine)，再与甘氨酸结合，经甲酰化和转移谷氨酰胺的氨基，然后闭环生成 5-氨基咪唑核苷酸(5-aminoimidazole ribotide)，至此形成了嘌呤的咪唑环。第二阶段的反应则由 5-氨基咪唑核苷酸羧化，进一步获得天冬氨酸的氨基，再甲酰化，最后脱水闭环生成 IMP，其酶促合成过程如图 12-4 所示。

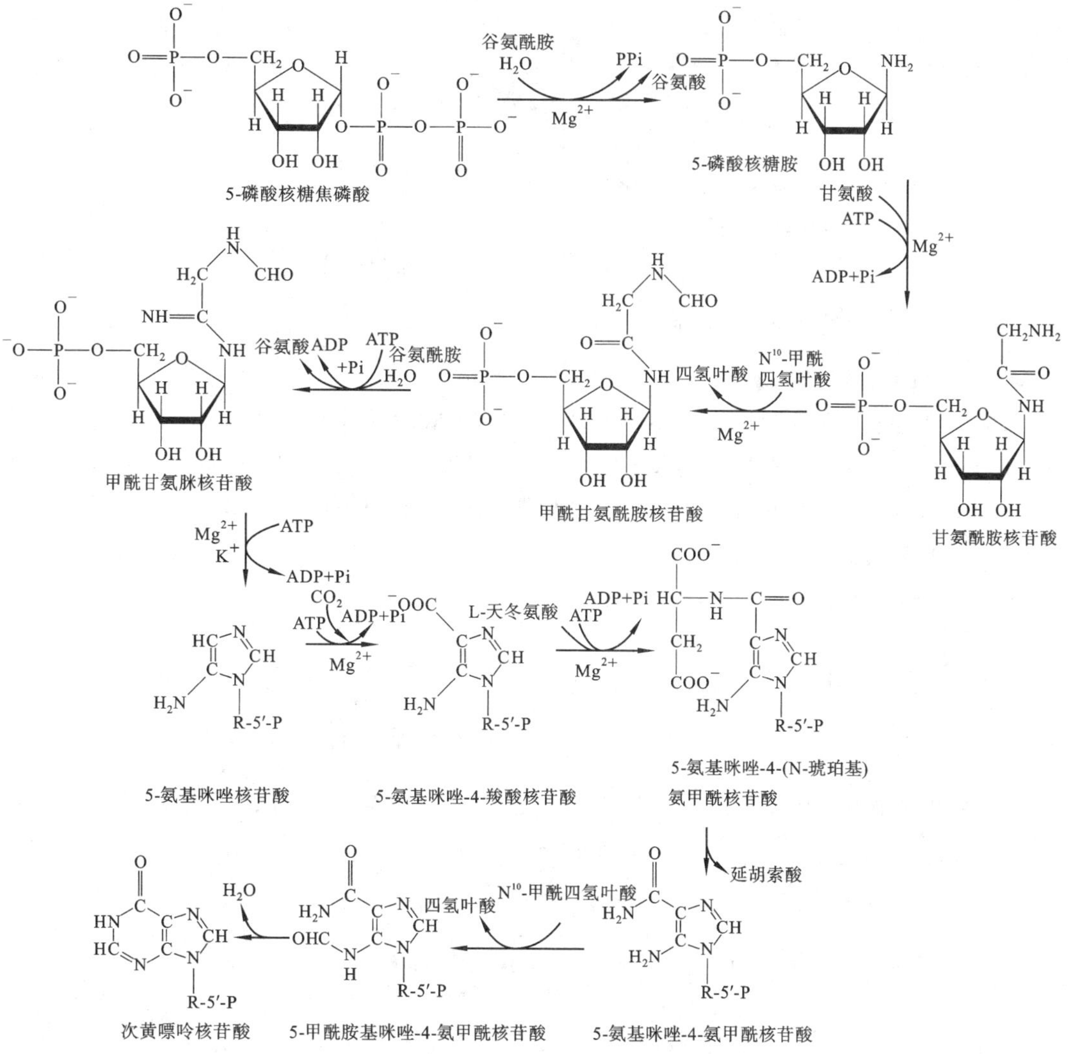

5-磷酸核糖焦磷酸　谷氨酰胺　H_2O　PPi　谷氨酸　Mg^{2+}　5-磷酸核糖胺

甘氨酸　ATP　Mg^{2+}　ADP+Pi

甘氨酰胺核苷酸　N^{10}-甲酰四氢叶酸　四氢叶酸　Mg^{2+}　甲酰甘氨酰胺核苷酸

谷氨酰胺　H_2O　ATP　谷氨酸　ADP　+Pi　甲酰甘氨脒核苷酸

Mg^{2+}　K^+　ATP　ADP+Pi　5-氨基咪唑核苷酸

CO_2　ATP　ADP+Pi　Mg^{2+}　5-氨基咪唑-4-羧酸核苷酸

L-天冬氨酸　ATP　ADP+Pi　Mg^{2+}　5-氨基咪唑-4-(N-琥珀基)氨甲酰核苷酸

延胡索酸　5-氨基咪唑-4-氨甲酰核苷酸

N^{10}-甲酰四氢叶酸　四氢叶酸　5-甲酰胺基咪唑-4-氨甲酰核苷酸

H_2O　次黄嘌呤核苷酸

图 12-4　次黄嘌呤核苷酸的合成途径

上述反应生成的 IMP 并不堆积在细胞内，而是迅速转变为腺嘌呤核苷酸(AMP)和鸟嘌呤核苷酸(GMP)。

2. 腺嘌呤核苷酸的合成

AMP与IMP的差别仅是第6位酮基被氨基取代,此反应由两步反应完成:①天冬氨酸的氨基与IMP相连生成腺苷酸琥珀酸(adenylosuccinic acid),反应由腺苷酸琥珀酸合成酶(adenylosuccinate synthetase)催化,GTP水解供能;②在腺苷酸琥珀酸裂解酶(adenylosuccinate lyase,ADSL)的作用下脱去延胡索酸生成AMP。反应过程如下:

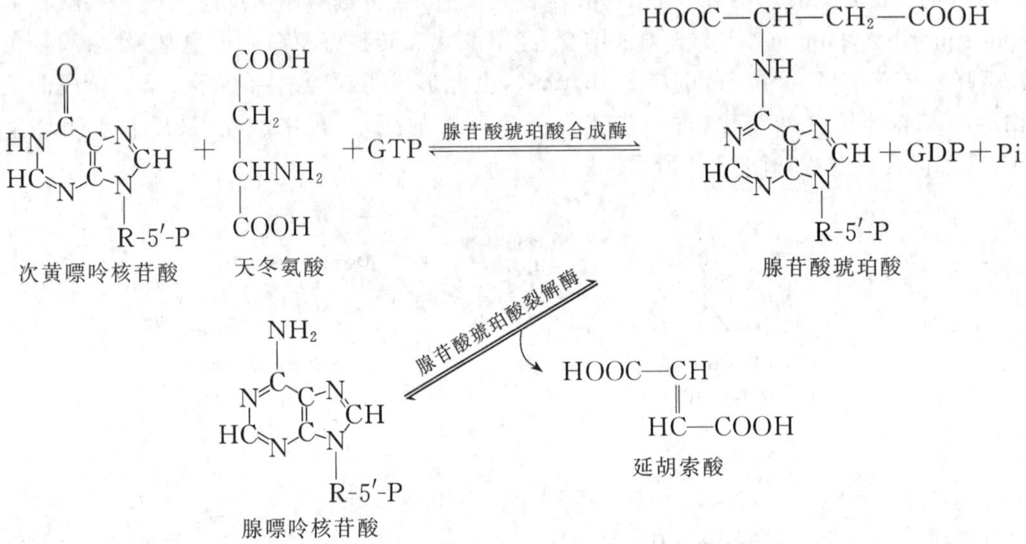

次黄嘌呤核苷酸 + 天冬氨酸(COOH—CH_2—$CHNH_2$—COOH) + GTP $\xrightleftharpoons{\text{腺苷酸琥珀酸合成酶}}$ 腺苷酸琥珀酸(HOOC—CH—CH_2—COOH, NH 连于嘌呤 C-6) + GDP + Pi

腺苷酸琥珀酸 $\xrightleftharpoons{\text{腺苷酸琥珀酸裂解酶}}$ 腺嘌呤核苷酸 + 延胡索酸(HOOC—CH=HC—COOH)

(各嘌呤环结构中 N-9 连接 R-5′-P)

3. 鸟嘌呤核苷酸的合成

IMP经氧化生成黄嘌呤核苷酸(XMP),反应由次黄嘌呤核苷酸脱氢酶(inosine-5′-phosphate dehydrogenase)所催化,并需要NAD^+作为辅酶和钾离子激活。在鸟嘌呤核苷酸合成酶(guanylate synthetase)的催化下,XMP氨基化即生成鸟嘌呤核苷酸(GMP),该过程需要ATP供给能量。反应过程如下:

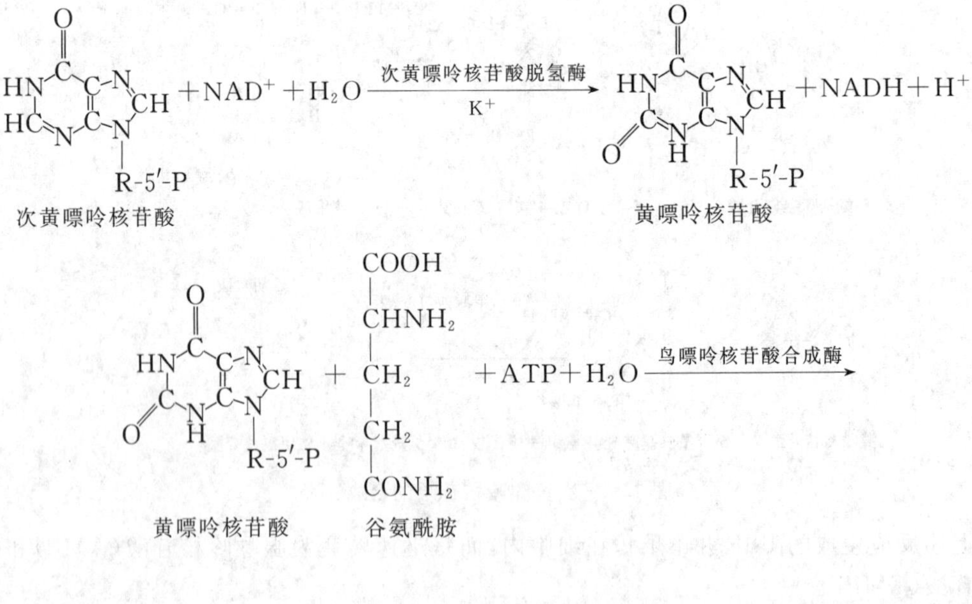

次黄嘌呤核苷酸 + NAD^+ + H_2O $\xrightarrow[K^+]{\text{次黄嘌呤核苷酸脱氢酶}}$ 黄嘌呤核苷酸 + NADH + H^+

黄嘌呤核苷酸 + 谷氨酰胺(COOH—$CHNH_2$—CH_2—CH_2—$CONH_2$) + ATP + H_2O $\xrightarrow{\text{鸟嘌呤核苷酸合成酶}}$

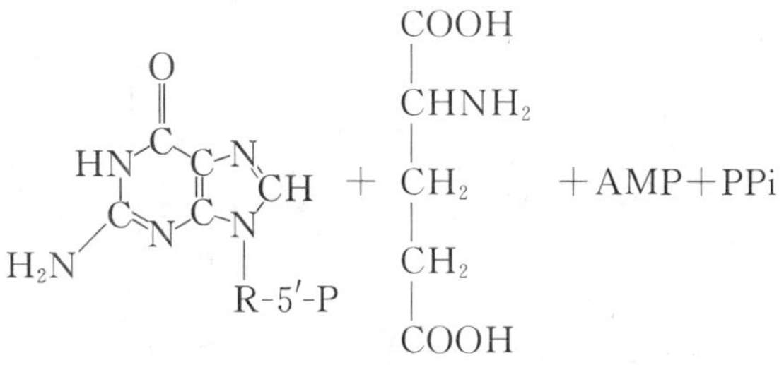

```
                              COOH
          O                    |
          ‖                  CHNH₂
      HN⁄C⁀C⁀N                 |
       |   ‖   ⟩CH    +       CH₂       +AMP+PPi
       C   C⁀N                 |
   H₂N⁄ ⸌N⁄   |                CH₂
             R-5′-P            |
                              COOH
      鸟嘌呤核苷酸            谷氨酸
```

XMP 氨基化时，细菌直接以氨作为氨基供体，动物细胞则以谷氨酰胺的酰胺基作为氨基供体。

4. 由嘌呤碱或核苷合成核苷酸

生物体内除能以简单前体物质"从头合成"(de novo synthesis)核苷酸外，也能由预先形成的碱基和核苷合成核苷酸，这是核苷酸合成代谢的一种"补救途径"(salvage pathway)，以便更经济地利用已有的成分，节省能量并减少一些前体分子的消耗。

前已提到，核苷磷酸化酶所催化的转核糖基反应是可逆的。在特异的核苷磷酸化酶作用下，各种碱基可与 1-磷酸核糖反应生成核苷：

$$\text{碱基}+1\text{-磷酸核糖}\xrightleftharpoons{\text{核苷磷酸化酶}}\text{核苷}+\text{Pi}$$

由此所产生的核苷在适当的磷酸激酶(phosphokinase)作用下，由 ATP 供给磷酸基，即形成核苷酸：

$$\text{核苷}+\text{ATP}\xrightleftharpoons{\text{核苷磷酸激酶}}\text{核苷酸}+\text{ADP}$$

但在生物体内，除腺苷激酶(adenosine kinase)外，缺乏其他嘌呤核苷的激酶。显然，在嘌呤类物质的再利用过程中，核苷激酶途径是一种"补救"途径。

另一更为重要的途径是嘌呤碱与 5-磷酸核糖焦磷酸在磷酸核糖转移酶(phosphoribosyl transferase)或核苷酸焦磷酸化酶的作用下形成嘌呤核苷酸。

$$\text{腺嘌呤}+5\text{-磷酸核糖焦磷酸}\xrightleftharpoons{\text{腺嘌呤磷酸核糖转移酶}}\text{腺嘌呤核苷酸}+\text{PPi}$$

$$\underset{(\text{鸟嘌呤})}{\text{次黄嘌呤}}+5\text{-磷酸核糖焦磷酸}\xrightleftharpoons{\text{次黄嘌呤(鸟嘌呤)磷酸核糖转移酶}}\underset{(\text{鸟嘌呤核苷酸})}{\text{次黄嘌呤核苷酸}}+\text{PPi}$$

已经分离出两种具有不同特异性的酶：腺嘌呤磷酸核糖转移酶催化形成腺嘌呤核苷酸；次黄嘌呤(鸟嘌呤)磷酸核糖转移酶催化形成次黄嘌呤核苷酸(鸟嘌呤核苷酸)。嘌呤核苷则可先分解成嘌呤碱，再与 5-磷酸核糖焦磷酸反应而形成核苷酸。

12.2.2 嘧啶核苷酸的合成

嘧啶核苷酸的嘧啶环是由简单的前体化合物 CO_2、NH_3 和天冬氨酸合成的。

与嘌呤核苷酸不同，在合成嘧啶核苷酸时首先形成嘧啶环，再与磷酸核糖结合成为乳清苷酸，然后生成尿嘧啶核苷酸(UMP)。其他嘧啶核苷酸则由 UMP 转变而成。

1. 尿嘧啶核苷酸的合成

尿嘧啶核苷酸的酶促合成过程如图 12-5 所示。

2. 胞嘧啶核苷酸的合成

由 UMP 转变为胞嘧啶核苷酸(CMP)是在尿嘧啶核苷三磷酸(UTP)的水平上进行的。

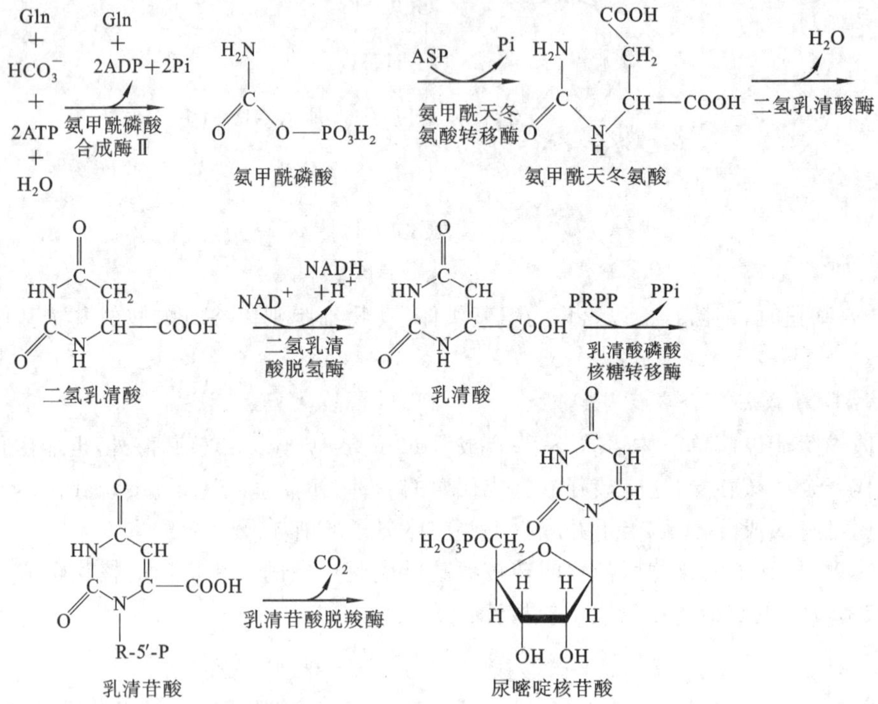

图 12-5 尿嘧啶核苷酸的合成途径

UTP 可以由 UMP 在相应的激酶作用下经 ATP 转移磷酸基而生成。催化 UMP 转变为 UDP 的酶为特异的尿嘧啶核苷酸激酶(uridine-5′-phosphate kinase),催化 UDP 转变为 UTP 的酶为非特异性的核苷二磷酸激酶(nucleoside diphosphokinase)。

$$\text{UMP}+\text{ATP}\underset{Mg^{2+}}{\overset{\text{尿嘧啶核苷酸激酶}}{\rightleftharpoons}}\text{UDP}+\text{ADP}$$

$$\text{UDP}+\text{ATP}\underset{Mg^{2+}}{\overset{\text{核苷二磷酸激酶}}{\rightleftharpoons}}\text{UTP}+\text{ADP}$$

尿嘧啶、尿嘧啶核苷和尿嘧啶核苷酸都不能氨基化变成相应的胞嘧啶化合物,只有 UTP 才能氨基化生成胞嘧啶核苷三磷酸(CTP)。在细菌中 UTP 可以直接与氨作用,动物组织中则需要由谷氨酰胺供给氨基。反应要由 ATP 供给能量。催化此反应的酶为胞嘧啶核苷三磷酸合成酶(CTP synthetase)。反应式如下:

$$\text{UTP}+\text{谷氨酰胺}+\text{ATP}+H_2O\xrightarrow{\text{胞嘧啶核苷三磷酸合成酶}}\text{CTP}+\text{谷氨酸}+\text{ADP}+\text{Pi}$$

3. 由嘧啶碱或核苷合成核苷酸

在嘌呤核苷酸的补救途径中,主要是通过磷酸核糖转移酶反应,直接由碱基与 PRPP 反应形成核苷酸;然而嘧啶核苷激酶(pyrimidine nucleoside kinase)在嘧啶的补救途径中起着重要作用。例如,尿嘧啶转变为尿嘧啶核苷酸可以通过两种方式进行:①与 5-磷酸核糖焦磷酸反应;②尿嘧啶与 1-磷酸核糖反应产生尿嘧啶核苷,后者在尿苷激酶作用下被磷酸化形成尿嘧啶核苷酸。反应式如下:

$$\text{尿嘧啶}+\text{5-磷酸核糖焦磷酸}\xrightleftharpoons{\text{尿嘧啶核苷酸磷酸核糖转移酶}}\text{尿嘧啶核苷酸}+\text{PPi}$$

$$\text{尿嘧啶}+\text{1-磷酸核糖}\xrightleftharpoons{\text{尿苷磷酸化酶}}\text{尿嘧啶核苷}+\text{Pi}$$

$$尿嘧啶核苷+ATP \xrightleftharpoons[Mg^{2+}]{尿苷激酶} 尿嘧啶核苷酸+ADP$$

胞嘧啶不能直接与5-磷酸核糖焦磷酸反应生成胞嘧啶核苷酸，但是尿苷激酶能催化胞嘧啶核苷被ATP磷酸化而形成胞嘧啶核苷酸。

$$胞嘧啶核苷+ATP \xrightleftharpoons[Mg^{2+}]{尿苷激酶} 胞嘧啶核苷酸+ADP$$

12.2.3　脱氧核糖核苷酸的合成

1. 核糖核苷二磷酸的还原

生物体内脱氧核糖核苷酸可以由核糖核苷二磷酸还原形成。腺嘌呤、鸟嘌呤、胞嘧啶和尿嘧啶核糖核苷二磷酸经还原，将其中核糖第2位碳原子上的氧脱去，即成为相应的脱氧核糖核苷二磷酸(dNDP)，再由激酶和ATP作用生成相应的脱氧核糖核苷三磷酸(dNTP)。还原反应如下，式中N表示嘌呤碱基或嘧啶碱基。

$$NDP \xrightarrow[2H^+ \to H_2O]{核糖核苷酸还原酶} dNDP \xrightarrow[ATP \to ADP]{核苷二磷酸激酶} dNTP$$

2. 脱氧核糖核苷的磷酸化

脱氧核糖核苷酸能利用已有的碱基或脱氧核苷进行合成。四种脱氧核糖核苷可以分别在特异的脱氧核糖核苷激酶和ATP作用下，被磷酸化而形成相应的脱氧核糖核苷酸。脱氧核糖核苷则由碱基和1-磷酸脱氧核糖，在嘌呤或嘧啶核苷磷酸化酶的催化下形成。

$$碱基+1\text{-}磷酸脱氧核糖 \xrightarrow[\to Pi]{核苷磷酸化酶} 脱氧核糖核苷 \xrightarrow[ATP \to ADP]{脱氧核糖核苷激酶} 脱氧核糖核苷酸$$

此外，微生物细胞内存在的核苷脱氧核糖基转移酶(nucleoside deoxyribosyltransferase)，还可以使碱基在脱氧核糖核苷之间互相转变。例如，胸腺嘧啶与脱氧腺苷可转变成脱氧胸苷与腺嘌呤，反应式如下：

$$胸腺嘧啶+脱氧腺苷 \xrightleftharpoons{脱氧核糖基转移酶} 脱氧胸苷+腺嘌呤$$

3. 胸腺嘧啶脱氧核苷酸的合成

胸腺嘧啶脱氧核苷酸(dTMP)是脱氧核糖核酸的组成部分，它的形成需要经过两个步骤：首先由尿嘧啶核苷酸(UMP)还原形成尿嘧啶脱氧核苷酸(dUMP)，然后由dUMP经甲基化而生成。

催化dUMP甲基化的酶称为胸腺嘧啶核苷酸合酶(thymidylate synthase)。甲基的供体是N^5,N^{10}-亚甲基四氢叶酸。N^5,N^{10}-亚甲基四氢叶酸给出甲基后变成二氢叶酸。二氢叶酸再经二氢叶酸还原酶催化，由还原型烟酰胺腺嘌呤二核苷酸磷酸($NADPH+H^+$)供给氢，而被还原成四氢叶酸。如果有亚甲基的供体，例如丝氨酸存在时，四氢叶酸可获得亚甲基而转变成N^5,N^{10}-亚甲基四氢叶酸。其反应过程如下：

$$尿嘧啶脱氧核苷酸(dUMP) \xrightarrow[N^5,N^{10}\text{-}亚甲基四氢叶酸 \to 二氢叶酸]{胸腺嘧啶核苷酸合酶} 胸腺嘧啶脱氧核苷酸(dTMP)$$

(dUMP: HN—C(=O)—CH=CH—N(dR-5′-P)—C(=O) 环；dTMP: 5 位为 C—CH_3，N 上连 dR-5′-P)

尿嘧啶脱氧核苷酸(dUMP)　　胸腺嘧啶脱氧核苷酸(dTMP)

叶酸的衍生物四氢叶酸是一碳单位的载体,它在嘌呤和嘧啶核苷酸的生物合成中起着重要的作用。某些叶酸的结构类似物,如氨基蝶呤(aminopterin)、甲氨蝶呤(methotrexate)等,能与二氢叶酸还原酶发生不可逆结合,阻止四氢叶酸的生成,从而抑制它参与的各种一碳单位转移反应,它们的结构如下:

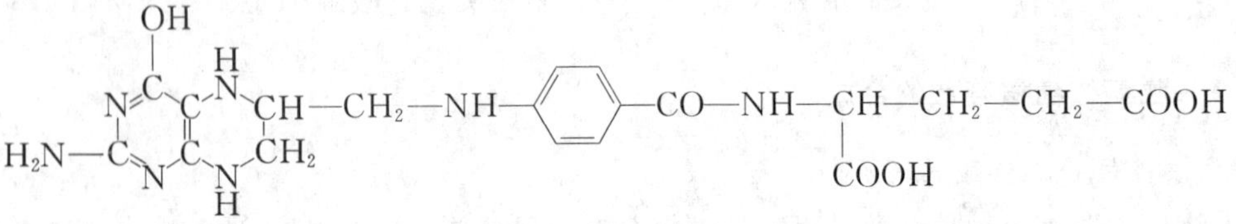

OH
H
N C N CH—CH_2—NH—⟨苯环⟩—CO—NH—CH—CH_2—CH_2—COOH
H_2N—C C CH_2
N N
H
COOH

四氢叶酸

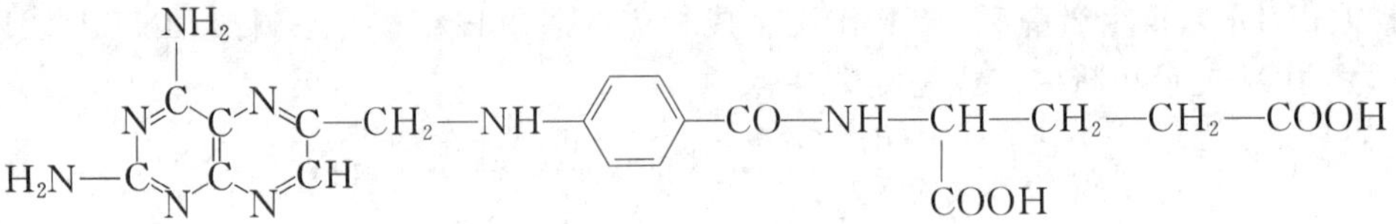

NH_2
N C N C—CH_2—NH—⟨苯环⟩—CO—NH—CH—CH_2—CH_2—COOH
H_2N—C C CH
N N
COOH

氨基蝶呤

NH_2 CH_3
N C N C—CH_2—N—⟨苯环⟩—CO—NH—CH—CH_2—CH_2—COOH
H_2N—C C CH
N N
COOH

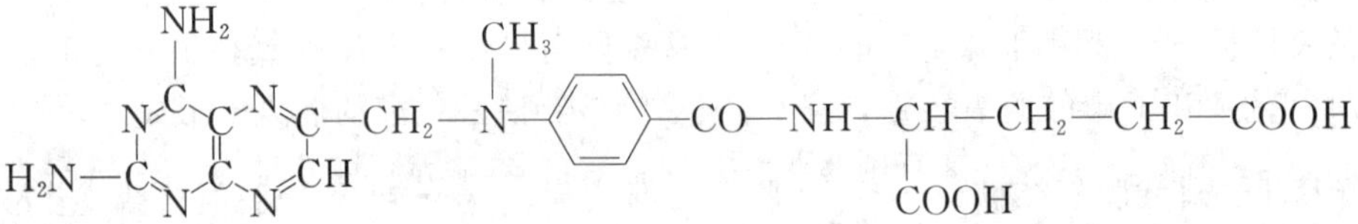

甲氨蝶呤

至于合成 dTMP 时所需要的底物 dUMP,可以通过两条途径获得:一条是由尿嘧啶核苷二磷酸(UDP)还原成尿嘧啶脱氧核苷二磷酸(dUDP),经磷酸化成为尿嘧啶脱氧核苷三磷酸(dUTP),再经尿嘧啶脱氧核苷三磷酸焦磷酸化酶转变成 dUMP;另一条是由胞嘧啶脱氧核苷三磷酸(dCTP)脱氨,经 dUTP 再转变成 dUMP。这在不同生物体内可能不一样。dTMP 的合成途径如下:

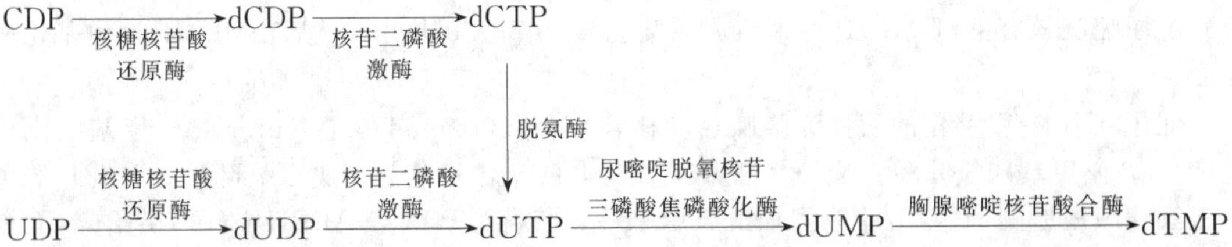

CDP —(核糖核苷酸还原酶)→ dCDP —(核苷二磷酸激酶)→ dCTP

dCTP —(脱氨酶)→ dUTP

UDP —(核糖核苷酸还原酶)→ dUDP —(核苷二磷酸激酶)→ dUTP —(尿嘧啶脱氧核苷三磷酸焦磷酸化酶)→ dUMP —(胸腺嘧啶核苷酸合酶)→ dTMP

为防止 dUTP 掺入 DNA,细胞内 dUTP 一生成即被酶转变成 dUMP,保持 dUTP 在一个很低的水平。

综上所述,可将核苷酸的主要合成途径总结如图 12-6 所示。

12.2.4 核苷酸生物合成的调节

细胞内核苷酸的合成受到严格的调控。调控的主要目的是维持细胞内肝中核苷酸之间的浓度平衡。调控的主要方式是产物的反馈抑制。

嘌呤核苷酸从头合成途径中受到调节的酶有 PRPP 合成酶、谷氨酰胺-PRPP 酰胺转移

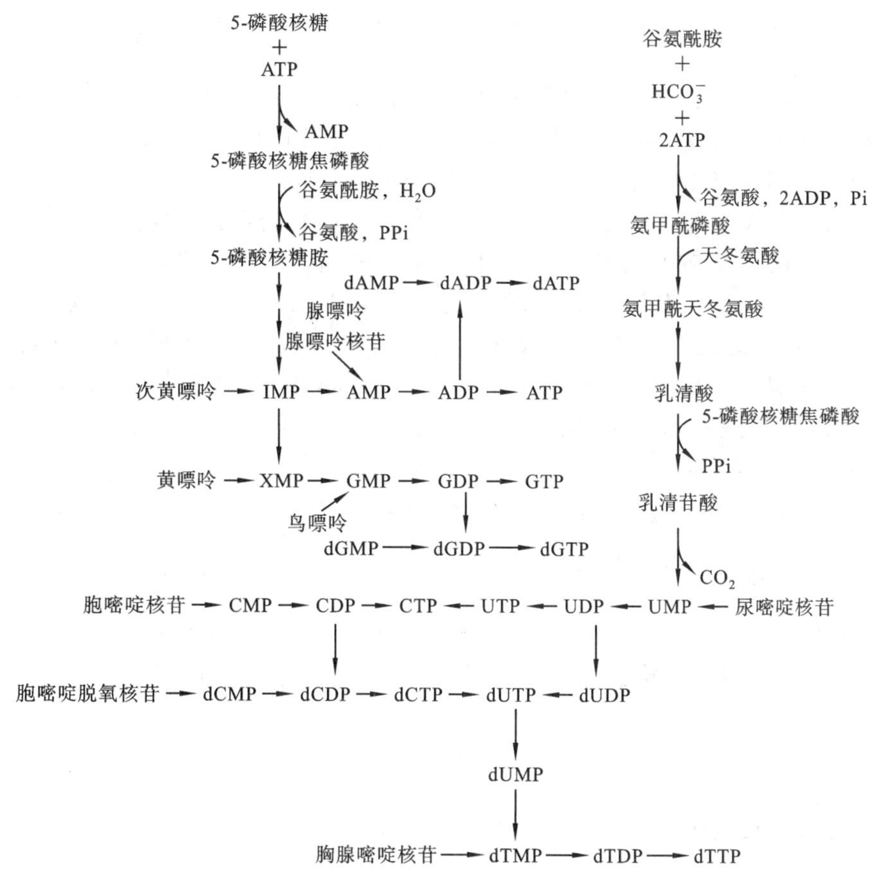

图 12-6 核苷酸的生物合成

酶、腺苷酸琥珀酸合成酶、IMP 脱氢酶等。其中谷氨酰胺-PRPP 酰胺转移酶为限速酶。

IMP、AMP 和 GMP 既能反馈抑制 PRPP 合成酶的活性，还能抑制谷氨酰胺-PRPP 酰胺转移酶的活性。而作为底物的 PRPP 激活谷氨酰胺-PRPP 酰胺转移酶的活性，从而直接启动嘌呤核苷酸的从头合成途径。而 AMP 和 GMP 还分别抑制腺苷酸琥珀酸合成酶和 IMP 脱氢酶的活性，又是反馈抑制的实例。

嘧啶核苷酸生物合成的调节位点在细菌和哺乳动物体内并不相同。细菌嘧啶核苷酸合成的限速酶为天冬氨酸转氨甲酰基酶，其中 CTP 和 UTP 为它的反馈抑制剂，ATP 为别构激活剂。哺乳动物嘧啶核苷酸合成的限速酶为氨甲酰磷酸合成酶Ⅱ。它受到 UDP 或 UTP 的抑制，以及 PRPP 的激活。

脱氧核苷酸合成的调节位点为核苷酸还原酶。

12.3 辅酶核苷酸的生物合成

生物体内有多种核苷酸衍生物作为辅酶而起作用。其中重要的有烟酰胺腺嘌呤二核苷酸(缩写 NAD^+，又称为辅酶Ⅰ或 DPN)、烟酰胺腺嘌呤二核苷酸磷酸(缩写 $NADP^+$，又称为辅酶Ⅱ或 TPN)、黄素单核苷酸(FMN)、黄素腺嘌呤二核苷酸(FAD)及辅酶 A。这几种辅酶核苷酸可在体内自由存在。现将其生物合成途径分别叙述如下。

12.3.1 烟酰胺核苷酸的合成

NAD^+ 和 $NADP^+$ 是两种含有烟酰胺的AMP的衍生物,作为脱氢酶的辅酶,在生物氧化还原系统中起着氢传递体的作用。NAD^+ 由一分子烟酰胺核苷酸(NMN)和一分子AMP连接而成,$NADP^+$ 则在腺苷酸核糖的2′-羟基上多一个磷酸基。

由烟酸合成 NAD^+ 需要经过三步反应。烟酸先与5-磷酸核糖焦磷酸(PRPP)反应产生烟酸单核苷酸;催化该反应的酶称为烟酸单核苷酸焦磷酸化酶(nicotinate mononucleotide pyrophosphorylase)。在PRPP中,焦磷酸部分为α构型,而在 NAD^+ 中,核糖与烟酰胺之间的连接为β构型,因此认为可能在这一步发生构型的变化。第二步为烟酸单核苷酸与ATP在脱酰胺-NAD^+ 焦磷酸化酶(deamido-NAD^+ pyrophosphorylase)催化下进行缩合。最后,烟酸腺嘌呤二核苷酸(脱酰胺-NAD^+)酰胺化形成 NAD^+。催化该反应的酶称为 NAD^+ 合成酶(NAD^+ synthetase),需要谷氨酰胺作为酰胺氮的供体。

$$\text{烟酸}+\text{5-磷酸核糖焦磷酸}\xrightleftharpoons{\text{烟酸单核苷酸焦磷酸化酶}}\text{烟酸单核苷酸}+\text{PPi}$$

$$\text{烟酸单核苷酸}+\text{ATP}\xrightleftharpoons{\text{脱酰胺-NAD}^+\text{焦磷酸化酶}}\text{脱酰胺-NAD}^+ +\text{PPi}$$

$$\text{脱酰胺-NAD}^+ +\text{谷氨酰胺}+\text{ATP}\xrightleftharpoons{\text{NAD}^+\text{合成酶}}\text{NAD}^+ +\text{谷氨酸}+\text{AMP}+\text{PPi}$$

$NADP^+$ 是由 NAD^+ 经磷酸化转变而成的。NAD^+ 激酶(NAD^+-kinase)催化 NAD^+ 与ATP反应生成 $NADP^+$。

$$\text{NAD}^+ +\text{ATP}\xrightarrow{\text{NAD}^+\text{激酶}}\text{NADP}^+ +\text{ADP}$$

12.3.2 黄素核苷酸的合成

黄素核苷酸是核黄素(维生素 B_2)的衍生物,通常又称为异咯嗪核苷酸,共有两种:FMN和FAD。它们是许多氧化还原酶的辅基,以其异咯嗪部分的氧化还原而起到传递氢和电子的作用。FMN由6,7-二甲基异咯嗪核糖醇和磷酸组成,FAD由一分子FMN和一分子ADP连接而成。

动物、植物和微生物均能利用核黄素合成黄素核苷酸。核黄素在核黄素激酶的催化下与ATP反应生成5-磷酸核黄素,即FMN。

$$\text{核黄素}+\text{ATP}\xrightarrow[\text{Mg}^{2+}]{\text{核黄素激酶}}\text{FMN}+\text{ADP}$$

FMN在FAD焦磷酸化酶(FAD pyrophosphorylase)的作用下与ATP反应而生成FAD,反应是可逆的,此反应中所释放的焦磷酸来自ATP。

$$\text{FMN}+\text{ATP}\xrightleftharpoons{\text{FAD焦磷酸化酶}}\text{FAD}+\text{PPi}$$

12.3.3 辅酶A的合成

辅酶A(HSCoA或CoA)是酰基转移酶的辅酶,其分子中含有腺苷酸、泛酸、巯基乙胺和磷酸。

从泛酸开始合成辅酶A,其主要合成途径如下:

$$\text{泛酸}+\text{ATP}\xrightarrow{\text{激酶}}4'\text{-磷酸泛酸}+\text{ADP}$$

$$4'\text{-磷酸泛酸}+\text{半胱氨酸}\xrightarrow[\text{CTP或ATP}]{\text{合成酶}}4'\text{-磷酸泛酰半胱氨酸}$$

$$4'\text{-磷酸泛酰半胱氨酸} \xrightarrow{\text{脱羧酶}} 4'\text{-磷酸泛酰巯基乙胺} + CO_2$$

$$4'\text{-磷酸泛酰巯基乙胺} + ATP \xrightleftharpoons{\text{焦磷酸化酶}} \text{脱磷酸辅酶 A} + PPi$$

$$\text{脱磷酸辅酶 A} + ATP \xrightarrow{\text{激酶}} \text{辅酶 A} + ADP$$

辅酶 A 的生物合成过程总结如图 12-7 所示。

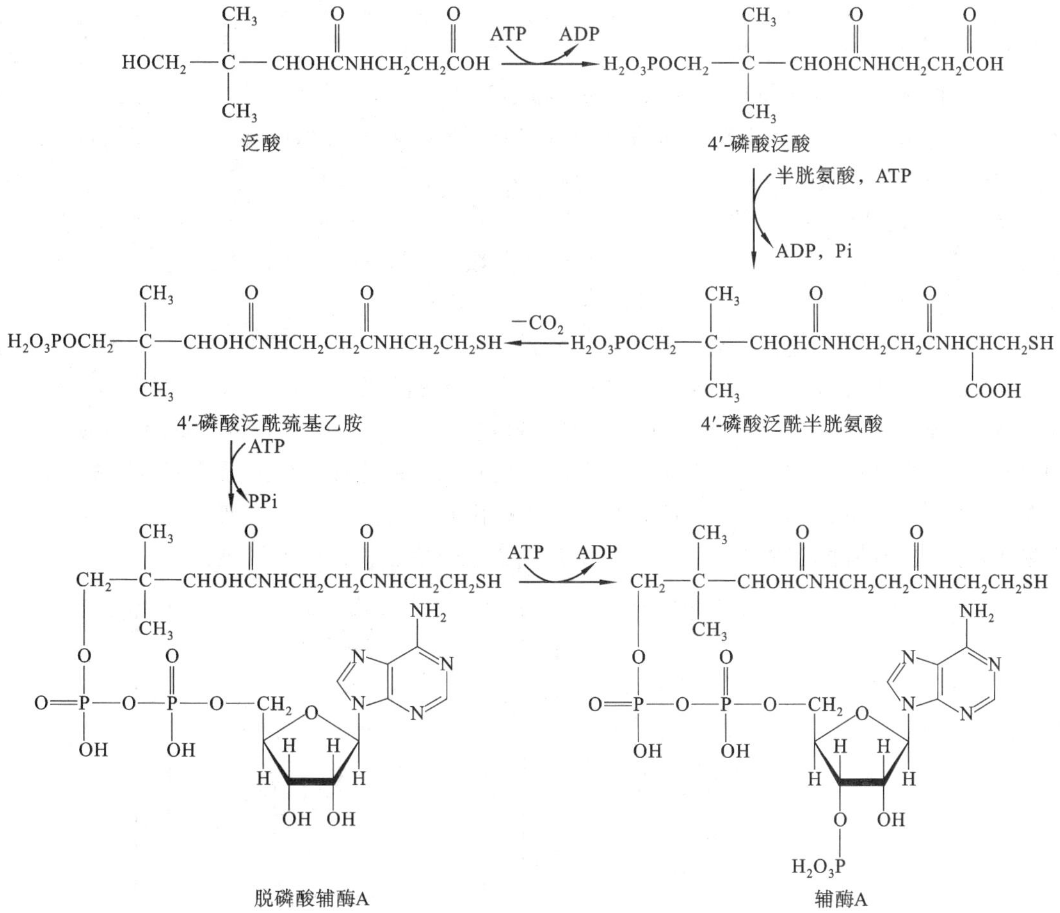

图 12-7　辅酶 A 的生物合成

12.4　DNA 的复制和修复

现代生物学已充分证明，DNA 是生物遗传的主要物质基础。生物机体的遗传信息以密码的形式编码在 DNA 分子上，表现为特定的核苷酸排列顺序，并通过 DNA 的复制（replication）由亲代传递给子代。在后代的生长发育过程中，遗传信息自 DNA 转录（transcription）给 RNA，然后翻译（translation）成特异的蛋白质，以执行各种生命功能，使后代表现出与亲代相似的遗传性状。复制就是指以原来 DNA 分子为模板合成出相同分子的过程。转录就是在 DNA 分子上合成出与其核苷酸顺序相对应的 RNA 的过程。翻译则是在 RNA 的控制下，根据核酸链上每三个核苷酸决定一个氨基酸的三联体密码（triple code）规则，合成出具有特定氨基酸顺序的蛋白质肽链过程。在某些情况下，RNA 也可以是遗传信息的基本携带者，例如，

RNA 病毒能以自身核酸分子为模板(template)进行复制,致癌 RNA 病毒还能通过逆转录(reverse transcription)的方式将遗传信息传递给 DNA。

12.4.1 DNA 聚合反应有关的酶

DNA 由脱氧核糖核苷酸聚合而成。与 DNA 聚合反应有关的酶包括多种 DNA 聚合酶和 DNA 连接酶。

1. DNA 聚合酶和聚合反应

1956 年,阿瑟·科恩伯格(Arthur Kornberg)等人首先从大肠杆菌提取液中发现 DNA 聚合酶(DNA polymerase)。用提纯的酶制剂做实验,结果表明,在有适量 DNA 和镁离子存在时,该酶能催化四种脱氧核糖核苷三磷酸合成 DNA,所合成的 DNA 具有与天然 DNA 同样的化学结构和物理化学性质。dATP、dGTP、dCTP 和 dTTP 缺一不可,它们不能被相应的二磷酸或一磷酸化合物所取代,也不能被核糖核苷酸所取代。在 DNA 聚合酶催化下,脱氧核糖核苷酸被加到 DNA 链的 3′羟基末端,同时释放出无机焦磷酸。

在 DNA 聚合酶催化的链延长反应中,链的游离 3′-羟基对脱氧核糖核苷三磷酸的磷原子发生亲核攻击,从而形成 3′,5′-磷酸二酯键并脱下焦磷酸,如图 12-8 所示。形成磷酸二酯键所需要的能量来自 α-磷酸基与 β-磷酸基之间高能键的裂解。聚合反应是可逆的,但随后焦磷酸的水解可推动反应的完成。DNA 聚合酶只能催化脱氧核糖核苷酸加到已有核酸链的游离 3′-羟基上,由 5′向 3′方向延长,而不能使脱氧核糖核苷酸自身发生聚合。加入的核苷酸种类则由模板链所决定,模板链是能提供合成一条互补链所需精确信息的核酸链。

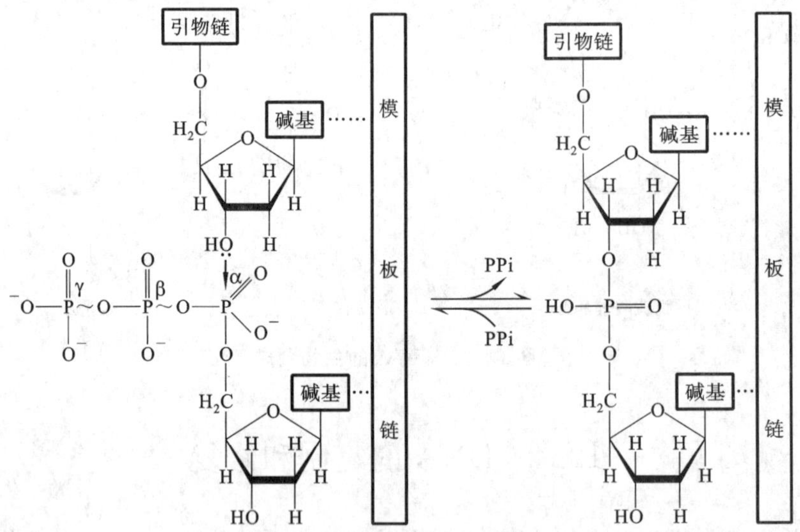

图 12-8 DNA 聚合酶催化的链延长反应

DNA 的体外酶促合成必须加入少量的 DNA 才能进行,也就是,它需要引物链(primer strand)的存在,如图 12-9 所示。

DNA 聚合酶的反应可以利用双链 DNA 作为模板和引物,也可以利用单链 DNA 作为模板和引物。在单链 DNA 的复制中,3′-羧基末端通过链的自身回折成为引物,其余未配对的链则为模板链,由此形成发夹环结构。双链 DNA 的复制发生在切口、缺口或末端单链区。加入双链 DNA 作为模板和引物,使 3′末端突出来进行链的延伸。如果在某些点上,酶离开先前的模板，开始复制互补链，结果形成分支结构，见图 12-10。图中，模板-引物用细线表示，新合成的 DNA 用粗线表示。发夹环和分支结构只存在于体外酶促合成的 DNA 分子中，它使 DNA 的变性行为异常，并且失去遗传活性。

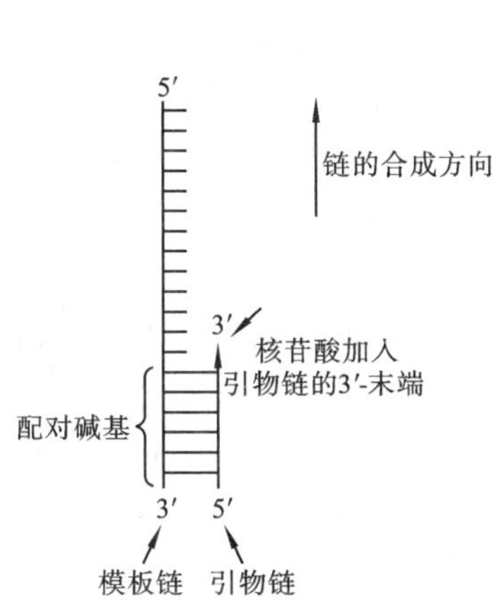

图 12-9　DNA 酶促合成的引物链和模板链

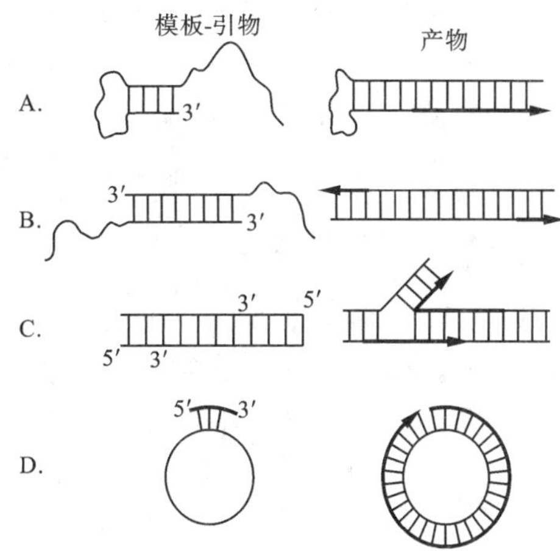

图 12-10　由 DNA 聚合酶催化的 DNA 合成反应

A. 由线性单链 DNA 进行的反应；
B. 由局部变成了单链的双链 DNA 进行的反应；
C. 在具有切口的双链 DNA 的反应中，通过 5′→3′外切酶水解 5′-末端核苷酸或形成分支的 DNA；
D. 环状 DNA 进行的反应。

综上所述，DNA 聚合酶的反应特点为：①以四种脱氧核糖核苷三磷酸作底物；②反应需要接受模板的指导；③反应需要有引物链(DNA 链或 RNA 链)存在，不能从无到有开始 DNA 链的合成；④DNA 链的合成方向为 5′→3′；⑤产物 DNA 的性质与模板相同。这就表明了 DNA 聚合酶合成的产物是模板的复制物。

2. DNA 连接酶

DNA 聚合酶只能催化多核苷酸链的延长反应，不能使链之间连接。1967 年，科学家们发现了 DNA 连接酶(DNA ligase)。这个酶催化双链 DNA 切口处的 5′-磷酸基和相邻脱氧核苷酸的 3′-羟基生成磷酸二酯键。

连接反应需要供给能量。大肠杆菌和其他细菌的 DNA 连接酶以 NAD 作为能量来源，动物细胞和噬菌体的连接酶则以 ATP 作为能量来源。反应分三步进行：首先由 NAD 或 ATP 与酶反应，形成腺苷酰化的酶(酶-AMP 复合物)，其中 AMP 的磷酸基与酶的赖氨酸的 ε-氨基以磷酰胺键相结合；然后酶将 AMP 转移给 DNA 切口处的 5′-磷酸，以焦磷酸键的形式活化，形成 AMP-DNA；最后通过相邻链的 3′-羟基对活化的磷原子发生亲核攻击，生成 3′,5′-磷酸二酯键，同时释放出 AMP，如图 12-11 所示。

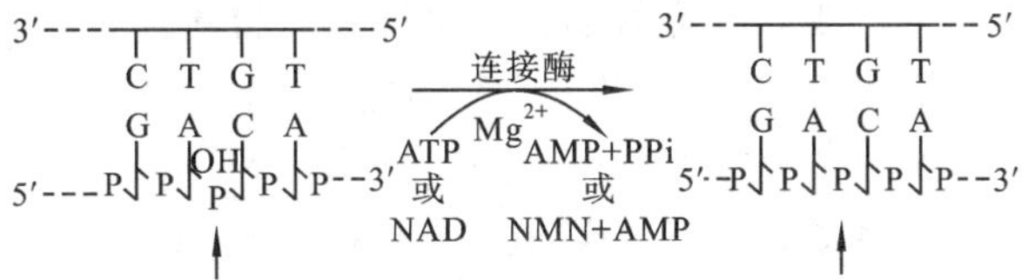

图 12-11　DNA 连接酶催化的反应

大肠杆菌 DNA 连接酶是一条分子量为 74000 的多肽,每个细胞含有约 300 个连接酶,能将具有黏性末端的两个 DNA 分子连接起来。T_4 DNA 连接酶来自感染 T_4 噬菌体的大肠杆菌,可修补双链 DNA、RNA 或 DNA/RNA 杂合分子中的单链切口,催化平头末端或黏性末端相邻核酸的 5′-磷酸和 3′-羟基连接反应,但不能催化单独存在的 DNA 单链或 RNA 单链的连接。

DNA 连接酶在 DNA 的复制、修复和重组等过程中均起重要的作用,连接酶缺陷的大肠杆菌变异株中 DNA 片段积累,对紫外线敏感性增加。

12.4.2 DNA 的半保留复制

詹姆斯·沃森和弗朗西斯·克里克在提出 DNA 双螺旋模型时即推测,DNA 在复制过程中首先碱基间氢键需破裂并使双链解旋和分开,然后每条链可作为模板在其上合成新的互补链,结果由一条链可以形成互补的两条链,这样新形成的两个 DNA 分子的碱基顺序完全一样,在此过程中,每个子代分子的一条链来自亲代 DNA,另一条链则是新合成的,这种方式称为半保留复制(semiconservative replication)。

1958 年,马修·梅瑟生(Matthew Meselson)与富兰克林·史达(Franklin Stahl)完成了著名的梅瑟生-史达实验(Meselson-Stahl experiment),首次证明了 DNA 复制的半保留性质。他们让大肠杆菌在以 $^{15}NH_4Cl$ 为唯一氮源的培养基中生长,经过 15 代连续培养,使所有 DNA 分子标记上同位素 ^{15}N。^{15}N-DNA 的密度比普通 ^{14}N-DNA 的密度大,在用氯化铯(CsCl)密度梯度离心时,这两种 DNA 形成位置不同的区带。如果将 ^{15}N 标记的大肠杆菌转移到普通培养基(含 ^{14}N 的氮源)中培养,经过一代之后,所有 DNA 的密度都介于 ^{15}N-DNA 和 ^{14}N-DNA 之间,即形成了一半含有 ^{15}N,另一半含有 ^{14}N 的 DNA 杂合分子。两代后,^{14}N-DNA 分子和 ^{14}N-^{15}N 杂合分子等量出现,如图 12-12 所示。若再继续培养,可以看到 ^{14}N-DNA 分子增多。当把 ^{14}N-^{15}N 杂合分子加热时,它们分开形成 ^{14}N 链和 ^{15}N 链。这就充分证明了,在 DNA 复制时原来的 DNA 分子被分成两个亚单位,分别构成子代分子的一半,这些亚单位经过许多代复制仍然保持着完整性。

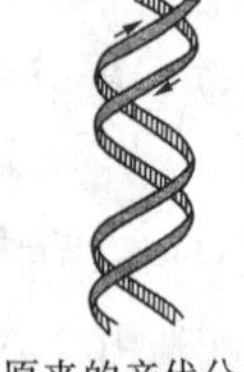

原来的亲代分子

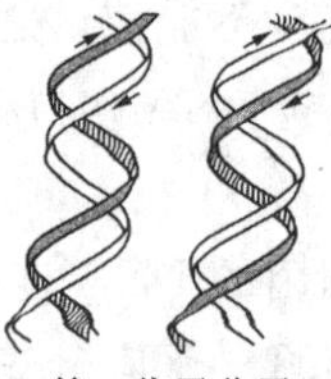

第一代子分子

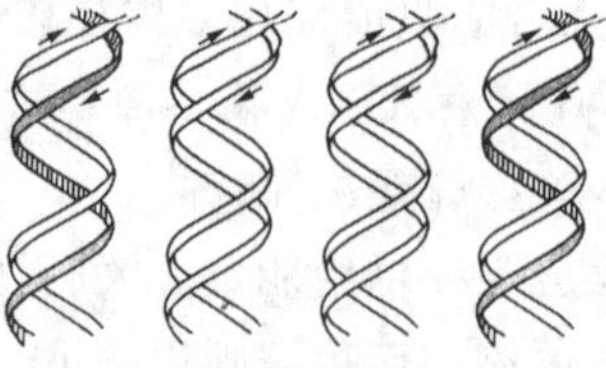

第二代子分子

图 12-12　DNA 半保留复制示意图

此后,科学家们用许多原核生物和真核生物复制中的 DNA 做了类似的实验,都证实了 DNA 复制的半保留方式。1963 年,约翰·凯恩斯(John Cairns)利用放射自显影(autoradiograph)技术,第一次观察到完整的正在复制的大肠杆菌染色体 DNA,同时阐明了大肠杆菌染色体 DNA 是一个环状分子,并以半保留的方式进行复制。

半保留复制是双链 DNA 普遍的复制机制,即使是单链 DNA 分子,在其复制过程中通常也总是要先形成双链的复制形式。半保留复制要求亲代 DNA 的两条链解开,各自作为模板,通过碱基配对的法则,合成出另一条互补链。

DNA 的半保留复制机制可以说明 DNA 在代谢上的稳定性。但是这种稳定性是相对的,

DNA 在代谢上并不是完全惰性的物质，在细胞内外各种物理、化学和生物因子的作用下，DNA 会发生损伤，需要修复。在发育和分化过程中，DNA 的特定序列还可能进行修饰、删除、扩增和重排。已有实验证明，老年动物 DNA 双链的不配对碱基数远较幼年和胚胎期多。从进化的角度上看，DNA 更是处在不断变异和发展之中。

12.4.3　DNA 的半不连续复制

在体内，DNA 的两条链都能作为模板，同时合成出两条链的互补链。DNA 分子的两条链是反向平行的，一条链的走向为 5′→3′，另一条链为 3′→5′。然而所有已知 DNA 聚合酶的合成方向都是 5′→3′，而不是 3′→5′，这就很难说明 DNA 在复制时两条链如何能够同时作为模板合成其互补链。1968 年，冈崎令治(Reiji Okazaki)与冈崎恒子(Tsuneko Okazaki)夫妻及其同事利用电子显微镜及放射自显影技术，观察到 DNA 在复制过程中，出现一些不连续片段，于是提出了 DNA 的不连续复制(discontinuous replication)模型，认为 3′→5′走向的 DNA 实际上是由许多 5′→3′方向合成的 DNA 片段连接起来的，如图 12-13 所示。

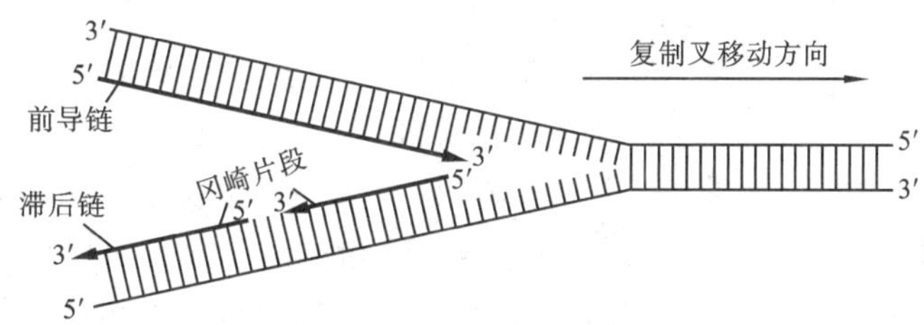

图 12-13　DNA 的一条链以不连续方式合成

冈崎等人用[3]H-脱氧胸苷标记噬菌体 T_4 感染的大肠杆菌，然后提取 DNA，变性后用超离心方法得到了许多[3]H 标记的 DNA，即后人所称的冈崎片段(Okazaki fragment)。延长标记时间后，冈崎片段可转变为成熟 DNA 链，因此这些片段必然是复制过程中的中间产物。另一个实验也证明 DNA 复制过程中首先合成较小的片段，即用 DNA 连接酶变异的温度敏感突变株进行试验，在连接酶不起作用的温度下，便有大量小的 DNA 片段积累，表明 DNA 复制过程中至少有一条链首先合成较短的片段，然后由连接酶连接成大分子 DNA。

冈崎等人最初的实验不能判断 DNA 链的不连续合成只发生在一条链上，还是两条链都如此。对此，1978 年巴尔多梅罗 · 奥利维拉(Baldomero M. Olivera)提出了半不连续复制(semi-discontinuous replication)模型，也就是说当 DNA 复制时，一条链是连续的，另一条链是不连续的，因此称为半不连续复制。以复制叉向前移动的方向为标准：一条模板链是 3′→5′走向，在其上 DNA 能以 5′→3′方向连续合成，称为前导链(leading strand)；另一条模板链是 5′→3′走向，在其上 DNA 也是以 5′→3′方向合成，但是与复制叉移动的方向正好相反，所以随着复制叉的移动，形成许多不连续的片段，但最后连成一条完整的 DNA 链，该链称为滞后链(lagging stand)。由于 DNA 复制酶系不易从 DNA 模板上解离下来，因此前导链的合成通常总是连续的。但是有很多因素会影响到前导链的连续性，如模板链的损伤、复制因子和底物的供应不足等，都会引起前导链复制中断并从另一新点起始。

12.4.4　原核细胞 DNA 的复制

大肠杆菌染色体 DNA 的复制过程可分为三个阶段：起始、延伸和终止。其间的反应和参与作用的酶与辅助因子各有不同。在 DNA 合成的生长点(growth point)，即复制叉上，分布着各种各样与复制有关的酶和蛋白质因子,它们构成的复合物称为复制体(replisome)。DNA复制的阶段表现在其复制体结构的变化上。

1. 复制的起始

大肠杆菌的复制起点称为oriC,包括245 bp,其序列和控制元件在细菌中十分保守。关键序列在于两组短序列的重复:三个13 bp的序列和四个9 bp的序列,见图12-14。

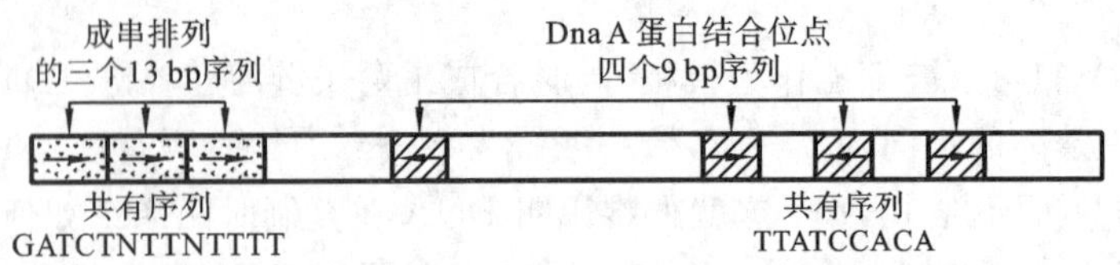

图12-14 大肠杆菌复制起始点成串排列的重复序列

复制起点上四个各含9 bp的重复序列为DnaA蛋白的结合点,20～40个DnaA蛋白各带一个ATP在此位点上聚集,DNA缠绕其上形成起始复合物(initial complex)。HU蛋白是细胞的类组蛋白,可与DNA结合,促使双链DNA弯曲。受其影响,邻近三个成串富含AT的13 bp序列被变性,成为开链复合物(open complex),所需能量由ATP供给。DnaB蛋白(解旋酶)六聚体随即在DnaC蛋白帮助下结合于解链区(unwound region)。DnaB蛋白借助水解ATP产生的能量,沿DNA链5′→3′方向移动,解开DNA的双链,此时称为前引发复合物。DNA双链的解开还需要DNA旋转酶(拓扑异构酶)和单链结合蛋白(SSB),前者可消除解旋酶产生的拓扑张力,后者保护单链并防止恢复双链。至此即可由引物合成酶合成RNA引物,并开始DNA的复制。复制的起始,要求DNA呈超螺旋,并且起点附近的基因处于转录状态。这是因为DnaA蛋白只能与负超螺旋的DNA相结合。RNA聚合酶对复制起始的作用,可能是因其在起点邻近处合成一段RNA,形成RNA突环(R-loop),影响起点的结构,因而有利于DnaA蛋白的作用。

DNA复制的调节发生在起始阶段,一旦开始复制,如无意外受阻,就能一直进行到完成。DNA复制的启动与DNA甲基化酶以及与细菌质膜的相互作用有关。在245 bp的oriC位点中共有11个4 bp回文序列GATC,Dam甲基化酶使该序列中腺嘌呤第6位氮甲基化。当DNA完成复制后,oriC的亲链保持甲基化,新合成的链则未甲基化,因此是半甲基化的DNA(semi-methylated DNA)。半甲基化的起点不能发生复制的起始,直到Dam甲基化酶使起点全甲基化。然而,起点处GATC位点在复制后一直保持半甲基化状态,约经过13 min才再甲基化。这点很特殊,基因组其余部位的GATC在复制后通常很快(不足1.5 min)就能再甲基化,只有与oriC靠近的dnaA基因启动子的再甲基化需要同样的延迟期。当dnaA启动子处于半甲基化时,转录被阻遏,从而降低了DnaA蛋白的水平。此时起点本身是无活性的,并且关键性起始蛋白DnaA的产生也受到阻遏。

什么原因造成oriC和DnaA结合位点再甲基化的延迟呢?实验表明,半甲基化的oriC(dnaA基因位于oriC附近)可与细胞膜结合,但全甲基化后就不能结合。可能是因为oriC与正在复制中的DNA可随着细胞膜的生长而被移向细胞的两个部分。只在此过程完成后,oriC才从膜上脱落下来,并被甲基化,于是又开始新一轮的复制起始。在延迟期内细胞得以完成有关的功能。复制起始的调节还涉及DnaA蛋白活性的循环变化:它与ATP结合为活性形式,随之结合到oriC上,ATP被缓慢水解,后与ADP结合为无活性形式。膜磷脂可以促进DnaA蛋白上的ADP被ATP置换。

2. 复制的延伸

复制的延伸阶段同时进行前导链和滞后链的合成。这两条链合成的基本反应相同，并且都由 DNA 聚合酶Ⅲ所催化；但两条链的合成也有显著差别，前者持续合成，后者分段合成，因此参与的蛋白质因子也有不同。亲代 DNA 首先必须由 DNA 解旋酶将双链解开，它产生的拓扑张力由拓扑异构酶Ⅱ释放。

复制起点解开后形成两个复制叉，即可进行双向复制。前导链开始合成后通常是连续的。先由引物合成酶(DnaC 蛋白)在起点处合成一段 RNA 引物，前导链的引物一般比冈崎片段的引物略长一些，为 10～60 个核苷酸。某些质粒和线粒体 DNA 由 RNA 聚合酶合成引物，其长度可以更长。随后 DNA 聚合酶Ⅲ即在引物上加入脱氧核糖核苷酸。前导链的合成与复制叉的移动保持同步。

滞后链的合成是分段进行的，需要不断合成冈崎片段的 RNA 引物，然后由 DNA 聚合酶Ⅲ加入脱氧核糖核苷酸。滞后链合成的复杂性在于如何保持它与前导链合成的协调一致。由于 DNA 的两条互补链方向相反，为使滞后链能与前导链被同一个 DNA 聚合酶Ⅲ不对称二聚体所合成，滞后链必须绕成一个突环(loop)，如图 12-15 所示。合成冈崎片段需要 DNA 聚合酶Ⅲ不断与模板脱开，然后在新的位置又与模板结合。这一作用是通过聚合酶的 β 夹子和 γ 复合物(β 夹子装置器)与子亚基核心酶协同完成的。

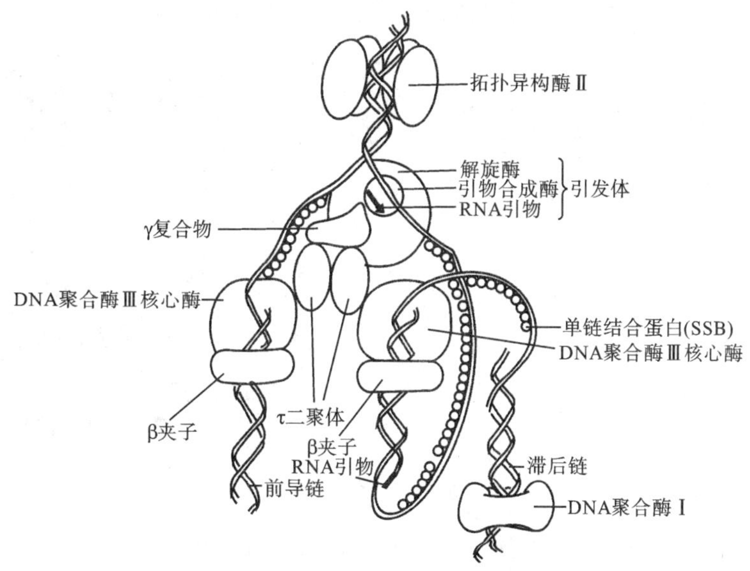

图 12-15 大肠杆菌复制体结构示意图

当引物合成酶在适当位置合成出 RNA 引物时，两个 β 亚基(β 夹子)即在 γ 复合物帮助下将引物与模板的双链夹住。β 亚基的二聚体形成一个环，套在双链分子上，并可在其上滑动。将 β 夹子安装在引物与模板双链上需要能量，γ 亚基具有 ATP 酶活性，可分解 ATP 以提供能量。完成冈崎片段合成后，将 β 夹子从 DNA 双链分子上拆卸下来仍然依赖于 γ 复合物的帮助，并由 ATP 提供能量。β 夹子的功能在于将 DNA 聚合酶Ⅲ的核心酶束缚在 DNA 模板上，使其继续合成 DNA。它与 γ 复合物的 σ 亚基以及核心酶的 α 亚基都有高的亲和力，两者的结合位点也相同，但随着 β 夹子状态的改变，亲和力大小也发生改变。当 β 夹子在溶液中时，它趋向于和 γ 复合物结合，以在 γ 复合物帮助下夹住引物与模板双链，它发生构象变化从而使其转移到核心酶上;一旦冈崎片段合成结束,它又转移回 γ 复合物,并在其帮助下脱落。如此 β 夹子得以反复循环使用。

3. 复制的终止

细菌环状染色体的两个复制叉向前推移,最后在终止区(terminus region)相遇并停止复制,该区含有多个约 22 bp 的终止子(terminator)位点。大肠杆菌有 6 个终止子位点,分别称为 terA～F。与 ter 位点结合的蛋白质称为 Tus(terminus utilization substance)。Tus-ter 复合物只能阻止一个方向的复制叉前移,即不让对侧复制叉超过中点后过量复制。在正常情况下,两个复制叉前移的速率是相等的,到达终止区后就都停止复制。然而如果其中一个复制叉前移受阻,另一个复制叉复制过半后,就受到对侧 Tus-ter 复合物的阻挡,以便等待前一复制叉的汇合。这就是说,终止子的功能对于复制来说并不是必需的,它只是使环状染色体的两个半边各自复制。

两个复制叉在终止区相遇而停止复制,复制体解体,其间仍有 50～100 bp 未被复制。其后两条亲链解开,通过修复方式填补空缺。此时两环状染色体互相缠绕,成为连锁体(catenane)。此连锁体在细胞分裂前必须解开,否则将使细胞分裂失败,导致细胞死亡。大肠杆菌分开连锁环需要拓扑异构酶Ⅳ(属于Ⅱ型拓扑异构酶)参与作用。该酶两种亚基分别由基因 par C 和 par E 编码。每次作用可以使 DNA 两链断开和再连接,如图 12-16 所示。其他环状染色体,包括某些真核生物病毒,其复制的终止可能以类似的方式进行。

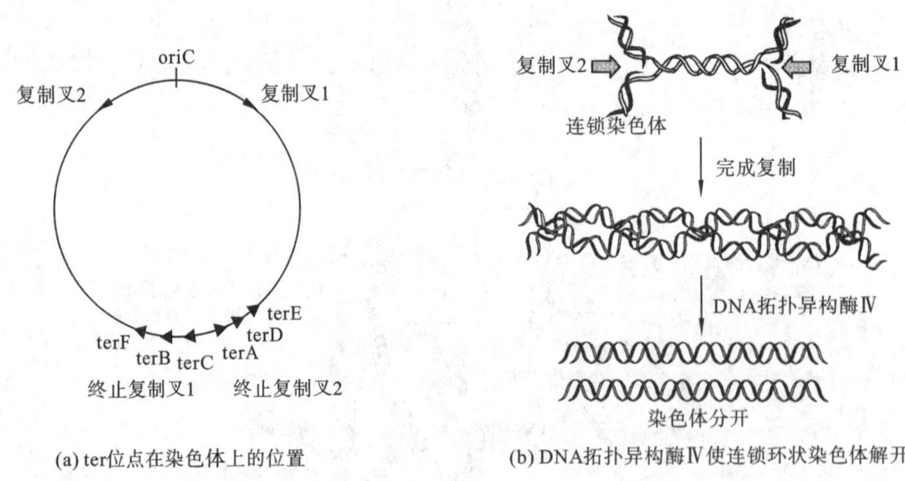

(a) ter位点在染色体上的位置　　(b) DNA拓扑异构酶Ⅳ使连锁环状染色体解开

图 12-16　大肠杆菌染色体复制的终止

12.4.5　真核细胞 DNA 的复制

真核生物染色体有多个复制起点,它们称为自主复制序列(autonomously replicating sequence,ARS),或复制基因(replicator)。酵母的复制起点已被克隆。酵母的 ARS 元件大约为 150 bp,含有几个基本的保守序列。单倍体酵母有 17 个染色体,其基因组约有 400 个复制基因,有一组 6 个蛋白质组成的复合物(分子量约为 400000)结合其上,称为起点识别复合物(origin recognition complex,ORC)。它的结合要求有 ATP。一些蛋白质与 ORC 作用,并调节其功能,从而影响着细胞周期。

5-氟脱氧尿苷是 DNA 合成的强烈抑制剂。用 5-氟脱氧尿苷处理真核生物的培养细胞以抑制 DNA 的合成,随后加入 ^{3}H-脱氧胸苷就可以使 DNA 复制同步化。复制进行 30 min 后制成 DNA 的放射自显影图像，放在电子显微镜下观察时，可以看到很多复制眼，每个复制眼都有独立的起点，并呈双向延长。

真核生物 DNA 的复制速度比原核生物慢，因为真核生物的基因组比原核生物大，然而真核生物染色体 DNA 上有许多复制起点，可以进行多点复制。例如，细菌 DNA 复制叉的移动速度为 50000 bp/min，哺乳动物复制叉移动速度实际仅为 1000～3000 bp/min，相差 20～50 倍，然而哺乳动物的复制子只有细菌的几十分之一，所以从每个复制单位而言，复制所需时间在同一数量级。真核生物与原核生物染色体 DNA 复制的明显区别是：真核生物染色体在全部复制完成之前起点不再重新开始复制；而在快速生长的原核生物中，起点可以连续进行复制。真核生物在快速生长时，往往采用更多的复制起点。幼年细胞生长较快，DNA 复制也必须较快，在复制速度不变的情况下利用更多复制起点就可以加速复制的进行。

真核生物有多种 DNA 聚合酶。从哺乳动物细胞中分出 5 种 DNA 聚合酶，分别以 α、β、γ、δ、ε 来命名。真核生物 DNA 聚合酶和细菌 DNA 聚合酶的性质基本相同，均以 4 种脱氧核糖核苷三磷酸为底物，需 Mg^{2+} 激活，聚合时必须有模板和引物 3′-羟基存在，链的延伸方向为5′→3′。

细胞核染色体的复制由 DNA 聚合酶 α 和 DNA 聚合酶 δ 共同完成。DNA 聚合酶 α 为多亚基酶，其中一个亚基具有引物合成酶活性，最大的亚基具有聚合酶活性，无外切酶活性。因该酶具有合成引物的能力，过去以为它的功能是合成滞后链，但是它无校正功能，很难解释真核生物 DNA 复制何以具有高度忠实性。现在认为它的功能只是合成引物。DNA 聚合酶 δ 既有持续合成 DNA 链的能力，又有校正功能，由它完成 DNA 复制。推测在复制叉上有一个 DNA 聚合酶 α，以合成引物；两个 DNA 聚合酶 δ，分别合成前导链和滞后链。DNA 聚合酶 δ 与一种称为增殖细胞抗原(proliferating cell nuclear antigen，PCNA)的复制因子结合，该因子分子量为 29000。PCNA 相当于大肠杆菌 DNA 聚合酶Ⅲ的 β 亚基，它能形成环状夹子，极大增加聚合酶的持续合成能力。

DNA 聚合酶 ε 可能相当于细菌的 DNA 聚合酶Ⅰ，参与 DNA 的修补合成，并存在于复制叉用以取代滞后链冈崎片段的引物。RNA 引物被 RNase H1 和 MF-1 核酸酶水解，然后由 DNA 聚合酶 ε 填补缺口，DNA 连接酶Ⅰ将冈崎片段连接。DNA 聚合酶 β 是修复酶。DNA 聚合酶 γ 是线粒体的 DNA 合成酶。

在真核生物的 DNA 复制中，另有两个蛋白质复合物参与作用。复制蛋白 A(RP-A)是真核生物的单链 DNA 结合蛋白，相当于大肠杆菌的单链结合蛋白。复制蛋白 C(RF-C)相当于大肠杆菌的 γ 复合物，帮助 PCNA 因子安装到双链上以及拆下来，它还促进复制体的装配。

真核生物线性染色体的两个末端具有特殊的结构，称为端粒(telomere)，它是由许多成串短的重复序列所组成，该重复序列通常一条链上富含 G(G-rich)，而其互补链上富含 C(C-rich)，例如，原生动物四膜虫端粒的重复单位为 TTGGGG(仅列一条链的序列)，人的端粒为 TTAGGG。TG 链常比 AC 链更长些，形成 3′-单链末端。端粒的功能为稳定染色体末端结构，防止染色体间末端连接，并可补偿滞后链 5′-末端在消除 RNA 引物后造成的空缺。原核生物的染色体是环状的，其 5′-末端冈崎片段的 RNA 引物被除去后可借助另半圈 DNA 链向前延伸来填补。但是真核生物线性染色体在复制后，不能像原核生物那样填补 5′-末端的空缺，从而使 5′-末端序列因此而缩短，真核生物通过形成端粒结构来解决这个问题，复制使端粒 5′-末端缩短，而端粒酶(telomerase)可外加重复单位到 5′-末端上，结果维持端粒一定的长度。

端粒酶又称端粒末端转移酶,是一种含有RNA链的逆转录酶,它以所含的RNA为模板来合成DNA断裂结构。通常端粒酶含有约150 bp的RNA链,其中含有一个半拷贝的端粒重复单位的模板。如四膜虫端粒酶的RNA为159 bp的分子,含有CAACCCCAA序列。端粒酶可结合到端粒的3′-末端上,RNA模板的5′-末端识别DNA的3′-末端碱基并相互配对,以RNA链为模板使DNA链延伸,合成一个重复单位后酶再向前移动一个单位,如图12-17所示。端粒的3′-单链末端又可以回折作为引物,合成其互补链。

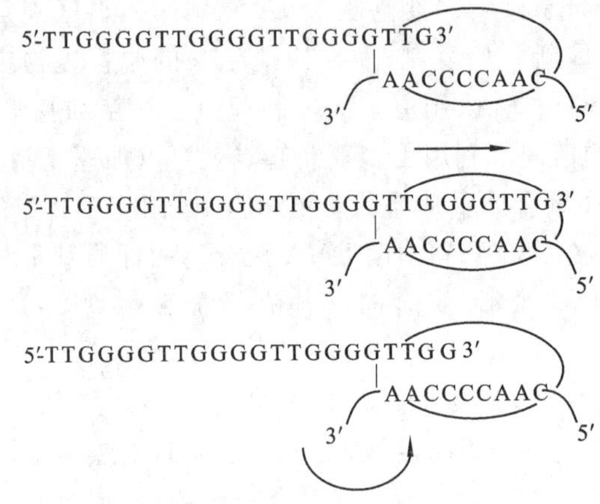

图12-17 端粒酶以自身携带的RNA为模板合成DNA的3′-末端

在动物的生殖细胞中,由于端粒酶的存在,端粒一直保持着一定长度。体细胞随着分化而失去端粒酶活性,主要是因为编码该催化亚基的基因受到了阻遏。在缺乏端粒酶活性时,细胞连续分裂将使端粒不断缩短,短到一定程度即引起细胞生长停止后凋亡。组织培养的细胞证明,端粒在决定细胞的寿命中起重要作用,经过多代培养老化的细胞端粒变短,染色体也变得不稳定,然而,主要的肿瘤细胞中均发现存在端粒酶活性,因此设想端粒酶可作为抗癌治疗的靶位点。

真核生物DNA复制的调节比原核生物更为复杂。真核生物的细胞有多条染色体,每一染色体上有多个复制点。它们的复制是时间控制的,并不是所有起点都在同一时间被激活,而是有先有后的。复制时间与染色质结构、DNA甲基化以及转录活性有关,通常活性区先复制,异染色质区晚复制。复制是双向的,相邻两复制起点形成的复制叉相遇后借助拓扑异构酶而使子代分子分开。真核生物似乎没有复制终止子。

染色体复制在一个细胞周期中只发生一次,所有基因既无丢失,也不会过剩。这一机制被认为是由复制许可因子(replication licensing factor)所控制。该因子为复制起始所必需,但一旦复制起始后它即被灭活或降解。该因子不能通过核膜,只能经有丝分裂在重建核结构时才能进入核内并作用于染色体的复制起点,这使其仅在有丝分裂后期才能与复制起点相互作用。

12.4.6 逆转录作用

以RNA为模板合成DNA的过程与通常转录过程中遗传信息流从DNA到RNA的方向相反,故称为逆转录(reverse transcription),也称反转录。催化此过程的DNA聚合酶称为逆转录酶(reverse transcriptase),也称依赖RNA的DNA聚合酶(RDDP),即以RNA为模板催化DNA链的合成。后来发现逆转录酶不仅普遍存在于RNA病毒中,小鼠及人的正常细胞和胚胎细胞中也有逆转录酶,推测可能与细胞分化和胚胎发育有关。

1. 逆转录过程

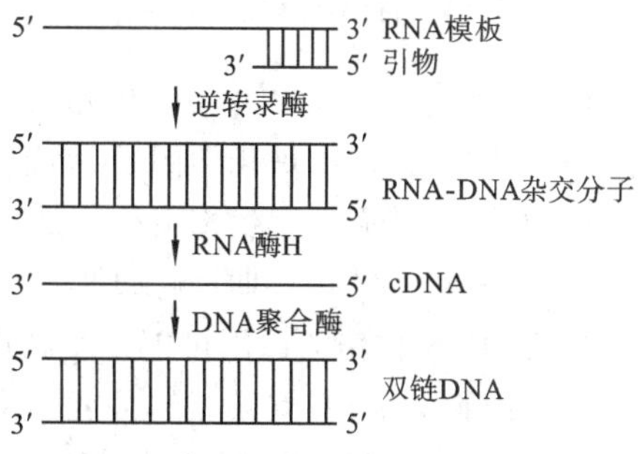

图 12-18　逆转录酶催化的逆转录作用

以脱氧核苷三磷酸(dNTP)为底物，以 RNA 为模板，tRNA(主要是色氨酸 tRNA)为引物，在逆转录酶的作用下，在 tRNA 3′-羟基末端上，按 5′→3′方向，合成一条与 RNA 模板互补的 DNA 单链，这条 DNA 单链称为互补 DNA(complementary DNA, cDNA)，它与 RNA 模板形成 RNA-DNA 杂交分子。随后又在逆转录酶的作用下，水解脱去 RNA 链，再以 cDNA 为模板合成第二条 DNA 链，至此，完成由 RNA 指导的 DNA 合成过程，见图 12-18。

双链 DNA 形成后环化，并依靠病毒两端的两段特异重复序列在整合酶的作用下整合到宿主染色体 DNA 上，随宿主染色体 DNA 复制而复制，并可将病毒 DNA 传递给宿主子代细胞。在适当条件下，病毒 DNA 随着宿主染色体 DNA 的转录，翻译出病毒蛋白，包装成新的病毒粒子。

2. 逆转录酶

大多数逆转录酶都具有多种酶活性，主要包括以下几种。①DNA 聚合酶活性：以 RNA 为模板，催化 dNTP 聚合成 DNA。此酶需要以 RNA 为引物，多为色氨酸 tRNA，在引物 tRNA 3′-羟基末端上，以 5′→3′方向合成 DNA。不具有 3′→5′外切酶活性，因此没有校正功能，所以由逆转录酶催化合成的 DNA 出错率比较高。②核糖核酸酶 H(RNase H)活性：由逆转录酶催化合成的互补 DNA 与模板 RNA 形成的杂交分子，将由 RNase H 从 RNA 5′-末端水解脱去 RNA 分子。③DNA 指导的 DNA 聚合酶活性：以逆转录合成的第一条 DNA 单链为模板，以 dNTP 为底物，再合成第二条 DNA 分子。除此之外，有些逆转录酶还有 DNA 内切酶活性，这可能与病毒基因整合到宿主细胞染色体 DNA 中有关。

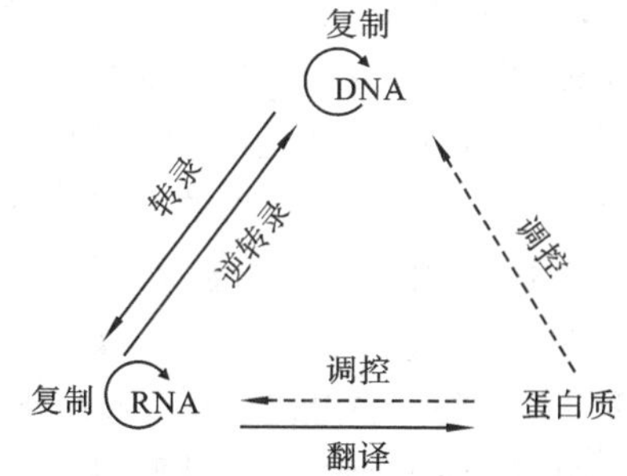

图 12-19　修正后的中心法则

3. 逆转录的生物学意义

逆转录的发现有重要的理论意义和实践意义。

(1) 对分子生物学的中心法则进行了修正和补充。中心法则的内容为：遗传信息既可以从 DNA 传递给 RNA，再从 RNA 传递给蛋白质，完成遗传信息的转录和翻译的过程，也可以从 DNA 传递给 DNA，即完成 DNA 的复制过程，这是所有有细胞结构的生物所遵循的法则。同时，某些病毒(如烟草花叶病毒等)中的 RNA 可以自我复制，而某些病毒(如致癌病毒)能以 RNA 为模板逆转录合成 DNA。而修正后的中心法则如图 12-19 所示。

(2) 在致癌病毒的研究中发现了癌基因(oncogene)，在人类一些癌细胞如膀胱癌、小细胞肺癌等细胞中，也分离出与病毒癌基因相同的碱基序列，称为细胞癌基因或原癌基因。癌基因的发现为肿瘤发病机理的研究提供了有利的线索。

(3) 逆转录酶的发现对于遗传工程技术起了很大的推动作用，目前逆转录酶已成为一种重要的工具酶。用组织细胞提取 mRNA 并以它为模板，在逆转录酶的作用下，合成出 cDNA，由此可构建出 cDNA 文库(cDNA library)，从中筛选特异的目的基因，这是在基因工程技术中最常用的获得目的基因的方法。

12.4.7 DNA 的损伤修复

DNA 在复制过程中可能产生错配。DNA 重组、病毒基因的整合常常会局部破坏 DNA 的双螺旋结构;某些物理化学因子,如紫外线、电离辐射和化学诱变剂等,都能造成 DNA 结构与功能的破坏,从而引起生物突变。然而在一定条件下,生物机体能使其 DNA 的损伤得到修复,这种修复是生物在长期进化过程中获得的一种保护功能。

造成 DNA 损伤的原因可能是生物因素、物理因素或是化学因素;可能来自细胞内部,也可能来自细胞外部;受到破坏的可能是 DNA 的碱基、戊糖或是磷酸二酯键。细胞对 DNA 损伤的修复系统有五种:错配修复(mismatch repair)、直接修复(direct repair)、切除修复(excision repair)、重组修复(recombination repair)和易错修复(error-prone repair)。

1. 错配修复

DNA 的错配修复机制是在对大肠杆菌的研究中被阐明的。DNA 在复制过程中发生错配,如果新合成链被校正,基因编码信息可得到恢复,如果模板链被校正,突变就被固定。细胞错配修复系统能够区分"旧"链和"新"链。Dam 甲基化酶可使 DNA 的 GATC 序列中腺嘌呤 6 位氮被甲基化。复制后 DNA 在短期内为半甲基化序列,一旦发现错配碱基,即将未甲基化的链切除,并以甲基化的链为模板进行修复合成。

大肠杆菌参与错配修复的蛋白质至少有 12 种,其功能是区分两条链并进行修复,其中几个特有的蛋白质由 mut 基因编码(包括 MutS、MutH、MutL 等)形成四聚体在 DNA 上滑动,如果遇到碱基对错配引起的隆起就会停留,并拉扯两边的 DNA 成环,直至遇到 GATC 序列为止。随后 MutH 核酸内切酶结合到 MutSL 上,并将未甲基化链 GATC 位点的 5′-端切开。如果切开处位于错配碱基的 3′-侧,由核酸外切酶Ⅰ或核酸外切酶Ⅹ沿 3′→5′方向切除核酸链;如果切开处位于 5′-侧,由核酸外切酶Ⅶ沿 5′→3′方向切除核酸链。在此切除链的过程中,解旋酶Ⅱ和单链结合蛋白(SSB)帮助链的解开。切除的链可长达 1000 bp 以上,直到将错配碱基切除,如图 12-20 所示。新的 DNA 链由 DNA 聚合酶Ⅲ和 DNA 连接酶合成并连接。为了校正一个错配碱基,不仅需要找出错配碱基本身,还要从远在 1 kb 以外找出未甲基化的"新链"上的 GATC 序列,切除可能长达 1000 bp 以上的核酸链,然后合成新链。

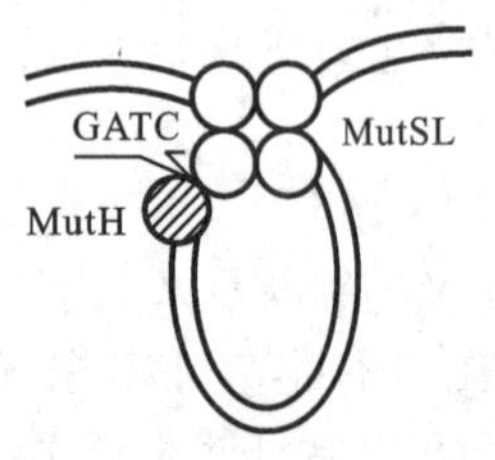

图 12-20 DNA 的错配修复

真核生物的 DNA 错配修复机制与原核生物大致相同。人类的 hMSH2(human MutS homolog 2)和 hMLH1(human MutL homolog 1)基因编码的蛋白质能够识别错配碱基和 GATC 序列,与大肠杆菌对应的 MutS 和 MutL 一样,其余过程也都有对应的成分来完成。

2. 直接修复

紫外线照射可以使 DNA 分子中同一条链相邻的胸腺嘧啶碱基之间形成二聚体(TT dimer),一是由两个胸腺嘧啶碱基以共价键连接而成的环丁烷嘧啶二聚体,二是嘧啶光化物,如图 12-21 所示。其他嘧啶碱基之间也能形成类似的二聚体(CT、CC),但数量较少。嘧啶二聚体的形成,影响了 DNA 的双螺旋结构,使其复制和转录功能均受到阻碍。

胸腺嘧啶二聚物的形成和修复机制较复杂。其修复有多种类型,常见的有光复活修复(photoreactivation repair)和暗修复(dark repair)。最早发现细菌在紫外线照射后立即用可见光照射,可以显著提高细菌存活率。稍后了解到光复活的机制是可见光(最有效波长为

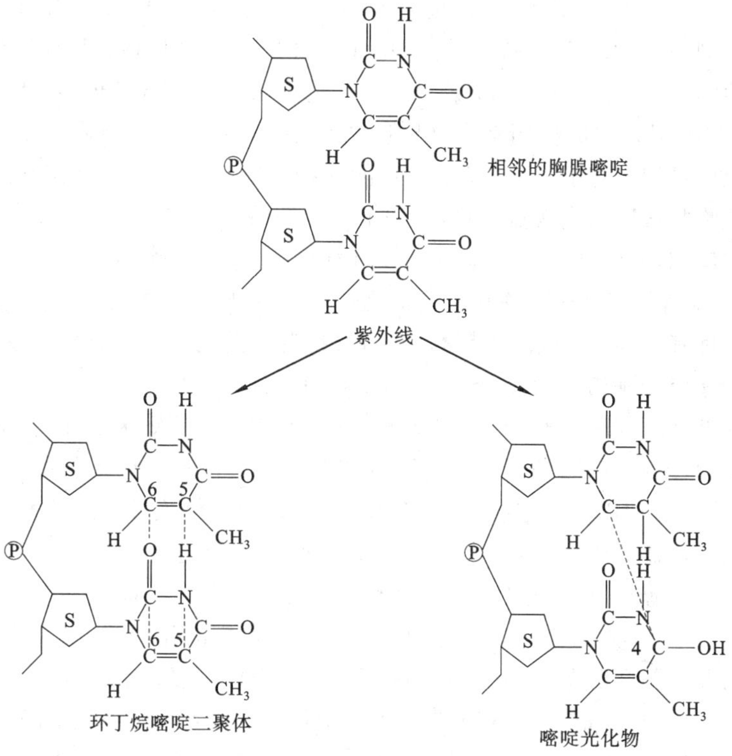

相邻的胸腺嘧啶

紫外线

环丁烷嘧啶二聚体

嘧啶光化物

图 12-21 胸腺嘧啶二聚体的形成

400 nm左右)激活了光复活酶(photoreactivating enzyme),它能分解由于紫外线照射而形成的嘧啶二聚体,如图 12-22 所示。

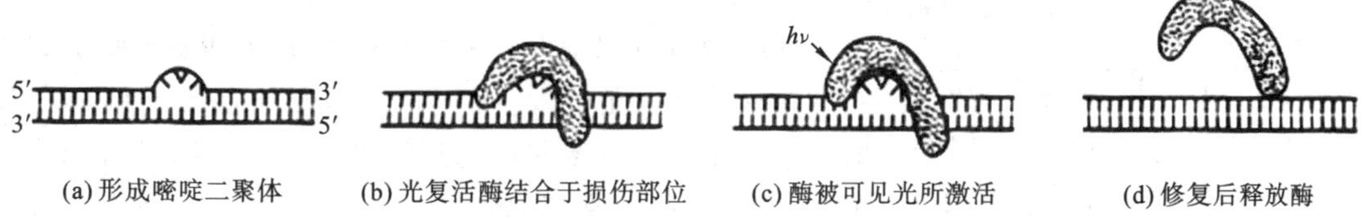

(a) 形成嘧啶二聚体　(b) 光复活酶结合于损伤部位　(c) 酶被可见光所激活　(d) 修复后释放酶

图 12-22 紫外线损伤的光复活过程

光复活酶在生物界分布很广,从低等单细胞生物一直到鸟类都有,而高等的哺乳动物没有。光复活作用是一种高度专一的直接修复方式,它只作用于紫外线引起的 DNA 嘧啶二聚体,这种修复方式在植物中特别重要,高等动物更重要的是暗修复。

另一种直接修复的例子是 O-甲基鸟嘌呤的修复。在烷化剂作用下碱基可被烷基化,并改变了碱基配对的性质。甲基化的鸟嘌呤在 O-甲基鸟嘌呤-DNA 甲基转移酶(O-methylguanine-DNA methyltransferase)作用下,可将甲基转移到酶自身的半胱氨酸残基上。甲基转移酶因此而失活,但成为其自身基因和另一些修复酶基因转录的活化物,促进它们的表达。

3. 切除修复

所谓切除修复,即是在一系列酶的作用下,将 DNA 分子中受损伤部分切除掉,并以完整的那一条链为模板,合成出切去的部分,使 DNA 恢复正常结构的过程。这是比较普遍的一种修复机制,它对多种损伤均能起修复作用。切除修复包括两个过程:一是由细胞内特异的酶找到 DNA 的损伤部位,切除含有损伤结构的核酸链;二是修复合成并连接。

细胞内有许多特异的 DNA 糖苷酶(glycosylase),它们能识别 DNA 中不正常的碱基,而将其水解下来。例如,在 DNA 复制过程中 DNA 聚合酶对 dTTP 和脱氧尿苷酸(dUTP)的分辨能力是不高的,因此常有少量 dUTP 渗入 DNA 链中去。大肠杆菌的 dUTP 酶虽然可以分解 dUTP 成 dUMP,但是它的作用有限,仍然不能完全避免 dUTP 的混入,而且,胞嘧啶脱氨基后也会转变成尿嘧啶。对于 DNA 链上出现的这些尿嘧啶,细胞中的尿嘧啶-N-糖苷酶可以把它除去。腺嘌呤脱氨后形成次黄嘌呤,这一不正常的碱基可被次黄嘌呤-N-糖苷酶切除。烷化剂可使碱基被修饰,如甲基磺酸甲酯与 DNA 作用可引起鸟嘌呤第 7 位氮原子,或腺嘌呤第 3 位氮原子甲基化,糖苷酶可识别并除去烷基化碱基,另一些糖苷酶可识别其他的碱基缺陷。

各种细胞中都有一种 AP 核酸内切酶,它附着在自发丢失了单个嘌呤或嘧啶的位点上,这个无嘌呤(apurinic)或无嘧啶位点(apyrimidinic site)常称为 AP 位点。一旦 AP 位点形成,首先由 AP 核酸内切酶在 AP 位点附近将包括 AP 位点在内的 DNA 链切除。不同 AP 核酸内切酶的作用方式不同,或在 5′-侧切开,或在 3′-侧切开。然后由 DNA 聚合酶 Ⅰ(兼有外切酶活性)使 DNA 链 3′-端延伸以填补空缺,最后由 DNA 连接酶将链连接。此过程也被称为 AP 核酸内切酶修复途径。在 AP 位点必须切除若干核苷酸后才能进行修复合成,细胞内没有酶能在 AP 位点直接将碱基插入,因为 DNA 合成的前体物质是核苷酸而不是碱基。

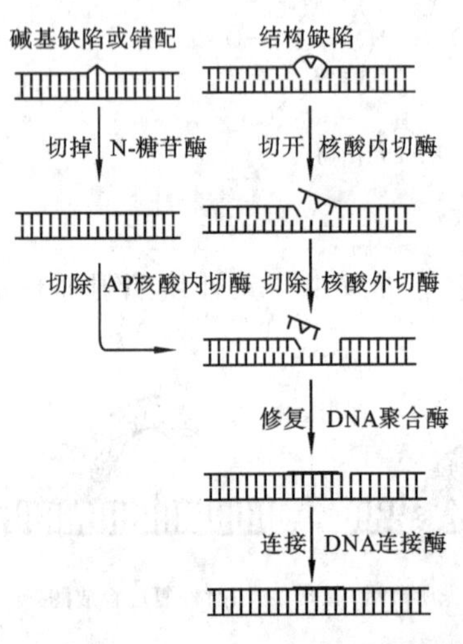

图 12-23 DNA 损伤的切除修复过程

通常只有单个碱基缺陷才以碱基切除修复(base-excision repair)方式进行修复。如果 DNA 损伤造成 DNA 螺旋结构较大变形,则需要以核苷酸切除修复(nucleotide-excision repair)方式进行修复,最常见的是片段修复(short-patch repair),只有多处发生严重的损伤才会诱导长片段修复(long-patch repair)。损伤链由切除酶切除,该酶也是一种核酸内切酶,能在链的损伤部位两侧同时切开。

切除酶可以识别许多种 DNA 损伤,包括紫外线引起的嘧啶二聚体和其他光反应产物,碱基的加合物,如 DNA 暴露于烟雾中形成的苯并芘鸟嘧啶等。真核生物具有功能上类似的内切酶,但在亚基结构上相差较远。切除修复过程可总结如图 12-23 所示。

由此可见,切除修复对于保护遗传物质 DNA 意义重大。失去这种修复功能的细菌突变株容易被电离辐射、紫外线和化学诱变剂所杀死。

DNA 分子一条链受到损伤时可以用另一条链为模板进行修复,但在有些情况下无法为修复提供正确的模板,例如双链断裂,双链交联,模板链遭损伤,复制叉遇到未修复的 DNA 损伤时,正常复制过程受阻等,在这种情况下将导致重组修复或易错修复。

4. 重组修复

上述切除修复过程发生在 DNA 复制之前,因此又称为复制前修复。然而,当 DNA 发动复制时尚未修复的损伤部位也可以先复制再修复。例如,含有嘧啶二聚体,烷基化引起的交联和其他结构损伤的 DNA 仍然可以进行复制,但是复制酶系在损伤部位无法通过碱基配对合成子代 DNA 链,它就跳过损伤部位,在下一个冈崎片段的起始位置或前导链的相应位置上重新合成引物和 DNA 链,结果子代链在损伤相对应处留下缺口。这种遗传信息有缺损的子代 DNA 分子可通过遗传重组而加以弥补,即从同源 DNA 的母链上将相应核苷酸序列片段移至子链缺口处，然后用再合成的序列来补上母链的空缺，如图 12-24 所示，图中：×表示 DNA 链受损伤的部位；虚线表示通过复制新合成的 DNA 链；锯齿线表示重组后缺口处再合成的 DNA 链。此过程称为重组修复，因为发生在复制之后，又称为复制后修复（post replication repair）。

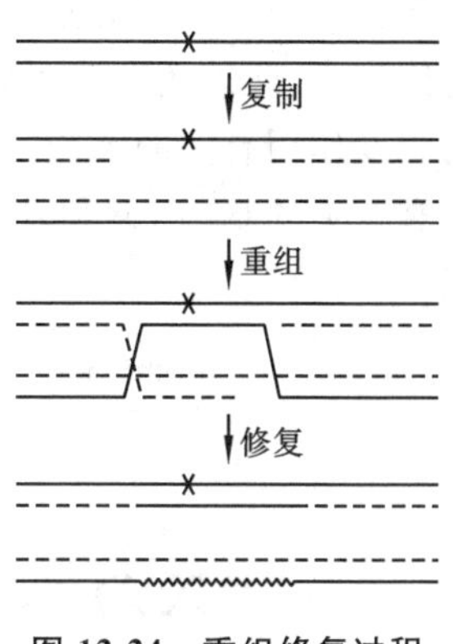

图 12-24　重组修复过程

在重组修复过程中，DNA 链的损伤部位可能被切除，也可能未被切除。当进行第二轮复制时，如果损伤还留在母链上，仍会给复制带来困难，复制经过损伤部位时所产生的缺口还需通过同样的重组过程来弥补，直至损伤被切除修复所消除。但是，随着复制的不断进行，若干代后，如果损伤始终未从亲代链中除去，而在后代细胞群中也已被稀释，那么实际上已消除了损伤的影响。

5. *应急反应（SOS）和易错修复*

前面介绍的 DNA 损伤修复功能可以不经诱导而发生。然而许多能造成 DNA 损伤或抑制复制的处理均能引起一系列复杂的诱导效应，称为应急反应（SOS response）。SOS 反应包括诱导 DNA 损伤修复、诱变效应、细胞分裂的抑制以及溶原性细菌释放噬菌体，等等。细胞的癌变也可能与 SOS 反应有关。

早在 20 世纪 50 年代，韦格尔（Jean Weigle）发现，用紫外线照射过的 λ 噬菌体感染事先经低剂量紫外线照射的大肠杆菌，存活的噬菌体便增多，而且存活的噬菌体中出现较多的突变型（Weigle 效应）。如果感染的是未经照射的细菌，那么存活率和变异率都较低，可见这些效应是经紫外线照射后诱导产生的。

SOS 反应是细胞 DNA 受到损伤或复制系统受到抑制的紧急情况下，为求得生存而出现的应急效应。SOS 反应诱导的修复系统包括避免差错的修复（error-free repair）和易产生差错的修复（error-prone repair）两类。错配修复、直接修复、切除修复和重组修复能够识别 DNA 的损伤或错配碱基而加以消除，在它们的修复过程中并不明显引入错配碱基，因此属于避免差错的修复。SOS 反应能诱导切除修复和重组修复中某些关键酶和蛋白质的产生，使这些酶和蛋白质在细胞内的含量升高，从而加强切除修复和重组修复的能力。

SOS 反应还能诱导产生缺乏校对功能的 DNA 聚合酶，它能在 DNA 损伤部位进行复制而避免死亡，不过带来了高的变异率。SOS 的诱变效应与此有关。DNA 聚合酶Ⅰ具有 3′-核酸外切酶活性而表现出校对功能，它在 DNA 损伤部位进行复制时，由于新合成链的核苷酸不能和模板链的碱基配对而被切除，再次引入的核苷酸如还不能配对仍将被切除，这样 DNA 聚合酶Ⅰ就会在原地打转而不前进，或脱落下来使 DNA 链的合成中止。此时，SOS 诱导产生 DNA 聚合酶Ⅳ和Ⅴ，它们不具有 3′-核酸外切酶校正功能，于是在 DNA 链的损伤部位即使出现不配对碱基，复制仍能继续前进。

SOS 反应使细菌的细胞分裂受到抑制，结果长成丝状体。其生理意义可能是在 DNA 复制受到阻碍的情况下避免因细胞分裂而产生不含 DNA 的细胞，或者使细胞有更多进行重组修复的机会。

SOS 反应是由 RecA 蛋白和 LexA 阻遏物相互作用引起的。RecA 蛋白不仅在同源重组中起重要作用，而且是 SOS 反应最初发动的因子。在有单链 DNA 和 ATP 存在时，RecA 蛋白被激活而促进 LexA 自身的蛋白水解酶活性。LexA 蛋白（分子量为 22700）是许多基因的阻遏物，它被 RecA 蛋白激活自身的蛋白水解酶活性后自我分解，使一系列基因得以表达，其中包括紫外线损伤的修复基因 uvrA、uvrB、uvrO(分别编码切除酶的亚基),以及 recA 和 lexA 基因本身,此外还有编码单链结合蛋白的基因 ssb,与 λ 噬菌体 DNA 整合有关的基因 himA,与诱变作用有关的基因 umuDC(编码 DNA 聚合酶Ⅴ)和 dinB(编码 DNA 聚合酶Ⅳ),与细胞分裂有关的基因 ruv 和 lon 以及一些功能还不清楚的基因 dinD、dinF 等。SOS 反应的机制见图 12-25。

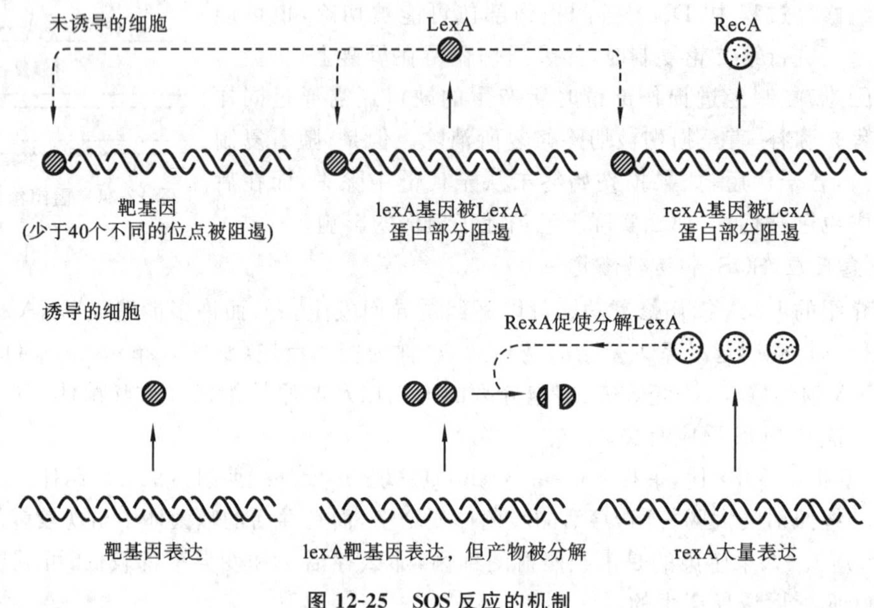

图 12-25　SOS 反应的机制

SOS 反应广泛存在于原核生物和真核生物中,它是生物在不利环境中求得生存的一种基本功能。SOS 反应主要包括两个方面:DNA 修复和导致变异。在一般环境中突变常是不利的,可是在 DNA 受到损伤和复制被抑制的特殊条件下生物发生突变将有利于它的生存,因此 SOS 反应可能在生物进化中起着重要作用。然而,另一方面,大多数能在细菌中诱导产生 SOS 反应的作用剂,对高等动物都是致癌的,如 X 射线、紫外线、烷化剂及黄曲霉素等,而某些不能致癌的诱变剂并不引起 SOS 反应,如 5-溴尿嘧啶,因此猜测,癌变可能是通过 SOS 反应诱变造成的。目前有关致癌物的一些简便检测方法即是根据 SOS 反应原理而设计的,因为在动物身上诱发肿瘤的试验需要花费较多人力、物力和较长的时间,而细菌的 SOS 反应则很易测定。

12.5　RNA 的生物合成和加工

储存于 DNA 中的遗传信息需通过转录和翻译而得到表达。细胞的各类 RNA 都是以 DNA 为模板,在 RNA 聚合酶催化下合成的。最初转录的 RNA 产物通常需要经过一系列加工和修饰才能成为成熟的 RNA 分子。RNA 所携带的遗传信息也可以用于指导 RNA 或者 DNA 的合成,前一过程即 RNA 复制,后一过程为逆转录。由于 RNA 既能携带遗传信息,又具有催化功能,故推测生命起源早期存在于 RNA。

12.5.1　转录

在 DNA 指导下的 RNA 合成称为转录,RNA 链的转录起始于 DNA 模板的一个特定起点，并在另一终点处终止，此转录区域称为转录单位。一个转录单位可以是一个基因，也可以是多个基因。基因的转录是一种有选择性的过程，随着细胞生长发育阶段的不同和细胞内、外条件的改变而转录不同的基因。转录的起始是由 DNA 的启动子(promoter)控制的，控制终止的部位则称为终止子(terminator)。转录是通过 DNA 指导的 RNA 聚合酶来实现的。

1. DNA 指导的 RNA 聚合酶

1960 年至 1969 年，科学家们由微生物和动物细胞中分别分离得到 DNA 指导的 RNA 聚合酶(DNA-directed RNA polymerase)，这就为了解 RNA 的转录过程提供了基础。

现已知大肠杆菌的 RNA 聚合酶的分子量为 465000，由五个亚基($\alpha_2\beta\beta'\sigma$)组成，这种组成方式又称为全酶(holoenzyme)，还含有两个 Zn 原子，它们与 β' 亚基连接。没有 σ 亚基的酶($\alpha_2\beta\beta'$)称为核心酶(core enzyme)。核心酶只能使已开始合成的 RNA 链延长，但不具有起始合成 RNA 的能力，必须加入 σ 亚基才表现出全部聚合酶的活性。这就是说，σ 亚基只与 RNA 转录的起始有关，与链的延伸没有关系，一旦转录开始，σ 亚基就被释放，而链的延伸则由核心酶催化，所以，σ 亚基的作用就是识别转录的起始位置，并使 RNA 聚合酶结合在启动子部位。此外，在全酶中还存在一种分子量较小的成分，称为 ω 亚基，如图 12-26 所示。

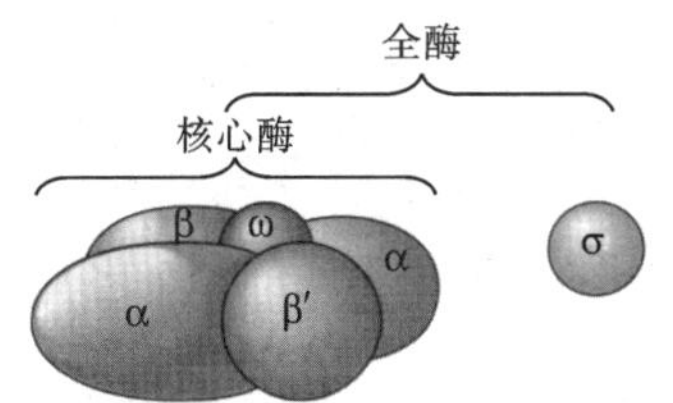

图 12-26　原核生物 RNA 聚合酶组成示意图

在不同种的细菌中，α、β 和 β' 亚基的大小比较恒定，σ 亚基有较大变动，其分子量为 32000～92000。该酶需要以 4 种核糖核苷三磷酸作为底物，并需要适当的 DNA 作为模板，Mg^{2+} 能促进聚合反应。RNA 链的合成方向也是 $5'\rightarrow 3'$，第一个核苷酸带有 3 个磷酸基，其后每加入一个核苷酸脱去一个焦磷酸，形成磷酸二酯键，反应是可逆的，但焦磷酸的分解可推动反应趋向聚合。与 DNA 聚合酶不同，RNA 聚合酶不需引物，它能直接在模板上合成 RNA 链，此外，RNA 聚合酶无校对功能。

$$\begin{matrix} n_1\text{ATP} \\ + \\ n_2\text{GTP} \\ + \\ n_3\text{CTP} \\ + \\ n_4\text{UTP} \end{matrix} \xrightleftharpoons[\text{DNA},\ Mg^{2+}\text{ 或 }Mn^{2+}]{\text{DNA 指导的 RNA 聚合酶}} \text{RNA} + (n_1+n_2+n_3+n_4)\text{PPi}$$

在体外，RNA 聚合酶能使 DNA 的两条链同时进行转录，在体内，DNA 两条链中仅有一条链可用于转录；或者某些区域以这条链转录，另一些区域以另一条链转录。用于转录的链称为模板链，或称负链(－)；对应的链为编码链，即正链(＋)。编码链与转录出来的 RNA 链碱基序列一样，只是以尿嘧啶取代胸腺嘧啶。DNA 在体外转录时失去控制机制，而使两条链同时进行转录，这种不正常情况可能是由于 DNA 在制备过程中因断裂而失去控制序列，或 RNA 聚合酶在分离时丢失起始 σ 亚基引起的。如果以大肠杆菌噬菌体 ΦX174 DNA 为模板并加入 RNA 聚合酶，则双链中只有一条链能用于转录，所合成的 RNA 仅与负链(模板链)互补。

在 RNA 聚合酶催化的反应中，天然 DNA(双链)作为模板比变性 DNA(单链)更为有效。这表明 RNA 聚合酶对模板的利用与 DNA 聚合酶有所不同。DNA 在复制时，首先需要将两条链解开,DNA 聚合酶才能将它们作为模板,合成出各自的互补链。RNA 转录时无须将 DNA 双链完全解开,RNA 聚合酶能够局部解开 DNA 的两条链,并以其中一条链为有效的模板,合成出互补的 RNA 链。DNA 经转录后仍以全保留的方式(conservative mode)保持双螺旋结构,已合成的 RNA 链则离开 DNA 链(图 12-27)。

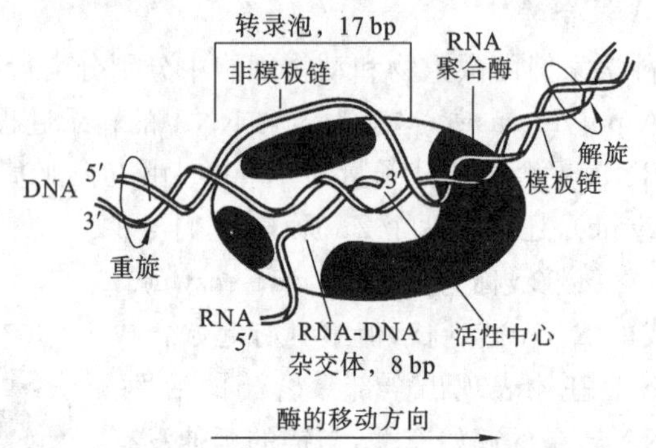

图 12-27 大肠杆菌 RNA 聚合酶催化的反应

RNA 聚合酶催化的转录过程可以分为 4 个阶段:模板的识别、转录的起始、转录的延伸和转录的终止。RNA 聚合酶在 σ 亚基引导下识别并结合到启动子上,然后 DNA 双链被局部解开,形成的解链区称为转录泡(transcription bubble)。解链仅发生在与 RNA 聚合酶结合的部位。在转录的起始阶段酶继续结合在启动子上,酶的催化中心按照模板链的碱基选择与之结合的底物核苷酸,形成磷酸二酯键并脱下焦磷酸,合成 RNA 链最初的 2～9 个核苷酸。第一个核苷酸通常为带有 3 个磷酸基的鸟苷或腺苷(pppG 或 pppA)。随后 σ 亚基即脱离核心酶,后者也就离开启动子,起始阶段至此结束。在延伸阶段,随着酶沿 DNA 分子向前移动,解链区也跟着移动,新生 RNA 链得以不断生长,并与 DNA 模板链在解链区形成 RNA-DNA 杂交体,其后 DNA 恢复双螺旋结构,RNA 链被置换出来。最后,RNA 聚合酶在 NusA 因子(亚基)帮助下识别转录终止信号,停止 RNA 链的生长,酶与 RNA 链离开模板,DNA 恢复双螺旋结构。核心酶具有基本的转录功能,对于转录的全过程都是需要的。而识别启动子和起始转录还需要起始亚基 σ,识别转录的终止信号和终止转录还需要终止因子 NusA 参与作用(图 12-28)。

不同的 σ 亚基(σ 因子)识别不同类型的启动子,可借以调节基因的转录。大肠杆菌一般基因是由 σ^{70} 因子识别的(右上角“70”表示该因子的分子量为 70000)。其他 σ 因子可以介导特殊基因的协同表达,如识别热休克(heat shock)应激蛋白基因的因子为 σ^{32},识别固氮酶和有关基因的因子为 σ^{54}。一些噬菌体编码自身的 σ 因子(如 T_4 噬菌体),这些 σ 因子使宿主细胞的核心酶被用于转录噬菌体的基因。另一些噬菌体(如 T_3、T_7)合成自身的 RNA 聚合酶,它们仅为一条分子量小于 100000 的单链多肽,但对自身 DNA 的启动子具有高度专一性和高的转录效率。这说明细菌的 RNA 聚合酶之所以巨大并具有复杂的多亚基结构,是由于它需要识别并转录数量极大的转录单位(超过 1000 个)。有些转录单位可由聚合酶直接转录,另一些还需要辅助的蛋白质因子协调作用。细菌 RNA 聚合酶具有复杂结构还由于它需要和多种多样的辅助因子相互作用。

真核生物的基因组远比原核生物更大,它们的 RNA 聚合酶也更为复杂。真核生物 RNA 聚合酶主要有三类,分子量大都在 500000 左右,通常有 8～14 个亚基,并含有 Zn^{2+}。利用 α-鹅膏蕈碱(α-amanitin)的抑制作用可将真核生物三类 RNA 聚合酶区分开:RNA 聚合酶 Ⅰ 对

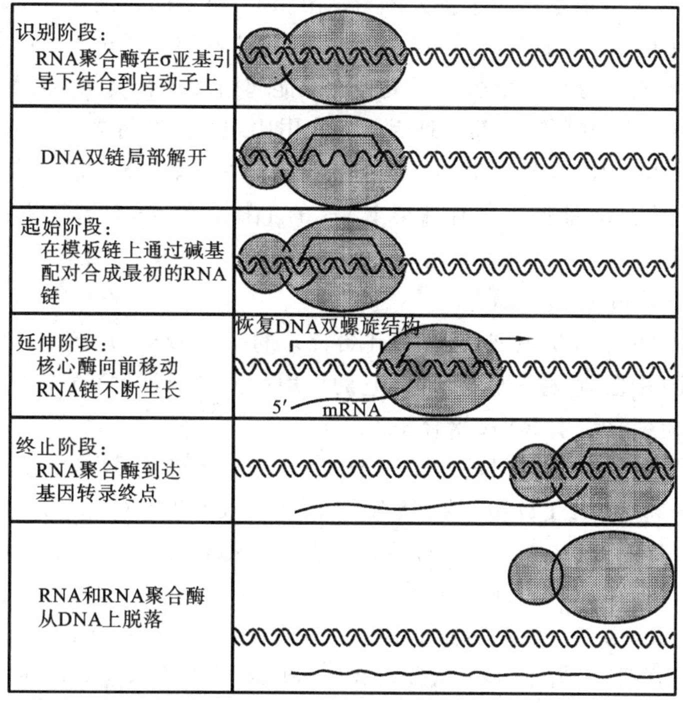
识别阶段：
RNA聚合酶在σ亚基引导下结合到启动子上
DNA双链局部解开
起始阶段：
在模板链上通过碱基配对合成最初的RNA链
恢复DNA双螺旋结构
延伸阶段：
核心酶向前移动
RNA链不断生长
5′
mRNA
终止阶段：
RNA聚合酶到达基因转录终点
RNA和RNA聚合酶从DNA上脱落

图 12-28 RNA 聚合酶催化的转录过程

α-鹅膏蕈碱不敏感，RNA 聚合酶Ⅱ可被低浓度 α-鹅膏蕈碱（$10^{-9}\sim10^{-8}$ mol/L）所抑制，RNA 聚合酶Ⅲ只被高浓度 α-鹅膏蕈碱（$10^{-5}\sim10^{-4}$ mol/L）所抑制。α-鹅膏蕈碱是一种毒蕈（鬼笔鹅膏，*Amanita phalloides*）产生的八肽化合物，对真核生物有较大毒性，但对细菌的 RNA 聚合酶只有微弱的抑制作用。

真核生物 RNA 聚合酶Ⅰ转录 45S rRNA 前体，经转录后加工产生5.8S rRNA、18S rRNA 和 28S rRNA。RNA 聚合酶Ⅱ转录所有 mRNA 前体和大多数核内小 RNA（snRNA）。RNA 聚合酶Ⅲ转录 tRNA、5S rRNA、U6 snRNA 和不同的细胞质小 RNA（scRNA）等小分子转录物。将提纯的酵母 RNA 聚合酶Ⅱ进行凝胶电泳可分出 10 条明显的条带。最大的 3 个亚基分别相当于细菌 RNA 聚合酶 β′、β 和 α 亚基的同源物，它们之间的比例为 1∶1∶2，担负着 RNA 聚合酶的基本功能。个别条带可能含有不止一种成分。真核生物 RNA 聚合酶的种类和性质列于表 12-1。

表 12-1 真核生物 RNA 聚合酶的种类和功能

酶 的 种 类	功 能	对抑制物的敏感性
RNA 聚合酶Ⅰ	转录 45S rRNA，经加工产生5.8S rRNA、18S rRNA 和 28S rRNA	对 α-鹅膏蕈碱不敏感
RNA 聚合酶Ⅱ	转录所有 mRNA 前体和大多数核内小 RNA（snRNA）	对 α-鹅膏蕈碱敏感
RNA 聚合酶Ⅲ	转录小 RNA 基因，包括 tRNA、5S rRNA、U6 snRNA 和 scRNA	对 α-鹅膏蕈碱中等敏感

真核生物 RNA 聚合酶的转录过程大体与细菌相似,所不同的是真核生物 RNA 聚合酶没有细菌 RNA 聚合酶 σ 因子的对应物,自身不能识别和结合到启动子上,而需要在启动子上由转录因子和 RNA 聚合酶装配成活性转录复合物才能起始转录。真核生物的转录过程分为装配、起始、延长和终止 4 个阶段,其间各种因子的作用比细菌复杂得多。

线粒体和叶绿体的 RNA 聚合酶不同于细胞核的 RNA 聚合酶,它们的结构比较简单,类似于细菌的 RNA 聚合酶,能催化所有种类 RNA 的生物合成,并被原核生物 RNA 聚合酶的抑制物利福平等抑制。

2. *启动子和转录因子*

启动子是指 RNA 聚合酶识别、结合和开始转录的一段 DNA 序列。RNA 聚合酶起始转录需要的辅助因子(蛋白质)称为转录因子,它的作用可能是识别 DNA 的顺式作用位点,可能是识别其他因子,可能是识别 RNA 聚合酶。

习惯上 DNA 的序列按其转录的 RNA 同样序列的一条链来书写,由左到右相当于 $5'\to3'$ 方向。转录单位的起点(start point)核苷酸为+1,从转录的近端(proximal)向远端(distal)计数。转录起点的左侧为上游(upstream),用负的数码来表示,起点前一个核苷酸为-1,转录起点的右侧为下游(downstream),即为转录区。

当 RNA 聚合酶最初与 DNA 相结合时,占据的长度为 75～80 bp,从启动子的-55 至+20。RNA 聚合酶的长度为 16 nm,只能覆盖约 50 bp 的 DNA,这表明 RNA 聚合酶结合的 DNA 必有某种程度的弯曲。在转录起始阶段最后,σ 因子被释放,RNA 聚合酶形状发生改变,失去与 DNA -55 至-35 区域间的接触,此时核心酶覆盖的长度约为 60 bp。当核心酶向前移动若干核苷酸对,核心酶进入延伸阶段时,它进一步收缩,只覆盖 30～40 bp,如图 12-29 所示。

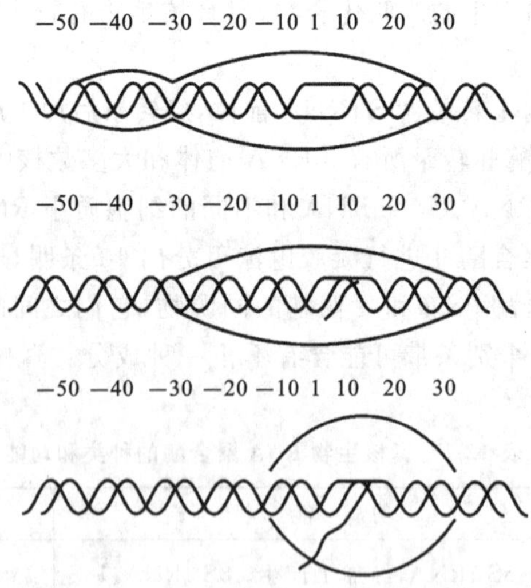

图 12-29　大肠杆菌 RNA 聚合酶在转录起始阶段缩短覆盖 DNA 的长度

通过比较已知启动子的结构,可寻找出它们的共有序列(consensus sequence)。大肠杆菌基因组为 4.7×10^6 bp,估计信号序列最短必须有 12 bp。信号序列并不一定要连续,因为分开的距离本身也是一种信号。从起点上游约-10处找到 6 bp 的保守序列 TATAAT,称为 Pribnow 框(Pribnow box),或称为-10 序列。实际位置在不同启动子中略有变动。起点上游序列中出现频率较高的碱基为

$$T_{80}A_{95}T_{45}A_{60}A_{50}T_{96}$$

若将上述片段提纯，RNA 聚合酶不能与之再结合，因此必定存在另外的序列为 RNA 聚合酶识别和结合所必需。在－10 序列的上游又找到一个保守序列 TTGACA，其中心约在－35位置，称为识别区或－35序列。出现频率较高的碱基为

$$T_{82}T_{84}G_{78}A_{65}C_{54}A_{45}$$

利用定位诱变技术使启动子发生突变可获得有关共有序列功能的信息。－35 序列的突变将降低 RNA 聚合酶与启动子结合的速度，但不影响转录起点附近 DNA 双链的解开；－10 序列的突变不影响 RNA 聚合酶与启动子结合的速度，但会降低双链解开速度。由此可见，－35序列提供了 RNA 聚合酶识别的信号，－10 序列则有助于 DNA 局部双链解开。－10 序列含有较多的 AT 碱基对，因而双链分开所需的能量也较低。启动子共有序列的功能见图 12-30。启动子的结构是不对称的，它决定了转录的方向。

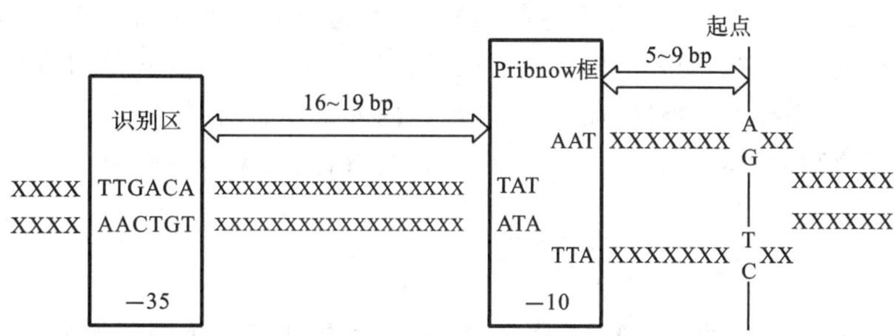

图 12-30 启动子共有序列的功能

σ 因子能直接和启动子的－35 序列以及－10 序列相互作用。两个位点正好位于双螺旋 DNA 的同一侧，它们之间距离的改变将影响 σ 因子的作用力而改变起始效率。启动子的序列是多种多样的，分成两个保守位点是最为常见的结构，最弱的启动子完全没有－35 序列，转录速度几乎为零，必须在另外的激活蛋白帮助下才能与 RNA 聚合酶结合。不同的 σ 因子可以识别不同的启动子序列。

真核生物的启动子有三类，分别由 RNA 聚合酶Ⅰ、Ⅱ和Ⅲ进行转录。真核生物的启动子由转录因子而不是 RNA 聚合酶所识别，多种转录因子和 RNA 聚合酶在起点上形成前起始复合物而促进转录。启动子通常由一些短的保守序列所组成，它们被适当种类的辅助因子识别。RNA 聚合酶Ⅰ和Ⅲ的启动子种类有限，对其识别所需辅助因子的数量也较少。RNA 聚合酶Ⅱ的启动子序列多种多样，基本上由各种顺式作用元件(cis-acting element)组合而成，它们分散在转录起点上游大约 200 bp 的范围内。某些元件和其识别因子是共同的，存在于各种启动子中；有些元件和因子是特异的，只存在于某些种类的基因，见于发育转变和组织分化的控制基因。参与 RNA 聚合酶Ⅱ转录起始的因子较多，可分为三类：通用因子(general factor)、上游因子(upstream factor)和可诱导因子(inducible factor)。

类别Ⅰ(classⅠ)启动子只控制 rRNA 前体基因的转录，转录产物经切割和加工后生成各种成熟的 rRNA。该基因有许多拷贝，往往成簇存在。类别Ⅰ启动子由两个保守序列组成。核心启动子(core promoter)位于转录起点附近，从－45 至＋20；上游控制元件(upstream control element，UCE)位于－180～－107。两部分都有富含 GC 的区域。RNA 聚合酶Ⅰ对其转录需要两种因子参与作用。UBF1 是一种分子量为 97000 的多肽链，可结合在两部分富含 GC 区。随后 SL1 因子结合其上。SL1 因子是一个四聚体蛋白，它含有一个另两类 RNA

聚合酶起始转录也需要的蛋白 TBP 和 3 个不同的转录辅助因子。在 SL1 因子介导下，RNA 聚合酶Ⅰ结合在转录起点上并开始转录。SL1 因子的作用类似于细菌的 σ 因子。类别Ⅰ启动子的结构与相应转录因子的结合位置见图 12-31。

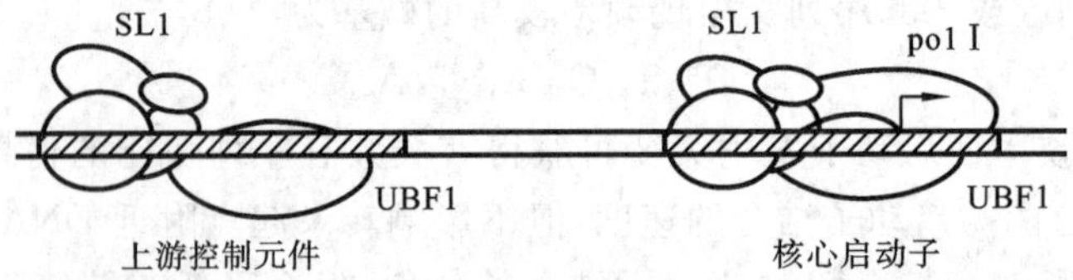

图 12-31　类别Ⅰ启动子的结构与相应转录因子的结合位置

类别Ⅱ(classⅡ)启动子涉及众多编码蛋白质的基因表达的控制。该类型启动子包含四类控制元件：基本启动子(basal promoter)、起始子(initiator)、上游元件(upstream element)和应答元件(response element)。这些元件的不同组合，再加上其他序列的变化，构成了数量十分庞大的各种启动子。它们受相应转录因子的识别和作用。其中有些是组成型的，可在各类细胞中表达；有些是诱导型的，受时序、空间和各种内外条件的调节。

基本启动子序列为中心在－30～－25 的 7 bp 保守区，其碱基频率为

$$T_{82}A_{97}T_{93}A_{85}\begin{matrix}A_{63}\\ \\ A_{37}\end{matrix}A_{82}\begin{matrix}A_{60}\\ \\ T_{37}\end{matrix}$$

这一序列称为 TATA 框。TATA 框是 RNA 聚合酶Ⅱ和通用因子形成前起始复合物的主要装配点。转录的起点位置处有一保守序列称为起始子(initiator，Inr)，其共有序列如下：

$$P_yP_y\overset{+1}{A}N\begin{matrix}T\\ A\end{matrix}P_yP_y$$

其中 P_y 为嘧啶碱(C 或 T)，N 为任意碱基，A 为转录的起点。DNA 在此解开并起始转录。此外还有许多附加序列作为影响 RNA 聚合酶Ⅱ活性的转录因子结合位点，这些附加序列或围绕 TATA 框，或位于起始子下游，可被一种或多种转录因子所识别。有些启动子无 TATA 框，有些无起始子共有序列，或两者均无。无 TATA 框的启动子可通过某些识别起始子的 TFⅡA 介导 TBP 结合其上，并装配起始复合物。TATA 框和起始子均无的启动子则通过结合于上游元件上的因子介导并装配起始复合物。RNA 聚合酶Ⅱ与通过转录因子在启动子上的装配过程如图 12-32 所示。

上述基本启动子和转录因子对于 RNA 聚合酶Ⅱ的转录是必要的，但不是足够的，它们单独只能给出微弱的效率，而要达到适宜水平的转录还需要位于上游的一些调节控制元件及其识别因子参与作用，识别上游元件的转录因子或转录辅助因子(transcription ancillary factor)。通常一个元件可以被不止一个因子所识别，有些因子存在于所有细胞中，有些因子只在一定种类的细胞核发育时期存在。普遍存在的上游元件有 CAAT 框、GC 框和八聚体(octamer)框等。CAAT 框的共有序列是 GCCAATCT，与其相互作用的因子有 CTF 家族的成员 CP1、CP2 和核因子 NF-1。然而因子 C/EBP 可以与两个特定的位点结合，一是 CAAT 框，另一是增强子核心序列 TGTGGWWWG。GC 框的共有序列为 GGGCGG 和 CCGCCC，后者是前者的反向序列，识别该序列的因子为 SP1。八聚体框含有 8 bp，其共有序列为 ATGCAAAT，它的识别因子为 OCT-1 和 OCT-2，前者普遍存在，后者只存在于 B 淋巴细胞中。

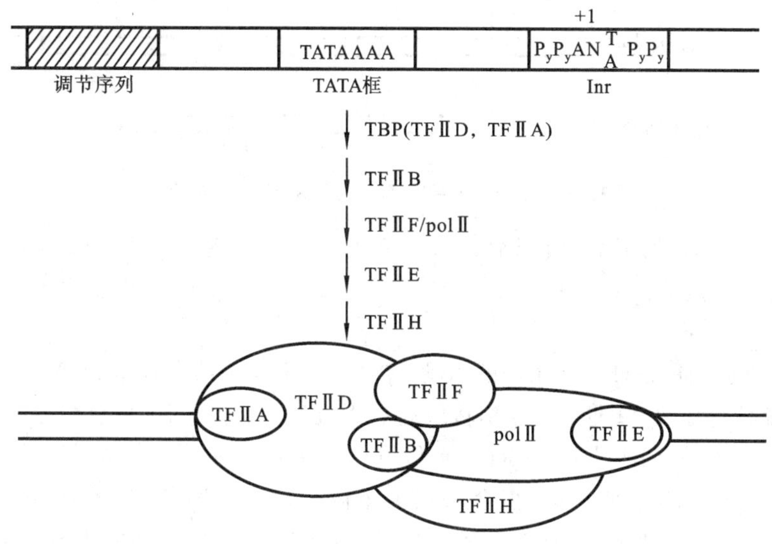

图 12-32　RNA 聚合酶Ⅱ和转录因子在启动子上的装配

在真核生物中，与细胞类型和发育阶段相关的基因表达，主要是通过转录因子的重新合成来进行调节的，因此是长期的过程。对外界刺激的快速反应则主要通过转录激活物(transcription activator)的可诱导调节。细菌细胞调节蛋白的活性以别构调节为主；真核生物经信号传导途径对转录因子或与之作用的蛋白进行诱导调节，则以共价修饰为基本机制。由此产生的转录激活因子与靶基因上所谓的应答元件相结合。例如，热休克效应元件 HSE 的共有序列是 CNNGAANNTCCNNG，可被热休克因子 HSF 识别和作用；血清效应元件 SRE 的共有序列是 CCATATTAGG，可被血清效应因子 SRF 识别和作用；干扰素-γ 效应元件 IGRE 的共有序列是 TTNCNNNAA，可被信号传导及转录活化蛋白(signal transducer and activator of transcription，STAT)识别和作用。它们的活性受因子磷酸化和脱磷酸化的调节。

类别Ⅲ(class Ⅲ)启动子为 RNA 聚合酶Ⅲ所识别，它涉及一些小分子 RNA 的转录。5S 和 tRNA 以及胞质小 RNA(scRNA)基因的启动子位于转录起点下游，也即在基因内部。核内小 RNA(snRNA)基因的启动子在转录起点的上游，与通常的启动子类似。无论是上游启动子，还是下游启动子，都由一些为转录因子所识别的元件所组成，在转录因子的指引下 RNA 聚合酶Ⅲ方能结合于其上。

基因内启动子最初是在鉴定爪蟾 5S rRNA 基因的启动子序列时发现的，在此之前总以为启动子都是在转录起点的上游，然而删除实验证明 5S rRNA 基因上游序列完全去除仍然能合成 5S rRNA 产物。用核酸外切酶将爪蟾 5S rRNA 基因 5′-端上游序列不同程度切除，然后克隆到质粒内，转录始终能正常进行。当删除进入基因内部时，转录从质粒部分开始以补足被删除的基因序列，直至＋55 位置。从 3′-端开始删除基因序列，一直删除到＋80 位置并不影响转录，但是一旦进入＋55 至＋80 位置，转录即停止。这就表明，启动子位于该区域内。其后用系统碱基诱变的方法，在该区内找到 3 个敏感区，其碱基改变会显著降低启动子的功能。它们分别称为框架 A(box A)、中间元件(intermediate element)和框架 C(box C)。用类似的方法从腺病毒 VA RNA 和 tRNA 基因中找到两个控制元件，分别为框架 A 和框架 B，如图12-33 所示。

RNA 聚合酶Ⅲ的启动子有三种结构类型。基因内启动子可分为两种类型，各自含有两个

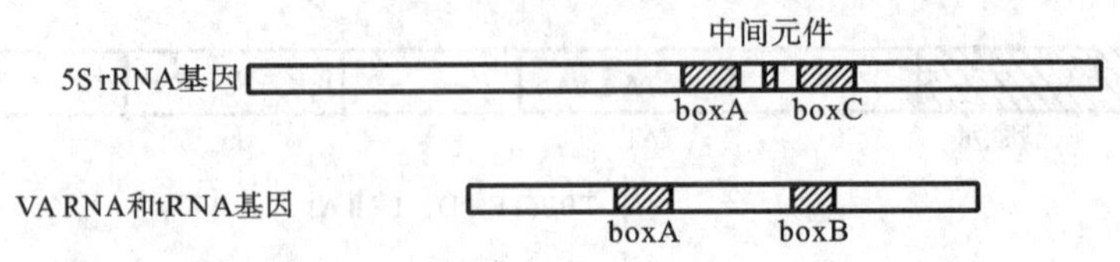

图 12-33 由 RNA 聚合酶Ⅲ转录的基因内启动子

框架序列,分别被 3 种辅助因子所识别。TFⅢA 是一种锌指蛋白。TPⅢB 含有 TBP 和另两种蛋白质。TPⅢC 是一个大的蛋白质复合物(分子量大于 500000),由至少 5 个亚基组成,其大小与 RNA 聚合酶相当。

类别Ⅲ启动子,如 5S rRNA 基因的启动子,先由 TFⅢA 结合在框架 A 上,然后促使 TFⅢC 结合,后者结合导致 TFⅢB 结合到转录起点附近,并引导 RNA 聚合酶Ⅲ结合在起点上。TFⅢA 和 TFⅢB 是装配因子(assembly factor),TFⅢB 才是真正的起始因子(initiation factor)。TFⅢB 的功能是使 RNA 聚合酶正确定位,起"定位因子"(positioning factor)的作用。类别Ⅲ的类型 2 启动子,如 tRNA 基因的启动子,由 TFⅢC 识别框架 B,其结合区域包括框架 A 和框架 B,然后与类型 1 启动子相同,依次引导 TFⅢB 和 RNA 聚合酶结合。如前所述,TBP 也存在于其他类别启动子的转录因子中,它能直接与 RAN 聚合酶相互作用。

有些类型的启动子,如 snRNA 基因的启动子,位于转录起点上游。这类启动子含有 3 个上游元件,见图 12-34。在 RNA 聚合酶Ⅲ的上游启动子中,只要靠近起点存在 TATA 元件,就能起始转录。然而 PSE 和 OCT 元件的存在将会增加转录效率。PSE 表示邻近序列元件(proximal sequence element),OCT 表示八聚体基序(octamer motif),它们各自被有关因子识别和结合。有些 snRNA 的基因由 RNA 聚合酶Ⅱ转录,其余 snRNA 的基因由 RNA 聚合酶Ⅲ转录。然而这两者的启动子都存在上述 3 个上游元件(TATA、PSE、OCT)。究竟是由聚合酶Ⅱ还是聚合酶Ⅲ转录,似乎是由 TATA 框的序列所决定。关键的 TATA 元件由包含 TBP 的转录因子所识别,TBP 又与其他蛋白质结合,其中有些是对聚合酶Ⅲ启动子特异的蛋白质。TBP 和 TAF 的功能使 RNA 聚合酶Ⅲ正确定位于起点。

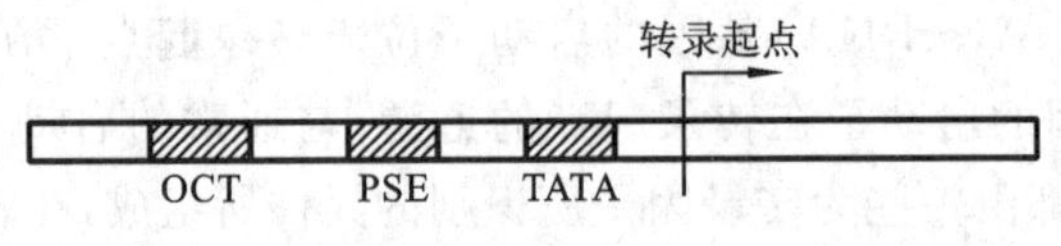

图 12-34 RNA 聚合酶Ⅲ的上游启动子

3. 终止子和终止因子

细菌和真核生物转录一旦起始,通常都能继续下去,直至转录完成而终止。但在转录的延伸阶段 RNA 聚合酶遇到障碍会停顿和受阻,酶脱离模板即终止。真核生物中有一些能与酶结合的延伸因子(elongation factor),可抑制停顿(如延伸蛋白)和防止受阻(如 TEFb、TFⅡS)。转录结束,RNA 聚合和 RNA 转录产物即被释放。真核生物 RNA 聚合酶Ⅱ去磷酸化后可再循环利用。

提供转录停止信号的 DNA 序列称为终止子,协助 RNA 聚合酶识别终止信号的辅助因子(蛋白质)则称为终止因子(termination factor)。有些终止子的作用可被特异的因子所阻止,使酶得以越过终止子继续转录,这称为通读(readthrough)。这类引起抗终止作用的蛋白质称为抗终止因子(anti-termination factor)。

DNA 的转录终止信号可被 RAN 聚合酶本身或其辅助因子所识别。在转录过程中,RNA

聚合酶沿着模板链向前移动，它所感受的信号来自正在转录的序列，而不能感受尚未转录的信号，即终止信号应位于已转录的序列中。所有原核生物的终止子在终止点之前均有一个回文结构，它产生的 RNA 可形成由茎环构成的发夹结构。该结构可使聚合酶减慢移动或暂停 RNA 的合成。然而，RNA 产生具有发夹型的二级结构远比终止信号多，如果酶所遇到的不是终止序列，它将继续移动并进行转录。

大肠杆菌存在两类终止子：一类称为不依赖于 Rho(ρ)因子的终止子或简单终止子；另一类称为依赖于 Rho(ρ)因子的终止子。简单终止子除能形成发夹结构外，在终点前还有一系列 U 核苷酸(约有 6 个)；回文对称区通常有一段富含 CC 的序列。寡聚 U 序列可能提供信号使 RNA 聚合酶脱离模板。由 rU-dA 组成的 RNA-DNA 杂交分子具有特别弱的碱基配对结构。当聚合酶作用暂停时，RNA-DNA 杂交分子即在 rU-dA 弱键结合的末端区解开。

依赖于 Rho 因子的终止子必须在 Rho 因子存在时才发生终止作用，其回文结构没有富含 GC 区，回文结构之后也无寡聚 U。依赖于 Rho 因子的终止子在细菌染色体中少见，而在噬菌体中广泛存在。两者结构见图 12-35。

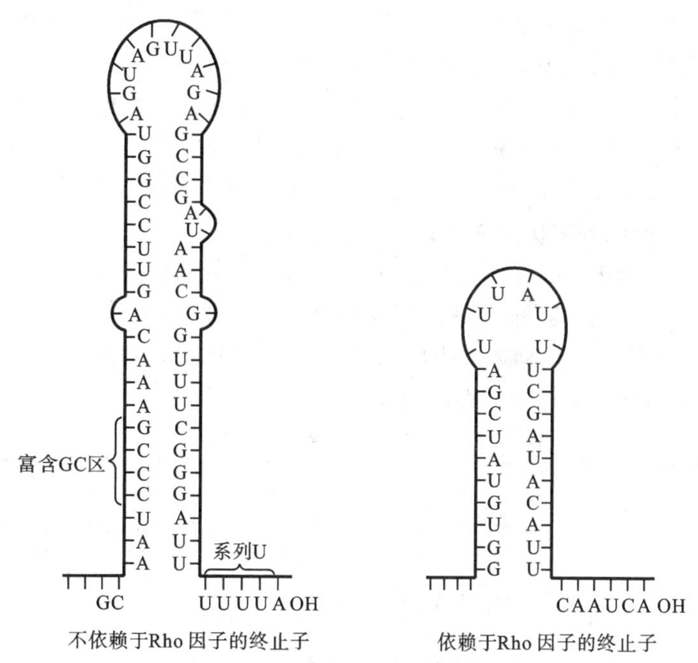

图 12-35 两类终止子的回文结构

Rho 因子是一种分子量约为 46000 的蛋白质，通常以六聚体形式存在，在有 RNA 存在时它能水解核苷三磷酸，即具有依赖于 RNA 的 NTPase 活力。由此推测，Rho 结合在新产生的 RNA 链上，借助水解 NTP 获得的能量推动其沿着 RNA 链移动。RNA 聚合酶遇到终止子时发生暂停，使 Rho 因子得以追上酶。Rho 因子与酶相互作用，释放 RNA，并使 RNA 聚合酶与该因子一起从 DNA 上脱落下来。最近发现 Rho 因子具有 RNA-DNA 解旋酶(helicase)活力，进一步说明了该因子的作用机制。

抗终止作用主要见于某些噬菌体的时序控制。早期基因与其后基因之间以终止子相隔开，通过抗终止作用可以打开其后基因的表达。因此，新的基因表达是由于 RNA 链的延长所致。λ 噬菌体前早期(immediate early)基因的产物 N 蛋白即是一种抗终止因子，它与 RNA 聚合酶作用使其在左、右两个终止子处发生通读，从而表达晚早期(delayed early)基因。晚早期基因的产物 Q 蛋白也是一种抗终止因子,它能使晚期基因得以表达。

12.5.2 RNA 的复制

从感染 RNA 病毒的细胞中可以分离出 RNA 复制酶,这种酶以病毒 RNA 作模板,在有 4 种核苷三磷酸和镁离子存在时合成出与模板性质相同的 RNA。用复制产物去感染细胞,能产生正常的 RNA 病毒。可见,病毒的全部遗传信息,包括合成病毒外壳蛋白质(coat protein)和各种有关酶的信息均储存在被复制的 RNA 之中。

1. 噬菌体 Qβ RNA 的复制

复制酶的模板特异性很高,它只识别病毒自身的 RNA,而对宿主细胞和其他与病毒无关的 RNA 均无反应。例如,噬菌体 Qβ 的复制酶只能以噬菌体 Qβ 的 RNA 作模板,而代用与其类似的噬菌体 MS_2、R_{17} 和 f_2 的 RNA 或其他 RNA 都不行。

大量关于 RNA 复制机制的研究工作是以感染各种 RNA 噬菌体(例如噬菌体 Qβ)的大肠杆菌为材料进行的。噬菌体 Qβ 是一种直径为 20 nm 的正二十面体小噬菌体,含 30% 的 RNA,其余为蛋白质。RNA 为分子量为 1.5×10^6 的单链分子,约由 4500 个核苷酸组成,含有编码 3~4 个蛋白质分子的基因。有关蛋白质为成熟蛋白(A 或 A_2 蛋白)、外壳蛋白和复制酶 β 亚基。Qβ 还含有另一个特异的蛋白质也称之为 A_1,它是完整病毒的次要组分。氨基酸顺序分析表明,A_1 蛋白 N-端氨基酸顺序与外壳蛋白一致。推测编码 A_1 蛋白的 RNA 顺序具有两个终止位点,在第一个位点终止时仅产生外壳蛋白,但如果通读过去直到第二个终止位点,这样就产生 A_1 蛋白。Qβ 的基因次序如下:

5′-末端—成熟蛋白—外壳蛋白(或 A_1 蛋白)—复制酶 β 亚基—3′-末端

Qβ 复制酶有 4 个亚基,噬菌体 RNA 只编码其中的 β 亚基,另外 3 个亚基(α、γ 和 δ)则来自宿主细胞。现已证明,α 是核糖体的蛋白质 S_1,γ 和 δ 是宿主细胞蛋白质合成系统中的肽链延伸因子 EF-Tu 和 EF-Ts。它们的性质功能总结于表 12-2 中。

表 12-2 Qβ 复制酶亚基的性质和功能

亚基名称	分子量	来源	功能
Ⅰ(α)	65000	宿主细胞核糖体的蛋白质 S_1	与噬菌体 Qβ RNA 结合
Ⅱ(β)	65000	噬菌体感染后合成	聚合反应中磷酸二酯键形成的活性中心
Ⅲ(γ)	45000	宿主细胞的 EP-Tu 因子	与底物结合,识别模板并选择底物
Ⅳ(δ)	35000	宿主细胞的 EP-Ts 因子	稳定 α、γ 亚基结构

当噬菌体 Qβ 的 RNA 侵入大肠杆菌细胞时,RNA 本身即为 mRNA,可以直接进行与病毒繁殖有关的蛋白质的合成。通常将具有 mRNA 功能的链称为正链,而它的互补链为负链,故噬菌体 Qβ RNA 为正链。在噬菌体特异的复制酶装配好后不久,酶就吸附到正链 RNA 的 3′-末端,以正链为模板合成出负链 RNA,直至合成进程结束,负链从模板上释放。同样的酶又吸附到负链 RNA 的 3′-末端,并以负链为模板合成正链,见图 12-36,所以两条链都是由 5′→3′方向延伸。在最适宜条件下,无论正链或负链的合成速度均为每秒 35 个核苷酸。

噬菌体 RNA 通过回折形成大量短的双螺旋区,在此二级结构基础上还可形成紧密的三级结构,噬菌体 RNA 的高级结构参与了翻译的调节控制。当噬菌体 RNA 处于天然高级结构状态时,成熟蛋白基因的起始区处于折叠结构之中,无法与核糖体结合,成熟蛋白基因因而被

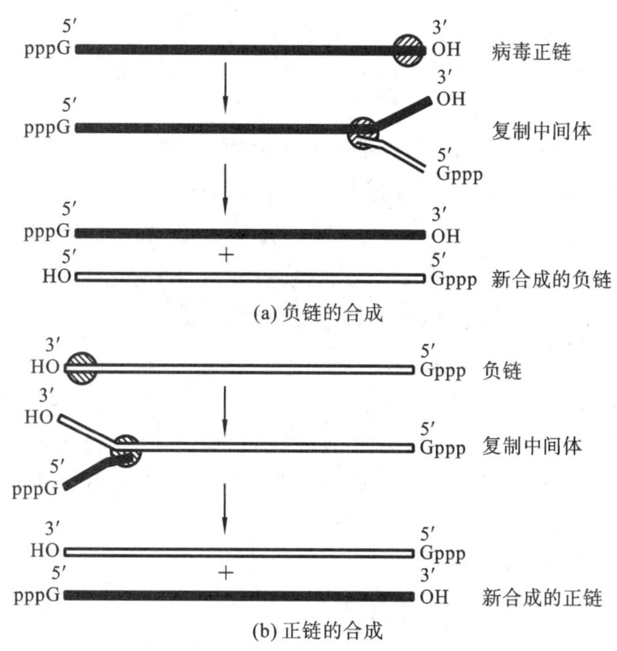

(a) 负链的合成

(b) 正链的合成

图 12-36　噬菌体 Qβ RNA 的合成

关闭。只有刚复制噬菌体 RNA 时，成熟蛋白基因的起始区才能接受核糖体，进行成熟蛋白的翻译。同样，RNA 复制酶亚基的合成起始区与外壳蛋白基因部分序列碱基配对，核糖体能直接启动外壳蛋白合成，但不能直接启动 RNA 复制酶亚基的合成。只有当外壳蛋白合成过程中核糖体使双链结构打开时，RNA 复制酶亚基的起始区才能接受核糖体，并开始酶亚基的合成，见图 12-37。A 蛋白基因和复制酶亚基基因的起始区可通过碱基配对形成双螺旋，AUG 是起始密码子，t 是终止位点，外壳蛋白基因有两个终止位点，t_1 和 t_2。刚复制的 QβRNA 可启动 A 蛋白的合成，复制酶亚基的合成有赖于外壳蛋白的合成。通过这种方式可以控制各种蛋白质合成的时间和合成的量。

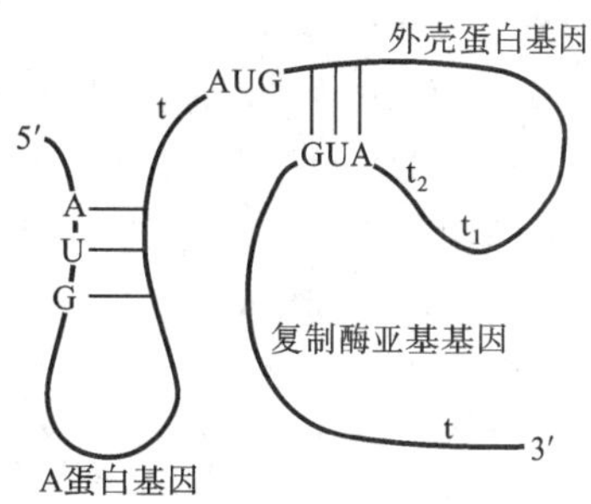

图 12-37　QβRNA 翻译和复制的自我调节

当以正链为模板合成负链时，除需要复制酶外，还需要两个来自宿主细胞的蛋白质因子，称为 HFⅠ和 HFⅡ。但是，由负链为模板合成正链时并不需要这两个因子。在感染后期，噬菌体 RNA 大量合成，这时正链 RNA 的合成远超过负链 RNA 的合成，其原因就是宿主的蛋白质因子起了调节作用。

病毒具有极高的复制效率，并能最大化地利用宿主的条件进行复制。病毒的一个显著特点是，它的各组分常具有多种复杂的功能。例如，Qβ 复制酶不仅能将噬菌体正链和负链 RNA 与大量存在于宿主细胞中的所有 RNA 区别开来，特异地催化噬菌体 RNA 的复制，而且能强烈地抑制核糖体结合到 Qβ 的 RNA 上，起蛋白质合成阻遏物的作用，这在病毒复制的早期起重要作用。再如，作为病毒颗粒结构组分的外壳蛋白，同时又是复制酶合成的调节蛋白，因此感染后期当外壳蛋白的需要达到高潮时，复制酶的合成会大大降弱。

2. 病毒 RNA 复制的主要方式

RNA 病毒的种类很多,其复制方式也是多种多样的,归纳起来可以分成以下几类。

1) 病毒含有正链 RNA

进入宿主细胞后首先合成复制酶(以及有关蛋白质),然后在复制酶作用下进行病毒 RNA 的复制,最后由病毒 RNA 和蛋白质装配成病毒颗粒,噬菌体 Qβ 和灰质炎病毒(poliovirus)即是这种类型的代表。灰质炎病毒是一种小 RNA 病毒(picornavirus),当它感染细胞时,病毒 RNA 就与宿主核糖体结合,产生一条长的多肽链,在宿主蛋白酶的作用下水解成 6 个蛋白质,其中包括 1 个复制酶、4 个外壳蛋白和 1 个功能还不清楚的蛋白质。在形成复制酶后病毒 RNA 才开始复制。

2) 病毒含有负链 RNA 和复制酶

例如,狂犬病病毒(rabies virus)和马水疱性口炎病毒(vesicular stomatitis virus)。这类病毒侵入细胞后,借助于病毒带进去的复制酶合成出正链 RNA,再以正链 RNA 为模板,合成病毒蛋白质和复制病毒 RNA。

3) 病毒含有双链 RNA 和复制酶

例如,呼肠孤病毒(reovirus)。这类病毒以双链 RNA 为模板,在病毒复制酶的作用下通过不对称的转录,合成出正链 RNA,并以正链 RNA 为模板翻译成病毒蛋白质,然后合成病毒负链 RNA,形成双链 RNA 分子。

4) 致癌 RNA 病毒

致癌 RNA 病毒主要包括白血病病毒(leukemia virus)和肉瘤病毒(sarcoma virus),它们的复制需经过 DNA 前病毒阶段,由逆转录酶所催化。

不同类型的 RNA 病毒产生 mRNA 的机制大致可分为 4 类,见图 12-38。由病毒 mRNA 合成各种病毒蛋白质,再进行病毒基因组的复制和病毒装配。因此病毒 mRNA 的合成在病毒复制过程中处于核心地位。

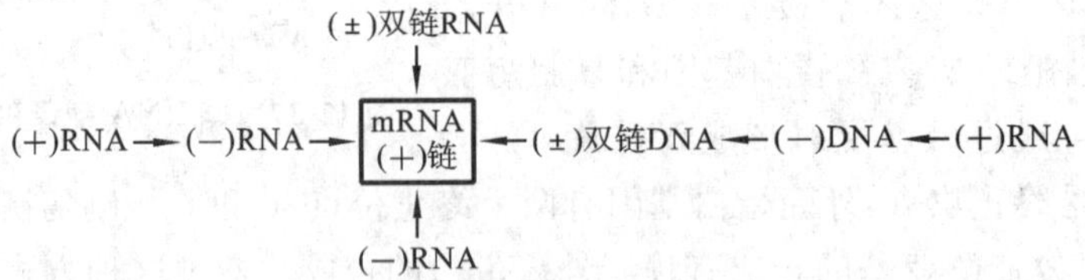

图 12-38 RNA 病毒合成 mRNA 的不同途径

12.5.3 RNA 转录后加工

在细胞内,由 RNA 聚合酶合成的原初转录物(primary transcript)往往需要经过一系列的变化,包括链的裂解、5′-端与 3′-端的切除和特殊结构的形成、核苷的修饰和糖苷键的改变以及拼接和编辑等过程,才能转变为成熟的 RNA 分子,此过程称为 RNA 的成熟,或称为转录后加工(post-transcriptional processing)。

原核生物的 mRNA 一经转录通常立即进行翻译,除少数例外,一般不进行转录后加工,但稳定的 RNA(tRNA 和 rRNA)都要经过一系列加工才能成为有活性的分子。真核生物由于存在细胞核结构,转录与翻译在时间上和空间上都被分隔开来,其 mRNA 前体的加工极为复杂。而且真核生物的大多数基因都被居间序列,即内含子(intron)所分隔而成为断裂基因

(interrupted gene)，在转录后需通过拼接使编码区成为连续序列。在真核生物中基因还能通过不同的加工方式，表达出不同的信息(alternative expression)。因此，对于真核生物来讲，RNA的加工尤为重要。

1. 原核生物中RNA的加工

在原核生物中，rRNA的基因与某些tRNA的基因组成混合操纵子，其余tRNA基因也成簇存在，并与编码蛋白质的基因组成操纵子。它们在形成多顺反子转录物后，经断链成为rRNA和tRNA的前体，然后进一步加工成熟。

1) 原核生物rRNA前体的加工

大肠杆菌共有7个rRNA的转录单位，它们分散在基因组的各处。每个转录单位由16S rRNA、23S rRNA、5S rRNA以及一个或几个tRNA的基因所组成。16S rRNA与23S rRNA的基因之间常插入1个或2个tRNA的基因，有时在3′-端5S rRNA的基因之后还有1个或2个tRNA的基因。rRNA的基因原初转录物的沉降常数为30S，分子量为2.1×10^6，约含6500个核苷酸，5′-末端为pppA。由于在原核生物中rRNA的加工往往与转录同时进行，因此不易得到完整的前体。从RNase Ⅲ缺陷型大肠杆菌中分离得到30S rRNA前体P30。RNase Ⅲ是一种负责RNA加工的核酸内切酶，它的识别部位为特定的RNA双螺旋区。16S rRNA和23S rRNA的两侧序列互补，形成茎环结构，RNase Ⅲ在茎部有两切割位点相差2 bp，切割产生16S和23S rRNA的前体P16和P23。5S rRNA前体P5是在RNase E作用下产生的，它可识别P5两端形成的茎环结构。P5、P16和P23两端的多余附加序列需进一步由核酸酶切除。可能rRNA前体需先经甲基化修饰，再被核酸内切酶和核酸外切酶切割，见图12-39。不同细菌rRNA前体的加工过程并不完全相同，但基本过程类似。

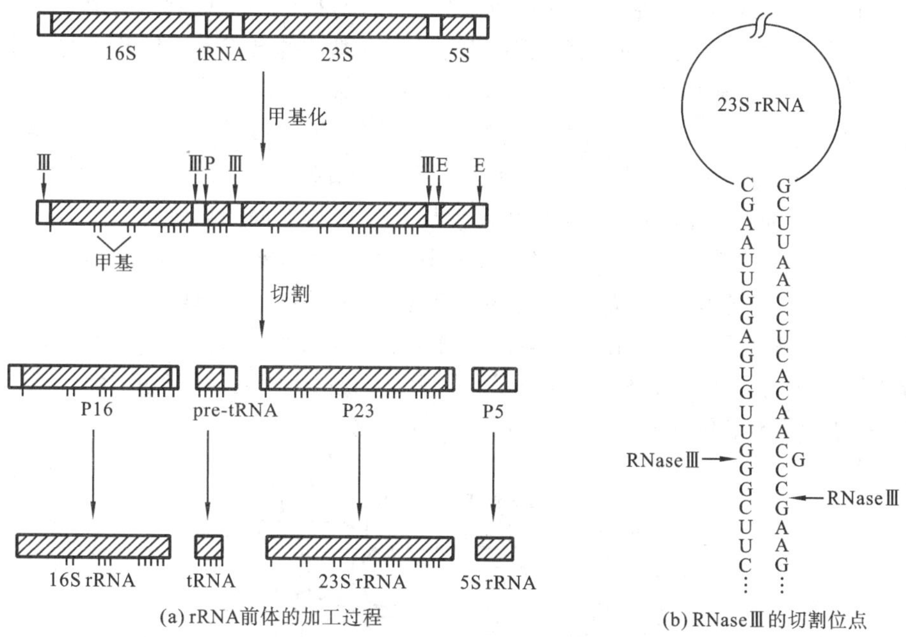

(a) rRNA前体的加工过程　(b) RNaseⅢ的切割位点

图12-39　大肠杆菌rRNA前体的加工

原核生物rRNA含有多个甲基化修饰成分，包括甲基化碱基和甲基化核糖，尤其常见的是2′-甲基核糖。16S rRNA约含有10个甲基，23S rRNA约含有20个甲基，其中N^4,2′-O-二甲基胞嘧啶核苷(m^4Cm)是16S rRNA特有的成分。一般5S rRNA中无修饰成分，不进行甲基化反应。

2) 原核生物 tRNA 前体的加工

大肠杆菌染色体基因组共有 tRNA 的基因约 60 个。tRNA 的基因大多成簇存在,或与 rRNA 的基因,或与编码蛋白质的基因组成混合转录单位。tRNA 前体的加工包括:①由核酸内切酶在 tRNA 两端切断(cutting);②由核酸外切酶从 3′-端逐个切去附加的顺序,进行修剪(trimming);③在 tRNA 3′-端加上胞苷酸-胞苷酸-腺苷酸($—CCA_{OH}$);④核苷酸的修饰和异构化。

与 DNA 限制性内切酶不同,RNA 核酸内切酶不能识别特异的序列,它所识别的是加工部位的空间结构。大肠杆菌 RNase P 是一类切断 tRNA 5′-端的加工酶,属于核酸内切酶性质。几乎所有大肠杆菌及其噬菌体 tRNA 前体都是在该酶作用下切出成熟的 tRNA 5′-端。因此,这个 5′-核酸内切酶是 tRNA 的 5′-成熟酶。RNase P 是一种很特殊的酶,它含有蛋白质和 RNA 两部分。RNA 链由 375 个核苷酸组成(分子量约 130000),蛋白质多肽链的分子量仅 20000。在某些条件下(提高 Mg^{2+} 浓度或加入多胺类物质),RNase P 中的 RNA 单独也能切断 tRNA 前体的 5′-端序列。RNase P 中的 RNA 称为 M1 RNA。

加工 tRNA 前体 3′-端的序列还需要另外的核酸内切酶,例如 RNase F,它从靠近 3′-端处切断前体分子。为了得到成熟的 3′-端,需要有核酸外切酶进一步进行修剪,从前体 3′-端逐个切去附加的序列,直至 tRNA 的 3′-端。负责修剪的核酸外切酶可能主要为 RNase D。这个酶由分子量为 38000 的单一多肽链所组成,具有严格的选择活性。实验表明它识别的是整个 tRNA 结构,而不是 3′-末端的特异序列。由此可见,RNase D 是 tRNA 的 3′-端成熟酶。

所有成熟 tRNA 分子的 3′-端都有 CCA_{OH} 结构,它对于接受氨酰基的活性是必要的。细菌的 tRNA 前体存在两类不同的 3′-端序列。一类其自身具有 CCA 三核苷酸,位于成熟 tRNA 序列与 3′-端附加序列之间,当附加序列被切除后即显露出该末端结构。另一类其自身并无 CCA 序列。当前体切除 3′-端附加序列后,必须外加 CCA。添加 CCA 是在 tRNA 核苷酰转移酶(nucleotidyl transferase)催化下进行的,由 CTP 和 ATP 供给胞苷酸和腺苷酸。

成熟的 tRNA 分子中存在众多的修饰成分,其中包括各种甲基化碱基和假尿嘧啶核苷。tRNA 修饰酶具有高度特异性,每一种修饰核苷都有催化其生成的修饰酶。tRNA 甲基化酶对碱基及 tRNA 序列均有严格要求,甲基供体一般为 S-腺苷蛋氨酸(SAM),反应如下:

$$\text{tRNA}+\text{SAM}\longrightarrow\text{甲基-tRNA}+\text{S-腺苷高半胱氨酸}$$

tRNA 假尿嘧啶核苷合酶催化尿苷的糖苷键发生移位反应,由尿嘧啶的 N_1 变为 C_5。

细菌 tRNA 前体的加工如图 12-40 所示。图中:↓表示核酸内切酶的作用;←表示核酸外切酶的作用;↑表示核苷酰转移酶的作用;↘表示异构化酶的作用。

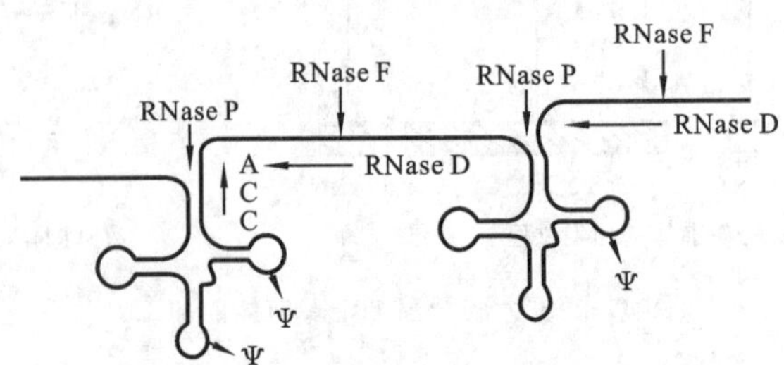

图 12-40 tRNA 前体分子的加工

3）原核生物 mRNA 前体的加工

细菌中用于指导蛋白质合成的 mRNA 大多不需要加工，一经转录即可直接进行翻译。但也有少数多顺反子 mRNA 需通过核酸内切酶切成较小的单位，然后进行翻译。例如，核糖体大亚基蛋白 L10 和 L7/L12 与 RNA 聚合酶 β 和 β′亚基的基因组成混合操纵子，它在转录出多顺反子 mRNA 后需通过 RNase Ⅲ将核糖体蛋白质与聚合酶亚基的 mRNA 切开，然后各自进行翻译。该加工过程的意义在于可对 mRNA 的翻译进行调控。核糖体蛋白质的合成必须对应于 rRNA 的合成水平，并且与细胞的生长速度相适应，细胞内 RNA 聚合酶的合成水平则要低得多。将两者切开，有利于各自的翻译调控。

类似的加工过程也可以在某些噬菌体的多顺反子 mRNA 中见到。例如，大肠杆菌噬菌体 T_7 的早期基因转录出一条长的多顺反子 mRNA，经 RNase Ⅲ切割成 5 个单独的 mRNA 和一段 5′-端前导序列。mRNA 的切割对其中某些早期蛋白质的合成是必要的。可能是由于较长的 mRNA 产生二级结构，会阻止有关编码序列的翻译。这种 RNA 二级结构（可能还有三级结构）与其功能的调控关系在多种情况下均可看到，并不仅限于翻译起始的调控。通过 RNA 链的裂解，改变了 RNA 的二级结构，从而影响它的功能。

2. 真核生物中 RNA 的一般加工

真核生物 rRNA 和 tRNA 前体的加工过程与原核生物有些相似，然而其 mRNA 前体必须经复杂的加工过程，这与原核生物大不相同。真核生物大多数基因含有居间序列，需在转录后的加工过程中予以切除。

1）真核生物 rRNA 前体的加工

真核生物核糖体的小亚基含有一条 16S～18S rRNA；大亚基除 26S～28S rRNA 和 5S rRNA 外还含有一条5.8S rRNA，该5.8S rRNA在原核生物中是没有的。真核生物 rRNA 基因拷贝数较多，通常在几十至几千之间。rRNA 基因成簇排列在一起，由 16S～18S、5.8S和 26S～28S rRNA 基因组成一个转录单位，彼此被间隔区分开，由 RNA 聚合酶Ⅰ转录产生一个长的 rRNA 前体。不同生物的 rRNA 前体大小不同。哺乳动物的 18S、5.8S和 28S rRNA 基因构成一个转录单位，转录产生 45S rRNA 前体；果蝇的 18S、5.8S和 28S rRNA 基因的转录产物为 38S rRNA 前体；酵母的 17S、5.8S 和 26S rRNA 基因的转录产物为 37S 的 rRNA 前体。

真核生物细胞的核仁是 rRNA 合成、加工和装配成核糖体的场所。rRNA 的成熟需经过多步骤的加工过程。用同位素 ^{3}H-或 ^{14}C-尿苷标记 HeLa 细胞的 RNA，则可分离得到 45S rRNA 前体（分子量为 4×10^{6}）以及 41S、32S、20S 等加工产物。标记动力学实验证明它们是 rRNA 生成过程的前体和中间物。它们的加工过程如下：

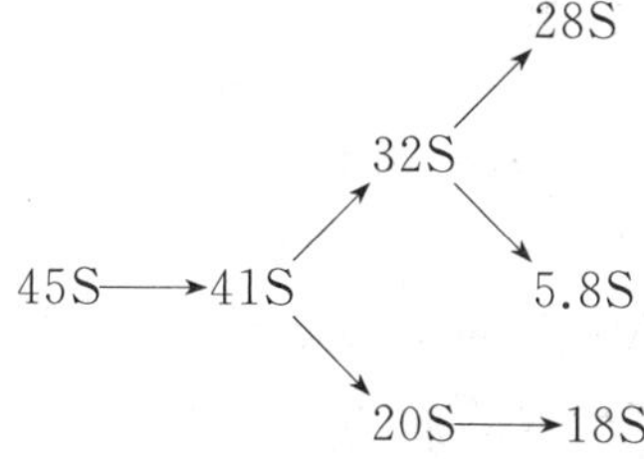

不同真核生物 rRNA 前体的加工过程可略有不同。RNase Ⅲ以及其他核酸内切酶在 rRNA 前体的加工中起重要作用。

在真核生物中 5S rRNA 基因也是成簇排列的，中间隔以不被转录的区域。它由 RNA 聚合酶Ⅲ转录，经过适当加工即与 28S rRNA 和 5.8S rRNA 以及有关蛋白质一起组成核糖体的大亚基,18S rRNA 则与有关蛋白质组成小亚基,然后它们通过核孔再转移到细胞质中参与核糖体循环。

rRNA 在成熟过程中可被甲基化,主要的甲基化位置在核糖 2′-羟基上。真核生物 rRNA 的甲基化程度比原核生物 rRNA 的甲基化程度高。例如,哺乳类细胞的 18S 和 28S rRNA 分别含甲基约 43 个和 74 个,大约 2%的核苷酸被甲基化,相当于细菌 rRNA 甲基化程度的 3 倍。与原核生物类似,真核生物 rRNA 前体也是先甲基化,然后被切割。现在知道,真核生物 rRNA 前体的甲基化、假尿苷酸化(pseudouridylation)和切割是由核仁小 RNA(snoRNA)指导的。真核细胞的核仁中存在种类甚多的 snoRNA,从酵母和人类细胞中已发现有上百种。含有 C 框(AUGAUGA)和 D 框(CUGA)的 snoRNA 可借助互补序列识别 rRNA 前体中进行甲基化(2′OMe)和切割的位点;含 H 框(ANANNA)和 ACA 框的 snoRNA 可识别假尿苷酸化的位点。酵母 rRNA 中假尿苷酸残基有 43 个,还有众多的甲基化位点,依靠 snoRNA 才能精确加工,见图 12-41。

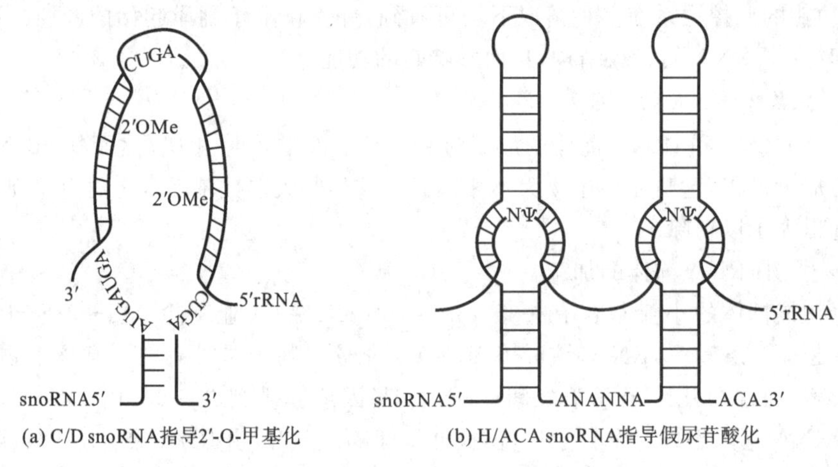

(a) C/D snoRNA指导2′-O-甲基化　(b) H/ACA snoRNA指导假尿苷酸化

图 12-41　反义 snoRNA 指导 rRNA 位点特异的修饰

多数真核生物的 rRNA 基因不存在内含子,有些 rRNA 基因含有内含子但并不转录。例如,果蝇的 285 个 rRNA 基因中有约三分之一含有内含子,它们均不转录。四膜虫(*Tetrahymena*)的核 rRNA 基因和酵母线粒体 rRNA 基因含有内含子,它们的转录产物可自动切去内含子序列。

线粒体和叶绿体 rRNA 基因的排列方式和转录后加工过程一般与原核生物的 rRNA 基因类似。

2) 真核生物 tRNA 前体的加工

真核生物 tRNA 基因的数目比原核生物 tRNA 基因的数目要大得多。例如,大肠杆菌基因组约有 60 个 tRNA 基因,啤酒酵母有 320～400 个,果蝇 850 个,爪蟾 1150 个,而人体细胞则有 1300 个。真核生物的 tRNA 基因也成簇排列,并且被间隔区分开。tRNA 基因由 RNA 聚合酶Ⅲ转录,转录产物为4.5S或稍大的 tRNA 前体,相当于 100 个左右的核苷酸。成熟的 tRNA 分子为 4S,有 70～80 个核苷酸。前体分子在 tRNA 的 5′-端和 3′-端都有附加的序列,需由核酸内切酶和外切酶加以切除,3′-端附加序列的切除需要多种核酸内切酶和核酸外切酶的作用。与原核生物类似的 RNase P 可切除 5′-端的附加序列,但是真核生物 RNase P 中的 RNA 单独并无切割活性。

真核生物 tRNA 前体的 3′-端不含 CCA，是后加上去的，催化该反应的酶是核苷酰转移酶，胞苷酰和尿苷酰分别由 CTP 和 ATP 供给。tRNA 的修饰成分由特异的修饰酶所催化。真核生物的 tRNA 除含有修饰碱基外，还有 2′-O-甲基核糖，其含量约为核苷酸的百分之一，具有居间序列的 tRNA 前体还须将这部分序列切掉。

3）真核生物 mRNA 前体的一般加工

真核生物编码蛋白质的基因以单个基因作为转录单位，不像原核生物那样组成操纵子，其转录产物为单顺反子 mRNA，而不是多顺反子 mRNA。大多数蛋白质基因存在居间序列，它与编码序列一起被转录，需要在转录后加工过程中切除掉。由于细胞核结构将转录和翻译过程分隔开，合成蛋白质的模板(mRNA)在核中产生后须经一系列复杂的加工过程并转移到细胞质中才能表现出翻译功能，因此它的调控序列变得更为复杂，半衰期也更长。mRNA 的原初转录物是分子量极大的前体，在核内加工过程中形成分子大小不等的中间物，它们被称为核内不均一 RNA(hnRNA)，其中至少有一部分可转变成细胞质的成熟 mRNA。

hnRNA 的碱基组成与总的 DNA 组成类似，因此又称为类似 DNA 的 RNA(D-RNA)。它们在核内迅速合成和降解，其半衰期很短，比细胞质 mRNA 更不稳定。不同细胞类型的 hnRNA 半衰期不同，几分钟至 1 h 左右，而细胞质 mRNA 的半衰期一般在 1～10 h，神经细胞 mRNA 最长半衰期可达数年。

hnRNA 的分子量分布极不均一，其沉降系数在 10S 以上，主要在 30S～40S 区域，少部分可高达 70S～100S。哺乳动物 hnRNA 平均链长在 8000～10000 个核苷酸之间，而细胞质 mRNA 平均链长为 1800～2000 个核苷酸，hnRNA 链长是 mRNA 的 4～5 倍。由于 hnRNA 代谢转换率极高，而稳定性 RNA 则较低，用同位素脉冲标记技术，即短期加入同位素标记前体核苷酸随即除去并用非标记前体取代，可追踪 hnRNA 的去向。用这样的方法测定 hnRNA 转变成 mRNA 所占的物质比例，对哺乳类细胞来说大约为 5%。考虑到 hnRNA 分子大小为 mRNA 的 5 倍，粗略计算有 25%的 hnRNA 经加工转变成 mRNA。

由 hnRNA 转变成 mRNA 的加工过程包括：①5′-端形成特殊的帽子结构($m^7G^{5'}ppp^{5'}NmpNp$—)；②在链的 3′-端切断并加上多聚腺苷酸(poly A)尾巴；③通过拼接除去由内含子转录来的序列；④链内部核苷被甲基化。

(1) 5′-端加帽。

真核生物的 mRNA 都有 5′-端帽子结构。该特殊结构亦存在于 hnRNA 中，它可能在转录的早期阶段或转录终止前就已形成。对某些病毒和动物组织 mRNA 前体加帽过程的研究表明，原初转录的巨大 hnRNA 分子 5′-端为三磷酸嘌呤核苷，转录起始后不久从 5′-端三磷酸脱去一个磷酸，然后与 GTP 反应释放出焦磷酸，最后以 S-腺苷蛋氨酸(SAM)进行甲基化产生所谓的帽子结构，反应如下：

$$pppN_1pN_2p\text{-}RNA \longrightarrow ppN_1pN_2p\text{-}RNA + Pi \tag{10-1}$$

$$ppN_1pN_2p\text{-}RNA + GTP \longrightarrow G^{5'}ppp^{5'}N_1pN_2p\text{-}RNA + PPi \tag{10-2}$$

$$G^{5'}ppp^{5'}N_1pN_2p\text{-}RNA + SAM \longrightarrow m^7G^{5'}ppp^{5'}N_1pN_2p\text{-}RNA + S\text{-}腺苷高半胱氨酸 \tag{10-3}$$

$$m^7G^{5'}ppp^{5'}N_1pN_2p\text{-}RNA + SAM \longrightarrow m^7G^{5'}ppp^{5'}N_1mpN_2p\text{-}RNA + S\text{-}腺苷高半胱氨酸 \tag{10-4}$$

催化反应(10-1)的酶为 RNA 三磷酸酶，催化反应(10-2)的酶为 mRNA 鸟苷酰转移酶，催化反应(10-3)的酶为 mRNA(鸟嘌呤-7)甲基转移酶，催化反应(10-4)的酶为 mRNA(核苷-2′)

甲基转移酶。不同生物体内,由于甲基化程度的不同,可以形成几种不同形式的帽子,有些帽子结构仅形成 7-甲基鸟苷三磷酸 m^7Gppp,被称为 Cap O 型;有些在 m^7Gppp 之后的 N_1 核苷甚至 N_2 核苷的核糖 2′-羟基上也被甲基化,分别称为 Cap Ⅰ型和 Cap Ⅱ型。

5′-端帽子的确切功能还不十分清楚,推测它能在翻译过程中起识别作用以及对 mRNA 起稳定作用。用化学方法除去 m^7G 的珠蛋白 mRNA 在麦胚无细胞系统中不能有效地翻译,表明帽子结构对翻译功能是很重要的。帽子结构还可以保护 mRNA,避免 5′-端受核酸外切酶的降解。帽子结构上的鸟嘌呤如果不带甲基($C^{5'}$pppNpNp—),翻译效果也较差,但稳定性不变。5′-脱氧-5′-异丁酰基腺苷是腺苷高半胱氨酸的类似物,它能强烈抑制劳氏肉瘤的生长。实验分析表明,这是因为该抑制剂可抑制 mRNA(鸟嘌呤-7)甲基转移酶的活力,从而阻止了帽子结构上鸟嘌呤的甲基化。

(2) 3′-末端的产生和多聚腺苷酸化。

真核生物 mRNA 的 3′-端通常有 20～200 个腺苷酸残基,构成多聚腺苷酸的尾部结构。但也有例外,如组蛋白、呼肠孤病毒和不少植物病毒的 mRNA 并没有多聚腺苷酸。核内 hnRNA 的 3′-端也有多聚腺苷酸,表明加尾过程早在核内已完成。hnRNA 中的多聚腺苷酸比 mRNA 的略长,平均长度为 150～200 个核苷酸。

实验表明,RNA 聚合酶Ⅱ的转录产物是在 3′-端切断,然后进行多聚腺苷酸化。高等真核生物(酵母除外)的细胞核病毒 mRNA 在靠近 3′-端区都有一段非常保守的序列 AAUAAA,这一序列离多聚腺苷酸加入位点的距离不一,在 11～30 个核苷酸范围内。将病毒转录单位的该段序列删除后,原来位置上就不再发生切断和多聚腺苷酸化。一般认为,这一序列为链的切断和多聚腺苷酸化提供了某种信号。

hnRNA 链的切断可能是由 RNase Ⅲ完成的。多聚腺苷酸化则由多聚腺苷酸聚合酶所催化,该酶以带 3′-羟基的 RNA 为受体,ATP 作供体,需 Mg^{2+} 或 Mn^{2+}。此外,还需十多个蛋白质参与作用,协助切割和多聚腺苷酸化。

多聚腺苷酸化可被类似物 3′-脱氧腺苷,即冬虫夏草素(cordycepin)所阻止。这是一种多聚腺苷酸化的特异抑制剂,它并不影响 hnRNA 的转录,但在加入该抑制剂时,即可阻止细胞质中出现新的 mRNA。这表明多聚腺苷酸化对 mRNA 的成熟是必要的。另一方面,珠蛋白 mRNA 上的多聚腺苷酸尾巴被除去后,仍然能在麦胚无细胞系统中翻译,显示该尾部结构并非翻译所必需,然而除去多聚腺苷酸尾巴的 mRNA 稳定性较差,可被体内有关酶所降解,翻译效率下降。当 mRNA 由细胞核转移到细胞质中时,其多聚腺苷酸尾部常有不同程度的缩短。由此可见,多聚腺苷酸尾巴至少可以起某种缓冲作用,防止核酸外切酶对 mRNA 信息序列的降解作用。

(3) mRNA 的内部甲基化。

真核生物 mRNA 分子内部往往有甲基化的碱基,主要是 N-甲基腺嘌呤(m^6A),这类修饰成分在 hnRNA 中已经存在,不过也有一些真核生物细胞和病毒 mRNA 中并不存在 N-甲基腺嘌呤,似乎这个修饰成分对翻译功能不是必要的。据推测,它可能对 mRNA 前体的加工起识别作用。

阅读性材料

大肠杆菌 DNA 聚合酶

大肠杆菌中共含有五种不同的 DNA 聚合酶,它们分别称为 DNA 聚合酶Ⅰ、Ⅱ、Ⅲ、Ⅳ和Ⅴ。

1. DNA聚合酶Ⅰ

Kornberg等最初从大肠杆菌中分离出来的酶称为DNA聚合酶Ⅰ或Kornberg酶。DNA聚合酶Ⅰ已得到高度纯化。

DNA聚合酶Ⅰ的分子量为103000，由一条单一多肽链组成，含有一个锌原子。酶分子形状像球体，直径约6.5 nm，为DNA直径的三倍左右。每个大肠杆菌细胞约有400个DNA聚合酶Ⅰ分子。

当有底物和模板存在时，DNA聚合酶Ⅰ可使脱氧核糖核苷酸逐个地加到具有3′-羟基末端的多核苷酸链上。DNA聚合酶Ⅰ只能在已有核酸链上延伸DNA链，而不能从无到有开始DNA链的合成，反应需要有引物链(DNA链或RNA链)存在。在37 ℃条件下，一分子DNA聚合酶Ⅰ每分钟可以催化约1000个核苷酸的聚合。

DNA聚合酶Ⅰ是一个多功能酶。它可以催化以下的反应：①通过核苷酸聚合反应，使DNA链沿5′→3′方向延伸(DNA聚合酶活性)；②由3′-端水解DNA链(3′→5′核酸外切酶活性)；③由5′-端水解DNA链(5′→3′核酸外切酶活性)；④3′-端使DNA链发生焦磷酸化；⑤无机焦磷酸盐与脱氧核糖核苷三磷酸之间的焦磷酸基交换。因此DNA聚合酶Ⅰ兼有聚合酶、3′→5′核酸外切酶和5′→3′核酸外切酶的活性。

若用蛋白水解酶对DNA聚合酶Ⅰ作有限水解，可以得到分子量为68000和35000的两个片段。大的片段(Klenow片段)具有聚合酶和3′→5′核酸外切酶活性，小的片段具有5′→3′核酸外切酶活性。聚合酶和3′→5′核酸外切酶活性紧密结合在一起，表明两者间有着重要的内在联系(图12-42)。

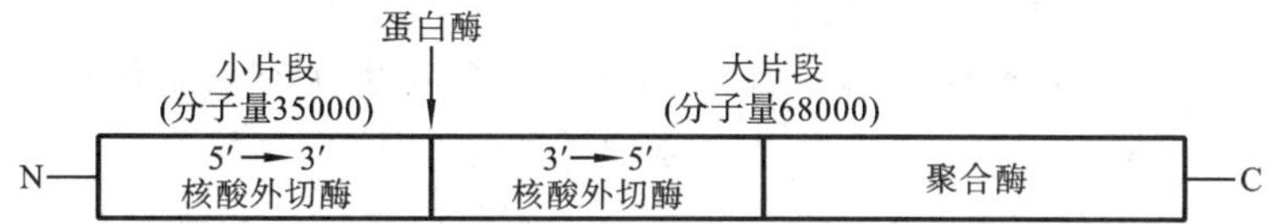

图12-42　DNA聚合酶Ⅰ的酶切片段

X射线研究揭示Klenow片段有两个明显的裂隙，彼此接近垂直，其中一处裂隙为双链DNA的结合位点，另一处裂隙为聚合反应的催化位点以及单链模板的结构位点。3′→5′水解酶位点十分靠近聚合酶位点，合成链的3′-端可在其间摆动(图12-43)。其他种类的DNA聚合酶往往无5′→3′核酸外切酶活性，但有3′→5′核酸外切酶活性，其空间结构与Klenow片段类似，相当于右手形状。所以右手结构是所有核酸聚合酶的共同特征。

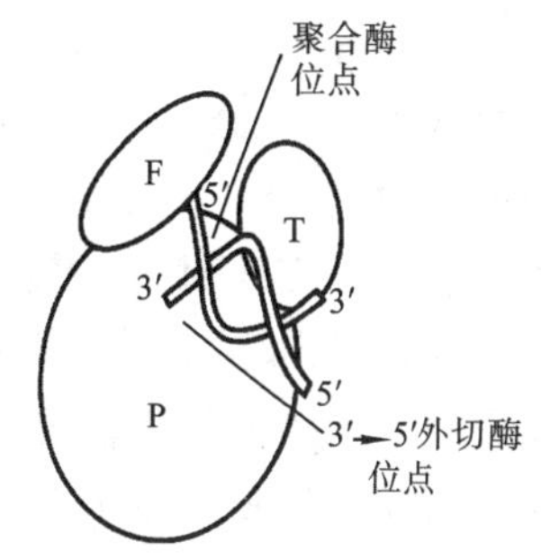

图12-43　DNA聚合酶Ⅰ大片段的结构

P表示掌形结构区；
F表示指形结构区；
T表示拇指结构区

当模板DNA进入核酸聚合酶拇指结构区和指形结构区之间的凹槽时，引起构象改变，从而使聚合酶能够握住核酸分子。聚合酶之所以能够辨别进入的底物核苷酸，是因为凹槽空间只允许底物与模板之间形成Waston-Crick模型的配对碱基进入。非配对碱基因为空间位置不合适而不能进行聚合反应，这就保证了新合成的链严格按模板链的互补碱基顺序进行聚合。虽然酶对底物进行了专一性的核对，但是错配的碱基仍可能出现。DNA聚合酶的3′→5′核酸外切酶活性能切除单链DNA的3′-末端的核苷酸，而对双链DNA不起作用，故不能形成碱基对的错配核苷酸可被该酶水解下来。在正常聚合条件下，3′→5′核酸外切酶活性不能作用于生长链;一旦出现错配碱基,聚合反应立即停止,生长链的3′-末端核苷酸落入3′→5′核酸外切酶位点,错配核苷酸迅速被除去,然后聚合反应才得以继续进行下去。3′→5′核酸外切酶活性被认为起着校对的功能(proof-reading function),它能纠正聚合过程中的碱基错配。由此可见,DNA复制过程中碱基配对要受到双重核对,即聚合酶的选择作用和3′→5′核酸外切酶的校对作用,在无3′→5′核酸外切酶的校对功能时,DNA聚合酶Ⅰ掺入核苷酸的错误率为10^{-5},具有校对功能后,错误率降低至5×10^{-7}。

DNA聚合酶Ⅰ具有5′→3′核酸外切酶活性,该酶被认为在由紫外线照射而形成的嘧啶二聚体的切除(pyrimidine dimer)和DNA半不连续合成中冈崎片段5′-端RNA引物的切除中起着重要作用。

2. DNA聚合酶Ⅱ和Ⅲ

随着对DNA聚合酶Ⅰ研究的深入,对于该酶是否是细胞中真正的DNA复制酶产生了怀疑。首先,该酶合成DNA的速度太慢,只及细胞内DNA复制速度的百分之一;其次,它的持续合成能力(processivity)较低,但细胞内DNA的复制并没有频繁中断;第三,遗传学分析表明,许多基因突变都会影响DNA的复制,但都与DNA聚合酶Ⅰ无关。1969年,DeLucia P.和Cairns J.分离得到一株大肠杆菌变异株(pol A^-),它的DNA聚合酶Ⅰ活性极低,只为野生型的0.5%~1%,但该变异株可以像它的亲代株一样以正常速度繁殖,对紫外线、X射线和化学诱变剂甲基磺酸甲酯等敏感性高,容易引起变异和死亡。这表明pol A^-变异株的DNA复制是正常的,但DNA损伤的修复机制(repair mechanism)有明显的缺陷。这直接表明,DNA聚合酶Ⅰ不是复制酶,而是修复酶。Kornberg T.和Gefter M.在1970年和1971年先后分离出了另外两种聚合酶,称为DNA聚合酶Ⅱ和Ⅲ。

DNA聚合酶Ⅱ为多亚基酶,其聚合酶亚基由一条分子量为88000的多肽链组成,活性比DNA聚合酶Ⅰ高,每分子DNA聚合酶Ⅱ每分钟促进约2400个核苷酸掺入DNA。每个大肠杆菌细胞约含有100个分子的DNA聚合酶Ⅱ。它也是以四种脱氧核糖核苷三磷酸为底物,从5′→3′方向合成DNA,并需要带有缺口的双链DNA作为模板,缺口不能过大,否则活性将会降低,反应需Mg^{2+}激活。DNA聚合酶Ⅱ具有3′→5′核酸外切酶活性,但无5′→3′核酸外切酶活性。大肠杆菌变异株(Pol B1)的DNA聚合酶Ⅱ活性只有正常的0.1%,但仍然以正常速度生长,表明DNA聚合酶Ⅱ也不是复制酶,而是一种修复酶。

DNA聚合酶Ⅲ是由多个亚基组成的蛋白质,现在认为它是大肠杆菌细胞内真正的DNA复制酶(replicase)。有资料研究表明诱变消除DNA聚合酶Ⅰ和Ⅱ的聚合反应活性后,大肠杆菌仍然能进行DNA复制和正常生长。虽然每个大肠杆菌细胞只有10~20个DNA聚合酶Ⅲ分子,然而它催化的合成速度达到了体内DNA合成的速度。因此,DNA聚合酶Ⅲ的许多性质都表明它就是DNA的复制酶。

DNA聚合酶Ⅱ和Ⅲ在催化DNA合成的基本性能上是相同的。①它们都需要模板指导,以四种脱氧核糖核苷三磷酸作为底物,并且需要有3′-羟基的引物链存在,聚合反应按5′→3′方向进行。②它们都没有5′→3′核酸外切酶活性,但具有3′→5′核酸外切酶活性。③它们都是多亚基酶。虽然DNA聚合酶Ⅱ和Ⅲ共用了许多辅助亚基,然而它们之间以及与DNA聚合酶Ⅰ之间又有明显区别。①DNA聚合酶Ⅱ和纯化的DNA聚合酶Ⅲ最宜作用于带有小段缺口(小于100个核苷酸)的双链DNA,而DNA聚合酶Ⅰ最宜作用于具有大段单链区的双链DNA,甚至是带有很短引物的单链DNA。②它们的聚合速度、持续合成能力均有很大不同,反映了它们功能的不同,DNA聚合酶Ⅱ是修复酶,DNA聚合酶Ⅲ是复制酶。

现认为DNA聚合酶Ⅲ为异二聚体(heterologous dimer),它使DNA解开的双链可以同时进行复制,全酶(holoenzyme)由α、β、γ、δ、δ′、ε、θ、τ、χ和φ共10种亚基所组成,含有锌原子,亚基很容易解离。其中α亚基的分子量为132000,具有5′→3′方向合成DNA的催化活性,ε亚基具有3′→5′核酸外切酶活性,起校对作用,可提高DNA聚合酶Ⅲ复制DNA的保真性。由α、ε和θ三种亚基组成全酶的核心酶(core enzyme)。β亚基的功能犹如夹子,两个β亚基夹住DNA分子并可向前滑动,使聚合酶在完成复制前不再脱离DNA,从而提高了酶的持续合成能力。亚基是一种依赖于DNA的ATP酶,两个γ亚基与另4个亚基构成γ复合物($\gamma_2\delta\delta'\chi\varphi$),其主要功能是帮助β亚基夹住DNA,故称为夹子装置器(clamp loader)。DNA聚合酶Ⅲ的复杂亚基结构使其具有更高的忠实性(fidelity)、协同性(cooperativity)和持续性。如无校对功能,DNA聚合酶Ⅲ的核苷酸掺入错误率为7×10^{-6},具有校对功能后降低至5×10^{-9}。各亚基的功能相互协调,全酶可以持续完成整个染色体DNA的合成。

3. DNA聚合酶Ⅳ和Ⅴ

DNA聚合酶Ⅳ和Ⅴ是在1999年被发现的,它们涉及DNA的错误倾向修复(error-prone repair)。当DNA受到较严重损伤时,即诱导产生这两种酶,使修复缺乏准确性(accuracy),因而出现高突变率。编码DNA聚合酶Ⅳ的基因是dinB,编码DNA聚合酶Ⅴ的基因是umuC和umuD。基因umuD的产物UmuD′裂解产生较短的UmuD并与UmuC形成复合物,成为一种特殊的DNA聚合酶(聚合酶Ⅴ)。它可在DNA许多损伤部位继续复制,而正常DNA聚合酶在此部位因不能形成正确的碱基对而停止复制,在跨越损伤部位时就造成了错误倾向的复制。高突变率虽会杀死许多细胞,但至少可以克服复制障碍,使少数突变的细胞得以存活。

人类基因组计划(Human Genome Project,HGP)

一、人类基因组计划的研究背景

在20世纪70—80年代,生物学技术有了一个突破性的发展——重组DNA技术在美国被建立起来,聚合酶链式反应(PCR)技术日益成熟,我们可以在体外得到大量的我们所需要研究的DNA。随着技术不断进步,在医药学领域也有了重大发现:大批肿瘤基因和肿瘤抑制基因被发现,神经活动的研究有新的进展,大规模双向电泳技术有新突破,等等。在世界上,一个又一个计划被提出,如"肿瘤计划""信号传导计划""蛋白质计划""遗传工程计划",在所有提出的计划中,只有人类基因组计划被大家广泛接受,并成为各国合作的典范。最早提出人类基因组计划这一设想的是美国生物学家、诺贝尔奖得主雷纳托·杜尔贝科(Renato Dulbecco)。他在1986年3月7日出版的《Science》杂志上发表了一篇题为《肿瘤研究的一个转折点:人类基因组的全序列分析》的短文。他认为:在当前,我们面临两种选择,要么大家各自研究自己感兴趣的基因,走"零打碎敲"之路,要么从整体上研究人类的基因组,发现整个人类基因组的序列。他说,这一计划可以与征服宇宙的计划相媲美,我们也应该以征服宇宙的气魄来进行这一工作。多年以后,当我们在回忆Dulbecco的这段话时,我们不能不佩服Dulbecco的高瞻远瞩。

Dulbecco的这一倡议引起了生物界和医学界的热烈讨论,历经两年之久。其高潮是美国科学院国家研究委员会任命的一个委员会和美国国会技术评估办公室任命的一个委员会综合分析了各方面的意见,分别于1988年2月和4月发表研究报告,支持人类基因组计划的研究设想,并建议美国政府给予资助。美国国会于1990年批准了这一项目,并决定由美国国立卫生研究院(NIH)和能源部(DOE)从1990年10月1日起组织实施。计划耗资30亿美元,历时15年完成整个研究计划。随着计划的进行,它成为一项国际合作项目。欧洲的部分国家、日本、中国都相继加入了人类基因组计划。

二、人类基因组计划的主要研究内容

1990 年 10 月 1 日,美国正式启动了人类基因组计划。该计划的主要内容如下。

(1) 人类基因组的基因图构建与序列分析,即测定组成人类基因组的 30 亿个核苷酸的序列。

(2) 人类基因的鉴定,包括与各种疾病相关的基因和复杂序列。

(3) 基因组研究技术的建立。

(4) 人类基因组研究的模式生物。

(5) 信息系统的建立。

(6) 人类基因组研究所涉及的社会、法律、伦理问题。

(7) 交叉学科的技术储备。

(8) 相关技术的完善和转让。

(9) 与研究有关的外延性问题。

可以看出,该计划既有“定时、定量”的任务,又有各种技术手段,还有对随着计划开展带来的社会问题、经济问题、法律问题和伦理问题的研究。在科学上,人类基因组计划取得了空前的成功,从而为阐明人类所有基因的结构与功能,解读人类的遗传信息,揭开人类奥秘奠定了基础。由于生命物质的一致性与生物进化的连续性,这就意味着揭开生命最终奥秘的关键,也就是人类基因组计划的所有理论、策略与技术,是在研究人类这一最为高级、最为复杂的生物系统中形成的。

三、人类基因组制图内容简介

1. 遗传图谱(genetic map)

遗传图谱又称连锁图谱(linkage map),它是以具有遗传多态性(在一个遗传位点上具有多个等位基因,在群体中的出现频率皆高于 1%)的遗传标记为“路标”,以遗传学距离(即在产生精子或卵子的分裂事件中,两个位点之间进行重组交换的百分率,1%的重组率称为 1 cM)为图距,反映基因遗传效应的基因组图。由于任何的遗传分析都依赖于遗传标记,则遗传图谱的建立为基因识别和完成基因定位,克服人类遗传学的瓶颈创造了条件。其意义在于:6000 多个遗传标记已经能够把人的基因组分成 6000 多个区域,使得连锁分析法可以找到某一致病的或表现型的基因与某一标记邻近(紧密连锁)的证据,这样可把这一基因定位于这一已知区域,再对基因进行分离和研究。对于疾病病理研究而言,则找到了一把关键“钥匙”。

第一代的遗传标记是 RFLP。RFLP 遍布于整个基因组,为利用连锁分析方法,进行疾病的表型定位提供了很好的标记,但它也有明显的局限性,表现如下。

(1) 它利用的是 DNA 序列上的点突变,所产生的不同长度的片段也只有两个,能提供的信息有限。

(2) RFLP 的检测需要 DNA 探针,标记和分析很复杂。

第二代的遗传标记是以微卫星序列或简单串联重复序列作为标记,它有两个突出优点。

(1) 同一位点中数目变化很大,具有高度的多态性。

(2) 可以用 PCR 进行多态性分析,整个过程可以自动化,一次最多可分析 15 万个数据,效率非常惊人。

第三代的遗传标记是以序列多样性标记。1997 年,由美国人类基因组研究中心的埃里克·史蒂文·兰德尔(Eric Steven Lander)提出。理论上,由于所有遗传多态性的分子基础都是DNA序列的多样性,这种新的标记可能达到人类基因组多态性的最大极限。

2. 物理图谱(physical map)

物理图谱是指有关构成基因组的全部基因的排列和间距的信息,以一个"物理标记"作为"路标",以Mb、kb、bp作为图距的基因组图。DNA探针、PCR方法检测的一小段单拷贝序列都可以作为物理标记。绘制物理图谱的目的是把有关基因的遗传信息及其在每条染色体上的相对位置线性而系统地排列出来。

不同层次上,由简单到复杂的物理图谱如下。

(1) 人类基因组的遗传学图。

(2) 人类基因组的大片段限制性内切酶切点图。

(3) DNA探针、PCR方法检测的一小段单拷贝序列标记图。

(4) 基因组中广泛存在的特征性序列的标记图(如CPC序列)。

3. 序列图谱

随着遗传图谱和物理图谱的完成,测序就成为重中之重的工作。测定总长1 m,组成人类基因组的30亿个核苷酸的序列就是整个计划中最明确、最为艰巨的定时、定量的硬任务。DNA序列分析技术是一个包括制备DNA片段化及碱基分析、DNA信息翻译的多阶段的过程。通过测序得到基因组的序列图谱。

4. 转录图谱

转录图谱是在识别基因组所包含的蛋白质编码序列的基础上绘制的结合有关基因序列、位置及表达模式等信息的图谱。其优点在于,在整个人类基因中只有2%~3%序列直接编码蛋白质,而生物的性状,包括疾病都是由蛋白质决定的,如果抓住了指导蛋白质合成的mRNA,就等于抓住了"大头"。在人类基因组中鉴别出占据2%~5%长度的全部基因的位置、结构与功能,最主要的方法是通过基因的表达产物mRNA反追到染色体的位置。转录图谱的意义在于它能有效地反映在正常或受控条件中表达的全基因的时空图。通过这张图可以了解某一基因在不同时间、不同组织、不同水平的表达,也可以了解一种组织中不同时间、不同基因中不同水平的表达,还可以了解某一特定时间、不同组织中的不同基因不同水平的表达。

四、反义RNA

生物体的基因转录过程中,双链DNA中通常只有一条有意义的链(正链)发生转录,生成mRNA。但某些自然调控基因——反基因则以负链转录,生成反义RNA。反义RNA的核苷酸顺序与mRNA相互补,当两者通过碱基配对形成双链RNA时,mRNA翻译成蛋白质的过程被阻断,这样即使基因有转录活性,也不会产生蛋白产物。它反映了基因调控的反馈性。通过反义RNA控制mRNA的翻译是原核生物基因表达调控的一种方式,最早是在产生大肠杆菌素的质粒中发现的,通过研究发现在真核生物中也存在反义RNA。近几年来通过人工合成反义RNA,并将其导入细胞内与特征性的mRNA相结合,即可以抑制其特定基因的表达,阻断该基因的功能,有助于了解该基因在细胞生长和分化当中的作用。同时也显示了该方法在病毒性疾病的治疗和对肿瘤实施基因治疗的可能性。

1. 反义RNA的来源

细胞中反义RNA的来源有两种途径。第一种是特定靶基因互补链反向转录产物,在大多数情况下,产生mRNA和反义RNA的DNA是同一区段的互补链。第二种来源是不同的基因产物,如ompF基因是大肠杆菌的膜蛋白基因,与细胞膜的通透性有关,其反义RNA由另一基因micF进行转录。

2. 反义 RNA 的功能

在原核生物中反义 RNA 具有多种功能,例如调控质粒的复制及其接合转移,抑制某些转位因子的转位,对某些噬菌体溶菌-溶源状态的控制等。比如说调控细菌基因的表达,ticRNA (transcription inhibitory complementary RNA)是大肠杆菌中 CAP 蛋白(cAMP 结合蛋白)的 mRNA 的反义 RNA。ticRNA 的基因的启动子可被 cAMP-CAP 复合物所激活,ticRNA 具体长度目前不清楚,但是它在 5′-端有一段正好和 CAP mRNA 的 5′-端可以形成互补的双链的 RNA 杂交体。而在 CAP mRNA 上紧随着互补区之后的是一段约长 11 bp 的 AU 丰富区。这样的结构与不依赖 ρ 因子的转录终止子的结构非常类似,也有着相同的终止功能,从而导致 CAP mRNA 的转录刚刚开始即被迅速终止。从中我们可以发现反义 RNA 在 CAP 蛋白合成的过程中的调节作用。当 CAP 合成达一定量时,即可与 cAMP 结合成 cAMP-CAP 复合物。再激活 ticRNA 的启动子转录出 ticRNA,反过来抑制 CAP-mRNA 的合成。

在真核细胞中反义 RNA 也可以控制其 mRNA 表达,有实验研究发现,普通酿酒酵母的 IME4 基因可以激活减数分裂途径,产生酵母孢子,而酵母孢子对抗恶劣环境的能力比酵母细胞要高很多,所以,如果酵母细胞所处环境中营养物质极大丰富时,细胞进行有丝分裂 DNA 复制,每个子细胞与原始细胞有相同数量的染色体。然而,当酵母细胞所处环境恶劣时,IME4 就会启动,但是对于单倍体细胞而言,减数分裂后子细胞是不能存活的,所以单倍体细胞不断地产生 IME4 的反义 RNA,阻止 IME4 的 mRNA 表达,从而抑制单倍体细胞进行减数分裂,保护物种的遗传。

3. 反义 RNA 的构建

反义 RNA 对基因表达起着重要的调控作用,因此通过人工的方法设计出在天然状态下不存在的反义 RNA 来调节靶基因的表达,来控制病毒的感染和控制肿瘤的生长是一个重要的研究方向。只要靶基因的核苷酸顺序已经知道,我们就可以人工设计出在转录后水平上起抑制作用的反义 RNA。由于 SD 序列及其上游的非编码区研究有限,功能尚不完全已知,所以要设计出转录水平的反义 RNA 还有一定的难度。除了反义 RNA 与 mRNA 的结合能力之外,它本身的稳定性有很大的实际意义。显然,稳定的反义 RNA 对靶 mRNA 的调节作用比不稳定的反义 RNA 要好,如果反义 RNA 半衰期太短,则不利于它在临床上的运用。我们可以应用各种方法来延长反义 RNA 半衰期。目前的研究表明:反义 RNA3′-端带有茎环结构或类似 ρ-不依赖性终止子结构时,可以稳定 RNA 分子。Gorski 等还发现在 T_4 噬菌体基因 32 的 mRNA5′-端上游的茎环结构及其附近的序列亦可稳定 RNA 分子。所以如果将 3′-端及 5′-端这种茎环稳定结构序列插入设计的反义 RNA 基因的两端,则反义 RNA 的稳定性将大大提高。

设计反义 RNA 基因时应注意以下几点。

(1) 反义 RNA 并非越长越好,与 mRNA 的互补结合是其要点。

(2) 在原核生物中针对 SD 序列及其附近区域的反义 RNA 可能更有效,但其设计难度也更大。

(3) 在真核生物中,对应于 5′-端非编码区的反义 RNA 可能比针对编码区的反义 RNA 更有效。

(4) 尽量避免在反义 RNA 分子中出现自我互补的序列,以免影响与 mRNA 的互补结合。

(5) 设计的反义 RNA 分子中如果有 AUG 或开放阅读框,则反义 RNA 亦会与核糖体发生结合从而影响其与靶 mRNA 的配对结合。

(6) 在设计反义 RNA 时可以在其 3′-端尾端连接上核酶,当反义 RNA 与靶 mRNA 杂交时，可利用核酶活性来降解靶 mRNA。

此外，为了增强反义 RNA 的作用，还可以采取一些额外措施，例如，由于反义 RNA 对靶 mRNA 的抑制作用有剂量依赖性，所以在构建反义 RNA 基因时，可以连接上增强子或者选择高效率的启动子以增强反义 RNA 本身的表达。可以将多个反义 RNA 基因串联在一起，以得到线性重复的多拷贝基因，来提高反义 RNA 的表达。由于 RNase Ⅲ 可以降解 RNA 的杂交体，所以在构建反义 RNA 基因时，可以插入 RNase Ⅲ 的基因同时表达。这样，当反义 RNA 与靶 mRNA 结合后，RNase Ⅲ 可以降解其杂交体。这可以加强反义 RNA 的抑制作用。

近年来，有关反义 RNA 的研究进展非常迅速，在癌基因的基础理论的研究方面，在临床的抗病毒感染，探索对肿瘤新的治疗方法等方面都取得了很大进展。在今后一段时间内，有关反义 RNA 的研究将会有更快的进展和更广阔的应用前景。

习 题

1. 名词解释
   (1) 核酸酶
   (2) 限制性核酸内切酶
   (3) 核苷磷酸化酶
   (4) 核苷水解酶
   (5) 补救途径
   (6) 半保留复制
   (7) 冈崎片段
   (8) 重组修复
   (9) SOS 反应
   (10) 转录
   (11) 启动子
   (12) hnRNA
   (13) RNA 聚合酶核心酶
   (14) 模板链
2. 简答题
   (1) 为什么核苷酸代谢中的酶可作为抗癌药物的靶？并以一种抗癌药物为例，说明它是如何影响核苷酸代谢的。
   (2) 简述 DNA 复制的过程。
   (3) 试述 DNA 转录过程与复制过程的异同点。
   (4) 核酸酶包括哪几种主要类型？
   (5) 嘌呤核苷酸分子中各原子的来源是什么？
   (6) 嘧啶核苷酸分子中各原子的来源及合成特点怎样？
   (7) 简述中心法则。
   (8) DNA 复制的基本规律是什么？
   (9) 简述维持 DNA 复制的高度忠实性的机制。前导链复制的忠实性与随后链复制的忠实性会是一样的吗？
   (10) 原核细胞和真核细胞的 RNA 聚合酶有何不同？

第13章　蛋白质的生物合成

引　言

蛋白质的生物合成(protein biosynthesis)在细胞代谢中占有十分重要的地位。蛋白质的生物合成系统由20种原料氨基酸、mRNA、tRNA、核糖体、各种氨酰-tRNA合成酶和蛋白质因子组成。其中mRNA是蛋白质生物合成的模板,依靠三联体遗传密码,决定蛋白质分子中氨基酸的排列顺序。它们之间遗传信息的传递与从一种语言翻译成另一种语言时的情形相似。所以人们称以mRNA为模板合成蛋白质的过程为翻译(translation)。

mRNA分子上从$5'\rightarrow3'$方向,每三个相邻的核苷酸为一组,在蛋白质合成中代表某种氨基酸或肽链合成的起始或终止信号,称为遗传密码(genetic codon),它具有简并性和通用性等特点。所有的tRNA分子都具有相似的三叶草形和"四环一臂"的结构,其CCA末端可以与氨基酸连接,再通过反密码子与mRNA上的密码子配对。无论是原核还是真核生物,它们的核糖体都由大、小两个亚基组成。每个亚基又是由各自的rRNA和多种蛋白质形成的复合体。核糖体和其他辅助因子一起提供了翻译过程所需的全部酶活性。

原料氨基酸都要由专一的氨酰-tRNA合成酶催化与相应的tRNA相连。在原核生物中,翻译的起始氨基酸是甲酰甲硫氨酸,首先形成70S起始复合物。这个过程需要带有SD序列的mRNA和三种起始因子。真核生物的起始复合物不在起始密码子处形成,而是在帽子结构处形成的,然后才移动到AUG处成为80S起始复合物。真核生物的起始因子多达10个以上,其机制亦更为复杂。延伸过程包括进位、转肽、移位以及引进氨酰-tRNA时相关因子的循环,十分复杂。翻译的终止和肽链的释放是在核糖体、终止密码子和释放因子共同作用之下完成的。原核生物有三种释放因子,真核生物只有一种释放因子。翻译过程的每一个阶段GTP都是必需的。

新合成的多肽链必须进行翻译后加工才能成为有活性的蛋白质。翻译后加工主要包括分子伴侣协助下的正确折叠和各种化学修饰过程。翻译后的蛋白质还必须通过转运到达细胞的不同部位,发挥各自的生物学功能。分泌蛋白等在转位过程中,信号肽起了重要的引导作用。

学习目标

(1) 了解遗传密码的破译过程,掌握遗传密码的概念和特点。

(2) 掌握蛋白质生物合成体系的重要组分及其作用。

(3) 了解蛋白质生物合成的一般过程及规律。

(4) 了解蛋白质的靶向运输及翻译后修饰的基本方式。

(5) 认识和探讨蛋白质生物合成机理及其实际意义。

13.1　蛋白质生物合成体系

13.1.1　mRNA 与遗传密码

mRNA 分子上从 5′→3′方向，每三个相邻的核苷酸为一组，在蛋白质合成中代表某种氨基酸或肽链合成的起始或终止信号，称为遗传密码(genetic codon)。mRNA 分子中含有密码子信息的区域称为开放阅读框(open reading frame，ORF)。它的 5′-端为起始密码子，3′-端为终止密码子。密码表(表 131)中左边是密码子 5′-端的第一位碱基，中间是密码子的第二位碱基，右边是密码子的第三位碱基。例如苯丙氨酸的密码子是 UUU 或 UUC。表 13-1 中所列的 64 个密码子编码 18 种氨基酸和 2 种酰胺。至于胱氨酸、羟脯氨酸、羟赖氨酸等氨基酸则都是在肽链合成后再行加工而成的。64 个密码子中还包括三个不编码任何氨基酸的终止密码子，它们是 UAA、UAG、UGA，它们不代表任何氨基酸，也称为无意义密码子。遗传密码子按 5′→3′方向书写。在指导编码特定氨基酸的作用中，除甲硫氨酸和色氨酸仅有一个密码子外，其余氨基酸都有多个密码子为其编码。在大多数情况下，编码同一个氨基酸的密码子仅仅是第三个碱基(粗体)不同。

表 13-1　遗传密码表

第一位碱基(5′-端)	第二位碱基(中间)				第三位碱基(3′-端)
	U	C	A	G	
U	UU**U**(Phe)	UC**U**(Ser)	UA**U**(Tyr)	UG**U**(Cys)	U
	UU**C**(Phe)	UC**C**(Ser)	UA**C**(Tyr)	UG**C**(Cys)	C
	UU**A**(Leu)	UC**A**(Ser)	UA**A**(Stop)	UG**A**(Stop)	A
	UU**G**(Leu)	UC**G**(Ser)	UA**G**(Stop)	UG**G**(Trp)	G
C	CU**U**(Leu)	CC**U**(Pro)	CA**U**(His)	CG**U**(Arg)	U
	CU**C**(Leu)	CC**C**(Pro)	CA**C**(His)	CG**C**(Arg)	C
	CU**A**(Leu)	CC**A**(Pro)	CA**A**(Gln)	CG**A**(Arg)	A
	CU**G**(Leu)	CC**G**(Pro)	CA**G**(Gln)	CG**G**(Arg)	G
A	AU**U**(Ile)	AC**U**(Thr)	AA**U**(Asn)	AG**U**(Ser)	U
	AU**C**(Ile)	AC**C**(Thr)	AA**C**(Asn)	AG**C**(Ser)	C
	AU**A**(Ile)	AC**A**(Thr)	AA**A**(Lys)	AG**A**(Arg)	A
	AU**G**(Met)	AC**G**(Thr)	AA**G**(Lys)	AG**G**(Arg)	G
G	GU**U**(Val)	GC**U**(Ala)	GA**U**(Asp)	GG**U**(Gly)	U
	GU**C**(Val)	GC**C**(Ala)	GA**C**(Asp)	GG**C**(Gly)	C
	GU**A**(Val)	GC**A**(Ala)	GA**A**(Glu)	GG**A**(Gly)	A
	GU**G**(Val)	GC**G**(Ala)	GA**G**(Glu)	GG**G**(Gly)	G

遗传密码决定蛋白质中氨基酸的排列顺序。由于 DNA 双链中一般只有一条单链(称为有义链或编码链)被转录为 mRNA，而另一条单链(称为反义链)不被转录，所以对于以双链 DNA 作为遗传物质的生物来讲，密码也用 RNA 中的核苷酸顺序而不用 DNA 中的脱氧核苷

酸顺序表示。尽管某些密码子也编码起始和终止信号,但整个密码子之间是连续的。它们依次相连且不互相重叠。

密码子曾一度被认为是通用的,即不论何种生物,每个密码子都有相同的意义。这一假设来自对大肠杆菌和高等哺乳动物的比较,因为体外这两种生物的 tRNA 能识别同一三联体密码子,该结论又被对蛋白质和核酸序列的比较所证实。现在已知,在某些生物如真核生物线粒体中的遗传密码与大肠杆菌系统中所建立的遗传密码是不同的,后者的密码子适用于绝大多数原核、真核生物,故称为标准密码子。

起始密码子由编码甲硫氨酸的密码子 AUG 担任。在大肠杆菌中,蛋白质合成的起始牵涉到 AUG 被 N-甲酰甲硫氨酸 tRNA(fMet-tRNA)识别的过程。AUG 虽然是细菌的主要起始密码子,但并不是唯一的,GUG 和其他稀有的密码子也可作为起始密码子。应强调的是这些稀有的起始密码子,同 AUG 一样也被 fMet-tRNA 识别。尽管甲酰甲硫氨酸和甲硫氨酸分别在原核和真核生物中担任起始作用,但在成熟蛋白质的 N-端并不存在。在细菌中,甲酰基被脱甲酰化酶除去,而甲硫氨酸常被一个氨肽酶除去。这些反应由多肽链上第二个氨基酸的性质决定。

遗传密码的破译是用无细胞系统进行实验得出的。那么生物体内的情况是否也是同样的呢?不少实验室对此作了许多研究,都得到肯定的结论。20 世纪 70 年代兴起的基因克隆和快速测序技术,反复验证了遗传密码的正确。

1. 遗传密码的基本特征

1) 密码子的连续性

每个三联体密码子决定一种氨基酸,两种密码子之间无任何核苷酸或其他成分加以分离,即密码子间无断开,绝大部分生物中密码子是不重叠的(少数病毒例外)。密码子具有方向性,例如 AUC 是异亮氨酸的密码子,A 为 5′-端碱基,C 为 3′-端碱基,因此 mRNA 5′-端到 3′-端的核苷酸排列顺序决定了多肽链中从 N-端到 C-端的氨基酸排列顺序。

2) 密码子的简并性

20 种氨基酸中有许多对应着不止一个密码子。一种氨基酸有几个密码子,或者几个密码子代表一种氨基酸的现象称为密码子的简并性。除了甲硫氨酸和色氨酸只有一个密码子外,其他氨基酸均有两个或两个以上密码子,例如精氨酸有 6 个密码子。对应于同一个氨基酸的多个密码子,并非是随机分布的,它们常具有相同的 5′-端和中间的碱基,从而形成一组。这种简并性的存在削弱了许多密码子 3′-端的突变对氨基酸专一性的影响(表 13-2)。

表 13-2　遗传密码的简并性

氨基酸	密码子数	氨基酸	密码子数
Met	1	Tyr	2
Trp	1	Ile	3
Asn	2	Ala	4
Asp	2	Gly	4
Cys	2	Pro	4
Gln	2	Thr	4
Glu	2	Val	4

续表

氨基酸	密码子数	氨基酸	密码子数
His	2	Arg	6
Lys	2	Leu	6
Phe	2	Ser	6

3）密码子的摆动性

在 tRNA 分子中有一组与 mRNA 中的密码子配对的三联体，称为反密码子，见图 13-1。每种 tRNA 携带一种特定的氨基酸，在遗传密码的解读中起着关键性的作用。

mRNA 上的密码子与 tRNA 上的反密码子结合时具有一定摆动性，即密码子的第 3 位碱基与反密码子的第 1 位碱基配对时并不严格遵守 Watson-Crick 碱基互补配对原则。配对摆动性完全是由 tRNA 反密码子的空间结构所决定的。反密码子 5′-端的碱基处于 L 形 tRNA 的顶端，受到的碱基堆积力的束缚比较小，因此有较大的自由度。反密码子的第 1 位碱基常出现稀有碱基，如次黄嘌呤(I)与 A、C、U 之间皆可形成氢键而结合，这是最常见的摆动现象。这种摆动现象使一个 tRNA 所携带的氨基酸可排列在 2～3 个不同的密码子上，因此当密码子的第 3 位碱基发生一定程度的突变时，并不影响 tRNA 带入正确的氨基酸(表 13-3)。

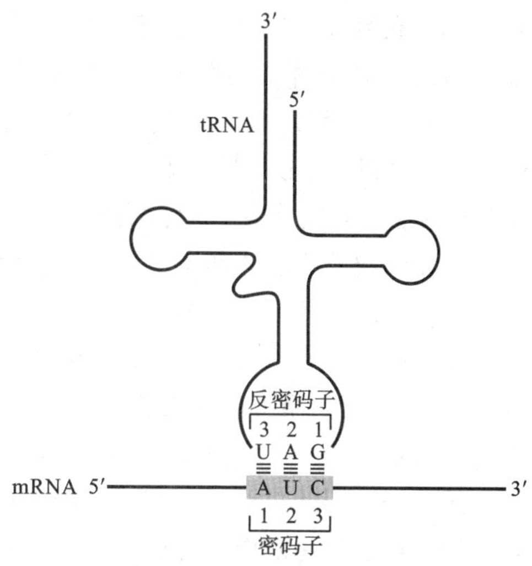

图 13-1　密码子与反密码子的配对关系

表 13-3　密码子与反密码子配对的摆动现象

碱基的位置	碱基的种类				
tRNA 反密码子第 1 位碱基	I	U	G	C	A
mRNA 密码子第 3 位碱基	U、C、A	A、G	U、C	G	U

4）密码子的通用性和变异性

不论是病毒、原核生物还是真核生物，密码子的含义都是相同的，即密码子具有通用性。但真核细胞线粒体 mRNA 中的密码子与细胞质中 mRNA 的密码子有以下三点不同：一是线粒体中 UGA 不代表终止密码子，而是编码色氨酸；二是肽链内的甲硫氨酸由 AUG 和 AUA 两个密码子编码，起始部位的甲硫氨酸由 AUG、AUA、AUU 和 AGG 四个密码子编码；三是 AGA 和 AGG 不是精氨酸的密码子，而是终止密码子，即 UAA、UAG、AGA 和 AGG 均为终止密码子。

2. 非标准的遗传密码

虽然遗传密码在不同生命之间有很强的一致性，但亦存在非标准的遗传密码。在一些纤毛类原生动物和藻类中，UAA 和 UAG 编码谷氨酸而不是终止信号；而在部分原生动物和支原体中，UGA 编码色氨酸，而 UAA、UAG 仍为终止密码子。在另一种纤毛原生动物 *Euplotes octocarinatus* 中，UGA 编码半胱氨酸，UAA 仍为终止密码子，而 UAG 却无任何功能。以上生物都存在能识别这些终止密码子所编码的氨基酸的反密码子的 tRNA 种类。

13.1.2　rRNA 与核糖体

20 世纪 50 年代,赞穆克(Paul Charles Zamecnik)用放射性同位素示踪技术证明核糖体是蛋白质合成的部位。核糖体是一个巨大的核糖核蛋白体,是由 rRNA 和蛋白质构成的椭圆形粒状小体。核糖体在细胞内的数量相当多,如一个迅速生长的大肠杆菌细胞内约有 15000 个核糖体。在原核细胞中,核糖体以游离形式存在,也可以与 mRNA 结合形成串状的多核糖体。在真核细胞中,有的核糖体附着于内质网的外面,称为固着核糖体,形成粗面内质网;有的不附着于内质网上,称为游离核糖体,常见于未分化的细胞中。附着于内质网上的核糖体,附着的情况也不尽相同。在某些细胞中,核糖体均匀地附着于细胞质中某一部分的内质网上,有的却集中地附着于细胞质中某一部分的内质网上。真核细胞所含核糖体的数目要多得多,为 10^6～10^7 个。真核细胞的线粒体和叶绿体内也有自己的核糖体。

附着于内质网上的核糖体所合成的蛋白质,与游离于细胞基质中的核糖体所合成的蛋白质有所不同。附着于内质网上的核糖体,主要是合成某些专供输送到细胞外面的分泌物质,如抗体、酶原或蛋白质类的激素等。游离核糖体主要合成分布在细胞基质中或供细胞本身生长所需要的蛋白质分子(包括酶分子)。此外,游离核糖体还合成某些特殊蛋白质,如红细胞中的血红蛋白等。因此,在分裂活动旺盛的细胞中,游离核糖体的数目就比较多,而且分布比较均匀。这一点已被用来作为辨认肿瘤细胞的标志之一。

核糖体由大、小两个亚基构成。当镁离子浓度为 10 mmol/L 时,大、小亚基聚合;镁离子浓度下降至 0.1 mmol/L 时解聚。核糖体的大小以沉降系数 S 来表示,S 越大则颗粒越大、分子量越大。原核细胞、真核细胞核糖体的大小亚基是不同的。原核细胞核糖体的 30S 亚基含有 21 种蛋白质,还含有一分子 16S rRNA。50S 亚基中含有 34 种蛋白质及 5S、23S rRNA 各一分子。大小亚基结合后为一完整核糖体,其大小为 70S。真核细胞核糖体的 40S 亚基含有约 30 种蛋白质,还含有一分子 18S rRNA。60S 亚基中含有约 50 种蛋白质及 5S、5.8S和 28S rRNA 各一分子,大小亚基结合后为一完整核糖体,其大小为 80S。表 13-4 和图13-2总结了不同生物核糖体的一些组成特性。

表 13-4　核糖体的结构组成

核糖体种类	亚基	rRNA	蛋白质种类
原核细胞核糖体(70S)	30S	16S	21 种
	50S	5S 23S	34 种
真核细胞核糖体(80S)	40S	18S	～30 种
	60S	5S 28S 5.8S	～50 种

不管是附着的核糖体还是游离的核糖体,在进行蛋白质合成的过程中,常常是几个核糖体聚集在一起进行活动,这是由于 mRNA 把它们串联在一起。这样一个功能单位的聚合体称为多聚核糖体。

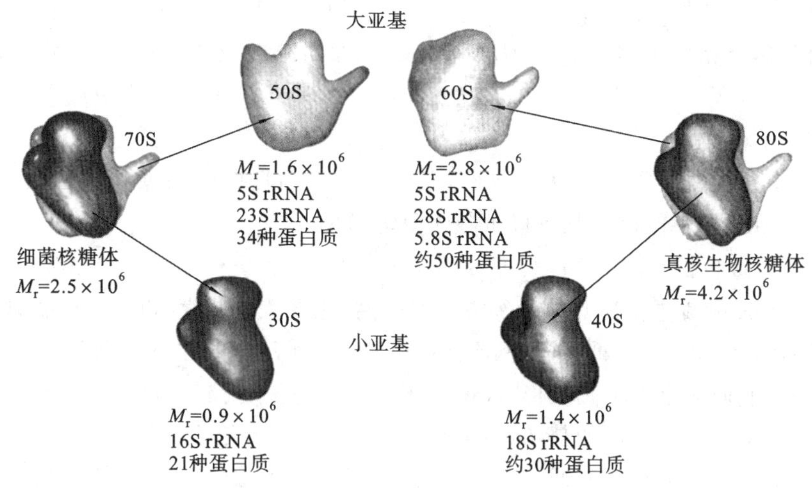

图 13-2　不同核糖体的结构组成

1. 核糖体 RNA(rRNA)

rRNA 是细胞内含量最丰富的 RNA。在大肠杆菌中占 RNA 总量的 82%;在哺乳动物肝细胞中占 RNA 总量的 50%。rRNA 在核糖体的结构和功能上都起重要作用。

编码 rRNA 的基因是细胞内所有基因中最保守的,特别是它们的二级结构的保守区一般处于分子的非螺旋区,这种广泛的保守性意味着 rRNA 在功能上有很强的制约性。

原核细胞中,16S rRNA 在识别 mRNA 上多肽合成起始位点中起重要作用。不同来源的 16S rRNA 具有相似的二级结构,大肠杆菌 16S rRNA 的二级结构模型见图 13-3,属于 16S rRNA 同类的核糖体小亚基 RNA 也有类似的结构。它分为 4 个功能域,分别是 5′-端区域、中心区域、3′-端大区域和 3′-端小区域。3′-端小区域中存在一段序列 ACCUCCU,它能与原核

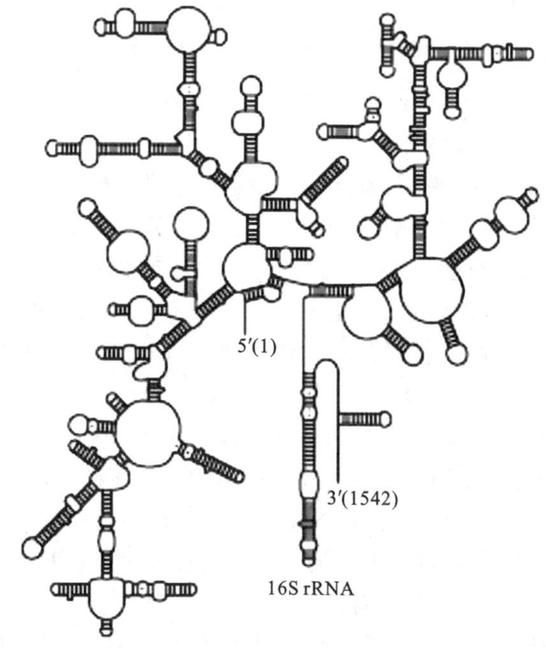

图 13-3　16S rRNA 的二级结构

mRNA 翻译起始区中富含嘌呤的序列互补结合,在翻译中起作用。真核生物的 18S rRNA 之间的保守性较强,与原核生物的 16S rRNA 比较,序列同源性较差,但是它们都有相似的二级结构。

2. 核糖体蛋白质

采用双向聚丙烯酰胺凝胶电泳等技术,已成功对大肠杆菌的核糖体蛋白质进行了分离。大多数核糖体蛋白质呈纤维状,只有极少数是呈球形的。

3. 核糖体的结构模型

应用电镜及 X 射线蛋白质晶体学等方法,已经提出了大肠杆菌 30S、50S 及 70S 核糖体的三维结构模型,见图 13-4。核糖体不是圆形颗粒,而是由大、小二个亚基组成的不规则颗粒。大亚基侧面观是底面向上的倒圆锥形,底面不平,边缘有三个突起,中央为一凹陷,似沙发的靠背和扶手。小亚基是略带弧形的长条,一面稍凹陷,一面稍外突,约 1/3 处有一细缢痕,将其分成大小两个不等部分。大小亚基凹陷部位彼此对应结合,形成了一个内部空间。此部位可容纳 mRNA、tRNA 及进行氨基酸结合等反应。此外,在大亚基内有一垂直的通道为中央管,所合成的多肽链由此放出,以免受蛋白酶的分解。

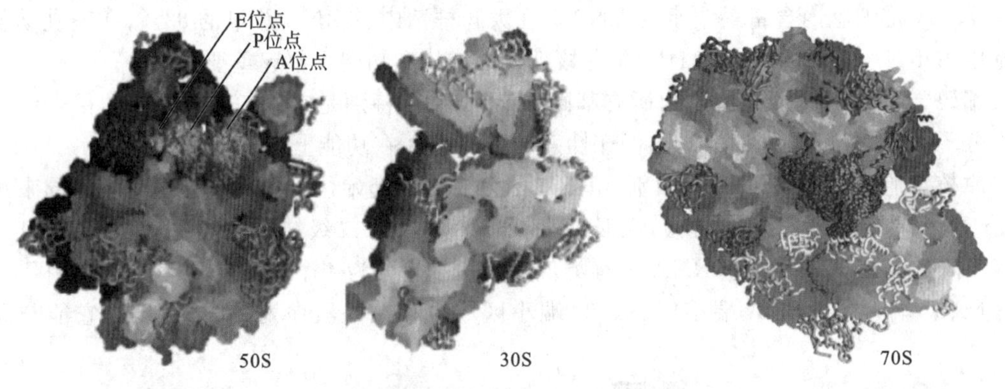

图 13-4 原核细胞核糖体三维结构模型

核糖体的主要成分为蛋白质和 rRNA,两者比例在原核细胞中为 1.5∶1,在真核细胞中为 1∶1。每个亚基中,以一条或两条高度折叠的 rRNA 为骨架,将几十种蛋白质组织起来,紧密结合,使 rRNA 大部分围在内部,小部分露在表面。由于 rRNA 的磷酸基所带负电荷超过了蛋白质带的正电荷,因而核糖体显强负电性,易与阳离子和碱性染料结合。原核细胞单个核糖体上存在五个关键部位,在蛋白质合成中各有专一的识别作用。①A 位点(aminoacyl site):又称氨酰位或受位(acceptor site),主要在大亚基上,是接受氨酰-tRNA 的部位。②P 位点(peptidyl site):又称肽酰位或给位(donor site),主要在小亚基上,肽链合成过程中供出肽酰基,并使其与相邻 A 位的氨酰-tRNA 相结合。③E 位点(exit site):是脱氨酰-tRNA(deaminoacyl-tRNA)离开 A 位点到完全从核糖体释放出来的一个暂时停留位点。当 E 位点被 tRNA 占据之后,A 位点同氨酰-tRNA 的亲和力降低,在核糖体准备就绪的情况下,E 位点才会排出 tRNA,从而接受下一个氨酰-tRNA。④肽基转移酶部位(transpeptidase):简称 T 因子,位于大亚基上,催化氨基酸间形成肽键,使肽链延伸。⑤GTP 酶部位:GTP 酶即转位酶(translocase),简称 G 因子,对 GTP 具有活性,催化肽键从供体部位作用到受体部位。另外,核糖体上还有许多与起始因子、延伸因子、释放因子以及各种酶相结合的位点。

13.1.3　tRNA 和氨基酸的活化

翻译过程中，tRNA 与 mRNA 的密码子结合时，必须先与相应的氨基酸结合形成氨酰-tRNA(图 13-5)。促进这一反应的酶是氨酰-tRNA 合成酶(图 13-6)。图 13-6(a)代表大肠杆菌的谷氨酰-tRNA 合成酶，属Ⅰ型氨酰-tRNA 合成酶，为单体蛋白。图 13-6(b)代表酵母菌的天冬氨酰-tRNA 合成酶，属Ⅱ型氨酰-tRNA 合成酶，为二聚体蛋白。这种结合有两方面的意义：① 氨基酸与 tRNA 分子的结合使得氨基酸本身被活化，有利于下一步进行的肽键形成反应；② tRNA 可以携带氨基酸到 mRNA 的指定部位，使得氨基酸能够被掺入到多肽链合适的位置。如此结合，氨酰-tRNA 合成酶不仅为蛋白质的合成解决了能量问题，而且还解决了专一性的问题。

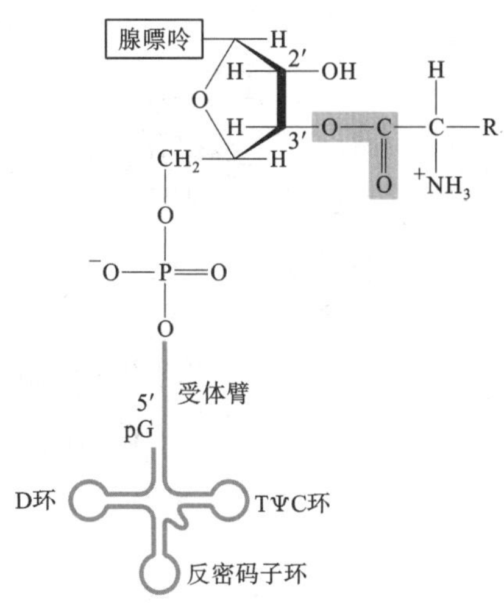

图 13-5　氨酰-tRNA 的一般结构式

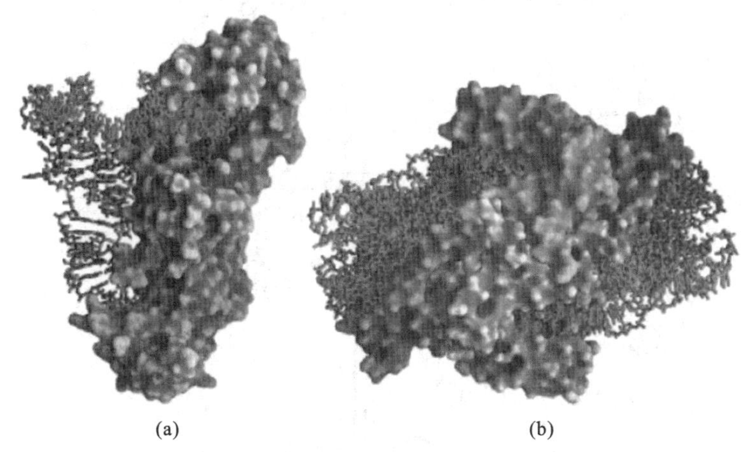

(a)　(b)

图 13-6　tRNA 与氨酰-tRNA 合成酶结合的三维结构模型

氨酰-tRNA 合成酶参与的合成反应分两步进行，如图 13-7 所示。

第一步：氨酰-tRNA 合成酶识别它所催化的氨基酸以及另一底物 ATP，在氨酰-tRNA 合成酶的催化下，氨基酸的羧基与 ATP 上的磷酸基形成一个酯键，同时释放出一分子 PPi，反应式为

$$\text{氨基酸} + \text{ATP} \longrightarrow \text{氨酰-AMP} + \text{PPi} \qquad (13\text{-}1)$$

这个反应的平衡常数大约为 1，以至于 ATP 分子中磷酸键断裂所具备的能量继续保存到氨酰-AMP 分子中。此时，氨酰-AMP 仍然紧密地与酶分子结合。

第二步：通过形成酯键，氨酰-tRNA 合成酶将氨基酸连接到 tRNA 3′-端的核糖上，反应式为

$$\text{氨酰-AMP} + \text{tRNA} \longrightarrow \text{氨酰-tRNA} + \text{AMP} \qquad (13\text{-}2)$$

不同的氨酰-tRNA 合成酶在识别 tRNA 的部位上有所不同。一些氨酰-tRNA 合成酶能够形成 2′号位的酯，有的形成 3′号位的酯，有的还可能形成混合物。酰胺基团还能在 2′号位

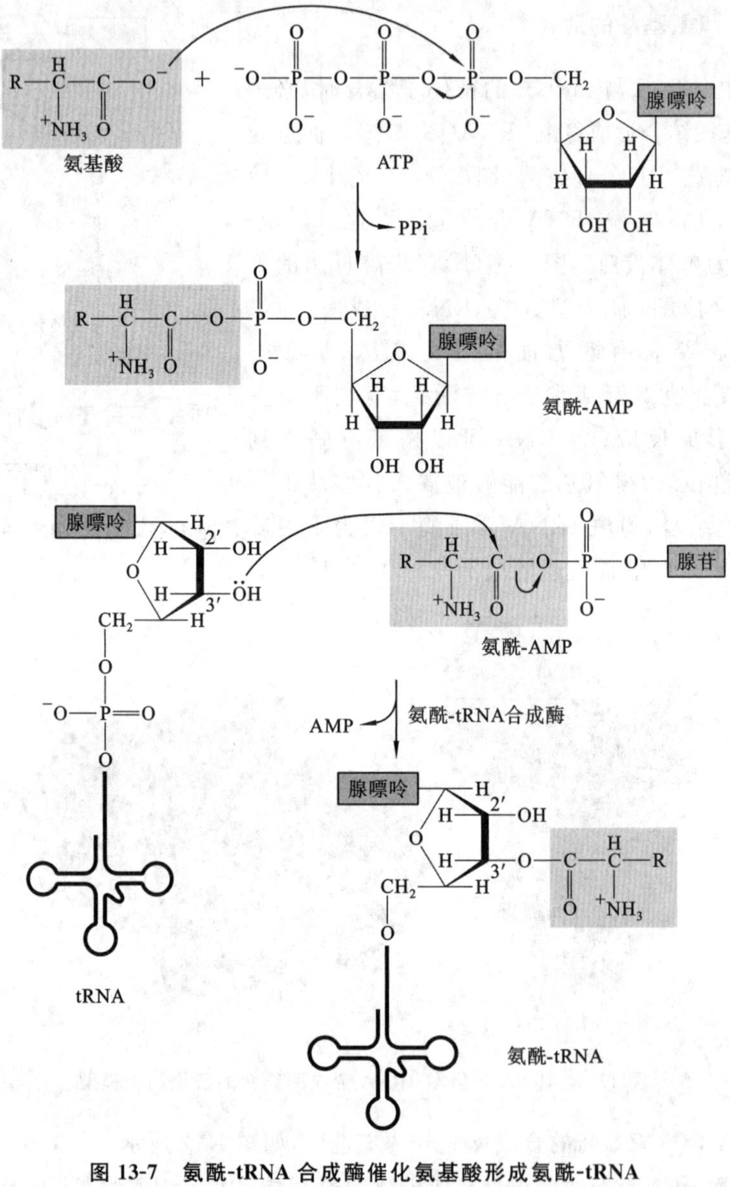

图 13-7　氨酰-tRNA 合成酶催化氨基酸形成氨酰-tRNA

或 3′号位的羟基之间进行交换，但只有 3′号位的酯能参与在核糖体催化下的后续的转肽反应。

以上两个氨酰-tRNA 合成酶催化的反应可总结为下式：

$$\text{氨基酸} + \text{ATP} + \text{tRNA} \longrightarrow \text{氨酰-tRNA} + \text{AMP} + \text{PPi} \quad (13\text{-}3)$$

总反应(13-3)的平衡常数接近于 1，自由能降低极少，反应是可逆的。但随着 PPi 被焦磷酸酶水解成两个自由磷酸分子，上述反应就趋向于完全反应。氨基酸与核糖之间形成的高能酯键对于蛋白质合成中肽键的形成十分重要。

根据一级结构，氨酰-tRNA 合成酶可分为两类(表 13-5)。Ⅰ型酶主要催化氨基酸添加到核糖的 2′号位位置，Ⅱ型的酶则催化氨基酸添加到 3′号位位置上。从进化的角度看，两类酶有不同的起源，这一点已从两类酶三级结构的巨大差异中获得证实，见图 13-6。

表 13-5　氨酰-tRNA 合成酶的种类

Ⅰ型					Ⅱ型				
Arg	Leu	Cys	Met	Gln	Ala	Lys	Asn	Phe	Asp
Trp	Glu	Tyr	Ile	Val	Pro	Gly	Ser	His	Thr

注:氨基酸字母分别代表相应的氨酰-tRNA 合成酶。

尽管一个氨基酸对应于多个 tRNA,但每个氨基酸都只对应一个氨酰-tRNA 合成酶,说明每个氨酰-tRNA 都是依靠识别这些同工 tRNA 的特异部位,从而防止错误的酰基化。

13.2　蛋白质的合成过程

肽链合成是向氨基端(N-端)延伸的还是向羧基端(C-端)延伸的呢?有很多实验可以得到结果,这里不一一列举。现已经证明,mRNA 上信息的阅读(翻译)是从 mRNA 的 5′-端向 3′-端进行的。翻译过程从阅读框的 5′-AUG 开始,按 mRNA 模板三联体密码子的顺序延伸肽链,直至终止密码子出现。终止密码子前一位三联体,翻译出肽链 C-端氨基酸。翻译过程也可分为起始、延伸、终止三个阶段。氨酰-tRNA 的合成,是随着肽链合成的起始、延伸阶段不断进行和配合着的。此外,蛋白质合成后,还需加工和修饰。

13.2.1　肽链合成的起始

肽链合成的起始是指 mRNA 和起始氨酰-tRNA 分别与核糖体结合而形成翻译起始复合物(translational initiation complex)的过程。

所有肽链的合成都开始于甲硫氨酸的参与,一个特殊的起始 tRNA 对所有蛋白质合成中起始氨基酸——甲硫氨酸的掺入负责,这个 tRNA 可简写为 $tRNA_i^{Met}$,它也对选择在 mRNA 上的什么位置开始翻译起重要作用。细胞中只有两种 tRNA 可携带甲硫氨酸,通常把另一种携带甲硫氨酸掺入蛋白质内部的 tRNA 写作 $tRNA^{Met}$。只有一种甲硫氨酰-tRNA 合成酶参与了这两种甲硫氨酰-tRNA 的合成。对这两种甲硫氨酰-tRNA 的识别是由参与蛋白质合成的起始和延伸因子决定的,起始因子识别 $tRNA_i^{Met}$,而延伸因子识别 $tRNA^{Met}$。这两种甲硫氨酰-tRNA 既能够被它们唯一的甲硫氨酰-tRNA 合成酶所识别,以区别开其他 tRNA;同时,这两种甲硫氨酰-tRNA 又能被蛋白质合成因子所区分。

在原核细胞中,有一种特异的甲酰化酶,能够使得 $tRNA_i^{Met}$ 中的氨基发生甲酰化,这样可使得参与起始的 $tRNA_i^{Met}$ 不参与肽链的延伸过程。这种识别过程在进化过程中逐渐消失,因此不存在于真核细胞中。

蛋白质合成中,翻译的开始是在 mRNA 分子上选择合适位置的起始密码子 AUG,这一过程可通过核糖体小亚基与 mRNA 的结合来完成。原核与真核生物在识别合适的起始密码子上有所差别,这种差别源于原核与真核生物 mRNA 的差异。真核生物的一个 mRNA 通常只编码一个蛋白质,而原核生物的一个 mRNA 通常可为多个蛋白质编码。

虽然原核生物与真核生物在蛋白质合成的起始上有差异,但是有三点是都要进行的:①核糖体小亚基结合起始 tRNA;②在 mRNA 上必须找到合适的起始密码子;③大亚基必须与已经形成复合物的小亚基、起始 tRNA、mRNA 结合。一些被称作起始因子(initiation factor,

IF)的非核糖体蛋白质参与了上述三个过程。

1. 原核生物翻译起始复合物的形成

在多肽链的起始中,fMet-$tRNA_i^{fMet}$首先与结合在核糖体 30S 亚基的 mRNA 起始密码子结合,形成的 30S 起始复合物再与核糖体 50S 亚基形成 70S 起始复合物。这一过程需 GTP、Mg^{2+}和起始因子 IF-1、IF-2、IF-3 的共同参与(图 13-8),肽链合成起始复合物的形成可分三个步骤,即核糖体大、小亚基分离与 mRNA 在小亚基上定位结合,起始氨酰-tRNA 的结合,核糖体大亚基结合。

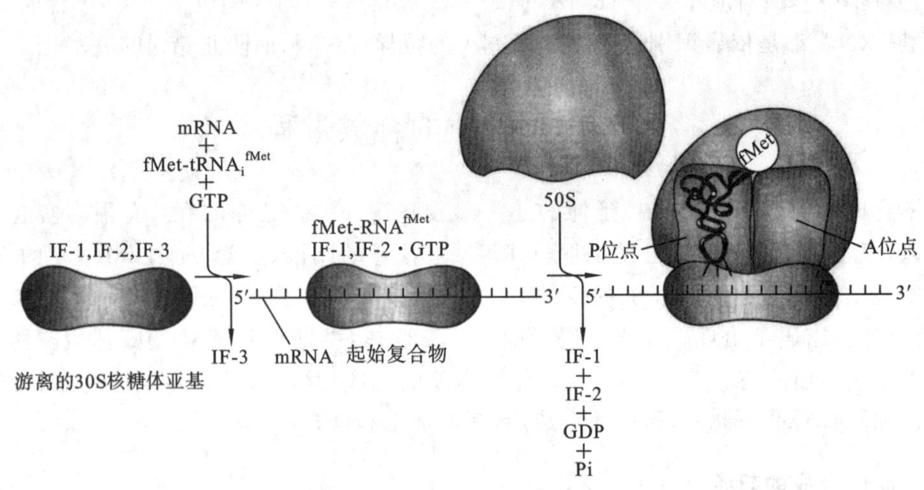

图 13-8　原核生物翻译起始复合物的形成

在原核细胞中,起始 AUG 可以在 mRNA 上的任何位置,并且一个 mRNA 上可以有多个起始位点,为多个蛋白质编码。原核细胞中的核糖体是如何对 mRNA 分子内如此众多的 AUG 起始位点进行识别的呢?夏因(John Shine)和达尔加诺(L. Dalgarno)在 20 世纪 70 年代初期解答了这个问题。他们发现,细菌的 mRNA 通常含有一段富含嘌呤碱基的序列,现被称作 SD 序列(Shine-Dalgarno sequence),它们通常在起始 AUG 序列上游 10 个碱基左右的位置,能与细菌 16S rRNA 3′-端的 7 个嘧啶碱基进行碱基互补性的识别,以帮助从起始 AUG 处开始翻译,如图 13-9 所示。这种识别已被证实是细菌中识别起始密码子的主要机制,在 SD 序列上发生增强碱基配对的突变能够加强翻译的效率,反之,发生减弱碱基配对的突变则会减弱翻译的效率。

大肠杆菌有 3 个起始因子与 30S 小亚基结合。其中 IF-3 的功能是使前面已完成蛋白质合成的核糖体的 30S 和 50S 亚基分开,起始因子 IF-1 的功能是占据 A 位点防止结合其他 tRNA,IF-2 的功能则是促进 fMet-$tRNA_i^{fMet}$与 30S 小亚基的结合。mRNA 上的 SD 序列可与小亚基上 16S rRNA 的 3′-端进行碱基配对,起始密码子 AUG 可与起始 tRNA 上的反密码子进行配对。当 30S 小亚基结合上 fMet-$tRNA_i^{fMet}$及 mRNA 形成复合物后,IF-3 就解离开来,以便 50S 大亚基与复合物结合。这一结合使得 IF-1 及 IF-2 离开核糖体,同时使结合在 IF-2 上的 GTP 发生水解。原核生物的起始过程需要一分子的 GTP 水解成 GDP 及磷酸以提供能量。

2. 真核生物翻译起始复合物的形成

真核生物具有与原核生物相似的核糖体上的蛋白质合成过程。尽管对真核生物蛋白质合

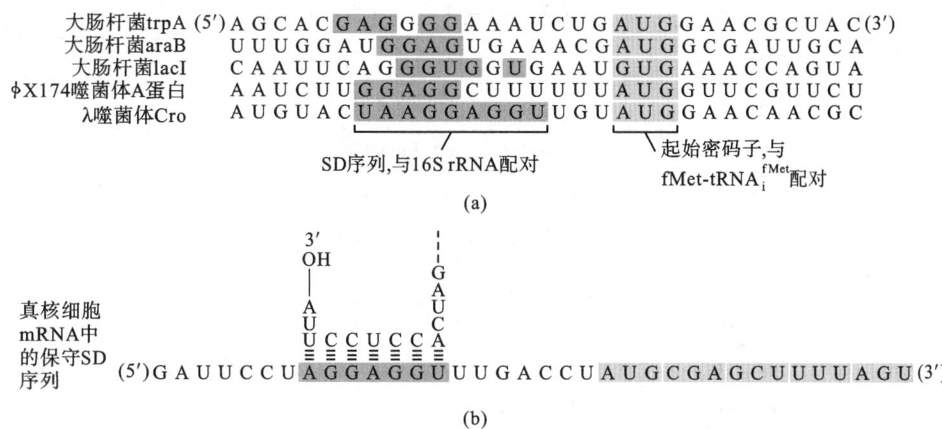

图 13-9　大肠杆菌 16S rRNA 与 SD 序列的识别

成的细节并不清楚,但与原核生物蛋白质合成相比,两者在链的延伸和终止上的差别相对较小,但在起始上的差别却较大。

原核与真核生物起始的一个根本差别在于起始 AUG 的选择模式不同。这使真核生物具备了大大超过原核生物的起始因子。真核生物并不具有能在一个多顺反子 mRNA 上独立起始的 SD 序列(真核生物 18S rRNA 缺少关键的 CCUCC 序列),但它具有一个更高明的机理(扫描机理)。核糖体的 40S 亚基与一个单顺反子 mRNA 的 5′-端结合并沿着 mRNA 扫描,直到遇到一个合适的起始 AUG 密码。这时核糖体的 60S 亚基就可以与之结合。与原核生物所不同的是,真核生物起始 tRNA 在与 mRNA 结合之前是与核糖体的小亚基结合的。扫描模型的关键在于核糖体与 mRNA 5′-端的结合并在第一个 AUG 得到起始。与原核生物相比,真核生物不具有能在内部自我起始的多顺反子 mRNA。

真核生物蛋白质合成的起始需要更多的蛋白质因子(eIF)参与,目前,至少已发现 9 种蛋白质因子,其中有一些因子含有多达 11 种不同的亚基,但迄今只知道部分因子的功能(表 13-6)。真核生物翻译起始复合物如图 13-10 所示。与原核系统类似,eIF-3 使得 40S 小亚基与大亚基分开,而且也是通过 GTP 的水解使大、小亚基结合,然而其间的反应则有所不同。fMet-tRNA$_i^{fMet}$首先与小亚基结合,同时与 eIF-2 及 GTP 形成四元复合物,形成的复合物在多个因子的帮助下开始与 mRNA 的 5′-端结合。其中一个因子 eIF-4 含有一个亚基,能够特异性地结合在 mRNA 的帽子结构上。结合上 mRNA 后,核糖体小亚基就开始向 3′-端移动至第一个 AUG。这种移动由 ATP 水解为 ADP 及磷酸来提供能量。

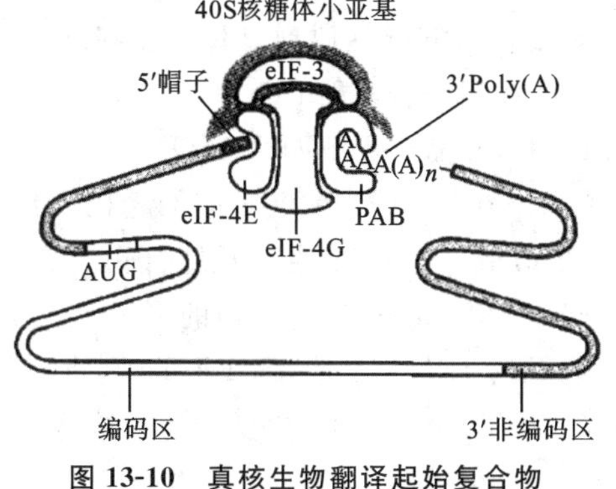

图 13-10　真核生物翻译起始复合物

表 13-6 原核、真核生物各种起始因子的生物功能

	起始因子	生物功能
原核生物	IF-1	占据 A 位点防止结合其他 tRNA
	IF-2	促进起始 tRNA 与小亚基结合
	IF-3	促进大、小亚基分离,提高 P 位点对结合起始 tRNA 的敏感性
真核生物	eIF-2	促进起始 tRNA 与小亚基结合
	eIF-2B,eIF-3	最先结合小亚基,促进大、小亚基分离
	eIF-4A	eIF-4F 复合物成分,有解旋酶活性,促进 mRNA 结合小亚基
	eIF-4B	结合 mRNA,促进 mRNA 扫描定位起始 AUG
	eIF-4E	eIF-4F 复合物成分,结合 mRNA 5′帽子
	eIF-4G	eIF-4F 复合物成分,结合 eIF-4E 和 PAB
	eIF-5	促进各种起始因子从小亚基解离,进而结合大亚基
	eIF-6	促进核糖体分离成大、小亚基

注:前缀 e 表示其为真核因子。

13.2.2 肽链合成的延伸

肽链合成的延伸是指当起始过程结束时,根据 mRNA 密码序列的指导,依次添加氨基酸从 N-端向 C-端延伸肽链,直到合成终止的过程。肽链延伸在核糖体上连续性循环式进行,又称为核糖体循环(ribosomal cycle),每次循环增加一个氨基酸,包括以下 3 个延伸反应:进位(entrance)、转肽(transpeptidation)、移位(translocation)。这 3 个延伸反应在原核和真核生物中相似,其中两个需要非核糖体蛋白的延伸因子(elongation factor,EF)的参与,见表 13-7。

表 13-7 肽链合成的延伸因子

原核生物延伸因子	生物功能	对应真核生物延伸因子
EF-Tu	促进氨酰-tRNA 进入 A 位点,结合分解 GTP	EF-1-α
EF-Ts	调节亚基	EF-1-βγ
EF-G	有转位酶活性,促进 mRNA-肽酰-tRNA 由 A 位点前移到 P 位点,促进 tRNA 的释放	EF-2

1. 原核生物肽链合成的延伸

在多肽链的延伸中,氨酰-tRNA 与核糖体的 A 位点结合,然后与位于 P 位点的肽酰-tRNA 或 fMet-tRNA 反应,紧接着 tRNA 移位到 P 位点。在 mRNA 发生移动的同时,脱甲酰化的 tRNA 也脱离核糖体,从而为下一个氨酰-tRNA 空出了 A 位点。肽链的延伸需要三个可溶性因子 EF-Tu、EF-Ts 和 EF-G,并需要水解两个 GTP。

延伸因子 EF-Tu 将氨酰-tRNA 按 mRNA 上对应的密码子结合到核糖体的 A 位点。在此之前 EF-Tu、tRNA 和 GTP 形成一个可溶性三元复合物。除 fMet-tRNA 外,所有的延伸 tRNA 都形成这种复合物。EF-Tu 和 GDP 以复合物的形式从核糖体上被释放出来。在这种形式下 EF-Tu 不能和 GTP 或氨酰-tRNA 反应,而 EF-Ts 则将 GDP 从 EF-Tu · GDP 的复合物上释放下来,这样就形成了 EF-Tu 和 EF-Ts 的复合物。从这一复合物中,EF-Tu · GTP 可以再生(图 13-11)。

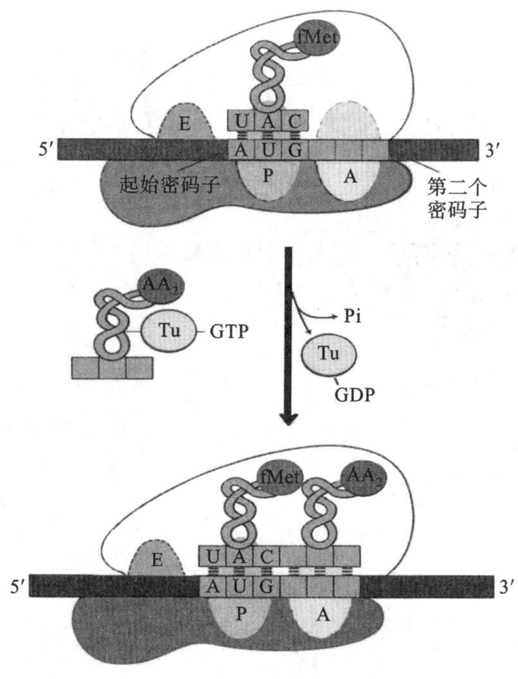

图 13-11　原核生物肽链延伸的第一步反应:进位

肽键在延伸因子从核糖体上解离下来之后就形成了,这一过程叫做转肽,催化这一过程的酶叫肽酰转移酶(peptidyl transferase),反应的实质是使一个酯键转变成了肽键。转肽过程可看作是新加入的氨酰-tRNA 上氨基酸的氨基对肽酰-tRNA 上酯键的羰基进行亲核进攻,如图 13-12 所示。肽键形成所需的自由能来自氨酰-tRNA 的高能量的酰酯键,而后者来自氨甲酰化时 ATP 水解释放的能量。

嘌呤霉素对蛋白质合成的抑制作用就发生在这一步上。嘌呤霉素的结构与氨酰-tRNA 3′-端上的 AMP 残基的结构十分相似。肽酰转移酶也能促使氨基酸与嘌呤霉素结合,形成肽酰嘌呤霉素,但其连接键不是酯键,而是酰胺键。肽酰-嘌呤霉素复合物易从核糖体上脱落,从而使蛋白质合成过程中断。这一点不仅证明了嘌呤霉素的作用机制,也说明了活化氨基酸是添加在延伸肽链的羧基上的。

延伸过程中的最后一步叫做移位,见图 13-13。如同氨酰-tRNA 的结合,这一过程由延伸因子 EF-G 催化,此过程有 GTP 的水解。在转位酶的催化下,新生肽链-tRNA 连同 mRNA 从 A 位点移到 P 位点,而空载的 tRNA 移入 E 位点。移动结束后,肽链延伸的一个周期就结束了。此时空出的 A 位点进入一个新的密码子,它对应着一个新的氨酰-tRNA,预示着新一轮延伸的开始。

2. 真核生物肽链合成的延伸

真核生物肽链合成的延伸过程与原核生物基本相似,但有不同的反应体系和延伸因子。在肽链延伸的循环中,真核生物催化氨酰-tRNA 与核糖体结合的因子同原核生物中的 EF-Tu 和 EF-Ts 相似。与 EF-Tu 结构相似的 EF-1-α,与氨酰-tRNA 和 GTP 形成三元复合物;而 EF-1-βγ 则在功能上对应 EF-Ts,它促进 GTP 从 EF-1-α 上替换下 GDP。而真核生物催化移位的因子为 EF-2。另外,真核细胞核糖体没有 E 位点,移位时空载的 tRNA 直接从 P 位点脱落。

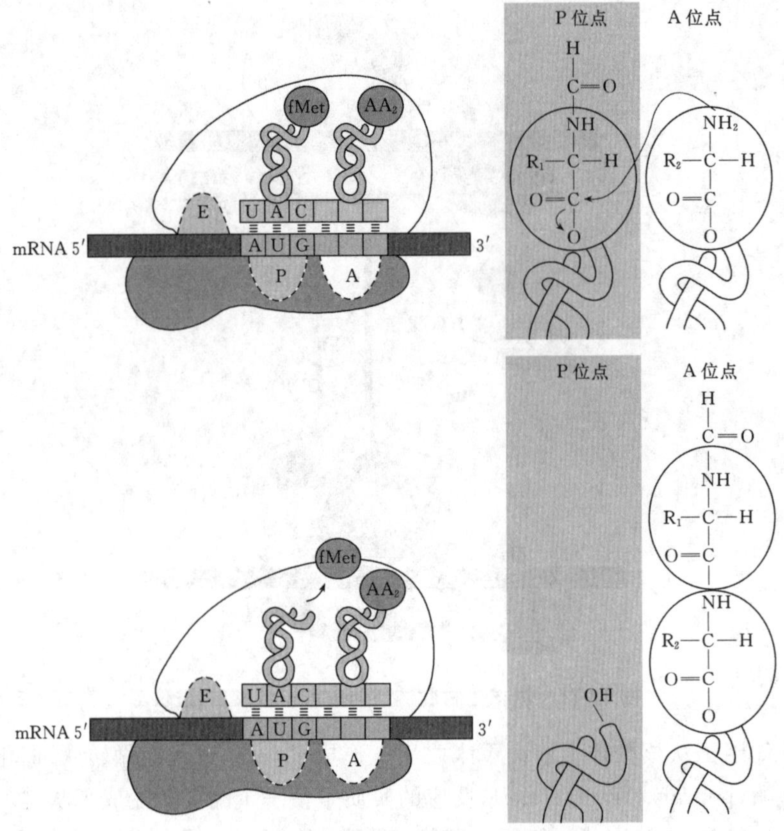

图 13-12　原核生物肽链延伸的第二步反应:转肽

13.2.3　肽链合成的终止

当 mRNA 上终止密码出现时,多肽链合成停止,肽链从肽酰-tRNA 中释出,mRNA、核糖体等分离,这些过程称为肽链合成的终止,这一过程除了需要终止密码子外,还需要释放因子(release factor,RF)的参加。在这一过程中,核糖体与 mRNA 的解离还需要核糖体释放因子(ribosome-releasing factor,RRF)的参与。

1. 原核生物肽链合成的终止

细胞通常不含能够识别 3 个终止密码子的 tRNA。在大肠杆菌中,当终止密码子进入核糖体上的 A 位点时,它们就被释放因子识别。RF-1 识别 UAA 和 UAG,RF-2 识别 UAA 和 UGA,RF-3 不识别终止密码子,但能刺激另外两个释放因子的活性。当释放因子识别在 A 位点上的终止密码子时,将改变在大亚基上的肽酰转移酶的专一性,使其能结合水用于亲核进攻,而不是识别通常的底物氨酰-tRNA。换言之,终止反应实际上是将肽酰转移酶活性转变成酯酶活性。多肽链被释放以后,mRNA 和空载的 tRNA 仍然和核糖体结合。为了下一轮蛋白质合成的进行,它们必须从核糖体释放以重新生成核糖体亚基。这一步反应需 GTP、EF-G 和核糖体释放因子 RRF 的参与,在这一过程中 EF-G 的主要作用是空载的 tRNA 释放(图 13-14)。

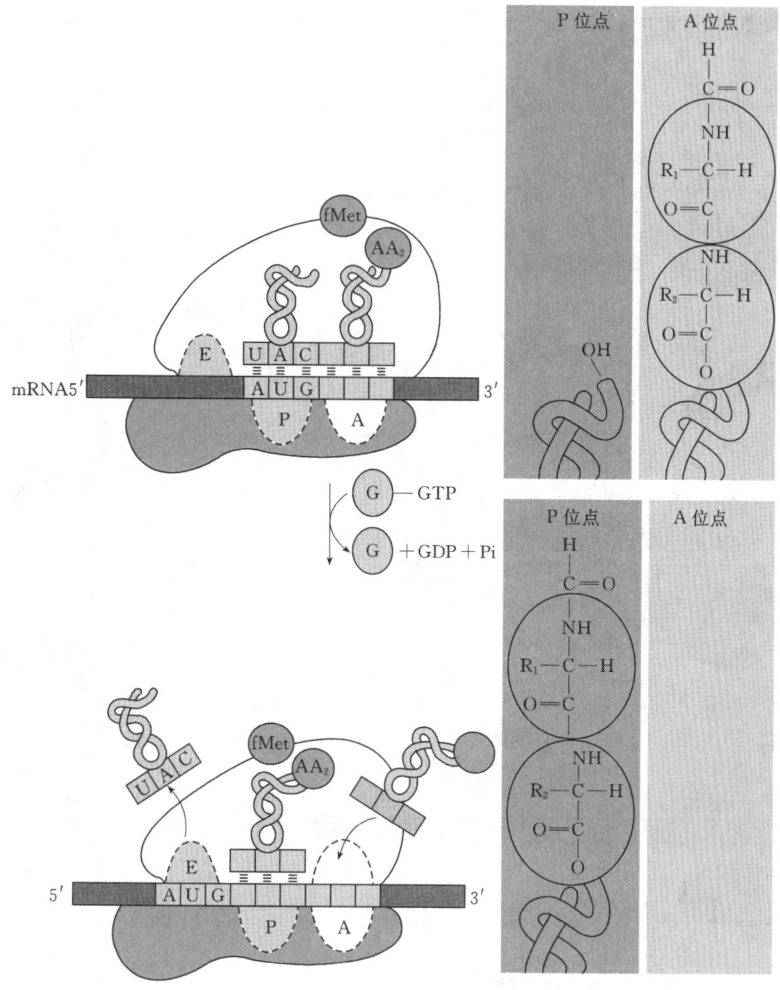

图 13-13　原核生物肽链延伸的第三步反应:移位

2. 真核生物肽链合成的终止

在真核生物的终止反应中,存在一个能识别 UAA、UAG 和 UGA 三个终止密码子的释放因子,它的功能等同于原核生物的 RF-1 和 RF-2。真核生物的第二个释放因子等同于细菌的 RF-3 因子。真核生物 RF 的氨基酸序列与原核生物 RF-1 和 RF-2 没有同源性。但它具有一段与色氨酰-tRNA 合成酶相似的序列。

尽管可能真核细胞中存在一个与 RRF 类似的因子,但目前还未见报道。真核生物核糖体是以亚基形式从多聚体上解离下来的。与原核生物相比,真核生物中不仅存在一个能与 40S 亚基结合的反结合因子,而且还有一个 80S 亚基解聚因子 eIF-6。

多肽链以高速率合成,但出错率仅为 10^{-4}。不论是真核细胞还是原核细胞,为了高速、高效合成蛋白质,可采取多聚核糖体方式进行。一条 mRNA 模板链都可附着 10～100 个核糖体,依次结合起始密码并沿 5′→3′方向读码移动,同时进行肽链合成,这种 mRNA 和多个核糖体的聚合物称为多聚核糖体,见图 13-15。在电镜下可看到,原核细胞 DNA 分子上连接着长短不一正在转录的 mRNA,每条 mRNA 附着多个核糖体进行翻译,显示为羽毛状,见图13-16。

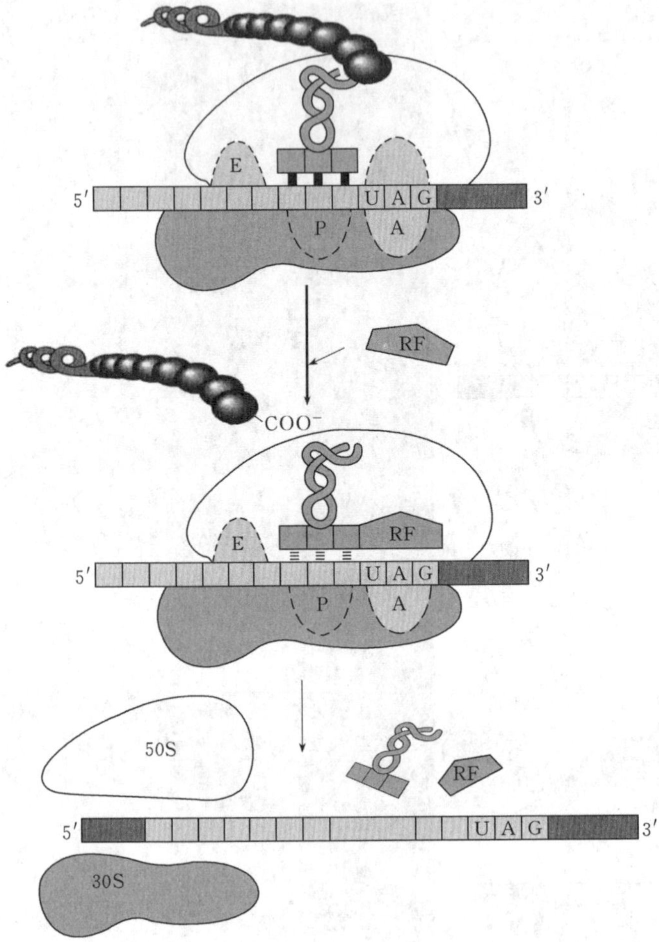

图 13-14　原核生物肽链合成的终止

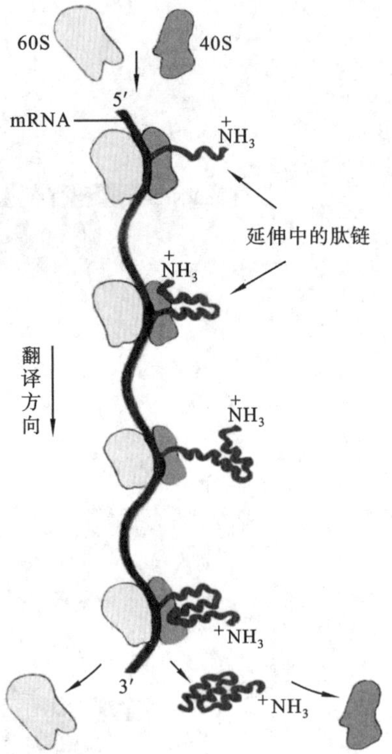

图 13-15　多聚核糖体

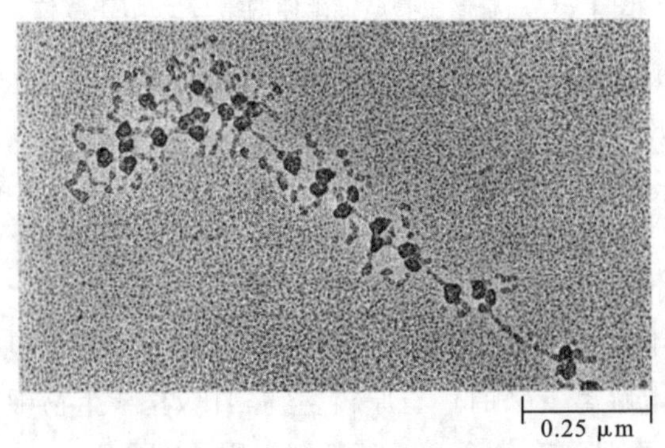

图 13-16　电镜下的多聚核糖体现象

13.2.4　蛋白质合成的抑制剂

除了上面提到的嘌呤霉素外，还有许多抗生素及毒素可抑制蛋白质的合成。氯霉素、四环素、链霉素只抑制原核细胞的翻译，但不作用于真核细胞。氯霉素只结合 70S 核糖体，不与 80S 核糖体结合。氯霉素对人的毒性可能与线粒体蛋白质合成受到抑制有关；链霉素、新霉素、卡那霉素与原核细胞 30S 核糖体相结合，可引起读码错误。因为亚胺环己酮只作用于 80S 核糖体，所以只抑制真核细胞的翻译。

由白喉棒状杆菌所产生的白喉毒素（diphtheria toxin）是一种蛋白质，几微克毒素足以将人致死，因为白喉毒素可以与 EF-2 结合，抑制肽链的移位作用。

13.3　蛋白质的靶向运输及翻译后修饰

新合成的蛋白质有三种去向：保留在细胞质中；进入细胞核、线粒体或其他细胞器；分泌到体液，再输送到其应发挥作用的靶器官和靶细胞。蛋白质的靶向输送（protein targeting）是指蛋白质在细胞质的核糖体上合成后，定向输送到最终发挥生物功能的目标地点的过程。除了那些在线粒体和质体内合成的蛋白质外，真核细胞内蛋白质都需要有目的、定向、精确地输送到靶部位。那么这些蛋白质是怎样被运输到目的地的呢？这是一个非常复杂和精巧的过程。甘特·布洛贝尔（Günter Blobel）和他的同事于 1970 年首次提出，大多数靶向输送的蛋白质结构中存在信号序列（signal sequence），它本身在靶蛋白的运输过程中或靶蛋白到达目的地后被切除和降解。虽然蛋白质生物合成中遗传密码只指导 20 种氨基酸的掺入，通过对成熟蛋白质的分析已发现上百种氨基酸的存在，但它们也只是在 20 种氨基酸基础上通过后加工过程而衍生出来的。这种翻译后加工过程使得蛋白质的组成更加多样化，从而导致蛋白质的结构更加复杂化。留在细胞质中的蛋白质从核糖体上释放后即可行使其功能，而运往别处的蛋白质则往往在运输的过程中发生大量的修饰。换句话说，蛋白质合成后的多种修饰反应是在靶向输送过程中完成的。

13.3.1　蛋白质的靶向运输

1. 分泌蛋白的靶向运输

真核细胞中的分泌蛋白、膜整合蛋白及溶酶体蛋白，它们的前体合成后，靶向输送过程的前几个步骤相似，合成肽链先由信号序列引导进入内质网，再被包装进入分泌小泡转移、融合到其他部位或分泌出细胞。各种分泌蛋白合成后经内质网、高尔基体以分泌颗粒形式分泌到细胞外。指引分泌蛋白分送过程的信号序列称为信号肽（signal peptide）。实验证明信号肽对分泌蛋白的靶向运输起决定作用。

1）信号肽

信号肽位于新合成的分泌蛋白前体 N-端，有 10～40 个氨基酸残基，包括氨基端带正电荷的亲水区（1～7 个残基）、中间疏水核心区（15～19 个残基），近羧基端含小分子氨基酸的信号肽酶切识别区三个部分。在信号肽的 C-端有一个可被信号肽酶（signal peptidase）识别的位点（图 13-17），当蛋白质运送到目的地时，信号肽即被信号肽酶切去。

2）分泌蛋白进入内质网的过程

分泌蛋白靶向进入内质网，需要多种蛋白成分的协同作用。如真核细胞的细胞质内存在信号肽识别颗粒（signal recognition particles，SRP）、内质网膜上的 SRP 对接蛋白（docking protein，DP）、内质网膜上的核糖体受体、肽转位复合物（peptide translocation complex）等。信号肽进入内质网腔内后立即被信号肽酶切除和降解。跨膜过程需要能量，分子伴侣 HSP70 参与此过程。

分泌蛋白输出胞外的关键步骤是进入粗面内质网腔，该过程涉及多种蛋白成分，与膜结合

		切点
人生长激素	MATGSRTSLLLAFGLLCLPWLQEGSA	FPT
人胰岛素原	MALWMRLLPLLALLALWGPDPAAA	FVN
牛血清蛋白原	MKWVTRISLLLFSSAYS	RGV
小鼠抗体H链	MKVLSLLYLLTAIPHIMS	DVQ
鸡溶菌酶	MKSLLILVLCFLPKLAALG	KVF
蜂毒蛋白	MKFLVNVALVFMVVVISYIVA	APE
果蝇胶蛋白	MKLLVVAVIACMLIGFADPASG	CKD
玉米蛋白19	MAAKIFCLIMLLGLSASAATA	SIF
酵母转化酶	MLLOAFLFLLAGFAAKISA	SMT
人流感病毒A	MKAKLLVLLYAFVAG	DQI

图 13-17　靶向输送蛋白的信号序列

核糖体翻译过程同步进行，主要步骤如下：①分泌蛋白在游离核糖体上合成约 70 个氨基酸残基，N-端为信号肽，细胞内的 SRP 是含 6 种亚基的 RNA 核蛋白，SRP 识别信号肽并形成核糖体-多肽-SRP 复合物使肽链合成暂时停止，引导核糖体结合到粗面内质网膜；②核糖体-多肽-SRP 复合物中的 SRP 识别并结合到内质网膜上的 DP，DP 水解 GTP 供能使 SRP 分离，核糖体大亚基与膜蛋白结合固定，多肽链继续延伸；③信号肽通过结合内质网膜特异结合蛋白，启动形成蛋白跨膜通道，后者与核糖体结合，信号肽利用 GTP 水解释能插入内质网膜，并引导延伸多肽经通道进入内质网腔，信号肽经信号肽酶切除。多肽在分子伴侣蛋白作用下逐步折叠成功能构象。进入内质网腔的分泌蛋白进而在高尔基体上包装成分泌颗粒完成出胞过程。见图 13-18。

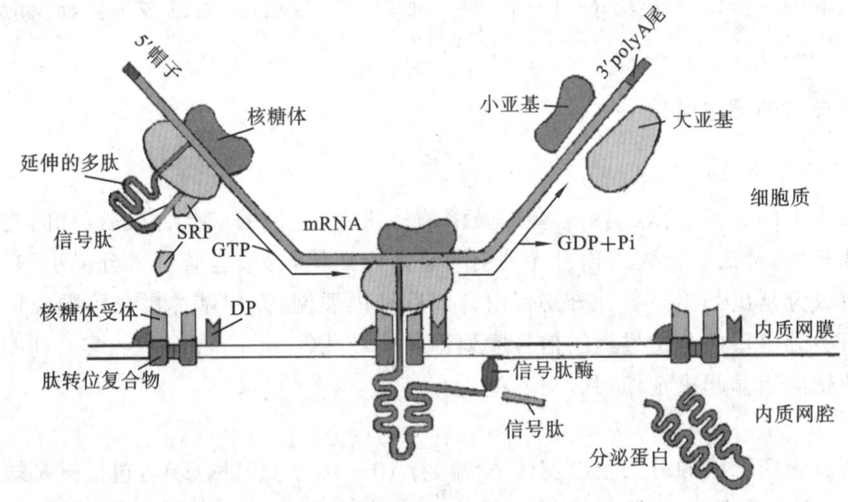

图 13-18　信号肽引导真核细胞分泌蛋白进入内质网

另外，粗面内质网上的核糖体还合成各种膜蛋白及溶酶体蛋白。除信号肽外，膜蛋白前体序列中含有其他定位序列，如富含疏水氨基酸序列，能形成跨膜螺旋区段。膜蛋白合成后，按上述过程钻进内质网膜，并以各定位序列固定于内质网膜，成为膜蛋白。然后以小泡形式把膜蛋白靶向运到膜结构部位与膜融合，这样膜蛋白根据其功能定向镶嵌于相应膜中。

2. 线粒体蛋白的靶向输送

大部分线粒体蛋白如氧化磷酸化相关蛋白，位于基质以及内、外膜或膜间隙，N-端都有相应的信号序列。靶向输送过程中有分子伴侣 HSP70、线粒体输入刺激因子(MSF)、外膜转运体(Tom)或内膜转运体(Tim)等参与，需要能量。跨内膜电化学梯度为肽链进入线粒体提供动力。见图 13-19。

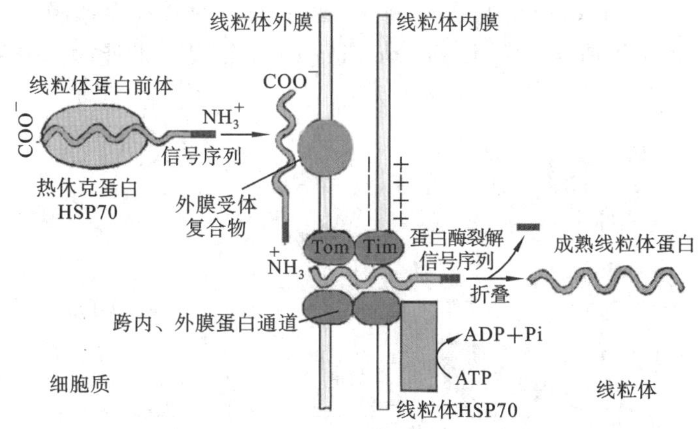

图 13-19　真核细胞线粒体蛋白的靶向输送机制

3. 细胞核蛋白的靶向输送

多种细胞核蛋白(各种复制、转录、基因表达调控相关的酶、蛋白因子等)在细胞质中合成后输入核内。所有胞核蛋白多肽链内含有特异的信号序列,称为核定位序列(nuclear localization sequence,NLS),其特点为:①不只在 N-末端,可位于肽链不同部位;②蛋白质进入核后定位,不被切除;③只含 4～8 个氨基酸残基,富含带正电的赖氨酸、精氨酸及脯氨酸;④不同 NLS 间无共有序列。具体的靶向输送过程涉及多种因子和通道蛋白,还要消耗能量,见图 13-20。

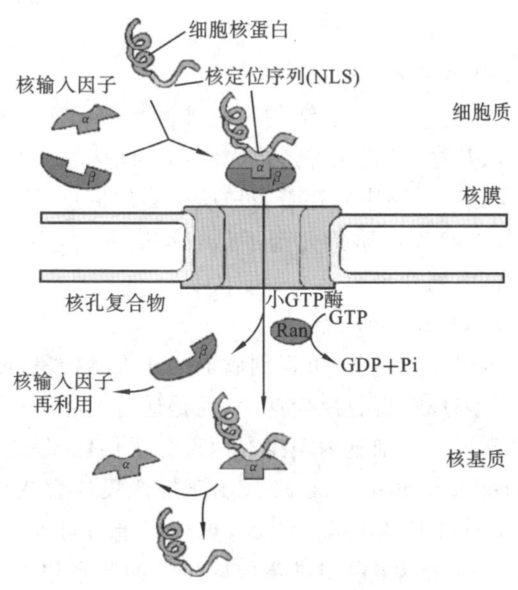

图 13-20　细胞核蛋白的靶向输送

4. 细菌蛋白在翻译中运输

细菌中新生肽定向输送的情形相对于真核细胞来说较为简单,在细胞质中合成出来的多肽可以在合成部位被整合到质膜上,或通过质膜分泌出来行使功能。大多数非细胞质细菌蛋白在核糖体上合成的同时也在被运送至质膜或跨过膜,这一过程称为翻译中运输(cotranslational transport)。此过程有一组帮助多肽分泌的蛋白质参与,它们中有些是能识别新生肽链 N-端前导肽序列(leader sequence)的膜蛋白,可将正在翻译的核糖体拉至质膜,使合成的多肽得到转运。这段前导肽也可被前导肽酶(leader peptidase)切除,使多肽能够被分泌到细胞外,见图 13-21。

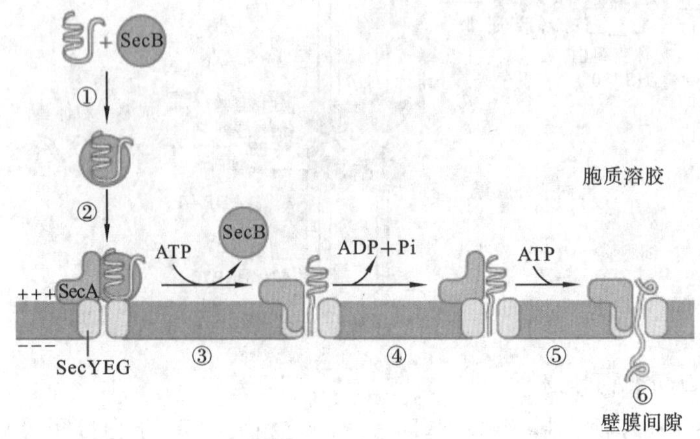

图 13-21 细菌蛋白的运输

13.3.2 蛋白质的翻译后修饰

核糖体新合成的多肽链,是蛋白质的前体分子,需要在细胞内经各种加工修饰,才转变成有生物活性的蛋白质,此过程称为翻译后加工(post-translational processing)。它包括多种方式。

1. 多肽链折叠为天然功能构象的蛋白质

新生肽链 N-端在核糖体上一出现,肽链的折叠即开始。随着序列的不断延伸,肽链逐步折叠,产生正确的二级结构、基序、结构域并形成完整的空间构象。

一般认为,多肽链自身氨基酸顺序储存着蛋白质折叠的信息,即一级结构是空间构象的基础。实际上,细胞中大多数天然蛋白质折叠都不是自动完成的,而需要其他酶、蛋白质辅助。促进蛋白折叠的大分子包括下列几种。

1) 分子伴侣(molecular chaperon)

分子伴侣是细胞中一类保守蛋白质,可识别肽链的非天然构象,促进各功能域和整体蛋白质的正确折叠。分子伴侣并未加快折叠反应速率,而是通过消除不正确折叠,增加功能性蛋白折叠产率以促进天然蛋白质折叠。细胞内至少有两种分子伴侣家族。

(1) 热休克蛋白(heat shock protein,HSP):属于应激反应性蛋白,高温应激可诱导该蛋白合成增加。包括 HSP70、HSP40 和 GreE 三族,热休克蛋白可促进需要折叠的多肽折叠为有天然空间构象的蛋白质。热休克蛋白促进蛋白质折叠的基本原理是:先与待折叠多肽片段结合,保持肽链成伸展状态,避免肽链内、肽链间疏水基团相互作用引起的错误折叠、凝集;然后通过水解 ATP 释放此肽段,使其进行正确折叠;通过多肽各区段依次进行上述结合-解离循环,最终完成折叠过程。

(2) 伴侣素(chaperonins):是分子伴侣的另一家族,如大肠杆菌的 GroEL 和 GroES(真核细胞中同源物为 HSP60 和 HSP10)等家族,主要作用是为非自发性折叠蛋白质提供能折叠形成天然空间构象的微环境。

2）蛋白二硫键异构酶（protein disulfide isomerase，PDI）

分泌蛋白、膜蛋白等的多肽链内或肽链之间，几个半胱氨酸间二硫键正确配对以形成正确折叠的天然构象，这一过程主要在细胞内质网上进行。二硫键异构酶在内质网腔活性很高，可在较大区段肽链中催化错配二硫键断裂并形成正确二硫键连接。

3）肽酰-脯氨酰顺反异构酶（peptidyl prolyl cis-trans isomerase，PPI）

脯氨酸为亚氨酸，多肽链中肽酰-脯氨酸间形成的肽键有顺、反两种异构体，天然蛋白肽链中绝大部分是反式构型，仅 6% 为顺式构型。肽酰-脯氨酰顺反异构酶可促进上述顺、反两种异构体之间的转换，是蛋白质三维构象形成的限速酶。

2. 一级结构的修饰

1）肽链 N-端的修饰

翻译过程以 fMet-tRNA$_i^{fMet}$ 作为第一个进位的起始物，实际上天然蛋白质大多数不以甲硫氨酸为 N-端第一位氨基酸。细胞内脱甲酰基酶或氨基肽酶可以除去 N-端甲酰基、N-端甲硫氨酸或 N-端附加序列。

2）个别氨基酸的共价修饰

某些蛋白质肽链中存在共价修饰的氨基酸残基，是肽链合成后特异加工产生的，包括谷氨酸残基的 γ-羧基化，赖氨酸、脯氨酸残基的羟基化，其他一些氨基酸残基的甲基化、乙酰化以及肽链中半胱氨酸间可形成二硫键。

3）多肽链的水解修饰

某些无活性的蛋白前体可经蛋白酶水解，生成有活性的蛋白质、多肽。另外，真核细胞某些大分子多肽前体，经翻译后加工，水解生成数种小分子活性肽类。

3. 空间结构的修饰

多肽链合成后，除正确折叠成天然空间构象外，还需要经过某些其他空间结构的修饰，才能成为有完整天然构象和全部生物功能的蛋白质。

1）亚基聚合

具有四级结构的蛋白质由两条以上的肽链通过非共价聚合，形成寡聚体（oligomer），才能够发挥作用。

2）辅基连接

糖蛋白、脂蛋白、色蛋白以及各种带辅基的酶，合成后都需要结合相应的辅基，才能成为有天然功能的蛋白质。辅基（辅酶）与肽链的结合过程十分复杂，如蛋白质的糖基化修饰需经多种转移酶类的催化才能在内质网及高尔基体中完成。

3）疏水脂链的共价连接

某些蛋白质，如 Ras 蛋白、G 蛋白等，翻译后需要在肽链特定位点共价连接一个或多个疏水性强的脂链，借此嵌入疏水膜脂双层进行定位，才能成为具有生物功能的蛋白质。

阅读性材料

遗传密码的破译

20 世纪中叶，科学家们已经知道 DNA 是遗传信息的载体，并通过 RNA 控制蛋白质的合成，核酸分子如何指导蛋白质中氨基酸的排列顺序已引起重视。科学家从不同角度去破译遗传密码。

1954 年,物理学家乔治·伽莫夫(George Gamov)首先对遗传密码进行了探讨。当年,他在《Nature》杂志首次发表了遗传密码理论研究的文章,指出三个碱基编码一个氨基酸,密码子是三联体。在三联体中的每个碱基作为信息只读一次还是重复阅读呢?以重叠和非重叠方式阅读 DNA 序列会有什么不同呢?

1961 年,英国分子生物学家克里克(Francis H. C. Crick)等,用遗传学方法证明密码子由三个连续的核苷酸所组成。他们用原黄素(proflavin)作为诱变剂处理噬菌体 T_4 的野生型,从中获得噬菌斑比野生型大的快速溶菌突变型 rⅡ。这种突变型可用原黄素再度处理而成为具有野生型表型的回复体。通过这样的方法,他们发现不管密码子由几个核苷酸组成,只要有一个核苷酸的增加(或减少)都会使这一位置以后的密码子意义发生错误而成为突变型;而另一个核苷酸的减少(或增加)则可以校正后一核苷酸位置以后的密码子,从而使表型恢复为野生型。这一实验结果只能解释为密码子是由三个(或三的倍数)核苷酸组成的(图 13-22)。

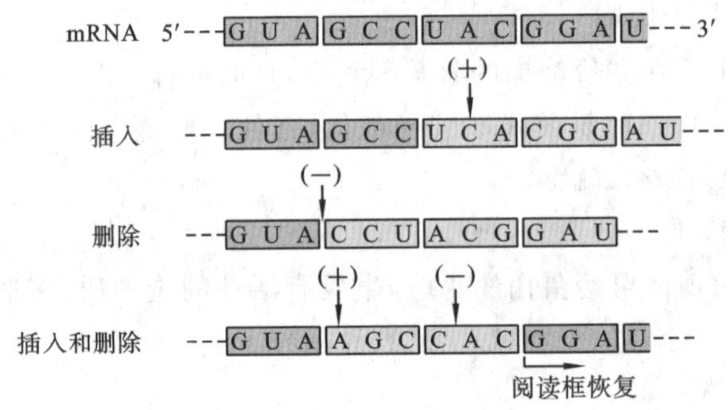

图 13-22 遗传密码的框移突变

美国生物化学家马歇尔·尼伦伯格(Marshall W. Nirenberg)等从 1961 年开始用生物化学方法进行解码研究。他们用人工合成的多聚核苷酸代替大肠杆菌无细胞系统中原来的内源 mRNA 进行离体肽链合成实验,发现以多聚 U 为信使则只有标记的苯丙氨酸掺入而合成多聚苯丙氨酸;以多聚 A 为信使则产物是多聚赖氨酸。这些实验结果表明苯丙氨酸的密码子可能是 UUU,赖氨酸的密码子可能是 AAA。与此同时,美国生物化学家科拉纳(Har Gorbind Khorana)用共聚的多核苷酸如 UGUGUGUG 作为人工信使进行类似的实验,发现产物是缬氨酸和半胱氨酸的多聚体,说明缬氨酸的密码子可能是 GUG,但也可能是 UGU,半胱氨酸的密码子可能是 UGU,也可能是 GUG。以后的实验证实缬氨酸的密码子是 GUG,半胱氨酸的密码子是 UGU。科拉纳确定,在一个分子中,每个三联体密码子是分开读取的,互不重叠,密码子之间没有间隔。

1964 年,尼伦伯格等进行人工合成的三聚核苷酸、氨酰-tRNA 和核糖体三者的结合试验,证明三核苷酸已经具备信使作用。例如:三聚核苷酸是 UUU 时只能和苯丙氨酰-tRNA 结合,三聚核苷酸是 AAA 时只能和赖氨酰-tRNA 结合,二聚核苷酸则没有作用。

通过上述的种种实验,遗传密码于 1966 年全部被阐明。遗传密码的破译,是生物学史上一个重大的里程碑。尼伦伯格与科拉纳于 1968 年荣获诺贝尔生理学或医学奖。

Francis Harry Compton Crick

Marshall Warren Nirenberg

Har Gorbind Khorana

习　　题

1. 名词解释

(1) 密码子

(2) 同义密码子

(3) 反密码子

(4) 信号肽

(5) 多聚核糖体

(6) 核糖体循环

(7) 蛋白质折叠

(8) 摆动配对

(9) 密码子的简并性

2. 简答题

(1) 密码子有哪些基本特征?

(2) 蛋白质合成的基本过程是怎样的?

(3) 简述原核生物和真核生物翻译起始复合物的生成有何不同。

(4) 概述分泌性蛋白质靶向输送的信号肽假说。

(5) 试述参与蛋白质生物合成的物质及其作用。

(6) 列表比较复制、转录与翻译。

(7) 试述核糖体循环的过程。

(8) 何谓分子病? 试举例说明。

第 14 章　物质代谢的调控

引　言

物质代谢是生命现象的基本特征，是生命活动的物质基础，新陈代谢的目的就是为了维持生命过程。生命物质主要有四类生物大分子（蛋白质、核酸、糖、脂类）以及很多的有机小分子。生物机体是一个统一的整体，各种物质的代谢途径彼此之间是密切联系、互相影响的。同时，生物机体的物质代谢是在严密的调控机制下进行的。

物质代谢途径之间的联系如下。(1)糖、脂类和蛋白质代谢的关系：主要通过 6-磷酸葡萄糖、丙酮酸和乙酰辅酶 A 三个中间物相互联系。脂类中的甘油、糖类和蛋白质之间可互相转化，脂肪酸在植物和微生物体内可通过乙醛酸循环由乙酰辅酶 A 合成琥珀酸，然后转变为糖类或蛋白质，而动物体内不存在乙醛酸循环，一般不能由乙酰辅酶 A 生成糖和蛋白质。(2)核酸代谢与其他物质代谢的关系：核酸不是重要的碳源、氮源和能源，但核酸通过控制蛋白质的合成可影响细胞的组成成分和代谢类型。许多核苷酸在代谢中起着重要的作用，如 ATP、辅酶等。另一方面，核酸的代谢也受其他物质，特别是蛋白质的影响。(3)各种物质在代谢中是彼此影响、相互转化和密切联系的。三羧酸循环不仅是各种物质共同的代谢途径，而且是它们互相联系的渠道。

生物体内的物质代谢调节在三种不同的水平上进行。(1)分子水平调节：包括酶水平的调节和代谢物水平的调节。(2)细胞水平调节：主要体现在细胞结构对代谢途径的分隔控制作用、膜的物质选择通透性、膜与酶的可逆结合等方面。(3)多细胞整体水平调节：包括神经水平的调节和激素水平的调节。所有这些调节机制都是在基因产物的作用下进行的，也就是说与基因表达的调控有关。

学习目标

(1) 了解新陈代谢是生物体进行一切生命活动的基础，是生物体的最基本的特征。

(2) 理解生物分子的结构与生理功能之间的关系。

(3) 掌握生物体内重要物质代谢基本途径之间的联系及主要生理意义。

(4) 了解代谢调节机制在生命活动中的作用。

(5) 掌握细胞水平代谢调节、酶结构调节的意义。

(6) 熟悉激素水平代谢调节的基本原理。

(7) 了解代谢整体水平的调节。

(8) 了解细胞的膜结构及酶分布对代谢调节的作用。

物质代谢是生命现象的基本特征。生物体从环境中摄入物质，合成用以构建自身的组成结构，同时分解已有的成分，加以利用，并将不被利用的代谢产物排出体外。在代谢中，机体细胞内有数百种小分子起关键作用，并由它们构成的成千上万的生物大分子参与代谢反应。机体细胞内的代谢反应如此庞大、复杂，细胞是如何精细调节体内物质代谢的？

生物体内物质代谢是由许多连续的和相关的代谢途径所组成的，如组成细胞的四类生物大分子（糖、脂类、蛋白质、核酸）的分解代谢与合成代谢，而代谢途径又是由一系列的酶催化进行的化学反应组成的。在正常情况下，各代谢途径几乎全部按照生理的需求，有节奏、有规律地进行，并且在代谢中是彼此影响、相互转化和密切联系的。同时，各代谢途径为适应体内、外环境的变化，及时地调节反应，保持整体的动态平衡。可见，生物机体的物质代谢是在严密的调控机制下进行的。

代谢调节机制普遍存在于生物界，是生物在长期进化过程中逐步形成的一种适应能力。进化程度越高的生物，其代谢调节的机制越复杂。体内的物质代谢、能量代谢都是由酶催化的，因此代谢调节首先是通过酶活性的升高、降低或酶含量的增加、减少来调节代谢进行的速度与方向。单细胞生物与外界环境直接接触，它对外界环境变化的适应与调节即主要通过酶活性的改变进行最原始、最基础的调节。单细胞生物受细胞内代谢物浓度变化的影响，改变其各种相关酶的活性和酶的含量，从而调节代谢的速率，称为分子水平（酶水平）的代谢调节。细胞具有精细的结构，真核生物细胞还具有由膜包围的各种细胞器，如细胞核、线粒体、内质网、溶酶体等，将酶或酶催化的各种代谢途径定位于细胞不同的区域，使酶催化的代谢反应得以有条不紊地进行，而且相互协调和制约，受到精细的调节，此为细胞水平的代谢调节。分子水平（酶水平）的代谢调节和细胞水平的代谢调节是生物体在进化上较为原始的调节方式。随着生物进化、多细胞生物体的形成，也继而分化产生了内分泌细胞与神经细胞，同时体内大多数细胞已不再与外界环境直接接触了，它们对内、外环境适应与调节即靠某些细胞分泌的激素与神经递质来影响酶的活性、调节体内代谢，这就是包括人体在内的神经-体液调节。较复杂的多细胞生物，出现了内分泌细胞。高等动物则出现了专门的内分泌器官，这些器官所分泌的激素可以对其他细胞发挥代谢调节作用。激素可以改变某些酶的催化活性或含量，也可以改变细胞内代谢物的浓度，从而影响代谢反应的速率，这称为激素水平的调节。高等动物不仅有完整的内分泌系统，而且还有功能复杂的神经系统。在中枢神经的控制下，或者通过神经递质对效应器直接发生影响，或者通过改变某些激素的分泌，来调节某些细胞的功能状态，并通过各种激素的互相协调而对整体代谢进行综合调节，这种调节即称为神经水平的调节。激素水平的调节和神经水平的调节合称为多细胞整体水平的调节。其中神经调节的特点是快速、准确，激素调节的特点是相对持久、广泛，多细胞生物调节网络要比单细胞生物中更精细、完善，随着生物进化越高等，其调节网络也越复杂、精确。

因此，人们人为地把生物体内的代谢调节分成分子水平（酶水平）的代谢调节、细胞水平的调节和多细胞整体水平的调节三个不同的层次。它们之间又是层层相扣，密切关联的，后一级水平的调节往往通过前一级水平的调节发挥作用，即酶水平调节是基础，激素往往通过酶水平进行调节，神经系统通过下丘脑释放激素、脑垂体释放激素等来实施整体的代谢调节，可见代谢调节的复杂、精确性。

14.1　物质代谢的相互联系

物质代谢的各条途径不是孤立和分隔的，而是互相联系的。机体中各种物质的代谢活动通过一些共同的代谢中间物作为分支点把代谢途径连接起来，通过一个复杂的网络交织在一起，如图 14-1 所示。在代谢网络图中，三羧酸循环处于中心的位置，显示出糖的有氧分解途径不仅是糖、脂类、氨基酸和核苷酸等各种物质分解代谢的共同归宿，也是它们之间相互联系和

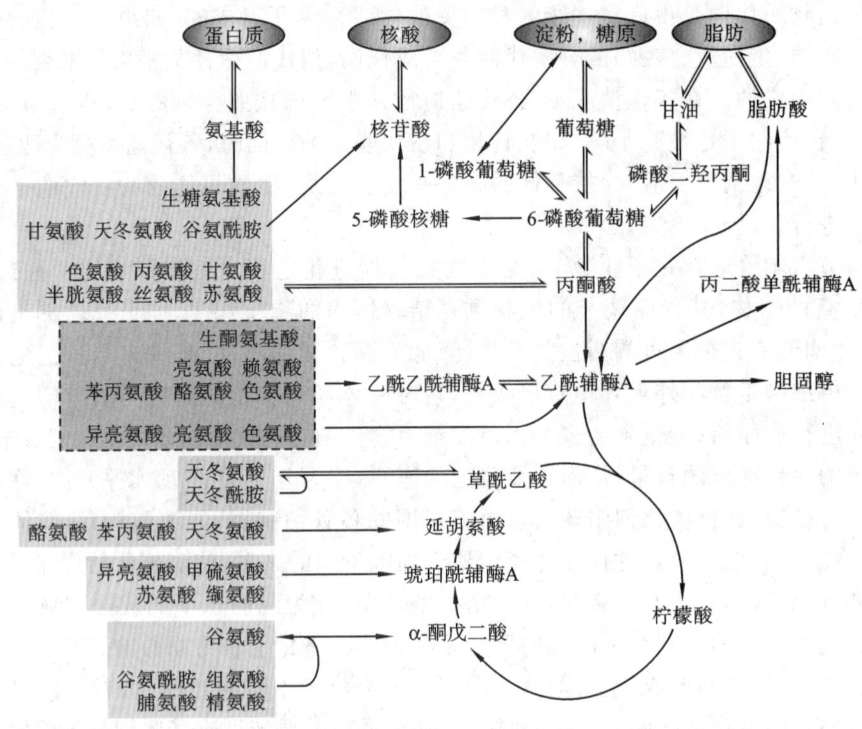

图 14-1　主要营养物质代谢的相互联系与影响

转变的共同枢纽。

14.1.1　糖代谢与脂代谢之间的联系

1. 糖转变成脂类

葡萄糖经酵解过程，生成磷酸二羟丙酮及丙酮酸等中间产物。当有过量葡萄糖摄入时，其中磷酸二羟丙酮可还原为甘油，而丙酮酸氧化脱羧转变为乙酰辅酶 A，然后缩合生成脂肪酸，甘油和脂肪酸是合成脂肪的原料。此外，乙酰辅酶 A 也是合成胆固醇及其衍生物的原料。

2. 脂肪转变成糖

在生物体中脂肪可以转变成糖。脂肪的分解产物包括甘油和脂肪酸。其中甘油可由肝中的甘油激酶催化转变为 α-磷酸甘油，再脱氢生成磷酸二羟丙酮，然后沿糖异生途径转变为葡萄糖或糖原。因此，甘油是一种生糖物质。

脂肪酸经 β-氧化之后，产生乙酰辅酶 A。在植物或微生物体内，乙酰辅酶 A 可缩合成三羧酸循环中的有机酸，如经乙醛酸循环生成琥珀酸，琥珀酸再进入三羧酸循环转变成草酰乙酸，进入糖异生过程生成葡萄糖。但在动物体内，不存在乙醛酸循环，大多数情况下，乙酰辅酶 A 都是经过三羧酸循环生成二氧化碳和水，生成糖的机会很少。

糖代谢与脂类代谢之间的联系见图 14-2。

14.1.2　糖代谢与蛋白质(氨基酸)代谢之间的联系

1. 糖转变为蛋白质(氨基酸)

糖是生物体内重要的碳源和能源，可用于合成各种氨基酸的碳架结构，通过转氨基或氨基化作用可以转变成组成蛋白质的许多非必需氨基酸。如由丙酮酸、α-酮戊二酸和草酰乙酸生

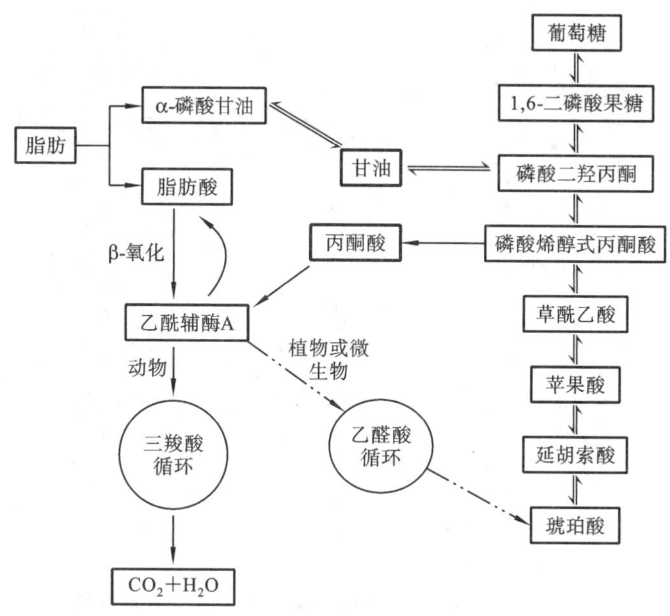

图 14-2　糖代谢与脂类代谢之间的联系

成相应的丙氨酸、谷氨酸和天冬氨酸。

2. 蛋白质(氨基酸)转变为糖

蛋白质分解为氨基酸,在体内可转变为糖。当动物缺乏糖的摄入(如饥饿)时,蛋白质的分解就要加强。已知组成蛋白质的 20 种氨基酸中,除赖氨酸和亮氨酸之外,其余都可以通过脱氨基作用转变成糖异生途径中的某种中间产物,如丙酮酸、α-酮戊二酸、琥珀酸、草酰乙酸等,再沿异生途径合成糖或糖原。此类氨基酸称为生糖氨基酸。

此外,缺乏糖的充分供应,会导致细胞的能量水平下降,对于需要消耗大量高能磷酸化合物(ATP 和 GTP)的蛋白质生物合成的过程也将产生不利影响,mRNA 的翻译过程会明显受到抑制。

糖代谢与蛋白质(氨基酸)代谢之间的联系见图 14-3。

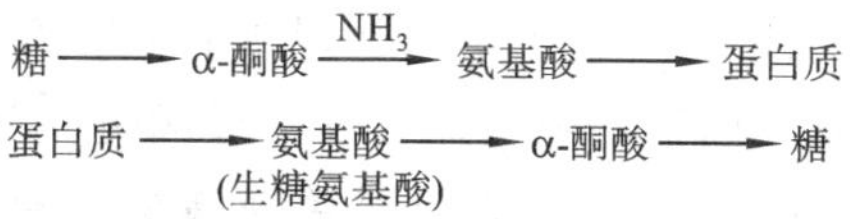

$$糖 \longrightarrow α\text{-酮酸} \xrightarrow{NH_3} 氨基酸 \longrightarrow 蛋白质$$

$$蛋白质 \longrightarrow \underset{(生糖氨基酸)}{氨基酸} \longrightarrow α\text{-酮酸} \longrightarrow 糖$$

图 14-3　糖代谢与蛋白质(氨基酸)代谢之间的联系

14.1.3　脂代谢与蛋白质(氨基酸)代谢之间的联系

1. 蛋白质(氨基酸)转变为脂肪

所有的氨基酸,无论是生糖的、生酮的,还是兼生的氨基酸都可以在机体内转变成脂肪。生酮氨基酸可以通过解酮作用转变成乙酰辅酶 A 之后合成脂肪或胆固醇,即使是生糖氨基酸也能通过异生成糖之后,再由糖转变成脂肪,见图 14-4。

此外,某些氨基酸还是合成磷脂的原料,例如丝氨酸脱去羧基之后形成的胆胺是脑磷脂的组成成分,胆胺在接受由甲硫氨酸(以 SAM 形式)给出的甲基之后,形成胆碱,而胆碱是卵磷脂的组成成分。

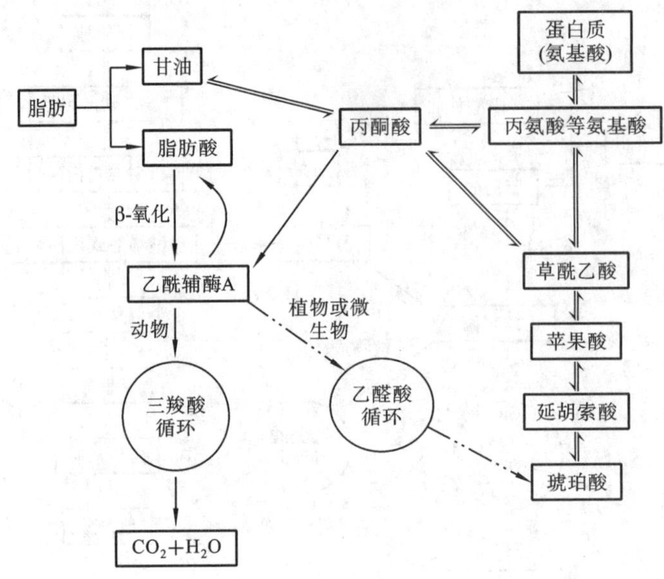

图 14-4 脂类代谢与蛋白质(氨基酸)代谢之间的联系

2. 脂肪转变为蛋白质(氨基酸)

脂类分子中的甘油可以转变为丙酮酸,经三羧酸循环进一步转变为草酰乙酸、α-酮戊二酸,这三者都可以转变成相应的氨基酸(丙氨酸、谷氨酸和天冬氨酸),见图 14-1。

脂类分子中的脂肪酸转变成氨基酸在动、植物体内的结果是不一样的。实际上,当乙酰辅酶 A 进入三羧酸循环,再由循环中的中间产物形成氨基酸时,消耗了三羧酸循环中的有机酸(琥珀酸等),如得不到及时补充,反应则不能进行下去。在植物或微生物体内,由脂肪酸可以合成氨基酸。因为脂肪酸经 β-氧化之后,产生乙酰辅酶 A,经乙醛酸循环生成琥珀酸,补充有机酸(琥珀酸等)来源,进入三羧酸循环,由草酰乙酸脱羧生成丙酮酸,丙酮酸转变成相应的氨基酸,见图 14-4。例如,含有大量油脂的植物种子,在萌发时,其脂肪酸可以大量合成氨基酸。

14.1.4 核酸代谢与糖、脂肪及蛋白质代谢的相互联系

核酸是细胞中重要的遗传分子,一般不将核酸归为细胞中的碳源、氮源和能源分子。

核苷酸是核酸的基本组成单位。许多核苷酸在调节代谢中也起着重要作用。例如,ATP 是通用能量和转移磷酸基团的主要分子,ATP 供能及磷酸基团,UTP 参与单糖转变成多糖(活化单糖),CTP 参与卵磷脂合成,GTP 为蛋白质合成供能。此外,许多重要的辅酶辅基,如 CoA、尼克酰胺核苷酸和黄素核苷酸都是腺嘌呤核苷酸衍生物,参与酶的催化作用。环核苷酸,如 cAMP、cGMP 作为胞内信号分子(第二信使)参与细胞信号的传导。

另一方面,核酸本身的合成又受到其他物质的控制,如各种氨基酸,如甘氨酸、天冬氨酸、谷氨酰胺是核苷酸的合成前体。核酸的合成还需要酶的催化以及多种蛋白质因子的参与。

综上所述,在代谢网络中,各物质代谢之间的联系总结如下。

(1) 各种物质在代谢中是彼此影响、相互转化和密切联系的。三羧酸循环不仅是各种物质共同的代谢途径,而且是它们互相联系的渠道。

(2) 糖、脂类和蛋白质的关系:主要通过 6-磷酸葡萄糖、丙酮酸和乙酰辅酶 A 三个中间物相互联系。脂类中的甘油、糖类和蛋白质之间可互相转化,脂肪酸在植物和微生物体内可通过

乙醛酸循环由乙酰辅酶 A 合成琥珀酸，然后转变为糖类或蛋白质，而动物体内不存在乙醛酸循环，一般不能由脂肪酸生成糖和蛋白质。

（3）核酸与代谢的关系：核酸不是重要的碳源、氮源和能源，但核酸通过控制蛋白质的合成可影响细胞的组成成分和代谢类型。许多核苷酸在代谢中起着重要作用，如 ATP、辅酶等。另一方面，核酸的代谢也受其他物质，特别是蛋白质的影响。

14.2　分子水平的调节

分子水平（酶水平）的代谢调节是生物体在进化上较为原始的调节方式，包括酶水平的调节和代谢物水平的调节。酶水平的调节是通过酶活性的调节和酶含量的调节，而代谢物水平的调节则包括代谢底物和代谢产物的调节。

酶水平调节是最关键的代谢调节。酶对代谢的调节包括两种方式：一是通过激活或抑制来改变细胞内已有酶分子的催化活性，即酶活性的调节，主要包括酶的别构效应和共价修饰；二是通过影响酶分子的合成或降解来改变酶分子的含量。

代谢物的浓度在一定范围内对代谢反应有一定的调节作用，但这种调节作用是有限的。质量作用定律说明，反应速率与反应物的浓度的幂的乘积成正比。增加代谢底物的浓度，将促进正向反应；反之，增加代谢产物的浓度，将促进逆向反应。

细胞的代谢反应主要受到酶的调节。

14.2.1　酶活性的调节

人体代谢的快速调节，一般在数秒或数分钟内即可发生。这种调节是通过激活或抑制体内原有的酶分子来调节酶促反应的速率的，是在温度、pH、作用物和辅酶等因素不变的情况下，通过改变酶分子的构象或对酶分子进行化学修饰来实现酶促反应速率的迅速改变的。

1. 反馈调节

代谢底物和代谢产物都对代谢反应有影响。在生物体内代谢物的这种作用是有限的，代谢物的浓度仅在一定范围内对代谢反应起直接调节作用。更为重要的是代谢终产物或中间产物与其催化反应的酶结合，通过结合后酶的构象变化来改变酶的活性而对代谢反应进行调节，代谢物对酶活性调节的方式有两种，即前馈和反馈，如图 14-5 所示。

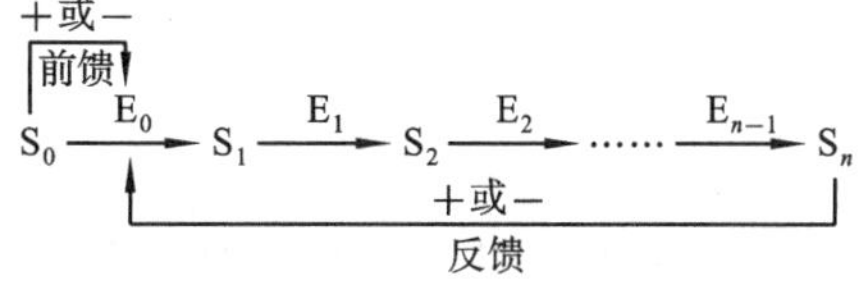

图 14-5　酶的别构效应调节：前馈和反馈

前馈（feedforward）和反馈（feedback）是来自电子工程学的术语，前者的意思是“输入对输出的影响”，后者的意思是“输出对输入的影响”，这里分别借用来说明底物和代谢产物对代谢过程的调节作用。这种调节可能是正调控，也可能是负调控，其调节机理是通过酶的别构效应来实现的。

氨基酸合成代谢中对酶活性的调节是典型的反馈调节（feedback regulation）。反馈调节包括正反馈（positive feedback）和负反馈（negative feedback）两种方式，正反馈就是末端产物通过反馈促进或加强酶的活性，负反馈就是末端产物通过反馈抑制或减弱酶的活性。氨基酸生物合成的反馈调节在细菌中特别明显，在哺乳动物组织中不是十分明显。细菌氨基酸合成代谢的调节主要是反馈抑制，主要类型有直接反馈抑制、协同反馈抑制、累积反馈抑制等几种形式。

1）直接反馈抑制

氨基酸合成代谢中有很多别构酶，合成途径末端产物对某些关键酶(往往是合成途径的第一个酶)的活性有抑制作用，见表 14-1(参阅第 11 章“氨基酸合成代谢”相关内容)。在没有分支的线性合成代谢途径中，当末端产物过量时酶的活性受到抑制，末端产物减少时酶的活性又会很快恢复，这种抑制作用非常有效，避免了末端产物的过度积累。

表 14-1　氨基酸对酶的反馈作用

氨基酸(效应物)	别构酶	反馈调节
Lys	天冬氨酸激酶	抑制
Met	同型丝氨酸转酰基酶	抑制
Pro	谷氨酸激酶和脱氢酶	抑制
Arg	氨基酸转乙酰基酶	抑制
Val	乙酰乳酸合酶	抑制
Ile	苏氨酸脱氢酶	抑制
Leu	α-异丙基苹果酸酶	抑制

2）协同反馈抑制

在具有分支的合成代谢途径中，存在几种末端产物，单一产物过量不能对合成途径中的第一个酶进行反馈抑制，否则会影响其他氨基酸的合成；只有几种末端产物同时都过量，才对合成途径中第一个酶具有抑制作用。在芳香族氨基酸合成代谢途径中，末端产物色氨酸、苯丙氨酸和酪氨酸对第一个酶存在协同反馈抑制(concerted feedback inhibition)。当末端产物分别过量时，各自首先反馈抑制各分支处酶的活性，如色氨酸抑制邻氨基苯甲酸合酶(anthranilate synthase，AS)、苯丙氨酸抑制预苯酸脱水酶(prephenate dehydratase，PT)、酪氨酸抑制预苯酸脱氢酶(prephenate dehydrogenase，PD)，然后引起共同前体物质分支酸和莽草酸累积过量，进而反馈抑制第一个酶 7-磷酸-2-酮-3-脱氧庚糖酸醛缩酶(DS)，如图 14-6 所示。此外，天冬氨酸型氨基酸合成途径中，天冬氨酸激酶受到末端产物赖氨酸、甲硫氨酸和苏氨酸的协同反馈抑制。

3）累积反馈抑制

在具有分支的合成代谢途径中，各种末端产物只能对途径中的第一个酶产生一定的抑制作用，这种抑制作用不影响其他氨基酸的合成，抑制效应可以累加，这种反馈抑制现象称为累积反馈抑制(cumulative feedback inhibition)。大肠杆菌谷氨酰胺合成酶(glutamine synthetase，GS)活性的调节就是典型的累积反馈抑制。谷氨酰胺是许多代谢产物的前体或氨基的供体，GS 可受甘氨酸、丙氨酸、组氨酸、色氨酸、氨甲酰磷酸、6-磷酸葡萄糖胺、CTP、AMP 共 8 种代谢终产物的反馈抑制。GS 由 12 个相同的亚基组成，每个亚基的分子量为 50000，每 6 个亚基排成一个六边形为一层，共两层，该酶对这些抑制物均有特异的结合部位，只有当上述 8 种末端产物同时过量都与酶结合时，谷氨酰胺合成酶的活性才完全受到抑制，如图 14-7 所示。

2. 酶的别构效应调节

某些物质能与酶分子上的非催化部位特异地结合，引起酶蛋白的分子构象发生改变，从而改变酶的活性，这种现象称为酶的别构调节(allosteric regulation)或称变构调节。受这种调节作用的酶称为别构酶(allosteric enzyme)或变构酶(详见第 6 章相关内容)，能使酶发生别构效

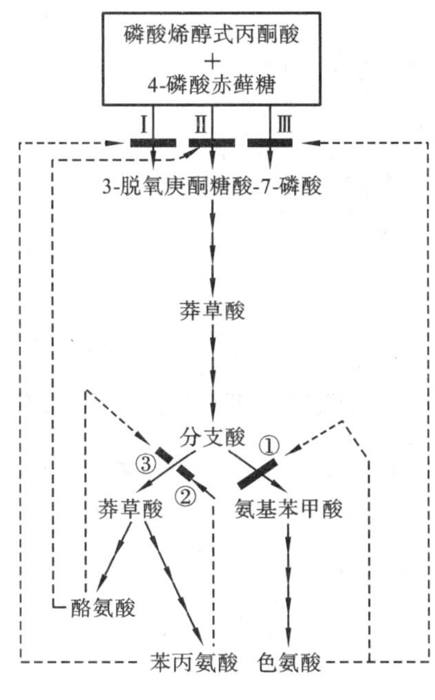

图 14-6　协同反馈抑制

Ⅰ、Ⅱ、Ⅲ-DS；①AS；②PT；③PD

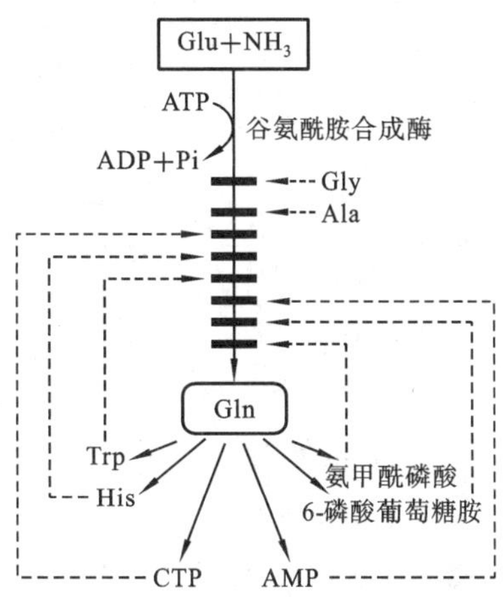

图 14-7　谷氨酰胺合成酶的累积反馈抑制

应的物质称为别构效应剂(allosteric effector)，若别构后引起酶活性的增强，则此效应剂称为激活别构剂(allosteric activator)或正效应物，反之则称为抑制别构剂(allosteric inhibitor)或负效应物。现将某些代谢途径的别构效应剂列于表 14-2 中。

表 14-2　糖和脂肪代谢酶系中某些别构酶及其别构效应剂

代谢途径	别构酶	激活别构剂	抑制别构剂
糖氧化分解	己糖激酶		6-磷酸葡萄糖
	磷酸果糖激酶	AMP、ADP、FDP、Pi	ATP、柠檬酸
	丙酮酸激酶	FDP	ATP、乙酸辅酶 A
	异柠檬酸脱氢酶	AMP	ATP、长链脂酰辅酶 A
	柠檬酸合酶	ADP、AMP	ATP
糖异生	1,6-二磷酸果糖磷酸酶	柠檬酸	AMP,2,6-二磷酸果糖
	丙酮酸羧化酶	乙酰辅酶 A、ATP	ADP
脂肪酸合成	乙酰辅酶 A 羧化酶	柠檬酸、异柠檬酸	长链脂酰辅酶 A

别构调节在生物界普遍存在，它是人体内快速调节酶活性的一种重要方式，见图 14-8。

3. 酶共价修饰的调节

酶分子中的某些基团，在其他酶的催化下，可以共价结合或脱去，引起酶分子构象的改变，使其活性得到调节，这种方式称为酶的共价修饰(covalent modification)。如磷酸化和脱磷酸，乙酰化和去乙酰化，腺苷化和去腺苷化，甲基化和去甲基化以及巯基和二硫键的互变等，其中磷酸化和脱磷酸作用在物质代谢调节中最为常见。表 14-3 列出了一些酶的共价修饰调节的实例。

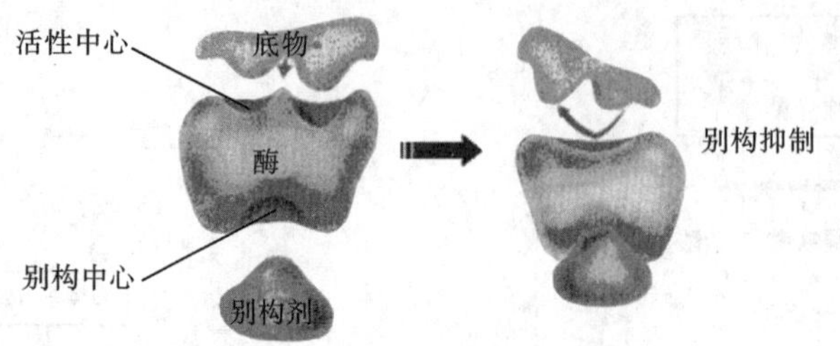

图 14-8 酶的别构效应调节

表 14-3 某些酶的共价修饰调节

酶 类	反应类型	效 应
磷酸化酶 b 激酶	磷酸化/脱磷酸	激活/抑制
糖原合酶	磷酸化/脱磷酸	抑制/激活
丙酮酸脱羟酶	磷酸化/脱磷酸	抑制/激活
脂肪酶(脂肪细胞)	磷酸化/脱磷酸	激活/抑制
谷氨酰胺合成酶(大肠杆菌)	腺苷化/脱腺苷	抑制/激活
黄嘌呤氧化(脱氢)酶	巯基/二硫键	脱氢/氧化

肌糖原磷酸化酶的共价化学修饰是研究得比较清楚的一个例子。该酶有两种形式,即无活性的磷酸化酶 b 和有活性的磷酸化酶 a。磷酸化酶 b 是二聚体,分子量约为 85000。它在酶的催化下,使每个亚基分别接受 ATP 供给的一个磷酸基团,转变为磷酸化酶 a,后者具有高活性。两分子磷酸化酶 a 二聚体可以再聚合成活性较低的(低于高活性的二聚体)磷酸化酶 a 四聚体,见图 14-9。

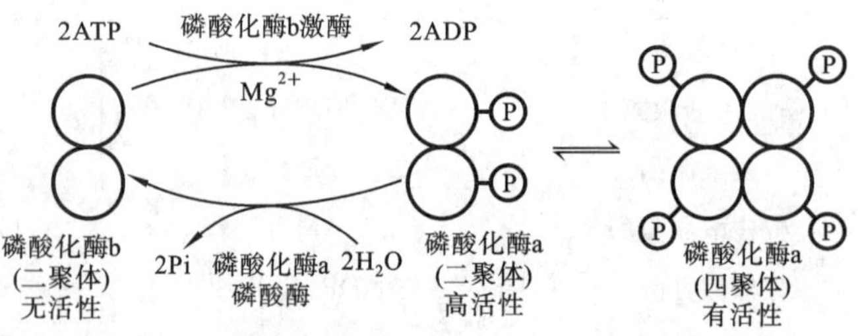

图 14-9 肌糖原磷酸化酶的共价化学修饰作用

酶促共价化学修饰的特点如下。

(1) 修饰作用是可逆的。绝大多数酶促共价化学修饰的酶都具有无活性(或低活性)与有活性(或高活性)两种形式。酶能在低活性(或无活性)与高活性(或有活性)之间进行可逆转变。它们之间的互变反应,正、逆两向都有共价变化,由不同的酶进行催化,而催化这种互变反应的酶又受机体调节物质(如激素)的控制。

(2) 修饰过程是级联反应,即一种酶被修饰后会促进下一酶的修饰,依次逐级传递,信号呈指数递增,产生级联放大效应。由于酶促化学修饰是酶所催化的反应,故有逐级放大效应,如图 14-10 所示。少量的调节因素就可通过加速这种酶促反应,使大量的另一种酶发生化学修饰,因此,这类反应的催化效率常比别构调节为高。

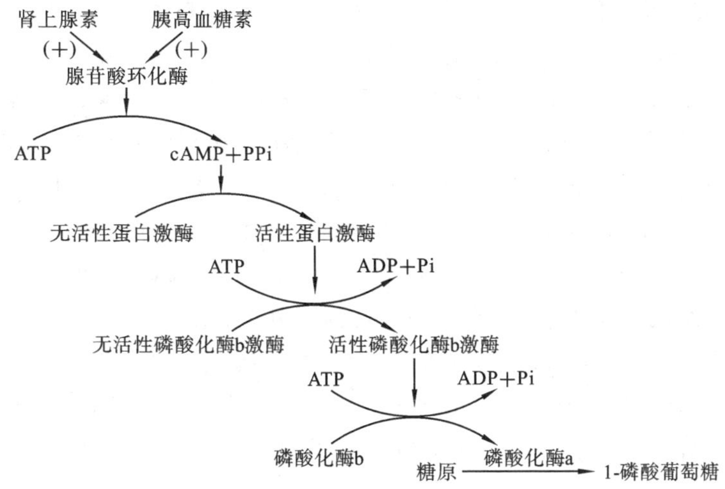

图 14-10　激素对糖原分解调节的级联放大效应

(3) 磷酸化与脱磷酸是常见的酶促化学修饰反应。一分子亚基发生磷酸化常需消耗一分子 ATP,这与合成酶蛋白所消耗的 ATP 相比,显然是少得多;同时酶促化学修饰又有放大效应,因此,这种调节方式更为经济有效。

(4) 此种调节同别构调节一样,可以按照生理的需要来进行。在前述的肌糖原磷酸化酶的化学修饰过程中,若细胞要减弱或停止糖原分解,则磷酸化酶 a 在磷酸化酶 a 磷酸酶的催化下即水解脱去磷酸基而转变成无活性的磷酸化酶 b,从而减弱或停止了糖原的分解。

此外,酶促共价化学修饰与别构调节只是两种主要的调节方式。对某一种酶来说,它可以同时受这两种方式的调节。如,糖原磷酸化酶受化学修饰的同时也是一种别构酶,其二聚体的每个亚基都有催化部位和调节部位。它可由 AMP 激活,并受 ATP 抑制,这属于别构调节。细胞中同一种酶受双重调节的意义可能在于,别构调节是细胞的一种基本调节机制,它对于维持代谢物和能量平衡具有重要作用,但当效应剂浓度过低,不足以与全部酶分子的调节部位结合时,就不能动员所有的酶发挥作用,故难以应急。在应激等情况下,若有少量肾上腺素释放,即可通过 cAMP,启动一系列的级联式的酶促共价化学修饰反应,快速转变磷酸化酶 b 成为有活性的磷酸化酶 a,加速糖原的分解,迅速有效地满足机体的急需。

14.2.2　酶含量的调节

由于酶的合成、降解所需时间较长,消耗 ATP 较多,故酶量调节属迟缓调节。酶含量的调节主要包括合成与降解两方面的调节。①酶蛋白的诱导与阻遏:一般将加速酶合成的化合物称为诱导剂,减少酶合成的化合物称为阻遏剂,两者是在酶蛋白生物合成的转录或翻译过程中发挥作用,但影响转录较常见,通常底物多为诱导剂,产物多为阻遏剂。②酶蛋白降解:改变酶蛋白分子的降解速率也能调节细胞内酶的含量,此过程主要靠蛋白水解酶来完成。

1. 底物对酶合成的诱导作用

特殊底物的存在导致酶的合成,此现象称为诱导(induction)。酶催化的底物常常可以诱导该酶的合成。底物对酶合成的诱导作用是通过调控基因表达来完成的。这种类型的调控广泛存在于细菌中,在较低等的真核生物(如酵母)中也有这种情况。大肠杆菌乳糖操纵子学说就是底物对酶合成诱导的基因表达调控的最典型例子。在原核生物大肠杆菌中，通过乳糖操纵子基因表达调控，来诱导乳糖分解代谢相关的三个酶，即β-半乳糖苷酶(β-galactosidase)、半乳糖苷透性酶(galactoside permease)和半乳糖苷乙酰化酶(galactoside acetylase)的合成，使得大肠杆菌能够催化乳糖的分解，产生葡萄糖和半乳糖，从而利用乳糖作为能量来源。

1961年，法国科学家贾克伯(F. Jacob)和莫诺(J. L. Monod)共同提出了操纵子模型(operon model)，并于1965年获得诺贝尔生理学或医学奖。操纵子一般由启动基因(promoter gene，P)、操纵基因(operator gene，O)、结构基因(structural gene，S)和终止基因(terminator gene，T)四个部分组成。乳糖操纵子包含三个结构基因lacZ、lacY和lacA，分别编码β-半乳糖苷酶、半乳糖苷透性酶和半乳糖苷乙酰化酶，以及结构基因上游的一个启动子(lacP1)、一个操纵基因(lacO)和一个CAP(catabolite activator protein)蛋白的结合位点(lacCRP)。由启动子、操纵部位和CAP结合位点共同构成乳糖操纵子的调控区。lacI基因是调节基因，编码产生阻遏蛋白。见图14-11(a)。

在没有乳糖的条件下，此时无诱导剂存在，阻遏蛋白能与操纵基因结合。妨碍了RNA聚合酶转录下游的结构基因，使三个结构基因处于关闭状态，因而不诱导产生β-半乳糖苷酶、半乳糖苷透性酶和半乳糖苷乙酰化酶。见图14-11(b)。

当有乳糖存在时，该操纵子可被诱导发生转录。乳糖作为诱导剂(inducer)与阻遏蛋白结合，使阻遏蛋白的构象发生改变，从操纵基因上解离下来，RNA聚合酶与启动子结合，引起三个结构基因的转录，从而使β-半乳糖苷酶、半乳糖苷透性酶和半乳糖苷乙酰化酶被诱导产生，乳糖作为诱导物被β-半乳糖苷酶识别和分解。见图14-11(c)。

2. 产物对酶合成的阻遏作用

在细胞代谢过程中，当某种代谢产物过量时，除了可以反馈调节关键酶的活性外，也可以阻遏调节关键酶的合成量。阻遏(repression)是基因水平的调节，通过调节DNA的转录或mRNA的翻译调节酶的合成量。

阻遏作用的机理也可以用操纵子模型解释。在色氨酸合成代谢中，末端产物色氨酸可以通过色氨酸操纵子阻遏与色氨酸合成有关的5种酶的合成。色氨酸操纵子的结构基因包括基因E、D、C、B、A，分别编码与色氨酸合成相关的邻氨基苯甲酸合酶、吲哚甘油-3-磷酸合成酶和色氨酸合成酶，这几种酶在催化分支酸转变为色氨酸的过程中发挥重要作用，见图14-12。

色氨酸操纵子属于可阻遏的操纵子，在通常情况下是开放的，阻遏蛋白处于无活性状态，不与操纵基因结合，当色氨酸过量时，阻遏蛋白与色氨酸结合后发生构象变化，促进了阻遏蛋白与操纵基因结合，将操纵子关闭，编码5种酶的基因不能正常表达。

在色氨酸操纵子结构基因中还包括前导序列(leader sequence，L)，L基因在E的上游，含有162 bp，内包含一个衰减子(attenuator，a)，在E基因上游30～60bp位置。在正常转录过程中，色氨酸可以使L基因转录出一个140 bp的核苷酸序列后终止，即在衰减子区域终止色氨酸基因的转录表达，这种调节作用被称为衰减作用(attenuation)。

色氨酸操纵子通过阻遏作用和衰减作用，共同维持细胞内一定的色氨酸含量。

3. 酶分子降解的调节作用

细胞内酶的含量也可通过改变酶分子的降解速率来调节。饥饿情况下，精氨酸酶的活性增加，主要是由于酶蛋白降解的速率减慢所致。饥饿也可使乙酰辅酶A羧化酶浓度降低，这

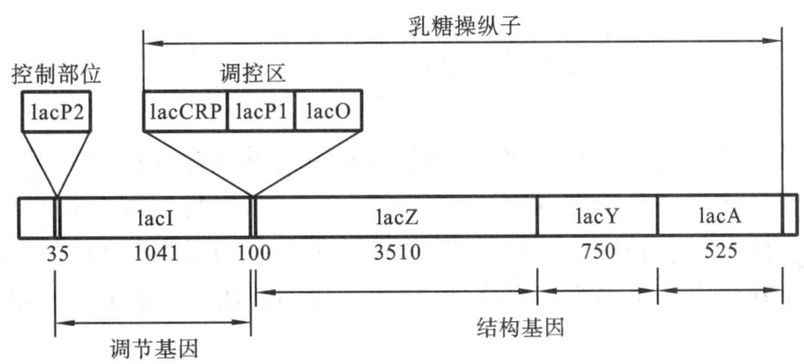

(a) 乳糖操纵子结构

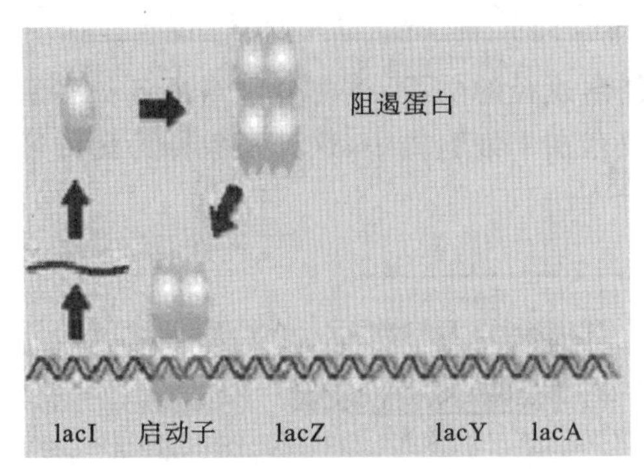

(b) 无诱导剂存在

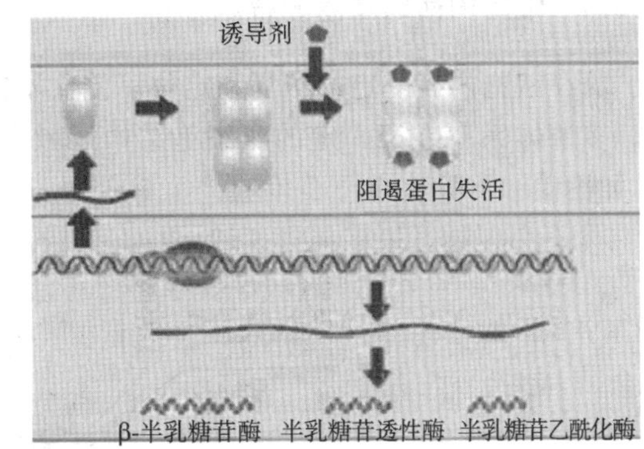

(c) 有诱导剂存在

图 14-11　乳糖操纵子结构与活性调节

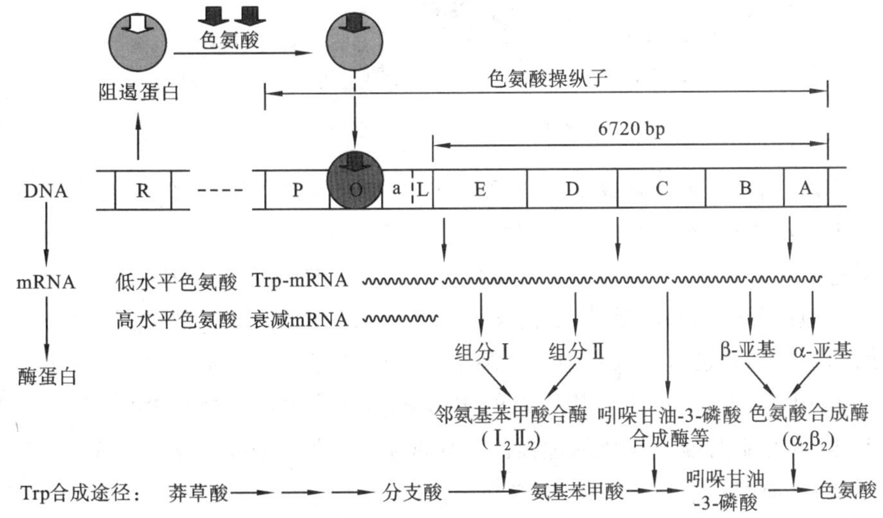

图 14-12　色氨酸操纵子的阻遏调节

除了与酶蛋白合成减少有关外，还与酶分子的降解速率加强有关。

酶蛋白受细胞内溶酶体中蛋白水解酶的催化而降解，因此，凡能改变蛋白水解酶活性或蛋白水解酶在溶酶体内分布的因素，都可间接地影响酶蛋白的降解速率。通过酶降解以调节酶含量的重要性不如酶的诱导和阻遏作用。

14.3 细胞水平的调节

细胞具有精细的结构。原核细胞无细胞器，各种代谢所需的酶，如呼吸链、氧化磷酸化、磷脂及脂肪酸生物合成等各种酶类，都存在于质膜上。真核生物细胞还具有由膜包围的各种细胞器，如细胞核、线粒体、内质网、溶酶体等，各种酶类的分布是区域化的。生物细胞将酶或酶催化的各种代谢途径定位于细胞不同区域，使酶催化的代谢反应相互协调和制约，受到精细的调节。

14.3.1 细胞内酶的隔离分布

酶在细胞内有一定的布局和定位。催化不同代谢途径的酶类，往往分别组成各种多酶体系。多酶体系存在于一定的亚细胞结构区域中，或存在于细胞质中，这种现象称为酶的区域化，如图 14-13 所示。

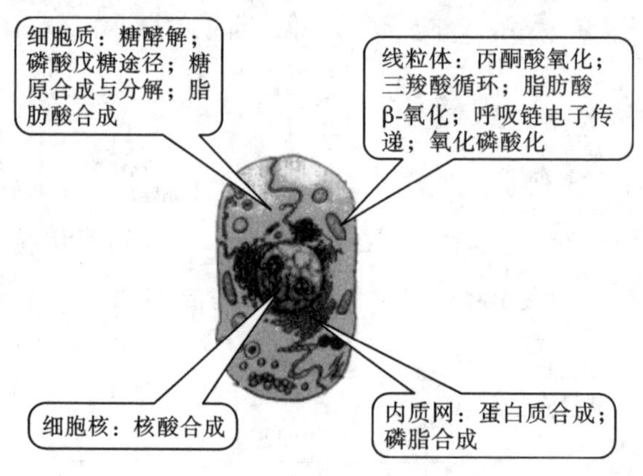

图 14-13 酶定位的区域化

例如，糖酵解酶系和糖原合成、分解酶系存在于细胞质中；三羧酸循环酶系和脂肪酸 β-氧化酶系定位于线粒体；核酸合成的酶系则绝大部分集中在细胞核内。这样的酶的隔离分布为代谢调节创造了有利条件，使某些调节因素可以较为专一地影响某一细胞组分中的酶的活性，而不致影响其他组分中的酶的活性，从而保证了整体反应的有序性。一些代谢物或离子在各细胞组分间的穿梭移动也可以改变细胞中某些组分的代谢速度。例如，在细胞质中生成的脂酰辅酶 A 主要用于合成脂肪；但在肉毒碱的作用下，经肉毒碱脂酰转移酶的催化，脂酰辅酶 A 可进入线粒体，参与脂肪酸 β-氧化的过程。又如，Ca^{2+} 从肌细胞线粒体中出来，可以促进细胞质中的糖原分解，而 Ca^{2+} 进入线粒体则有利于糖原合成。

细胞内酶的隔离分布的功能是：浓缩效应，防止干扰，便于调节。①酶定位的区域化，使它与底物和辅助因子在细胞器内一起相对浓缩，有利于在细胞局部范围内快速进行各个代谢反应；②与代谢途径有关的酶类常常组成酶体系，分布于细胞的某一区域或亚细胞结构中，这就使得有关代谢途径只能分别在细胞不同区域内进行，不致使各种代谢途径互相干扰。

14.3.2 膜结构对代谢的调控

膜结构对代谢的调控作用主要通过以下几种方式实现。

1. 控制浓度梯度

膜的三种最基本功能：物质运输、能量转换和信息传递都与离子和电位梯度的产生和控制有关，如质子梯度可合成 ATP，钠离子梯度可运输氨基酸和糖，钙可作为细胞内的信使。

2. 控制细胞和细胞器的物质运输

通过底物和产物的运输可调节代谢，如葡萄糖进入肌肉和脂肪细胞的运输是其代谢的限速步骤，胰岛素可促进其主动运输，从而降低血糖。

3. 内膜系统对代谢的分隔

内膜形成分隔区，其中含有浓集的酶和辅助因子，有利于反应。而且分隔可防止反应之间的互相干扰，有利于对不同区域代谢的调控，见图 14-14。

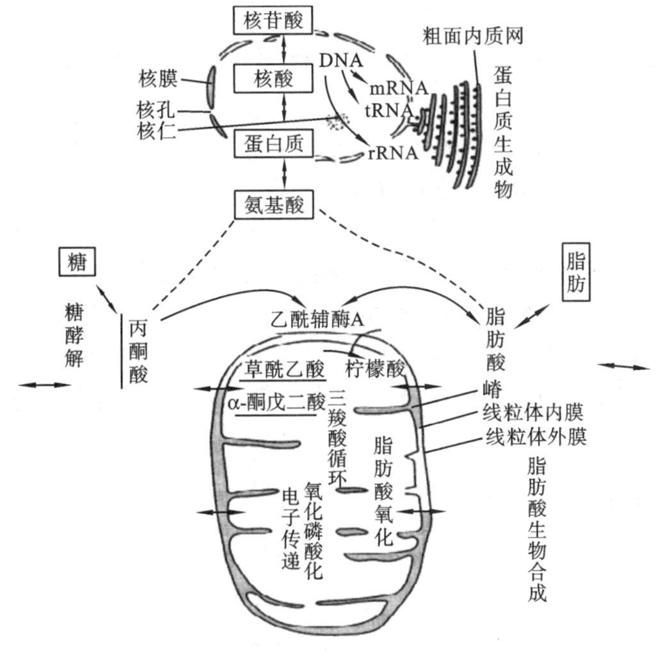

图 14-14　真核细胞膜结构和物质代谢的联系

4. 膜与酶的可逆结合

某些酶可与膜可逆结合而改变性质，称为双关酶。双关酶通过膜结合型和可溶型的互变来调节酶的活性。双关酶大多是代谢途径的关键酶和调节酶，如糖酵解中的己糖激酶、磷酸果糖激酶、醛缩酶、3-磷酸甘油醛脱氢酶、氨基酸代谢的谷氨酸脱氢酶、酪氨酸氧化酶、参与共价修饰的蛋白激酶、蛋白磷酸酯酶等。离子、代谢物、激素等都可改变其状态，发挥迅速、灵敏的调节作用。

14.3.3　蛋白质的定位控制

蛋白质是细胞结构的主要组成物质，它参与并控制所有的代谢过程。在细胞中蛋白质主要是在细胞质核糖体上合成。数以千计合成的蛋白质必须定向地并准确无误地运送到细胞各特定部分，才能保证细胞生命代谢活动的正常运行。

1. 蛋白质的靶向运输

新合成的蛋白质的靶向运输主要依靠信号肽(又称信号序列)。因信号肽常常位于新生蛋白质的N端,故常称为前导肽。

不同的前导肽含不同的信息,可将蛋白质送入不同部位。

信号肽运送蛋白质时具有以下特点:①需要受体;②消耗ATP;③需要分子伴侣;④需要电化学梯度驱动;⑤需要信号肽酶切除信号肽;⑥通过接触点进入;⑦非折叠形式运输。

2. 蛋白质寿命的控制

蛋白质的寿命可随细胞内、外环境而改变。有选择性降解系统,需要ATP提供能量,活化泛肽。泛肽分布广泛,结构保守,可标记需要降解的蛋白质,使水解酶能识别并攻击这种蛋白。

14.4 多细胞整体水平的调节

多细胞整体水平的激素调节和神经调节是生物在进化过程中发展和完善起来的调节机制,它们通过酶的调节而起作用。激素可以改变某些酶的催化活性或含量从而影响代谢反应的速率,这称为激素水平的调节。高等动物不仅有完整的内分泌系统,而且还有功能复杂的神经系统。多细胞整体之间的相互联系是依靠神经-内分泌系统的调节来实现的。在中枢神经的控制下,神经系统可以释放神经递质来影响组织中的代谢,又能影响内分泌腺的活动,改变激素分泌的状态,从而实现机体对整体代谢的综合调节。神经水平的调节和激素水平的调节合称为多细胞整体水平的调节。激素调节和神经调节的作用必须通过其激素受体和递质受体的信号传导系统来实现。

14.4.1 激素水平的调节

1. 激素及其分类

激素是由内分泌腺以及具有内分泌功能的组织所产生的微量化学信息分子,它们被释放到细胞外,通过扩散或被体液转运到所作用的细胞或组织或器官(称为靶细胞或靶组织或靶器官)调节其代谢过程,从而产生特定的生理效应,并通过反馈调节机制以适应机体内环境的变化。激素水平的调节是高等生物体内代谢调节的重要方式。激素作用有较高的组织特异性和效应特异性。激素与靶细胞上特异受体结合,引起细胞信号传导,表现为一系列的生物学效应。

依据激素的生物来源性,可将激素分为高等动物激素、昆虫激素和植物激素。

依据激素的化学性质,可将激素分为以下几类。

(1) 含氮激素:包括氨基酸衍生物类激素(如甲状腺素、肾上腺素等)、肽类激素(如加压素、催产素等)和蛋白质类激素(如生长素、胰岛素等)。

(2) 类固醇激素:如肾上腺皮质激素、性激素等。

(3) 脂肪酸衍生物类激素:如前列腺素。

2. 激素的作用特点

激素作为一类信号调节物质,通过作用于激素受体(hormone receptor)发挥作用。激素与受体的作用有以下特点。

(1) 特异性高:通常一种激素只能高度专一地与其相应的特异受体结合。

(2) 亲和力强：极低浓度的激素即可与相应的受体结合引起生物学效应，受体对激素的存在十分敏感。

(3) 激素与受体之间是通过非共价键相结合的，因而激素与受体的结合是可逆性的。

(4) 受体与激素的结合具有饱和性，激素效应不仅取决于激素的浓度，还与靶细胞受体的含量及受体对激素的亲和力有关。

(5) 结构与激素类似的化合物可竞争性地与受体结合，从而抑制或模拟激素的生物学效应。

3. 激素的作用机制

1) 通过 cAMP 信使的作用机理

激素首先作用于细胞膜，使膜上的腺苷酸环化酶活化，后者使细胞内 ATP 在 Mg^{2+} 的存在下转变为 cAMP，而 cAMP 激活蛋白激酶，蛋白激酶对胞浆中的酶进行共价修饰，如磷酸化酶 b 转变为磷酸化酶 a，即磷酸化酶被激活。该作用中激素并不进入细胞，而是通过细胞内 cAMP 进行传递，因此将 cAMP 称为细胞内信使(intracellular messenger)，其作用机理见图 14-15。

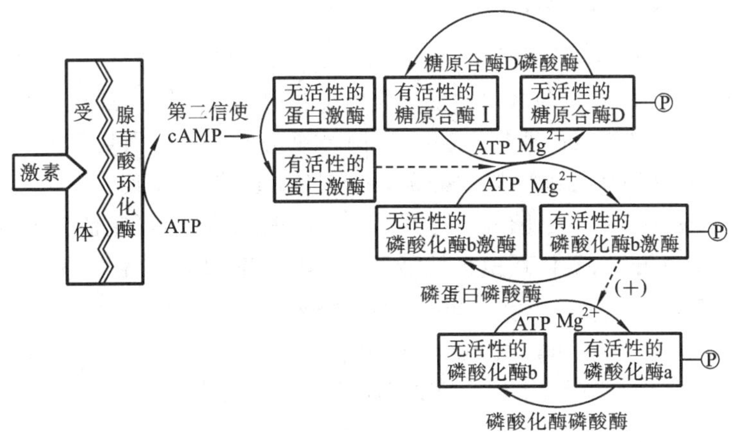

图 14-15　激素通过 cAMP 信使的作用机理

cAMP 广泛存在于生物界，但它在正常细胞中的含量甚微，仅为 0.1 μmol/L，多数激素可使 cAMP 升高约 100 倍，如大部分肽类激素，包括肾上腺素、胰高血糖素、甲状旁腺素、降钙素、抗利尿激素和催产素等以及儿茶酚胺类激素均可通过相应的受体激活靶细胞膜上的腺苷酸环化酶，从而使胞内 cAMP 的浓度增加。仅有少数激素可降低细胞内 cAMP 的浓度。

现将几种激素对 cAMP 浓度的影响及其与受体结合后引起的生理效应列于表 14-4 中。

表 14-4　某些激素对 cAMP 浓度的影响及其最终生理效应

激　　素	靶组织或靶器官	cAMP 浓度	对酶或化学反应的影响	最终生理效应
肾上腺素	肝	↑	磷酸化酶↑	糖原分解↑
	脂肪组织	↑	脂肪酶↑	脂肪分解↑
	心肌、骨骼肌	↑	磷酸化酶↑	糖原分解↑
胰高血糖素	肝、心肌	↑	磷酸化酶↑	糖原分解↑
	脂肪组织	↑	脂肪酶↑	脂肪分解↑
	胰岛 β-细胞	↑	—	胰岛素分泌↑

续表

激　　素	靶组织或靶器官	cAMP 浓度	对酶或化学反应的影响	最终生理效应
促肾上腺皮质激素	肾上腺皮质	↑	胆固醇→孕烯醇酮↑	糖皮质激素合成↑
(ACTH)	脂肪组织	↑	脂肪酶↑	脂肪分解↑
促甲状腺激素(TSH)	甲状腺	↑	磷酸化酶↑	糖原分解↑，摄到碘及合成分泌 T_3、T_4↑
	脂肪组织	↑	脂肪酶↑	脂肪分解↑
	脂肪组织	↓	脂肪酶↓	脂肪分解↓
胰岛素	肝、骨骼肌	↓	磷酸化酶↓	糖原分解↓
			丙酮酸→磷酸烯醇式丙酮酸↓	糖异生↑

注：↑代表增高或增强；↓代表降低或减弱。

2）胰岛素调节代谢的作用机理

胰岛素主要与靶细胞膜上的嵌入糖蛋白受体结合而发挥作用。鼠肝细胞胰岛素受体是由 2 个 α 亚基与 2 个 β 亚基组成的四聚体($\alpha_2\beta_2$)，两种亚基分子量分别是 135000 与 95000，亚基间以二硫键相连。α 亚基在靶细胞浆膜外侧，可与胰岛素结合，β 亚基为跨膜结构，在浆膜内 C-端有酪氨酸蛋白激酶活性。当胰岛素与其受体 α 亚基结合时，可激活其 β 亚基上酪氨酸蛋白激酶活性，作为启动开关，受体蛋白自身第 1146、1150 和 1151 位酪氨酸残基磷酸化后，再活化胰岛素受体底物(insulin receptor substrate，IRS)蛋白质分子中特定的酪氨酸残基，再进一步与 Src 同源结构域 2(Src homology-domain，SH2)的蛋白质分子结合，从而活化细胞信号传递途径，产生级联放大效应并作用于下游蛋白质分子从而发挥调节靶细胞糖、脂等代谢与细胞生长、分化等作用。

3）激素通过细胞内受体调节的作用机理

这类激素与胞内受体结合，通过影响基因转录，进而促进或阻遏蛋白质或酶的合成，从而对细胞代谢进行调节。

类固醇激素(又称甾类激素)一般分子量较小，约 300，又是疏水性分子，可以靠简单扩散进入细胞内，然后与相应受体结合后作用于基因表达系统。曾经认为，类固醇激素首先穿过细胞膜，在细胞质中与其相应的受体结合，然后激素-受体复合物通过核膜，进入核内后与染色质的特异酸性蛋白(如非组蛋白)结合，从而启动基因表达。但近年来发现，激素-受体复合物可以识别并专一结合于 DNA 的特异序列，也就是说，DNA 中存在着类固醇激素-受体复合物的特异识别位点，一旦激素-受体复合物同这些位点结合，即诱导基因转录。所以，类固醇激素实际上是一种转录调节因子，它促进基因表达以合成特异蛋白质。

类固醇激素的作用机理是激素直接进入细胞内，与胞质(或核内)受体特异结合形成活性复合物，由于受体构象改变可从胞质移入细胞核中作用于染色体 DNA 上的激素反应元件(hormone response element，HRE)，促进或抑制相邻结构基因转录的开放或关闭从而发挥代谢的调节作用。肾上腺糖皮质激素诱导糖异生关键酶合成的增加即通过此机制，其中间步骤也包括激素受体活性复合物进入靶细胞核内后，与某些非组蛋白结合调节结构基因的开放、影响 DNA、组蛋白、非组蛋白三者的结合，诱导某些蛋白质合成而产生生物效应。脂溶性激素调节代谢的作用机理如图 14-16 所示。

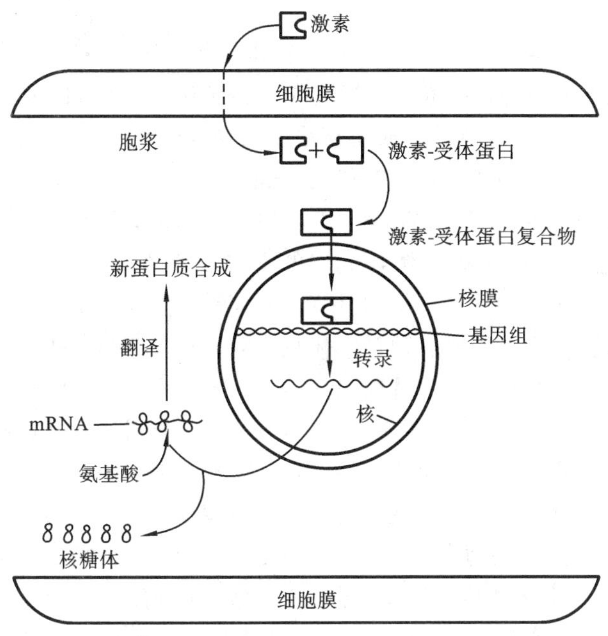

图 14-16　脂溶性激素调节代谢的作用机理

14.4.2　神经水平的调节

机体内各种组织器官处于一个严密的整体系统中。一个组织可以为其他组织提供底物，也可以代谢来自其他组织的物质。这些组织器官之间的相互联系是依靠神经-内分泌系统的调节来实现的。神经系统可以释放神经递质影响内分泌腺的活动，改变激素分泌的状态，从而实现机体整体的代谢协调和平衡。神经系统对内分泌腺活动的控制有两种方式：直接控制和间接控制。

1. 神经系统直接控制下的内分泌调节系统

神经系统可以直接作用于内分泌腺，引起激素分泌。例如，肾上腺髓质受中枢-交感神经的支配而分泌肾上腺素(adrenaline)，胰岛的 β-细胞受中枢-迷走神经的刺激而分泌胰岛素(insulin)。

2. 神经系统通过脑下垂体控制下的内分泌调节系统

这种间接调节一般按照这样一个模式进行：中枢神经系统→丘脑下部→脑下垂体→内分泌腺→靶细胞。这是一种多元控制、多级调节的机制，如甲状腺素(thyroxine)、性激素(sex hormone)、肾上腺皮质激素(adrenal cortical hormone)、胰高血糖素(glucagon)等的分泌都是这种调节方式。

神经调节与激素调节有以下区别。

(1) 神经系统的调节作用快但不持久，激素的作用缓慢而持久。

(2) 激素的调节往往是局部性的，协调组织与组织间、器官与器官间的代谢，神经系统的调节则具有整体性，协调全部代谢。

(3) 绝大多数激素的合成和分泌是直接或间接地受到神经系统支配的，激素调节离不开神经系统的调节。

14.4.3 整体水平的调节

整体水平的调节就是神经-体液调节。在整体水平的调节中,神经系统可协调调节几种激素的分泌。在整体水平上,就激素而言,也不是单一的激素,而是通过神经系统,使多种激素共同协调,综合对机体代谢进行调节。例如血糖浓度的稳定就是胰岛素、胰高血糖素以及肾上腺素、肾上腺皮质激素等综合调节的结果,在代谢层面包括脂肪动员、酮体生成增加以补充葡萄糖供能的不足,骨骼肌等组织中蛋白质分解的加强,以氨基酸作为原料加强肝中的糖异生作用,同时外周组织中葡萄糖利用减少、酮体利用的增加以确保大脑与红细胞中葡萄糖的持续供应,甚至大脑也可增加酮体的利用以节约利用葡萄糖等。

应激是机体受到创伤、手术、缺氧、寒冷、休克、感染、剧烈疼痛、中毒、强烈情绪激动等情况下的一种整体神经综合应答反应调节过程,它使机体全身紧急动员渡过"难关"。其中包括交感神经兴奋,下丘脑促肾上腺皮质激素释放激素,脑垂体促肾上腺皮质激素,最后肾上腺糖皮质激素和肾上腺髓质激素分泌的增加,同时胰岛素等分泌相应减少,使肝糖原分解及血糖浓度升高,糖异生加速,脂肪动员和蛋白质分解加强,机体呈负氮平衡,同时相应的合成代谢受抑制,最终使血中葡萄糖、脂肪酸、酮体、氨基酸等浓度相应升高,使机体各组织能及时得到充足能源和营养物质的供应,有效地应付紧急状态,安然渡过险情,但机体会消瘦、乏力并消耗氮,当然机体应付应激的能力是有一定限度的,若长期应激的消耗也会导致机体衰竭而危及生命。

阅读性材料

控制新陈代谢基因有望抑制过度肥胖

美国弗吉尼亚大学和威斯康星医学院的科学家2007年发现,参与调节身体生理节奏的一种基因也可能是控制新陈代谢的重要因素。这一发现将有助于找到抑制体重增加的有效方法。

据美国每日科学网站报道,这些科学家的研究报告表明,缺乏夜蛋白基因(nocturnin)(该基因由哺乳动物器官和组织的生物钟调节)的老鼠在摄入高脂肪饮食时体重不会增加,肝脏内也不会囤积脂肪。这一新认识可能帮助人们找到抑制和减少过度肥胖给健康造成的不良影响的方法。该研究报告刊登在美国《国家科学院学报》月刊上。

该研究报告的主要作者、弗吉尼亚大学生物学副教授卡拉·格林说:"人们早就知道,生物钟与生理机能和新陈代谢的各个方面有着千丝万缕的联系。这项研究表明,夜蛋白是生物钟用来控制新陈代谢重要方面的系统的一部分。更好地认识夜蛋白的功能最终可能使人们找到解决过度肥胖问题的医疗方法。"

生物钟是身体内部的时钟,通过控制能量、警惕性、生长、情绪和衰老的影响来调节器官和活动、休息周期。该领域的研究涉及衰老、时差、睡眠障碍、轮班工作和节食等问题。

格林及其同事在实验中使用的是正常老鼠和破坏了夜蛋白基因的变异老鼠。失去夜蛋白的变异老鼠被分成两组,一组摄入正常饮食,另一组摄入高脂肪饮食。基因正常的一组老鼠也摄入高脂肪饮食。研究人员发现,夜蛋白基因变异的两组老鼠的体重和活性水平一直保持正常,特别是摄入高脂肪饮食的一组在很长一段时间内体重仅有少量增加。然而,摄入高脂肪饮食的正常老鼠则"像气球一样膨胀",增加的体重比变异老鼠体重的2倍还多。研究人员在解剖时发现,不出所料,正常老鼠的肝脏内有大量脂肪囤积,而两组变异老鼠肝脏的脂肪水平都维持正常。夜蛋白基因的发现将有助于找到抑制体重增加的有效方法。

习　　题

1. 名词解释

　(1) 反馈抑制

　(2) 限速酶

　(3) 别构调节

　(4) 酶的化学修饰

2. 简答题

　(1) 生物体的物质代谢调节机制有哪些?

　(2) 酶的别构调节与化学修饰调节有何异同?

　(3) 体内物质代谢的特点有哪些?

　(4) 简述糖、脂肪和蛋白质代谢途径之间的相互关系和生理意义。

主要参考文献

[1] 沈同,王镜岩. 生物化学[M].2 版.北京:高等教育出版社,1991.
[2] 王镜岩,朱圣庚,徐长法. 生物化学[M].3 版. 北京:高等教育出版社,2002.
[3] 王镜岩,朱圣庚,徐长法. 生物化学教程[M]. 北京:高等教育出版社,2008.
[4] 郑集,陈钧辉. 普通生物化学[M].4 版.北京:高等教育出版社,2007.
[5] 郭蔼光. 基础生物化学[M]. 北京:高等教育出版社,2008.
[6] 吴梧桐. 生物化学[M].6 版. 北京:人民卫生出版社,2007.
[7] 王金胜,王冬梅,吕淑霞. 生物化学[M]. 北京:科学出版社,2007.
[8] 周爱儒. 生物化学[M].6 版. 北京:人民卫生出版社,2005.
[9] 周慧. 简明生物化学与分子生物学[M]. 北京:高等教育出版社,2006.
[10] 吴伟平. 生物化学[M]. 江西:江西科学技术出版社,2006.
[11] 陈治文,谷兆侠,刘淑萍. 医学生物化学与分子生物学[M]. 郑州:郑州大学出版社,2004.
[12] 于秉治. 医用生物化学[M]. 北京:中国协和医科大学出版社,2004.
[13] 张楚富. 生物化学原理[M]. 北京:高等教育出版社,2003.
[14] 张洪渊. 生物化学原理[M]. 北京:科学出版社,2006.
[15] 查锡良. 生物化学[M].7 版. 北京:人民卫生出版社,2008.
[16] 程牛亮. 生物化学[M]. 北京:中国医药科技出版社,2007.
[17] 李宪臻. 生物化学[M]. 武汉:华中科技大学出版社,2008.
[18] 梅星元,袁均林,吴柏春. 生物化学[M].3 版. 武汉:华中师范大学出版社,2007.
[19] 王林嵩,毛慧玲. 普通生物化学[M]. 北京:科学出版社,2008.
[20] 王希成. 生物化学[M].2 版. 北京:清华大学出版社,2005.
[21] 吴赛玉. 生物化学[M]. 合肥:中国科学技术大学出版社,2005.
[22] 黄熙泰,于自然,李翠凤. 现代生物化学[M].2 版.北京:化学工业出版社,2005.
[23] 张丽萍,杨建雄. 生物化学简明教程[M].4 版. 北京:高等教育出版社,2009.
[24] 张曼夫. 生物化学[M]. 北京:中国农业大学出版社,2002.
[25] R. K. Murray,D. K. Granner,P. A. Mayes,et al. 哈珀生物化学[M]. 宋惠萍,译. 北京:科学出版社,2003.
[26] A. L. Lehninger,D. L. Nelson,M. M. Cox. Principles of Biochemistry[M]. 4th ed. New York:W. H. Freeman and Company,2004.
[27] B. D. Hames,N. M. Hooper,J. D. Houghton. Instant notes in biochemistry[M]. 影印及翻译版. 北京:科学出版社,2000.
[28] D. Voet,J. G. Voet,C. W. Pratt. 基础生物化学[M]. 朱德煦,郑昌学,译. 北京:科学出版社,2003.
[29] J. M. Berg,J. L. Tymoczko,L. Stryer. Biochemistry[M]. 6th ed. New York:W. H. Freeman and Company,2006.
[30] R. H. Garrett,C. M. Grisham. Biochemistry[M]. 4th ed. 影印版. 北京:高等教育出版社,2005.